JOSÉ RAMÓN ALONSO

Historia del cerebro

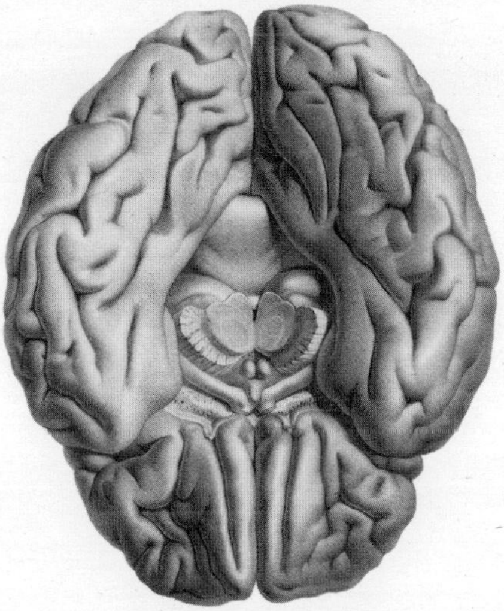

TERCERA EDICIÓN

GUADALMAZÁN

Primera edición: noviembre de 2018
Primera reimpresión: agosto de 2019
Segunda edición: marzo de 2024

Guadalmazán • Colección Divulgación científica
Edición de María Ávila
Director editorial Antonio Cuesta
www.editorialalmuzara.com
pedidos@almuzaralibros.com - info@almuzaralibros.com

Talenbook, s.l.
C/ Cervantes, 26 • 28014 • Madrid

Imprime: Liberduplex
ISBN: 978-84-19414-29-8
Depósito Legal: M-3447-2024
Hecho e impreso en España-*Made and printed in Spain*

A José Aijón. Mi obra es suya.

Agradecimientos:
Quiero agradecer sus lecturas, comentarios y correcciones a Antonio García Cordero, Juan A. de Carlos, Antonio Cuesta y Catalina González. Ellos hicieron que este libro sea mejor de lo que era.

Índice

Presentación

El cerebro humano es la estructura biológica más compleja que conocemos. Cerca de ochenta y seis mil millones de neuronas conectadas entre sí por billones de contactos, con sofisticados mecanismos de regulación y respuesta, encargadas de las funciones fundamentales para nuestra supervivencia como individuos y como especie, hacen que el estudio del sistema nervioso sea una de las fronteras del conocimiento más importantes para la humanidad.

Gran parte de los aspectos clave que nos definen como seres humanos residen en el cerebro: la capacidad de hablar y de amar, el poder para transmitir nuestras historias y conocimientos a la generación posterior, la destreza para fabricar herramientas y artilugios, desde hachas de piedra a bombas atómicas, de vacunas a naves espaciales; la capacidad de planificar, bailar, cantar, la literatura, la pintura, la ciencia y la tecnología... todo surge del cerebro humano.

Siempre hemos querido saber dónde residía el genio y cómo surgía la locura, qué era aquello que nos distinguía de los animales, si éramos el receptáculo de espíritus pensantes o un autómata que respondía de forma refleja a los estímulos que le llegaban. De Galeno a Cajal, de Descartes a Rita Levi-Montalcini hemos escudriñado a lo largo de la historia qué se escondía dentro de nuestro cráneo y cómo nos convertía en quienes éramos. Estudiar la historia del cerebro a lo largo de los siglos es una lección de ciencia y de historia, una introducción a la evolución del pensamiento, a la visión del hombre en cada época, a una historia llena de pasiones y de creatividad, de personajes conocidos y otros olvidados, de ideas arrastradas por el torrente de los tiempos y otras que, incluso las rechazadas, siguen entre nosotros.

La mirada sobre el cerebro ha ido cambiando a lo largo de la historia. Los egipcios, que conservaban hasta la placenta para que el difunto pudiera volver a nacer en la vida futura, arrancaban el cerebro a trozos y lo tiraban a la basura. Los griegos, con Hipócrates y Aristóteles como figuras clave, discutieron si era el cerebro o era el corazón el que regía nuestros destinos y tomaba nuestras decisiones. La llegada del cristianismo buscó un lugar para el alma, un camino que cristalizó en las ideas de Descartes sobre la glándula pineal, pues al final hay pocas estructuras impares en un cerebro simétrico. El Renacimiento devolvió la mirada al hombre y Leonardo, Vesalio y Paré estudiaron la estructura del cerebro sano y el enfermo, mirando en el sitio donde estaban las respuestas: dentro del cráneo. La Ilustración abrió la puerta a la física del cerebro (electricidad, magnetismo) y también a su química (gases, átomos) pero fue en el siglo XIX cuando por primera vez buceamos en profundidad en esa masa gelatinosa y fuimos comprendiendo de qué estaban hechos los sueños. El siglo XX, el siglo de la biomedicina, entendió las neuronas y las sinapsis, descubrió los transmisores y los receptores pero, sobre todo, se enfrentó a la enfermedad mental: con electrochoques, infecciones de malaria, lobotomías, antibióticos, vacu-

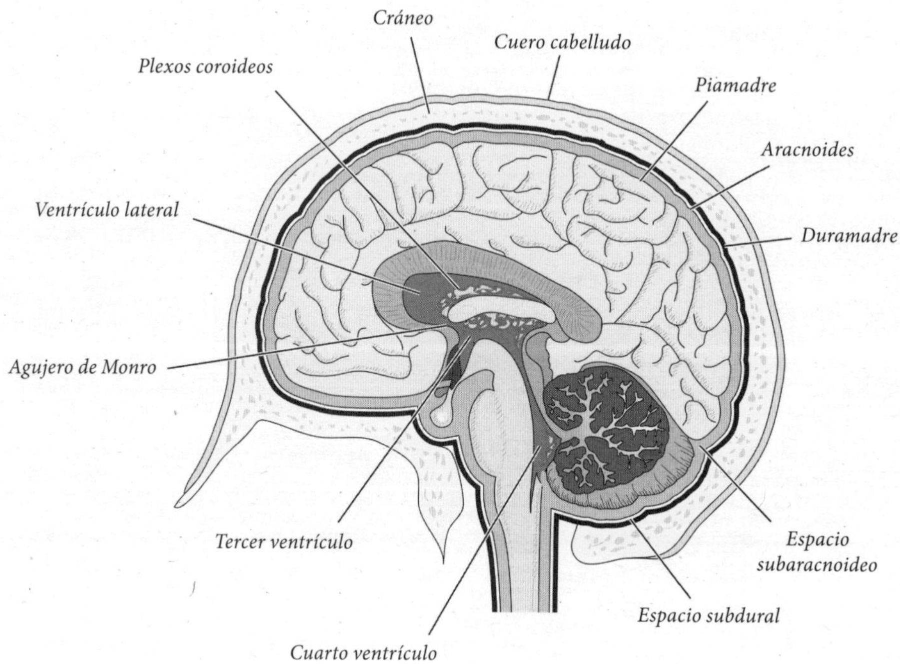

nas y psicofármacos; pero ya no había marcha atrás, no volverían las cadenas con las que durante siglos habíamos sujetado a la pared a las personas cuyo sistema nervioso no funcionaba bien.

El estudio del conocimiento sobre el sistema nervioso permite un recorrido apasionante de la historia de la humanidad. Ha sido un proceso de búsqueda de la verdad, de entender cómo funciona el ser humano, de preguntarse acerca de dónde reside nuestra individualidad, nuestra consciencia, nuestra personalidad, ese «yo» que consideramos inmutable pero que cambia todos los días. El enfoque mayoritario ha sido utilizar un método analítico, estudiar sus componentes y después averiguar su papel e importancia en el funcionamiento conjunto del cerebro. De este modo, se ha podido comprobar que los principios moleculares y celulares de la actividad cerebral son notablemente similares en animales tan lejanos filogenéticamente como las moscas, los calamares y los seres humanos. En muchos aspectos estructurales y funcionales, la organización cerebral es tan parecida entre otros mamíferos y el hombre que mucho de lo que conocemos sobre nuestro cerebro proviene de lo aprendido en animales de experimentación, en particular ratas y ratones. En este camino cruento, hemos avanzado más en los últimos treinta años que en los anteriores treinta siglos pero aún nos quedan muchas cosas por aclarar y los grandes interrogantes han estado ahí siempre, dentro de nosotros, también en nuestro encéfalo.

En la actualidad el estudio del cerebro presenta un auge espectacular y la neurociencia cuenta con unos medios de una variedad y de un potencial como no había dispuesto nunca. En ese desarrollo, junto a esperanzas fundadas de conseguir victorias de importancia frente a algunas de las enfermedades más devastadoras para el hombre, las enfermedades neurodegenerativas, podemos plantearnos algunos objetivos o sueños (en algunos casos, quizá pesadillas) para este siglo XXI: técnicas de regeneración nerviosa; conexiones entre cerebro y ordenadores; trasplantes neuronales; nuevos fármacos contra el bloqueo del pensamiento, la pérdida de memoria, el tedio existencial o las tendencias antisociales; biorretroalimentación; tratamiento de la dislexia, la hiperactividad, la dificultad para el aprendizaje, el autismo; vacunas para el alcoholismo y otras drogodependencias; avances contra las fobias o los ataques de pánico… y un enorme etcétera. La historia del cerebro es, por tanto, un libro sin final al que nuevas páginas se suman cada día. Nuestras mayores esperanzas, y los riesgos más terribles, están ahí. El cerebro es tan amplio como el Universo. En realidad, todo el universo conocido, desde los átomos a los agujeros negros, desde el amor a los hijos hasta el miedo a la muerte, todo está codificado en nuestras redes neuronales. Tú eres tu cerebro, ni más ni menos.

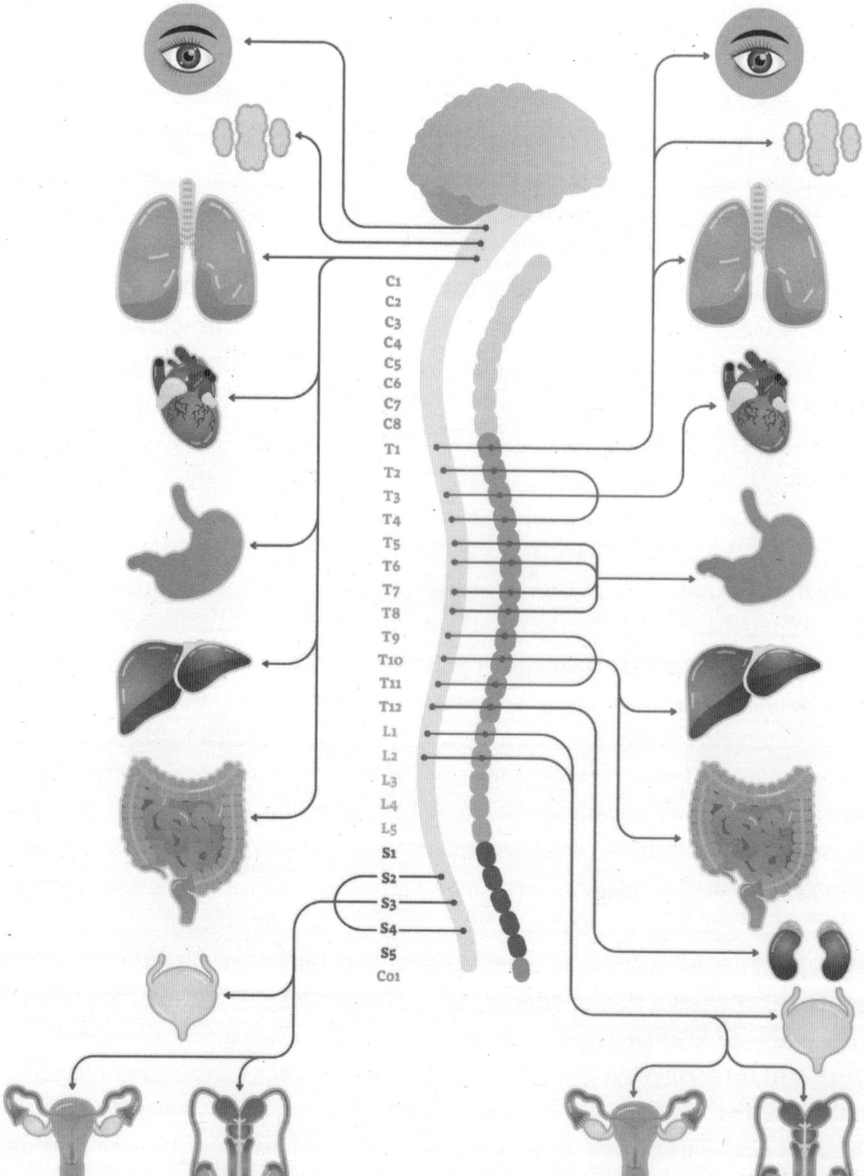
C1
C2
C3
C4
C5
C6
C7
C8
T1
T2
T3
T4
T5
T6
T7
T8
T9
T10
T11
T12
L1
L2
L3
L4
L5
S1
S2
S3
S4
S5
Co1

ORGANIZACIÓN BÁSICA DEL SISTEMA NERVIOSO

El sistema nervioso controla el cuerpo, responde a las funciones orgánicas y dirige el comportamiento. Es el sustrato de la mente, que no es otra cosa que el resultado de la actividad cerebral. El sistema nervioso codifica sentimientos y pensamientos y recibe información del exterior y del propio cuerpo. La inteligencia surge cuando el cerebro razona, planea, responde preguntas, es el que se encarga del aprendizaje y del lenguaje, de la memoria y de los olvidos.

La estructura y la función del sistema nervioso están determinadas por los genes y el ambiente a lo largo de toda la vida. Los circuitos sinápticos, que están determinados genéticamente, son la base del sistema nervioso, pero las experiencias de la vida, el día a día, modifican sustancialmente las conexiones cerebrales, que son mucho más flexibles, más plásticas, de lo que se creía hace unos años.

El sistema nervioso está formado por dos grandes partes: el sistema nervioso central y el sistema nervioso periférico. El sistema nervioso central incluye el encéfalo —que significa «dentro de la cabeza»— y la médula espinal, mientras que el sistema nervioso periférico está constituido por los ganglios, los nervios y una enorme cantidad de receptores que se encuentran distribuidos por todo el organismo. En el lenguaje común, encéfalo y cerebro son términos sinónimos. Sin embargo, en el ámbito de la ciencia, el encéfalo tiene tres grandes partes: cerebro, cerebelo y tronco del encéfalo. El cerebro sería la porción anterior y más grande, que muestra desde fuera dos grandes hemisferios, izquierdo y derecho, con una superficie muy plegada y conectados entre sí por una cinta con millones de conexiones, el cuerpo calloso.

El cerebelo está situado en la parte posterior de la cabeza, por debajo del lóbulo occipital del cerebro. Tiene una porción central única llamada vermis —porque recuerda a un gusano— y dos expansiones laterales que son los hemisferios cerebelosos. El tronco del encéfalo está por debajo del cerebro y el cerebelo y se continúa con la médula espinal. Luego explicaremos de qué se encarga cada una de estas estructuras pero, en conjunto, el encéfalo es el órgano más complejo y más importante de nuestro cuerpo.

La parte más externa del cerebro humano se llama neocórtex o corteza cerebral y es lo que vemos al abrir un cráneo, esa superficie plegada de circunvoluciones y surcos. Ocupa más del ochenta por ciento del volumen del encéfalo, y es ahí donde residen las llamadas funciones superiores: el pensamiento, la consciencia, la acción voluntaria, la percepción sensorial, el lenguaje... La estructura básica del neocórtex es muy parecida en todos los mamíferos y está determinada por la distribución en seis capas de unos pocos tipos de neuronas excitatorias e inhibitorias, organizadas siguiendo unos principios comunes de conectividad. El cómo jugando con un número básico de elementos se puede construir algo tan complejo como un sueño o un poema no es fácil de explicar, pero quizá si pensamos en estas letras que yo escribo y usted lee, lo podamos entender. Solo uso ventiocho letras y unos pocos símbolos (espacios, comas, puntos, números...). Con esos elementos, combinados y conectados entre sí, se forman las palabras (un número limitado también, pero mucho mayor): la vigésimo tercera edición del diccionario de la Real Academia Española contiene 89.054 palabras diferentes. La combinatoria con sentido de esas palabras en una extensión determinada nos dará un número finito pero astronómico de posibilidades de libros, informes, cartas, conversaciones... que completarían aquella asombrosa biblioteca de Babel imaginada por Borges.

La gran cantidad de funciones desarrolladas por la corteza cerebral y su importancia para la supervivencia del individuo y de la especie han hecho que la evolución «pidiera» más de esta zona (en realidad, la evolución no pide nada ni sigue una dirección, solo selecciona a los mejor adaptados en cada momento, pero más neocorteza significaba poder hacer más cosas). Para eso, han sucedido dos cambios enormemente llamativos: uno ha sido dotar a la neocorteza estructuralmente simétrica de una asimetría funcional. Es decir, los dos hemisferios cerebrales parecen iguales pero hacen cosas diferentes; por ejemplo, el área del habla está normalmente en el hemisferio izquierdo mientras que en el hemisferio derecho se localizan funciones como la comparación de números o la entonación del lenguaje. Al hacer eso, se consiguió un beneficio —el doble de capacidad de procesamiento cortical— y un riesgo: si una zona se daña en un hemisferio, el otro no sirve ya como reserva, como copia de seguridad, con lo que la función probablemente se perdería. El segundo «truco» ha sido formar las circunvoluciones cerebrales; en palabras más sencillas: plegar la corteza. Los surcos o fisuras (*sulci*) y las circunvoluciones (*gyri*) de la neocorteza dan a la superficie cerebral su característico aspecto plegado, parecido a una nuez. Con eso, con el mismo volumen de esa área estructural y funcional se consigue mayor superficie cortical, pues casi dos tercios de esa superficie están dentro de los surcos. Parece que si la cabeza de un bebé fuese un poco más grande, muchos partos terminarían con la muerte de la madre y del niño por imposibilidad física de atravesar el canal pélvico. Por tanto, con los pliegues de la neocorteza se ha conseguido disponer de más superficie cortical, más espacio para situar más funciones, sin aumentar el volumen total del encéfalo.

Las otras partes del encéfalo cumplen también funciones muy importantes. El cerebelo (del latín «pequeño cerebro») se encarga del control de los movimientos y las posturas, integrando la información sensorial y la motora. Es el responsable de que sepamos montar en bicicleta, andar en patines o simplemente mantenernos erguidos. Si la información sensorial es muy caótica, por ejemplo si giramos a toda velocidad, nos mareamos y nos caemos, algo que sucede porque el cerebelo no es capaz de mandar mensajes precisos a los músculos para mantenernos en pie. También interviene en el control de las emociones, la atención, el aprendizaje y el procesamiento del lenguaje y la música.

El tronco del encéfalo tiene tres partes: bulbo raquídeo, puente de Varolio y mesencéfalo, e interviene en reflejos muy básicos, como el control de la respiración, del latido cardíaco o de la circulación sanguínea. Son funciones primitivas pero fundamentales. El daño al tronco del encéfalo causa rápidamente la muerte.

Con respecto a su composición tisular, el sistema nervioso está formado por un componente muy mayoritario, el tejido nervioso, y por componentes menores de otros tejidos: conjuntivo (que forma las meninges y se mete en el encéfalo junto con las grandes arterias), epitelial (que forma los capilares sanguíneos), sangre y poco más (desde hace poco se conoce, por ejemplo, que hay elementos del tejido linfático). Las células que componen el tejido nervioso son de dos grandes tipos: neuronas y células gliales. Las neuronas se comunican mediante señales químicas y eléctricas. En un encéfalo humano hay aproximadamente ochenta y seis mil millones de neuronas, aunque la mayoría son los pequeños granos del cerebelo. Las células gliales son también muy abundantes (se ha dicho que puede haber diez por cada neurona, pero parece una exageración), se encargan de sostener, alimentar y proteger a las neuronas y contribuyen también a la transmisión del impulso nervioso.

Una neurona típica consta de un cuerpo celular, o soma, que tiene de cinco a cien micras de diámetro (un milímetro equivale a mil micras) del que surge una fibra principal que manda información, el axón, y otras prolongaciones ramificadas que recogen informaciones de otras neuronas, las dendritas, que actúan como antenas. De forma general, las dendritas y el cuerpo celular reciben señales de entrada, el cuerpo celular las combina y las integra y emite señales de salida a través del axón. El cuerpo o soma también se encarga de la supervivencia de toda la célula y de su mantenimiento funcional, pues es el que contiene la mayor parte de la maquinaria celular. El axón transporta las señales de salida hasta su extremo, los terminales axónicos, que pueden estar muy alejados del cuerpo celular y desde los que la información salta a otras células, neuronas o de otro tipo, mediante mensajeros químicos. Cada neurona se comunica de esta manera con cientos de neuronas, por un proceso en parte eléctrico y en parte químico. El número de descargas y la intensidad de cada una constituyen el lenguaje de las neuronas pero su efecto va a depender de a quién hablan, con qué células contactan, qué transmisores químicos utilizan y que receptores tiene la neurona de destino.

La investigación sobre el cerebro permite entender aspectos fundamentales para diseñar terapias para algunas de las enfermedades más devastadoras que existen, las que afectan a la mente. El cerebro es la herramienta para nuestra curiosidad sobre el mundo, y los avances científicos, un fruto de esa curiosidad, son la base de la salud y de nuestro éxito evolutivo. Nuestra actividad mental es la que nos hace cantar, amar, soñar, sufrir y disfrutar. Somos lo que nuestro cerebro es.

EVOLUCIÓN DEL SISTEMA NERVIOSO

Hay un consenso general entre los científicos de que la vida surgió en la Tierra a partir de una única célula. Esa idea se basa en que todos los seres vivos son sorprendentemente parecidos entre sí en aspectos fundamentales: un mismo código genético, unas mismas rutas metabólicas y una estructura celular con dos etapas —procariota y eucariota— fácilmente comparable en todos ellos.

Según esta teoría, todos los seres vivos existentes y extintos procedemos de una Eva microscópica, una célula primigenia cuyos rasgos principales —membranas de fosfolípidos y proteínas, ADN como material genético, y rutas enzimáticas moduladas por proteínas— todavía están entre nosotros.

De los primeros pasos de la evolución de la vida apenas han quedado rastros, no hay fósiles de las primeras generaciones, pero se piensa que es un proceso relativamente temprano y que la vida comenzaría en nuestro planeta hace unos cuatro mil cien millones años. Esas primeras células serían —creemos— unas bolsas membranosas con un contenido complejo, capaces —esto es esencial— de multiplicarse y generar nuevas células semejantes.

En ese proceso de autocopia de las primeras células se producían ocasionalmente cambios, errores, mutaciones. A partir de esa variabilidad algunas rutas metabólicas fueron diversificándose. Aquellas novedades que permitían colonizar nuevos espacios, ser más eficientes o ser más resistentes fueron seleccionadas en un lento proceso sin dirección ni finalidad. Es lo que llamamos evolución: cambios al azar y la selección natural del mejor adaptado a unas condiciones concretas. El resultado fue el inicio de la biodiversidad, la existencia de distintos tipos de células y, desde ahí, de los distintos tipos de seres vivos que existen, de un champiñón a un jilguero, de una encina a un tiburón blanco.

Pero no vayamos tan rápido. La complejidad de las células primitivas fue aumentando a lo largo de millones de años y hay dos aspectos bási-

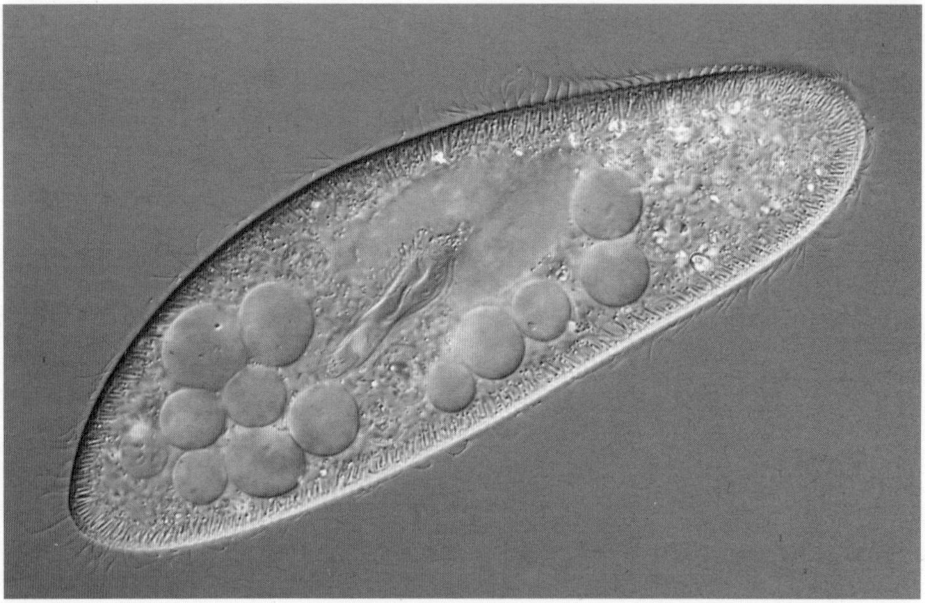

Paramecium caudatum en una imagen obtenida a través de un microscopio de contraste de fases; entre otros orgánuelos muestra los cilios y las vacuolas alimenticias [Lebendkulturen].

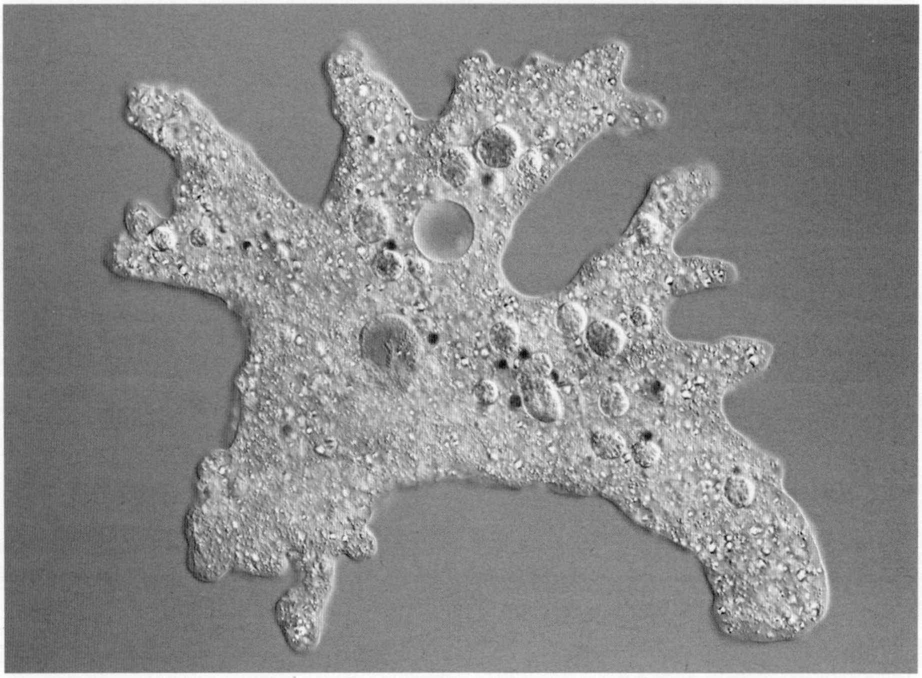

Amoeba proteus en una imagen de un microscopio de contraste de fases; muestra los pseudópodos y las vacuolas alimenticias (con *Paramecium bursaria* y *Haematococcus pluvialis*) [Lebendkulturen].

cos que surgirían en algún momento: la capacidad de recibir información sobre el mundo exterior, es decir, sobre lo que hay más allá de la membrana, y la capacidad de responder a esa información externa haciendo algo desde el interior. Dos procesos: uno de fuera hacia dentro y otro de dentro hacia fuera.

Recibir información del exterior es el origen de los sentidos. Inicialmente fue sin duda algo muy simple: notar si había una molécula en el ambiente. Algunas de estas moléculas servían como alimento y otras eran tóxicas, saber algo sobre ellas era una información vital. Una célula sensorial de nuestro olfato o nuestro gusto sigue haciendo a día de hoy algo semejante: capta una molécula que se disuelve en el mucus de nuestra nariz o en la saliva de nuestra boca y la identifica. ¿Y la vista? También hay muchas moléculas que son sensibles a la luz, por lo que es fácil que alguna de ellas fuera capaz de modificarse en respuesta a la radiación solar, tal como hacen ahora los pigmentos que tenemos en los receptores de la retina. Esta molécula fotosensible informaría de la presencia de luz y así muchos organismos unicelulares marinos, enormemente sencillos, por el día se sumergen para evitar un exceso de la dañina radiación ultravioleta y por la noche suben a la superficie para alimentarse mejor.

Pero la información sola no basta, hay que hacer algo con ella. La forma más fácil de responder para una única célula probablemente fue con el movimiento, un proceso motor: si nota una molécula alimenticia, se acerca hacia ella; si nota una molécula nociva, se aleja de allí. Muchos organismos unicelulares actúan así todavía. Algunos presentan cilios en toda su superficie, que actúan como pequeños remos. Si una célula identifica una molécula dañina, los cilios de esa región de la membrana se ponen a remar y la célula pone distancia de por medio. Por el contrario, si la molécula es interesante, se ponen a remar los cilios del extremo opuesto y la célula se acerca hacia ese lugar. Así, incluso en etapas muy tempranas de la evolución de los seres vivos, cuando solo había organismos unicelulares, hubo procesos sensoriales (detectar cosas del exterior) y procesos motores (generar movimientos).

Para que el sistema funcionase bien era necesario llevar información con mucha rapidez de un extremo de la célula al otro: la respuesta fue la electricidad. Además, para que la información fuese útil, era conveniente identificar a la sustancia del exterior, por lo que se producía un reconocimiento específico como el de una llave y una cerradura. Las llaves eran las moléculas del exterior; las cerraduras, proteínas específicas situadas en la membrana de la célula con una parte abierta al exterior, los receptores. Cuando la proteína sensorial situada en la membrana de la célula recibía una molécula determinada —y podían ir surgiendo proteínas sensoriales diferentes para distintas sustancias del ambiente— se unía a ella y eso hacía que se abriese un poro en la membrana por donde salían o entraban iones, pequeños átomos con carga eléctrica como el cloruro (Cl^-), el sodio (Na^+), el potasio (K^+) o el calcio (Ca^{2+}). Ese flujo de iones a través de la membrana generaba cambios de voltaje a uno y otro lado de la membrana, corrientes eléctricas, y eso sigue sucediendo en las neuronas modernas. Así, algo que llegaba al exterior de la célula se conocía en su interior. Por otro lado, los cambios en un punto de la membrana se podían propagar con facilidad en un proceso sencillo y rápido. La apertura de un canal generaba cambios de concentración de iones dentro de la célula que a su vez causaban la apertura del canal vecino, propagándose de este modo la información de un extremo a otro de la membrana. Organismos unicelulares actuales como los coanoflagelados —un grupo interesante porque se supone que son el filo más basal, el que dio lugar a los animales hace unos ochocientos cincuenta millones de años— tienen los componentes necesarios para transmitir señales eléctricas, liberar mensajes químicos y detectar esas sustancias mensajeras. Todo el funcionamiento de nuestro cerebro se basa en este proceso tan sencillo.

Al principio, la comunicación entre los elementos sensoriales y motores de la célula era muy fácil, porque estaban dentro de la misma membrana, eran la misma célula, pero eso tendría que cambiar al surgir el nuevo gran paso en la evolución: los seres pluricelulares. Al multiplicarse, las células aisladas normalmente se dividen en dos células iguales, que se separan entre sí y siguen vidas independientes, pero en algún momento, quizá de nuevo por un error, las células se mantuvieron unidas después de dividirse y formaron organismos coloniales, pelotas de células no demasiado grandes. Al principio todas las células de la colonia eran iguales y hacían lo mismo, quizá tan solo con ese pequeño cambio, el de estar agrupadas, ya resultaban más difíciles de devorar, les iba mejor y fueron seleccionadas de forma natural. Posteriormente, algunas células se ocuparon de tareas distintas: unas se encargarían de la reproducción, otras de recoger información del exterior, otras del movimiento. Así, las células dejaron de ser iguales y se fueron especializando, generándose un cambio fundamental: un organismo colonial pasó a ser un organismo pluricelular. Esto significa que sus células ya no podían vivir de forma independiente sino que todas formaban parte de un organismo mayor, con división de tareas y funciones, algo que una única célula o un grupo de células iguales no podía lograr. El todo era más que la suma de las partes. Es como si pensamos en un avión: ninguna de sus piezas solas es capaz de volar, pero todas ellas, juntas y coordinadas, sí lo logran. Si las células de los organismos pluricelulares tenían la capacidad para comunicarse entre ellas por pulsos eléctricos o señales químicas, no es especialmente llamativo que algunas de ellas se especializaran en mandar y recibir mensajes, serían las precursoras de las neuronas.

Dentro de ese organismo pluricelular, en una primera etapa, las células sensoriales conectarían directamente con las células motoras. Les dirían cosas como «*ahí arriba hay mucha luz, aléjate (porque la radiación ultravioleta sin capa de ozono protectora nos puede dañar)*» o «*ahí delante huele a azúcar, vamos hacia allá*». Pero al ir creciendo el organismo pluricelular, la comunicación directa entre células sensoriales y células motoras se fue haciendo más difícil, requería nuevas estructuras.

Es posible que al principio lo solucionaran generando expansiones: la célula sensorial recibía una información y la transmitía por una larga prolongación hasta la célula motora. Después de todo, muchas de nuestras células nerviosas tienen largas prolongaciones. Pero eso tenía un límite y, además, tenía sus riesgos. Podía suceder que una célula no llegase hasta donde estaba la otra o que, si se dañaba la célula sensorial —muy frágil por su exposición al exterior— todo se estropease. La solución fue poner una célula intermedia, que recibiese la información de la célula sensorial y la pasara a la célula motora, y que fuera diferente a las dos. Al crecer aún más los organismos, en vez de existir una única célula intermediaria, se formaron cadenas de células interpuestas, que a su vez se conectaban entre sí, una auténtica red nerviosa que aumentó enormemente las posibilidades de detección y reacción.

La siguiente gran mejora fue cuando las células intermedias fueron capaces de modular la información sensorial, de almacenarla, de operar con ella, de no ser un mero elemento de transporte sino de convertirse en el centro de control, el que recibía la información de todas las células sensoriales, la elaboraba y emitía las órdenes para todas las células motoras. Al ir aumentando el tamaño y los modos de vida de los seres vivos se incrementó también la necesidad de ese sistema de coordinación y su complejidad. Ese fue el inicio del sistema nervioso.

Un ejemplo de los sistemas nerviosos más sencillos está en las esponjas. Estos animales viven de filtrar agua que bombean a través de un gran número de pequeños canales que hay en su cuerpo. No han evolucionado apenas en los últimos cientos de millones de años y parecen enormemente pasivas. Sin embargo, para evitar que el sedimento pueda obstruir los canales, pueden dilatarlos y contraerlos, impidiendo de esta forma que un algo quede atascado. Cuando los sensores de la esponja notan el riesgo de

Haeckel, Kunstformen der Natur. Tafel 17 — *Porpema.*

Siphonophorae. — Staatsquallen.

Sifonóforos (*Siphonophora*), cnidarios hidrozoos. Grabado perteneciente a la obra *Kunstformen der Natur,* del naturalista Ernst Haeckel (1834-1919).

que un poro se ocluya, producen mensajeros químicos, aminóacidos muy sencillos como el glutamato o el GABA, que generan esos movimientos de extensión y retracción. Estas moléculas cumplen un papel similar, excitatorio e inhibitorio, en nuestros cerebros modernos.

El sistema de las dermosponjas es muy lento: liberar sustancias químicas en el agua es poco específico y tardan unos minutos en inflar o cerrar sus canales. Pero las esponjas de cristal tienen un sistema más rápido: emiten un pulso eléctrico a través del cuerpo que hace que todos los flagelos que mueven agua a través del cuerpo se detengan en pocos segundos y las corrientes de agua se detengan. De esta manera se desarrollaron dos sistemas de transmisión de señales, uno eléctrico (cambios de voltaje, transmisión de cargas eléctricas, potenciales de acción) y otro químico, que usaba moléculas como los neurotransmisores y las hormonas. Seguimos usando ambos sistemas en la actualidad.

Otro avance fue la especialización intracelular: disponer de proteínas receptoras dispersas por toda la superficie celular era un gasto importante y en cierta medida superfluo. Se especializaron zonas receptoras en la superficie de la célula donde estas proteínas se acumulaban y, además, las células sensoriales se agruparon en zonas determinadas que dieron lugar a los órganos de los sentidos. También se especializaron las zonas de la membrana destinadas a mandar mensajes y se situaron cerca de las zonas especializadas en recibirlos. Ese fue el comienzo de las sinapsis, las pequeñas estructuras, fundamentales en nuestro cerebro, donde tiene lugar la transmisión de información desde la célula emisora, presináptica, a la receptora, la postsináptica.

Los primeros sistemas nerviosos eran en red. Es decir, las células intermedias, que ya podemos llamar neuronas, formaban un plexo, una malla, donde no había una parte predominante y estaban distribuidas por todas las regiones del cuerpo. Un ejemplo actual de sistemas nerviosos en red son los de los cnidarios: los corales, las anémonas y las medusas.

Los cnidarios pueden detectar moléculas en el agua (olfato o gusto) así como el contacto con otro organismo (tacto). También tienen unas células muy sencillas llamadas ocelos que les permiten detectar luz. Las medusas, que son móviles, tienen sensores internos que les avisan de su aceleración y de su posición. Sus células motoras forman músculos que se contraen cuando reciben señales adecuadas y eso hace que las medusas naden o que unas células especializadas, llamadas cnidocitos, disparen arpones cargados de sustancias químicas que son las que producen la urticaria cuando las rozamos en el agua. Las neuronas de las medusas forman una red que recibe información de los órganos sensoriales. Un ejemplo: las células sen-

Las medusas poseen estatolitos, pequeñas concrecciones minerales que les ayudan a conocer la posición en la que se encuentran; algo similar a los otolitos que los mamíferos tenemos en el sistema vestibular para mantener el equilibrio. Grabado perteneciente a la obra *Kunstformen der Natur,* del naturalista Ernst Haeckel (1834-1919).

soras del equilibrio tienen una pequeña piedra llamada estatolito. Si la medusa está inclinada en una dirección anómala, la piedra se posa en otra célula sensorial en vez de sobre aquella en la que está apoyada normalmente y eso avisa a la red de neuronas de que algo no va bien. Al recibir esa información el sistema nervioso da orden a los músculos de la zona que está demasiado baja de que naden con más fuerza, la medusa se vuelve a equilibrar, recupera la posición adecuada y el estatolito retorna a la posición correcta. Con eso, la señal de alarma del sistema nervioso, que ha puesto en marcha la respuesta, cesa.

El siguiente paso fue la agrupación de las neuronas cerca de zonas que eran especialmente importantes. Una nueva disposición anatómica apareció: en vez de simetrías radiales (como tienen en la actualidad las medusas o los erizos de mar), se desarrolló una simetría bilateral, donde se distinguía un extremo anterior y un extremo posterior. La región anterior —que podemos identificar con la cabeza— era la que primero se encontraba con las novedades que pudiesen surgir al avanzar, por lo que muchos de los órganos sensoriales se fueron concentrando allí, en un lento proceso que duraría millones de años. También era importante recibir y procesar esa información lo antes posible, por lo que muchas neuronas de la red se concentraron también en esa zona rostral. Los grupos más especializados de neuronas, lo que podríamos llamar los cerebros más primitivos, surgieron cerca de la boca y de los primitivos ojos. Este fenómeno evolutivo se denomina neurobiotaxis e implica que los centros nerviosos que intervienen en el análisis de una señal externa tienden, durante el desarrollo evolutivo, a acercarse al órgano sensorial, disminuyendo así el tiempo de respuesta. Fue el inicio de la cabeza y esos acúmulos de neuronas se llamaron ganglios, ganglios cefálicos.

También se situaron ganglios en otras zonas importantes del cuerpo, como pueden ser el tubo digestivo, el aparato reproductor o el aparato locomotor. En la actualidad aparecen sistemas nerviosos ganglionares en todos los artrópodos: insectos, arácnidos y crustáceos. Hay que pensar que, aunque comparados con el nuestro sean sistemas nerviosos sencillos, tienen una enorme capacidad. Las abejas, por ejemplo, son capaces de ver el mundo en color, diferenciar una gran variedad de olores, contar, comunicarse, reconocer rostros de humanos y de otras abejas, leer símbolos, diferenciar conceptos como arriba-abajo, izquierda-derecha o igual-diferente, combinar conceptos, volar usando la posición del sol y las estrellas y juzgar su propio razonamiento, valorando adecuadamente si tienen posibilidades de superar una prueba. Darwin dijo que el cerebro de un insecto es el gramo de materia más maravilloso que existe.

El último gran avance de estos sistemas nerviosos primitivos fueron los sistemas cefálicos, que son los típicos de los vertebrados: peces, anfibios, reptiles, aves y mamíferos. Dentro del cráneo se dispone un enorme acúmulo de neuronas, dando lugar al encéfalo, que se convierte en una estructura de gran complejidad, con muchas zonas conectadas entre sí, una alta capacidad funcional y una flexibilidad muy superior a la de los ordenadores más sofisticados que hemos fabricado. También se sitúan allí cerca la mayoría de los órganos sensoriales (vista, oído, olfato, gusto y equilibrio) y se forma una estructura, el sistema nervioso central, que recibe información del exterior, la compara con información almacenada, le suma aportes de otras partes del organismo y con todo ello genera una respuesta en microsegundos. A su vez tiene una enorme capacidad plástica, funciona bien aunque pierda miles de piezas cada día, se adapta a condiciones variables, se modifica constantemente y afronta todos los retos que van surgiendo.

Aun así, al principio los encéfalos eran muy sencillos. El anfioxus, un animal parecido a un pez pero mucho más primitivo y que vive de filtrar el agua tiene un encéfalo que apenas se diferencia anatómicamente de la médula espinal. Pero tiene regiones especializadas para, por ejemplo, los movimientos natatorios. Comparado con los cerebros de los mamíferos sería como comparar una pequeña ermita románica con una fastuosa catedral gótica: la complejidad estructural y funcional es inmensamente mayor pero todos los principios básicos ya están allí.

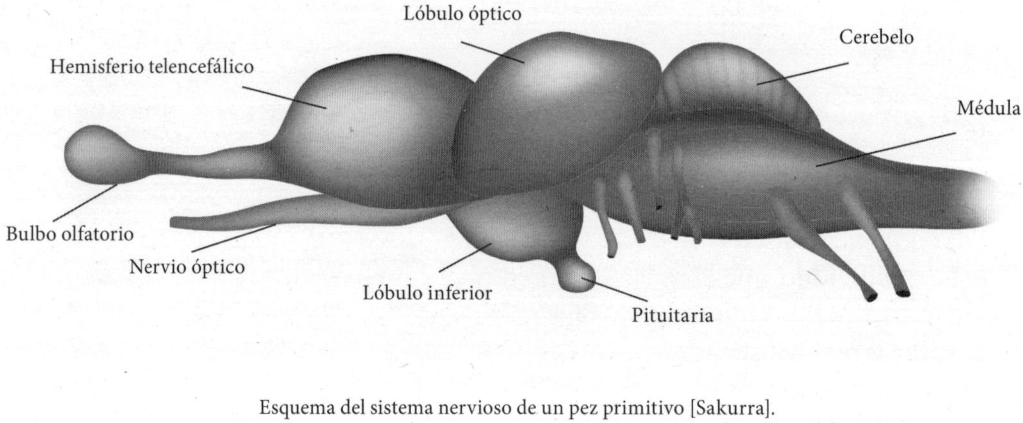

Esquema del sistema nervioso de un pez primitivo [Sakurra].

LA INVENCIÓN DEL CEREBRO

La evolución fue seleccionando sistemas nerviosos con cada vez mayor capacidad y más rapidez. Un momento clave sucedió hace unos quinientos millones de años cuando, por un error, todo el genoma, el ADN donde están las instrucciones para hacer las distintas partes de un cuerpo, se duplicó. Fue como si un niño comprase una caja de Lego y encontrase en su interior el doble de piezas: podía hacer muchas cosas nuevas, «malgastar» piezas haciendo pruebas, hacer modificaciones que mejorasen el producto final o le dieran nuevas funcionalidades.

De esos «excedentes» surgieron combinaciones neuronales diferentes y distintas regiones cerebrales comenzaron a poder expresar tipos nuevos de neurotransmisores, lo que a su vez les permitía hacer cosas distintas, desarrollar comportamientos más complejos. Después volvió a suceder, el genoma volvió a duplicarse por error y las posibilidades se multiplicaron. Si solo tienes una pieza y se modifica, todo puede estropearse, pero si tienes varias iguales, alguna se puede modificar y el sistema puede funcionar igual y, con suerte, mejor.

Las partes básicas del cerebro fueron apareciendo: un techo óptico que permitía seguir objetos con los ojos; la amígdala que nos hacía responder a situaciones peligrosas con una sensación que llamamos miedo; el sistema límbico que empezó a darnos recompensas por hacer cosas como beber cuando tenemos sed o tener sexo —básicas una y otra para la supervivencia del individuo y de la especie, respectivamente—; o los ganglios basales, que coordinan los movimientos necesarios para desplazarse con rapidez y realizar tareas sofisticadas con las extremidades.

Los animales surgieron hace unos ochocientos millones de años, hace trescientos sesenta millones de años nuestros ancestros marinos colonizaron la tierra y hace doscientos millones de años surgieron los primeros mamíferos. Parece que ya tenían una pequeña estructura cerebral corres-

Primates. Ilustración extraída de la obra *The animal kingdom, arranged according to its organization, serving as a foundation for the natural history of animals : and an introduction to comparative anatomy* (Vol. 1) [Londres, G. Henderson, 1834].

pondiente a la neocorteza, que sería la responsable de la complejidad y flexibilidad del comportamiento de los vertebrados amniotas. Además, el encéfalo fue creciendo y por primera vez ocupó todo el interior del cráneo. Esos pequeños mamíferos tenían que competir con seres poderosos, inmensos, como los dinosaurios. Su única posibilidad era ser más rápidos, más hábiles, más inteligentes. Aun así, solo se multiplicaron cuando los dinosaurios, probablemente por el impacto de un asteroide sobre la Tierra, se extinguieron.

La primera región encefálica que empezó a crecer fue el cerebro olfatorio, lo que sugiere que aquellos primitivos mamíferos dependían del olfato para encontrar comida y pareja y huir de los peligros. Es muy probable que fueran nocturnos para no meterse en problemas con los predadores diurnos o que se movieran por madrigueras subterráneas. Después surgieron incrementos de volumen —que solo conocemos por la huella que deja el encéfalo en el interior del cráneo— en la zona especializada en cartografiar las sensaciones táctiles por lo que el tacto, quizá a través de bigotes o algo parecido, debió de ser también importante para ellos.

Cuando los dinosaurios desaparecieron, hace unos sesenta y siete millones de años, algunos mamíferos supervivientes se subieron a los árboles y una buena vista los ayudó a encontrar fruta e insectos, lo que hizo que se expandiera la parte visual de la corteza cerebral y cambiaran a tener hábitos diurnos. Y fueron desarrollando mucho la parte social, vivían en grupos y había que dedicar tiempo, energía y espacio en el cerebro para llevar un buen control de las relaciones interpersonales. Eso se reflejó en la parte del cerebro de detrás de la frente, lo que se llama corteza frontal. Al mismo tiempo fue aumentando la interconexión entre las regiones, la velocidad del procesamiento de información, la complejidad de los circuitos… Todo eso fue llevando al razonamiento, la inteligencia, la búsqueda de patrones, el predecir el resultado futuro de las acciones, la planificación, la comunicación, al cerebro de los primates. Dentro de los primates surgieron los monos hace unos cuarenta millones de años y algunos de los del Viejo Mundo perdieron la cola, duplicaron el volumen del cerebro y se convirtieron en simios hace unos veinticinco millones de años. Nuestra línea se separó de la del orangután hace unos doce millones de años, hace unos ocho de la del gorila y hace unos siete de la del chimpancé y el bonobo. Todos viven en bosques, pero los chimpancés se aventuran en ocasiones en espacios más abiertos. Y hace unos dos millones y medio de años de aquellos primates que habían bajado de los árboles y se habían aventurado por la sabana, cazando en grupo y educando con esmero a sus crías, surgió la primera especie de *Homo*. Este primate caminaba erguido y ya no tenía los grandes colmillos de los simios. Además, su cerebro había aumentado más de tamaño, cazaba con las armas y herramientas que fabricaba, y era ya un animal tecnológico, un organismo donde el cerebro y su capacidad para hacer cosas era su principal apuesta por la supervivencia.

El encéfalo no tiene partes duras, contiene muy poca sustancia intercelular, su consistencia es baja, es muy blando, tiene una alta proporción de grasa y las propias células cerebrales están cargadas de proteínas y enzimas. Todo esto hace que, una vez que el corazón se para y el cerebro deja de recibir oxígeno y sustancias nutritivas, su degeneración empieza inmediatamente y los patólogos consideran que es el primer órgano en licuarse. Por ello, raramente fosiliza y casi todo lo que sabemos de su evolución se basa en tres tipos de evidencias indirectas:

— Cráneos.
— Resultados de la actividad cerebral como herramientas, instrumentos musicales, armas, pinturas, marcas en huesos, etc.
— Secuencias de ADN.

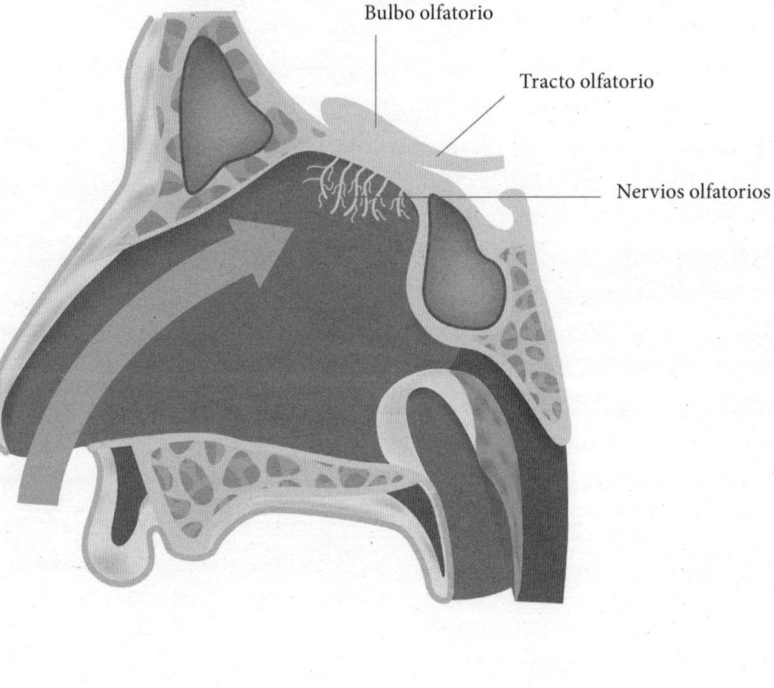

Esquema del flujo de aire hasta llegar al bulbo olfatorio en humanos [Gritsalak Karalak].

Ese primer *Homo* de hace dos millones y medio de años era diferente a las especies próximas. En muchos primates hay un gran músculo que mueve las mandíbulas desde la parte lateral del cráneo, ejerce una gran fuerza pero impide que el cráneo crezca. Una única mutación hizo que uno de nuestros ancestros perdiera ese músculo tan fuerte. Ya no podíamos comer almendras rompiendo la cáscara con los dientes pero el cerebro podía crecer. Un encéfalo mayor nos permitió innovar, aprender, enseñar y comunicarnos mejor. El problema es que un cerebro más grande necesita más alimentos, así que tuvimos que aprender a buscar más comida, ya no valía con frutas, hojas e insectos, el primate de la cabeza grande aprendió a matar. Comer carne proporciona muchos nutrientes altamente energéticos, con lo que el cerebro puede crecer más. Y el hombre aprendió a usar el fuego. Cocinar la comida nos dio aun más nutrientes, eliminó muchos de los parásitos que nos infestaban y permitió que los intestinos fuesen más cortos y nuestro cuerpo pesara menos. Todo ello liberó nuevos recursos para más crecimiento cerebral, lo que permitió el lenguaje y, con él, mayor interacción social, el cuidado conjunto de las crías, la sociedad humana.

Con respecto al resultado de la actividad cerebral, el linaje del hombre no tiene garras, ni astas, ni un caparazón resistente, no es fuerte ni especialmente rápido, aunque sí tiene una capacidad llamativa para mantener una carrera continua durante mucho tiempo. Sus principales bazas fueron, desde el primer momento, su inteligencia y sus manos. Las manos estaban libres, podían aprehender y agarrar objetos, podían hacer movimientos poderosos, intensos, como arrojar algo con fuerza, y también finos, delicados, como sacar un jugoso insecto del hueco de un árbol. Y con las manos y el cerebro los primeros hombres aprendieron a construir cosas. Hace unos dos millones y medio de años los ancestros del hombre se dieron cuenta de que podían fabricar herramientas y con ellas defenderse mejor: un cuchillo era una poderosa extensión de nuestros pobres dientes y uñas, una lanza permitía alargar nuestro brazo y llevar el cuchillo más lejos de nuestro cuerpo, un hacha multiplicaba el poder percutor de una piedra en nuestra mano, un pequeño palo permitía buscar pequeños insectos en termiteros y grietas donde nuestros dedos no podían entrar. A través de la invención y el uso de herramientas, y de forma muy especial tras la conquista del fuego, los humanos fueron capaz de extender sus territorios, alterar el paisaje, conseguir calor, defenderse, tener más comida, romper la oscuridad de la noche, ir modelando el mundo en función de sus necesidades. Aquello significó el inicio de una nueva etapa en la historia del planeta.

El efecto del fuego sobre la comida consiguió también hacerla más fácil de masticar, más digerible, con mejor sabor y, al secarla o ahumarla, conservarla durante mucho más tiempo. Hubo más comida, menos enfermedades, un exceso de proteínas y grasas que permitió hacer cerebros más grandes y tener más tiempo para pensar. Ya no era necesario pasarse el día buscando comida, empezó a haber tiempo para contar historias, para dibujar en las paredes, para mirar a las estrellas y al arcoíris y preguntarse qué era aquello, para hacer objetos hermosos simplemente por el placer de admirarlos, para soñar y hacer planes, para explorar qué había más allá del horizonte. Algunos autores han hablado de un «Big Bang mental», un cambio súbito que produjo en un plazo relativamente corto, menos del uno por ciento de la historia de los grandes simios, un avance espectacular con una explosión de la creatividad y el desarrollo tecnológico.

Fabricando cerveza con recipientes de barro cocido y hogueras, región de Unyamwezi, en Tanzania.
Ilustración creada por Bayard, y publicada en la obra *Le Tour du Monde*, París, 1864.

Un hallazgo fue llevando a otros. El efecto del fuego sobre el barro fue probablemente descubierto en las primitivas hogueras. Ello llevó al descubrimiento de que la arcilla se podía manipular, modelar y que, después de seca, su exposición al fuego hacía que se endureciese, pudiese contener líquidos y su estructura se hiciera duradera. Aparecen también las primeras figuras de nosotros mismos, las famosas venus. No sabemos su función ¿imágenes religiosas de diosas? ¿amuletos para la fertilidad o la reproducción? ¿juguetes? Tampoco sabemos por qué las cabezas apenas están modeladas y los rostros poco o nada representados. Ello contrasta con el detalle o incluso la exageración de pechos y órganos sexuales femeninos, lo que ha hecho pensar a algún historiador que parte de ese arte primitivo podría estar hecho por adolescentes con las hormonas disparadas. ¿Es el gusto por la pornografía una de nuestras características distintivas?

El desarrollo de las armas debió ir acompañado de mejores conocimientos sobre cómo cazar, dónde atacar para que la presa no escapase ni pudiera defenderse. La importancia de la cabeza y del cerebro como dianas de un ataque se conoce probablemente desde hace cientos de milenios. Heridas craneales, capaces de causar daño cerebral, se conocen a lo largo de toda la evolución de los homínidos. Se cree que estos ancestros nuestros sabían que al golpear esa zona podían dejar a la víctima de forma casi instantánea en una situación de debilidad, paralizada o muerta.

Raymond Dart, un paleontólogo que estudió los australopitecos de Sudáfrica y describió el primer *Australopithecus africanus*, analizó el cráneo de uno de ellos con varias fracturas próximas. Pensó que ese individuo había sido golpeado desde atrás por otro homínido ancestral, un golpe que le causó la muerte. Aunque sus propuestas son hoy discutidas, Dart llegó a demostrar que las medidas de los cóndilos de un húmero de antílope encajaban en las líneas de fractura de aquel cráneo, y propuso que ese húmero pudo ser el arma «australopitecida». Más aún, en los cuarenta y dos cráneos de babuino encontrados en yacimientos de australopitecos, el sesenta y cuatro por ciento mostraban evidencias de fracturas del cráneo, normalmente en la zona occipital, en la nuca. Dart y otros investigadores sugieren que esos monos fueron golpeados en la cabeza por los australopitecos con algún tipo de maza, lo que indica que el cerebro, o en general la cabeza, era considerado hace ya más de un millón de años como algo básico para la vida y una buena zona para causar la muerte con rapidez.

Hay también evidencias de daño craneal en restos de especies de nuestro género como *Homo erectus*. El porcentaje de cráneos con fracturas intencionadas es relativamente alto. En el yacimiento del río Solo, cuatro de los once cráneos tenían heridas potencialmente mortales. En Chouk'outien, un yacimiento cercano a Pekín, se han recuperado los restos craneales de cuarenta individuos, todos ellos con daños en la cabeza. Podemos pensar que esas heridas fueran el resultado de romper el cráneo tras su muerte para poder extraer el cerebro y comérselo, pero hay evidencias de que, al menos en ocasiones, era algo que sucedía antes del fallecimiento. Un espécimen de neandertal encontrado en la cueva de Shanidar, en el Kurdistán iraquí, muestra una herida sanada en la parte superior del cráneo y otra en la región del ojo izquierdo. Aquel neandertal, bautizado como Shanidar 1, presentaba además fracturas en un brazo y en una pierna y le faltaba una mano probablemente de forma congénita. Aunque las fracturas estaban soldadas, tendría una fuerte cojera y probablemente estaría tuerto del ojo izquierdo, alcanzó los cuarenta-cincuenta años, una edad muy avanzada para un neandertal y su época, lo que nos hace pensar que fue respetado y cuidado por los miembros de su grupo. Es terrible pensar que desde el origen de nuestra especie y llegando hasta nosotros hay evidencias de asesinatos, guerras, armas y violencia, pero también es muy probable que algunos de nuestros antepasados fueran incapaces de conseguir comida por sí solos y dependiesen de otros miembros de la tribu para tener alimentos, para desplazarse, para vivir. Así ha sido siempre: somos capaces de los crímenes más horrendos y de la generosidad más extrema, de matar a un pariente y de dar la vida por un desconocido.

El control del fuego también abrió la puerta al uso de los metales. Las primeras trazas probablemente se vieron al preparar cerámicas: esos restos minerales producían colores y brillos en las piezas tras su cocción, una posibilidad artística que los artesanos pronto incorporaron en su repertorio técnico. Recoger piedras ricas en metales y purificarlos abrió posibilidades impensables: el mundo de las tecnologías, un camino que no ha cesado. Tampoco sabemos el por qué del arte, por qué una persona que está haciendo potes de barro para cocer comida, de repente empieza a dedicar tiempo a hacerlo distinto, bello, único. La razón solo puede estar en nuestro cerebro. ¿Hay algo que nos atraiga instintivamente hacia la belleza? ¿Ansiamos poseer algo que es distinto, mejor que lo que tienen los demás? ¿Es el orgullo de un trabajo manual que supera al que se ha hecho hasta entonces? ¿Es nuestra ansia de poseer y el beneficio que una pieza original proporciona en el comercio primitivo? ¿Es una forma de demostrar habilidad y ser más atractivo para encontrar pareja? ¿Necesitamos símbolos de estatus, algo que distinga al poderoso del que no lo es? Al final son todas funciones cognitivas, funciones cerebrales y también son demasiadas preguntas sin respuesta.

Las sociedades prehistóricas, antes de que existiera escritura, probablemente tenían un conocimiento rudimentario del cuerpo humano y disponían de una mezcla de remedios para primeros auxilios, algunos eficaces y que en ocasiones seguimos usando en nuestros días junto a creencias en espíritus sobrenaturales responsables de la enfermedad, la curación y la duración de la vida. El control del fuego puede haberse usado para una primitiva esterilización y la utilización de comida cocinada puede haber sido útil para cerrar heridas. Además, las herramientas de piedra y metal, pueden haberse usado no solo como armas, sino también para algunas aproximaciones quirúrgicas rudimentarias. Algunos cuchillos estaban hechos de obsidiana, un cristal que se encuentra entre las rocas volcánicas y permite obtener filos muy finos. Entre los procedimientos quirúrgicos más antiguos está, sin duda, la trepanación.

Los seres humanos se fueron agrupando en ciudades y de ahí surgió la creación de reinos e imperios. El funcionamiento de una gran urbe como Babilonia o Pekín estimulaba la creación, el comercio de las nuevas invenciones y la fundación de escuelas de profesionales: necesitabas médicos que atendieran a los soldados heridos en las batallas y sacerdotes que hicieran de intermediarios con los dioses, buscando solución unos y otros a las enfermedades y los problemas del día a día.

La historia del hombre ha sido un círculo virtuoso de genes, dieta, cultura, tecnología, relación social, arte y, de eso, hace unos doscientos mil años, surgió la estructura de computación más avanzada y sofisticada que existe en el Universo, el órgano más avanzado desarrollado por la evolución biológica: el cerebro humano moderno. En los últimos milenios, en lo que llamamos historia, hemos afrontado, paso a paso, desentrañar sus secretos y comprender su funcionamiento.

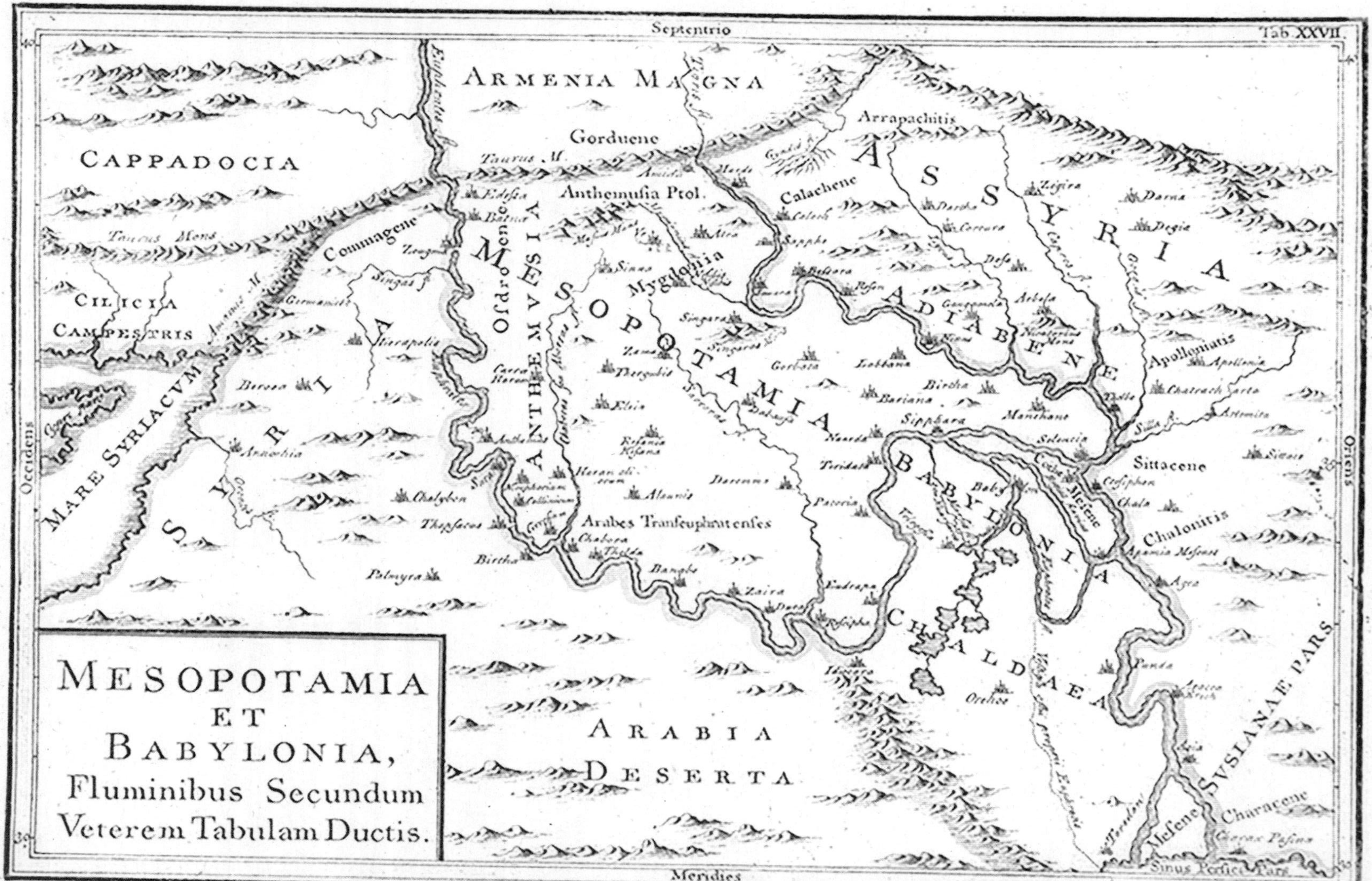

Mesopotamia et Babylonia, Fluminibus Secundum Veterem Tabulam Ductis. *Geographia Antiqua*, 1794

RÍOS DE BABILONIA

Cuatro son las grandes culturas antiguas: la mesopotámica, la egipcia, la china y la india, e iremos hablando de cada una de ellas en relación con el sistema nervioso. Mesopotamia significa «entre ríos» y hace referencia al amplio territorio situado entre el Tigris y el Éufrates. En la actualidad estaría situada entre los límites geográficos de Irak, Kuwait, el nordeste de Siria y una zona menor del sudeste de Turquía y el sudoeste de Irán. Mesopotamia es considerada la cuna de la civilización occidental y fue un territorio fundamental de los imperios sumerio, acadio, babilónico y asirio.

Entre las creaciones que se atribuyen a las civilizaciones que habitaron Mesopotamia están la escritura, la moneda, la rueda, las primeras nociones de astrología y astronomía, el sistema sexagesimal, los códigos de leyes, el sistema postal, los cultivos de regadío, el arado, las barcas a vela y el calendario con doce meses. No sabemos por qué se produjo tal explosión de creatividad. Por lo que sabemos, la primera ciencia nace de la necesidad de contar y medir y los registros escritos implican una voluntad de pervivencia. En un momento determinado hubo un enorme estallido de violencia en Mesopotamia: los pueblos fueron abandonados, las ciudades se rodearon de grandes murallas y las paredes de los palacios se decoraron con escenas de batallas victoriosas y enemigos huyendo o muriendo. La estela de los buitres (2600-2350 a. C.) es el monumento más antiguo que celebra una masacre, la destrucción de la ciudad de Umma.

Los asirios fueron un pueblo semita y guerrero que hizo de Nínive su capital (750-612 a. C.) y cuyos ejércitos saquearon Babilonia. Se ha dicho que la historia de Asiria es un reguero de sangre. El rey de Babilonia tenía derecho a sacarle los ojos al rey vencido y frente al lujo inaudito de los jardines colgantes, la mayor parte de la población vivía en una situación de miseria abyecta. El último gran rey asirio fue Asurbanipal, (669-629 a. C.) que construyó una de las grandes bibliotecas de la Antigüedad,

Escritura cuneiforme del imperio Akkad en una tabla de arcilla [Couperfield].

donde ordenó recoger todo el saber de su época, escrito en tabletas de arcilla. Ningún imperio dura eternamente y en 612 a. C. Nínive fue destruida por los medos y los caldeos que restablecieron un breve imperio babilónico (612-539 a. C.), que a su vez fue conquistado por el nuevo imperio persa fundado por Ciro el Grande, cuyos descendientes serían posteriormente arrollados por las falanges macedonias de Alejandro Magno el 331 a. C. Los restos de la biblioteca de Asurbanipal, las montañas de tabletas de arcilla, fechadas desde el 3200 a. C. hasta el comienzo de nuestra era, quedaron apiladas en el suelo durante dos milenios hasta que primero se excavaron, luego se restauraron y finalmente se tradujeron y entendieron.

Muchos de los textos tienen que ver con guerras y batallas. Los ejércitos asirios alcanzaron un culmen del armamento defensivo con varios tipos de escudos, cascos y armaduras hechas de escamas de hierro. Desgraciadamente, y como suele ser habitual, ese gran desarrollo de las medidas defensivas fue emparejado con similares avances tecnológicos en las armas de ataque. Los soldados eran reclutados en todas las ciudades, villas y pueblos que componían el imperio y cada una de estas localidades estaba obligada a aportar, en concepto de impuesto, un cierto número de hombres jóvenes en condiciones de luchar. El servicio militar estaba organizado en ciclos de tres años: el primer año te incorporabas al ejército, el segundo trabajabas en obras públicas y el tercero podías estar en tu casa y criar a tus hijos.

Casi todo lo que sabemos de la neurociencia mesopotámica se basa en esas tabletas de arcilla, unos cuantos cientos contienen textos médicos, la mayoría manuales y colecciones de recetas. Los traumatismos eran muy frecuentes y muchos de esos textos médicos hacen referencia a heridas de guerra. Probablemente los períodos de «servicio» eran muy intensos y el número de bajas era alto. Algunos de los diagnósticos dicen cosas como «*si sus palabras son ininteligibles durante tres días*», «*si se va durante tres días seguidos*» por lo que se piensa que son manifestaciones tempranas de lesiones cerebrales y de un trastorno de estrés postraumático.

Aunque sus registros escritos no son tan detallados como los egipcios, muchos investigadores modernos consideran que la medicina se inició simultáneamente en Mesopotamia y en Egipto. Además de la relativa escasez de restos arqueológicos, el suelo mesopotámico es mucho menos favorable para la preservación de los cuerpos e incluso de los esqueletos que las secas arenas de Egipto, por lo que también tenemos menos evidencias de las enfermedades que sufrían y de sus posibles tratamientos.

Herodoto cuenta que los mesopotámicos no tenían médicos y colocaban a los heridos y a los enfermos en las plazas y otros lugares públicos para que los caminantes se vieran obligados a interesarse por ellos y a ofrecer sus consejos y experiencias. Sin embargo, las evidencias actuales no encajan con este relato del historiador griego por dos detalles: la existencia de libros de medicina babilónicos y la descripción detallada de pagos y castigos a los sanadores y cirujanos recogidos en normas legales como el famoso código de Hammurabi (1792-1750 a. C.).

Con respecto a los libros de medicina, el texto médico más antiguo es un manual terapéutico correspondiente al periodo Ur III (2112-2004 a. C.). Está escrito en sumerio, un lenguaje sin idiomas afines y que en aquel momento estaba ya en franca decadencia y que fue sustituido por el acadio, una lengua semita con cierto parentesco con el hebreo y el árabe. El más detallado, no obstante, es el llamado *Manual de Diagnóstico* escrito por el jefe de los sabios Esagil-kin-apli de Borsippa durante el reinado del rey Adad-apal-iddina (1068-1047 a. C.). Son obras primitivas, donde la magia y la ciencia se mezclaban sin solución de continuidad, y donde se intentaba preservar el saber de culturas anteriores.

En el reinado de Marduck-apal-iddina II (en la Biblia se le llama Merodac-Baladán 721-710 a. C.) el manual había crecido a más de cuarenta tabletas y estaba listado en una secuencia estructurada con categorías independientes y más de tres mil entradas. La organización en secciones permitía ir ampliando el manual igual que nuestros archivadores de anillas, y empezaba hablando de los buenos y malos presagios que podían acontecer al médico cuando iba de camino a la casa del paciente. Luego iniciaba la siguiente sección con un recorrido de la cabeza a los pies y los posibles problemas en cada zona; la siguiente clasificaba las enfermedades en función de los días que pasaba el paciente enfermo y la cuarta sección (tabletas veintiséis-treinta) estaba prácticamente dedicada en su totalidad a enfermedades neurológicas que parecía ser una especialidad dentro del ámbito laboral del médico. La quinta estaba dedicada a las enfermedades pediátricas y de la mujer. Se ha conservado algo más de la mitad de este manual gracias al interés por el conocimiento de Asurbanipal y se guardaba en su biblioteca junto con textos farmacéuticos que recogían remedios minerales y vegetales como el famoso Herbario Asirio.

Entre los síntomas y síndromes tratados en estos manuales relacionados con el cerebro están los dolores de cabeza, los problemas sensoriales y motores, el coma, la epilepsia, los traumatismos craneales y espinales, los tumores cerebrales y los abscesos, los ictus, la neurología pediátrica, los trastornos de los ganglios basales, quizá el síndrome de Tourette, la rabia, el tétanos y la malaria cerebral, algo común en las zonas pantanosas de aquella región.

No está claro si los mesopotámicos hacían cirugías en la cabeza. Solo en una ciudad, en Lachish, situada en el actual Israel, se han encontrado cráneos con perforaciones y nuevo crecimiento del hueso en la zona trepanada. Lachish era una ciudad fuertemente fortificada que fue tomada al menos dos veces por los asirios, con Sennaquerib y con Nabucodonosor, que construyeron una gigantesca rampa para poder atacar las murallas y donde se han encontrado mil quinientos cráneos en una cueva y cientos de flechas en la rampa y en la muralla como testimonio de la crudeza de la batalla. Sin embargo, no se sabe si se trataba de una subcultura local que hacía trepanaciones o eran prisioneros procedentes de regiones alejadas donde se hacía esa cirugía y no formaba parte de las prácticas habituales en la región.

Con respecto a los textos legales, el más famoso, el código de Hammurabi, formado por más de doscientas leyes, especificaba las tarifas que había que pagar por servicios médicos concretos. Curiosamente, los precios no dependían del tipo de tratamiento sino del perfil del paciente: la norma establecía que el médico recibiría diez piezas de plata si curaba a un hombre libre, cinco si era el hijo de un plebeyo y dos si era un esclavo, algo que sigue existiendo en los boticarios chinos y en los médicos indios, que cobran en función de las posibilidades económicas del cliente para que nadie se quede fuera de los servicios asistenciales por motivos de dinero. En una versión mesopotámica de los juicios por mala praxis, el código establecía penas para los descuidos y los errores médicos, y no eran leves: una sección señalaba que si un médico causaba la muerte o ceguera a una persona noble, sus manos serían cortadas, y el aborto era castigado con el empalamiento. Se especificaba que algunos días del mes el médico no debía ejercer, pues eran días de malos augurios, y se establecían normas éticas, como que no había que tratar los casos sin esperanza para no aumentar el sufrimiento y el gasto de las familias. También muestra cierto conocimiento de las enfermedades mentales, pues el párrafo 278 del código de Hammurabi indica que la venta de un esclavo era nula si el esclavo mostraba señales de algunas enfermedades al poco tiempo de ser comprado, entre las que estaba una, llamada *sibtu*, que parece ser la epilepsia. Había instrucciones también para veterinarios, barberos, cirujanos dentales y matronas, y al final del texto había una terrible maldición para cualquiera que osara alterar el código. No se primaba la mejora de los tratamientos sino su preservación sin cambios.

Al mismo tiempo que los egipcios, los babilónicos introdujeron los conceptos de diagnóstico, pronóstico, examen médico y prescripciones. El *Manual de diagnóstico* introducía los métodos de terapia (acciones para

Conjunto de leyes de la antigua mesopotamia creado por el Rey de Babilonia Hammurabi [Dima Moroz].

limitar o revertir el progreso de la enfermedad) y etiología (búsqueda de la causa de la enfermedad), aunque siempre con un fuerte componente espiritual. Los babilonios fueron pioneros en el uso del empirismo, la lógica y la racionalidad en la búsqueda de la salud pero, sin embargo, también, al igual que los egipcios, creían que los demonios y otros poderes sobrenaturales eran los causantes de las enfermedades al asaltar el cuerpo del enfermo, algo que sucedía porque los dioses buenos ya no seguían protegiendo al desdichado por culpa de sus pecados. Los dioses, despechados, permitían a demonios o a los fantasmas de gente muerta atacar al paciente. También decían que, incluso en ausencia de malos comportamientos, los espíritus malignos podían causar la enfermedad por tres razones distintas:

— FALTA DE CUIDADO. Eran los casos de personas despistadas que no atendían a los augurios de cada día o que no usaban los amuletos o sortilegios adecuados.
— MAGIA NEGRA REALIZADA POR HECHICEROS que echaban una maldición que causaba la entrada de los demonios en el cuerpo.
— CONTAGIO ESPIRITUAL DE ALGUIEN ENFERMO. Muchas personas con un problema de salud eran consideradas «sucias» y debían mantenerse aisladas y ser evitadas, como los leprosos.

Consecuentemente a esa visión espiritual de la enfermedad, los remedios incluían obligatoriamente plegarias y exorcismos, amuletos y fetiches además de regalos a los sacerdotes-sanadores, una estrategia siempre recomendada para conseguir el favor de la divinidad.

En la época mesopotámica había un enorme interés por los augurios que marcaban el futuro y se prestaba una enorme atención a los fenómenos estelares, los sueños, los movimientos de una llama recién prendida o de una gota de aceite en el agua, la lectura de las entrañas de los animales que se sacrificaban, la aparición de animales o colores y un enorme etcétera. El lado derecho era normalmente considerado una mejor señal que el izquierdo, algo que ha persistido en nuestro lenguaje (diestro-siniestro) y en nuestra aproximación a temas como la zurdera. Las ideas de los babilónicos también subsisten en otros temas como la afición a los horóscopos, una superstición que tres mil años después sigue apareciendo en nuestros periódicos.

Con respecto a los profesionales que trataban a los enfermos parece que había tres tipos: los barû eran adivinos, que «veían» lo que había sucedido, interpretaban los auspicios, establecían diagnósticos y hacían pronósticos; los asû, que atribuían las enfermedades a causas naturales y las trataban con tratamientos racionales como medicinas hechas con plantas y en ocasiones con cirugía; y los asipu, que eran los más influyentes y que atribuían las enfermedades exclusivamente a causas sobrenaturales, en concreto a los designios de dioses, espíritus y demonios, y usaban exclusivamente tratamientos mágicos (por ejemplo, ante una migraña, realizaban ofrendas y plegarias, y presionaban al fantasma para que se llevase con él los dolores de cabeza). Hay que pensar que este mundo sobrenatural, como en todas las culturas teocráticas, formaba parte integral para los mesopotámicos del mundo real y estos profesionales trabajaban conjuntamente, al igual que pueden actuar en la actualidad un médico, un farmacéutico y el capellán del hospital. Entre las formas de aplicar las medicinas estaban los vendajes,

El Dios Ninurta o Ninib, en la mitología sumeria y acadia estaba asociado con la agricultura, la salud, la caza, las leyes y la guerra. [Katolophyromai].

los enemas, los baños medicinales, los masajes, los supositorios, las pociones, los parches y las fumigaciones. Cuatro mil años después seguimos usando métodos similares para administrar un medicamento.

Los sanadores y exorcistas eran muy respetados en la sociedad mesopotámica y pertenecían a las clases nobles. La formación se impartía en escuelas especiales adjuntas a los templos principales y era confidencial, no podía ser compartida con extraños. Los textos de sanación eran leídos por el asipu, por el paciente, o por los dos. Algunos de ellos estaban redactados en sumerio, una lengua olvidada para entonces, aunque también nuestros médicos emplean términos latinos en su trabajo. La mayoría de los dioses tenían algún poder curativo pero Ninib y Gula eran específicamente dioses relacionados con la salud, Ninazu era el patrón de los sanadores y Ea, dios del agua y creador de la humanidad, tenía también un papel importante. Los distintos profesionales de la salud trabajaban en equipo, de manera que la salud se abordaba de una forma holística, afrontando conjuntamente los aspectos médicos y espirituales. Una carta asiria a un pariente empezaba: «*nombra un asipu y un asu y déjales que realicen su tratamiento juntos para mi bien*».

Los «médicos» estaban clasificados según su importancia y existía un jefe supremo, el *rabi asê*. En el imperio asirio, los sanadores tenían que jurar su cargo, como hacían los escribas, los magos, los avistadores de aves y los adivinos. Se les permitía recibir una remuneración de quien pudiera pagarlo y llevaban una vestimenta especial y una tonsura. La rígida codificación de la medicina mesopotámica hizo que apenas evolucionara durante siglos o incluso milenios. No había conocimientos de anatomía o fisiología, no se hacían disecciones de cadáveres de personas o de animales y el dolor de muelas era causado —según su cosmología— por un gusano. Por otro lado, muchas de las enfermedades mentales que conocemos tienen una primera mención en las tabletas con escritura cuneiforme: del rey de Elam se dice que «*su mente cambió*», lo que se considera una señal de trastorno mental. También se reconoció que la impotencia sexual tenía una base psicológica.

Las ideas sobre la enfermedad de los babilónicos parece que influyeron en los médicos egipcios, pero no quedan rastros apenas en la medicina griega. Al revés, en la época final de los reinos mesopotámicos, gobernados ya por el imperio persa, los médicos de la realeza eran de origen griego, cuya medicina había ido avanzando de una manera constante gracias a la discusión, la observación y la experimentación, las estrategias que abrirían camino a la ciencia.

El Nilómetro (medidor de inundaciones) de la isla Elefantina, junto a la primera catarata, Egipto. [Underwood & Underwood, 1904].

MOMIAS Y PAPIROS

La historia de Egipto tiene una fecha exacta de nacimiento: el 19 de julio del 4241 a. C., primer día del año 1 Thot, el dios de la sabiduría. Los años eran marcados por las crecidas del Nilo que, aunque ocasionalmente pudieran causar desastres, fecundaban el valle y eran la fuente de la prosperidad del país. En una pirámide de la dinastía VI hay una inscripción que dice así:

> *Tiemblan los que ven a Hapi* [Nilo] *cuando bate* [sus olas]*; pero los prados ríen, las orillas florecen, las ofrendas de los dioses descienden, los hombres le rinden homenaje y el corazón de los dioses se exalta.*

La necesidad de controlar lo más posible estas aguas y usarlas con la máxima eficacia llevó a los egipcios a construir grandes diques, cortados perpendicularmente por otros más pequeños, los cuales servían al mismo tiempo para definir las parcelas. De ahí nacieron los agrimensores y la geometría y desde entonces hemos estado haciendo compartimentos para mejor entender y abarcar cualquier tema complejo, también lo que sabemos sobre el ser humano.

En Egipto se decía que en el hombre reside un ser inmaterial —el ka o espíritu— que en el momento de la muerte se separa del cuerpo para seguir su propio camino. La idea de ese alma o espíritu se mantendrá durante milenios y aún persiste en nuestra sociedad, con claridad entre las personas creyentes pero también bajo otros nombres o conceptos —energía psíquica, yo inmaterial— entre muchos de los que no lo son.

El conjunto de conocimientos médicos egipcio fue un híbrido que reunió componentes empíricos junto a creencias mágico-religiosas. En un documento egipcio, el papiro Smith, aparece la primera referencia escrita al cerebro. Edwin Smith fue un egiptólogo americano que compró este documento en un mercadillo de Luxor, una barriada de Tebas. Al principio sospechó que pudiera ser una falsificación, pero un vistazo más cuidadoso puso de manifiesto que contenía escritura de varias épocas, diferentes tipos de letra, diferentes tipos de tinta, diferentes autores..., demasiado complicado para ser la obra de un fabricante de *souvenires* para turistas. Probablemente había sido usado para recubrir algo, quizá una momia y para el vendedor era tan solo un envoltorio vacío, algo sin valor. Tras un breve regateo, Smith, enrolló el papiro y, feliz, marchó al hotel con él.

En su habitación, a solas, intentó descifrar algunas palabras: heridas, espadas, quizá el relato de alguna batalla. El papiro estaba rasgado por la mitad y como un libro al que le faltase la mitad de cada página, de cada línea, era una pesadilla de lectura. Sin embargo, la vida a veces te sorprende con un giro inesperado, una sonrisa del destino. El chamarilero del mercadillo ofrecía, un par de meses más tarde, otro papiro a aquel extranjero que pagaba buen dinero por aquellos restos sucios y polvorientos. En aquel caso se trataba de una burda falsificación pero Smith vio con sorpresa que para confeccionar aquel pastiche y darle un poco de credibilidad habían usado partes de un papiro verdaderamente antiguo, trozos que faltaban a aquel que llevaba semanas intentando descifrar. Ni que decir tiene que compró aquel *collage* y que comprador y vendedor se separaron muy contentos, convencidos los dos de haber engañado al otro.

Aunque parece que Edwin Smith consiguió al final de su vida entender mucho de lo que ponía aquel papiro, jamás publicó nada sobre él. Al poco de su muerte, en 1906, su hija donó el documento, conocido ya para siempre como el papiro Edwin Smith, a la Sociedad Histórica de Nueva York. Quince años más tarde, esta sociedad encargó a un egiptólogo de la Universidad de Chicago, James Brestead, que lo descifrara y preparara su traducción. No era una tarea fácil y Brestead tardó diez años en publicar el trabajo. Sin embargo, el resultado merecía la pena, era una pequeña bomba, añadía un primer capítulo a la historia de la neurociencia. Para aquellos que pensaban que Alcmeón de Crotona era el primero que había hablado del cerebro en el siglo v antes de Cristo, de repente, más de un milenio antes, un escriba desconocido, quizá un médico, decía que a través del cráneo se veía una masa arrugada, que estaba cubierta por unas telas que ahora llamamos meninges, y que contenía un fluido en su interior que ahora conocemos como líquido cefalorraquídeo.

Este papiro contiene las primeras referencias conocidas a las estructuras cerebrales, así como los efectos causados por lesiones del cráneo o de la columna vertebral. Como el jeroglífico para «*cerebro*» es seguido normalmente por «*en el cráneo*», se ha sugerido que la primera denominación del cerebro sería algo así como «*la médula del cráneo*».

El autor original del papiro Smith parece haber sido un médico militar que acompañaba al ejército del faraón en un momento indefinido entre los siglos XXVIII y XXIII a. C. Algunos, incluido el propio Brestead, han pensado que el autor fue Imhotep, médico y arquitecto del faraón Zoser, de tal renombre que fue divinizado posteriormente, pero el texto apenas contiene menciones religiosas, por lo que no encaja con lo que se conoce de Imhotep, que era, entre muchas otras ocupaciones, sumo sacerdote. Imhotep fue el primer arquitecto de una pirámide, fue divinizado y su fama como médico fue tal que llegó hasta el mundo griego, donde también se le divinizó y «refundió» con el dios local Esculapio.

El papiro fue compilado en Egipto unos dos mil ochocientos años a. C., y lo que conocemos es una copia hecha aproximadamente en el mil seiscientos a. C. El autor parece un cirujano de guerra y el papiro es un verdadero tratado de traumatismos de los que se recogen un total de cuarenta y ocho casos, donde se habla de la historia del paciente, el examen que se le realiza, el diagnóstico de su estado, el pronóstico de su evolución y el tratamiento más adecuado. Los primeros veintisiete casos recogen lesiones y fracturas en el cráneo y el rostro, una proporción muy alta pero comprensible si pensamos en soldados que se enfrentaban con espadas en una lucha cuerpo a cuerpo. El sexto caso es una herida tan grave que expone el cerebro tras penetrar el cráneo y las meninges y dice así:

Partes vi y vii del Papiro de Edwin Smith [Academia de Medicina de Nueva York].

Si examinas a un hombre con una herida abierta en su cabeza, que llega al hueso, quebrando el cráneo y exponiendo [la víscera] *de su cráneo, palparás su herida. Encontrarás esa materia en su cráneo* [como] *los pliegues que aparecen en el cobre* [fundido] *en el crisol, y algo allí late y se agita como en la zona blanda de la cabeza de un recién nacido.*

Viendo los datos que se recogen en el papiro Smith, es evidente que aquellos egipcios del tercer milenio antes de nuestra era sabían que los síntomas de las lesiones del sistema nervioso pueden darse lejos del lugar dañado: hay ejemplos de dificultades en la coordinación ojo-mano y otros de problemas en el lado opuesto del cuerpo a la zona de la lesión en la cabeza. Entre la información que podemos extraer de los casos descritos en este papiro encontramos la epistaxis y la otorragia —hemorragias por la nariz y los oídos, respectivamente— de las fracturas del cráneo, al igual que la rigidez de nuca, la tetraplejia y la hemiplejia, el estrabismo y el coma.

El papiro Smith es, de hecho, el primer tratado quirúrgico de la historia. Su claridad y lucidez contrasta con lo que sucedía en el proceso de preparar el cuerpo del difunto para el mundo del más allá, su momificación. Para disponer el cuerpo para la nueva vida, la momia, tras una larga preparación era envuelta en un lino de gran calidad y encerrada en un estuche de lino y yeso pintado que a su vez se colocaba en un sarcófago de madera antes de introducirlo en la cámara funeraria.

Como en cualquier proceder humano había embalsamadores más cuidadosos que, por ejemplo, colocaban junto a la momia la placenta, un órgano reverenciado que había sido cuidadosamente conservado desde el nacimiento y, por el contrario, evidencias en otras momias que muestran que algunos egipcios iniciaban su viaje a la eternidad faltándoles una pierna, el hígado u otras partes vitales mientras que otros llevaban algún extra: herramientas, trapos o partes del cuerpo de otra persona.

Para los egipcios, el cerebro era un órgano poco importante. El más importante era el corazón, donde residía el alma. Los egipcios no distinguían entre tendones, arterias, venas y nervios y usaban la misma palabra, *metu* («canal»), para todos ellos. Por lo tanto, para el retorno a la nueva vida era clave mantener abiertos los veintiséis canales del corazón en el proceso de momificación. También creían que el corazón guardaba las obras buenas y malas hechas cuando uno estaba vivo y por las que sería establecido su destino después de la muerte. Al poco de morir tenía lugar la «*ceremonia de la apertura de la boca*», un ritual en el que el muerto proclamaba su inocencia de cualquier acto punible que hubiera cometido a lo largo de su existencia o mencionaba algún aspecto sobre el que quisiera arrojar luz antes del día del juicio. En ese tribunal, el corazón era puesto en una balanza contra una pluma para ver si tenía el peso de la culpa y el mal o estaba libre de pecado y pesaba menos que la pluma. Durante el juicio, Anubis, dios de la momificación (normalmente representado con una cabeza de chacal), sujetaba la balanza mientras Thot, dios de la escritura (normalmente con cabeza de ibis), registraba las respuestas del corazón a cuarenta cuestiones. Esta ceremonia de la balanza determinaba si el fallecido iría al cielo a disfrutar de la vida eterna o sería engullido por una criatura mitológica parecida a un cocodrilo, el Devorador.

Sabemos más de la momificación por Herodoto que por los propios egipcios. Al preparar la momia, el corazón se dejaba en su sitio porque era demasiado importante para separarlo del cuerpo y era necesario para que respondiera a las preguntas de la «pesada del alma». El proceso de desecación para momificar un cuerpo tardaba aproximadamente cuarenta días, mientras que se necesitaban otros quince-treinta días para lavar, empaquetar, envolver y cubrir con óleos el cadáver. En las personas nobles, los órganos más importantes se guardaban en los vasos canópicos, unos jarrones con tapa en la que se representan frecuentemente a los cuatro hijos de Horus y allí se colocaban el hígado, los pulmones, el estómago y los intestinos. El cerebro, por el contrario, se trataba sin especial cuidado. Lo normal, según Herodoto, era extraer la mayoría del cerebro a través de los orificios nasales o la base del cráneo con un gancho de hierro y simplemente eliminarlo. El hueso etmoides, situado al final de la cavidad nasal y que separa el epitelio olfatorio del cerebro, se rompía con un pequeño cincel para facilitar la extracción de la materia cerebral. Más raramente se accedía al cerebro por la base del cráneo o por la órbita de un ojo. Los restos de tejido cerebral se eliminaban con un lavado con sustancias químicas y la cavidad craneal se rellenaba con tiras de lino embebidas en resinas. Se consideraba, por tanto, que el cerebro no era necesario para la vida futura y no se conservaba.

Los egipcios avanzaron de una forma inusitada la medicina y el alto grado de documentación, su afán de observación y registro, sus escritos y pinturas nos han permitido tener una idea bastante detallada de sus conocimientos y procedimientos médicos. Las evidencias en las momias y los registros paleográficos dejan clara la presencia de distintas enfermedades. Los antiguos egipcios buscaban cómo tratar a estas personas, de qué manera devolver el cuerpo a su estado de salud. Un enfermo nunca fue alguien impuro o intocable sino alguien necesitado de ayuda, cuidado con interés y tratado con cariño. Herodoto visitó Egipto en torno al 450 a. C. y en sus escritos recoge que los médicos egipcios tenían distintas especialidades, estando algunos de ellos dedicados a las enfermedades de los órganos de los sentidos y la cabeza, que serían los más comparables a los neurólogos actuales, salvando las enormes distancias.

Para el conocimiento del cerebro en la época egipcia, otro importante documento es el papiro Ebers. Descubierto en la misma zona y época que el papiro Smith, es un auténtico vademécum que comienza con la frase «*Aquí empieza el libro sobre la preparación de medicinas para todas las partes del*

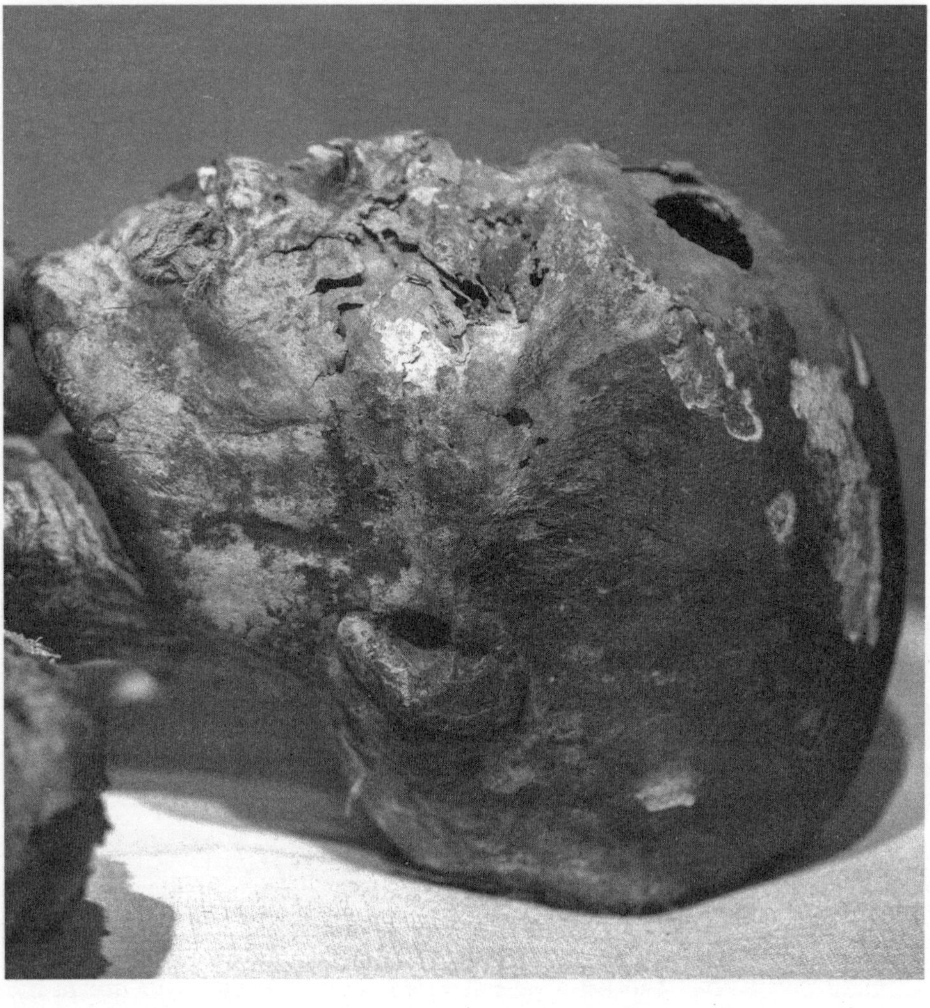

Detalle de la cabeza de una momia egipcia [Andrea Izzotti].

cuerpo». Contiene más de novecientas prescripciones, de las cuales algunas contienen ingredientes médicos activos. Sin embargo, otras cincuenta y cinco recetas contienen orina o heces, que en la actualidad pensamos que es más posible que causen un agravamiento de la enfermedad en vez de curarla. La lógica detrás de ese conjunto de tratamientos escatológicos parecía ser hacer el cuerpo inhabitable, incómodo para los demonios que causaban las enfermedades. Es posible que entre estas también estuviera la epilepsia, pues en el papiro Ebers se habla también de distintos tipos de temblores.

El papiro Ebers indica que tres tipos de personas se acercaban al enfermo: médicos, sacerdotes de Sekhmet y magos. Los límites entre estos tres grupos no son nítidos y alguna persona podía tener varias *titulaciones*. Quizá no es tan diferente de la actualidad, donde además del cuidado médico, los enfermos buscan a menudo el consuelo, el apoyo o incluso los milagros de la religión y existen toda otra serie de personajes, de lo normal a lo estrafalario (periodistas, investigadores, farmacéuticos, curanderos, videntes...) que intervienen en la búsqueda de la salud, sobre todo de las personas ricas y famosas. Cerca de los grandes templos existían las llamadas Casas de la Vida, donde se establecían y aprendían tratamientos, se estudiaban problemas legales y teológicos, se fijaba el calendario, se conservaban y copiaban los textos antiguos, se redactaban informes oficiales, etc. Eran hospitales pero también mucho más.

La información que nos ha llegado a través de los papiros egipcios no habla solo de los aspectos traumáticos, también hay referencias a trastornos psíquicos donde se describen casos de angustia y depresión. Un ejemplo precioso es el *Diálogo con su alma de un hombre cansado de la vida* que se encuentra en el papiro Berlín 3024:

la muerte está hoy ante mí
como la curación de una enfermedad,
como un paseo tras el sufrimiento.
La muerte está hoy ante mí
como el perfume de la mirra,
como el reposo bajo una vela en un día de gran viento.
... como un camino tras la lluvia
... como un retorno a casa después de una guerra lejana...

Así, varios miles de años antes del inicio de nuestra era, tenemos constancia de los primeros conocimientos sobre el cerebro humano y la presencia de trastornos mentales.

El Yin-yang expresado en escritura de sello (arriba), chino tradicional (medio) y chino simplificado (abajo).

NEUROCIENCIA EN LA ANTIGUA CHINA

Si Egipto es la cuna del conocimiento sobre el cerebro en el hemisferio occidental, China lo es en el hemisferio oriental. El primer conocimiento detallado sobre el cuerpo humano tuvo probablemente lugar en el tercer milenio antes de nuestra era. En esa época, el Emperador Amarillo compiló, según la leyenda, el Niijnt Suen o *Cuestiones básicas de medicina interna*. Este tratado, ampliado a lo largo de los tres mil años siguientes, se convirtió en la base del conocimiento médico asiático. Siguiendo esta línea de pensamiento, los médicos diagnosticaban y trataban las enfermedades basándose en la interrelación y la armonía entre los hombres y el ambiente, usando técnicas como la meditación y la acupuntura.

La medicina tradicional china es compleja y con una amplia mezcla de elementos físicos y metafísicos, aspectos orgánicos y espirituales, una amalgama de conocimientos, supersticiones y teorías acumulados a lo largo de milenios. Un punto importante es el Tao, el camino recto que marca el equilibrio entre el yin y el yang. El yin es pasivo, suave, tranquilo, frío, introvertido y femenino mientras que el yang es activo, duro, caliente, extrovertido y masculino. La parte superior del cuerpo y la espalda se asignan al yang, mientras que el abdomen es yin. Estos dos aspectos contradictorios y complementarios actúan equilibrando las funciones corporales normales y, cuando se desajustan, generan los síntomas de la enfermedad, que se refleja en ese desequilibrio entre el yin y el yang y que puede haber sido causado por demonios y otros agentes místicos.

Al contrario que la medicina occidental, la medicina oriental presta poco interés a los órganos, a la anatomía y se basa más en funciones: digestión, respiración, mantenimiento de la temperatura, envejecimiento, etc. Los médicos chinos de la antigüedad tomaban distintos pulsos para seguir los flujos de energía en los meridianos que dividían el cuerpo humano, inspeccionaban la lengua, la piel y los ojos y analizaban una serie de hábitos del paciente como dormir o comer y alguna alteración observable como la presencia de fiebre. No realizaban disecciones, pues por motivos culturales, religiosos y legales estaban prohibidas y eran vistas como una mutilación. Por lo tanto, las doctrinas médicas se basaban en una elucubración filosófica sobre la relación entre la enfermedad y la salud, la naturaleza y la cosmogonía y en cómo restablecer los equilibrios alterados. No había un conocimiento realista del sistema nervioso ni de ningún otro sistema orgánico.

La cirugía sí que se realizaba con algunos éxitos y fracasos tempranos. La primera mención que existe de un cirujano hace referencia a un hombre llamado Hua To, que vivió de 190 a 265. Puesto que no tuvo ningún predecesor en un periodo superior a un milenio, se piensa que fue un extranjero, probablemente un médico formado en la India. Hua To fue ajusticiado por orden del general Tsao Tsao, su príncipe, pero no está claro el motivo. Una versión indica que fue ejecutado cuando propuso realizar una trepanación a su superior, que sufría de fuertes migrañas. Desgraciadamente, su biblioteca también fue quemada antes de la ejecución.

Una parte de las creencias de la medicina tradicional china están basadas en el Zàng Fǔ, una descripción general del cuerpo humano donde hay cinco órganos principales, los zàngs (corazón, pulmones, riñones, hígado y bazo), que se consideran de naturaleza yin, y otros seis órganos fǔ, que son de naturaleza yang: el intestino delgado, el intestino grueso, la vesícula biliar, la vejiga urinaria, el estómago y el sānjiaō. El sanjiao, traducido como la triple caldera o el triple energético, no tiene una correspondencia directa en la medicina occidental y ocupa las cavidades torácicas y abdominal formando tres niveles, los jiao superior, medio e inferior. Sin embargo, los zàng fǔ no son equivalentes a los órganos anatómicos. Es mejor entenderlos como sistemas funcionales dentro del cuerpo, que se basan en flujos de energía y que son la diana de los tratamientos para recuperar los equilibrios y la armonía. Cada zàng está emparejado con un fǔ y cada pareja se asocia a los cinco elementos básicos de la naturaleza: fuego, madera, tierra, metal y agua. Además, los órganos del zàng fǔ están también conectados con doce meridianos o canales de circulación, que marcan los puntos que se pueden estimular con la acupuntura. Cada meridiano yang está unido a un órgano fǔ y cada meridiano yin se liga a un órgano zàng. Las principales entidades funcionales son el qì (un concepto parecido a un tipo de energía), el xuě (un concepto relacionado con la sangre pero que no es idéntico a la sangre de la medicina occidental), los zàng, los fǔ y los meridianos o canales de circulación que se extienden de unos sistemas de órganos a otros. Como vemos, una construcción teórica y difícilmente trasladable a los conocimientos actuales.

El zàng fǔ considera el corazón como el órgano más independiente, ya que aloja el espíritu y está lleno de sangre. Junto con los otros zàngs interviene en la actividad mental y es también el lugar de la felicidad. Si la energía y la sangre llenan el corazón, el individuo será inteligente pero, si no es así, surgen los problemas de memoria, el insomnio y otros trastornos. Los otros zàngs también intervienen en lo que podríamos llamar actividad mental y así, los pulmones están asociados a la tristeza, el bazo a la consciencia, el hígado a la ira y los riñones al miedo. Las emociones y la salud física están íntimamente conectadas. Si alguien tiene un déficit de qì muestra una complexión pálida, un espíritu débil, poca fuerza, suda espontáneamente, no digiere bien la comida, le falta la respiración, tiene una lengua grande y pálida y habla poco o lentamente, pero todo sin una estructuración por sistemas (nervioso, digestivo, reproductor…) tal como nosotros lo conocemos. Así, por ejemplo, el qì del riñón es responsable del desarrollo y función cerebrales, incluyendo el oído, la médula ósea, la función sexual, la capacidad para concebir y la regulación del tracto urinario y de los intestinos. Ese meridiano refleja funciones mentales como el libre albedrío y la motivación, así como las emociones derivadas del miedo. La irritabilidad y los enfados injustificados afectan al hígado, lo que a su vez produce dolores menstruales, dolores de cabeza, enrojecimientos de la cara y los ojos, estupor y sequedad de boca. En la medicina china, por seguir el ejemplo, el hígado se encarga de que la energía (qì) y la sangre (xue) fluyan adecuadamente por el cuerpo. También regula la secreción de bilis, almacena sangre y está conectado con los tendones, las uñas y los ojos. El sistema es tan complejo y con tan poca evidencia que lo sustente que no es fácil conciliar la medicina moderna occidental con la tradicional china.

El cerebro es una especie de fǔ peculiar. Se considera que está compuesto de médula, similar al tuétano de los huesos y el Huang Ti Nei Ching Su Wen, el libro cuyo nombre hace honor a Huang Ti, el Emperador Amarillo, el legendario primer emperador de China cuya vida se considera que transcurrió de 2697 a 2597 a. C., indica que los ojos están unidos al cerebro, algo que es evidente, pero luego continúa explicando que si un espíritu maligno invade los ojos, también alcanzará el cerebro. La obra está escrita como un diálogo entre el emperador y su primer ministro Ch'i Po en la cual el mandatario regio, a menudo de la forma más humilde, busca que le enseñen sobre la salud y el arte de sanar, una disciplina que es parte de la filosofía y de la religión. No es un libro de consejos para médicos como las obras de Hipócrates sino que es un tratado sobre la vida, que debe estar integrada con la naturaleza y con todo el universo, un enfoque más amplio y filosófico. Esta obra parece haberse iniciado en los siglos cuarto o tercero antes de nuestra era pero la versión que se conoce es la puesta al día por Wang Pin en el año 762, uno de los estudiosos más activos de la época. La referen-

一勇齋
國芳画
關羽養子関平
名醫華佗

El guerrero Kanu juega una partida de *go* mientras el doctor Kada cura su brazo, a pesar del dolor puede concentrarse en la estrategia del juego; el Barón Shujo observa perplejo la situación. Grabado sobre madera iluminado [Kuniyoshi Utagawa, 1853].

cia histórica al famoso Emperador Amarillo nos habla del respeto y prestigio del mundo antiguo en la cultura china.

La compleja e interconectada relación entre los órganos, los elementos de la naturaleza y la astrología ofrecen varios caminos para el tratamiento de las enfermedades. Los más utilizados son la farmacopea, la acupuntura, el masaje, el ejercicio y la dieta. La acupuntura nació al parecer de un criterio primitivo de intentar expulsar a los demonios pinchando la piel con agujas o haciendo pequeños cortes. Hay agujas de piedra y hueso en tumbas de la dinastía Shang (1500-1100 a. C.) y algunas otras encontradas en tumbas neolíticas de siete mil años de antigüedad sobre las que se discute si eran usadas con este enfoque medicinal o para otras funciones. Posteriormente la acupuntura pasó a convertirse en un medio de estimular puntos concretos a lo largo de esos meridianos que no tienen nada que ver con nervios, arterias o venas. En la actualidad se estudia si la analgesia que se produce con la acupuntura —muchas operaciones quirúrgicas en la China actual no usan otra cosa— es puro efecto placebo o si consigue la activación de moléculas cerebrales relacionadas con la caída de la percepción del dolor como los sistemas de opioides endógenos o los receptores opioides μ.

Las farmacopeas chinas también encajan lógicamente en esa compleja relación entre el cuerpo y el cosmos. Hay unos trece mil principios medicinales que se emplean en más de cien mil recetas. Aunque los más abundantes proceden de plantas, hay también compuestos de origen animal, mine-

Visitando al doctor. 8 de junio de 1920.

ral o humano. Entre los de origen animal hay cosas tan llamativas como la bilis de oso (hay más de doce mil osos negros asiáticos en «granjas» especializadas donde a través de una fístula en el abdomen se les extrae la bilis, un procedimiento al parecer muy doloroso para el animal), el hueso peneano de perro, los huesos de tigre o el cuerno de rinoceronte, cuya demanda es responsable de la caza furtiva de estos animales y la pérdida de más del noventa por ciento de la población mundial en los últimos cuarenta años. Con respecto a los principios medicinales de origen humano, el clásico *Bencao Gangmu* (*Materia médica*) describe el uso terapéutico de treinta y cinco partes y secreciones humanas incluyendo huesos, uñas, pelos, caspa, cerumen, impurezas de los dientes, heces, orina, sudor y algunos órganos, aunque la mayoría de estos remedios han caído en desuso.

Con la cuenta de resultados y la mirada pendientes del gigantesco mercado chino, algunas multinacionales farmacéuticas han intentado la comercialización de nuevos fármacos generados a partir de los remedios tradicionales chinos. Los resultados con éxito han sido muy escasos, lo que según los defensores de estas prácticas milenarias se debe a la pérdida de las sutiles interrelaciones entre los ingredientes de cada receta y en la opinión de escépticos como el que suscribe se debe a que no hacen nada, no son efectivos. Entre los realmente eficaces, el más antiguo puede ser la efedrina, aislada de la *Ephedra sinica* a finales del siglo XIX y que se usaba contra la congestión y ahora forma parte de muchos medicamentos contra el catarro o el asma, y también la artemisina, un antimalárico desarrollado a partir de un extracto de *Artemisia annua*, una hierba usada tradicionalmente contra la fiebre; el trióxido de arsénico contra la leucemia promielocítica aguda y la huperzina A, extraída de la planta *Huperzia serrata* y que se cree que podría actuar como neuroprotector.

La medicina tradicional china es, a todos los efectos, una pseudociencia. Sus principios no han sido demostrados siguiendo el método científico y la mayoría de sus productos no han demostrado su eficacia en ensayos clínicos reglados. Los que dicen que estas medicinas tradicionales merecen más estudio no suelen estar conformes cuando se investigan y no se encuentra nada eficaz. Aun así, diversas publicaciones recientes estudian sus efectos sobre trastornos neurológicos, psicológicos y psiquiátricos como la depresión, las adicciones, la epilepsia, la esquizofrenia, la fibromialgia, el tínnitus, el dolor crónico, la parálisis cerebral, la enfermedad de Alzheimer y muchas otras más. Resulta curioso que, mientras el interés en los países occidentales por la medicina tradicional oriental ha aumentado, en China la población se vuelca con la medicina occidental que, aunque es más cara, es también considerada mucho más eficaz.

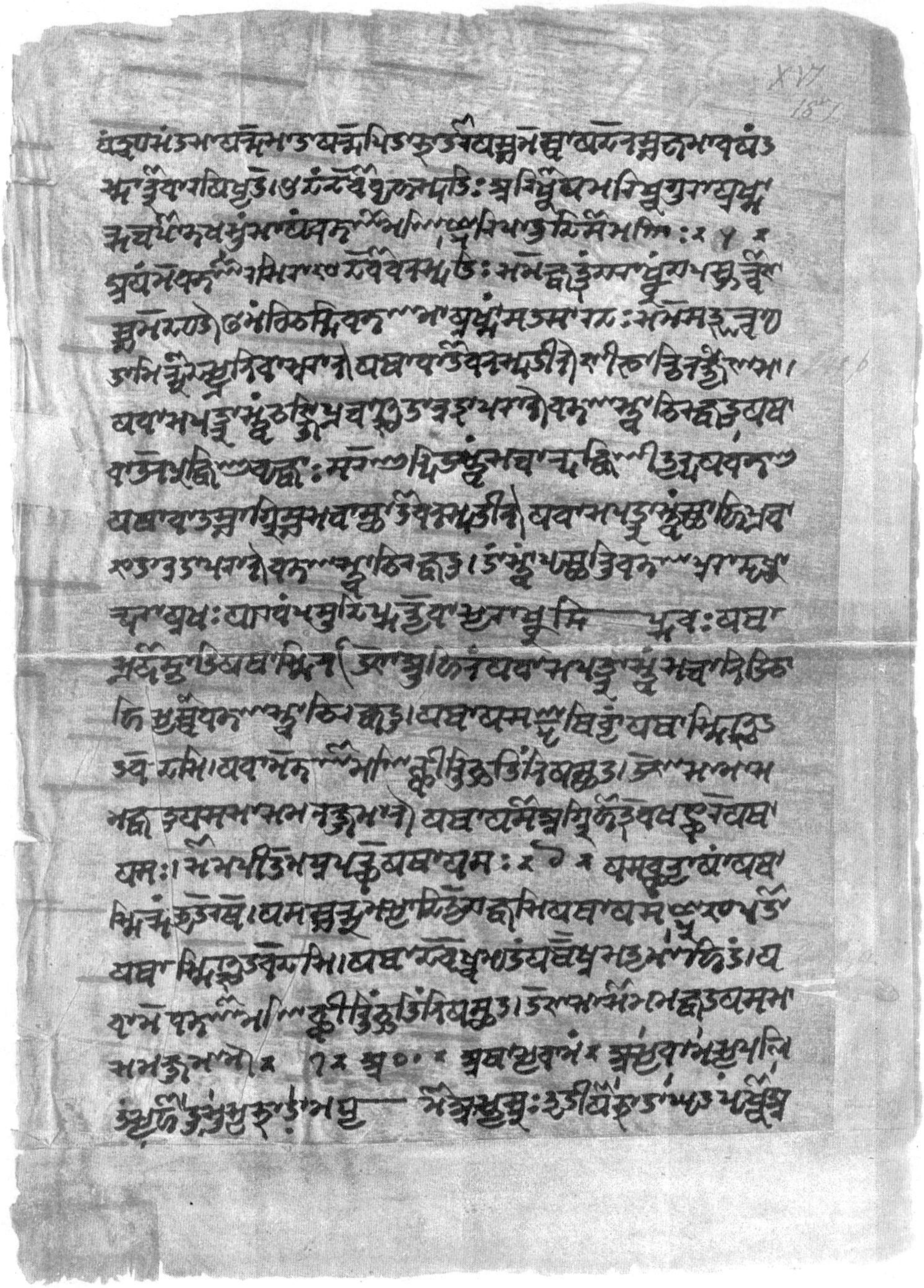

Una página del *Átharva-veda*.

EL CEREBRO EN LA ANTIGUA INDIA

Los vedas son los cuatro libros más antiguos de la literatura india. Se consideran la base de la desaparecida religión védica, anterior al hinduismo, y fueron escritos después de que los pueblos arios invadieran la península del Indostán en la mitad del segundo milenio antes de Cristo. En el *Rig-veda* («*rich*» significa estrofa sagrada y «*veda*», verdad, conocimiento), el más antiguo de los cuatro (1400-1100 a. C.), se dice que los sabios que acompañaban a los arios («los nobles», posteriormente conocidos como sindhu o hindúes) llevaban bolsas con hierbas medicinales para cuidar a los enfermos y a los heridos, que sabían cauterizar heridas y que fabricaban piernas y ojos artificiales.

El *Átharva-veda* es —como el *Rig-veda*— una colección de himnos mezclados con encantamientos y los hindúes creen que recitarlos ayuda a tener una larga vida y a curar las enfermedades. El *Átharva-veda* (*atharvan* significa medicina) es el primer registro que tenemos de prácticas médicas y teorías sobre la salud en la antigua India. Es un curioso compendio de medicina en diferentes grados de evolución y contiene desde ideas muy primitivas hasta enfoques terapéuticos mucho más avanzados recopilados a lo largo de los mil setecientos años del período védico (2500-800 a. C.). Aun así, los médicos-sacerdotes de este periodo rezaban a los dioses para librar al paciente de su enfermedad, usaban exorcismos para expulsar a los demonios que causaban su mal y su arsenal terapéutico estaba compuesto fundamentalmente de plegarias, sacrificios y rituales. El libro contiene una gran cantidad de ensalmos y amuletos, que son considerados más eficaces que las hierbas y otros remedios orgánicos, una muestra de la supremacía del mundo espiritual frente al material.

El *Átharva-veda* incluye catorce oraciones para pedir a los dioses recuperar la salud y se mencionan numerosas enfermedades, algunas descritas en detalle y con claridad y otras muy vagamente. Entre las relacionadas con el sistema nervioso que se han podido identificar, están la epilepsia, la demencia, la neuralgia, las migrañas y la ceguera.

El ayurveda (*āyuh* significa «duración de la vida») no es un texto, sino un sistema general de medicina que aprovechó algunas ideas del *Átharva-veda,* que ha sido el fundamento del sistema sanitario indio durante los últimos cinco mil años y que aún se sigue estudiando en la India en más de doscientos centros universitarios. Apareció en la época védica y evolucionó siguiendo dos líneas de trabajo o dos escuelas: la de los médicos y la de los cirujanos. De ahí surgen los primeros textos exclusivamente médicos que son los *samhitas* o recopilaciones de autores sabios. Se piensa que estas obras se escribieron a partir de conocimientos sobre la salud que se transmitieron de forma oral hasta cristalizar en estas colecciones de textos donde se incluyen explicaciones sobre el funcionamiento del cuerpo, descripciones de las enfermedades y propuesta de los mejores tratamientos aplicables. Los tres más importantes o Tríada Sénior son el Charak Samhita, el Susrut Samhita y el Ashtanga Jridaya Samhita, mientras que el Madhav Nidan Samhita, el Sarangdhar Samhita y el Bhavprakash Samhita son llamados la Tríada Júnior.

Sacerdote hindú en un carro sobre la piel de un leopardo de Cachemira [George Grantham, India, 1910].

Según las doctrinas ayurvédicas, el cuerpo humano está constituido por doshas orgánicos, doshas mentales, dhatus y malas. Los doshas orgánicos son humores corporales y hay tres tipos: vata (viento) que es el que moviliza el sistema nervioso, así como las flatulencias, la gota y el reumatismo; pitta, que es la bilis y se secreta entre el estómago y los intestinos, fluye a través del hígado, alcanza el bazo, el corazón, los ojos y la piel y cuya principal cualidad es el calor; y kapha que es el fluido relacionado con el moco, encargado de la lubricación y el transporte de nutrientes. El predominio de uno u otro dosha marca una constitución diferente de la persona, algo con ciertos paralelismos con la teoría de los humores y los biotipos de los antiguos griegos. Desde finales del siglo XX, para hacerlos más creíbles u homologables a los conocimientos actuales, se traducen los doshas como «temperamentos», «biotipos», «energías», «fuerzas» o «principios metabólicos».

Los doshas mentales son tres atributos humanos: satogun (divino), rajas (real, en el sentido de procedente del rey) y tamas (maligno). Los dhatus son siete tejidos o sustratos orgánicos: linfa, sangre, músculo, grasa, semen, hueso y médula (tanto la médula ósea como la médula espinal). Las malas son los productos de desecho, incluyendo la orina, las heces y el sudor, y su correcta eliminación es también fundamental para la salud. Luego están los veinticuatro tattwas o principios cósmicos entre los cuáles están *prakriti*, la naturaleza primordial; *majat*, la inteligencia cósmica; *ajankara*, el ego, y *manas*, la mente. Los demás son los sentidos (olfato, gusto, vista, tacto y oído), los órganos de los sentidos (oídos, piel, ojos, lengua y nariz), los órganos de acción (boca, manos, pies, pene y ano) y los cinco grandes elementos (tierra, agua, aire, fuego y éter).

Cada persona tiene un dosha principal, según su constitución y características físicas pero es también afectado en menor medida por los demás. El control de la enfermedad requiere reequilibrar los doshas de vuelta a un estado armonioso cambiando el modo de vida, atendiendo a los aspectos espirituales y reequilibrando los posibles desajustes corporales con mezclas de hierbas y minerales basadas en la constitución del cuerpo y la mente de cada uno. A pesar de esta imagen naturista y antiquímica, estudios en Estados Unidos han mostrado que un 20% de los medicamentos ayurvédicos que se venden por internet contienen concentraciones tóxicas de plomo, mercurio o arsénico, metales pesados que pueden dañar la función cerebral.

El principal remedio del antiguo ayurveda es el «soma», una planta que tenía que recolectarse a la luz de la Luna acompañándose de rezos. Sus efectos incluían una intoxicación leve y sensaciones de fuerza, coraje y deseo sexual. La identificación de este vegetal se ha discutido y se piensa que quizá pudo ser una mezcla de plantas alucinógenas como *Datura metel, Cannabis sativa, Sarcostemma acidum, Sarcostemma brevistigma* y el hongo *Amanita muscaria*. El ayurveda propone usar la datura —nombre genérico que proviene precisamente del hindi *dhatūrā* («manzana espinosa»)— contra la enfermedad mental pero también contra la fiebre, los tumores, los eccemas, las infecciones, las diarreas y la falta de deseo sexual. Vamos, que sería un medicamento de «amplio espectro».

Al final de la época védica, en torno al 600 a. C., el ayurveda se dividió en especialidades que serían más o menos equivalentes a medicina interna, pediatría, cirugía; ojo, oído, nariz y garganta (una mezcla de oftalmología y otorrinolaringología), toxicología, geriatría y un cajón de sastre donde estaban los afrodisíacos y cómo tener buena descendencia. La pediatría tenía tan malos resultados que a los bebés de menos de dos años se les llamaba —y se les sigue llamando— *ku-mara* que significa «muere fácil».

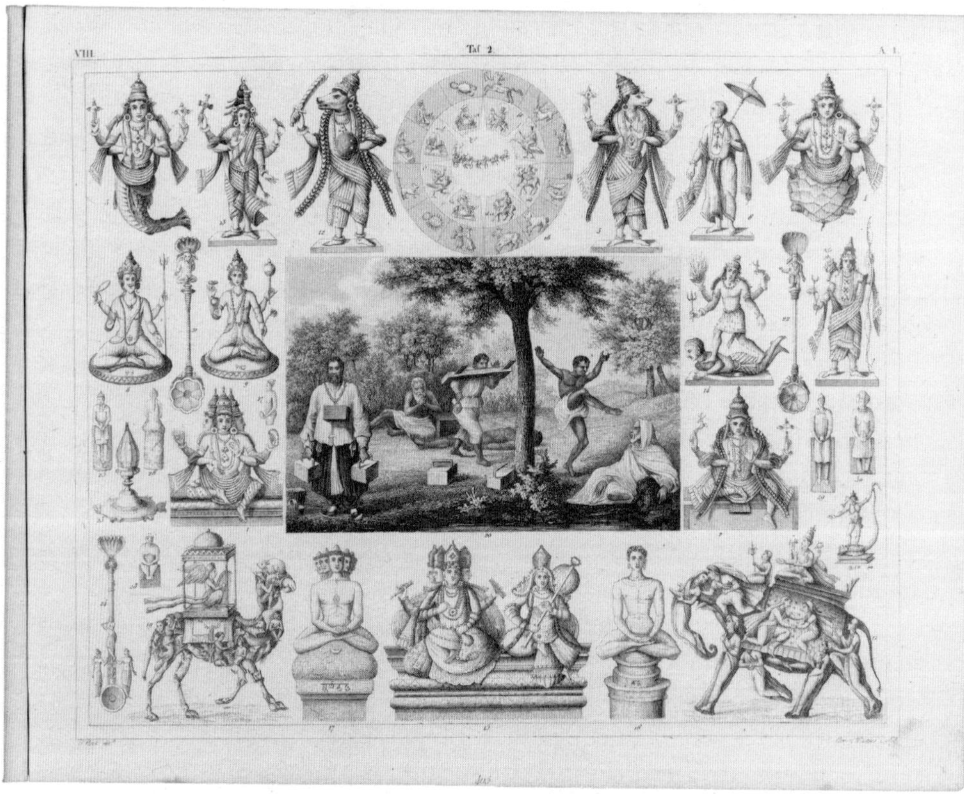

Cosmogonía y dioses hindúes, entre otros Vishnu, Siva, Brahma, Buda, utensilios de sacrificio hindúes, penitentes y el sistema solar hindú [*Enciclopedia iconográfica de la ciencia, la literatura y el arte*, Johann G. Heck. Nueva York: Publicado por Rudolph Garrigue, 1851].

Uno de los médicos más famosos de la ciencia hindú fue Charak, supuesto autor del Charak Samhita, que trabajó en la corte del rey Kanishka (que reinó del 78 al 101 o del 120 al 162 después de Cristo). Charak abre su libro con una declaración sobre el origen divino de la medicina ya que Brahma, el dios creador, le transmitió el saber médico a Arti, un sabio místico que fue pasando sus conocimientos a otros sabios hasta que se lo transmitieron a Atraya, el primer médico, quien, a su vez, instruyó a otros profesionales de la salud hasta llegar a la época en la que se escribió la recopilación. Incluye un gran número de lecciones, algunas de las cuáles están relacionadas con las que se consideran las tres partes vitales: el corazón, la cabeza y la vejiga urinaria. El corazón es el más importante, la fuerte de la energía y el centro de un extenso sistema de canales (se listan setenta vasos sanguíneos) por los que discurren los humores. Con respecto a la cabeza, los datos que aporta Charak están mezclados con una serie de creencias metafísicas e incluye una lista telegráfica de los posibles resultados de un daño cefálico:

> *Si la cabeza está afectada, aparece rigidez en las regiones carótidas, parálisis facial, los globos oculares giran, hay confusión mental, calambres, pérdida de movimiento, tos, disnea, bloqueo de la mandíbula, mudez, tartamudeo, caída de los párpados, temblores de las mejillas, bostezos, salivación, pérdida de la voz, contorsiones de la cara, etc.*

El libro incluye también unos quinientos remedios de herboristería, un listado asombroso en el mundo antiguo y donde se han podido identificar unos pocos remedios eficaces y muchos otros inertes. Por poner un ejemplo, una planta que es denominada «luna» porque su fruto parece una luna en cuarto creciente ha sido posteriormente identificada como la *Rauwolfia serpentina*, una especie que contiene un sedante que disminuye la presión arterial y es eficaz para el tratamiento del dolor de cabeza, el dolor traumático y la ansiedad.

El Susrut Samhita considera que la cirugía es la principal y más elevada de las artes sanatorias —¡algo que piensan todos los cirujanos!— una buena valoración que encaja con la gran cantidad de instrumental quirúrgico obtenido en los yacimientos arqueológicos en la India. Susrut o Sushruta se considera el primer cirujano plástico de la historia y realizó rinoplastias, eliminó cataratas y operó el ano y la boca. El libro contiene instrucciones para hacer la disección del cuerpo humano e incluye una descripción de mil ciento veinte enfermedades, setecientas plantas medicinales, cincuenta y siete preparados de origen animal y sesenta y cuatro preparados de origen mineral.

La científica y médico hindú E. M. Mayadas posa para un retrato con libros de medicina occidental [American National Red Cross photograph collection, 5 de febrero de 1919].

Dos ejemplos de estos remedios animales —escogidos con cierta mala intención— son los siguientes:

> *Para neutralizar los efectos de la acción química de dos venenos diferentes en el organismo se debe tomar orina de asno. Es fuerte, de agradable sabor y ha demostrado ser curativa en casos de disentería crónica. Es un vermífugo y somete los humores vaiu y kapha.*
>
> *La orina de un camello resulta beneficiosa en casos de lepra, edemas, hidropesía abdominal, demencia, gusanos en los intestinos, hemorroides y enfermedades debidas a la acción de un humor vaiu desquiciado.*

Puesto que en la antigua India no hay un conocimiento claro sobre las causas de la enfermedad se mezclan cosas muy diferentes como una infección (lepra), un parásito (como los gusanos intestinales) o un trastorno mental como las demencias que, a su vez, pueden ser muy diversas y tener diferentes agentes causales. Aún así, la medicina ayurvédica es, junto a la medicina tradicional china, uno de los sistemas médicos vigentes más antiguos del mundo. Sin embargo, su pobre eficacia frente a la medicina occidental basada en la evidencia y sus fundamentos acientíficos —piensan que los insectos y los gusanos nacen del sudor— la han relegado en Occidente al mundo de las terapias alternativas, que siempre tienen más de alternativas que de terapias.

Fresco que representa a Lapix mientras cura a Eneas, caudillo del ejército troyano; ascendiente de los fundadores de Roma, Rómulo y Remo.

DE LA POESÍA A LA FILOSOFÍA

La fuente más antigua que tenemos sobre el conocimiento de la medicina en Grecia son los dos grandes poemas épicos atribuidos a Homero: la Ilíada y la Odisea. Ambas obras, datadas en torno al siglo VIII a. C. (760-710 a. C.), contienen información sobre los heridos en los combates entre griegos y troyanos y su tratamiento.

Aunque la Ilíada, que es la obra que contiene más detalles médicos, recoge muchas de las leyendas griegas sobre la reunión de las tropas o los motivos de la guerra, trata en realidad del décimo y último año de la Guerra de Troya, en concreto de las últimas semanas. La Ilíada describe en sus hexámetros dactílicos un total de ciento cincuenta heridas, muchas de ellas con una llamativa exactitud anatómica. Se nos cuenta, por ejemplo, que la flecha lanzada por Meriones y que hiere al príncipe Harpalión, aliado de los troyanos, le entró por la nalga derecha, atravesó el bajo vientre sin impactar en los huesos pélvicos y púbicos y finalmente perforó la vejiga urinaria, lo que causó la muerte del guerrero. El poeta ciego, o quien se esconda bajo su nombre, relata cuidadosamente las trayectorias de las flechas y las lanzas, demostrando un buen conocimiento de los órganos afectados según su punto de entrada, así como el posible pronóstico de la lesión, incluyendo qué heridas son fatales. Así, las heridas en los brazos y piernas son dolorosas pero no mortales, mientras que todos aquellos combatientes de uno y otro bando que son heridos en la cabeza —y hay un total de treinta y una heridas cefálicas descritas— mueren antes o después.

Homero nos cuenta muy poco de los tratamientos disponibles en su época. En general, los soldados se preocupan del bienestar del compañero herido pero no tratan de curarle, aunque hay entre las tropas unos pocos que son considerados expertos en el arte de sanar y que manejan hierbas y vendajes. Uno de estos médicos es Macaón, hijo del legendario Asclepio que posteriormente sería deificado. Macaón curó a Menelao, que había sido herido por una flecha de Pándaro, y a Filoctetes, que tenía una herida ulcerada causada diez años atrás al herirse accidentalmente con una flecha de Hércules. A su vez, Macaón fue herido en la espalda por una flecha de Paris y, tras ser rescatado por Néstor, le administraron un bebedizo, en concreto una copa de vino caliente espolvoreada con queso de cabra rallado y cebada. No parece que curase mucho pero, desde luego, era alimenticio.

En la antigua Grecia surge un interés por saber cómo está hecho el universo, qué es la materia y qué es la vida, de qué están hechos los seres humanos. Los egipcios, una civilización nacida en el Nilo, pensaban que el agua era el elemento fundamental de todas las cosas, una doctrina también aceptada por Homero. Tales de Mileto (652-548 a. C.), un jónico educado por sacerdotes egipcios en Menfis, defendió esa misma teoría del agua como matriz de la existencia, pero Anaximandro (638-647 a. C.), el discípulo de Tales, incorporó otra idea del mundo antiguo, procedente, y no es casualidad, de Mesopotamia, el territorio «entre ríos». Anaximandro postuló que el elemento original era el barro, el agua y la tierra mezclados bajo los rayos del Sol. La Biblia, el Corán y el Popol Vuh, tres de los principales libros religiosos de la humanidad, coinciden en relatar que el hombre fue creado a partir del barro.

Aquiles venda las heridas de Patroclo en la guerra de Troya [Copa de Sosias. Siglo V a. C.]

Un discípulo de Anaximandro llamado Anaxímenes añadió un tercer elemento, el aire, pues ve el universo como un ser vivo, sujeto a los accidentes del nacer y del morir y, por tanto, ha de respirar; y así, dice que el aire es el aliento vital y el alma que penetra y conserva la vida del cuerpo. La Biblia también dice que Dios insufló la vida en el hombre soplando a través de su nariz. El grupo de elementos fue completado, muchos años después, por Heráclito de Éfeso, que consideraba que el fuego era el elemento final.

> *Este mundo, el mismo para todos los seres, no lo han hecho los dioses ni los hombres. Ha sido, es y será un fuego siempre vivo. Todas las cosas cambian por el fuego y el fuego cambia por todas las cosas, como mercancías por dinero y dinero por mercancías.*

Los griegos se fueron expandiendo por todo el Mediterráneo y fundaron colonias en las costas de todos los puntos cardinales. Estos emigrantes eran pioneros, descendientes de los pobladores de la Península Ática y las grandes islas del Egeo, y fundaron estaciones costeras con las que comerciar con los pueblos del interior. Las tecnologías desarrolladas en la Edad de Hierro habían permitido la producción masiva de herramientas y utensilios, lo que a su vez puso en marcha la formación de redes transnacionales, el desarrollo de flotas comerciales y militares y el establecimiento de colonias que eran auténticas franquicias de las ciudades. Las colonias griegas se convirtieron en puntos de intercambio de los productos locales con los cargamentos de las flotas griega, fenicia y egipcia y las caravanas que traían las manufacturas de la India y China y que los griegos distribuían, asimilando al mismo tiempo aspectos de la cultura de todos estos países.

Crotona, en el golfo de Tarento, en la Magna Grecia —sur de Italia— fue el lugar de la primera escuela griega de medicina y una de las más famosas. El «asklepiade» —un miembro del gremio de los médicos— Kalofon fue el primero de sus médicos del que tenemos noticia y se sabe que ejerció en Cnido, que luego volvió a Crotona en torno al 550 a. C. y que sería sucedido por su hijo Democedes, es decir, que este heredó su consulta. En Crotona se le uniría Pitágoras de Samos que iba huyendo del dictador Polícrates y del agobio que sentía en su isla natal y se estableció allí en torno al 530 a. C. junto con sus seguidores.

Pitágoras fue considerado el fundador de un estilo distinto de vida y en Crotona él y sus discípulos —un grupo muy parecido a una secta religiosa— crearon una escuela hermética, secretista, vegetariana, que se negaba a vestirse con pieles de animales, estaba obsesionada con la pureza y cultivaba de forma metódica las matemáticas, la música, la medicina y la astronomía. Según Jámblico en *Vida pitagórica* «[Pitágoras] *hacía comenzar la educación por la música, por medio de ciertas melodías y ritmos, gracias a los cuales sanaba los rasgos de carácter y las pasiones de los hombres, y atraía la armonía entre las facultades del alma*». Pitágoras, el primero que se llamó a sí mismo filósofo o amante del saber, estaba especialmente interesado en la inmortalidad, la reencarnación del alma y su destino después de la muerte, en los ritos y rituales religiosos y en los procesos de auto-control y disciplina. La hermandad pitagórica mantenía que la combinación de los cuatro elementos podía explicar todo lo que había en la Tierra, incluidos los seres humanos y que el desequilibrio entre ellos era la causa de las enfermedades.

En Crotona nació Alcmeón, considerado durante siglos el primer estudioso del cerebro. Aristóteles no dice que Alcmeón fuera discípulo de Pitágoras pero sí comenta que le escuchó cuando este ya era viejo, así que es posible que fuera influido por las doctrinas pitagóricas. No sabemos mucho más sobre su vida: que su padre se llamaba Perinthos o Piritoo, que podría haber nacido en torno al 510 a. C., que es muy posible que hiciera disecciones de animales o de cadáveres humanos —lo que lo separaría claramente de los pitagóricos, que las prohibían, pues creían en la metempsicosis, la transmigración de las almas entre hombres, animales y plantas— y que aunque casi todo lo que escribió tiene que ver con la medicina, parece que no era médico sino una especie de filósofo de la ciencia. También estudió el desarrollo embrionario e indicó que no es la clara sino la yema del huevo la que alimenta el nuevo ser.

Alcmeón es el primer filósofo que se atreve a dictaminar que las funciones psíquicas residen en el cerebro, para lo que se basa en observaciones de enfermos y en distintos experimentos que le hicieron afirmar que los órganos de los sentidos estaban unidos al cerebro a través de vías de comunicación, los nervios o «poros», que explicaba como canales huecos por los cuales circulaban las sensaciones. Alcmeón exploró los nervios ópticos que van desde los ojos al cerebro, sacando un ojo a un animal muerto, y fue el responsable de la creación de las tablas pitagóricas de los opuestos: dulce/amargo, blanco/negro, grande/pequeño, que relacionaban sensaciones, colores y magnitudes. También fue uno de los primeros autores que trató de formular una hipótesis sobre el sueño. La idea de Alcmeón, conocida como hipótesis vascular, era que el sueño es el resultado de un aumento de la cantidad de sangre en el organismo.

Su obra principal, *Sobre la naturaleza*, se ha perdido y solo queda un párrafo introductorio donde dice «*Alcmeón de Crotona, hijo de Piritoo, dice esto a Brotino, a Leonte y a Batillo: de las cosas invisibles tienen clara conciencia sólo los dioses; a nosotros, en cuanto humanos, solo nos está permitido conjeturar»*. Se interpreta como que nosotros los hombres debemos dedicarnos exclusivamente a campos o a cuestiones sobre las que tenemos datos, que sean observables y solo sobre esas podemos emitir opiniones.

Alcmeón dijo que el alma humana era inmortal y participaba de la naturaleza divina al igual que los astros, que también tenían alma pues llevaban dentro de sí un principio de movimiento, unas órbitas circulares donde el final coincidía con el principio. Probablemente imaginaba que el cuerpo estaba lleno de espíritus o *pneumata* y estos espíritus estaban hechos de aire, uno de los cuatro elementos del cosmos junto con el fuego, la tierra y el agua. Cada vez que una persona respiraba, los espíritus entraban por su nariz y de allí pasaban al cerebro y al cuerpo. Alcmeón fue la primera persona de la que tengamos un registro histórico que considera al cerebro como el lugar de los pensamientos y las experiencias sensoriales. Wellmann dice así:

> *El gran descubrimiento del genial Alcmeón de Crotona de que el cerebro era el sitio de la conciencia, de las sensaciones y del entendimiento, en otras palabras, del conjunto de la vida psíquica, llevaba implícita la idea de que toda enfermedad mental, y también la epilepsia, dependía de una enfermedad del cerebro* (...) *el cerebro regía todo el cuerpo, era el órgano central de toda la actividad humana tanto psíquica como corporal; en él terminaban los nervios, en él residía el punto de reunión de la sangre y en él estaba el centro de toda la vida psíquica. A él debíamos nuestras sensaciones y pensamientos* (...) *El cerebro llevaba a la conciencia las sensaciones que los nervios traían desde los órganos sensoriales: era el interpretador* («ermeneus») *de ellos. ...los ojos, los oídos, la lengua, las manos y los pies ejecutan lo que el cerebro considera verdadero, justo.*

Alcmeón rechazará la idea de que la enfermedad tiene una entidad propia y planteará que es debida a una alteración de los equilibrios naturales del cuerpo donde uno de los elementos predomina sobre los demás, una «monarchia» frente al equilibrio de iguales o «isonomía». También especula sobre el origen de la enfermedad mental:

> *A través de un exceso de humedad el cerebro actúa con movimientos antinaturales y la vista, el olfato, el gusto y el oído son «alterados» en su quietud: pero si el cerebro permanece en quietud, el hombre está listo para el entendimiento.*

Aunque en el *Corpus Hippocraticum* no se nombra a Alcmeón, está claro que algunas de las ideas que se recogen sobre el cerebro y su función en el organismo provienen de él. Platón, aunque tampoco lo cita, tiene un párrafo en *Fedón* donde parece conocer sus teorías:

> *Cuando era joven, Cebes, tuve una extraordinaria pasión por aquella especie de saber que consiste en indagar a la Naturaleza. Me parecía en realidad una ciencia admirable la de conocer la causa de cada una de las cosas, por qué existen, por qué se generan, por qué perecen y muchas veces, examinando problemas de este género, variaba mis opiniones totalmente: ¿es verdad, como algunos dicen, que cuando lo cálido y lo frío sufren la putrefacción se desarrollan seres vivientes?, ¿y es la sangre el medio con el cual pensamos o es el aire, o bien nada de todo esto y es, en cambio, el cerebro el que nos da las sensaciones del oír, del ver y del oler de las cuales se generan la memoria y la opinión…?*

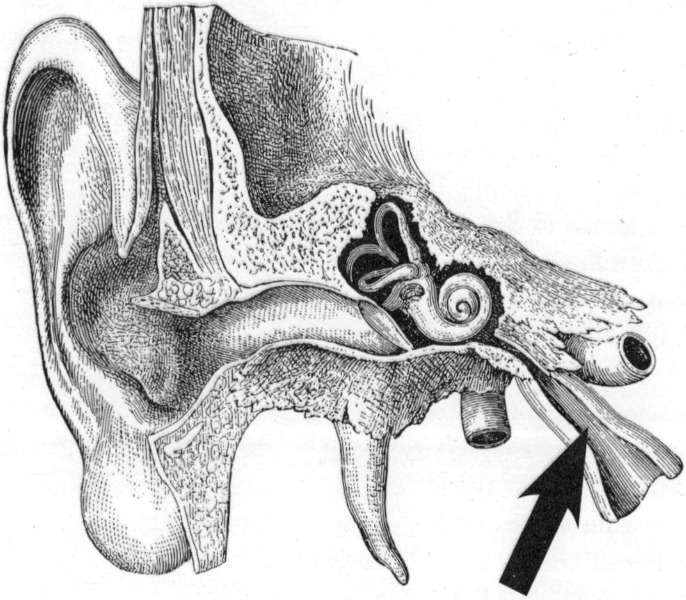

Alcmeón de Crotona es considerado como el primer científico que describió la trompa de Eustaquio (conducto faringotimpánico), aunque el nombre común se lo debemos al anatomista del siglo XVI Bartolomeo Eustachius [*Meyers Konversations-Lexikon*, 1897].

En su diálogo *Timeo* Platón describe el cosmos como un ente viviente, creado por un ser divino y que tiene su propia alma inmortal. Este creador supremo encarga a los dioses menores la tarea de formar a los humanos, que son diseñados como cosmos en miniatura: un cuerpo mortal hecho con los cuatro elementos y un alma inmortal. Estos dioses menores empezaron su trabajo creando la cabeza, que hicieron esférica, como el cosmos. La semilla divina fue plantada en el cerebro para que pudiera sentir el mundo a través de los ojos y los oídos y luego razonar sobre ello. La razón es la misión divina del alma humana, pues podrá reproducir la armonía y la belleza del cosmos en sus propios pensamientos.

En el resto del cuerpo los dioses ponen almas «de otra naturaleza», según Platón. En las tripas está «*la parte del alma que desea carnes y bebidas y las otras cosas que necesita por su naturaleza corporal*». Esta alma vegetativa es la responsable del crecimiento y nutrición del cuerpo y también de las bajas pasiones: la codicia, el deseo, las ansias. Para enjaular a esta alma salvaje, los dioses construyen una barrera —el diafragma— que la separa del alma vital, que Platón sitúa en el corazón. Esta se encarga del coraje, la pasión y la contención del amor. Junto con la sangre, las pasiones fluyen hacia fuera del corazón, haciendo que el cuerpo actúe. Para mantener separadas estas almas inferiores del alma inmortal de la cabeza, los dioses crearon otra barrera, el cuello.

Alcmeón recibió el apoyo de sus discípulos de Crotona: Hipon de Regio, Timoteo e Hipaosos de Metaponto, Demócrito y Filistión pero sus adversarios fueron aún más formidables: en particular Parménides, Empédocles y el gran Aristóteles. Empédocles, siguiendo la tradición egipcia, consideraba que el alma era el sujeto que piensa, que siente placer y dolor y da al cuerpo vivo su calor. Al morir, el alma deja el cuerpo y busca un nuevo hogar en un pez, un pájaro o incluso un arbusto y durante el tiempo que está en el cuerpo humano, reside alrededor del corazón. Todos ellos estaban de acuerdo en que las facultades intelectuales se asentaban en «*el fluir de la pulsante sangre*» y en el corazón. La localización de las funciones mentales en el cerebro, la idea de Alcmeón de Crotona, sería tema de discusión en los siguientes siglos.

Hipócrates. Grabado en madera de Meyner-Hein sobre obra de C. Kreutzberger.

HIPÓCRATES Y LOS HIPOCRÁTICOS

Las enseñanzas de los filósofos presocráticos, los médicos egipcios y las influencias que venían de Asia y las colonias griegas fueron recogidas por uno de los médicos más famosos de todos los tiempos, Hipócrates de Cos. Hipócrates (460-370 a. C.), contemporáneo de Pericles, Sócrates y Platón, fue un protocientífico que buscaba la verdad sobre el cuerpo humano, sobre la salud y la enfermedad, un médico mítico del que sabemos muy poco. Su padre, médico en el templo de Cos, como también lo había sido su abuelo, decidió que Hipócrates reuniera el conocimiento de las principales escuelas del saber, que fuera el mejor médico de su época. Él mismo, su progenitor, fue su primer maestro, enseñándole cuánto sabía. Cuando vio que necesitaba ir más allá, que sus conocimientos no eran suficientes para esa formación de excelencia que quería para su hijo, buscó preceptores para instruirlo, los mejores médicos en Abdera, en Tesalia y Tracia, en Macedonia, en la Isla de Tasos y en algunas ciudades de Asia. También se cree que Hipócrates visitó Egipto, donde conocería los trabajos médicos que se le atribuyen a Imhotep, el médico que fue convertido en dios de la medicina y la sabiduría. Tras esa larga y viajera etapa de estudios, Hipócrates refundó y dirigió la escuela de medicina local en Cos, donde incorporó las enseñanzas de sabios como Herodicos de Selymbre, Gorgias el Sofista y el propio Demócrito de Abdera.

Tras el fallecimiento de su padre, Hipócrates cruzó el Egeo hacia la Grecia continental y se instaló en Atenas, el principal centro cultural de la época, en un momento en que Pericles era el *estrategos* de la ciudad y se estaba levantando el Partenón. Junto a las enseñanzas de sus maestros, Hipócrates fue adquiriendo una importante formación práctica. Parte de ella viene del cuidado de los heridos en la desastrosa guerra del Peloponeso (431-404 a. C.), en la que el militarista estado de Esparta amenazó la supervivencia de una Atenas en la que imperaban el miedo y el caos. En este período, Hipócrates fue convocado por los reyes de Iliria para que fuese a ayudar en una epidemia de peste que devastaba sus ciudades, pero se negó, porque dedujo que la peste pronto llegaría a Atenas —como así fue, llevándose entre muchos otros a Pericles— y que sus servicios serían más necesarios allí. Mandó encender grandes hogueras por toda la ciudad, lo que se cree que disminuyó la virulencia de la peste, y alcanzó un enorme prestigio ya que los que se mantuvieron cerca de aquellos fuegos no enfermaron. Hipócrates fue siempre un patriota. El rey Artajerjes de Persia, conocedor de su fama, lo llamó para atajar una epidemia posterior en sus dominios y le ofreció una fortuna en oro, pero Hipócrates se negó por la enemistad histórica entre los griegos y el imperio persa.

Hipócrates y los que han sido llamado médicos hipocráticos, el conjunto de autores presumiblemente coautores de las teorías atribuidas a él, tenían poco conocimiento de la función del cuerpo humano, sano o enfermo. Sin embargo, su obra significó un enorme salto hacia delante. Sobre todo, Hipócrates rechazó las causas sobrenaturales de las enfermedades y buscó explicaciones lógicas y naturales a través de la observación. Hipócrates inventó la historia clínica y realizó un seguimiento y un registro detallado de cada caso, anotando regularmente y de manera precisa una serie de variables, entre las que incluía la complexión, el pulso, la fiebre, el dolor, los movimientos y las deposiciones. Además, Hipócrates propuso que había que estudiar no solo la enfermedad sino también al propio paciente. Para ello incluía en esa historia clínica su entorno, sus costumbres y los antecedentes familiares. Lo seguimos haciendo dos mil quinientos años después.

En aquella época los tratamientos eficaces eran prácticamente inexistentes e Hipócrates pensaba que era la Naturaleza la responsable de la curación y que el médico solo podía intentar ayudar, facilitar la evolución natural de los pacientes. Por ello intentó erradicar la práctica imperante de curanderos, magos y sacerdotes y rechazó la idea de que la enfermedad fuera debida a dioses o demonios. De hecho, dijo abiertamente que los charlatanes y los sacerdotes de los templos se apoyaban en los dioses para encubrir su propia ignorancia. Criticó que los sacerdotes recibieran ofrendas y regalos y consiguieran ascendiente si «curaban» a un enfermo pero no se hicieran responsables si la «voluntad de los dioses» seguía otro camino y el paciente no sanaba.

La medicina hipocrática se benefició de las disecciones humanas sistemáticas que se hicieron en Alejandría durante el siglo III antes de nuestra era bajo la dinastía de los Ptolomeos. Herófilo de Calcedonia y Erasístrato de Ceos se aprovecharon de este período de gracia, que no duró más de cincuenta años, para efectuar cientos de disecciones de cadáveres y de criminales vivos. Ello generaría la primera información detallada y fiable sobre la estructura del cerebro humano, que influiría en los médicos griegos y, posteriormente, en los romanos como Galeno.

Los conocimientos de Hipócrates y sus seguidores fueron recogidos en una auténtica enciclopédica médica, el *Corpus Hippocraticum*. El origen de estas cincuenta y tres obras parece ser la instrucción de Ptolomeo Soter, el primero de los gobernantes griegos de Egipto, de reunir todo el conocimiento humano para la biblioteca de Alejandría, una constante de los grandes gobernantes de la historia. Para esta tarea se recogieron obras en toda la cuenca del Mediterráneo y algunos de los escritos más buscados eran los de Hipócrates, considerado ya entonces como el padre de la medicina. Los eruditos alejandrinos compilaron todo lo que estuviera remotamente relacionado con él y lo empaquetaron bajo esa denominación de *Corpus Hippocraticum* o colección hipocrática. En estos escritos aparece la preocupación constante por el carácter ético de la profesión médica cuyo ejemplo más notable es el enunciado deontológico que lleva su nombre, el juramento hipocrático:

> *Juro por Apolo, médico, por Esculapio, Higía y Panacea y pongo por testigos a todos los dioses y diosas, de que he de observar el siguiente juramento, que me obligo a cumplir en cuanto ofrezco, poniendo en tal empeño todas mis fuerzas y mi inteligencia.*
>
> *Tributaré a mi maestro de medicina el mismo respeto que a mis padres, compartiré con él mis bienes, y si lo necesitara, lo socorreré. Consideraré a sus hijos como si fueran mis hermanos y, si quieren aprender la ciencia médica, se la enseñaré desinteresadamente y sin ningún género de recompensa.*
>
> *Instruiré con preceptos, lecciones orales y demás modos de enseñanza a mis hijos, a los de mi maestro y a los discípulos que se me unan bajo el convenio y juramento que determine la ley médica, y a nadie más.*
>
> *Aplicaré los tratamientos de los enfermos de la manera que les sea más provechosa según mis facultades y a mi entender, evitando todo mal y toda injusticia. No accederé a pretensiones que busquen la administración de venenos, ni sugeriré a nadie cosa semejante; me abstendré de aplicar a las mujeres pesarios abortivos.*
>
> *Pasaré mi vida y ejerceré mi profesión con inocencia y pureza. No ejecutaré la cirugía, dejando tal operación a los que se dedican a practicarla. En cualquier casa donde entre, no llevaré otro objetivo que el*

Hipócrates rehusando los presentes de Artaxerxes. Grabado de Raphael Massard (1816), a partir de obra de A.L. Girodet-Trioson (1792).

bien de los enfermos; me libraré de cometer voluntariamente faltas injuriosas o acciones corruptoras y evitaré sobre todo la seducción de mujeres u hombres, libres o esclavos.

Guardaré secreto sobre lo que oiga y vea en la sociedad por razón de mi ejercicio y que no sea indispensable divulgar, sea o no del dominio de mi profesión, considerando como un deber el ser discreto en tales casos. Mantendré en secreto todo lo que pudiera ser vergonzoso si lo supiera la gente.

Si observo con fidelidad este juramento, séame concedido gozar felizmente mi vida y mi profesión, ser honrado siempre entre los hombres; si lo quebranto y soy perjuro, caiga sobre mí la suerte contraria.

Hipócrates configura al médico como un profesional, caracterizado por la disciplina en su formación y una forma de actuar respetuosa y rigurosa. En *Sobre el médico*, otra de las obras del *Corpus Hippocraticum*, recomienda que los médicos vayan siempre bien aseados y sean honestos, tranquilos, comprensivos y serios. Algunos de sus aforismos más famosos son «*Si no puedes hacer el bien, por lo menos no hagas daño*», «*que tu medicina sea tu alimento, y el alimento tu medicina*» y «*aquellos que tienen exceso de peso mueren antes que los flacos*». También sugería «*un poco de ejercicio... y caminar... no comer hasta hartarse*». Aunque no se conocía apenas nada sobre las enfermedades infecciosas, señalaba que «*en las heridas hay miasmas que causan enfermedad si entran al cuerpo*». Parece que usaba para los dolores un extracto de sauce que él llamaba salicasia, la misma fuente de donde nosotros fabricamos originariamente la aspirina. Finalmente indicaba que «*El médico debe incluir sabiduría en la medicina y medicina en la sabiduría*». Su fama fue tal que llegó a ser considerado un semidiós, descendiente directo de Esculapio o Asclepio por vía materna y de Hércules por línea paterna. A esa fama contribuyó sin duda su gran longevidad: Hipócrates murió a las afueras de Larissa cuando contaba, según unas fuentes, noventa años y, según otras, ciento cuatro.

Con respecto al encéfalo, Hipócrates y los médicos hipocráticos consideraban que era el centro de control del cuerpo y en el *Corpus* hay uno de los párrafos más hermosos sobre el funcionamiento de este órgano:

Los hombres deben saber que del cerebro y solo de él vienen las alegrías, las delicias, el placer, la risa y también, el sufrimiento, el dolor y los lamentos.

Y por él, adquirimos sabiduría y conocimiento, y vemos y oímos y sabemos lo que está bien y lo que está mal, lo que es dulce y lo que es amargo. Y por el mismo órgano nos volvemos locos y deliramos y el miedo y los terrores nos asaltan.

Es el máximo poder en el hombre. Es nuestro intérprete de aquellas cosas que están en el aire.

Hipócrates y su yerno Polibio parecen ser los autores de la teoría de los humores, que se mantendría vigente durante siglos. Dicha hipótesis consiste en plantear que la salud o enfermedad de un organismo depende de la interacción de cuatro líquidos o humores corporales: sangre, bilis amarilla, bilis negra y flema, que corresponden respectivamente a los cuatro elementos de los filósofos presocráticos: aire, fuego, tierra y agua. Cada humor esta relacionado con dos de las cuatro cualidades: calor, humedad, sequedad y frialdad. A su vez, la predominancia de uno de los cuatro humores marcaría cuatro tipos distintos de hombres, cuatro modelos de comportamiento: sanguíneo, bilioso, melancólico y flemático. Siguiendo esta forma de razonar, todas las enfermedades resultarían de una perturbación en el equilibrio humoral, por exceso, carencia o corrupción de uno de los humores. Por lo tanto, entre las pocas cosas que el médico podía hacer era intentar restablecer el equilibrio de los humores mediante sangrías, dietas, purgas, sanguijuelas y otros procedimientos similares. Aunque sean tratamientos que actualmente han caído en muchos casos en desuso, constituyen un avance radical frente a la medicina anterior donde lo que se hacían eran oraciones, conjuros, interpretación de los sueños o ceremonias de purificación para expulsar los demonios. Dentro de ese esquema, el cerebro era considerado una fuente de flema:

Si las rutas para el paso de la flema desde el cerebro se bloquean, la descarga entra en los vasos sanguíneos; esto causa afonía, atragantamiento, espuma en la boca. Todos estos síntomas se producen cuando la flema fría se descarga en la sangre, que es caliente, congelando de esta forma la sangre y obstruyendo su flujo.

Con respecto a la enfermedad mental, en el *Corpus Hippocraticum* hay muchas referencias a problemas del movimiento, incluyendo varios tipos de parálisis y ataques epilépticos. Algunos pueden encontrase en el tratado titulado *Sobre las lesiones de la cabeza*, donde se asocian correctamente lesiones en un lado de la cabeza con convulsiones en el lado opuesto del cuerpo. Conociendo que tras el daño en la cabeza se producen esas convulsiones y parálisis, el escritor advierte contra la manipulación del cerebro, es mejor no trastear con él. Hay también referencias ocasionales a la pérdida del habla: un paciente había perdido la voz junto con una parálisis del lado derecho del cuerpo, lo que actualmente sabemos que sucede tras una lesión en el hemisferio cerebral izquierdo. Es una medicina muy primitiva pero medicina ya.

Otra parte importante de la obra hipocrática es el estudio de la epilepsia, la llamada «enfermedad sagrada». El vocablo «epilepsia» procede del verbo griego Epilambanein (ἐπιλαμβάνειν), que significa poseer, atacar, ser cogido por sorpresa. El epiléptico sería alguien que está «poseído» o que está sufriendo un «ataque». De los muchos términos utilizados, *epilepsia* ha prevalecido sobre los demás, desbancando al de «enfermedad sagrada» (*Morbus Sacer*) de Hipócrates y los antiguos griegos, a la «enfermedad de la asamblea» (*Morbus Comitialis*) de los romanos, a la «enfermedad que te derrumba» de los anglos (*Falling Sickness*), al mal caduc de los francos, a la alferecía arábiga y a la padavica eslava. En estas etapas iniciales de la neurociencia se consideraba que esta enfermedad sagrada era, en realidad, el establecimiento de una comunicación con la divinidad. El mismo Jesucristo se encuentra probablemente con un epiléptico en la figura de un joven «endemoniado» y el evangelio de San Marcos describe así el encuentro con el padre del muchacho poseído:

Cristo sana a dos hombres poseídos.

Maestro, te he traído a mi hijo, que tiene un espíritu inmundo, y dondequiera que se apodera de él, lo derriba y le hace echar espumarajos y rechinar los dientes y se queda rígido...

Es de nuevo la idea antigua de la enfermedad causada por la posesión diabólica o la entrada al cuerpo de espíritus malignos. Sin embargo, Hipócrates rechazó la posibilidad de que la epilepsia esté causada por espíritus o sea de origen divino pues, en su opinión, era un problema médico tratable y originado en el cerebro. El ensayo *Sobre la enfermedad sagrada* parece ser la puesta por escrito de una charla a profanos sobre la epilepsia y comienza con un alegato a favor de la razón y en contra de la superstición. Dice así:

No creo que la «enfermedad sagrada» sea más divina o sagrada que cualquier otra enfermedad. Al contrario, tiene características específicas y una causa definida... En mi opinión, aquellos que la denominaron «sagrada» por primera vez era el tipo de gente que ahora llamamos curanderos, sanadores, farsantes y charlatanes. Son exactamente los mismos que pretenden ser muy píos y particularmente sabios. Invocando un elemento divino fueron capaces de enmascarar su propio fracaso para proporcionar un tratamiento adecuado y al llamar a este padecimiento «sagrado» escondían la ignorancia que tenían sobre su naturaleza.

Es llamativo lo actuales que suenan estas palabras. Otra leyenda atribuye a Hipócrates el descubrimiento de enfermedades que no tenían una base orgánica sino un trasfondo mental, lo que ahora llamamos enfermedades psicosomáticas. Entre ellas destaca la curación de Perdicas, rey de Macedonia. Según se cuenta, Hipócrates dedujo que la enfermedad de Perdicas era un problema debido a que se sentía atraído por Phila, una concubina de su padre. Su diagnóstico propició la curación del enfermo, aunque no sabemos cómo terminaron aquellos asuntos familiares. Hipócrates es un hito en la construcción de la ciencia, la medicina y la neurociencia moderna.

Aristóteles, además de celebérrimo filósofo, fue padre de la ciencia. Uno de sus discípulos fue Alejandro Magno. En esta ilustración aparece dentro del «protosubmarino» de Aristóteles, realizando una exploración en el fondo del mar.

¿EN LA CABEZA O EN EL CORAZÓN?

Es normal que en nuestra vida cotidiana distingamos entre decisiones tomadas «con la cabeza» y aquellas llevadas a cabo siguiendo «los dictados del corazón». La dualidad razón-pasión o pensamiento-sentimiento impregna nuestro lenguaje, nuestros análisis de las cosas, nuestra comprensión del mundo y de nosotros mismos. Es una historia antigua, terriblemente equivocada y, al mismo tiempo, enormemente sugerente.

El culpable de esta equivocación tiene nombre: Aristóteles. Las aportaciones al pensamiento de este griego nacido en Estagira son de tal calidad, de tal magnitud, que es conocido como «el Filósofo». Y, sin embargo, podría ser igualmente conocido como «el Científico», porque Aristóteles estableció el primer cimiento sólido para el inicio de la ciencia: llegar a la verdad mediante la observación y la experimentación y no mediante el razonamiento abstracto. Además de sus aportaciones sobre política, lógica, metafísica, arte, economía, psicología o teatro, Aristóteles fue el primer biólogo, el primer biogeógrafo, el primer embriólogo, el primer taxónomo, el primer especialista en anatomía comparada, el primer evolucionista y el primer estudioso, de una manera sistemática, del comportamiento animal; por tanto también el primer etólogo. Sus hallazgos y teorías sobre cualquiera de estos campos le habrían granjeado un lugar en la historia de la ciencia, pero es que aportó en todos. Y, sin embargo, relegó al cerebro a un segundo lugar frente al corazón como el órgano más importante del ser humano. Para Aristóteles, es el corazón y no el cerebro el que actúa de centro rector de las sensaciones y los movimientos, donde recibimos la información sobre el mundo que nos rodea y donde nace la respuesta a ese universo que se inicia al otro lado de nuestra piel. Aristóteles dijo que todos nuestros conocimientos proceden de los sentidos.

Aristóteles afirmó que «*es muy fácil tejer hipótesis*» y que «*la ciencia debe basarse en la realidad*». Por eso resulta tan chocante que piense que

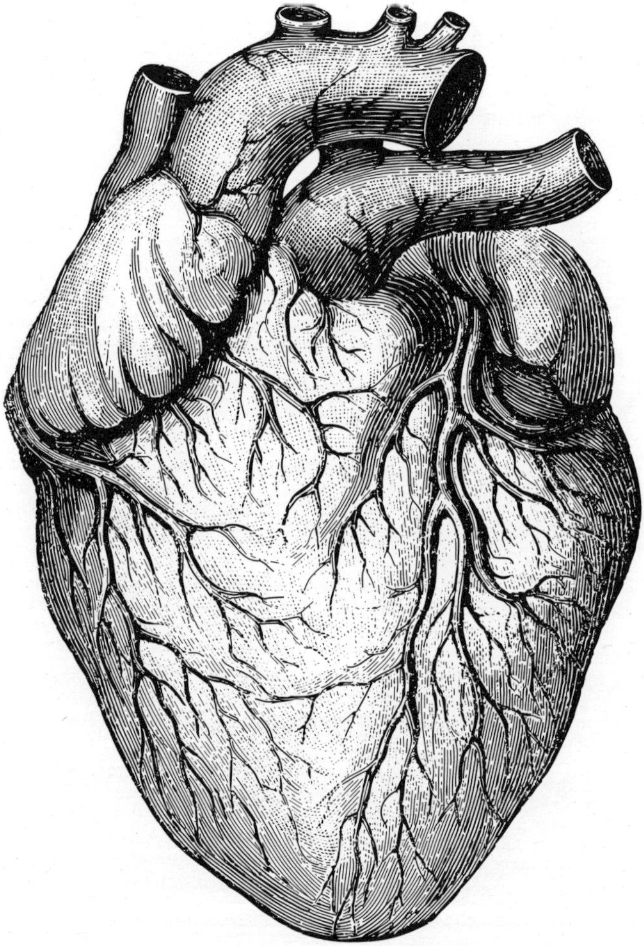

Una ilustración del músculo cardiaco humano, con sus vasos principales, tomada de la obra de 1911, *Die Frau als Hausarztin*, —algo así como «La mujer médico en casa»—, de Anna Fischer Dückelmann. Con varios millones de ejemplares vendidos, fue una obra enciclopédica revolucionaria para la época, también porque trataba temas tabú, que incluían incluso el adulterio.

las funciones intelectuales y emocionales se encuentran en el corazón. A menudo se descalifica a Aristóteles con una sonrisa de autosuficiencia sin preguntarse cómo llegó a esa conclusión y por qué rebatió la opinión de los pensadores anteriores a él, como Alcmeón o Hipócrates, que consideraban el cerebro como el lugar de aquello que nos identifica como seres humanos y la sede de las funciones mentales.

Aristóteles era un hombre inteligente y las razones para considerar que el corazón era el lugar de asiento de los sentimientos no son en absoluto desdeñables, tienen sentido y son adecuadas a su época. Basándonos en sus escritos podemos citar las siguientes: el corazón ocupa una posición central en el cuerpo, más adecuada para una función coordinadora; es sensible a las emociones: cuando vemos algo que nos afecta —un susto por ejemplo— en el corazón se ve una reacción, se pone a latir más rápido; sin embargo, el cerebro no muestra ningún cambio; si abrimos la caja craneana y exponemos el cerebro, podemos ir cortando partes sin que el pobre animal muestre señales de sufrimiento (el cerebro no tiene receptores para el dolor), mientras que el corazón se altera profundamente ante una intervención similar. Otras razones corresponden a la tecnología limitada disponible en la Grecia clásica. Aristóteles indica que todos los animales muestran algo parecido a un corazón pero el cerebro solo se observa en vertebrados y cefalópodos (otros invertebrados tienen sistemas nerviosos pero son en red o ganglionares, difícilmente observables a simple vista); el corazón está conectado con todos los órganos de los sentidos y todos los músculos (vía los vasos sanguíneos) mientras que no observa esas conexiones desde el cerebro en muchos de ellos (a menudo son finísimas o microscópicas), también considera que el corazón es esencial para la vida mientras que un ser vivo con gran parte de su cerebro dañado puede seguir viviendo (cuando decimos que alguien ha quedado como un «vegetal» sigue respirando y viviendo, pero el daño cardíaco termina en la muerte pocos minutos después) y que el corazón se forma antes que el cerebro en el desarrollo embrionario (un corazón latiendo en un huevo embrionado es mucho más conspicuo que las vesículas cerebrales creciendo y plegándose).

Una mención especial merece el tema de la temperatura: para Aristóteles el corazón es caliente, una señal de la vida y un atributo de los seres superiores frente a los animales de sangre fría, mientras que el cerebro sería un órgano frío. De hecho, para él, la función del cerebro sería enfriar la sangre, manteniendo una temperatura adecuada para las funciones mentales del corazón. Nos puede parecer sorprendente, pues es evidente que en todos los mamíferos la temperatura del corazón y el cerebro es la misma, treinta y siete grados. Sabemos que Aristóteles nunca hizo una disección de un ser humano —quizá sí a abortos espontáneos— pero, en cambio, sí se la hizo a cuarenta y nueve animales diferentes, desde un elefante a un caracol. La mayoría de estos animales, así como los dos de los que sabemos que hizo una vivisección, una disección en vivo, un camaleón y una tortuga, son animales de sangre fría y, por tanto, es cierto que tienen el cerebro húmedo y un poco frío al tacto. Con respecto a los de sangre caliente, como el elefante, parece lógico pensar que transcurriría un tiempo entre su muerte y la disección realizada por Aristóteles. El corazón, situado en el centro del cuerpo, mantendría más tiempo el calor que el cerebro, situado más cercano al exterior y que, por tanto, se enfriaría con mayor rapidez.

Aristóteles minimizó el papel de los dioses en sus explicaciones sobre la naturaleza, y su respuesta a la constitución de los seres vivos era el alma, que no era algo teológico sino algo más parecido a la «naturaleza» o la «esencia», o como también dijo, la «causa final». Para Aristóteles todo tenía

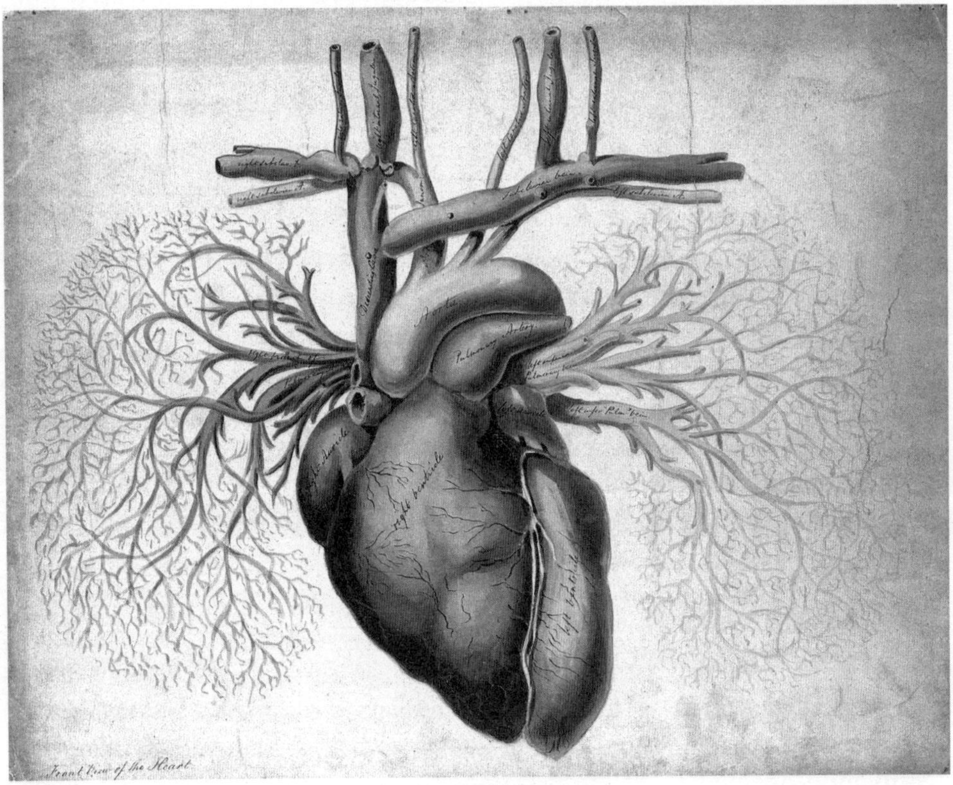

Acuarela del siglo XIX con una vista frontal del corazón y sus principales troncos arteriales y venosos.

un propósito y descubrirlo era el punto central de la filosofía. En los seres vivos, el hombre y los animales pero también las plantas, ese propósito era guiado por el alma y el alma necesitaba habitar un cuerpo material para alcanzar su propósito, todo iba dirigido hacia un objetivo final. El alma guiaba el desarrollo y daba forma a la estructura adulta, de tal manera que beneficiase al animal y asegurase que tenía un lugar en el mundo. El alma aportaba esos beneficios al encargarse de que el animal pudiese sentir peligro y reaccionar a él, encontrar comida y refugio y también localizar una pareja. Estudiar estos elementos del comportamiento permitía conocer los deseos del alma.

Aristóteles vio que podía clasificar a los seres vivos en función de las características de sus almas, formando una escalera desde los más bajos a los superiores. En la base puso a las plantas, porque únicamente tenían almas vegetativas que solo les permitían crecer, sanarse a sí mismas y reproducirse. Los animales estaban por encima de las plantas porque sus almas tenían también facultades sensoriales: podían ver, oír, saborear y sentir, y también facultades motoras: podían andar, nadar, volar o deslizarse. Los humanos ocupaban la cima de la escala pues sus facultades incluían la razón y la voluntad, algo no presente en los animales llamados irracionales. Por otro lado, un elemento clave de la vida de los animales era el movimiento y, por tanto, el corazón, que late, que se mueve, parecía estar un escalón por encima del cerebro, aparentemente inerte e inmóvil. Sus descripciones son extremadamente gráficas y es evidente que hizo muchas de las disecciones él mismo y comentaba el olor de las vísceras de un león, la mejor forma de estrangular a un animal para preservar sus vasos sanguíneos y cómo el corazón de un camaleón seguía latiendo mientras le hacía una vivisección.

El estagirita pensaba que los ojos y los oídos no estaban conectados a nervios que iban al cerebro sino a vasos sanguíneos que llevaban la percepción al corazón. Estas conexiones permitían al corazón gobernar las sensaciones, los movimientos y las emociones. El cerebro, para él, «atemperaba el calor y la furia del corazón». El enorme cerebro de los humanos no era para Aristóteles una evidencia directa de su inteligencia sino, al contrario, de que nuestros corazones producían el máximo calor, por lo que necesitaban el mejor sistema de refrigeración de todos los animales.

Tras la muerte de Aristóteles, algunos griegos se atrevieron a discutir sus ideas. Dos griegos que vivían en Alejandría, Herófilo y Erasístrato superaron los viejos tabúes y diseccionaron a cientos de cadáveres, describiendo docenas de estructuras por primera vez, desde el iris al epidídimo. Ellos fueron los que descubrieron los nervios y, por tanto, el sistema nervioso. Hasta entonces se pensaba que esos cordones blanquecinos eran finos tendones o los extremos de las arterias, pero los dos anatomistas vieron que formaban una red que surgía del encéfalo y de la columna vertebral, lo que ahora llamamos nervios craneales y espinales. Siguiendo las ideas de su época pensaron que, con cada respiración, un poco del alma del mundo entraba en el cuerpo, donde se comportaba como el agua en una tubería, fluía hasta el corazón y desde allí se extendía por las arterias llevando vida a todo el cuerpo, incluido el cerebro.

En sus disecciones, Herófilo y Erasístrato descubrieron también unas cámaras en el interior del cerebro, los ventrículos, que eran el único sitio lógico para que fluyeran los espíritus. Herófilo postuló que esos espacios vacíos alojaban el intelecto. Desde los ventrículos —decía— los fluidos pasarían por los nervios huecos hasta los músculos, que se hincharían e iniciarían los movimientos.

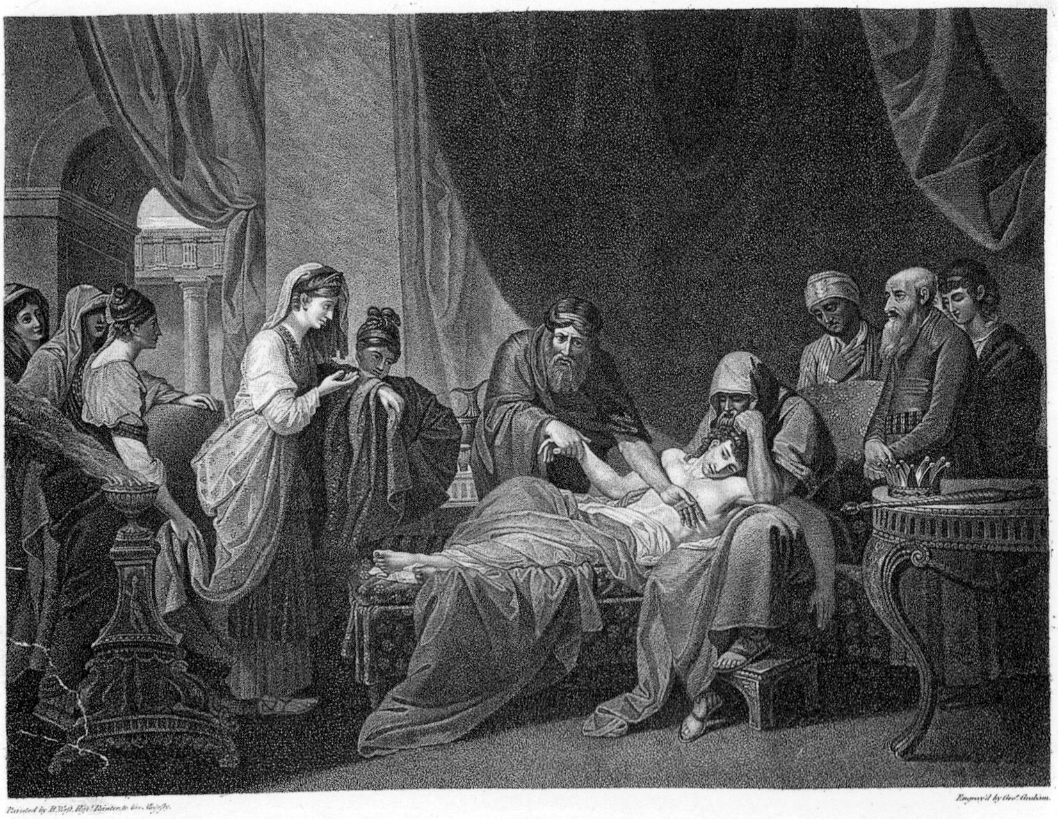

Erasístrato toma el pulso de Antíoco y descubre la causa de su inmensa tristeza: su amor por Estratónice de Siria (que entonces era la esposa de su padre, Nicátor, rey de Siria). En este grabado Nicátor sostiene preocupado la cabeza de su hijo Antíoco, le entregaría su propia esposa.

La influencia de Aristóteles ha sido tal que tuvo que pasar prácticamente un milenio y medio, hasta el Renacimiento, para que se reconociera al cerebro como el lugar de la actividad mental, de la codificación de la información sensorial, del inicio del movimiento. Aun así, fue tal el prestigio del sabio estagirita que seguimos dibujando corazones (con una silueta no real, sino la que se le atribuía en la Edad Media) para expresar nuestro amor e identificamos esa imagen del corazón como órgano de la pasión. Un encuentro grato es algo «cordial», pero una mala noticia «nos rompe el corazón», hay asesinatos «a sangre fría», mientras que la violencia sobre un niño «nos hace hervir la sangre», decimos cosas «con el corazón en la mano» que en el caso de un momento de ansiedad se transforma en tener «el corazón en un puño» y a las memorias las llamamos también «recuerdos». El rey Ricardo era tan valiente que se le apodó «corazón de león», un apodo parecido al que tuvo el escocés «*Braveheart*» y mis ejemplos preferidos son ese impulso espontáneo que nos lleva a realizar algo arriesgado y difícil, lo llamamos «corazonada» y a rememorar algo lo llamamos «recordar». Y un último detalle: si estás casado o prometido, mirando tus manos quizá veas un anillo en un dedo al que por esa circunstancia se le llama anular. El motivo de que coloquemos nuestras alianzas en ese dedo y no

14 de febrero de 1944, una joven pareja de soldados canadienses dibuja unos corazones de tiza en un árbol. [The Galt Museum & Archives, Canadá.]

en ningún otro es que se consideraba que desde el dedo anular partía una conexión directa al corazón.

Mientras Porcia y Bassanio se encuentran en el acto III de *El mercader de Venecia* suena una canción que empieza así:

> *Dime donde nace la pasión ¿es en el corazón o en la cabeza?*
> *¿Cómo se engendra? ¿cómo se nutre?*
> *Responde, responde.*
> *Se engendra en los ojos,*
> *se nutre de miradas y muere*
> *en la cuna donde reposa.*

Aristóteles le habría dicho que nace en el corazón, pero la ciencia avanza corrigiendo sus errores y para la época en que Shakespeare escribía estos versos ya sabíamos que la pasión, la imaginación y el amor, la valentía y el perdón, y la poesía también, residen ahí, detrás de esos ojos de los que hablaba Shakespeare, detrás de esos ojos con los que lees estas líneas.

Shylock, el usurero prestamista de *El mercader de Venecia* (William Shakespeare, 1600), representado con su balanza y su cuchillo, en busca de la libra de carne lo más cercana al corazón de Antonio, en compensación por la deuda que éste no podía atender.

EL REY DE LOS VENENOS

Grecia fue conquistada por Roma, al igual que les sucedió a todos los territorios que rodean el Mediterráneo. En ese proceso de construir uno de los grandes imperios de la historia, los romanos tuvieron muchos adversarios y enemigos, pero pocos tan enconados como Mitrídates VI, rey del Ponto, un estado situado en la costa sur del mar Negro. También llamado Mitrídates el Grande, fue hijo de Mitrídates V, que murió envenenado cuando el futuro rey era solo un niño. En su testamento el rey dejó el reino bajo el gobierno de su esposa y hermana Laodice VI y de sus dos hijos, Mitrídates el Grande y su hermano pequeño, Mitrídates Crestus. La viuda y madre gobernó como regente, prefirió a su hijo menor y la infancia de Mitrídates no fue fácil. Según Justino (Epítome, XXXVII.2):

> *Durante su infancia, su vida fue amenazada por complots de sus guardianes, que, montándolo en un caballo bronco lo forzaban a cabalgar y a lanzar la jabalina: pero cuando estos intentos fallaron, puesto que su dominio del caballo era superior a sus años, intentaron segar su vida con venenos. Él, sin embargo, estando en guardia contra esa traición, tomaba antídotos frecuentemente y se fortalecía de esa manera, con una prevención exquisita contra su maldad.*

Mitrídates tuvo que escapar de la corte controlada por su madre y, cuando finalmente pudo regresar y asumir el poder, retiró a la reina del gobierno —es muy probable que algo tendría ella que ver con las actuaciones de los guardianes— y la encarceló, al mismo tiempo que asesinaba a sus hermanos para evitar que pudieran encabezar una revuelta contra él. A pesar de ese carácter implacable de gobernante oriental, se rodeó de consejeros griegos y eso, junto al hecho de ser descendiente de los generales de Alejandro, lo hizo popular en muchas ciudades de Grecia. No era nin-

Tetradracma de Mitrídates VI de Ponto. En el anverso aparece una efigie diademada del rey; en el reverso Pegaso se prepara para descansar, junto a los lemas, ΒΑΣΙΛΕΩΣ, MIθPAΔATOU EUΠATOPOΣ; todo dentro de una corona de hiedra [c. 115-105 a. C.].

gún estúpido y, según Plinio el Viejo, «*Mitrídates, que fue rey de veintidós naciones, administró sus leyes en todos sus idiomas, y podía hablar cada uno de ellos sin emplear intérprete*».

Mitrídates reformó y reforzó el ejército, reiniciando la política expansionista de su padre, pero el crecimiento rápido de su imperio lo llevó a un choque inevitable con la república romana, que se agudizó cuando, temiendo una población desleal en sus territorios, ordenó una matanza de los ciudadanos romanos asentados en Anatolia, incluyendo sus parientes y servidores. Se dice que mandó matar a unas ochenta mil personas, hombres, mujeres y niños, con lo que se convirtió en el enemigo más odiado por Roma.

Mitrídates temió toda la vida morir envenenado como su padre y diseñó, probablemente con la ayuda de su médico Craetuas, uno de los antídotos más famosos de la antigüedad: la triaca o mitridato. El rey había diseñado distintas fórmulas para protegerse de los venenos y experimentaba con ellas demostrando nuevamente carecer de ningún tipo de escrúpulo moral, ya que probaba sus antídotos administrándoselos a prisioneros que recibían a continuación el veneno. Un planteamiento que tiene más de científico que de ético. El objetivo de Mitrídates era conseguir un antídoto universal, aquel que lo protegiera de cualquier ponzoña.

Un siglo después de la muerte de Mitrídates, Aulio Cornelio Celso en su obra *De Medicina* recuperó una fórmula de la triaca, compuesta por treinta y seis ingredientes:

Contiene balsamita un grano y dos tercios, cálamo 20 granos, hipérico, goma arábiga, sagapenum, zumo de acacia, iris ilirio, cardamomo, 8 granos de cada uno; anís 12 granos, nardo gálico (Valeriana), raíz de genciana y hojas secas de rosa, 16 granos de cada uno, gotas de amapola y perejil, 17 granos de cada uno, casia, saxifraga, cizaña, pimienta larga, 20.66 granos de cada, estoraque (resina de liquidambar) 21 granos castóreo, olíbano, jugo de Cytinus hypocistis, mirra y opopónaco, 24 granos de cada; hojas de Malabathrum, 24 granos; flor de junco redondo, resina de trementina, gálbano, semillas de zanahoria de Creta, 24,66 granos de cada; nardo y bálsamo de la Meca, 25 granos de cada; bolsa de pastor, 25 granos; raíz de ruibarbo, 28 granos; azafrán, jengibre, canela, 29 granos de cada. Todo esto se macera y se vierte en miel.

Todos los ingredientes procedían de plantas, salvo la miel, que se usaba como excipiente, y el castóreo o aceite de castor que se empleaba en muchas pociones para mejorar el aroma. La fórmula magistral pesaba en torno a un kilo y medio y duraba medio año si se tomaba cada día una cantidad adecuada. Las instrucciones de administración eran una porción del tamaño de «*una almendra disuelta en vino contra el envenenamiento, mientras que para otras afecciones una cantidad del tamaño de una alubia es suficiente*».

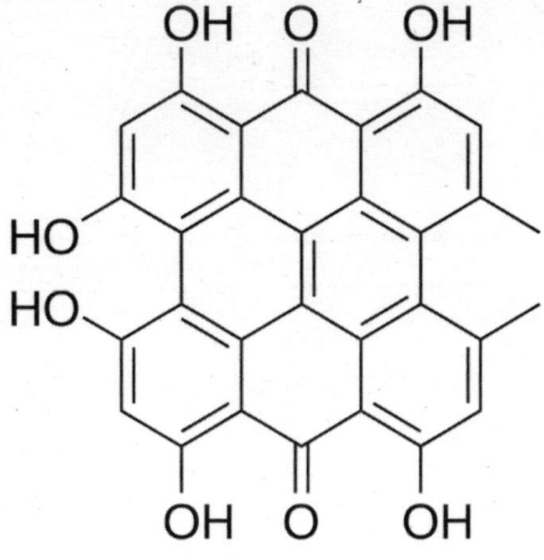

Fórmula estructural de la hipericina, uno de los componentes activos principales de la hierba de San Juan o hipérico (*Hypericum perforatum*).

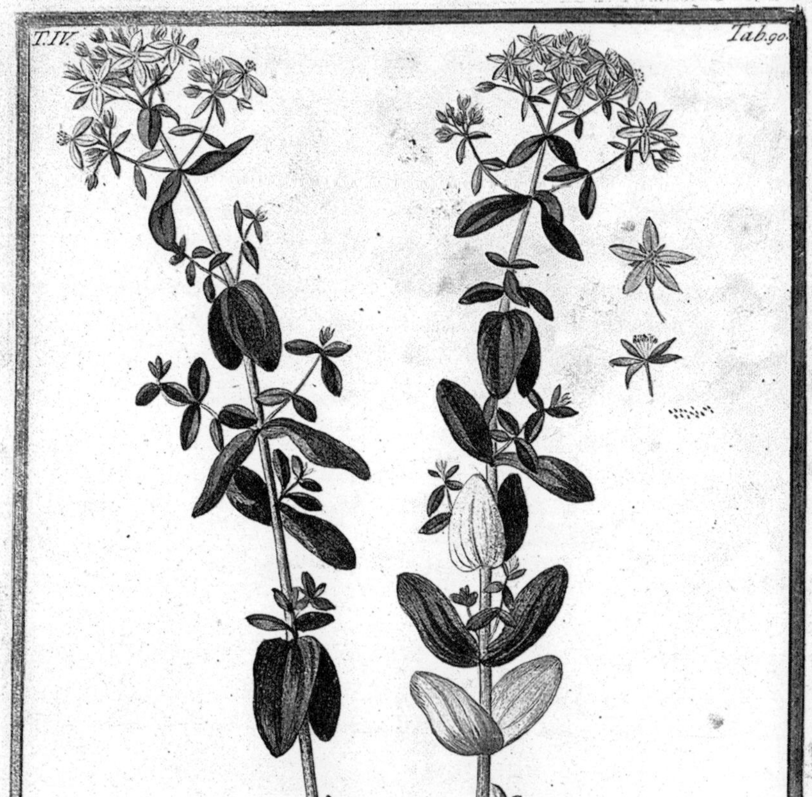

Una de las 400 variedades de la hierba de San Juan o hipérico, *Hypericum olympicum* [M. Bouchard, 1770].

Las plantas que usaba Mitrídates y muchas más fueron recogidas por Pedanius Dioscórides, un cirujano del ejército romano en la época de Nerón. Dioscórides escribió una obra en cinco volúmenes titulada *De Materia Medica* —traducida como *Acerca de la materia medicinal y de los venenos mortíferos*— sobre las propiedades medicinales y tóxicas de las plantas y de algunos minerales, y que se siguió usando hasta el siglo XVIII. Era una obra práctica que evitaba meterse en discusiones filosóficas y contribuyó a entender las relaciones entre los seres vivos y a asumir la existencia de productos activos contra determinadas enfermedades en seres vivos e inanimados.

Plinio atribuye a Mitrídates el diseño de otro antídoto con cincuenta y cuatro ingredientes, y señalaba que el rey bebía veneno todos los días después de tomar sus pócimas para reforzar su inmunidad. Era curioso que algunas de esas recetas utilizaban sangre de patos del Ponto que, según Plinio, no sufrían daños a pesar de que supuestamente vivían entre plantas venenosas, o carne de víbora, porque los expertos de la época consideraban que el reptil era inmune a su propio veneno y algo habría en su cuerpo con esa función protectora. La triaca se convirtió en una panacea, utilizada para una amplia variedad de enfermedades.

Hubo tres guerras entre el Ponto y Roma entre los años 88 y 65 antes de nuestra era. La primera fue una victoria de Lucio Cornelio Sila, que tuvo que volver con rapidez a Roma por el avance de Mario, su oponente en el gobierno de la República. En la segunda Guerra Mitridática (83 a. C. a 81 a. C.), la contienda finalizó sin un vencedor claro tras una derrota romana y la retirada de la mayoría de las legiones por órdenes de Sila, que de nuevo necesitaba su ejército para las disputas internas. En la tercera Guerra Mitridática (75 a. C. a 63 a. C.), el ejército de Roma fue dirigido por dos de sus mejores generales: primero por Lucio Licinio Lúculo (75 a. C. a 66 a. C.) y posteriormente por Cneo Pompeyo Magno (66 a. C. a 63 a. C.). El conflicto terminó con la derrota total de las tropas de Mitrídates VI a manos de las legiones romanas.

Muchas de las plantas usadas en la fórmula original de la triaca de Mitrídates tenían características comunes: eran consideradas plantas útiles, tenían fuertes aromas y muchas eran de la familia apiáceas. Tras su derrota, Pompeyo encontró una anotación hecha por el propio rey con un antídoto mucho más sencillo consistente en dos nueces secas, dos higos y veinte hojas de ruda, todo ello mezclado con un poco de sal. También apareció información detallada sobre plantas medicinales, muestras de ellas y diversas fórmulas. Pompeyo el Grande, con esa inteligencia práctica de los romanos, ordenó que se tradujera todo al latín y que se enviase la información a Roma, por si acaso.

La fama del antídoto del rey del Ponto se mantuvo durante siglos, hasta que en 1745 un médico inglés, William Heberden, publicó que las cualidades cuasi milagrosas del mitridato, que se usaba para casi cualquier problema médico, del insomnio a la peste bubónica, eran falsas y lo más que hacía era hacer sudar a los enfermos, *«que es comúnmente la virtud de una medicina que no tiene ninguna»*. Surgió un problema entonces que también tiene una historia de siglos: que los boticarios se quejaron porque era una fórmula magistral enormemente complicada —y enormemente cara—, por lo que contraatacaron con el argumento de que si era inútil, ¿cómo era posible que hubiera sido reverenciada durante tantos siglos? Al año siguiente, no obstante, la farmacopea de Londres lo retiró de su listado, pero estuvo en las de Francia y Alemania al menos un siglo más, y en la de España aún otro más, hasta comienzos del siglo XX. Poderoso caballero...

Pareja de envases cerámicos de farmacia del siglo XVII, uno de ellos con la inscripción MITRIDATO.

No sabemos qué venenos manejaría Mitrídates. Lo más probable es que fuera arsénico, llamado el veneno de los reyes y el rey de los venenos, o un tóxico obtenido de serpientes. El veneno de los reptiles contiene cientos o miles de proteínas, incluyendo enzimas hidrolíticas, que destruyen los tejidos, tóxicos que actúan sobre el sistema circulatorio, hacen caer la presión sanguínea o revientan los glóbulos rojos y neurotoxinas que actúan sobre la transmisión nerviosa y neuromuscular.

Entre los efectos de las neurotoxinas en el sistema nervioso las hay que inhiben los canales iónicos necesarios para el funcionamiento de las neuronas, como la tetrodotoxina (canales de sodio) o el curare (canales de cloro); otras bloquean la liberación de las vesículas sinápticas, como la toxina botulínica o la tetánica; otras inhiben los receptores, como la bungarotoxina o la cobratoxina; otras afectan a la barrera hematoencefálica, como el aluminio o el mercurio; otras interfieren con el citoesqueleto, como el arsénico; algunas más actúan sobre la ruta de degradación de los transmisores, como las fasciculinas de las mambas que inhiben la colinesterasa y, finalmente, el propio encéfalo sintetiza moléculas que, en función de las concentraciones, pueden actuar como tóxicos como el glutamato o el óxido nítrico.

Tras su derrota por Pompeyo, Mitrídates VI huyó con un pequeño ejército. Su hijo mayor, Machares, virrey del Bósforo de Cimeria, decidió no ayudar a su padre fugitivo. Mitrídates lo mandó asesinar y tomó su reino. Entonces, otro de sus hijos, Farnaces II del Ponto, inició otra rebelión contra su progenitor con ayuda de los aliados de Roma, con lo que el destino de Mitrídates VI estaba sellado. Antes de ser capturado por los soldados romanos, Mitrídates envenenó a su esposa e hijos pequeños para impedir que cayeran en manos de Pompeyo. Murieron rápidamente, pero cuando él se tragó el resto del veneno, no sufrió ningún efecto. Intentó matarse con su espada, pero «*sea por la debilidad de su mano causada por su edad o por las desgracias por las que estaba pasando, o como resultado del veneno que había ingerido*» fue incapaz de quitarse la vida y uno de sus soldados lo acuchilló. Sus últimas palabras, recordando toda su vida y demasiado literarias —¡y largas!— probablemente para ser ciertas fueron:

> *Aunque he vigilado y me he protegido de todas las ponzoñas que un hombre puede tomar con su alimento, no me he guardado contra el más mortal de todos los venenos, ese que se encuentra en la casa de todos los reyes: la deslealtad del ejército, de los hijos y de los amigos.*

Claudio Galeno [Litografía de Pierre Roche Vigneron, ca. 1865].

EL PRIMER GALENO

Roma destaca por su sentido práctico. Para ellos, la religión es una institución política y la ciencia un modo de acción, algo que queda claramente ejemplificado en la medicina. De todos los médicos de la Roma imperial, el más influyente fue sin duda Galeno de Pérgamo, cuyos descubrimientos y teorías fueron secundarios a su principal labor: sanar heridos y cuidar enfermos.

Pérgamo era una de las colonias griegas fundadas a lo largo de la costa de Jonia, en la actual Turquía. Se convirtió en territorio romano el 133 a. C. y bajo la tutela de Roma conoció una etapa de florecimiento económico e intelectual. Doscientos sesenta años después de su anexión por Roma, el 129 o el 130 de nuestra era, nació allí Galeno, conocido como Aelius Galenus, Claudius Galenus o Galeno de Pérgamo. Galeno sería un ejemplo de la incorporación del saber griego en la plenitud del conocimiento romano y la piedra angular del sistema médico de Occidente, influyendo en algunos aspectos hasta nuestros días.

Según la leyenda, Aelius Nicon, su padre, un arquitecto y matemático con unos intereses muy eclécticos, soñó una noche que lo visitaba Esculapio, el dios latino de la medicina, y le ordenaba que persuadiera a su hijo para que se convirtiera en médico. Nunca sabremos si fue el truco de un padre que deseaba orientar la vocación de su vástago que, al parecer, quería dedicarse a la filosofía, pero la realidad es que a esa edad, los diecisiete años, Galeno empezó a asistir al *aesculapion*, un centro mitad santuario mitad sanatorio, considerado una de las maravillas de la antigüedad y que tenía la segunda mejor biblioteca de su época, tras la de Alejandría. Debía de ser una especie de balneario con los mejores médicos, las mayores fortunas buscando curar sus achaques y gente inteligente como el historiador Claudius Charax, el orador Aeius Aristides o el sofista Polemo enriqueciendo las conversaciones en las termas. Distintas sectas o, con un nombre menos ofensivo, distintas

Reconstrucción de la acrópolis de Pérgamo [Friedrich Thierch, 1882].

escuelas de pensamiento, practicaban allí la medicina. Estaban los dogmatistas, que creían en un sistema lógico basado en la razón; los metodistas, que creían en un reduccionismo que permitiera aislar los problemas; los pneumatistas, que recalcaban la importancia del aire y los demás gases que entraban y salían del cuerpo; los enciclopedistas, que recogían todo el saber de los antepasados; y los empíricos, que reclamaban que el conocimiento solo podía nacer de la observación de los hechos.

Galeno pronto tuvo claro que no quería ser un sanador, un sacerdote que ofreciera sacrificios, cantara himnos y prescribiera música como recurso terapéutico. Tampoco quería ser un compilador del saber médico como los dos protomédicos romanos más famosos de su tiempo, Celso y Plinio, él quería conocer el cuerpo humano y entender su funcionamiento. Así que se interesó por la anatomía y la fisiología que le parecían más sólidas y mejor estructuradas para entender el funcionamiento del organismo en la salud y en la enfermedad, pero estuvo muy abierto a aprender aquellas técnicas útiles que propusiera cualquier otro especialista que enseñara medicina.

Galeno ejerció como médico de gladiadores [*History and Ethnology of Ancient Rome*, 1851].

A los diecinueve años su padre murió repentinamente y lejó a su hijo con una cuantiosa fortuna. Siguiendo los consejos escritos por Hipócrates, a quien idolatraba, Galeno viajó a distintos centros del conocimiento, completando su formación y aprendiendo los saberes que se impartían en Esmirna, en Corinto y en Alejandría, donde pasó cinco años y de cuya excelencia para la enseñanza de la medicina escribiría posteriormente. En las escuelas de medicina estudió los esqueletos allí conservados, quizá alguno de ellos preparado por Herófilo y Erasístrato, y leyó en las bibliotecas los libros antiguos. Tras diez años de ausencia, cuando contaba veintiocho años, Galeno volvió a su ciudad natal. Del 159 al 168 fue el médico de los gladiadores del supremo sacerdote de Asia, uno de los hombres más ricos de su tiempo. Dicen que Galeno consiguió el trabajo porque delante de este magnate evisceró un mono y retó a los demás candidatos a que arreglaran aquel desaguisado. Cuando se negaron, Galeno operó al pobre animal, lo recompuso bastante bien y se ganó el puesto. En aquella escuela de gladiadores, trabajando con reciarios, mirmillones, samnitas y los demás tipos de luchadores, parece que se fijó en la dieta, el ejercicio y la higiene como medidas preventivas para el mantenimiento de la salud. Algunos piensan que ser médico de gladiadores era un trabajo menor, pero es todo lo contrario: debía de ser como ser el médico del Real Madrid, como el Dr. Pedro Guillén, conocido entre futbolistas y toreros como Pedro el Grande, el traumatólogo cuyas manos mágicas eran capaces de salvar su carrera. Galeno había decidido no ser un buen médico sino ser el mejor, y si alguien estaba dispuesto a pagar lo que fuera por cuidados médicos, tratamiento de las fracturas y heridas y soporte quirúrgico, ese era el dueño de un gladiador.

Tres años más tarde estalló una guerra entre Pérgamo y los gálatas y Galeno, que ni siquiera consideraba el matrimonio o la vida social porque temía que lo distrajeran de su carrera profesional, decidió alejarse de aquel caos y marchar al centro neurálgico de todo, a Roma, cosa que hizo a pie. Cuando llegó a la capital del Imperio se encontró que el médico más famoso del momento era Thessalus, un charlatán que prometía, tras cobrar unos sustanciales emolumentos, enseñar a sus estudiantes todo lo que había que saber de medicina en seis meses. Galeno, un verdadero profesional que había dedicado años de esfuerzo a formarse en las principales escuelas médicas de su época lo llamó «*impúdico, insolente, estúpido, bárbaro y asesino*», descripción que no debió de dejar a Thessalus muy satisfecho. En realidad, la mayoría de los médicos eran esclavos que se compraban y vendían por el equivalente a unos pocos cientos de euros y los remedios que usaban incluían excrementos de cocodrilo, cerebros de camello y sangre de tortuga. No parecen tratamientos muy prometedores.

Asclepio —Esculapio para los romanos— fue el dios griego de la medicina. Se suele representar junto a una serpiente enrollada a su báculo [Lefteris Papaulakis].

Galeno hizo pocos amigos en Roma: tenía un ego desmesurado, despreciaba a sus colegas y ni siquiera aceptó hablar latín en vez de griego, el lenguaje de la gente culta. Es como si un médico actual dijera a sus pacientes que él solo habla en inglés. De hecho, la tensión llegó a tal nivel que vivía con miedo de que sus colegas lo intentaran envenenar. Parece que en Roma también fue médico de gladiadores, lo que indica que tenía una buena reputación, y, debido a ese trabajo, tuvo ocasión de ver de primera mano muchas heridas abiertas y recientes y lo que mostraban del interior, lo que él llamaba «*ventanas al cuerpo*».

Galeno unió la visión del organismo de Aristóteles y Platón con la medicina de Hipócrates y sus propias observaciones, lo que lo convirtió en un médico formidable pero, quizá por sus enfrentamientos con sus colegas, decidió regresar a Pérgamo de forma precipitada. Poco después lo llamaron los coemperadores Marco Aurelio y Lucio Vero, su hermano adoptivo. Galeno curó al emperador de unos problemas estomacales y ayudó a superar una epidemia de peste que surgió en la ciudad. Un tiempo después los coemperadores lo llamaron para que se reuniera con ellos en los cuarteles imperiales de invierno y se uniera al ejército. El emperador estaba en una situación muy delicada, con los hunos cruzando el Danubio y sin oro en sus arcas, así que tuvo que poner a la venta varias propiedades. Galeno no lo debió de ver claro y le dijo que Esculapio le había advertido en un sueño que no debía ir, cosa que, al parecer, Marco Aurelio aceptó. A pesar de ello, el emperador lo nombró médico suyo y de su hijo Cómodo, el siguiente emperador —el «malo» de *Gladiator*— y también fue el médico de cámara de otro emperador, Septimio Severo, alcanzando la cumbre de la carrera de la profesión médica, ser médico de la corte, el título más valorado por alguno de los estudiosos de otras épocas de los que hablaremos, como Vesalio.

Galeno es quizá el escritor más prolífico de la antigüedad clásica, y se dice que tenía veinte escribientes a los que iba dictando sus obras. Mientras estuvo en Roma escribió entre quinientos y seiscientos tratados sobre ciencia, medicina y filosofía. Muchos se perdieron en el incendio de su biblioteca personal en 191, pero los que se salvaron nos muestran que la medicina no fue la misma antes y después de Galeno. Admiraba a Hipócrates y a Aristóteles y estaba de acuerdo con ellos en que solo podía aceptarse aquello que se experimentase directamente a través de los sentidos. Impulsó la disección, la observación y la experimentación y su obra fue la primera descripción total, orgánica y ordenada de la anatomía humana. Acuñó la palabra autopsia pero nunca las hizo. Vio el interior del cuerpo humano solo cuando tenía que tratar a un gladiador o a un legionario heridos. Puesto que no podía estudiar directamente los órganos internos, aprovechó la oportunidad de observar en detalle un cadáver medio descompuesto que encontró tras una inundación y el de un ladrón que había sido asesinado y al que los animales carroñeros habían descarnado gran parte del cuerpo. Con su interés por el conocimiento, Galeno pensó en los animales e idealmente —escribió— uno debería estudiar los animales más parecidos a los hombres. Puesto que los grandes simios no eran conocidos de los romanos, lo más parecido era el macaco de Berbería, lo que nosotros llamamos monos de Gibraltar, el único primate europeo aparte de nosotros. Galeno hizo disecciones de monos y de otras especies de animales incluidos gatos, perros, camellos, leones, lobos, osos, ciervos, comadrejas, ratones e, incluso, un elefante. Con ellos obtuvo sus conocimientos sobre anatomía y fisiología de todos los sistemas del cuerpo, incluido el nervioso.

Una de las obras más fascinantes de Galeno se titula *Sobre el cerebro*, y en ella explica a sus alumnos cómo realizar una disección sistemática del encéfalo de un buey. En este manual docente les habla de las meninges, de los ventrículos, del septo, de los dos hemisferios y de la glándula pineal, llamada así porque su forma y tamaño recordaban a un piñón (*pineus* en latín). A pesar de su estima por Aristóteles, no aceptó que el cerebro fuese solamente un sistema de refrigeración para la sangre caliente del corazón. Si eso fuese así —razonaba—, la naturaleza habría puesto más cerca ambos órganos. Avanzó especialmente nuestro conocimiento sobre los nervios, y su trabajo experimental con los animales era tan llamativo que se dice que a veces iban a verlo los senadores o, incluso, el propio emperador. Una de esas experiencias recoge lo que sucedió cuando estaba diseccionando un cerdo vivo y pudo comprobar que al cortar un par de nervios en la garganta el cerdo dejaba de chillar pero seguía respirando. Confirmó esta observación usando cabras que balaban, perros que ladraban e incluso leones rugientes traídos desde el Coliseo. Estos nervios se llaman en la actualidad nervios laríngeos recurrentes, son una rama del décimo par craneal y, en honor de nuestro personaje, también han sido conocidos como nervios de Galeno. En *De usu partium* (*Sobre la utilidad de las partes del cuerpo*) numeró los pares de nervios craneales de los anteriores a los posteriores, distinguió entre vías sensoriales y motoras e indicó que los nervios motores iban al cerebelo y los sensoriales al cerebro. Por supuesto, cometió errores también, y dijo que los nervios sensoriales tenían que ser más suaves y blandos que los motores para poder retener las impresiones sensoriales. En sus propias palabras:

> *En sustancia, el encéfalo es muy parecido a los nervios, de los cuáles está pensado para ser la fuente, excepto que es más blando y esto es*

lo propio para una parte que recibe todas las sensaciones, forma todas las imágenes y aprehende todas las ideas.

Galeno vio, sin duda, que el cerebro estaba caliente, y no frío como había descrito Aristóteles. También es muy posible que siguiera las trayectorias de los nervios, con lo que abandonaría los criterios cardiocéntricos de Aristóteles y daría más importancia al cerebro, tal como había hecho Hipócrates. Prestó mucha atención a los nervios y estudió las funciones de los nervios espinales seccionando la médula de animales a diferentes alturas. Lo hizo con cerdos y monos y vio que metiendo un cuchillo entre las vértebras los nervios que salían por debajo del nivel de corte perdían su función, es decir, ni transmitían sensaciones como el dolor ni hacían que algunos músculos se movieran. Estos experimentos, crueles desde nuestra visión actual, muestran el interés de Galeno por entender cómo funciona el cuerpo y, quizá, ver las posibilidades de curar las parálisis, que serían frecuentes por golpes y cortes en gladiadores y legionarios, sus principales pacientes.

Algunas de las descripciones del Galeno incluyen el sistema nervioso autónomo y mencionan la cadena simpática, las ramas comunicantes y los ganglios autónomos. A nivel fisiológico discutió cómo los espíritus que viajaban por el sistema nervioso autónomo podían influir unos sobre otros (el concepto de «simpatía»). Galeno recogió la idea de que los nervios estaban huecos y a través de ellos viajaban los espíritus animales que movían los músculos o transmitían la información de los sentidos. Una de sus ideas era que los espíritus vitales producidos en el ventrículo izquierdo del corazón viajaban al cerebro por las arterias carótidas. Allí se transformaban en espíritus superiores capaces de pensamiento, sensación y movimiento en la red milagrosa —*rete mirabile*— un plexo vascular situado en la base del encéfalo presente en los bueyes, donde Galeno lo observó, pero no en el humano, donde no pudo hacerlo. Esta es una de las descripciones erróneas, al basarse en observaciones de animales, pero su prestigio era tan grande, la influencia de sus escritos tan avasalladora, que los libros médicos mencionaron durante mil cuatrocientos años que el cerebro humano tenía *rete mirabile*.

Los espíritus fluían entonces hacia los ventrículos cerebrales, que según Galeno eran esféricos, conectados por canales y con bóvedas de carne y que se hinchaban con los espíritus. El cerebro latía, según él, para enviar los espíritus fuera a través de los nervios huecos hasta el cuerpo, llevando las sensaciones y el movimiento. Galeno consideraba que el cerebro actuaba como una bomba que movía los espíritus, el pneuma. En *De usu partium* escribe así:

En esos comentarios he hecho las demostraciones, probando que el alma racional está alojada en el encéfalo; que esa es la parte con la que razonamos; que contiene una gran cantidad de pneuma psíquico; y que ese pneuma adquiere su calidad especial de la elaboración que tiene lugar en el encéfalo.

Galeno pensaba que la inteligencia no era exclusiva de los humanos, sino que también la tenían el Sol, la Luna y las estrellas. De hecho, esos cuerpos celestes eran mucho más puros que los nuestros, por lo que su inteligencia tenía que ser muy superior, capaz de llegar a la Tierra e influir sobre las pasiones humanas. Para Galeno, los espíritus que recorrían nuestro cuerpo eran tan solo pequeños fragmentos de un océano cósmico de propósito, inteligencia y alma.

En relación con el cerebro Galeno pensaba que las funciones mentales podían ser afectadas de forma independiente por las lesiones o la enferme-

dad, pero no llegó a localizarlas en distintas partes del encéfalo. Mediante sus observaciones de las heridas en la cabeza de soldados y gladiadores el médico romano dedujo que las lesiones que llegaban a alcanzar los ventrículos privaban a esos hombres de capacidades motoras o sensoriales pero no eran mortales inmediatamente, como cabría esperar si el alma estuviera alojada en esas cavidades y escapara por esa herida.

A la muerte de Galeno, en torno al año 200, la idea griega previa a Aristóteles de que el encéfalo era el centro coordinador del cuerpo y el lugar del alma se había vuelto a plantear, pero no gozaba de una aceptación general. Por otro lado, sí había cuajado el concepto del sistema nervioso como una unidad funcional, donde cerebro, médula espinal y nervios forman un todo integrado.

Galeno no fue demasiado innovador en la práctica médica pero creó algo anteriormente inexistente: el médico como profesional prestigioso. Hasta entonces griegos y romanos desdeñaban los trabajos manuales como

Demostración de Galeno de la división del nervio laríngeo recurrente en el cerdo [*Froben Edition of Galen's Works*, 1586].

algo poco digno, y la medicina tenía mucho de manual. Esto era aún más llamativo en el caso de los cirujanos, que durante siglos formaron un grupo aún menos valorado que los médicos, y que eran a menudo también barberos y que lo mismo te cortaban el pelo, que te rapaban la barba, te extraían una muela o te reducían una fractura. La etimología del término «cirugía» procedente de khéir, «mano» y érgon, «trabajo», hace también referencia a esa labor manual. Hasta Galeno la nobleza romana consideraba la medicina como algo indigno de una persona de buena cuna, una tarea encomendada a menudo a esclavos, ya fueran de la familia, municipales o del estado, y a distintos grupos de extranjeros, en especial griegos, egipcios y judíos. Galeno, rico, inteligente, poderoso, orgulloso y elitista, creó un nuevo modelo, respetado, con cierta arrogancia, inteligente, con una mezcla de interés por la ciencia y por las humanidades. Después de él ya no se pudo decir que «*el pueblo romano tuvo medicina, pero no médicos*» como sugería Plinio el Viejo en su *Historia naturalis,* y su prestigio fue tal que adoptamos su nombre como sinónimo de médico (un «galeno») y ha pasado a formar parte hasta del refranero popular y es que «*según dijo Galeno, lo que para unos es malo, para otros es bueno*».

LA LLEGADA DEL CRISTIANISMO

La obra más importante de la religión judeocristiana en relación con el mundo natural es el *Génesis*. Se supone que recoge una larga tradición oral y escrita, y posiblemente alcanzó la forma que conocemos en el siglo VI a. C. Es una amalgama de diferentes textos y autores en la que los reinos animal, vegetal y mineral son claramente separados, la creación es un proceso único y rápido, no hay extinciones y el hombre, hecho a imagen y semejanza de Dios, tiene el dominio sobre todos los demás seres del planeta. Es imposible entender la historia de la biología y la medicina en Occidente sin reconocer la importancia del *Génesis* y de los demás libros sagrados.

En los primeros siglos de nuestra era el cristianismo es una secta judía que poco a poco se va extendiendo por el mundo grecorromano. La primera etapa es el período apostólico, con la tarea evangelizadora de los discípulos de Jesús y el establecimiento de las primeras comunidades cristianas, que es seguida por un período en el que se organiza una primera estructura orgánica con la creación de obispados, cuyos responsables actúan como supervisores de las comunidades cristianas urbanas. En el siglo II se empiezan a emplear los términos «cristiandad» y «católico», una etapa que continuará con las primeras persecuciones hasta el edicto de Milán de 313, en el que el emperador Constantino proclama la tolerancia con la religión cristiana y el primer concilio de Nicea de 325, en el que se proclama «una única Iglesia santa, católica y apostólica». En ese siglo IV aparece en distintos lugares del imperio romano el concepto de hospital, un lugar donde los pacientes pueden ser tratados por médicos y en el que existen una organización y unos medios especializados para atenderlos. Al mismo tiempo, los estudiosos cristianos piensan que Dios tiene dos libros: el *Libro de las Escrituras* y el *Libro de la Naturaleza*. Para entender la obra de Dios es necesario conocer ambos.

Eva, rodeada de naturaleza en el Paraíso, es seducida por la Serpiente en el árbol de la ciencia del bien y del mal [Lemercier & Co. basado en obra de Walter Crane, 1899].

La ciencia de la antigüedad empezó a derrumbarse a mediados del siglo II, colapso que se agudizó en la llamada crisis del siglo III, cuando hubo un declive general en la actividad intelectual dentro de un Imperio Romano cada vez más turbulento e inestable. Como sucede siempre, el declive de Roma fue también el declive de la ciencia romana, un proceso que siguió a lo largo de los siguientes dos siglos. En 410 Roma fue saqueada, y en 476 el último emperador romano de Occidente, Rómulo Augústulo, fue depuesto. Entre 450 y 550 se produjo una catástrofe, la civilización grecolatina fue arrasada en Europa occidental y se inició un nuevo período, más primitivo, más belicoso, más inculto y más rural.

En esos primeros siglos el conocimiento médico —básicamente, las ideas de Galeno— fue refundido con la doctrina teológica por los primeros padres de la Iglesia. Según el Antiguo Testamento, el alma era asimilable a la propia vida, residía en la sangre y desaparecía con la muerte. La doctrina cristiana, por su parte, hablaba de un nuevo tipo de alma, un ente inmortal que tras el juicio supremo tendrá salvación o condenación eterna, algo que recordaba al tribunal de Osiris de los egipcios. Los padres de la Iglesia consiguieron superar esa contradicción aprovechando las ideas de Galeno. El alma del Antiguo Testamento se convirtió en las almas inferiores que, según el médico romano, residían en el hígado y el corazón. El alma inmortal no tenía una dimensión física, pero los primeros teólogos cristianos pusieron sus facultades en los ventrículos de la cabeza, donde no podían ser corrompidos por la carne mortal.

Los principales pensadores católicos ortodoxos, como Alberto Magno y Tomás de Aquino «resucitaron» a los filósofos griegos, en particular a Aristóteles. La obra aristotélica proporcionaba un esquema de la naturaleza (*physis* en griego), y fue surgiendo la Filosofía Natural como el estudio de la obra y la presencia de Dios en el cosmos. Siguiendo las ideas aristotélicas, el corazón cristiano se convirtió no solo en el sitio de las pasiones, sino también en el lugar de la conciencia moral, un órgano con unos poderes de percepción que superan los de los propios sentidos. El propio Jesucristo aparecerá pronto en la iconografía cristiana con el pecho abierto o mostrando el corazón, pero nunca con la cabeza abierta o mostrando el cerebro.

Muchos cristianos desconfiaron de las ideas griegas, que sentían como opuestas a las enseñanzas eclesiásticas sobre el alma. Uno de los temas más controvertidos era la noción de que el mundo era un vacío habitado por átomos, partículas pequeñas, invisibles e indestructibles. Los atomistas dirán que el cerebro no es de por sí frío, ni la sangre de por sí caliente. Esas cualidades, junto con todas las demás, nacen de la interacción de los átomos que contienen, átomos que se mueven por el cosmos sin supervisión ni propósito y que se agrupan de formas incontables generando una infinidad de mundos. Epicuro, el líder los atomistas, dirá que a los dioses los traen sin cuidado los asuntos humanos y que el mundo sigue adelante simplemente por la interacción de estas pequeñas partículas. También piensa que el alma no es diferente del resto del cosmos, sino que igualmente está formada de átomos que se concentran en el pecho. El cuerpo va perdiendo estos átomos, pero los recarga con cada respiración. La muerte llega cuando los átomos abandonan súbitamente el cuerpo y se llevan la vida con ellos.

Los teólogos cristianos se levantaron indignados contra la idea de que el mundo no tiene propósito ni destino. Siglos después, Dante hablará en nombre de ellos cuando condena a Epicuro al sexto círculo del infierno: «*En esta parte Epicuro y todos sus seguidores, que hicieron al alma morir con el cuerpo, tienen su sepultura*».

La situación del conocimiento precientífico se hizo más dramática con lo que los alemanes llaman el *Völkerwanderung* (las migraciones de los pueblos). Entre los años 400 y 800 los godos, vándalos, lombardos, francos, hunos, ávaros, eslavos, búlgaros y alanos, entre otros, acabaron con el régimen de las grandes ciudades que persistía del Imperio Romano. Los caudillos bárbaros se convirtieron en reyes medievales, la población se dispersó y ruralizó y la ciencia quedó estancada y relegada al ámbito de los monasterios. No solo eso, la filosofía descendió a la categoría de sierva de la teología: *ancilla Theologiae*. La doctrina religiosa impuso verdades eternas e inmutables, hizo desaparecer la curiosidad científica y se aceptó sin discusión el principio de autoridad, algo que se extendió a la propia sociedad, a las comunidades cristianas originales, que fueron sustituidas por un papado centralizado y jerárquico; a los sistemas de gobierno, con señores feudales con todos los poderes; y al propio pensamiento, en el que las obras de los autores clásicos no se podían completar, comentar ni discutir.

Son pocos los datos que tenemos sobre el cerebro en esos siglos. En el siglo IV un cirujano de Bizancio llamado Poseidonio concluyó, probablemente tras observar los efectos de graves heridas en la cabeza, que los efectos en los supervivientes eran distintos según la zona lesionada. Así —según él—, cuando las lesiones estaban localizadas en la parte anterior de la cabeza afectaban a la información que captaban los sentidos, el daño en la zona media del cráneo generaba trastornos de la razón y los traumas en la zona posterior de la cabeza causaban problemas de memoria.

Un coetáneo de Poseidonio, Nemesio, obispo de Emesa, ahora la ciudad de Homs en Siria —desgraciadamente famosa en estos últimos años—, postuló en torno al año 390 la localización de las funciones mentales en los ventrículos cerebrales y propuso un esquema, basado en esa idea de

Poseidonio, que se mantendría durante siglos. La mente habitaba tres esferas sucesivas, conectadas entre sí, situadas en el interior del cerebro. No encajaba con la realidad, pero daba igual porque nadie lo iba a comprobar en esa época. De hecho, el sistema de cavidades del encéfalo está formado por dos ventrículos laterales que se unen a un tercer ventrículo central que, a su vez, está conectado por un pequeño conducto con el cuarto, que se continúa con el canal de la médula espinal. En su interior los ventrículos presentan un fluido, el líquido cefalorraquídeo, que es movido por unas células ciliadas, los ependimocitos, que tapizan el contorno de los ventrículos. Como se puede ver, es muy diferente de esas tres esferas huecas que simbolizaban a la vez fases sucesivas de un proceso mental y un ámbito de excelencia, ya que la esfera es la figura geométrica perfecta.

En realidad, para entender la mente siempre se han usado las tecnologías más relevantes de la época. En ese comienzo de la Edad Media la tecnología más sofisticada era un taller bien organizado que disponía de una zona de entrada de materias primas, peticiones, clientes (las entradas sensoriales, la primera cavidad), una zona intermedia de trabajo donde se procesaban esas materias, se trabajaba con ellas, se elaboraban productos o respuestas (la segunda cavidad destinada al razonamiento, al pensamiento) y una zona final, sin salida, que actuaba como almacén (y que correspondía a la tercera cavidad, que era donde residían los recuerdos).

En su obra más famosa, titulada *Sobre la naturaleza del hombre* —y no debía de ser modesto, puesto que usó el título de un libro de Hipócrates— Nemesio mezcló los conocimientos de la medicina grecolatina con la teología cristiana e indicó que el ventrículo anterior se encargaba de la mezcla de sensaciones de todos los sentidos —lo llamó el sentido común— y de la imaginación; el ventrículo central —que correspondería al tercer ventrículo— para la razón, la fantasía y la *cogitatio* (pensamiento, actividad mental o espiritual) y el ventrículo posterior —nuestro cuarto ventrículo— para la memoria. Nemesio escribió así:

> *Ahora, si nosotros hacemos esta afirmación, que los sentidos tienen sus fuentes y raíces en los ventrículos frontales del cerebro, que aquellos de la facultad del intelecto están en la parte central del cerebro, y aquellos de la facultad de la memoria en la parte posterior del cerebro estamos obligados a demostrar que es así como estas cosas funcionan, de no ser así parecería que damos crédito a esa afirmación sin una base racional. La prueba más convincente se deriva de estudiar las actividades de las distintas partes del cerebro. Si los ventrículos frontales han sufrido algún tipo de lesión, los sentidos están dañados pero la facultad del inte-*

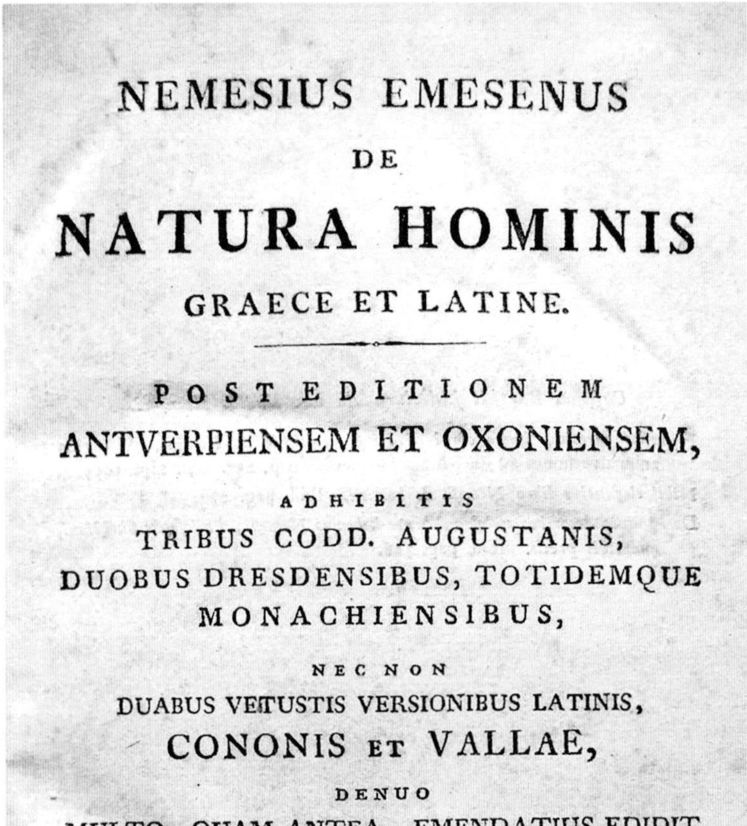
NEMESIUS EMESENUS

DE

NATURA HOMINIS

GRAECE ET LATINE.

POST EDITIONEM

ANTVERPIENSEM ET OXONIENSEM,

ADHIBITIS

TRIBUS CODD. AUGUSTANIS,

DUOBUS DRESDENSIBUS, TOTIDEMQUE

MONACHIENSIBUS,

NEC NON

DUABUS VETUSTIS VERSIONIBUS LATINIS,

CONONIS ET VALLAE,

DENUO

MULTO, QUAM ANTEA, EMENDATIUS EDIDIT

ET

ANIMADVERSIONES

ADJECIT

CHRISTIAN. FRIDERIC. MATTHAEI,

PROFESSOR VITEMBERGENSIS ET COLLEGG.

IMPERIALL. ROSSICORUM ASSESSOR.

HALAE MAGDEBURGICAE,

APUD JOAN. JAC. GEBAUER.

MDCCCII.

Sobre la naturaleza del hombre es la obra más importante de Nemesio de Emesa [Halae Magdeburgicae & Joan. Jac. Gebauer / Halle an der Saale, Germany, 1802].

lecto continúa como antes. Esto sí que sucede cuando el medio del cerebro está afectado, pero entonces los sentidos quedan en posesión de sus funciones naturales. [...] Si el cerebro posterior es dañado, solo se produce una pérdida de memoria, mientras que las sensaciones y el pensamiento no parecen estar afectadas.

No sabemos de dónde surgen estas «pruebas» para localizar estas funciones en estas tres cavidades. Nemesio probablemente plantearía su teoría partiendo de algunas afirmaciones de Galeno, muchos de cuyos manuscritos no han llegado hasta nosotros. Galeno asociaba la región frontal del cerebro con las funciones sensoriales principalmente porque era más blanda que el cerebelo, mientras que consideraba que la imaginación, el intelecto y la memoria eran cosas distintas que podían estar separadas. El ventrículo anterior, que estaba asociado con la percepción, era el más cercano a la cara, donde estaban los órganos periféricos de la vista (ojos), el olfato (nariz) y el gusto (lengua), así como el tacto presente en el propio rostro (labios, cara). Es posible que sobre la teoría de Nemesio influyeran también aspectos filosóficos o religiosos, por los cuales para un teólogo cristiano primitivo era más sencillo poner a los espíritus etéreos responsables de las funciones psíquicas en cavidades huecas —como los santos eremitas que vivían en cavernas— que en la propia sustancia densa del tejido nervioso.

El concepto griego de alma también se incorporó a la doctrina cristiana, y se buscó su localización en el cuerpo humano. Nemesio defendió la preexistencia de las almas y el libre albedrío. Hay quien dice que descubrió también la circulación de la sangre, por lo que se habría adelantado en más de mil años a Miguel Servet (1509 o 1511-1553) y William Harvey (1578-1657), pero no está demostrado.

La teoría de la localización ventricular fue también apoyada por San Agustín. Agustín de Hipona, el hombre que dijo esa frase maravillosa de «*Señor, concédeme la castidad, pero no todavía*» consideró que las sensaciones eran conducidas a la cavidad anterior, el ventrículo central o medio se encargaba de la recolección y el ventrículo posterior del movimiento. Para una persona actual, que trabaja cada día con la observación y el juicio crítico, parece asombroso que siglo tras siglo se describiera la organización y función de tres cavidades cerebrales esféricas que simplemente no existen.

Aristóteles había dicho que, a pesar de que el hombre era el único con un alma racional, tenía muchas características animales. El cuerpo humano podía describirse en los mismos términos usados para los animales, y estos mostraban en ocasiones características humanas como la bravura, la maldad o el afecto. Agustín de Hipona, en cambio, separa al hombre de los animales: ¿no estábamos hechos a imagen y semejanza de Dios?, ¿no habíamos sido creados en un día diferente?, ¿no nos habían concedido «dominio sobre toda cosa viviente que se moviera sobre la tierra»? Agustín y otros pensadores medievales negaron las semejanzas físicas, morales o emocionales entre los hombres y las bestias, y eso llevó a un cambio importante: solo los seres humanos tenían alma. Los animales medievales, además, no tenían racionalidad ni intelecto, y su comportamiento solo podía ser atribuido al «instinto», una capacidad que explicaba cómo un animal encontraba comida, refugio o pareja. Para otros comportamientos que eran más difíciles de explicar, como el cordero que huía de un lobo sin haber visto uno nunca se planteó el concepto de la «estimativa», una especie de sexto sentido que permitía a un animal detectar las intenciones de otro sin usar pensamiento ni razón. La nueva función también se incluyó en los esquemas sobre el funcionamiento de la mente humana.

Las parejas de animales entran en el Arca de Noé en este grabado del siglo XVIII [*Génesis*, capítulo 6].

UN RENACIMIENTO MEDIEVAL

El conocimiento del cerebro en los siguientes siglos se basó en las traducciones de las obras escritas originalmente en griego o en latín y que regresaron a Occidente a través del mundo islámico, una de las rutas —intelectual en este caso pero también comercial— más importantes de la historia de la humanidad. Las fuentes originales sobre el cerebro y el cuerpo humano son muy escasas en esta época, apenas un librito titulado *Schema anatómica* del norteafricano Vindiciano (siglo IV), las *Etimologías* de Isidoro de Sevilla (ca. 560-636), fragmentos del *Epitome* de Paulo de Egina (siglo VII) y una serie de *Epistulae de phlebotomía* falsamente atribuidas a Hipócrates.

Las Etimologías es una especie de enciclopedia universal basada en textos antiguos, fue ampliamente copiada y leída en la Edad Media y se convirtió en un vínculo entre los académicos medievales y sus predecesores grecolatinos. Como el nombre indica, trata del origen de las palabras, y así el perro se llamaba *canis* en latín, que venía de la palabra *canor*, que significaba sonido, lo que implicaba que los perros ladran. El caballo, *equus* en latín, derivaba su nombre de su equilibrio o igualdad, *aequalis*. El libro del arzobispo de Sevilla fue inmensamente popular y muchos lectores sacaban su información de él en vez de usar las fuentes originales, lo que hizo que algunas de estas desaparecieran y se perdieran para siempre.

Menos influyentes, pero más importantes, fueron las traducciones de los textos de los grandes sabios de la Antigüedad: Hipócrates, Aristóteles y Galeno, que a través del mundo islámico volvieron al mundo cristiano ¿Y quién hacía uso de estos conocimientos? Sin duda, los monjes que en los monasterios practicaban el trabajo, el estudio y la caridad y eran, además, los encargados de la preservación y difusión del conocimiento y su aplicación a la salud. De hecho, los primitivos hospitales de las últimas etapas del imperio romano son sustituidos por las enfermerías de los monasterios y se van haciendo más grandes y más complejos, aunque no son comparables a los hospitales que existen en el mundo islámico, que son instituciones seculares, con decenas de médicos en plantilla, con pabellones para distintas enfermedades y que pueden incluir actividades para distraer a los enfermos como músicos que tocan en los patios y salas.

El retroceso de la Europa cristiana en los primeros siglos de la Edad Media empezó a revertirse en torno al año 800 con Carlomagno, un bárbaro semianalfabeto que conquistó una buena parte de Europa y se proclamó emperador. Impulsado por sus asesores, en particular Alcuino de York, Carlomagno revitalizó el interés por la enseñanza, la educación y la protociencia, volvió a dar impulso a la latinización de occidente, recuperó un poco su pulso cultural y dio lugar al primer movimiento renovador europeo, el renacimiento carolingio.

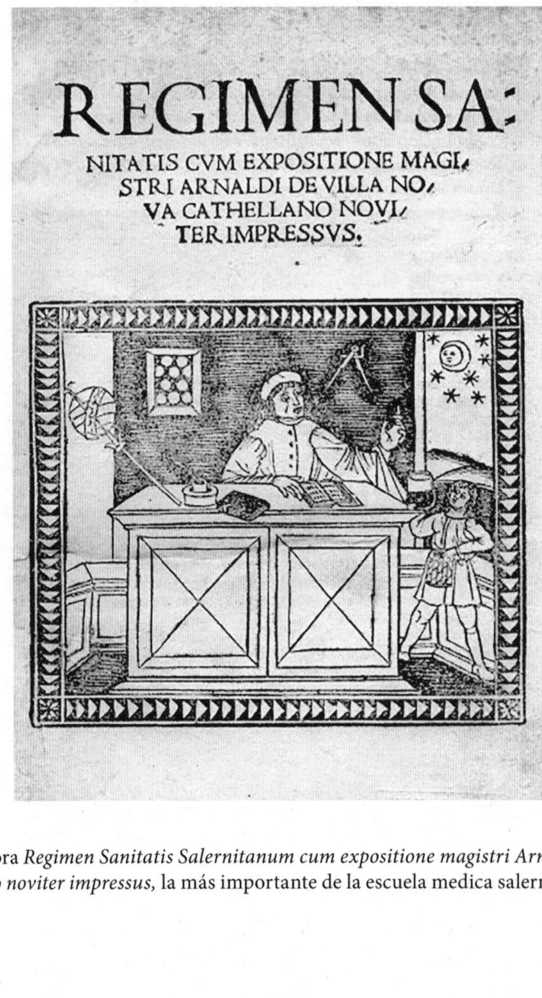

Frontis de la obra *Regimen Sanitatis Salernitanum cum expositione magistri Arnaldi de Villanova Cathellano noviter impressus,* la más importante de la escuela medica salermitana, 1480.

Mientras tanto, la ciencia sobrevivía encerrada en los monasterios, pero el monacato no contribuyó al progreso científico porque los cenobitas fueron básicamente compiladores y copistas. Esas copias manuscritas —nunca completamente fieles al original— fueron el hilo conductor y el elemento difusor de la cultura en el territorio de la cristiandad medieval. Por tanto, el conocimiento del cuerpo humano y la curación de sus enfermedades tuvo un retroceso durante la Alta Edad Media (siglos v al x) y solo repuntó en el siglo ix con la creación de la Escuela de medicina de Salerno en la que la influencia del monasterio de Montecasino fue crucial. Este centro no solo revivió las escuelas filosófico-científicas de la antigüedad clásica, sino que también fue un factor desencadenante en el desarrollo de las futuras universidades.

La escuela médica salernitana fue la mayor fuente de conocimiento médico en la Europa de su tiempo. El currículum de enseñanza no era muy diferente del actual y enfatizaba la combinación de clases prácticas y teóricas: «*discursos teóricos sobre los escritos médicos de los antiguos, en traducciones árabes e italianas a los que el profesor añadía explicaciones técnicas y observaciones de su propia experiencia*». El éxito de la escuela salernitana se debió a tres motivos:

— La conexión entre la educación médica y los monasterios benedictinos. Montecasino, el monasterio fundado por San Benito en el siglo vi cerca de Salerno, era un centro clave, que promovió la asociación entre el aprendizaje de la medicina y la enfermería del monasterio, conectando la formación y los hospitales de la Iglesia, en aquel tiempo la organización más poderosa del mundo. Curar al enfermo es una obra de misericordia y los médicos de la Edad Media se formaban con los monjes encargados de la enfermería. La conexión con las tradiciones benedictinas promovió un desarrollo intelectual en una atmósfera liberal que permitía a estudiantes de todos los lugares, incluidos hombres y mujeres, asistir a la escuela médica.

— El buen clima. Salerno era considerado como un balneario, un lugar donde los potentados y la nobleza podían ir a recuperarse de distintos problemas de salud. Se decía que «*allí los emperadores, reyes, papas y los barones más ricos tenían su propio médico*». La concentración de pacientes pudientes atrajo a médicos griegos, árabes y judíos, lo que a su vez atrajo más pacientes, libros y estudiantes de todo el mediterráneo. Ese contexto internacional, fundamental en la historia de las universidades, queda patente en la leyenda de su formación

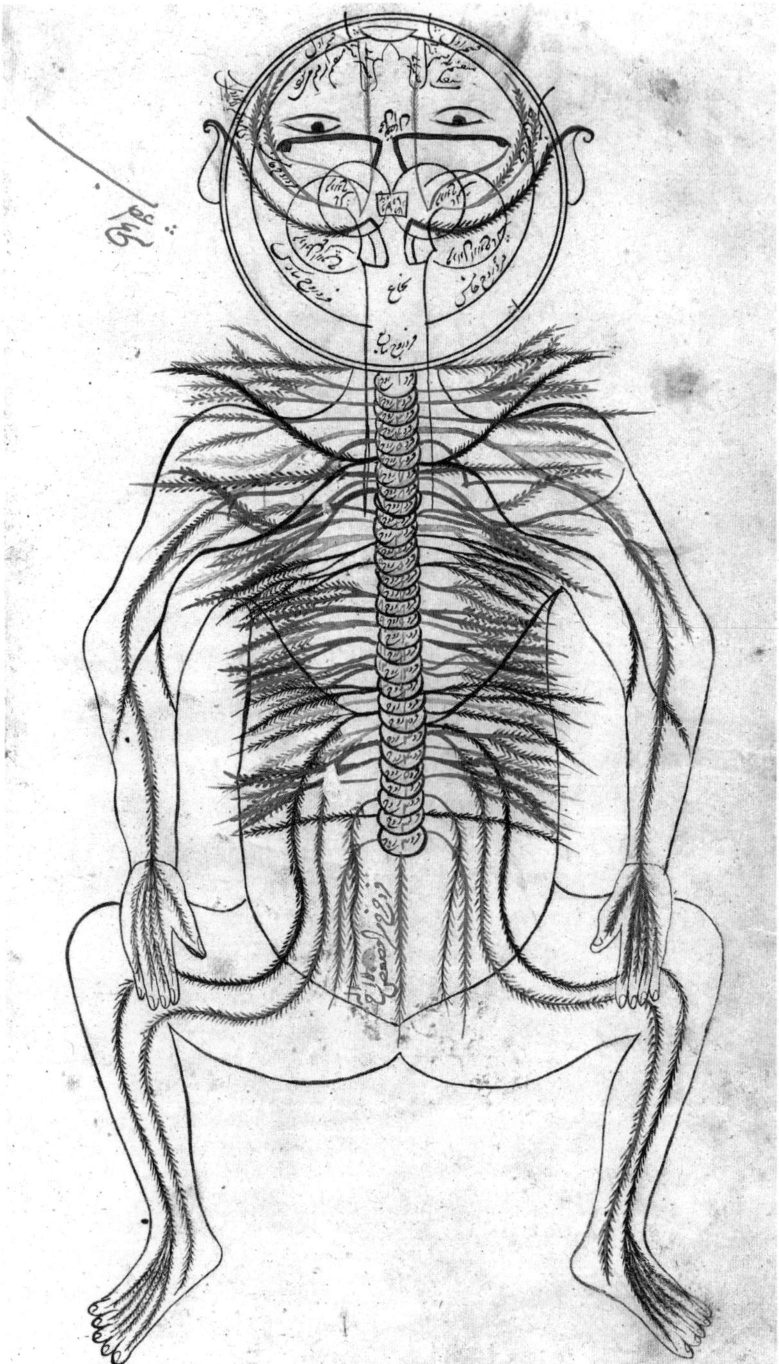

Representación del Sistema Nervioso según el *Canon* de Avicena.

según la cual la escuela de medicina salernitana fue creada por cuatro maestros: el judío Helinus, el griego Pontus, el árabe Adela y el latino Salernus.

— La localización geográfica. La escuela estaba situada en el centro de un valle elevado sobre la ciudad de Salerno, al sudeste de Nápoles, en la Magna Grecia. Estaba cerca de Montecasino, con una fabulosa biblioteca que poseía las obras de la antigüedad griega y romana reforzada con los conocimientos de la ciencia islámica, mediante los contactos en Sicilia y el Norte de África. Los alrededores estaban llenos de ruinas griegas lo que facilitaba la conexión intelectual con las obras de Hipócrates y Aristóteles y era una zona también con una fuerte presencia islámica. Finalmente era una estación intermedia para los cruzados tanto a la ida a Tierra Santa como a la vuelta, lo que facilitaba el intercambio de conocimientos con el mundo islámico. De hecho, uno de los trabajos más famosos de la Escuela, el *Regimen Sanitatis Salernitanum*, fue escrito en beneficio de uno de estos cruzados, Robert, duque de Normandía.

Salerno fue conocida como la *Hippocratica Civitas*, la ciudad de Hipócrates. Roger de Parma, un licenciado salernitano, es considerado el fundador de la cirugía moderna, y otro de los profesores, Constantino el Africano, el más famoso de todos, consiguió inspirar la enseñanza con las obras de Hipócrates y Galeno, y estableció una conexión con el mundo antiguo. Constantino viajó durante cuatro décadas por Siria, India, Egipto y Etiopía y compró numerosos manuscritos médicos antes de volver a Cartago. Fue acusado de brujería, por lo que escapó a Salerno, aunque dejó el puesto en la Escuela para entrar en el monasterio de Montecasino y traducir la medicina oriental conservada en la biblioteca. La primera traducción del médico y magister Copho define la anatomía como la correcta separación (*recta separatio*) de los tres «vientres» o cavidades del hombre: el abdomen, el tórax y la cabeza. Es posible que este libro —en cuya última parte detallan el cráneo, el cerebro y el ojo— fuese una guía para ir comparando e identificando lo que se iba viendo al realizar la disección de un cerdo. A ese lo siguieron otras traducciones de libros de anatomía, como las obras de Hunain o el *Pontegni* del persa Al Magusi, la obra de referencia hasta que fue sustituida por el *Canon* de Avicena. El cerebro —según esta obra— es un órgano compuesto, formado por la unión de varias partes similares, que se distinguen por su forma. También distinguía entre forma y función, y así el cerebro y los órganos con él relacionados eran miembros animados en los que se asienta la *virtus animalis*, distinta a la *virtus naturalis*, que tenía su sede en el corazón y sus anejos.

La idea de la localización mental y del alma en los ventrículos cerebrales fue la dominante no solo en Europa sino también en Oriente medio. El más famoso de los científicos persas Abu Àli al-Husain ibn 'Abudullah ibn Sina o Avicena escribió al respecto en su *Canon*:

> *Una de las facultades internas animales de percepción es la facultad de la fantasía, en otras palabras, sensus comunis, localizada en la parte anterior del ventrículo frontal del cerebro. Recibe todas las formas que son grabadas en los cinco sentidos y transportadas desde ellos. Lo siguiente es la facultad de representación localizada en la parte posterior del ventrículo frontal del cerebro, que preserva lo que el sensus comunis ha recibido de los cinco sentidos individuales incluso en ausencia del objeto sentido... Lo siguiente es la facultad de imaginación sensible en relación con el alma animal y de la imaginación racional en relación con el alma humana. Esta facultad se localiza en el ventrículo medio del cerebro... Luego está la facultad de la estimación localizada en el extremo más alejado del ventrículo medio del cerebro. Lo siguiente es la retentiva y la facultad de rememorar localizadas en el ventrículo posterior del cerebro.*

El esquema original de Nemesio se fue complicando, en algunos casos las cámaras se dividieron por la mitad, en otros se convirtieron en esferas independientes e interconectadas llamadas celdas, pero los principios básicos (movimiento de espíritus, tubos conectores, funciones independientes, localización fuera del tejido nervioso) se mantuvieron. Se seguía pensando en la estructura del cerebro y el funcionamiento de la mente, pero nadie se atrevía a hacer el proceso más elemental: abrir el cráneo y mirar. Tendría que llegar el verdadero Renacimiento para que se conociera finalmente la verdadera estructura del cerebro y de los ventrículos encefálicos.

NEUROCIENCIA EN EL CALIFATO

La ciencia grecolatina fue cayendo en el olvido con la decadencia del Imperio Romano y las invasiones bárbaras y si llegó a nuestros días fue por el interés por la cultura de diferentes califas. Un califa es el dirigente supremo en el mundo islámico con una doble función de liderazgo político y espiritual, comparable al papa en el Vaticano o al dalái lama en el Antiguo Tíbet.

A la muerte de Mahoma lo suceden los llamados cuatro califas ortodoxos, que a su vez son seguidos por el califato Omeya, hereditario, de orientación suní y con sede en Damasco. Esta dinastía expandió los límites del mundo musulmán, incorporando nuevos dominios como el Cáucaso, hasta formar un imperio de quince millones de kilómetros cuadrados que iba desde el Indo hasta los Pirineos. Su gran expansión militar, comercial y política fue unida, como siempre sucede, a un liderazgo cultural, técnico y científico. Es cierto que en sus campañas de conquista los ejércitos islámicos destruyeron Ispahán, Persépolis y Alejandría, con los restos de su incomparable biblioteca, pero también el Corán les dice que hay que enseñar la ciencia porque «*quien la enseña teme a Dios, quien la apetece lo adora, quien combate por ella traba una pelea sagrada y quien la reparte da limosna al ignorante*».

Con la victoria sobre los chinos en la batalla de Samarcanda en 751, los árabes incorporaron, a través de los prisioneros de guerra, el conocimiento de la fabricación del papel, y este material barato, junto con la elegancia de su caligrafía, que permitía una escritura mucho más rápida que la latina, se convirtió en un factor decisivo para el progreso cultural. El Corán también enseña que «*la tinta del sabio es tan preciosa como la sangre del mártir*», pero a veces no nos damos cuenta de la importancia que tiene algo en apariencia tan sencillo como poder escribir con mayor velocidad.

La primera farmacia de la que tenemos noticia se estableció en Bagdad en el 754. Un médico árabe la definió como un lugar «para conocer el arte de saber las bases de la materia médica en sus distintas especies, tipos y formas. De ellas, el boticario prepara medicaciones complejas según lo prescriba y ordene el médico». Las farmacias se convierten en algo popular, se abren por todo el mundo islámico y llegan a Europa en torno al siglo XII.

El islam dice que «*los apoyos del mundo son cuatro: la ciencia del sabio, la justicia del grande, la virtud del bueno y el arrojo del valiente*», por lo que numerosas ciudades islámicas se convirtieron en centros intelectuales de primer orden. En Bagdad, por ejemplo, se tradujeron en los siglos IX y X todos los libros científicos que seguían vigentes al final de la Edad Antigua grecolatina. Los estudiosos árabes usaban y explicaban los viejos tratados de Hipócrates, Aristóteles, o Galeno y el mundo islámico se convirtió en el lugar de conocimiento, preservación, veneración y difusión de los textos científicos clásicos, a los que se unieron también avances y publicaciones de elaboración propia. El estudio del ojo y la visión destacó sobremanera entre los estudiosos del mundo islámico, quienes desarrollaron nuevas teorías y nuevos instrumentos, tales como la primera jeringa, que se usó para succionar las cataratas.

Frente a la imagen de intransigencia religiosa del islam actual en algunos países, el califato tuvo muchos dirigentes abiertos que acogieron a los rabinos orientales tras la muerte de Saadía —príncipe de los talmudistas del siglo IX y parte del X— y emplearon en puestos de responsabilidad y confianza a judíos y a cristianos. Un buen ejemplo dentro de la ciencia es Hunayn ibn Isháq (809-873), también conocido bajo el nombre latino de Johannitius, un cristiano nestoriano que tradujo del griego al asirio (para otros nestorianos) y del griego al árabe (para sus jefes musulmanes) una enorme variedad de obras de la Antigüedad. Hunayn ibn Is-Háq se convirtió en el principal traductor de la época y estableció, usando como cimientos los textos griegos, el primer desarrollo de la ciencia islámica. Fue honrado por el califa al'Mamun que lo nombró médico de la corte, le encargó la compra de manuscritos en Bizancio y, según algunas fuentes, le encomendó la dirección de la Casa de la Sabiduría, «*Bayt al Hikmah*», un centro de traducción y estudio de obras clásicas fundado en Bagdad en el 830 y que fue clave para la asimilación por los pueblos árabes de los patrimonios bibliográficos chino, indio, persa y, sobre todo, griego. La leyenda cuenta que cuando Hunayn tradujo al árabe algunos textos médicos, el califa, agradecido, ordenó que le pagaran en oro las traducciones, pesando las nuevas obras. Al parecer Hunayn se enriqueció por demás trascribiendo sus traducciones sobre un papel especialmente pesado.

A lo largo de su vida Hunayn tradujo 116 obras, entre las que están los *Diálogos* y *La República* de Platón, la *Metafísica* y la *Lógica* de Aristóteles y el *Antiguo Testamento*. También escribió treinta y seis libros propios, veintiuno de los cuáles están dedicados a diversos temas médicos. Entre ellos destacan *Las preguntas médicas* y el *Tratado sobre los dientes*, pero el más famoso es el *Libro de Hunayn ibn Isháq sobre la estructura del ojo, sus enfermedades y su tratamiento, de acuerdo a las enseñanzas de Hipócrates y Galeno, en diez tratados*. Se basa en gran medida en las obras de Galeno y el libro repite algunos errores de ellas como, por ejemplo, que el cristalino es el órgano fotorreceptor o que los nervios ópticos son tubos huecos —algo que no es cierto— que se unen brevemente en el quiasma, en vez de producirse allí un cruzamiento de fibras como realmente sucede.

En ese redescubrimiento por parte del mundo islámico de las obras científicas clásicas el cerebro es valorado como la fuente de la percepción, del movimiento voluntario y del libre albedrío, algo con lo que estaríamos ahora de acuerdo, pero también propone que es la fuente del llamado *neuma* psíquico. Este fluido espiritual nacería del corazón como un neuma vital y se desplazaría hacia el cerebro, donde se convertiría en un neuma especializado que se usaría también para la visión, ya que iría desde los ojos hasta el objeto observado.

Hunayn también establece una jerarquía sensorial en la que la visión es la cumbre de los sentidos y el fuego su elemento básico. Además, incluye tres niveles de este elemento: la llama, el rojo vivo y la luz. En su esquema teórico el cerebro les proporciona a los ojos el neuma que necesitan para llevar a cabo su función, mientras que la luz proporciona la iluminación necesaria para discernir los objetos que se están observando, una idea proveniente de Galeno.

Los «diez tratados», además de las secciones sobre la anatomía y fisiología galénicas, contienen información sobre enfermedades del ojo, de picor a úlceras y tumores, y recomiendan tratamientos con remedios vegetales, minerales y animales, lo que implica una amplia farmacopea. La obra también incluye tratamientos quirúrgicos para apartar las cataratas del ojo. Puesto que la ley islámica prohibía la representación de la forma humana o sus partes, las ilustraciones del libro son más esquemáticas que realistas, puesto que no pretenden representar con rigor la estructura descrita sino su organización conceptual. Su rápida traducción al latín al final del siglo XI por Constantino el Africano propició un contacto mediado por el califato entre los médicos cristianos y las obras de la antigüedad clásica.

Los Omeyas fueron derrocados por la revolución abasí y una rama de la familia huyó a través de la orilla sur del Mediterráneo hacia Al-Ándalus, el extremo occidental de su territorio, fundando el califato de Córdoba en 929. Allí, el gobierno del califa Abderramán III alcanzó el apogeo del desa-

En la falda de Sierra Morena, a escasos kilómetros de Córdoba, se alzan los restos de Medina Azahara, la efímera «ciudad brillante» construida por Abderramán III (Abd al-Rahman III, al-Nasir).

rrollo cultural y científico de la época. Este poderoso mandatario escribió en su vejez:

> *He reinado más de cincuenta años en victoria o en paz, amado por mis súbditos, temido por mis enemigos y respetado por mis aliados. Riquezas y honores, poder y placer, han estado a mi servicio, ninguna bendición terrenal me ha faltado. He contado diligentemente los días de felicidad pura y genuina que he tenido: han sido catorce.*

Bajo su gobierno y el de su hijo Al-Hakem (961-976) se desarrolló en Al-Ándalus, la España islámica, una verdadera cultura musulmana que fecundó Europa a través de viajeros y libros. Se fundaron bibliotecas y madrazas —centros de enseñanza comparables en algunos aspectos a universidades— en Granada, Sevilla, Málaga, Valencia, Murcia y Toledo. Abderramán III dotó a Córdoba con setenta bibliotecas, fundó una universidad, una escuela de medicina y otra de traductores de griego y hebreo, y tanto él como algunos de sus sucesores mandaron emisarios a El Cairo, Bagdad, Damasco y Alejandría con instrucciones de comprar todos los libros interesantes que encontraran. En algo que hoy causa cierta envidia, el obsequio más preciado entre los poderosos de la Tierra era un libro. Un ejemplo fue un manuscrito de *De Materia Médica* de Dioscórides que fue el regalo especial que el emperador bizantino Constantino Porfirogéneta —parido en la sala púrpura del palacio imperial de Constantinopla— realizó a Abderramán III. El califa, a su vez, encargó inmediatamente la traducción a Hasdai ben Saprut, un judío que contaba con la doble condición de ser de la confianza del monarca —había sido ministro suyo— y con los conocimientos básicos necesarios, era médico.

Los protocientíficos del califato cordobés destacaron sobre todo en medicina, astronomía y matemáticas y contaron frecuentemente con un contundente respaldo político. El impulso de Abderramán III fue continuado por su sucesor, Alhakén II (915-976), que decretó la enseñanza obligatoria para todos los niños, acogió en Córdoba a los sabios orientales que huían de la represión de los Abásidas y reunió en la capital andaluza una biblioteca que tenía cuatrocientos mil volúmenes y un taller anejo de copistas, miniaturistas y encuadernadores para ampliar, conservar y difundir esos fondos.

El más influyente de los filósofos naturales islámicos es Avicena, Ibn-Sina o Abū ʿAlī al-Ḥusayn ibn ʿAbd Allāh ibn Sīnā. Avicena consideraba la vista como uno los cinco «sentidos externos» junto con el tacto, el gusto, el olfato y el oído, algo que todavía enseñamos en las escuelas. Nació en el año 980 cerca de Bukhara, parte del imperio persa y ahora en Uzbekistán. Se le atribuyen unos cuatrocientos cincuenta tratados, de los cuáles han sobrevivido unos doscientos cuarenta, cuarenta de ellos de medicina. Los más famosos son *El libro de la curación* (Kitāb al-shifā') y *El canon de Medicina* (Al-Qanun fi al-Tibb), el muy valorado canon de Avicena. Sus alumnos le llamaban Cheikh el-Raïs, es decir «príncipe de los sabios» y el «Tercer Maestro», puesto que ocuparía tras Aristóteles y Al-Farabi, un filósofo medieval y polímata túrquico. Por respeto a los sabios de la antigüedad Avicena mantuvo algunos errores sobre el sistema visual, como que los nervios ópticos eran huecos, que el cristalino estaba localizado en el medio del ojo, que los objetos emitían rayos que entraban por los ojos y que los espíritus visuales o neuma llevaban esos mensajes visuales desde el ojo al cerebro.

El mejor tratado sobre fisiología del ojo lo escribió, no obstante, Al Hazen. Aunque nació en Basora (Irak), pasó la mayor parte de su vida activa en El Cairo. Al Hazen, o por su verdadero nombre Ibn al-Haytham (965-1040), escribió sobre la densidad del aire atmosférico y explicó correc-

Recreación de la cámara oscura de Al Hazen.

tamente la refracción de la luz en la atmósfera, determinando que esta tenía que tener una altura determinada. Se le considera el padre de la óptica, pero fue también un hombre práctico y, por ejemplo, intentó regular las oscilaciones del caudal del Nilo para evitar las crecidas y sequías anuales. Fue un precursor de la experimentación y escribió versos coránicos sobre la búsqueda de la verdad indicando que la ciencia debe estar basada en una intensa crítica, que las afirmaciones de los estudiosos deben ser también sometidas a examen y que era necesario expurgar de errores las obras de los grandes sabios de la Antigüedad. Dijo así:

> *Dios no ha preservado al científico del error y no ha salvaguardado a la ciencia de sus carencias y equivocaciones. Una persona que estudie los libros científicos para conocer la verdad debe convertirse en un crítico hostil de todo lo que estudia... Si sigue este camino, la verdad le será revelada y los errores... en los escritos de sus predecesores se verán claros.*

Al Hazen fue el primero que entendió la formación de imágenes invertidas en el ojo. En su *Kitab-al manzir* ya no defiende que el ojo emita rayos sino que acepta la idea de que la luz y el color irradian en líneas rectas desde el objeto observado en todas las direcciones y penetran en el ojo. Estas ideas ejercieron una gran influencia sobre el pensamiento europeo, de Bacon a Kepler.

En España, la figura clave entre los científicos musulmanes es Averroes o Abu-l-Walid Muhamad ibn Rushd (1126-1198), un cordobés que ejerció de juez pero que también practicó la medicina. Fue uno de los grandes comentaristas de Aristóteles, y suya es la idea de que el mundo no fue creado como es ahora sino que se encuentra sujeto a una evolución continua. El sabio andalusí se esforzó en aclarar cómo piensa el ser humano y cómo es posible la formulación de verdades universales y eternas por parte de seres perecederos como son los hombres. Averroes se distanció de Aristóteles al subrayar la naturaleza sensorial de los nervios y al situar algunas funciones intelectuales como la imaginación o la memoria en el cerebro y no en el corazón. Además, en el campo de la visión —el gran ámbito neurocientífico de los sabios islámicos— fue el primero que sugirió, aunque esto es discutido, que la retina y no el cristalino era la estructura encargada de la fotorrecepción.

El califato de Córdoba llegó a su fin con la Fitna de Al-Ándalus (1009-1031), un período de inestabilidad y guerra civil que comenzó con el asesinato de Abderramán Sanchuelo, hijo de Almanzor, en 1009 y la división del territorio andalusí en reinos de taifas que culminaron con la abolición del califato en 1031. En esas dos décadas se sucedieron diez califas distintos y tres de ellos pertenecían a una dinastía distinta a los Omeyas, la hamudí. La reconquista hizo que las bibliotecas islámicas fueran cayendo en manos de los cristianos, que conquistaron Toledo en 1085, Córdoba en 1236 y Sevilla en 1248. De este modo, los documentos médicos de la antigüedad clásica iniciaron desde la Península Ibérica su camino hacia Francia, Italia y el resto de Europa, donde generaron un nuevo interés por la anatomía, la fisiología y la medicina. El final de la Edad Media empezaba a aparecer en el horizonte.

La mejor colección de manuscritos árabes de Europa se conserva en la biblioteca del Monasterio del Escorial y «*a Felipe II cabe la gloria de reconocer el valor científico de la cultura árabe al coleccionar toda clase de códices procedentes del mundo musulmán en El Escorial, como le aconsejaba Arias Montano*». Felipe II ordenó a sus embajadores la compra de libros, adquirió bibliotecas en pago de deudas de impuestos a nobles y eclesiásticos y también recibió fondos incautados por la Inquisición, la herencia de su bibliotecario Benito Arias Montano y el botín tras la batalla de Lepanto donde llegaron al Escorial veinte códices en árabe, persa y turco. Además, naves españolas capturaron en 1612, durante su traslado de Safi a Agadir, los 4000 volúmenes de la biblioteca del sultán marroquí Muley Zaydán, que también fueron depositados en la Real Biblioteca del Monasterio de El Escorial. El sultán, a pesar de sus ímprobos esfuerzos, jamás pudo recuperar sus espléndidos libros. Desgraciadamente, un incendio en junio de 1671 arrasó una buena parte de esos fondos bibliográficos. Se calcula que se perdieron unos dos mil quinientos códices árabes, a pesar de haber sido colocados en una zona del claustro alto para protegerlos del fuego. Ya dijo Paul Valery que «*los libros tienen los mismos enemigos que el hombre: el fuego, la humedad, los animales, el tiempo y su propio contenido*».

EL NACIMIENTO DE LAS UNIVERSIDADES

Con la llegada del nuevo milenio algo empezó a cambiar en los reinos medievales europeos. Uno de esos cambios fue, a partir en muchos casos de las escuelas catedralicias establecidas por Carlomagno, el establecimiento de centros de estudios con unas características especiales (organización corporativa, autonomía, concesión de títulos) que son lo que llamamos universidades. Algunas de ellas recibieron el nombre de Estudios Generales puesto que acogían estudiantes de cualquier lugar, tenían al menos una de las tres facultades mayores (teología, derecho y medicina) y sus profesores ostentaban el máximo grado académico y el *ius ubique docendi*, el derecho a poder dar clase en cualquier parte sin tener que someterse a nuevos exámenes. La enseñanza más científica era el llamado *quadrivium* (aritmética, geometría, astronomía y música) frente al *trivium* o enseñanza literaria (gramática, retórica y dialéctica).

La primera universidad se creó en Bolonia en 1088, y fue la primera que recibió ese nombre. La segunda universidad fue la de París, fundada en torno a 1150, que ya se definió como «*universitas magistrorum et scholarium*», un *ayuntamiento* de maestros y escolares, como se define posteriormente la primera de España que llega hasta nuestros días, la de Salamanca. El primer profesor de medicina que conozcamos de París era Hugo, «*physicus excellens qui quadrivium docuit*», «un médico excelente que enseñaba el *quadrivium*». La tercera universidad se creó en Inglaterra, en Oxford. No hay una fecha conocida de su fundación, pero sí referencias de que impartía enseñanzas en 1097. Setenta años después obtuvo un fuerte impulso cuando el rey Enrique II prohibió a los estudiantes ingleses desplazarse a París para estudiar en su universidad. Después, las disputas entre los estudiantes y los vecinos de Oxford, que terminaron con la ejecución de dos estudiantes, hicieron que un grupo de profesores y sus pupilos dejaran la ciudad y fundasen en 1209 otra universidad en una ciudad llamada

Eduardo III de Inglaterra (1312 -1377) según Bocquet, ilustración publicada en la obra *Catalogue of the Royal and Noble Authors,* 1806.

Cambridge. En 1333-34, hay un intento de fundar una tercera en Stamford, pero las dos universidades existentes consiguen que el rey Eduardo III no lo autorice. No se fundarán más en el Reino Unido hasta 1820, un auténtico duopolio.

A partir de comienzos del siglo XIII, los universitarios demandan y aprovechan las traducciones latinas, incluidas las obras de Aristóteles, Hipócrates y Galeno. La llamada filosofía natural es desarrollada por escolásticos notables como Robert Grosseteste, Roger Bacon, Alberto Magno y Duns Scoto, que a esas obras de los sabios de la Antigüedad suman nuevas interpretaciones para un abordaje más concreto y empírico, lo que representa un preludio del pensamiento moderno.

Grosseteste, fundador de la escuela franciscana de Oxford y obispo de Lincoln, fue el primer escolástico que entendió plenamente la visión aristotélica del doble camino para el pensamiento científico: generalizar las observaciones particulares a una ley universal y después hacer el camino inverso: deducir de esas leyes universales la previsión de situaciones particulares. Además de eso, afirmó que estos dos caminos deberían ser verificados —o invalidados— a través de experimentos que probaran sus principios. Su método de investigación contenía la base esencial de la ciencia experimental y fue uno de los grandes intelectuales de su época. Su obra incluye algunos pasajes que sugieren que conocía las teorías médicas contemporáneas. Así, en uno de sus sermones comparó la fe y el amor a las venas y los nervios, describiéndolos como el medio por el cual la salud y el vigor se transfieren desde la cabeza (Cristo) a las manos (los creyentes). También dijo que antes de establecer la penitencia el sacerdote debía identificar la complexión humoral del pecador, si era colérica, sanguínea o melancólica, para que fuera más adecuada y útil. En otro sermón citó los *Aforismos* de Hipócrates al comentar la vejez y el ayuno mientras que en su comentario al salmo 59 hace una loa a los efectos del vino en el organismo:

> *El buen vino nutre y sana el cuerpo: aclara la sangre y abre las venas y las purifica; expulsa la oscura melancolía generada por el corazón; hace al alma olvidar su tristeza y le da alegría y bienestar; concede al alma una valentía feliz para sobrellevar las cuestiones sutiles y difíciles.*

A su vez, Roger Bacon, alumno de Grosseteste, prestó una especial atención a la experimentación como forma de aumentar el número de hechos conocidos acerca del mundo y describió el método científico como un ciclo repetido de observación, hipótesis, experimentación y verificación independiente. Las investigaciones en óptica de Grosseteste y Bacon posibilita-

La Universidad de Salamanca (*Universitas Studii Salmanticensis*) es la universidad más antigua del mundo hispánico. Uno de sus símbolos más populares es la rana sobre el cráneo en el frontis plateresco de la fachada del Edificio de Escuelas Mayores.

ron el inicio de la fabricación de gafas, que tan importantes han sido para el trabajo de los estudiosos. Posteriormente, esos conocimientos de óptica serían imprescindibles para la invención de nuevos instrumentos como el microscopio o el telescopio. La investigación aplicada y los nuevos inventos siempre derivan de la investigación básica.

Los cuatro grandes estudios generales de Europa, es decir, las Universidades de París, Oxford, Bolonia y Salamanca recibieron privilegios de los papas y los reyes y a cambio fueron formando funcionarios, la estructura de las administraciones eclesiástica y real. De Salamanca —se decía— salías «*con la vara o con la mitra*», como corregidor o como obispo; es decir, había un buen puesto en la administración civil o en la eclesiástica para los que completaban sus estudios. En todo el continente, de una forma progresiva, las universidades fueron sacando la ciencia y la medicina de los monasterios y secularizando la enseñanza. Aun así, los primeros pasos de la medicina moderna se mezclan con discusiones escolásticas, disputando los médicos si la tisana de cebada, por ejemplo, convenía a los calenturientos, porque la tisana es una sustancia y la calentura un accidente. Por otro lado, el control de la Iglesia era férreo y, por ejemplo, según un breve de Inocencio III había pena de excomunión mayor si se visitaba a un enfermo sin autorización eclesiástica. Todo iría cambiando con la adopción de un galenismo arabizado que proyectaría su influencia desde las escuelas de medicina que, con el embrión de la de Salerno, se fundan en Nápoles, Palermo y Montpellier.

En el mismo siglo XII que ve el albor de las universidades los traductores de la Escuela de Toledo, fundada por el arzobispo Raimundo de Sauvetat, fueron aportando contenidos y métodos que mejoraron la docencia universitaria de medicina: habrá teorías, libros para estudiar, esquemas, ilustraciones... Gracias a ellos los textos clásicos grecolatinos alejandrinos se fueron vertiendo del árabe o del hebreo a la lengua latina, sirviéndose del romance castellano o español como lengua intermedia, o directamente a las emergentes «lenguas vulgares», las lenguas romances. La figura más destacada entre los traductores fue Gerardo de Cremona, y su principal traducción fue la del *Canon* de Avicena.

Al mismo tiempo que universidades se fundan también los primeros hospitales psiquiátricos, como el de St. Mary de Bethlem en Londres, conocido como Bedlam, que, cambiando tres veces de localización, llega hasta nuestros días. Se sabe que albergaba enfermos mentales porque un posible delito de un portero hace que una Comisión Real investigue en 1403 las instalaciones y contabilice algunos de los enfermos «*sex homines menti capti*» (seis hombres desquiciados) y algunos de los equipos «terapéuticos», tales como «*once cadenas de hierro con seis candados, cuatro pares de grilletes de hierro y dos pares de cepos*». Como es evidente, la vida de los pacientes no era fácil, y «bedlam» es ahora en inglés sinónimo de caos y locura. Donald Lupton, un clérigo, contaba cómo era Bedlam varios siglos más tarde, en 1632:

> *Aquí viven muchos, a los que se llama hombres, pero raramente en su casa, porque se han ido de ellos mismos: la Naturaleza ha sido una madrastra para algunos y la miseria y los emparejamientos han causado este extraño cambio en otros, parecen vivir aquí para rectificar a la Naturaleza u olvidar las miserias, se les ha puesto a aprender la lección que muchos, más aún todos los que serán felices, deben aprender, y familiarizarse con ellos mismos. Esta Casa sería demasiado pequeña si todos los que están fuera de sí tuvieran que traerse aquí, parece raro que alguno se pueda recuperar aquí, los lloros, chillidos, gemidos, alborotos, ruidos de cadenas, juramentos, angustias, bromas, son tantos, tan horribles, tan grandes, que parecen más capaces de llevar a un hombre fuera de sus cabales, que de ayudar a uno que nunca los ha tenido o los ha perdido, a encontrarlos de nuevo. Un borracho es un loco durante el presente, pero un loco es un borracho siempre. Difícilmente encontrarás un lugar que tenga tantos hombres y mujeres alterados de forma tan extraña de quien una vez fueron o de quien habrían sido. Estos hombres son como un barco que requiere un timonel, un vigía o balasto [lastre que equilibra los buques].*

Los nuevos hospitales y las nuevas universidades empezaron a colaborar entre ellos y estas últimas se convirtieron en el lugar principal para el conocimiento científico y médico. En 1231 el emperador Federico II, un hombre de una cultura, energía y habilidad extraordinarias —lo llamaron *stupor mundi*, la maravilla del mundo— promulgó una serie de leyes sobre los estándares de la educación de los médicos que, aunque no de forma instantánea, fueron mejorando el nivel medio, reforzando la importancia de la educación preclínica e impulsando la profesionalización de los trabajadores de la salud. El emperador, en enfrentamientos constantes con el papa, tenía una sed insaciable de nuevos conocimientos y en su corte de Sicilia contrató a judíos para que tradujeran los libros griegos y árabes. Él mismo escribió un libro casi científico titulado *De Arte Venandi cum Avibus* (El arte de cazar con aves) pues era un hábil cetrero al que llevaban aves de todas partes, incluidos halcones árticos desde Groenlandia. Cuando el Gran Kan le ordenó convertirse en su vasallo, le contestó obsequioso que quizá pudiera encargarse de sus rapaces, pues entendía bien a los pájaros. Afortunadamente para la cultura occidental, los mongoles temblaron ante el riesgo de malaria en las tierras pantanosas europeas y decidieron regresar a Asia.

Federico hizo también algunos de los primeros experimentos del mundo medieval: encerró a un prisionero en un tonel con un agujero para ver si cuando muriera podía observar cómo su alma salía por esa apertura. También ordenó dar bien de comer a otros dos cautivos y envió a uno a cazar y al otro a dormir, procediendo poco después a destriparlos para ver cuál de los dos había digerido mejor el alimento. Con la misma curiosidad ingenua y cruel encerró a bebés y ordenó que nadie les hablase para ver si desarrollaban un lenguaje natural, confiando en poder saber así cuál era la lengua original de Adán y Eva. El monje franciscano Salimbene di Adam en sus *Crónicas* dijo que el emperador hizo que «*las nodrizas los amamantaran y bañaran, pero que no parlotearan ni hablaran con ellos porque quería aprender si hablarían primero el hebreo (que había sido el primer idioma), o el griego, o el latín o el árabe, o quizá la lengua de los padres de los que habían nacido. Pero trabajó en vano, porque los niños no podían vivir sin dar palmadas y gestos, sin la alegría del semblante y las lisonjas*». Federico fundó la Universidad de Nápoles, la primera estatal y que fue durante siglos la única institución de educación superior del sur de Italia. Ahora se llama Università Federico II.

Un nuevo avance, también en la península itálica, promovió el conocimiento del cuerpo humano: las disecciones de cadáveres. Mondino de Liuzzi (1270-1316), profesor de medicina práctica en la Universidad de Bolonia, publicó un libro titulado *Anatomía* en el que explicaba cómo hacer una disección, a lo largo de tres días: uno para cada uno de los «*vientres*»: el abdomen, el tórax y la cabeza. Mondino planteaba hacer primero la disección de los órganos de la nutrición en el bajo vientre, luego los órganos de la vitalidad en el medio vientre y, por último, los órganos de la animación en el vientre superior, un esquema similar al que se sigue utilizando en muchas facultades de medicina actuales. Fue uno de los primeros textos de anatomía humana, basado en los escritos grecolatinos y árabes —la obra menciona treinta y tres veces a Galeno, doce veces a Avicena, tres veces a Aristóteles, dos veces a Hipócrates y Haly Abbas y una vez a Averroes, Rhazés, Serapión y Mesué el Joven—, pero también reclamaba al lector que comparase la lección de los clásicos con la observación propia y en algunos casos manifestaba sus dudas y planteaba algunas correcciones a las descripciones de los maestros del pasado.

En cualquier caso, las autopsias no las hacía el catedrático, que estaba con su toga larga en su silla, una especie de púlpito, la cátedra, sino barbe-

Junto con *Lamentación sobre Cristo muerto*, una de las obras en las que Andrea Mantegna exhibe sus conocimientos anatómicos es en el *San Sebastián* del Museo del Louvre. Realizó varias versiones del martirio del santo católico.

ros, verdugos y otra gente de toga corta o baja posición social. El profesor no se manchaba las manos, sino que normalmente leía un libro y el ayudante iba intentando localizar las estructuras que aquel iba mencionando. Los cadáveres provenían normalmente de criminales y, como las mujeres han cometido siempre menos delitos graves, el cuerpo de la mujer era todavía peor conocido que el del hombre. A menudo iba gente de la calle a ver las disecciones, y cuando había un cuerpo de mujer el morbo era todavía mayor.

La obra de Mondino fue el texto de referencia durante casi dos siglos. A pesar de ello, pesaba aún mucho el principio de autoridad y, como ejemplo del respeto a la obra galénica, la *Anatomía* de Mondino incluye una descripción detallada de la inexistente *rete mirabile*. Berengario da Carpi, uno de los sucesores de Mondino en la cátedra de Bolonia, aconsejaba a sus alumnos dejarse guiar durante las disecciones por sus sentidos más que por los tratados copiados de los autores de la Antigüedad. Llamó a ese método la *anatomía sensibilis* y lo usó de base para la enseñanza del cuerpo humano. Berengario nos dejó una de las primeras ilustraciones realistas del cerebro humano y puso en marcha una colaboración entre anatomistas y artistas que mejoró los conocimientos de ambos gremios y se extendió entre algunos de los pintores mas famosos del renacimiento como Andrea Mantegna; Hans Holbein el Joven, Leonardo da Vinci, Miguel Ángel y Tiziano.

Con todo, no se produjo una clara mejora del conocimiento anatómico, y al final de la Edad Media la localización ventricular todavía era la base sobre la que se explicaban distintos problemas neurológicos. Así, Antonio Guainerio, un médico italiano describió el caso de dos hombres en su libro *Opera medica* publicado en 1481. Uno de los dos no podía hablar más de tres palabras y el otro era incapaz de recordar el nombre de nadie. Guainerio creía que estos trastornos —que corresponderían a una afasia motora y a una amnesia, respectivamente— eran debidos a una memoria defectuosa causada por una «*acumulación excesiva de flema en el ventrículo posterior*».

Eso se mantuvo hasta la Edad Moderna y, por ejemplo, un dibujo de 1503 del enciclopedista alemán Gregor Reisch (ca. 1467-1525) seguía asignando funciones mentales a las tres cavidades esféricas, repitiendo los conceptos de Nemesio de mil años atrás. En toda la Edad Media, el conocimiento del sistema nervioso apenas evolucionó mientras que, en contraste, en otros sistemas corporales como el esquelético o el muscular se avanzó considerablemente.

La teoría de la localización de la mente en los tres ventrículos esféricos se derrumbaría con las obras de Leonardo (1452-1519) y de Vesalio. El artista de Vinci realizó un molde interno de los ventrículos cerebrales aclarando para siempre su estructura, diferente de las tres «celdas cerebrales» esféricas que se habían mantenido hasta entonces. Vesalio retó la idea de que las facultades del alma racional estaban localizadas en los ventrículos cerebrales *«incluso aunque están así asignadas por esos que hoy se precian con el nombre de teólogos»*. Volveremos sobre esta historia.

Sello postal alemán que conmemora el aniversario de la muerte de Alberto Magno.

EL OBISPO BOTAS

Mientras el mundo islámico se iba descomponiendo y perdiendo territorios, las universidades de la cristiandad veían como miembros de las principales órdenes religiosas: dominicos, franciscanos, carmelitas y agustinos se instalaban en las ciudades universitarias, fundaban colegios, obtenían cátedras y ganaban influencia. En las luchas por el poder académico se produjeron enfrentamientos —intelectuales normalmente, pero no siempre— entre franciscanos y dominicos. Para los franciscanos todos los seres, incluso los espirituales, eran una composición de materia y forma, mientras que para los dominicos los seres espirituales eran solo simples formas y la materia era un sustrato indeterminado, susceptible de concretarse en cualquier dirección, un potencial cuya existencia era definida por la forma. Los seres animados tenían el principio del movimiento y eran de cuatro clases, según que solo poseyeran movimiento interno para la nutrición y generación, como las plantas; que también sintieran, como las ostras; que, además, cambiasen de sitio, como los reptiles, las aves y los cuadrúpedos y, finalmente, que añadiesen a todo lo anterior la inteligencia, como el hombre.

De entre todas las figuras intelectuales de esa época destacó Alberto Magno, miembro de la Orden de Predicadores, un fraile dominico que llegó a obispo de Ratisbona, fue responsable de la provincia alemana de su orden y doctor de la Iglesia. Era curioso, sensato, buen administrador, apasionado de la naturaleza, un enamorado de la amistad, un hombre bueno y un gran andarín.

Albertus Teutonicus nació en una época, la baja Edad Media, en la que el saber parecía atravesar un paréntesis oscuro entre las intuiciones geniales de los primitivos griegos y romanos y el nacimiento de la verdadera ciencia con el Renacimiento. Ingresó en la orden fundada por Santo Domingo, un monje burgalés, una comunidad aún muy joven pero que valoraba la

Alberto Magno (representado aquí como santo) fue muy polémico entre sus contemporáneos. Así pretende ilustrarlo este grabado de cobre de Raphael Sadeler (1560-1632) a partir de una obra de M. Kager de Mathäus. *Bavaria Sancta*. Munich 1615.

formación y la actividad intelectual, un requisito juzgado necesario por los dominicos para transmitir adecuadamente la doctrina de la Iglesia. Ellos pasaron también de ser los dominicos o dominicanos a los Domini Canes, los perros del Señor, los guardianes más fieles y feroces de la ortodoxia católica. Muchos de los más famosos inquisidores fueron de esta orden. Por otra parte, dominicos fueron también los padres del convento de San Esteban de Salamanca, donde se fundó la Escuela de Salamanca y profesores de la talla de Francisco de Vitoria, Tomás de Mercado o Domingo de Soto fundaron el derecho internacional, defendieron a los pueblos indígenas de América y dieron una respuesta asombrosamente avanzada a los problemas de un mundo que era por primera vez global.

Volvamos a la Edad Media. Alberto tenía virtudes que todos los jóvenes deberían cultivar: el interés por aprender —llegó a decir que «*desear el saber por el saber era una ocupación seria y no una frívola osadía*»—; su espíritu crítico, que le hizo contrastar todo en vez de repetir sin comprobarlo lo que habían dicho los sabios de la Antigüedad; su afán por aportar y completar el saber de su época con observaciones propias; la capacidad de hacer experimentos sencillos que proporcionaran respuestas a lo que no era observable directamente; su amor a las bibliotecas —manifestaba su orgullo por «*haberse procurado bibliografía de todo el mundo, con el mayor esmero*»—, su desprecio a las fronteras —no había universidades en el territorio alemán por lo que marchó a formarse a Padua, en Italia, cuya universidad estaba recién fundada y fue el primer alemán que enseñó en una cátedra en París, la universidad más prestigiosa de su tiempo desde la cátedra «*para extranjeros*», algo similar a nuestras plazas de profesor visitante—; su interés por la gestión —participó en la fundación de la primera universidad en tierras germánicas, Colonia, y arregló en unos meses la maltrecha economía de la diócesis de Ratisbona—; su capacidad para mediar y llegar a acuerdos; y su firme convencimiento de que la ciencia no está formada por compartimentos estancos y de que todo saber merece la pena.

Alberto, ya en vida, recibió el sobrenombre de Magno («el Grande»), un epíteto que hasta entonces había sido exclusivo de los mejores reyes y emperadores. En las facultades de ciencias honramos a este hombre que abrió caminos y tuvo un abanico de intereses amplios y diversos, siendo responsable de avances significativos en la química, la geología, la zoología, la botánica y también la neurociencia. Además de ser un gran teólogo y filósofo, tenía inquietud e interés por todo y se preguntó por la forma de la Tierra y también por la de una gota de lluvia y era un trabajador tenaz que dejó escritos unos setenta libros y tratados que, medidos en páginas impresas, superarían las veintidós mil.

Cuando uno recuerda que era miembro de una orden mendicante con un código ético muy estricto por el cual solo podía desplazarse a pie y coloca en un mapa las ciudades que visitó, se queda asombrado. Por el oeste llegó a París: por el este, hasta Viena y Riga, la capital de Letonia; por el norte, hasta Stralsund, junto al Báltico, y por el sur hasta Anagni, cincuenta kilómetros al sudeste de Roma. Entre medias, todas las ciudades importantes de Alemania. Cuando fue nombrado obispo de Ratisbona recorrió tanto a pie su diócesis que sus feligreses lo apodaron el obispo Botas. Al final de su vida una de sus últimas tareas fue defender la ortodoxia de las ideas de su discípulo, Tomás de Aquino, cuya muerte fue para él un golpe traumático, y se dice que marchó a París, andando por supuesto, para hacer su alegato en persona.

Como todos, fue un hombre de su época y cometió errores, como pudo ser el firmar, junto a otros cuarenta profesores de la Sorbona la recomendación para quemar el Talmud y otros libros sagrados judíos, y eso que fue el primer estudioso cristiano que leyó íntegramente los escritos de Maimónides, el principal filósofo judío de la Edad Media. Alberto Magno buscó la sabiduría donde quiera que estuviera y, en aquel momento, estaba más fuera de la Cristiandad que dentro. Su interés por Aristóteles, cuya obra quería hacer comprensible a sus contemporáneos, y su esfuerzo por conciliarla con las observaciones de Galeno y, luego, junto con su discípulo Tomás de Aquino, con la teología cristiana, le hicieron trabajar intensamente las obras de los comentaristas islámicos del sabio griego, como Averroes y Avicena. Hay que recordar que las autoridades eclesiásticas eran contrarias a las enseñanzas de este filósofo *pagano*, en particular sus *libris naturales*, sus obras sobre la Naturaleza. Alberto fue clave en difundir la ciencia griega en la Europa cristiana. Por poner un ejemplo de esos difíciles equilibrios: Galeno había señalado que los nervios se ramificaban claramente desde el encéfalo y la médula espinal mientras que Aristóteles consideraba que el corazón era el centro rector del cuerpo. Alberto dijo «*debe saberse, fuera de toda duda, que los nervios se ramifican a partir del cerebro*» pero añadía «*el origen primero de todos ellos es el corazón vía una sustancia que rellena los nervios y que va desde el corazón hasta el cerebro*».

Alberto Magno recibió fuertes críticas de otros clérigos de su época que despreciaban la observación directa como fuente del conocimiento y que criticaban que aquellos filósofos antiguos defendieran un predominio de la razón que relegaba la fe a un segundo plano. Alberto respondía recriminándoles que, por su propia pereza, pretendiesen desacreditar, escudándose en la fe, a quienes los aventajaban en la búsqueda de la verdad. En el caso concreto de la biología dijo con contundencia que «*la tarea de la cien-*

cia natural no consiste simplemente en aceptar las cosas relatadas, sino en investigar las causas de los sucesos naturales».

No fue el único hombre importante de esta época. El papa Gregorio XI entregó en 1232 la Inquisición a los dominicos, que la convirtieron en una importante arma defensiva que frenó el desarrollo del pensamiento científico, pues la heterodoxia fue más castigada que nunca. Por otro lado, con todos sus defectos, fueron también en muchos casos los primeros tribunales dignos de tal nombre. Hubo al menos dos hombres valientes que a la autoridad y a la razón como fuentes de conocimiento, agregaron la experiencia: el español Raimundo Lulio y el inglés Roger Bacon. Ambos fueron antiescolásticos, y ambos sostuvieron que la autoridad carece de valor, pues sólo proporciona credulidad, y que la verdad no se puede adquirir por el sofisma y la demostración, sino solo por el experimento. Con el *Ars Magna* de Lulio y el *Opus Majus* de Bacon se inició la era del método experimental, que despreciaba los argumentos por sólidos que parecieran si no habían sido «certificados» por la experiencia.

La gran obra zoológica de Alberto Magno es *De animalibus*, y la primera traducción del latín completa y comentada ocupa más de mil setecientas páginas. Incluyó algunas criaturas fabulosas pero también rebatió muchos mitos medievales, como que el pelícano se desgarraba el pecho para alimentar a sus crías, un ave que todavía se ve esculpida en algunas de nuestras iglesias como símbolo de Dios dando su cuerpo y su sangre en la comunión. En sus largas caminatas veía muchos animales, y le gustaba interrogar también a campesinos, cazadores y pescadores; él mismo fue cazador, y su libro sobre la cetrería y los halcones es especialmente bueno. También aportaba una sana dosis de escepticismo: las informaciones que le parecían fabulosas las ponía en duda y criticaba sin paños calientes aquello que iba en contra de la observación o la razón aunque lo hubiera dicho uno de los sabios de la Antigüedad. Así, cuando leyó la descripción del romano Plinio de que existía una garza *monoculus*, con un solo ojo, dijo así:

> *Parece que lo que dice es falso y contradice a la naturaleza. Pues, así como a ambos lados crecen dos alas y dos pies, así sucede también con los ojos. No tendría sentido que se formara un ojo solamente en un lado y no en el otro. Este Plinio dice muchas cosas que no están atinadas en absoluto.*

Otros escritos los rechazó porque sus propias observaciones los rebatían. Cuando algo era experiencia directa suya lo decía con claridad: «*Fui et vidi experiri*» («estuve allí y vi como sucedió»). Así hizo con la leyenda de que los buitres no copulaban ni tenían nidos, ya que él sabía de buitres que se emparejaban y empollaban sus huevos en las montañas entre Worms y Tréveris. Dio un gran valor a la experiencia directa y a la observación sistemática y objetiva, un avance crucial en la historia de la ciencia. Al respecto escribió lo siguiente:

> *Es necesario mucho tiempo para comprobar que en una observación se ha excluido todo engaño... No basta disponer la observación sólo de una manera determinada. Por el contrario, hay que repetirla en las más diversas condiciones, para que aparezca con seguridad la verdadera causa del fenómeno.*

A pesar de su devoción por Aristóteles se enfrentó a los filósofos de su época que consideraban que el estagirita era infalible: «*Quien crea que Aristóteles fue un dios, debe también creer que nunca se equivocó. Pero si uno cree que fue un hombre, entonces sin duda pudo caer en un error igual que nos pasa a nosotros*».

Algunas de sus observaciones y experimentos están relacionados con el sistema nervioso, y merece, por tanto, un lugar en la historia del conocimiento sobre el cerebro. Como otros autores antes que él, localizó las funciones mentales en los tres ventrículos esféricos, pero él, además, dividió cada uno de ellos en dos partes. Esta división le permitió localizar siete funciones diferentes en los ventrículos: *sensus communis, imaginatio, estimatio, phantasia, cogitatio, reminiscentia* y *memoria*. Estas funciones estaban situadas en las paredes de los ventrículos, y los «productos» —ideas, recuerdos, sentimientos— pasaban de uno a otro llevados por los espíritus animales. Aunque las publicaciones posteriores de su obra dibujaron los ventrículos como esferas iguales, parece que era conocedor de que tenían diferente tamaño y diferente forma, un conocimiento que podía provenir de Galeno, pues no consta que hiciera disecciones.

Dijo también que los espíritus que ocupaban los ventrículos eran vaporosos y también luminosos, debido a que su naturaleza era brillante «*al igual que otros cuerpos, fuera del animal, que también son claros y luminosos*». También decía que «*esta luminosidad era oscurecida por los vapores de la tierra, que la enturbian*». Un ejemplo cotidiano de este oscurecimiento se daba después de las comidas, cuando «*sus vapores suben al cerebro y allí se condensan y engruesan debido al frío local y bloquean los caminos de los espíritus animales que administran los sentidos y los movimientos e impiden que el poder animal llegue a los sentidos externos. Y entonces llega el sueño...*». Alberto explicó, además, que los espíritus de los ventrículos podían ser de distintos tipos augurando una complejidad que, aun sin una base sólida sobre la que basarse, presagiaba la complejidad química, hodológica y fisiológica del sistema nervioso.

Alberto también hizo pequeñas pruebas y, así, arrancó a una hormiga las antenas para averiguar si los insectos veían con ellas, uno de los primeros experimentos registrados en la historia de la neurociencia, y también fue el primero en dar a conocer que el sistema nervioso de los articulados —el enorme grupo que incluye insectos, crustáceos y arácnidos— se asemeja a una escalera de cuerda situada en posición ventral, un detalle que refrenda su calidad como observador.

Mayor importancia aún tienen sus estudios sobre el hombre, al que, para empezar, incluyó dentro de los animales, algo lógico por un lado pero valiente y revolucionario por otro. En su zoología incluyó también, por tanto, la anatomía, la fisiología e incluso el comportamiento de los humanos. Entre otras cosas escribió de los sentidos, de la memoria, de cómo pasamos de dormir a estar despiertos, de los sueños. El sueño era para Alberto Magno una «*traba de los sentimientos y del movimiento*». Había que dormir según él para que «*el spiritus sensibilis* —uno de los espíritus que vivían en los ventrículos y que tomaba parte en la percepción del mundo exterior a través de los sentidos— *pueda recogerse en el interior del cuerpo para descansar y recuperarse*». Al meterse en el interior del organismo el spiritus sensibilis ya no podía percibir el mundo exterior, y por eso no nos enteramos de lo que pasa a nuestro alrededor mientras dormimos. Este flujo inverso de los espíritus, de fuera hacia dentro, sería el causante de las experiencias oníricas. Habló también de cómo nuestros deseos influyen en los sueños: cuando se tiene hambre se puede soñar con comida y el deseo sexual induce sueños eróticos que pueden llevar hasta el orgasmo, pero también aportaba su punto de escepticismo sobre la interpretación de los sueños y sus supuestas premoniciones:

> *No se puede negar que a veces los sueños significan algo. ¿Quién no ha tenido sueños que luego se han realizado? Pero, por otra parte, nunca son de fiar del todo.*

Con su mismo saber enciclopédico se interesó sobre por qué raramente soñamos olores o sobre los fenómenos de sonambulismo:

> *Aun cuando el sueño traba los sentidos y los movimientos, hay que saber que, con todo, ciertos hombres sí se mueven y realizan actividades durmiendo, igual que si estuvieran despiertos. Por ejemplo, pueden*

andar dormidos, o cabalgar, o buscar algo, perseguir enemigos e incluso quizá matarlos y luego, dormidos sin duda, se vuelven a la cama.

En la época de Alberto, además de universidades se fundan también hospitales. En 1260, Luis IX de Francia (San Luis) funda el Hospice Quinze-Vingts. El nombre significa «quince veintes», en sistema vigesimal, y hace referencia a las trescientas camas que tenía para los ciegos parisinos, diciendo sus estatutos fundacionales que recibiría «*todos los años, de la bolsa del rey, para potajes y otras cosas*». Se cree que el rey fundó el hospital por la profunda impresión que le causó la deplorable situación de diversos caballeros que habían perdido la vista en la VII Cruzada y vagabundeaban por las calles. El papa Clemente IV publicó una bula instando a los prelados a que promovieran que estos desventurados recibieran limosnas, pero también hubo críticas a la gestión de la nueva instalación para invidentes. Según Rutebeuf, un poema apócrifo de la misma época decía:

No sé por qué el rey ha reunido en una casa trescientos ciegos, que van en tropa por las calles de París y que mientras el día dura, no cesan de berrear. Se chocan unos con otros y se dan fuertes golpes porque nadie los guía. Si se produce un fuego en la casa no dudes que la comunidad se quemará entera y el rey estará obligado a construirla de nuevo.

En 1779, durante el reinado de Luis XVI, el hospital fue trasladado a su actual ubicación en la rue de Charenton, al antiguo cuartel de los mosqueteros negros (así llamados por el color de sus caballos), y se elevó el número de ciegos a ochocientos. Este hospital para invidentes aún existe en nuestros días.

Albertus Magnus murió en 1280 y fue uno de los grandes de la escolástica medieval, uno de los primeros empiristas y alguien que luchó para armonizar el conocimiento de la naturaleza y las creencias religiosas. Sus detractores lo llamaron «*el mono de Aristóteles*», pero es mucho más acertado el calificativo honorífico de los que le admiraron: *doctor universalis*, aquel al que todo le interesaba, el que sabía de todo. Un hombre que asombró a sus coetáneos por su sabiduría, su capacidad de trabajo y por su enorme curiosidad. La puerta del Renacimiento se estaba abriendo para el conocimiento del cerebro en Europa, pero la situación era distinta en otras partes del mundo.

EL CEREBRO EN LA AMÉRICA PREHISPANA

Sin ningún contacto con lo que sucedía en Europa o en Asia, los pueblos americanos avanzaron en su desarrollo científico y cultural. La medicina precolombina se inició, si es que es posible poner un comienzo a un proceso gradual, en torno al 1500 a. C. y fue «descubierta» por la medicina hipocrática-galénica tras la llegada de los españoles, tres mil años después. La actual América Latina era ya entonces un territorio muy heterogéneo donde se encontraban, como aún sucede en la actualidad, estructuras políticas y sociales comparables a las más desarrolladas de la época —como eran en el momento de la llegada de las carabelas el imperio inca o el imperio azteca— y tribus de cazadores-recolectores con una mínima organización grupal.

A la hora de hablar de las ideas sobre el cerebro en la América precolombina hay que tener siempre presente que nos referimos a un ámbito geográfico extensísimo, con una enorme diversidad cultural y con un rango temporal muy amplio. Si pensamos en ello, es como si habláramos de «neurociencia en la Europa precolombina», un título que debería integrar a los filósofos griegos, a Hipócrates y a Galeno, a las culturas escandinavas, al califato cordobés y la influencia árabe, a las ideas de la escolástica medieval y a los albores del Renacimiento. Con la América prehispánica, donde los registros históricos son mucho más escasos y no hay apenas testimonios escritos, la dificultad es aún mayor.

Las dos principales zonas de desarrollo precientífico corresponden a Mesoamérica, la región central del continente, una franja de terreno que se extiende desde el centro de México a la actual Nicaragua con los imperios maya y azteca, y a Sudamérica, cuyo máximo apogeo se alcanzó con el imperio incaico, cuya capital estaba en Cuzco, en el actual Perú, pero que abarcaba también zonas de Bolivia, Chile, Argentina y Ecuador. En

Muro de piedra con tallas de calaveras hallado en el Templo Mayor, Ciudad de México [Antwon McMullen].

ambas regiones hay culturas previas, muchas merecedoras de más investigación, cuyos principales resultados, simbolismos y teorías fueron asimilados o aniquilados por los imperios americanos dominantes en la misma área geográfica y, posteriormente, por las potencias europeas.

Las civilizaciones precolombinas aportaron importantes avances al conocimiento mundial. En torno al 7000-6000 a. C. los pueblos mesoamericanos habían domesticado una planta salvaje, el teosinte, y la convirtieron en una de las principales cosechas actuales del planeta, el maíz. La domesticación de otras plantas como el calabacín, el chile o la alubia (frijoles) junto a algunos animales como el pavo o el perro sin pelo (Xoloitzcuintli) fueron hitos en el paso de una sociedad tribal y nómada a una sociedad urbana, agrícola, organizada en estrictos sistemas de castas. Con el paso de los siglos, mayas y aztecas desarrollaron un profundo conocimiento del calendario, de los sistemas numerales y de la astronomía, un estilo arquitectónico característico y unas ricas tradiciones mitológicas de las que aún quedan vestigios en las sociedades latinoamericanas actuales. La salud se consideraba un equilibrio de la polaridad frío-calor, y su desequilibrio afectaba al cuerpo y a su relación con el cosmos. La enfermedad tenía un origen diverso, podía ser un castigo de los dioses, estar causada por la maldad de los hombres o ser un hito del destino marcado desde el nacimiento.

El imperio inca, por su parte, tenía un desarrollado sistema nemotécnico con el cual conservaba un registro de su historia y de datos económicos mediante nudos en cuerdas de longitud y colores variables (quipus), un elaborado conocimiento astronómico, una floreciente agricultura y una serie de animales domésticos como los camélidos (llama, alpaca y vicuña) y el cuy o cobaya, al que los españoles denominaron conejillo de Indias.

Las creencias religiosas de los pueblos americanos generaron complejas prácticas culturales, algunas de las cuáles son la base del conocimiento precolombino del encéfalo y del sistema nervioso. Las cuatro prácticas que tuvieron un impacto más claro en el ámbito de la neurociencia, por el conocimiento de la cabeza que requieren, fueron la decapitación ritual, la deformación de los cráneos, la construcción de máscaras con huesos craneales y la trepanación.

El registro histórico es escaso. La información disponible se basa en estudios paleoforenses de los huesos, representaciones pictóricas y escultóricas, las crónicas de soldados como el propio Hernán Cortés o Bernal Díaz del Castillo y los códices escritos por los clérigos que participaron en las primeras fases del descubrimiento y conquista de América, tales como los doce volúmenes del famoso Códice florentino escrito por fray Bernardino de Sahagún con la ayuda de informantes aztecas. Fray Bernardino recogió las ideas sobre la anatomía del cuerpo, sus enfermedades y sus posibles tratamientos. Martín de la Cruz, un curandero indígena, describió en náhuatl sus métodos curativos, basados en el uso de plantas, de animales y de algunos minerales. Muchos de esos escritos del siglo XVI plantearon la confrontación entre las ideas indígenas y las procedentes de Europa, y muestran también cómo los pueblos americanos afrontaron y trataron problemas aún vigentes en las sociedades modernas, como el alcoholismo o la depresión. Para la depresión, por ejemplo, se recomendaba el jugo de «flores de buen olor», caminar por lugares sombreados, abstenerse de tener relaciones sexuales, beber vino moderadamente, entretenerse en actividades alegres o divertidas tales como cantar, «tocar los tambores que usamos en los bailes públicos», algunas plantas, como la *quauhyayual*, la *iztauhyatl* (*Artemisia ludoviciana*) y el *xocolatl* (chocolate), el consumo de animales como el pollo, la liebre y el pescado, así como el contacto con algunos minerales, todo ello combinado con recomendaciones de cambios en el estilo de vida del individuo dentro de un contexto mágico y religioso.

La imagen idílica de la América precolombina como civilizaciones armoniosas y pacíficas no es cierta. Durante largos periodos los distintos grupos étnicos vivieron en una situación de guerra constante, en la que todo el combate se realizaba cuerpo a cuerpo, y de esa experiencia directa con heridos, muertos y prisioneros ajusticiados surgió un conocimiento anatómico que se fue reflejando en el uso de placas de oro y plata para realizar cráneoplastias, operaciones quirúrgicas sofisticadas para tratar las heridas de guerra y el desarrollo de cascos para proteger la parte principal de nuestro cuerpo, y una de las más frágiles, el encéfalo humano. Junto a esto —que podríamos considerar científico— el destino se consideraba marcado desde el nacimiento y se consultaba al *Tonalpohuque*, que era el sacerdote que conocía el significado del *Libro de los destinos humanos*. Allí cada persona podía averiguar en un ámbito marcado por la magia, la adivinación y la religión la salud, el pronóstico de las enfermedades presentes, la esperanza de vida y, en ocasiones, el tipo y frecuencia de las enfermedades que padecería en el futuro. En este proceso adivinatorio entraban aspectos como el día del nacimiento (los nacidos en los días atl —agua— o *acatl* —caña— estaban predestinados para el infortunio), los números (4, 5, 6, 8 y 9 eran considerados nefastos) o el rumbo, donde el norte representaba la región de los muertos, algo que se presta a la ironía si pensamos en el actual vecino septentrional de los mesoamericanos.

Los sacrificios humanos eran un segundo aspecto fundamental de sus pautas culturales. Existían en México desde antes de los aztecas. En la cueva Coxcatlán se encontraron los esqueletos de dos niños, datados entre 6500 y

5000 años antes de Cristo, a los que presumiblemente se les había cortado la cabeza. El ambiente de terror causado por ese clima bélico persistente y por el miedo a los fenómenos naturales: terremotos, sequías e inundaciones, impulsó unos sistemas religiosos basados en dioses de la guerra y de la naturaleza que sojuzgaban a la humanidad. El culto, incluyendo los sacrificios humanos, iba destinado a conseguir comunicarse con estas deidades y alcanzar su favor para conseguir vencer en las batallas y tener un régimen adecuado de lluvias que propiciara buenas cosechas y fecundidad en las familias y en los animales.

De las crónicas de Fray Bernardino de Sahagún sabemos que los padres decidían la profesión de sus hijos al poco de su nacimiento. Los sacerdotes aztecas empezaban su aprendizaje a los cinco años y tenían clases prácticas y teóricas para cosas tales como los sacrificios y las decapitaciones. Según su mitología, la vida y las fuerzas naturales nacían de los cuerpos enterrados de los dioses y los sacrificios humanos eran vistos, por lo tanto, como una especie de pago de la deuda contraída con los dioses que se habían entregado por los hombres. Para hacer correctamente el ritual del sacrificio era clave conocer bien la anatomía y tenían nombres específicos para la cabeza (*tzontecomatl*) y el cerebro (*cuayolotl*) y distinguían la base del cráneo y la porción superior de la médula espinal (*cuitla*) como una estructura independiente del resto del cráneo (*cuech*) y de la columna vertebral (*xo*).

Los antiguos mexicanos también contemplaban enfermedades como la pérdida del «alma» e identificaban tres centros anímicos mayores: el corazón, el hígado y la cabeza. En la parte superior de la cabeza ubicaban la conciencia y la razón, al igual que el *tonali*, que correspondía al alma en la interpretación semántica de los españoles. El *tonali* representaba la sombra del individuo, la cual podía debilitarse o perderse por el sueño, las relaciones sexuales frecuentes, la ebriedad o la inconsciencia. A su vez podía recuperarse con el consumo de cacao, aguardiente, chile o colocándose listones rojos, que eran objetos codiciados por los «seres acuáticos» que robaban el *tonali*. En el corazón se situaban los procesos anímicos y las funciones vitales, así como la *teyolia*, otra entidad anímica en la que localizaban el pensamiento racional organizado y la capacidad para interpretar la naturaleza, y donde se estructuraban los poderes de adivinación y otros productos de la imaginación. Por último, en el hígado se situaba el *ihiyotl* (aliento), otra entidad anímica espiritual que correspondía a la parte inferior del cuerpo, era el símbolo del inframundo y se relacionaba con la vida emocional.

Las decapitaciones se realizaban con la víctima tumbada sobre la espalda y usando cuchillos de obsidiana o cuarzo. Los sacerdotes hacían una primera incisión entre la quinta y la sexta vértebra cervical, que causaba una tetra-

Máscara funeraria maya [Deborah McCague].

plejia completa, seguida por la sección de la región superior de la médula espinal y de la inferior del bulbo raquídeo, y terminaban cortando la cabeza del desafortunado protagonista, la cual se convertía en un objeto simbólico. Estas cabezas trofeo tenían tres posibles destinos: como ofrenda dentro del templo, con la carne intacta; para su exposición pública en una galería de cráneos y para la fabricación de máscaras ornamentales. El cuerpo era ritualmente despeñado gradas abajo del templo, y de ahí la inclinación tan pronunciada que tienen las pirámides centroamericanas. Después los nobles y sacerdotes se comían las extremidades de la víctima acompañadas de chile y maíz, el torso era arrojado a las fieras del zoo que el emperador tenía en Tenochtitlán y la sangre se usaba para salpicar las columnas, las gradas y el interior de los templos. No es de extrañar que a la llegada de los españoles el olor y el aspecto de estos edificios les resultaran repulsivos. La escala de estos sacrificios era aterradora: en la inauguración del nuevo templo de Huitzilopchtli, que se realizó en 1487 y duró cuatro días, se mató a un número de prisioneros que se estima entre seis mil y sesenta mil.

Las frecuentes decapitaciones pueden haber influido en el conocimiento de la estructura del sistema nervioso y en un conocimiento somero de los trastornos neurológicos. Los aztecas tenían su propia terminología anatómica y conocían que un fuerte trauma craneoencefálico como el que se producía tras un golpe con una maza de guerra podía causar alucinaciones o un profundo estupor. Sin embargo, es necesario recordar que los sacerdotes que hacían los sacrificios y decapitaciones eran un grupo distinto de los médicos (ticitl), por lo que no está clara la influencia de los sacrificios rituales sobre el conocimiento anatómico y quirúrgico.

El tercer grupo de procesos precolombinos que se puede relacionar con la neurociencia son las máscaras craneales. Estas máscaras eran fabricadas siguiendo un proceso secuencial muy elaborado que incluía raspados, abrasiones, percusiones y separaciones de huesos y que terminaba con la incrustación de algunos materiales, conchas o pirita normalmente, en las órbitas oculares y cuchillas de obsidiana, cuarzo o sílex en las cavidades oral y nasal. Una vez terminadas se situaban al mismo nivel en las ofrendas que las imágenes de los dioses, lo que implica una alta valoración iconográfica. Hay que tener en cuenta que la vida y la muerte no eran estadios separados: la fuerza vital era eterna y la vida terrenal era solo un lapso momentáneo de la eternidad. Las máscaras craneales eran un vínculo entre la vida y la muerte, y por eso se cree que eran tan frecuentes en las civilizaciones mesoamericanas.

Los médicos precolombinos también conocían que las heridas profundas en el cerebro o en la parte superior de la médula espinal era potencialmente letales o, en el mejor de los casos, causaban una grave discapacidad. Los médicos aztecas sabían que si alguien sobrevivía a estas lesiones cerebrales podía convertirse en un «*macocoltzin*», que significa etimológicamente «hombre con las manos tullidas», y, así, las lesiones cerebrales profundas y las medulares no eran normalmente tratadas por su mal pronóstico.

Como en todas las culturas con un fuerte componente bélico, había un claro esfuerzo por recuperar a los guerreros, jóvenes válidos por lo demás, que habían sido heridos en combate. Los médicos precolombinos estaban interesados en la cirugía de la cabeza, y hay esculturas talladas o modeladas de la civilización Totonac que muestran parálisis faciales postraumáticas. Los restos arqueológicos han permitido observar otros ejemplos de una neurocirugía experimental en yacimientos mayas. Los restos encontrados evidencian algunas técnicas como la sutura de heridas con pelo humano, las reducciones de fracturas y las prótesis dentales hechas de turquesa y jade, y se piensa que algunas de estas prácticas médicas como la cirugía cráneofacial o las prótesis dentarias, pudieron haberse usado también para tratar tumores de las mandíbulas o del rostro.

Las deformaciones inducidas del cráneo son algo presente en numerosas culturas y fueron frecuentes tanto en Mesoamérica, los mayas en particular, como en Sudamérica. Lo más común era rodear la cabeza del niño con vendajes compresivos o pequeñas tablas de madera. El resultado más llamativo era un aplanamiento del hueso frontal. El proceso fue cambiando con el tiempo y parece que hubo modas, con determinados estilos más frecuentes en épocas concretas. Las deformaciones craneales tenían un propósito estético, mágico-religioso y de pertenencia étnica o social, como símbolo de nobleza o de identificación de las clases dirigentes. El proceso tenía un coste sanitario: se producía una alteración en el proceso normal de cierre de las suturas craneales y algunos hallazgos paleopatológicos incluyen fracturas y huesos mal soldados o anómalos en el cráneo y en la columna vertebral.

El último de los procesos que relaciona la neurociencia con la América precolombina, y el que más claramente aparece en otras regiones del planeta, es la trepanación, un proceso muy común en el imperio inca. El proceso se realizó a lo largo de varios milenios. En una necrópolis de Paracas, al sur de Lima, cuya antigüedad se calcula entre 2000 y 1000 a. C., se han encontrado diez mil cuerpos bien preservados, de los cuales un seis por ciento mostraba craneotomías. Otras culturas preincaicas como los tallan y los mochica también realizaron trepanaciones.

Muchos de estos cráneos precolombinos mostraban agujeros múltiples, lo que implica haber sufrido varias operaciones con éxito. Estudiando el crecimiento óseo alrededor de la apertura del cráneo se ha calculado que se realizaba en personas vivas, no en calaveras y que al menos un sesenta y tres por ciento de los trepanados sobrevivía a la operación (ochenta y cuatro por ciento en algunos lugares). Eso ha hecho pensar que debían de parar el trepanado en cuanto se vieran las meninges, y que es posible que usaran algún agente para evitar las infecciones. También se discute si usarían algún tipo de anestesia, tal como hojas de coca, chicha o masato, dos tipos de bebidas alcohólicas consumidas habitualmente en la zona.

Los instrumentos para realizar las trepanaciones eran cuchillos de obsidiana con un mango de madera y posteriormente se emplearon cuchillos ceremoniales de bronce (*tumi*). En un cráneo de Paracas se encontró una placa de oro que tapaba el agujero, pero parece ser algo excepcional. Cuando uno de estos cráneos preincaicos trepanados fue presentado en la Academia de Ciencias de Nueva York los presentes en la sala no se podían creer que la operación hubiese sido realizada por un indígena peruano ni que el sujeto de la trepanación hubiese sobrevivido. Era considerada una de las operaciones más difíciles y con peor pronóstico, y en los mejores hospitales neoyorquinos el índice de supervivencia no superaba el diez por ciento mientras que en las culturas precolombinas se situaba entre el cincuenta y el noventa por ciento. Las infecciones hospitalarias son uno de los legados más negativos de la medicina moderna.

Los huecos de las trepanaciones varían de unos pocos centímetros a la mitad del cráneo, y el lugar más común era la región parietal, fácilmente accesible y sin suturas. Hay tres formas diferentes de llevarla a cabo. Lógicamente siempre hay que empezar cortando el cuero cabelludo y llegando hasta el cráneo. Una vez allí, se puede:

— Perforar: Realizando un único agujero o haciendo pequeñas perforaciones alrededor de la zona de hueso que queremos cortar y luego ir serrando o rompiendo los puentes entre las perforaciones hasta levantar la tapa ósea.
— Raspar: Ir limando el hueso con una piedra, una concha u otro material abrasivo hasta llegar a la duramadre.
— Cortar: Realizar muescas o incisiones que nos permitan separar una ventana poligonal en el cráneo. Paul Broca, el famoso neurólogo, probó a aplicar este método con un trozo de cristal y publicó que trepanar el cráneo de un niño de dos años le llevó cuatro minutos y cincuenta un cráneo adulto, «*contando los periodos de descanso debidos a fatiga de la mano*».

Daga ceremonial maya [Mark Kostich].

Se ha discutido mucho sobre el significado de la trepanación, especialmente en las épocas primitivas para las que no tenemos un registro documental. Una primera explicación es que se trate de operaciones religiosas, místicas o supersticiosas: una apertura para que salgan los demonios, como piensan algunas culturas africanas modernas que siguen realizando trepanaciones. Broca también pensó que podrían corresponder a personas con epilepsia u otros trastornos cerebrales y, mediante esta operación quirúrgica, se les daba a los espíritus causantes una vía de escape, y era, por tanto, una especie de tratamiento médico primitivo. Los cráneos preincaicos encontrados corresponden a personas de ambos sexos y de un amplio rango de edades, lo que se considera una prueba indirecta contra un valor religioso significativo de esta práctica.

En la actualidad, se realizan trepanaciones o craneotomías como forma de acceder al encéfalo para un diagnóstico invasivo (localización con electrodos de un foco epiléptico), para aliviar la presión intracraneal (como la que se produce tras una hemorragia epidural o subdural), para desbridar una herida penetrante, para extirpar un tumor o para realizar un procedimiento (inyección u otro) en el parénquima cerebral. Además, en esta época nuestra de tanta seudociencia y tanto iluminado, hay un grupo de personas que se dedican, sin ningún tipo de formación médica, a hacerse o a hacer trepanaciones. Algunos de ellos se han reunido en el International Trepanation Advocacy Group, creado por Peter Halvorson, uno de los autotrepanados. Hay tres líneas de actuación, tres justificaciones para agujerearse la cabeza. La primera, propugnada por un tal Hugo Bart Huges, es que la trepanación incrementa el volumen disponible para la sangre cerebral y, por lo tanto, aumenta el riego y el metabolismo de las neuronas, mejorando según ellos la rapidez mental. Parece que llegó a estas ideas buscando un sistema para no sufrir alucinaciones después de tomar LSD. La segunda línea utiliza la trepanación para el tratamiento de problemas psicológicos. En el año 2000, dos hombres de Cedar City, Utah, fueron acusados de practicar la medicina sin licencia tras realizar una trepanación a una mujer inglesa para tratarla de síndrome de fatiga crónica y depresión. Otra inglesa, Amanda Feilding, se presentó dos veces a las elecciones nacionales británicas llevando como programa electoral que el Servicio Nacional de Salud impulsara la investigación sobre las trepanaciones. Consiguió cuarenta y nueve y ciento treinta y nueve votos, respectivamente. Finalmente, ella se hizo la trepanación con un taladro eléctrico. Puede parecer imposible de superar, pero hay algunos insensatos que lo consiguen: la tercera línea de actuación consiste en realizar trepanaciones para conseguir poderes psíquicos, la ambición de todos los esotéricos.

Grabado realizado por Cosomo Colombini según un autorretrato de Leonardo.

UN NEUROCIENTÍFICO LLAMADO LEONARDO

La época final de la Edad Media tiene un punto de inflexión con la Peste Negra. Esta pandemia, considerada la más devastadora de la historia de la humanidad, tuvo su punto álgido entre 1346 y 1361 y se estima que causó la muerte de al menos veinticinco millones de personas en Europa, aproximadamente un tercio de la población del continente en aquel entonces. Produjo profundos cambios económicos, sociales, políticos y religiosos: se incrementó la movilidad social, se alteró el uso de la tierra y el equilibrio entre ganadería y agricultura, aumentó la importancia de las ciudades, se modificaron las rudimentarias estructuras tradicionales del comercio y el crédito, se produjo la desestabilización definitiva de las cadenas de vasallaje, el recrudecimiento de los conflictos militares, hubo un aumento del poder de los reyes y se generalizó una crisis de la ortodoxia religiosa y las enseñanzas de la escolástica, lo que sirvió de sustrato para que apareciera en Italia un cambio intelectual que se ha denominado Prerrenacimiento.

Leonardo nació el 15 de abril de 1452, en Vinci, un pequeño pueblo a treinta kilómetros de Florencia. Fue hijo ilegítimo de un notario de veinticinco años, Ser Piero, y de una campesina, Caterina. Desde poco después de su nacimiento el niño quedó bajo la tutela de su padre, mientras que la madre se casó con otro hombre y se trasladó a un pueblo vecino. Ambos jóvenes tuvieron otros hijos, nunca más comunes, y Leonardo tuvo un total de diecisiete hermanastros y hermanastras.

Leonardo se crió en la casa paterna y tuvo acceso a una pequeña biblioteca, propiedad de su familia y amigos, un verdadero tesoro en la época. Al parecer, desde muy joven mostró curiosidad y capacidad para la geometría, la música y la expresión artística y jugaba entre los talleres de los pintores de Vinci. Tuvo también un gran interés por la ciencia, algo que fue conocido mucho más tarde, pues sus cuadernos con las notas de sus investigaciones quedaron ocultos durante siglos. Al ver sus cualidades artísticas, Ser Piero llevó unos cuantos dibujos a Andrea del Verrocchio, uno de los pintores más afamados de Florencia. Verrocchio quedó asombrado de la capacidad del muchacho y decidió incorporarlo al taller como aprendiz. Leonardo tenía quince años. No se sabe mucho más de su formación, pero parece que, más que recibir enseñanzas de otros pintores, Leonardo observaba cuidadosamente otras obras en la ciudad y practicaba sus ideas sobre el lienzo. Según la leyenda, Leonardo pintó un ángel en el *Bautizo de Cristo* en el que estaba trabajando Verrocchio, quien mortificado por la calidad de aquella pequeña obra de ese adolescente frente a toda su trayectoria, decidió no volver a pintar jamás. Leonardo permaneció en el taller de Verrocchio hasta 1477, año en que se estableció por su cuenta. Al mismo tiempo, mejoró su formación y, a través de las lecturas de los sabios antiguos como Hipócrates, Galeno y Celso, conoció la medicina clásica, aunque dijo que «*el que disputa alegando la autoridad no hace obra de genio sino de memoria. Todas las ciencias que conducen a palabras están muertas antes de nacer*». Para él la ciencia no era un registro de hechos, sino algo ordenado y sistemático, una base sobre la que construir sus experiencias.

Buscando nuevos retos, y también mejorar su situación económica, Leonardo entró al servicio del Duque de Milán a finales de 1481 o comienzos de 1482. Se ha dicho que los descubrimientos neurocientíficos de Leonardo fueron posibles porque se alejó del ambiente estéril, neoplatónico, de Florencia y utilizó la observación directa, la tradición *práctica* de Milán.

La primera referencia de un interés de Leonardo por la anatomía de los organismos y, en particular, por el sistema nervioso tiene por protagonista a un anfibio. Alrededor de 1487 pincha el bulbo raquídeo de una rana y escribe:

> *La rana murió instantáneamente al perforar su bulbo raquídeo. Antes vivió sin cabeza, sin corazón, sin otros órganos internos, sin intestinos, sin piel. Ahí* [en el sistema nervioso] *parece residir, pues, la base del movimiento y de la vida.*

A pesar de la crueldad del experimento, según nuestros cánones actuales, Leonardo amaba los animales: vegetariano, compraba pájaros en el mercado para liberarlos y tenía pasión por los caballos. Por lo que sabemos, nunca más volvió a realizar una vivisección.

Los primeros dibujos de la anatomía humana que se conservan de él corresponden, precisamente, al cráneo, y datan de alrededor de 1489. Por primera vez se muestran en detalle las arterias meníngeas anterior y media, para Leonardo la fuente de «*espíritu vital*» de los ventrículos, y las fosas craneales anterior, media y posterior. Leonardo pintó también la vena frontal, que se usaba tradicionalmente por cirujanos y barberos para sangrar la cabeza y tratar las migrañas y las enfermedades mentales. Sus dibujos también incluyen el nervio óptico, el auditivo y otros nervios craneales. Leonardo identificó siete pares, incluyendo los nervios olfatorios que no se habían descrito hasta entonces como par craneal, y atinó en detalles como representar el cruzamiento de los nervios ópticos en el quiasma. También dibujó la médula espinal, añadiendo las palabras «*fuerza generadora*». Continuaba así la teoría hipocrática de que el semen se formaba en la médula espinal, algo que para determinados ignorantes ha llegado hasta nuestros días.

Leonardo, que comenzó el estudio del cuerpo humano para mejorar la calidad de sus pinturas, sintió un interés cada vez mayor por comprender el funcionamiento del organismo. Aunque durante más de diez años no hizo ningún estudio anatómico, su interés revivió en una visita al Ospedale di Santa Maria Nuova en el invierno de 1507-1508. El hospital tenía un almacén de libros y dibujos que Leonardo utilizaba para guardar sus obras y, de forma casual, su visita coincidió con la muerte de un anciano:

> *...un hombre viejo unas horas antes de su muerte me dijo que había vivido más de cien años y que no sentía ningún fallo en su cuerpo salvo la debilidad. Y así, mientras estaba sentado en su cama del hospital de Santa Maria Nuova en Florencia, falleció sin moverse ni mostrar ningún signo de sufrimiento. Hice una anatomía de él* [una necropsia] *para ver la causa de una muerte tan dulce. Esta operación la hice muy diligentemente y con mucha facilidad por la ausencia de grasa y humores que impiden el conocimiento de las partes.*

Leonardo terminó muchos de sus dibujos de esta autopsia en su estudio de Milán unos meses después, por lo que reflejan más lo que recordaba que lo que realmente había visto. Sus notas incluyen por primera vez descripciones de cosas identificables como cirrosis hepática, arteriosclerosis, calcificación de las arterias, oclusión vascular coronaria y capilares sanguíneos; aunque los órganos y vasos se presentan de una forma separada y sintética, poco parecida a la disposición compacta que se aprecia al abrir el abdomen humano.

Leonardo tuvo en mente realizar un texto de anatomía humana en colaboración con Marcoantonio della Torre (1481-1512), profesor de anatomía

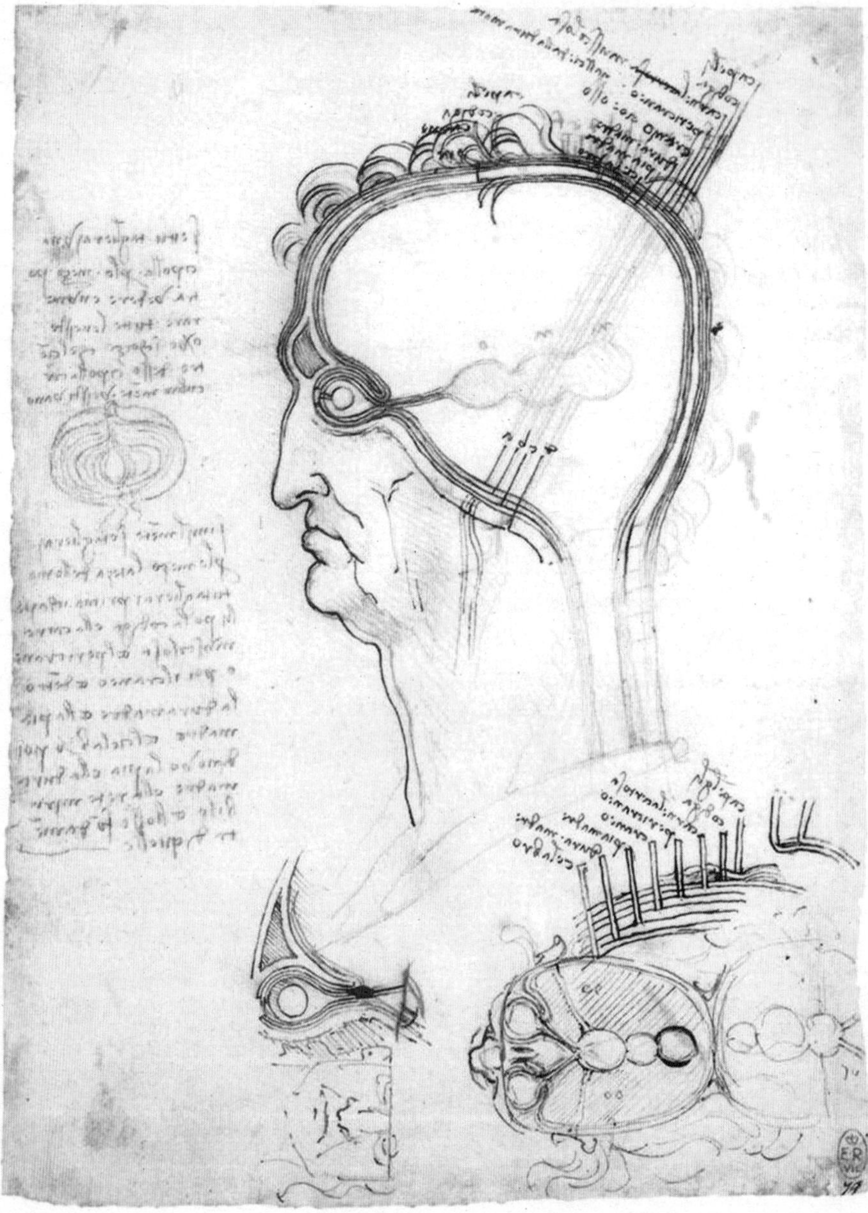

Ilustración anatómica que compara las capas que conforman las estructuras de una cebolla (dibujada entre el texto de la parte izquierda) y las capas que estructuran los anejos del cerebro de un hombre.

en Pavía, pero su muerte por peste en 1511 lo impidió, y los dibujos anatómicos de Leonardo permanecieron guardados hasta el siglo pasado. Había llenado más de seiscientos folios con miles de bocetos, esquemas y dibujos, pero ninguna de sus observaciones vio la luz durante su vida. Los trabajos anatómicos que han sobrevivido, incluidos los del cerebro, se publicaron por primera vez en el periodo entre 1898 y 1916. Por tanto, la influencia de Leonardo sobre los estudiosos del cerebro en el Renacimiento y en épocas posteriores fue nula.

El primer estudio de la organización cerebral hecho por Leonardo se conserva en un manuscrito pintado con sanguina, propiedad en la actualidad de la corona inglesa. Leonardo comenta la estructura de la cabeza indicando que observa una serie de estructuras concéntricas que se cierran una sobre otra como las capas de una cebolla (de hecho, dibuja una cebolla al lado). En una nota con su característica escritura inversa, Leonardo escribió:

> *Si se corta una cebolla por la mitad, se pueden ver y enumerar todas las capas o cortezas que revisten el centro de esa cebolla. De manera similar, si se corta la cabeza de un hombre, se atraviesan primero los cabellos, luego el cuero cabelludo, la carne muscular y el pericráneo, el cráneo y, en su interior, la duramadre, la piamadre y el cerebro; luego de nuevo la piamadre, la duramadre y la rete mirabile.*

Uno de los aspectos más interesantes de esta autopsia de Leonardo es su análisis de los ventrículos cerebrales. La cuestión era importante porque se seguía pensando que era el lugar donde residían las facultades mentales y donde se encontraba el alma. Los líquidos, los humores, eran el sustrato verdaderamente importante y no el tejido nervioso que los rodeaba. Consciente de sus limitaciones, de su poca base de latín, el lenguaje de los libros médicos, y con una actitud algo ingenua hacia el principio de autoridad, Leonardo asumió en una primera fase los postulados de los filósofos y médicos clásicos, modelados a través de reconstrucciones medievales. Aunque Leonardo afirmaba que «*la experiencia pura y simple*» era «*la verdadera maestra*», en la primera fase de sus investigaciones sobre la organización del cerebro sus dibujos muestran que combinaba una observación aguda y detallada con esa aceptación incuestionable y acrítica de las descripciones grecorromanas. Leonardo dibujó los ventrículos no como eran, sino como habían sido descritos desde hacía siglos, como tres cámaras esféricas consecutivas dispuestas en línea desde la zona frontal, tras los ojos, hasta la zona occipital, cerca de la nuca.

La observación de las primeras disecciones cerebrales no encajaba con este esquema, por lo que decidió buscar un método para intentar aclarar sus dudas sobre la disposición de los ventrículos y la localización de las funciones mentales, la forma de actuar de un verdadero científico. Aprovechando su experiencia como escultor, en la que utilizaba la técnica llamada de la cera perdida, Leonardo realizó una perforación en la base del cráneo de un buey muerto e inyectó cera caliente con una jeringa en los ventrículos. Al enfriarse la cera, fue cortando con cuidado el tejido cerebral y obtuvo un molde en cera de los ventrículos. Por primera vez en la Historia se usó la inyección de una sustancia que se solidifica posteriormente para determinar la forma tridimensional de una cavidad corporal.

Leonardo utilizó la misma técnica para hacer moldes de las cámaras del corazón y estudiar su función. Además de sus detalladas descripciones e ilustraciones sobre los ventrículos cerebrales, introdujo el término *imprensiva* para describir una estructura ventricular del cerebro anterior que mediaba entre los órganos de los sentidos y el *senso comune*. En una metáfora bélica Leonardo escribe: «*El senso comune es el sitio del alma, la memoria es su munición y la imprensiva es su estandarte de referencia*».

La fascinación que Leonardo ejerce sobre el mundo actual es probablemente debida a su curiosidad sin fronteras, a su calidad artística y a la riqueza y amplitud de sus logros. El resultado de sus experimentos fue muy limitado, no consiguió terminar ni publicar el gran tratado de anatomía que persiguió toda su vida y nunca sintetizó ni organizó sus teorías y observaciones en un esquema integrado. A pesar de ello, trató de entender todos los aspectos del cerebro, desde la estructura a la función, de la materia al alma. Sus especulaciones se extienden desde la percepción sensorial a la función de los sueños, de cómo estornudamos a la capacidad del estado mental de la madre para influir sobre la salud del niño aún no nacido. En el mundo actual de la ciencia, donde todos somos especialistas y reduccionistas, la figura de Leonardo es la de un gigante con intereses múltiples, un hombre del Renacimiento, un tiempo que ya no volverá.

SE EQUIVOCA EL CADÁVER

La Europa del siglo XVI no parecía el sitio más lógico para una revolución intelectual. En el continente se consideraban reales las brujas y los unicornios, incluso entre las personas mejor formadas, y también pensaban que los griegos y romanos habían descubierto ya todo lo que merecía la pena conocer. Sin embargo, una serie de figuras como Copérnico o Galileo crearon el fermento intelectual para un cambio que ya no tendría marcha atrás: el nacimiento de la ciencia.

Hay cosas curiosas, como la aparición de un nuevo vocabulario, y una palabra significativa fue «descubrimiento». En la Edad Media no había un término para ese concepto que marcaba un antes y un después en la comprensión de un fenómeno, un nuevo conocimiento. Otro factor importante fueron los viajes, iniciados por los portugueses y continuados por los españoles. Aristóteles había dicho que en las regiones ecuatoriales había fuego y no era posible vivir en ellas. Sin embargo, los barcos de Enrique el Navegante demostraron que no era así, y las naos portuguesas pasaron del hemisferio norte al hemisferio sur. Cada vez más gente empezó a pensar que las obras de los sabios de la Antigüedad podían contener errores. El arte avanzó considerablemente, y el desarrollo de la perspectiva en la pintura hizo pensar que el mundo podía describirse con la ayuda de la matemática y la geometría. Finalmente, un nuevo invento generado a mediados del siglo XV cambió el mapa intelectual: la imprenta. Por primera vez los pensamientos y conocimientos se pudieron difundir con rapidez y a un precio moderado en una comunidad que sabía leer y compartía los mismos intereses.

La figura crucial de la medicina del Renacimiento es Andrés Vesalio. Su obra rompió definitivamente con el pensamiento antiguo y abrió el período moderno. Andrés Vesalio o Andries van Wesel nació en Bruselas la última hora del 31 de diciembre de 1514. Era la quinta generación de médicos de la familia y se cuenta que de niño le gustaba diseccionar ratas

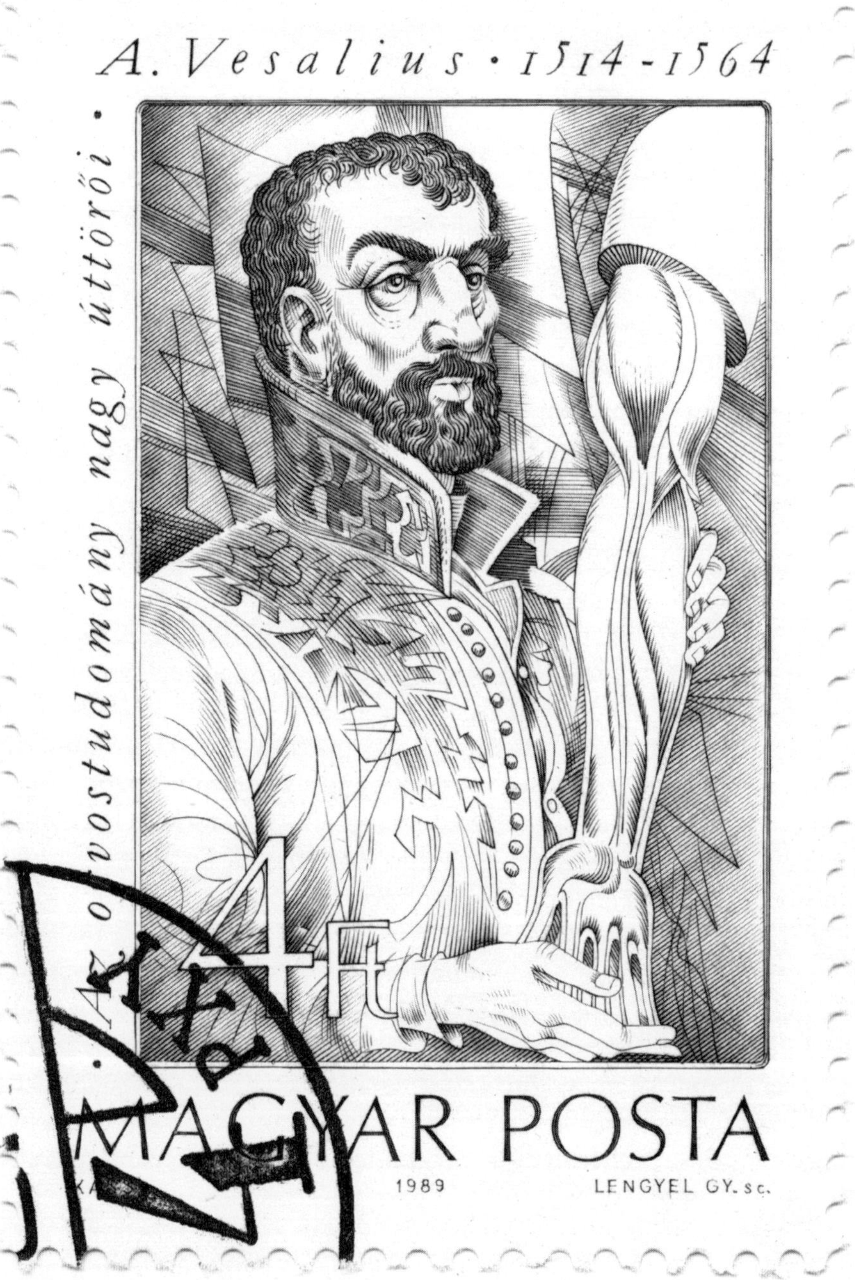

Sello húngaro conmemorativo ilustrando al anatomista belga Andreas Vesalius [Solodov Aleksei].

y topos y que, además, vivía cerca de unos patíbulos donde podía ver cómo las aves iban descarnando los cadáveres de los ejecutados. Su bisabuelo fue médico de Carlos el Temerario, su abuelo era médico personal del emperador Maximiliano I y su padre, apotecario de la corte de Carlos V. Tras iniciar sus estudios en la Universidad de Lovaina, Vesalio fue a estudiar a París, una de las mejores universidades de la época. Según la biografía de Jean Fernel escrita por Sherrington, la vida de los universitarios de la época no era del todo igual a la de los actuales:

> *Nos levantábamos a las cuatro de la mañana y, habiendo dicho nuestras oraciones, íbamos a la clase de las cinco en punto con nuestros enormes libros bajo un brazo y el recado de escribir y la palmatoria con la vela en las manos. Las clases duraban hasta las diez. Entonces, tras media hora de corregir nuestros apuntes, íbamos a desayunar. De la una en adelante volvíamos de nuevo a clase y a las cinco regresábamos a nuestros aposentos, estudiábamos nuestros apuntes y buscábamos referencias en los libros. La cena era a las seis.*

Antes de Vesalio, la anatomía se aprendía con un profesor que, sentado en su cátedra, leía en voz alta los textos clásicos —fundamentalmente las obras de Galeno— a los alumnos mientras que, de cuando en cuando, un barbero enseñaba a los alumnos las vísceras de un animal y, dos veces al año, en invierno, para disminuir el olor de la putrefacción, las de un criminal ajusticiado. Vesalio, con la connivencia de sus compañeros —las universidades eran en algunos aspectos más democráticas que ahora— convenció a los profesores parisinos de que le dejasen ocupar el puesto del barbero y encargarse él de las disecciones. Además, decidió jugársela y, para mejorar su conocimiento del cuerpo humano, en una actividad que suponía un delito severamente castigado, recogió huesos entre las tumbas del cementerio de los Inocentes y descolgó cadáveres de los patíbulos de Montauçon.

Su profesor, Jacobus Sylvius, estaba indignado con su falta de respeto e inconformismo, y Vesalio tuvo que continuar su carrera con otro maestro, Juan Gunther de Andernach, un catedrático que se rodeó de dos ayudantes habilidosos, Vesalio y Miguel Servet. Vesalio no fue un hombre agradecido con sus maestros. En su obra *De Radici Chynae usus* se refiere a la crítica que le había hecho Dryander a su obra anterior por no citar a ningún autor contemporáneo o inmediatamente anterior y, especialmente, por no haber mencionado a su maestro De Andernach. La respuesta de Vesalio fue que «*no deseo herir en cuanto a la disección a quien no he visto cortando ni a hombre ni a bruto, fuera del comedor*».

A comienzos de 1535 Vesalio pensaba examinarse de sus exámenes finales, pero el emperador Carlos marchó contra París y Andrés, cuyo padre trabajaba en la corte imperial, tuvo que huir por miedo a las represalias de los franceses. En los dos años siguientes realizó una paráfrasis del libro IX de Rhazes a Almanzor y envió este trabajo a la Universidad de Lovaina para intentar graduarse firmando la obra como «*Medicinae candidato*». El doctorado le permitía impartir docencia en cualquier universidad de la Cristiandad, y Vesalio marchó camino de la atmósfera más abierta y acogedora del norte de Italia. El Renacimiento italiano había generado una primacía de la observación sobre el principio de autoridad, el interés por la revisión y corrección de los textos clásicos y, en el terreno anatómico, la restauración de la anatomía galénica y mayores facilidades para la disección del cadáver humano —en Lovaina llevaban diecisiete años sin hacer una disección—. Había, además, una mayor generosidad, a la que Vesalio alude, en las retribuciones del personal académico. Vesalio decidió que era imprescindible hacer la disección de cerebros humanos y no de bueyes, como había hecho Galeno. Por otra parte, en vez de los cortes verticales típicos de las disecciones de Galeno, Vesalio empezó a hacer secciones horizontales del cráneo, dejando el cerebro en su sitio.

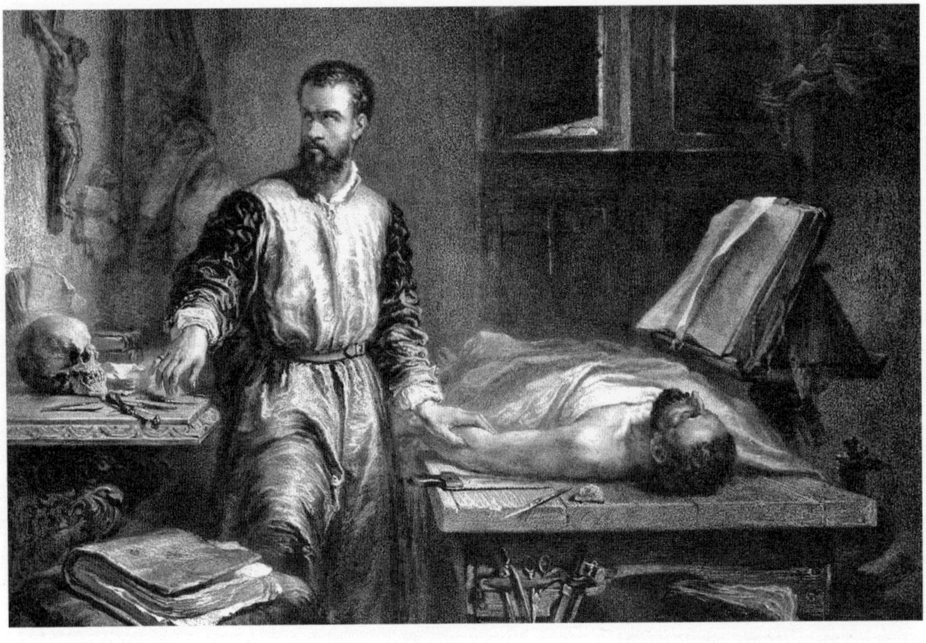

Andreas Vesalius. Litografía de E. Milster a partir de la obra de E. J. C. Hamman, 1849.

El 5 de diciembre de 1537 Vesalio fue nombrado profesor de anatomía quirúrgica en Padua, el centro del Renacimiento científico. Decidió bajarse de la silla del profesor —la cátedra— y explicar a sus estudiantes la anatomía en el cadáver. Lo comparaba así con su propia formación:

> *Mi estudio de la anatomía nunca habría tenido éxito si yo, mientras estudiaba medicina en París, hubiera estado dispuesto a que las vísceras nos fueran simplemente mostradas a mi y a mis compañeros estudiantes en una u otra disección pública, por barberos sin ninguna habilidad y en la forma más superficial. Tenía que poner mis propias manos a la obra.*

Un día, explicando a los alumnos como debían sangrar a sus pacientes, realizó un dibujo de las venas e inmediatamente los estudiantes le rogaron que les hiciera también un esquema de las arterias y de los nervios. Dibujó seis grandes carteles de anatomía con muchos detalles y, cuando vio que se los copiaban por todas partes, los publicó en 1538 bajo el título de *Tabulae Anatomicae Sex*. Las *Tabulae* han sido consideradas «*esencial y brillantemente modernas —modernas en su apariencia, modernas en su aspecto, modernas en su método, en su arte y en su técnica*». Se cuenta que en una ocasión en que fue invitado a la Universidad de Bolonia empezó a montar un esqueleto humano como obsequio para sus anfitriones. Junto a él, para añadir enseñanza y dramatismo, montó también el esqueleto de un mono y, entonces, se dio cuenta. ¡Galeno no había hecho disecciones de cuerpos humanos! ¡Algunas de sus descripciones encajaban en la anatomía del mono y no en la del hombre! Progresivamente, Vesalio corroboró que las obras de Galeno estaban basadas en muchos casos no en observaciones de la anatomía humana sino en la de animales, algo que el médico romano no ocultaba. El útero descrito por Galeno era el de un perro; los riñones, los de un cerdo; y el cerebro era una mezcla del de una vaca y el de una cabra. En total, Vesalio encontró que doscientas partes teóricamente del cuerpo humano provenían en realidad de animales. Viendo las discrepancias que encontraba terminó afirmando:

> *No reconozco otra autoridad que mis propios ojos. Debo tener la libertad de comparar los escritos de Galeno con los hechos observados en la estructura del cuerpo.*

Para darnos cuenta de la importancia de esta rebeldía, basta recordar a Galileo, que también se atrevió a refutar las afirmaciones de Aristóteles y a enfrentarse a la «verdad» imperante, rompiendo con el respeto enorme a las descripciones de los clásicos. Podemos poner un ejemplo: el sistema de circulación sanguínea planteado por Galeno requería que hubiese unos agujeros que conectasen ambos ventrículos, y él así lo indicaba en sus obras. La autoridad de Galeno era tal que durante mil cuatrocientos años todos los estudiosos del cuerpo humano «vieron» dichas perforaciones. Vesalio fue el primero que se atrevió a admitir que no conseguía encontrarlas. Aun así, no se le ocurría retar el modelo de circulación de la sangre, por lo que supuso que la sangre se destilaría a través del tabique muscular que separa ambos ventrículos; es decir, atravesaría filtrándose por esa pared. Vesalio conocía bien al menos tres de las obras anatómicas de Galeno, y sus correcciones basadas en las autopsias generaron una reacción de incredulidad en muchos profesores de la época. Algunos, confiados en la infalibilidad del médico de gladiadores, llegaron a exclamar «*Se equivoca el cadáver, que no Galeno*».

En el ámbito de la neurociencia, Vesalio luchó contra la teoría medieval de que los ventrículos cerebrales eran el lugar de las facultades de la razón.

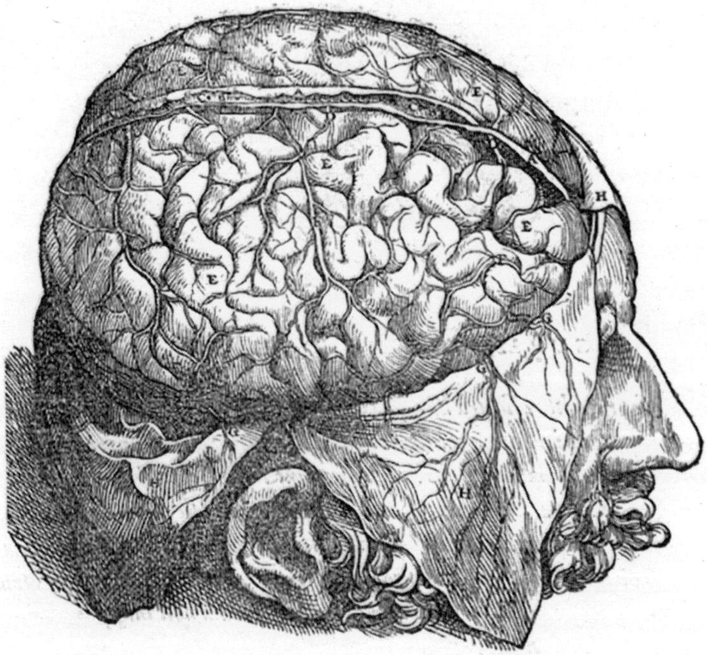

De humani corporis fabrica libri septum. La última sección de *Fabrica* está dedicada al cerebro, con ilustraciones más detalladas que las de trabajos anteriores. Aquí, la duramadre se ha abierto, exponiendo el cerebro con sus vasos principales.

Todos nuestros contemporáneos, en tanto yo los puedo entender, niegan a los monos, perros, caballos, ovejas, vacas y otros animales los poderes principales del Alma Reinante —por no hablar de otros poderes— y atribuyen solamente al hombre la facultad de razonar, y adscriben esta facultad en igual medida a todos los hombres. Y, sin embargo, podemos claramente ver en la disección que los hombres no superan a esos animales por la posesión de ninguna cavidad especial en el cerebro. No solo es el número de ventrículos el mismo, sino que todas las demás cosas en el cerebro son similares, excepto solo el tamaño y la completa consonancia de las partes para la virtud.

Vesalio pidió a los médicos de su época que reexaminaran la estructura y función del cerebro con una mente abierta. En ese sentido, vio que la red milagrosa —*la rete mirabile*—, un grupo de vasos sanguíneos de la base del cerebro, no existía en humanos y sí en los bueyes donde la había visto Galeno. Definió el nervio como la vía para transmitir las sensaciones y los movimientos, refutando las afirmaciones de sus contemporáneos de que ligamentos, tendones y aponeurosis eran tres tipos de unidades nerviosas. Afirmó que los nervios no se originaban en el corazón, como creía Aristóteles, sino que surgían del cerebro y, tras estudiar el nervio óptico, llegó a la conclusión de que los nervios no estaban huecos, no eran tubos, como se describían habitualmente, probablemente por una mala conservación.

El prestigio de Vesalio creció enormemente gracias a sus publicaciones. Un siglo antes, en torno a 1440, Johannes Gutemberg había fabricado la primera imprenta de tipos móviles, lo que permitió abaratar enormemente los costes, multiplicar las tiradas y conseguir una difusión del conocimiento impensable antes de ese invento. Vesalio decidió rehacer completamente el trabajo de Galeno y contrató a los dibujantes del taller de Tiziano y a los mejores grabadores de Venecia para realizar las ilustraciones. Las planchas se llevaron a través de los Alpes hasta Suiza, y allí se editó uno de los libros más importantes del conocimiento científico: *De humani corporis fabrica*. El concepto de «fábrica» tiene un enfoque arquitectónico, de edificio integrado, coordinado, en constante renovación y mantenimiento. De hecho, las catedrales tienen todavía un responsable de las obras que haya que acometer que se conoce como fabriquero. Esa obra, completada en Padua y Venecia en 1542, se publicó en Basilea el 5 de mayo de 1543, y está compuesta por siete pequeños tratados, de los cuales el libro cuarto trata de los nervios y el libro séptimo está dedicado al sistema nervioso central y a los órganos de los sentidos. La *Fábrica* está dedicada al emperador Carlos v, y

Frontis de la obra de Vesalio, *De Humani Corporis Fabrica*.

Vesalio, que debía de ser un hombre práctico, publicó después una edición resumida, dirigida a la docencia y con un especial énfasis en las ilustraciones, titulada *Andrea Vesalii suorum de humani corporis fabrica librorum epitome*, dedicada al rey Felipe II. Cuando publica la *Fábrica*, Vesalio solo tiene veintiocho años pero expresa su disgusto con la «*cuadrilla de médicos que ... hacen su deber sin tener ningún cuidado en distinguir las partes del cuerpo humano*» porque «*nunca han estado en una disección*» y declaró que «*nadie puede producir nada de valor si no realizó disecciones con sus propias manos*».

Por otro lado, si en la anatomía fue rompedor, en la fisiología, el funcionamiento del sistema nervioso, Vesalio fue mucho más conservador. No rechazó la teoría de los espíritus, indicando que los ventrículos eran «*cavidades en los cuáles el aire inhalado, unido al espíritu vital del corazón, se transformaba, por el poder de la peculiar sustancia en espíritus animales*». Tampoco discutió la posición de Galeno sobre la forma y complejidad de las circunvoluciones cerebrales. Galeno había examinado el cerebro de un burro y, después de ver aquel cerebro plegado, dijo que no era posible que las circunvoluciones tuvieran que ver con las funciones mentales superiores. Con respecto a estas funciones, Vesalio simplemente se lamentó, indicando que la anatomía tenía sus límites y que no podía formarse una opinión sobre cómo el cerebro regula la imaginación, el raciocinio y la memoria.

Al poco de publicar la *Fábrica* Vesalio se había convertido en el médico más famoso de Europa, y fue llamado a la corte del emperador Carlos v. Cuando informó al Senado de Venecia de que dejaba su puesto en Padua, el duque Cosme I de Médici lo invitó a trasladarse a la Universidad de Pisa, que estaba en plena expansión, y le ofreció un jugoso contrato. Vesalio rechazó la oferta y viajó a Bolonia para ayudar con unas disecciones y a visitar a unos amigos y, finalmente, se trasladó a Madrid, donde los médicos españoles se burlaban de él por haber hecho disecciones y lo llamaban «barbero».

La obra de Vesalio no era perfecta, y muchos de sus errores están en las imágenes del cerebro. Vesalio no extraía el cerebro del cráneo, sino que lo iba cortando loncha a loncha desde la parte superior de la cabeza. Cuanto más profundo, más deteriorado estaba, y los límites de las estructuras están peor identificados. Su sucesor en Padua, Falopio, publicó un libro con bastantes correcciones que Vesalio elogió en una muestra de *fair play* científico. El ganador de un concurso realizado en 1943 entre estudiantes de medicina de la Universidad de Yale encontró en solo dos planchas de los músculos veintiún errores. Vesalio, convertido en cirujano militar y médico de un gobernante enfermo como era Carlos V, terminó su carrera creativa como investigador. Lo debió de ver venir, pues él, que había declarado que un científico comprometido no debería casarse, contrajo matrimonio y tuvo una hija. Parece que quemó algunos manuscritos incompletos y no inició ninguna investigación nueva. Los siguientes once años viajó con la corte, curando heridas de batallas y torneos, administrando medicamentos, realizando autopsias y contestando consultas directas y por correspondencia.

En su estancia en Madrid tuvo que tratar al heredero del trono, el príncipe Carlos, que había sufrido una lesión en la cabeza al caerse por las escaleras mientras perseguía a una joven sirvienta. Felipe II mandó a Vesalio

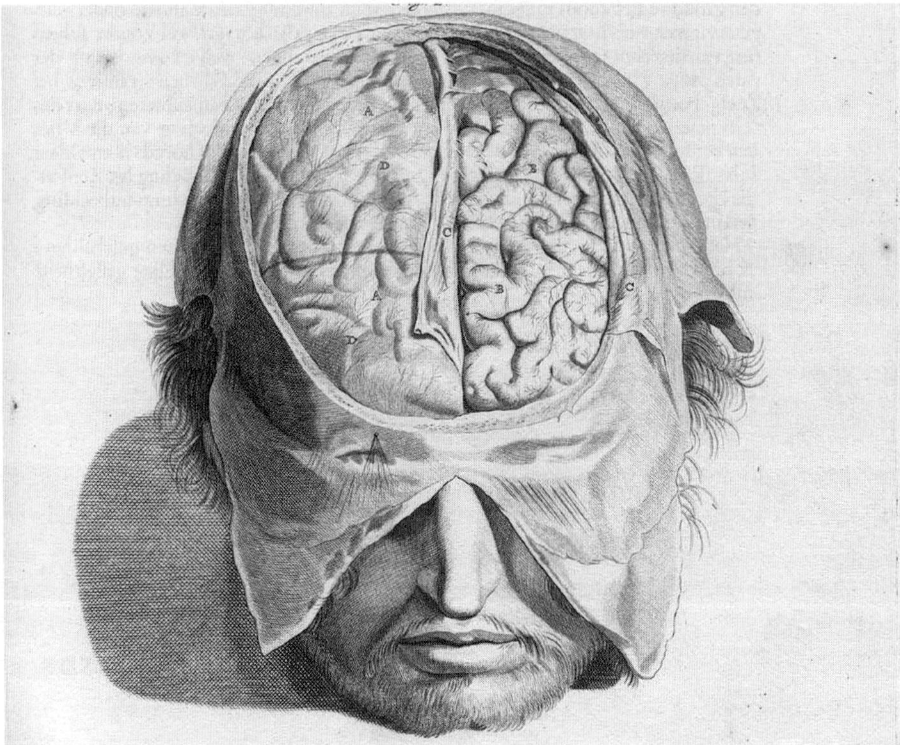

Recordando a *Fabrica, esta* preparación muestra diversas estructuras de la cabeza humana, desde el exterior hasta el cerebro, del *Atlas de Anatomía de Govard Bidloo.* El grabado fue publicado anteriormente en la obra *Anatomía de los cuerpos humanos,* del anatomista Inglés William Cowper (Oxford) que publicó el texto en 1698. Estas descripciones anatómicas (que pueden parecer algo grotescas en nuestros días), fueron imágenes de vanguardia en el siglo XVII. Las ilustraciones fueron creadas por el artista Gérard de Lairesse, y grabadas por Abraham Blooteling y Peter van Gunst. [*National Institute of Health*, USA]

reunirse con los médicos que estaban junto al príncipe inconsciente, pero cuando los madrileños supieron que el príncipe estaba comatoso decidieron actuar por su cuenta. Desenterraron los restos de fray Diego de Alcalá del monasterio franciscano donde yacía y los llevaron al Palacio Real, colocándolos junto a la cama de don Carlos. La idea era que, puesto que el fraile franciscano había hecho curaciones milagrosas durante su vida, era lógico esperar que las siguiera haciendo después de muerto. Cuando el príncipe despertó, la gente común, pero también la familia real, atribuyó su recuperación a los poderes de las reliquias del fraile y no a lo que habían hecho Vesalio y los demás médicos por su restablecimiento. Diego de Alcalá fue canonizado y Vesalio abandonó España lo antes que pudo, para lo que es posible que fingiera una enfermedad para obtener el permiso real.

Siguió siendo criticado, y en 1551 el emperador Carlos V encargó a la Universidad de Salamanca —«*el tesoro de donde extraigo gobierno para mis reinos*»— que estudiase las implicaciones religiosas de sus métodos. El comité los aprobó, pero los ataques no cejaron. La figura de Vesalio rompía con la ciencia de su época, y no todos lo aceptaban bien. El profesor de Vesalio en Paris, Jacobus Sylvius (Jacques du Bois) indicaba en una de sus obras «*Lector honesto, te urjo a no prestar atención a cierto loco ridículo, uno con tal falta de talento que injuria y vitupera sin piedad a su profesor*». Sylvius no solo llamaba a su discípulo asno de dos patas, sino que pedía que «*Vesalio sea duramente castigado y frenado de todas las formas posibles, para evitar que su pestilente aliento envenene el resto de Europa*». Puesto que las evidencias de las disecciones era contundentes, Sylvius, que era un galenista convencido, terminó diciendo que el cuerpo humano había cambiado desde que Galeno lo estudió.

Vesalio murió a los cincuenta años volviendo de una peregrinación a Jerusalén. Una leyenda aparentemente falsa es que había hecho la disección de un aristócrata español en Madrid en 1553 mientras el corazón todavía latía y que, condenado a muerte, el rey le había conmutado la pena por el peregrinaje a Tierra Santa. Parece que, aunque Felipe II le había dado una recomendación para la flota veneciana, por avaricia cogió barcos de peregrinos, mucho peores pero más económicos, y llevaba además muy pocos víveres. A la vuelta pasaron cuarenta días en medio de tempestades, incapaces de acercarse a puerto. Finalmente, naufragaron y Vesalio, consumido por la ansiedad de ser «comido por los peces», el tifus y el sufrimiento que había pasado por las privaciones, murió poco después de pisar tierra. Se le atribuye la siguiente frase: «*el genio vive, todo lo demás es mortal*». Sus restos se perdieron para siempre, pero su genio como padre de la anatomía moderna sigue entre nosotros.

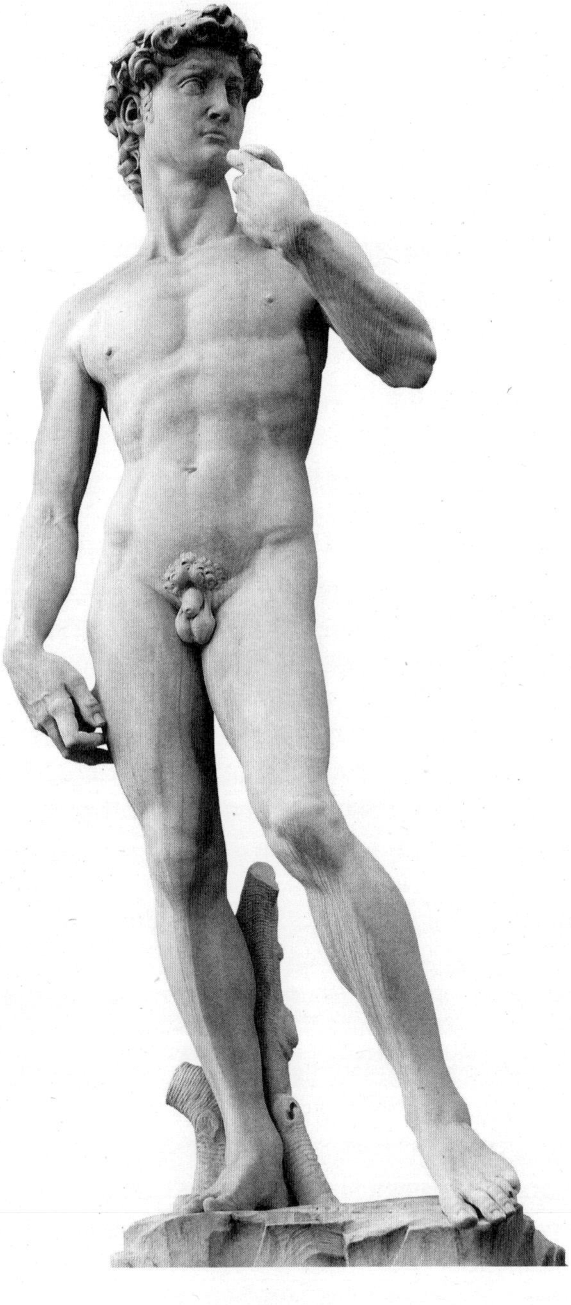

Con sus cinco metros de altura, *David*, esculpido por Miguel Ángel Buonarroti, representa para muchos la cúspide en la búsqueda de la perfección anatómica renacentista.

ANATOMÍA RENACENTISTA

El espíritu del Renacimiento se extendió por toda Europa, teniendo su epicentro en las repúblicas transalpinas. Las universidades italianas, que habían recibido el apoyo contundente de los gobernantes de ciudades como Bolonia, Padua, Roma o Nápoles se convirtieron en las mejores de su época, contratando con los sueldos más generosos a los mejores profesores, lo que atrajo a buenos alumnos, y eso fructificó en una magnífica cosecha de científicos italianos, algunos de los cuáles estudiaron el sistema nervioso. Eran sobre todo anatomistas, que fueron mejorando la descripción de las estructuras del cuerpo humano y estableciendo una terminología que ha llegado hasta nuestros días. También se produjo una nueva concepción del hombre, una reivindicación de la cultura clásica y una mentalidad más abierta y menos dogmática que la existente en la época anterior. Todo ello permitió estudiar el cuerpo humano con muchos menos prejuicios y con un detalle antes desconocido. Entre estos neuroanatomistas del Renacimiento italiano podemos citar a los siguientes:

Bartolomeo Eustachi, contemporáneo de Vesalio, se formó en el Archiginnasio della Sapienza de Roma, actualmente Universidad de La Sapienza. Allí estudió las «*diferentes ramas del arte de curar, y más particularmente las que se refieren al conocimiento del cuerpo humano*». Su buena reputación como médico hizo que fuera llamado a la corte de Guidobaldo della Rovere, el duque de Urbino, patrón de la ciencia y la literatura. Della Rovere lo nombró su médico personal y médico jefe en todos sus dominios, un cargo con enormes prebendas. En 1549 su hermano Giulio della Rovere, de catorce años, fue nombrado cardenal por el papa Pablo III y Eustaquio fue con él como médico y hombre de confianza. Mientras que en Urbino había tenido enormes disputas con otros médicos, en Roma vio valorados sus amplios conocimientos y se convirtió en médico jefe de los estados pontificios. Fue después nombrado profesor de La Sapienza, donde creó una escuela médica basada en la observación directa y el estudio objetivo

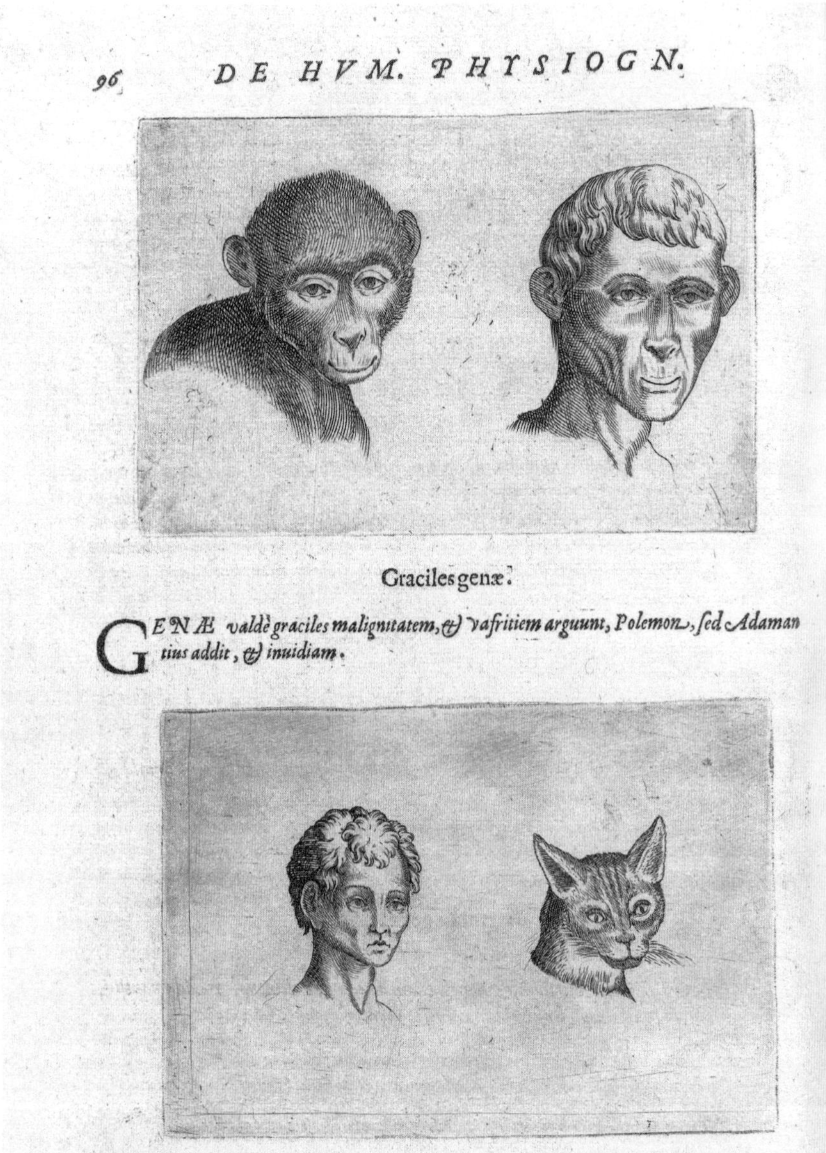

96 DE HVM. PHYSIOGN.

Graciles genæ.

GENÆ valdè graciles malignitatem, & vafritiem arguunt, Polemon, ſed Adamantius addit, & inuidiam.

EGO æluris, & ſimijs aſcriberem, paruas enim, & exiles genas habent, & ſunt furaces, vafræ, & inſidioſæ, & per hæc animalia eiuſdem ingenij homines deprehenduntur, qui ſcilicet clàm inſidioſi, vafri, & maligni ſunt.

Craſſæ

Una curiosa página del libro *De humana physiognomonia libri IIII*, de Giambattista della Porta (1586).

del cuerpo humano y la comparación con datos en animales para intentar armonizar en un esquema coherente lo que se sabía sobre el funcionamiento de los órganos y su aspecto morfológico.

Además de las válvulas coronarias, las arterias renales y algunos detalles de los huesos craneales, Eustaquio estudió el oído interno, describiendo por primera vez los músculos interno y anterior del martillo y el estribo y la complicada estructura de la cóclea, pero, sobre todo, redescubriendo y describiendo correctamente los canales que llevan su nombre, las trompas de Eustaquio, el canal de comunicación del oído medio con la parte nasal de la faringe. Publicó estos resultados en su obra titulada *De Auditus Organis, El órgano de oír.* Los estudios de Eustaquio captaron la atención de William Shakespeare, quien usó los descubrimientos del anatomista italiano en una de sus tramas más famosas: cuando el padre de Hamlet es asesinado por su hermano, este emplea una argucia inusual: le echa veneno en el oído mientras duerme. La víctima morirá sin llegar a abrir la boca.

A Bartolomeo Eustaquio se le considera el fundador de la anatomía fina, que sería la antesala de la anatomía microscópica. Completó su gran obra, las *Tablas Anatómicas*, en 1552, pero el enorme éxito de la obra de Vesalio, publicada nueve años antes, hizo que nadie estuviera interesado en editar otra obra semejante a pesar de su enorme precisión. Fue publicada finalmente siglo y medio después, en 1714, por Giovanni Maria Lancisi, otro gran anatomista que describió las estrías longitudinales mediales del cuerpo calloso, los llamados nervios de Lancisi.

Giambattista della Porta fue filósofo, alquimista, comediógrafo, criptógrafo, investigador y un auténtico dandi, aunque aún no existía esta palabra. Se le considera uno de los protagonistas de una auténtica revolución científica renacentista, y en su obra *Magiae naturalis* trata las filosofías ocultas: la astrología, la alquimia, las matemáticas y la meteorología y describe por primera vez unos aparatos de madera para mejorar la audición, las trompetillas. Fue un niño inquieto con una educación poco convencional, pues por su casa pasaban filósofos, matemáticos, médicos, poetas y músicos —su padre tenía pasión por el conocimiento— con los que el muchacho, formado sobre todo con tutores, podía conversar y aprender. Giambattista y sus hermanos entraron en la Scuola di Pitagora, una academia exquisita de músicos, más por sus conocimientos matemáticos que por su talento musical que, al parecer, era nulo. Allí puso en marcha verdaderos experimentos, como cuando consiguió demostrar que la afirmación clásica de que el ajo hacía perder su poder a los imanes no era cierta. Años más tarde publicó un tratado de fisognomía que influiría en Johann Kaspar Lavater en el siglo XVIII y en Cesare Lombroso en el XIX. El toque ocultista de algunas de sus obras —era llamado «profesor de secretos»— hizo que fuera examinado por la Inquisición, que prohibió la reimpresión de sus obras filosóficas y le obligó a clausurar su *Academia Secretorum Naturae*, una sociedad donde para poder ingresar era necesario demostrar que se había hecho un descubrimiento científico desconocido para la humanidad. Fue una de las primeras sociedades científicas del mundo y sus miembros eran comúnmente conocidos como los Otiosi, los Ociosos, un término que habría que reinvindicar. Perfeccionó la cámara oscura, a la que comparó con el ojo humano, y dijo haber sido el inventor del telescopio, que luego mejoraría Galileo Galilei, y del llamado telégrafo simpático, dos cajas con agujas magnéticas con el alfabeto marcado a su alrededor y en el que, supuestamente, marcando una letra en una de ellas se coordinaba con la otra, sirviendo en teoría como herramienta de comunicación aunque no parece posible que funcionara. Sus libros fueron enormemente variados, de instrumentos ópticos a agricultura, de ingeniería hidráulica a astronomía, sobre el arte militar, sobre la destilación, pero también sobre la lectura de las palmas de las manos (Chirofisonomia) y catorce comedias en prosa, una tragicomedia, una tragedia y un drama litúrgico. En su casa reunió especímenes raros del mundo natural y cultivó plantas exóticas, uno de los primeros gabinetes de curiosidades de los que tengamos noticia.

Gabriele Fallopio es sobre todo conocido por ser el primero en describir con exactitud los cuernos uterinos, las llamadas en su honor trompas de Falopio, pero también avanzó nuestro conocimiento del sistema nervioso, incluyendo varios de los nervios craneales, separando el troclear y el motor ocular externo (abducens) y también los músculos oculomotores, la cuerda del tímpano y la estructura del órgano vestibular. Fue fundamentalmente autodidacta, pero también asistió a las universidades de Padua y Ferrara. En 1547 se convirtió en profesor de farmacia en la Universidad de l'Este, mientras que en 1548 aceptó la cátedra de anatomía en la Universidad de Pisa. Finalmente, en 1551 asumió la cátedra de anatomía, cirugía y botánica de la Universidad de Padua, donde permaneció hasta su muerte. Diez años después de conseguir la cátedra, en 1561, publicó las *Observationes anatomicae*, donde recogió numerosos hallazgos que entraban en conflicto con lo afirmado por Galeno y por otros autores, especialmente por Vesalio. Fue acusado de haber practicado la vivisección de condenados a muerte y también se le considera el inventor del condón, un invento hecho con un trozo de tripa de animal y una cinta de lino que ayudaba a sujetar el preservativo al miembro.

Giulio Cesare Aranzi o Aranzio, fue catedrático de la Universidad de Bolonia. Fue el responsable de la descripción del conducto venoso que lleva su nombre y de los nódulos de la válvula aórtica del corazón. En 1564, en su libro *De humano foetu opusculum,* acuñó el nombre de una de las estructuras más estudiadas del cerebro, el hipocampo, por su parecido en una disección al caballito de mar. Discípulo de él fue Costanzo Varolio, anatomista y médico personal del papa Gregorio XIII, para quien el senado de la Universidad de Bolonia creó en 1569 una cátedra extraordinaria de cirugía y anatomía tras haber enseñado en la Sapienza de Roma. Fue el primero en hacer la disección del cerebro desde su base, en contra de las ideas previas, que lo hacían al revés, empezando por la parte superior, tras retirar la tapa de los sesos. En 1573 publicó este nuevo método en su obra *De Nervis Opticis nonnullisque aliis praeter communem opinionem in Humano capite observatis* y describió numerosas estructuras encefálicas, incluyendo el puente de Varolio o Varolii pons y las *crura cerebri* o pilares cerebrales.

Girolamo Mercuriale fue un médico, naturalista, filósofo y filólogo italiano que, junto con sus antecesores Vergerio y Vittorino da Feltre, culminó el movimiento de renovación pedagógica que también tuvo lugar en el Renacimiento. Hijo también de un médico, se educó en Bolonia, Padua y Venecia, donde recibió el doctorado. Fue enviado a Roma, y allí hizo buenas amistades que le permitieron acceder a las grandes bibliotecas pontificias, donde pudo estudiar las obras clásicas de la antigüedad grecolatina. Su aportación más importante consistió en la recuperación de las ideas que Galeno tenía en relación al cuidado del cuerpo humano, enfatizando la importancia de la dieta, el ejercicio y la higiene, de manera que devolvió a la actividad física y al jabón el valor que habían perdido durante la Edad Media como estrategias para la salud.

En neurociencia, Mercuriale es conocido por su estudio de la toxicología y la composición de los medicamentos. Su gran fama hizo que fuera contratado por el senado de Venecia por seis años como profesor en la Universidad de Padua. Sin embargo, su prestigió decayó por su desastroso manejo del brote de peste acaecido en Venecia en 1576-1577. Afirmó que no era peste y se opuso al establecimiento de cuarentenas y lazaretos. De hecho, él y otro catedrático de medicina, Girolamo Capodivacca, se ofrecieron para tratar a los enfermos en Venecia con la condición de que se levantaran las cuarentenas y las demás medidas sanitarias puestas en marcha. Ambos profesores y sus ayudantes iban de una casa a otra, de sanos a enfermos y de enfermos a sanos, para horror de los regidores de Padua y otras ciudades que veían que aquello era el camino al desastre. De hecho, cuando empezaron su servicio, la enfermedad estaba ya remitiendo pero, un mes después, la epidemia estaba rampante y murieron unos cincuenta mil venecianos.

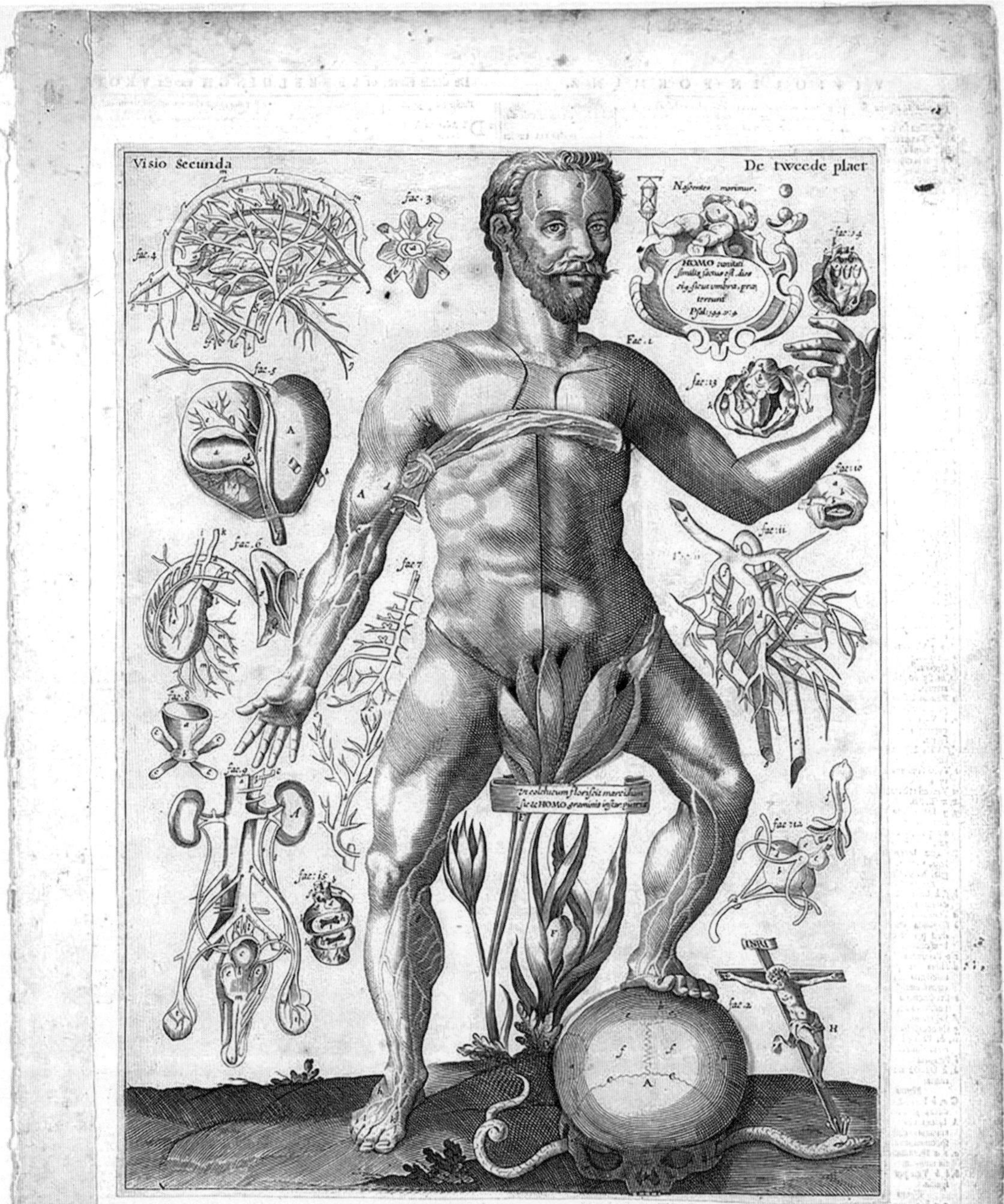
Visio Secunda
De tweede plaet
Nascentes morimur.
HOMO vanitati
Fac. 1
fac. 3
fac. 4
fac. 5
fac. 6
fac. 7
fac. 9
fac. 10
fac. 11
fac. 12
fac. 13
fac. 15
fac. 2

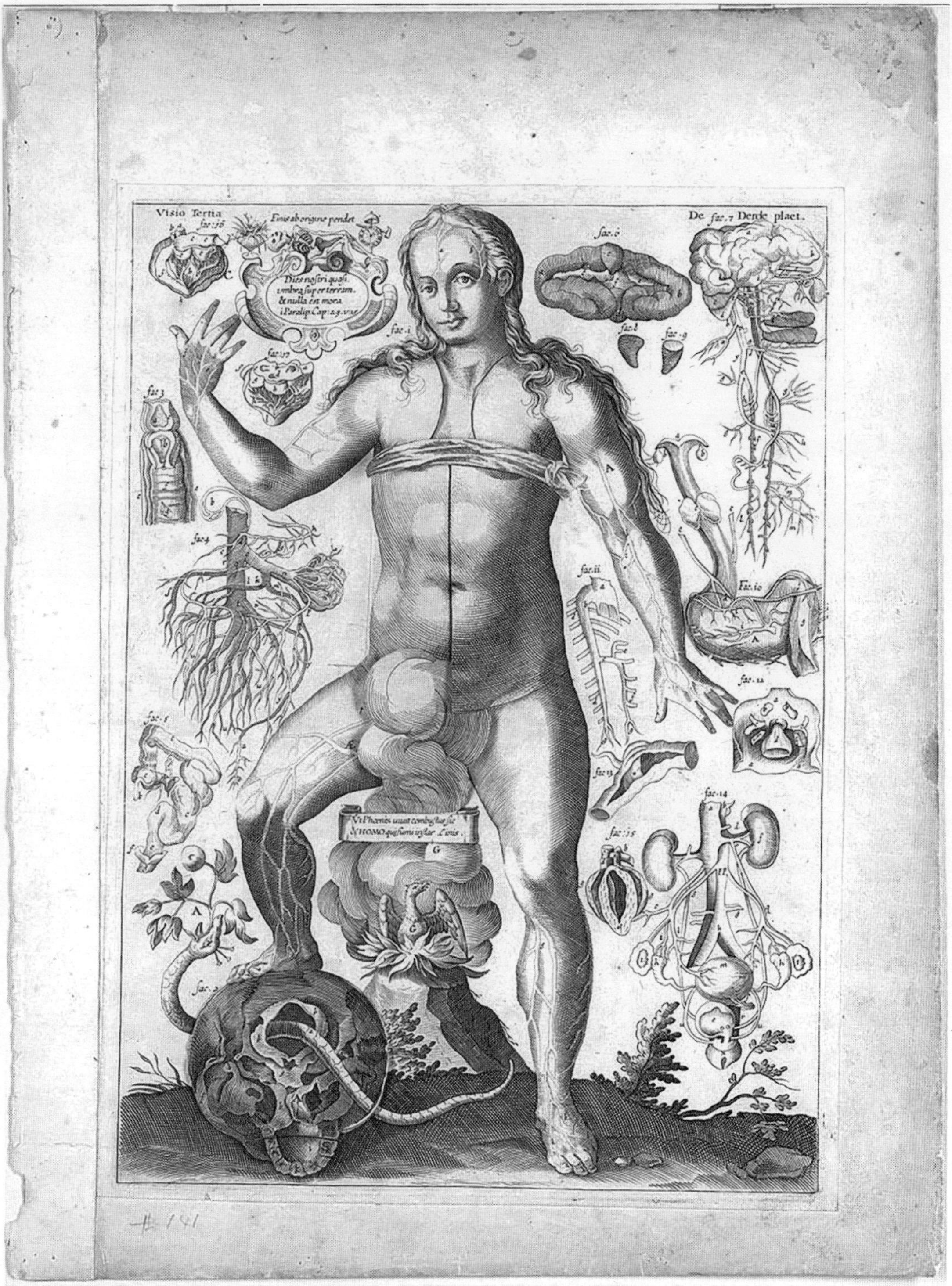

Adán y Eva, estos grabados del artista Lucas Kilian, bajo la dirección del médico Johann Remmelin (1583-1632) vinculan religión y ciencia.

Arcangelo Piccolomini según M. Guidi [*Portraits of doctors & scientists*, Wellcome Institute, Londres, 1973].

Arcangelo Piccolomini perteneció a una de las familias más importantes de la Toscana. Sus miembros ganaron renombre a través de las armas, la cultura, la ciencia y el comercio —tenían oficinas contables en Génova, Venecia, Aquileia, Trieste y varias ciudades alemanas y francesas. Entre ellos hay grandes de España, príncipes del Sacro Imperio Romano, decenas de obispos y dos papas. Nacido en Siena, la plaza fuerte de la familia, Arcangelo Piccolomini se convirtió en ciudadano de Ferrara, donde completó sus estudios de medicina y filosofía y fue considerado uno de los anatomistas más talentosos del siglo XVI. A los veinticinco años se trasladó a Francia, donde ocupó la cátedra de filosofía en la Academia de Burdeos, y seis años después, en 1556, compiló un extenso comentario al tratado *De Humoribus* de Galeno, una obra que había traducido personalmente del griego al latín. Es parte de ese interés del Renacimiento por redescubrir la obra de Grecia y Roma, también en la ciencia.

En 1557 Piccolomini regresó a Italia, donde, precedido por su fama, fue llamado a Roma por el Papa Pablo IV, que lo nombró arquiatra pontificio, médico principal, una posición que mantuvo con los sucesivos papas Pío IV y Gregorio XIII. En Roma obtuvo también la cátedra de medicina y anatomía en la Universidad de La Sapienza, y en 1586 publicó un tratado sobre anatomía titulado *Anatomicae Praelectiones explicantes mirificam corporis humani fabricam*, que dedicó a Sixto V, que acababa de ser elegido para la Santa Sede. Desde un punto de vista científico, Piccolomini describió en detalle el tejido adiposo, el diafragma y los músculos abdominales, y en el ámbito de la neurociencia aisló y describió los nervios cerebrales y estableció una clara distinción entre la materia gris y la sustancia blanca.

Todos estos anatomistas completaron y mejoraron la obra de Vesalio, recuperaron las obras de Galeno, Hipócrates y Aristóteles y abrieron la puerta a una medicina que ya no solo quería entender cómo eran los órganos, sino también saber cómo funcionaban e intentar curar cuando algo no iba bien, una tarea cuyos primeros artífices eficaces fueron los cirujanos.

Retrato de Ambroise Paré según William Holl.

PARÉ Y LA NUEVA CIRUGÍA

Ambroise Paré nació en Bourg-Heret, en la región francesa del Maine, en 1510. Su padre era un lacayo y su madre una prostituta, con lo que era de la extracción social más baja imaginable. Un clérigo le enseñó las primeras letras, aunque nunca supo latín ni griego, por lo que tuvo que redactar sus obras en francés, lo que —no hay mal que por bien no venga— les daría mucha mayor popularidad. La más famosa es el *Méthode de traiter les plaies faites par les arquebuts et autres bastons à feu, et celles qui sont faites par la poudre à canon* (*Método de tratar las heridas causadas por arcabuces y otros bastones de fuego y aquellas que son hechas por la pólvora de cañón*), considerado un hito de la historia de la cirugía y un ejemplo de los terribles efectos de las armas de fuego. Como vemos, no se preocupaba excesivamente por poner títulos cortos a sus obras.

Paré empezó de aprendiz de cirujano-barbero, un gremio de muy poco prestigio profesional. A los 17 años logró ingresar en el gran hospital de París fundado en el siglo VII, el Hôtel-Dieu, donde aprendió unas nociones básicas de cirugía, una técnica que se practicaba con una mortandad terrible en los pasillos del hospital. Al parecer distinguían entre cirujanos de bata corta, los barberos, que realizaban la parte práctica y eran, por tanto, operarios manuales, y cirujanos de bata larga, que estudiaban en la Escuela de San Cosme los libros de la Antigüedad clásica, sabían latín y griego, diagnosticaban, se encargaban de las labores académicas y eran considerados una casta superior. Paré, a quien dejaron asistir a las clases en la Universidad de París pero que no hablaba las lenguas clásicas, quedó a medio camino entre unos y otros.

Tras tres años trabajando allí fue contratado en 1536 por un oficial francés para que lo acompañara como su cirujano personal en las campañas militares en Italia contra los españoles. Adquirió fama también porque de alguna manera recuperó la ética hipocrática de ayudar al necesitado sin

VINGTTROISIESME LIVRE,

Pourtraict de la Main artificielle.

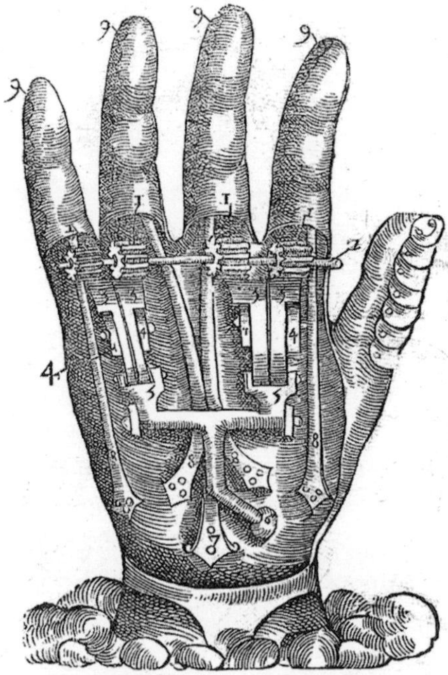

Deſcription de la Main de fer.

1 Pignons ſeruans à vn chacun doigt, qui ſont de la piece meſme des doigts, adiouſtez & aſſemblez dedans le dos de la main.

2 Broche de fer qui paſſe par le milieu deſdits pignons, en laquelle ils tournent.

3 Gaſchettes pour tenir ferme vn chacun doigt.

4 Eſtoqueaux ou arreſts deſdites gaſchettes, au milieu deſquelles ſont cheuilles pour arreſter leſdites gaſchettes.

5 La grande gaſchette pour ouurir les quatre petites gaſchettes, qui tiennent les doigts fermez.

6 Le bouton de la queüe de la grãde gaſchette, lequel ſi on pouſſe la main ſ'ouurira.

7 Le reſſort qui eſt deſſous la grande gaſchette, ſeruant à la faire retourner en ſon lieu, & tenant la main fermee.

8 Les reſſorts de chacun doigt, qui ramenent & font ouurir les doigts d'eux-meſmes, quand ils ſont fermez.

9 Les lames des doigts.

La figure ſuyuante te monſtre le dehors de la main, & le moyen de l'attacher au bras, & à la manche du pourpoinct.

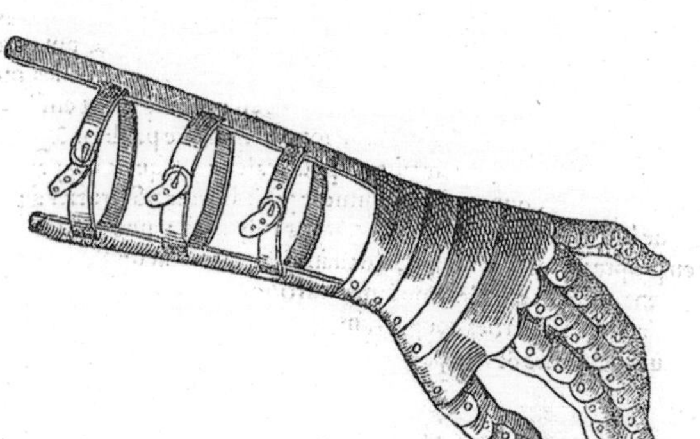

Algunas de las prótesis de Ambroise Paré, de su obra *Instrumenta chyrurgiae et icones anathomicae* (*Instrumentos quirúrgicos e ilustraciones anatómicas*). París, 1564.

hacer distingos y atendía por igual a protestantes y a católicos, a españoles, franceses, alemanes, flamencos o italianos, a cualquier herido que necesitase sus servicios. En una escaramuza cayó prisionero del duque de Saboya y este ordenó que fuese liberado por haber curado y salvado la vida a uno de sus caballeros.

Las armas de fuego, recién desarrolladas, tenían poco alcance, por lo que se disparaban a corta distancia y producían grandes quemaduras por la pólvora. El tratamiento normal era cauterizar las heridas con aceite hirviendo, algo que, además de producir un terrible dolor, no arreglaba nada. Un día, Paré no disponía de aceite y utilizó una antigua receta romana con aceite de rosas, clara de huevo y trementina. Para sorpresa de todos, algunos de los heridos tratados con aceite hirviendo murieron durante la noche y otros agonizaban con las heridas inflamadas, mientras que los tratados por Paré descansaban y sus lesiones estaban empezando a cicatrizar. Era también humilde: en sus notas sobre los cuidados administrados al capitán Rat escribe «*Je le pansai, Dieu le guérit*» (Yo lo vendé, Dios lo curó).

En las guerras de esos años no había apenas medios para tratar a los heridos graves, y normalmente sus camaradas aliviaban su sufrimiento. En la fallida toma de Milán en 1536, Paré encontró dos hombres horriblemente quemados. Un soldado francés se le acercó y le preguntó si podía hacer algo por sus camaradas; Paré, con gesto de tristeza, negó con la cabeza. El soldado, sin más, sacó su daga y los degolló delante de él. Paré, horrorizado, lo insultó, a lo que el soldado fríamente respondió «*Si estuviera en esa situación, solo rogaría a Dios que alguien hiciese lo mismo por mí*».

Paré, a quien no le faltaba materia prima, siguió probando métodos más satisfactorios para cerrar las heridas, aliviar las quemaduras y amputar extremidades. Avanzó mucho gracias a la observación empírica, el razonamiento y cierta experimentación, y mejoró constantemente las técnicas y el instrumental quirúrgico que ilustraba en sus libros, otra absoluta novedad. Aplicó por primera vez la técnica de la ligadura de arterias a los muñones de las amputaciones, que hasta entonces se cauterizaban con un hierro al rojo vivo. También diseñó distintos procedimientos quirúrgicos, aparatos ortopédicos, prótesis para manos, brazos y piernas y ojos, bragueros para hernias, técnicas para la extracción de proyectiles, cánulas para drenar abscesos… Consiguió por primera vez tratar una fractura abierta sin tener que proceder a la amputación de la extremidad.

Paré tenía también una cierta mente experimentalista, y demostró la ineficacia de la piedra bezoar. Un bezoar es un cálculo que aparece en el sistema digestivo de algunos animales, y su origen puede ser orgánico o inorgánico. La palabra *bezoar* viene del persa *pâdzahr*, que significa «contraveneno» o «antídoto», pues en la Antigüedad se creía que el bezoar podía curar y anular los efectos de todos los venenos, y los boticarios alquilaban o vendían bezoares por cantidades escandalosas. Un cocinero de la corte fue pillado robando la cubertería de plata y fue condenado a la horca. Paré pactó con el condenado que, en vez de ser colgado, le darían un veneno, luego el bezoar y quedaría libre si sobrevivía. El condenado murió tras una terrible agonía siete horas después y Paré comprobó de esta manera que el bezoar no servía para nada.

Paré tiene un lugar en la historia de la neurociencia en al menos cuatro ámbitos diferentes:

- Buscó cómo eliminar el dolor quirúrgico y, mientras que en la época lo que se usaba era la raíz de mandrágora, el enfriamiento, el opio y las bebidas alcohólicas, él intentó calmar la sensación dolorosa comprimiendo los nervios.
- Dio instrucciones a los cirujanos para tratar las heridas en la cabeza, e incluyó la necesidad de eliminar cuidadosamente los fragmentos óseos que pudieran haber penetrado en el tejido nervioso.
- Su experiencia en las amputaciones le hizo descubrir lo que posteriormente se denominaría el «miembro fantasma», dolores o molestias que parecen surgir de un brazo o pierna que ya no está.

Tiene la primera referencia a un trasplante cerebral. Uno de sus escritos dice así:

> *Un caballero, que por lo demás se encontraba bien, tenía la idea de que su cerebro estaba podrido. Acudió al rey, rogándole que ordenara al Sr. Le Grand, médico, al Sr. Pigray, cirujano ordinario del rey y a mí mismo que abriésemos su cabeza, extrajéramos su cerebro enfermo y lo reemplazásemos con otro.*

No sabemos si intentaron algo remotamente parecido a un trasplante. Paré solo escribe «*Le hicimos muchas cosas, pero nos resultó imposible restaurar su cerebro*».

Por otro lado, Paré disponía de un arsenal terapéutico en el que abundaban las sangrías, las cauterizaciones, las cataplasmas, la tríaca de Mitrídates y algunos remedios de botica de eficacia cuando menos dudosa: uno de ellos se fabricaba cociendo cachorros de perro recién nacidos en aceite de lirio y luego mezclándolos con lombrices preparadas en aguarrás de Venecia.

La reputación de Paré fue creciendo, en particular tras tratar al duque de Guisa, paladín de los católicos en las guerras de religión francesas. El duque recibió una herida de guerra que sus médicos definieron como mortal de necesidad y desistieron de tratarlo, pero, cuando Paré fue llamado, hicieron todo lo posible para dificultar su labor, pues para ellos aquel cirujano sin títulos académicos era un intruso. A pesar de aquellas trabas, Paré consiguió salvar al duque y aquello le abrió la puerta para convertirse en médico de cámara y consejero de cuatro reyes franceses: Enrique II, Francisco II, Carlos IX y Enrique III. Al primero de ellos lo trató tras la grave herida que tuvo en una justa caballeresca. Las justas, esos duelos deportivos en los que dos caballeros cabalgaban desde puntos opuestos y debían intentar derribar al contrario a lanzazos, eran su pasión. Una de ellas se celebró con tan mala suerte que la lanza de Montgomery, capitán de la Guardia Escocesa, se quebró contra el casco del rey y las astillas atravesaron el ojo derecho de Enrique.

El rey fue examinado por los médicos de la Corte y por Paré. Cuando el rey Felipe II se enteró de la noticia, mandó que Andreas Vesalio, que era uno de sus médicos y estaba en Bruselas, se desplazara a Paris para intentar ayudar. Paré y Vesalio expresaron un pronóstico muy negativo, el rey no se recuperaría.

La reina Catalina, decidida a intentar tener clara la lesión que sufría su esposo y buscar una cura «*mandó decapitar a cuatro criminales y meter lanzas rotas en los ojos de los cadáveres con un ángulo de penetración adecuado*». Aunque brutal, era un planteamiento muy cercano a la investigación científica. Tener al mejor cirujano y al mejor conocedor del cuerpo humano de su época no fue suficiente, el rey murió con cuarenta años llamando a su amante, Diana de Poitiers, y Vesalio hizo una historia clínica y un detallado informe *postmortem* que es un ejemplo de un abordaje moderno de una lesión cerebral.

Según Maximilien de Béthune, ministro hugonote de Enrique IV, Paré era protestante, un hugonote también, y el 24 de agosto de 1572, en la famosa masacre del día de San Bartolomé, en la que unas dos mil personas fueron asesinadas en París y de cinco mil a diez mil en toda Francia, la vida de Paré fue salvada por el mismísimo rey Carlos IX, que lo encerró en un ropero. Murió en Paris en 1590, a los ochenta años, de causas naturales.

René Descartes (1596-1650). Grabado por W. Holl y publicado en *The Gallery Of Portraits With Memoirs encyclopedia*, Reino Unido, 1833.

DESCARTES Y EL DUALISMO CUERPO-MENTE

Las descripciones de Paré sobre amputaciones, la habilidad con los muñones y las sensaciones fantasma interesaron a otro francés: René Descartes. Nació en 1596 en un pueblo cercano a Tours (Francia) en una familia de la pequeña nobleza. Su madre murió cuando él tenía trece meses y de niño tuvo una salud muy frágil, pero su padre se preocupó de que recibiera una buena educación en el colegio jesuita de La Flèche, en Anjou, donde estudió los clásicos, lógica y filosofía aristotélicas y matemáticas, disciplina en la que destacó. De su mala salud le quedó la costumbre de permanecer en la cama toda la mañana, leyendo, pensando o escribiendo, y de su formación con los jesuitas, un interés por los métodos analíticos y una sólida base científica, moral y religiosa. Tras otros dos años de estudios se licenció en derecho en Poitiers el año 1616, trasladándose a continuación a París. Allí vivió en el barrio de St. Germain, en la ribera del Sena, y visitó los jardines reales, donde vio una de las maravillas de la época construidas por el hombre: las espectaculares fuentes animadas. Eran figuras de Neptuno, Diana y otros personajes mitológicos que se movían gracias a sistemas de tuberías, válvulas y presión hidráulica y que parecían «*estar vivas*».

Al terminar los estudios, como muchos otros jóvenes de todos los tiempos, Descartes sufrió una crisis personal. Se cuestionaba el valor de la educación recibida, que no parecía tener ninguna utilidad en el mundo real, y no sabía qué hacer con su vida, se encerró en casa y probablemente cayó en una depresión. Finalmente, a los veintidós años salió de ese estado y concluyó que la solución era ver algo de mundo, y con esa idea, también como muchos otros jóvenes a lo largo de los siglos, decidió alistarse en el ejército. Descartes lo recuerda así en su *Discurso del Método*:

Abandoné completamente el estudio de las letras. Decidí no buscar otro conocimiento que el que pudiera encontrarse dentro de mí o en el gran libro del mundo, pasé el resto de mi juventud viajando, visitando distintas cortes y ejércitos, mezclándome con gente de temperamentos y clases diversas, reuniendo variadas experiencias, poniéndome a prueba en las situaciones que la fortuna me ofrecía y en todo momento reflexionando sobre lo que aparecía en mi camino para intentar sacar algún provecho de ello.

Descartes se unió a las tropas del príncipe Mauricio de Nassau, el comandante en jefe de los ejércitos de los Países Bajos que luchaban frente a los españoles para conseguir la independencia, y se incorporó al colegio militar de Breda, el principal centro de ingeniería militar de los neerlandeses. A pesar de ser un sitio de excelencia con magníficos profesores, un católico fervoroso como él no se sentía cómodo en el ejército protestante y realizó un largo rodeo a través de Polonia y el norte de Alemania para unirse al ejército de Baviera comandado por Maximiliano I. Fue uno de los muchos episodios en los que la religión influiría en su vida. Desde el primer momento, y en sintonía con muchos intelectuales de su tiempo, Descartes vio claramente la necesidad de separar la fe y la razón. Esto significa que podía ser escéptico en cuanto a las posiciones filosóficas, e incluso a las doctrinas teológicas de la Iglesia, pero nunca renegó de su fe católica, aunque fue frecuentemente una fuente de sinsabores por la oposición de la jerarquía católica a las ideas que defendía.

Poco después, en 1619, realizó uno de sus principales descubrimientos y el que más ha perdurado, la geometría analítica, y desarrolló un sistema de líneas de referencia, ordenadas y abscisas, que conocemos en su honor como coordenadas cartesianas. Otras innovaciones matemáticas suyas que seguimos utilizando fueron el usar exponentes numéricos para indicar las potencias de un número (7^2) o el uso de la «x» para las cantidades desconocidas.

En este momento de su vida, se fue obsesionando con dos ideas. Una es que las ciencias naturales tenían que tener la fiabilidad de las ciencias exactas. La segunda, que el conocimiento debía basarse en ideas simples, firmes y que no fueran objeto de discusiones subjetivas. Para ello estableció un método, el método científico, como sistema de acercamiento a la realidad, cuya cristalización más soberbia sería la publicación años después de su obra *Discurso del Método* (*Discours de la méthode pour bien conduire sa raison et chercher la vérité dans les sciences*), escrita hacia 1637. Con ella se separan definitivamente, y no solo en los anaqueles de las bibliotecas, la física y la metafísica y se abordan por primera vez los fenómenos naturales, entre los que incluye las respuestas de los seres vivos, como sucesos que responden a leyes generales, comparables a las que rigen a los seres inanimados. La obra de Descartes es uno de los hitos fundamentales de la ciencia moderna, en la que pide «*que todos los buenos ingenios publiquen el resultado de sus estudios y de sus experiencias, a fin de que el término de la vida y de los trabajos de unos sea el principio de la vida y de los trabajos de otros*», una norma fundamental de los científicos desde entonces.

La aportación de Descartes supuso la superación de la búsqueda del conocimiento por la lógica aristotélica, el refuerzo de las matemáticas como herramienta para la comprensión del mundo y la presentación de un nuevo tipo de pensamiento, el científico, como herramienta para abordar el conocimiento del hombre y de la Naturaleza. Este avance se potenció con la creación de las primeras sociedades científicas y con el desarrollo de métodos de difusión de las observaciones realizadas: conferencias, simposios, revistas... Paralelamente se fueron erigiendo las primeras academias, frecuentemente con patrocinio real, como principales foros científicos en contraste con las universidades, donde la escolástica y el control de la Iglesia limitaban cada vez más la libertad de cátedra y el avance del pensamiento independiente.

De 1620 a 1628 Descartes estuvo viajando por Europa. Durante estos viajes, según comentó a sus amigos, se liberó de sus prejuicios, acumuló experiencias y fue desarrollando trabajos e ideas. En 1626 descubrió la ley de la refracción de la luz. En 1628 se estableció en Holanda, donde pasó los siguientes veinte años de su vida, con cambios periódicos de residencia, y viajes ocasionales a Francia. La recién fundada República de los Países Bajos era un ambiente más tolerante para las rompedoras ideas de Descartes que su patria nativa. Cuando se estableció en Holanda empezó a trabajar en un tratado de física: *Le Monde, ou Traité de la Lumière,* pero estando cerca de finalizarlo, el padre Mersenne, un amigo graduado de La Flèche, le informó de que Galileo había sido arrestado por mantener su teoría del movimiento de la Tierra —que también defendía Descartes— y llevado ante la Inquisición. Descartes decidió posponer su publicación, que finalmente sería póstuma, y fue mandando a la imprenta solamente sus obras más «asépticas». Primero, porque no deseaba enfrentarse a la Iglesia, de la que se consideraba un miembro fiel, y, segundo, porque pensaba que el conflicto de la época entre ciencia y religión no era más que un malentendido, que esperaba que se resolviese con prontitud, lo que le permitiría publicar sus libros sin controversias. No fue así, sus obras supuestamente «seguras» irritaron a los conservadores, algunos de los cuáles lo acusaron de promover el ateísmo mientras que otros lo atacaron por atreverse a cuestionar la autoridad de Aristóteles. Aunque vivía en un país donde la autoridad del papa no se reconocía oficialmente, Descartes temía ser asesinado por algún guardián de la ortodoxia. Para mantener su privacidad y desorientar a sus enemigos, en el tiempo que residió en Holanda vivió en veinticuatro direcciones diferentes en al menos trece ciudades distintas. Solo unos pocos amigos sabían su paradero del siguiente mes; también extremó la prudencia en la impresión de sus obras. Como resultado, envió *Les Passions de l'âme* (Las pasiones del alma) a la imprenta en 1649, pocos meses antes de morir, y el *Traité de l'homme,* que fue escrito en 1633, no estaría al alcance del público hasta doce años después de su fallecimiento, en 1662. Eso hizo que Descartes no pudiera defender su obra, como sí hicieron Harvey, cuando Descartes criticó sus ideas sobre el corazón y la sangre, o Willis, que publicó su *Cerebri Anatome* catorce años después del fallecimiento del francés y fue atacado por los cartesianos.

Descartes clasificaba el conocimiento humano de la siguiente forma:

> *La filosofía entera es como un árbol, del cual las raíces son la metafísica, el tronco es la física y las ramas son todas las otras áreas del conocimiento. Estas ramas se pueden reducir a las tres principales: medicina, mecánica y ética.*

Pensaba que Dios había insuflado el movimiento original en el universo y, por la perfección divina, el movimiento se había conservado. Eso lo llevó a considerar que la naturaleza estaba formada por materia indiferenciada cuyos movimientos eran suficientemente regulares como para entenderlos con un análisis matemático. Los cuerpos humanos, a su vez, eran máquinas que se podían también estudiar desde las leyes físicas. En su época la mecánica era la frontera más avanzada de la tecnología humana: al utilizar la fuerza del agua o del viento y distintos tipos de elementos como muelles o engranajes, las máquinas podían por primera vez en la historia medir el tiempo, procesar alimentos, extraer agua de un pozo o trabajar con rapidez y potencia los metales o el cuero. Un producto especialmente llamativo era los autómatas, aquellos muñecos mecánicos que Descartes había visto en los jardines reales y que eran capaces de moverse, saludar, adoptar distintas poses e incluso «cantar» o «hablar». De alguna manera, el propio hombre construía seres a su imagen y semejanza y retaba el poder divino.

Descartes eliminó completamente el alma aristotélica y separó claramente los hombres «animados» de los animales «inanimados». El alma se equiparó a la mente y, aunque existía junto al cuerpo mecánico, los dos eran entidades separadas, en una teoría conocida como dualismo. El alma era la responsable de aquellas cosas que no se podían explicar mecánicamente: consciencia, sensación, memoria e intelecto. La ausencia de alma en los animales hacía que no pudieran tener estas funciones superiores, pero había que explicar sus habilidades para encontrar comida o refugio, así que habló de los «espíritus animales» que se encargaban del correcto funcionamiento del cerebro, los órganos de los sentidos y los músculos. Estos espíritus se destilaban de la sangre en el cerebro y fluían a lo largo de los nervios para controlar los músculos, lo que permitía a esos animales sin pensamiento «responder» al medio que los rodeaba. Durante gran parte del tiempo los seres humanos también se basaban en los espíritus animales para controlar sus acciones básicas:

> *Ahora, un gran número de los movimientos que ocurren dentro de nosotros no dependen de ninguna manera de la mente. Entre ellos se incluyen el latido cardíaco, la digestión, la nutrición y la respiración cuando estamos dormidos, y también acciones mientras estamos despiertos como caminar, cantar y otras parecidas, que ocurren sin que la mente las atienda. Cuando la gente se cae y pone las manos para proteger la cabeza, no es la razón la que les ordena que lo hagan, es simplemente que la vista de la caída inminente llega al cerebro y manda a los espíritus animales a los nervios en la manera necesaria para producir este movimiento incluso sin ninguna intención mental, tan solo como si hubiera sido producido en una máquina.*

Al igual que hoy puede pasar con los ordenadores, que utilizamos como modelos para intentar explicar cómo funciona el cerebro o incluso todo un organismo, Descartes y los hombres de su época utilizaron las máquinas, la tecnología disponible más sofisticada, para explicar el universo y los propios seres vivos. Así, los astrónomos emplearon los relojes para explicar el movimiento de los planetas y construyeron pequeños modelos del movimiento de los componentes del sistema solar basados en mecanismos de relojería. Del mismo modo, los estudiosos de la biología intentaron entender los seres vivos como máquinas creadas por Dios. Galileo comparó los huesos y articulaciones del cuerpo a un sistema de poleas y William Harvey aclaró la circulación sanguínea con el símil del corazón como un sistema de bombeo y las arterias, capilares y venas como las tuberías por las que discurre la sangre. Descartes se propuso hacer algo similar con el cerebro humano.

Tenía interés por la biología y la medicina, en particular por la anatomía y la fisiología, y al poco de instalarse en Holanda comenzó a ir a los mataderos para obtener cabezas de animales y órganos para su disección. Es posible que también realizara algunos experimentos en animales vivos. Sus estudios empezaban por la tarde —¡tenía que salir de la cama para poder hacer una disección!— y se alargaban hasta bien entrada la noche. En cierta ocasión una visita pidió ver su biblioteca y él, supuestamente, señaló a los restos de una oveja que había sobre la mesa y respondió «*esos son mis libros*».

Descartes propuso una explicación del sistema nervioso que rompía con las concepciones anteriores. Usó la teoría sobre el movimiento de los fluidos hidráulicos para explicar la función del cerebro y el comportamiento de los animales pero esa explicación mecanicista de los procesos biológicos generó un enorme debate. El único aspecto que Descartes sacaba de la física era el intelecto humano. Todo lo demás, incluyendo el cerebro, podía definirse como materia sobre la que actuaban fuerzas y partículas. Sin embargo, consideraba que los mecanismos cerebrales controlaban el comportamiento humano tan solo en la medida en que era similar al de las bestias, pero esta explicación no podía recoger algunas de las características del hombre como la inteligencia y el alma, que eran dadas directamente por Dios. Las capacidades exclusivas del hombre residían fuera del cerebro, en la «mente», un concepto muy solapado con el de «alma». Era un dualista que creía que la mente y el cuerpo eran entidades separadas, y para él el alma racional nunca para de pensar ni cuando duerme, ni siquiera después de la muerte. El pensamiento, después de todo, es su esencia, la definición de su existencia. En esa separación entre mente y cuerpo Descartes llegó a afirmar que el alma racional no necesita de un cerebro para pensar. «*La mente* —declaró— *puede operar independientemente del cerebro*».

La mecanización del mundo natural fue controvertida, y para muchos era inaceptable esa imagen fría y sin alma de la naturaleza. Aunque Descartes era un católico practicante fue acusado de ser deísta o ateo, ya que su obra apenas dejaba sitio para Dios. Aun así, la noción del organismo como máquina fascinará a muchos pensadores de los siglos XVII y XVIII y desbordará los límites de los círculos científicos, teniendo un claro impacto en la filosofía. Un ejemplo es el médico y filósofo Julien de La Mettrie, quien la llevará a un extremo. La Mettrie se había formado con Boerhaave y, aunque en principio iba para sacerdote y estudió con los jansenistas, terminó alejándose de la Iglesia y de la religión. Consideraba que el ateísmo era la única manera de asegurar la felicidad del mundo, que había sido imposibilitada por las guerras de religión bajo la excusa de un alma inexistente. Tampoco tenía el favor de sus colegas porque en *La politique du médecien de Machiavel* (1746) ridiculizó la incompetencia, avaricia y charlatanería de los médicos más prominentes de la corte. Durante unas fiebres se fijó en los efectos de la aceleración del pulso sobre el pensamiento, lo que le hizo plantear que los procesos mentales se debían a cambios orgánicos en el cerebro y en el sistema nervioso, causados por el cuerpo. Presentó numerosos ejemplos, mostrando cómo factores físicos tales como la enfermedad, la fatiga, el hambre, la estimulación sexual, la edad o las drogas generaban estados psicológicos específicos. Presentó al hombre como un organismo capaz de moverse independientemente; con un mecanismo que poseía un propósito, pero no muy diferente de un reloj con sus engranajes.

Para La Mettrie los hombres eran máquinas y había una continuidad entre hombres y animales, decía que, si los simios fueran educados, serían «hombres perfectos». Discutió también que los humanos fuéramos superiores moralmente a los animales, haciendo notar que ningún animal torturaba a otros, y rechazó los conceptos de vicio y virtud. Por otro lado, propuso que muchos criminales fueran considerados como «enfermos» en vez de como «malvados», e indicó que debían ser llevados ante médicos competentes para ser diagnosticados y tratados. Rechazó el dualismo de Descartes, recalcando que mente y cuerpo era una unidad, como se podía ver en el pollo que seguía corriendo después de que le cortaran la cabeza o en la rana que seguía mostrando respuestas nerviosas después de que le extrajeran el corazón.

La Mettrie publicó sus ideas en un libro titulado *L'Homme machine,* que inmediatamente atrajo la hostilidad de las iglesias que señalaron el peligro de intentar determinar la naturaleza de alma a través de experimentos de historia natural en vez de hacerlo guiados por las palabras de las Escrituras o por la revelación divina. El *Journal de Trévoux*, editado por los jesuitas, fue un oponente particularmente feroz del avance de estas visiones materialistas, pero no pudo detener su expansión. Fueron especialmente populares en los salones de París, en particular en el de Paul Henri Thiry, barón de Holbach. Este filósofo, inmensamente rico, era enciclopedista y amigo de otras figuras como Jean-Jacques Rousseau y Denis Diderot y publicó de forma anónima *Système de la nature* en 1770. Este libro usaba descubrimientos científicos de las décadas anteriores junto a argumentos filosóficos para defender que no había Dios ni alma, tan solo materia que obedecía las leyes físicas.

Se dice que la celebración de los placeres y la sensualidad de La Mettrie fueron la causa de su muerte. Refugiado en la corte de Federico el Grande de Prusia, el embajador francés, Triconnel, agradecido por haberle curado de una enfermedad, ofreció un banquete en su honor. Al parecer La Mettrie quiso mostrar su capacidad de disfrute o su buen estómago y devoró una

Grabado de Federico el Grande según L. Wolf; en una escena con sus oficiales: «Compartes todos los peligros con nosotros. ¡Nos gustaría morir por ti!».

enorme cantidad de *pâté de faisan aux truffes,* lo que le causó un cólico que lo llevó a la tumba. Federico el Grande hizo la oración fúnebre, en la que dijo «*La Mettrie murió en casa de Milord Tirconnel, el plenipotenciario francés, a quien había devuelto a la vida. Parece que la enfermedad, sabedora de con quién se las veía, fue suficientemente astuta como para atacarle primero por el cerebro, para tener mayor seguridad de poder vencerlo*».

Volviendo a Descartes, la importancia del pensador francés en nuestro conocimiento del cerebro es que él argumenta que la única diferencia entre los autómatas y los animales es la complejidad de los mecanismos. Entre el hombre y los animales, la diferencia está en la posesión de un alma racional, una entidad a la que Descartes liga no solo la inteligencia sino también las emociones y la memoria. De esta manera, la gran mayoría de los comportamientos humanos, exceptuando aquellos en los que participa el alma, son análogos a las actividades de los animales y pueden, por tanto, ser estudiados a través de la investigación de la anatomía, la fisiología y el comportamiento de los demás seres vivos. En segundo lugar, como el comportamiento de un animal es fundamentalmente mecánico, puede ser entendido igual que entendemos cómo funciona un autómata y las causas y procesos de estos comportamientos deben ser racionales y sujetas a leyes naturales. En tercer lugar, como poseedores de mente, los humanos son únicos, son los únicos seres que pueden pensar, que tienen un lenguaje y los únicos que saben que existen. En la que puede ser la frase más famosa de la filosofía occidental, en su *Discurso del Método* Descartes lo expresa como «*Cogito, ergo sum*», «Pienso, luego existo». Los animales, al contrario que los humanos, no tienen pensamiento abstracto, no experimentan estados emocionales reales como el amor o el remordimiento y son incapaces de pensar o responder voluntariamente. Para Descartes los animales son máquinas, de una complejidad que supera nuestra imaginación pero máquinas estímulo-respuesta en las que todos los procesos son involuntarios.

El *Discurso,* escrito en francés para que todo el mundo lo pudiera leer, fue un superventas y Descartes se convirtió en una figura de culto. Las nobles viajaban días para conocerlo y el éxito se le subió a la cabeza. Declaró que sus críticos no eran más que moscas molestas y que sus cartas solo valían como papel higiénico. Pensaba que las universidades pronto usarían sus libros para sus enseñanzas en vez de los de Aristóteles pero, a pesar de su cuidado para no tener problemas con la Iglesia, se encontró perseguido tanto por católicos como por protestantes. Lo acusaron de ser un espía jesuita y se le amenazó con expulsarlo de Holanda. En 1644 publicó en Ámsterdam sus *Principia Philosophia,* una síntesis del *Discurso* y de las *Meditaciones*. En 1649 publica *Les Passions de l'Ame* (Las pasiones del alma), donde clasificó la vida emocional en seis estados básicos: admiración, amor, odio, deseo, alegría y tristeza. Todas las demás son variantes o «especies» de estas seis emociones básicas, que se explicaban por los movimientos de los espíritus en el cerebro, la sangre y los órganos vitales.

Descartes entonces se planteó cómo el cuerpo y la mente-alma se relacionan entre sí, cómo algo material —el cuerpo— interactúa con algo inmaterial —la mente-alma. Vivió bajo los reinados de Luis XIII y Luis XIV, dos monarcas absolutos que controlaban completamente sus territorios, y creía en el derecho divino de la monarquía y en la necesidad de una autoridad central. Por lo tanto, —pensó— el alma debe tener un auténtico centro de control en el cerebro, uno que controle los movimientos de los espíritus animales a través del sistema nervioso, y para ello propuso que mente y cuerpo se comunicaban en un punto, la glándula pineal, donde colocó el alma. En *Pasiones* escribe «*Cómo sabemos que esta glándula es el principal lugar del alma: Aparte de esta glándula, no puede haber otro lugar en todo el cuerpo donde el alma ejerza directamente sus funciones*». Ella sería la encargada de la producción de los espíritus animales, que son los que llevarían información de una parte del cuerpo a otra. Descartes escribió:

> *Parece que he determinado con claridad que la parte del cuerpo en la que el alma ejerce inmediatamente sus funciones es ... una glándula extremadamente pequeña, situada en el medio de la sustancia [del cerebro] y así suspendida sobre el conducto por el cual los espíritus de sus cavidades anteriores se comunican con aquellos de la posterior, de manera que el más ligero movimiento puede alterar en gran manera el curso de estos espíritus y, del mismo modo, el curso de estos espíritus puede alterar en gran manera el movimiento de la glándula.*

Actualmente sabemos que la pineal está inervada por el sistema nervioso simpático, que no cuelga en el ventrículo y que puede funcionar como fotorreceptor en los animales con reproducción estacional como anfibios, reptiles y aves. Con poca luz, en los meses de invierno, produce más melatonina, lo que inhibe la reproducción. Se cree que el principal motivo por el que Descartes eligió la glándula pineal es porque es una estructura única mientras que la mayoría de las estructuras cerebrales son dobles, con una disposición simétrica. También influyó que se encontrase cerca de los ventrículos, que se consideraban todavía el depósito de los espíritus animales. Descartes pensaba que los finos capilares de la pineal filtrarían las partículas más diminutas desde la sangre y las convertirían en espíritus animales al liberarlas en los ventrículos. También pensaba que los nervios procedentes de los órganos sensoriales contenían unos filamentos finos dentro de sus largos canales y que cuando se tirase de ellos abrirían válvulas en las paredes de los ventrículos, permitiendo a los espíritus animales entrar en los nervios y desde allí fluir hasta los distintos músculos y órganos. Además, la pineal podía oscilar —creía—, dirigiendo los espíritus animales hacia aperturas específicas en las paredes de los ventrículos, como los cambios mediante válvulas en los fluidos que discurrían por las tuberías con las que se movían los autómatas. En realidad, todo su sistema de funcionamiento del cerebro se basaba en las observaciones de las fuentes animadas de los jardines de Su Majestad:

> *...Del mismo modo puedes haber observado en las grutas y fuentes de los jardines de nuestros reyes que la fuerza que hace surgir al agua de su fuente es capaz de mover diversas máquinas e incluso hacerles tocar ciertos instrumentos o pronunciar algunas palabras de acuerdo a las varias disposiciones de las tuberías por las que el agua es conducida.*
>
> *Y ciertamente uno puede bien comparar los nervios de la máquina que estoy describiendo con los tubos de los mecanismos de estas fuentes, sus músculos y tendones a los engranajes y muelles que sirven para mover estos mecanismos, sus espíritus animales al agua que los impulsa, de los cuales el corazón es la fuente y las cavidades cerebrales el depósito de agua.*

Con esa explicación era fácil deducir cómo funcionan procesos cerebrales como dormir o despertar. Descartes postuló que el sueño ocurre cuando el cerebro se vacía de espíritus, como un autómata que de repente se derrumbara al perder la presión en sus conductos. Por el contrario, cuando un montón de espíritus entran en el cerebro, se expande, los nervios se hinchan y despertamos, con lo que recuperamos una mayor sensibilidad a los estímulos externos. De ese modelo se deduce que las características básicas de la vida animal —comer, respirar, andar, reproducirse, responder a estímulos— pueden verse como acciones mecánicas que responden a las leyes de la física, uno de los objetivos iniciales del filósofo francés.

> *Cuando el alma desea recordar algo, este deseo causa que la glándula [pineal], inclinándose sucesivamente hacia lados diferentes, empuje los espíritus hacia diferentes partes del cerebro, hasta que encuentran esa zona donde se encuentran los rastros dejado por el objeto que deseamos recordar, pero estos rastros no son otros que el hecho de que los poros del cerebro, a través de los cuales han ante-*

riormente seguido su curso los espíritus debido a la presencia de este objeto, han por este motivo adquirido una mayor facilidad que los otros en ser una vez más abiertos por los espíritus animales que vienen hacia ellos de la misma manera.

A pesar de que la función de la glándula pineal nada tenga que ver con la imaginada por Descartes, él fue quien hizo la transición del conocimiento de los seres vivos como una parte de la filosofía medieval, a cuyo conocimiento se llegaba desde el pensamiento racional a una nueva dirección, el conocimiento basado en los hechos, la observación y la experimentación. Descartes abrió puertas a la ciencia moderna y su influencia fue clave en la expansión científica que tuvo lugar durante la Ilustración. Mediante el uso de las matemáticas y su interpretación mecanicista del comportamiento introdujo alguna de las herramientas más poderosas de toda la investigación moderna: la cuantificación y el modelo hipotético, plantear hipótesis y someterlas a prueba para ver si resisten los datos que la propia naturaleza devuelve.

En 1645, después de un año plagado de acusaciones y escándalos, escribió «*He envejecido veinte años... Me siento débil y necesito más que nunca confort y descanso*». Decidió volver a Francia, pero las cosas tampoco rodaban con facilidad en su patria: los teólogos franceses le preguntaron cómo encajaba la transubstanciación en su nueva física y él intentó explicar que el alma de Jesús se puede unir con el pan igual que el alma humana se junta con el cuerpo en la pineal. Los reproches y amenazas se multiplicaron.

En 1649, la joven reina Cristina de Suecia le hizo una petición extraordinaria, le dijo que fuera a Estocolmo y le enseñase filosofía. Descartes quedó gratamente sorprendido por el deseo de la monarca —de veintidós años entonces— de aprender y por su ambición de convertir Estocolmo en un centro importante de enseñanza y conocimiento. La joven reina tenía fama de ser una librepensadora que juraba con regularidad, leía a Virgilio durante la misa y se peinaba la melena una vez a la semana. Descartes estaba como un tórtolo, y cuando llegó el buque de guerra sueco enviado por la reina a recogerlo se había rizado el pelo, se había comprado unos zapatos con una enorme puntera, y unos guantes blancos con un borde de piel. En Estocolmo, Descartes se convirtió en preceptor de la reina y tenía cita en palacio todos los días a las cinco de la mañana —algo durísimo para Descartes y sus hábitos de vida— para una sesión de conversación con la soberana. Desgraciadamente, ese invierno fue uno de los más gélidos registrados en la historia de Escandinavia, y René —que pensaba que los pensamientos de los suecos se congelaban como el agua— contrajo una neumonía y murió poco después, el 11 de febrero de 1650, a la edad de cincuenta y tres años. Antes de fallecer se dirigió a su propia alma:

> *Mi alma, has estado cautiva durante mucho tiempo. Ha llegado el momento de que dejes tu prisión, este cuerpo; debes afrontar esta separación con alegría y coraje.*

Hay quien sostiene que fue asesinado por inducir a la reina Cristina a abandonar el protestantismo y convertirse al catolicismo, lo que implicaba que tendría que abdicar, pues las leyes suecas requerían un monarca protestante. Doce años después de su muerte, en 1662, se publicó *De Homine,* y dos años más tarde la edición en francés de *L'Homme.* Su trabajo fue condenado por la Inquisición, y sus obras incluidas en el Índice de Libros Prohibidos por la Iglesia de Roma en 1663.

Los restos del filósofo católico fallecido en una nación protestante fueron primero enterrados casi en secreto en el cementerio para niños sin bautizar de la Adolf Fredriks kyrka, el mismo lugar donde siglos después recibiría sepultura tras su asesinato el primer ministro Olof Palme. Pocos años después Descartes fue desenterrado —a petición de sus compatriotas franceses— para recuperar su restos y trasladarlos a Francia, pero le pasó de todo. Alguien se quedó con un dedo de recuerdo, y la caja era tan pequeña que hubo que separar la cabeza del torso. El cráneo fue robado, extraviado, subastado y, por fin, recuperado en 1821, cuando apareció con dos inscripciones, un poema en latín y una frase en sueco, entre las firmas de los diferentes dueños que había tenido a lo largo de casi dos siglos. Sin embargo, cuando todo parecía estar solucionado, apareció un segundo cráneo. El esqueleto de Descartes pasó de no tener cráneo a tener dos, de modo que hubo que realizar una investigación forense para establecer cuál era el auténtico. Una asamblea de científicos llegó a la conclusión, basada no en el ideal de certeza sino en la moderna idea de la probabilidad, de que el primer cráneo era el original. Tras 172 años, el cráneo elegido fue depositado en el Musée de l'Homme de París, mientras que el resto del cuerpo —sobre cuya autenticidad hay dudas— fue enterrado en St. Germain des Prés, a bastante distancia. Un guiño del destino a los restos mortales de un personaje excepcional que defendió que la mente y el cuerpo debían ser tratados como entidades independientes.

El científico inglés Thomas Willis (1621-1675).

WILLIS Y SU PALO

Thomas Willis nació en Inglaterra en 1621, solo veinticinco años después de que René Descartes naciera en Francia. En esas dos décadas y media cambiaron muchas cosas, y sus enfoques sobre el estudio del cerebro son realmente diferentes: Descartes puede ser considerado el último representante del conocimiento antiguo, fuertemente influido por la teoría de los humores, que buscaba localizar en el cuerpo el alma inmortal y especulaba sobre cómo esa mente espiritual interactuaba con el organismo físico. Willis es uno de los primeros de un nuevo enfoque de la ciencia, que ha roto con los escritos de los sabios de la Antigüedad, que separa la física de la metafísica y que busca llegar al conocimiento a través de la observación y la experimentación.

Las biografías de Willis nos cuentan que tenía el cabello «como el de un cerdo rojo oscuro» y que fue un niño caritativo y piadoso que adquirió desde su época escolar el hábito de dar parte de su comida a los pobres. Por miedo a que el niño pasara hambre por esa costumbre de compartir sus alimentos con los necesitados, su padre lo obligaba a desayunar con contundencia antes de salir de casa. Su formación como médico en Oxford duró menos de seis meses, pues eran los tiempos de la guerra civil entre Cromwell y Carlos I y la universidad vivía en un continuo sobresalto. Los estudios de medicina duraban en Oxford ¡catorce años!, durante los cuales los estudiantes memorizaban textos anticuados de Hipócrates, Aristóteles y Galeno, pero Willis se unió a las tropas realistas y defendió Oxford, donde se había refugiado el rey. Sin embargo, las fuerzas parlamentarias tomaron la ciudad, capturaron a Carlos I y abolieron el episcopado. Cromwell expulsó de la universidad a los viejos catedráticos realistas, lo que generó un vacío que sería ocupado por una nueva generación de profesores, menos dogmáticos, más abiertos a las nuevas ideas y con una visión crítica sobre el conocimiento de la época. Durante toda la guerra, los Willis siguieron fieles al rey, por lo que las fuerzas parlamentarias les confiscaron su granja y los dejaron en la pobreza. Tras obtener su licencia como médico con esa mínima formación de un semestre, Willis lo pasó mal para empezar a ejercer, pero no por falta de conocimientos, que también, sino porque no tenía dinero para vestir elegantemente como se esperaba de un médico, tartamudeaba, lo que hacía parecer que no era muy inteligente, y tenía que compartir su caballo con otro hombre, lo que no solo era incómodo sino que hacía pensar a sus clientes que no debía de ser buen profesional si vivía con esas estrecheces. Aún caemos en esos prejuicios al juzgar a los médicos.

Su fortuna cambió el 14 de diciembre de 1650, cuando revivió a una rea llamada Anne Green. Green había sido condenada por asesinato tras haber matado a su bebé recién nacido y fue ahorcada en el Cattle Yard de Oxford. Los relatos que se conservan dicen que estuvo colgada durante media hora, declarada muerta y colocada en un ataúd. La Universidad de Oxford había cambiado sus estatutos en 1636, había decretado que la disección era parte integral de los estudios de medicina y el rey Carlos I había aprobado que los profesores pudieran reclamar el cadáver de cualquier criminal ejecutado en un círculo de veintiún millas alrededor de la ciudad y lo utilizaran para aprender. Thomas Willis y William Petty, el profesor de anatomía, abrieron el ataúd de Green para empezar su disección ¡en casa de Petty! y oyeron un extraño ruido que salía de la garganta de la ejecutada, que empezó a respirar con dificultad. Willis y Petty le echaron un cordial caliente en la boca y cosquillearon su garganta con una pluma para que siguiera tosiendo. Frotaron sus brazos y piernas hasta que abrió sus ojos y le sangraron cinco onzas de sangre, la colocaron emplastos calientes por todo el cuerpo y la metieron en una cama junto con otra mujer para que le diera calor. A las doce horas Anne Green podía hablar, contestar preguntas al día siguiente y comer alimentos sólidos a los cuatro días. Al mes se había recuperado totalmente y, puesto que la condena de horca se había cumplido, quedó libre, se casó y tuvo tres hijos más. La fama de Willis como médico tras aquella hazaña cuasimilagrosa fue tremenda. Tras la restauración monárquica en la figura de Carlos II se convirtió en uno de los médicos del rey —no solo había demostrado su pericia, sino también su lealtad a la monarquía—, con lo que su prestigio aumentó aún más. Cuando alcanzó el éxito no olvidó a los necesitados: trataba gratis a los pobres, entregaba los ingresos ganados en sábado a los desfavorecidos, ayudaba a sus hermanos menos exitosos y era un generoso benefactor de la Iglesia anglicana.

El interés de Willis por la neurociencia surgió después de una serie de epidemias que asolaron Oxford. La aparición de brotes de meningitis y de enfermedad del sueño, dos enfermedades que afectan al sistema nervioso, hizo que hubiera muchos cadáveres disponibles a los que realizar la autopsia y que Willis pudiera ver que las descripciones del cerebro humano, tal y como se explicaban en la facultad y en los libros disponibles, eran un desastre. Así que decidió que, siguiendo los pasos de Aristóteles y de Galeno, debía estudiar los seres vivos; es decir, debía conocer cómo era realmente el encéfalo mediante la realización de disecciones. Cayeron en sus manos, y en su bisturí, cerdos, caballos, cabras, ovejas, zorros, perros, gatos, liebres, monos, peces, aves, langostas, ostras, lombrices y hasta gusanos de seda. Fue un impulsor de la neuroanatomía comparada, el estudio de los sistemas nerviosos de distintos grupos de animales para entender mejor cómo es el de los humanos.

Willis se juntó en Oxford con un grupo de filósofos naturales que tenían un gran interés en la estructura normal y en las enfermedades del cerebro. Estos estudiosos se llamaban a sí mismos *Virtuosi*, querían superar a todos los demás en la búsqueda del saber y estaban comprometidos en un empeño común por establecer una nueva ciencia aunque eso supusiera romper definitivamente con el casi sagrado sistema aristotélico. Thomas Willis fue uno de esos hombres que rompieron barreras en la Universidad de Oxford, logrando que se convirtiera en un epicentro de recepción y creación de nuevas ideas, un liderazgo que dura ya cuatrocientos años. Con ese mismo espíritu fue uno de los fundadores de la Royal Society y el autor de las primeras monografías sobre el cerebro verdaderamente científicas. Desde 1660 ocupó la cátedra Sedley de filosofía natural de la Universidad de Oxford, que precisamente requería dar al menos dos clases semanales sobre la «tradición aristotélica». Willis utilizó la cátedra con bastante flexibilidad, estudiando los nervios, los sentidos y las «afecciones del alma». En 1664 escribía así:

> *La anatomía de los nervios [el sistema nervioso] proporciona especulaciones más placenteras y beneficiosas que la teoría correspondiente a cualquier otra parte del cuerpo animal: porque por medio de ellas se revelan las razones ciertas y genuinas para muchas de las acciones y pasiones que tienen lugar en nuestro cuerpo, y que de otra manera serían muy difíciles de explicar; y desde esta fuente, nada menos que las causas ocultas de las enfermedades y de los síntomas, que son comúnmente adscritas a los encantamientos de brujas, pueden ser descubiertas y explicadas satisfactoriamente.*

Uno de los estudiantes de Oxford que atendieron las clases de Willis fue el filósofo John Locke, que escribió en su diario «*el cerebro de los niños es una tábula rasa*» y que establecería una nueva teoría sobre la percepción.

En sus clases Willis fue reconociendo que *«el movimiento se inicia en el cerebro»* y que *«las circunvoluciones y los giros... proporcionan un área más espaciosa para [la expansión de los espíritus animales] en el uso de la memoria y la fantasía»*. Aquellos pliegues de la superficie del cerebro generaban más espacio para una mayor riqueza de funciones. En 1663 Willis publicó la *Diatribae duae medico-philosophicae-quarum prior agit de fermentatione, en* 1664 el famoso estudio anatómico del encéfalo titulado *Cerebri anatome: cui accessit nervorum descriptio et usus* y en 1667 la *Pathologiae Cerebri et Nervosi Generis Specimen,* un estudio sobre las enfermedades neurológicas.

Su *Cerebri anatome* o *Anatomía cerebral* es un estudio detallado del encéfalo y de los nervios, en el que acuñó el término neurología y proporcionó una cantidad ingente de nueva información sobre las estructuras cerebrales, algo que contrasta significativamente con las pobres descripciones de sus predecesores. Willis acuñó diferentes términos como lóbulo, hemisferio, pirámides, pedúnculos y cuerpo estriado. De este último propuso que tenía que ver con el movimiento, algo que hemos comprobado mucho después, y como evidencia describió unos pacientes que mostraban degeneración en esta zona encefálica en la autopsia y que antes de morir presentaban distintos tipos de parálisis que impedían que movieran los brazos o las piernas. Decía sobre el cerebro:

> *Entre las diversas partes del cuerpo vivo que son sujetas a la disquisición anatómica ninguna se considera más fácil o mejor conocida que el cerebro y, sin embargo, al mismo tiempo no hay ninguna que sea más imperfectamente o menos entendida.*
>
> *Cuando se han abierto los pliegues y separados unos de otros, la sustancia del cerebro se ve recorrida por surcos de los cuales surgen pendientes o elevaciones de una altura desigual... y así todo el cerebro está salpicado por un orden sucesivo de estas desigualdades.*

Y añadía:

> *Explicar los usos del cerebro parece una tarea tan difícil como pintar el alma, de la que se ha dicho que es capaz de entender todas las cosas menos a sí misma.*

Willis juntó a sus amigos para estudiar el cerebro de un noble recién decapitado. Estaban con él Christopher Wren, que después sería el mejor arquitecto de Inglaterra pero que entonces ayudó a dibujar la bóveda craneal y las circunvoluciones de la corteza cerebral, y Richard Lower, que haría la primera transfusión sanguínea con éxito pero que en aquel momento cortó las carótidas y fue separando la cabeza de la columna vertebral. Nunca antes se había estudiado un cerebro con tanto interés y atención. Henry More, un filósofo contemporáneo, declaró que «*esta carne fofa de la médula en la cabeza humana no muestra más capacidad de pensamiento que un pastel de manteca o un bol de requesón*». El cerebro —escribió More— es una sustancia acuosa y sin estructura que no puede contener la complejidad del alma. La idea de que esa sustancia frágil en la cabeza hiciera las tareas del alma no solo era absurda, sino que rayaba en el ateísmo. Si la razón, la devoción y el amor eran el resultado del funcionamiento de ese órgano, entonces, ¿qué pasaba con el alma después de la muerte? Si aquello, el cerebro, era el que hacía esas funciones superiores, la esencia del hombre, entonces, ¿para qué hacía falta un alma?

Hasta Willis no hubo muchas dudas: el alma era inmortal, era la esencia inmaterial de una persona que sería salvada o condenada por Dios. Pero esa entidad espiritual era también lo que daba forma al cuerpo, personalidad al individuo, lo que le daba calor y le hacía estar vivo. Los espíritus eran los instrumentos que usaban el cuerpo y el alma para comunicarse entre sí, para lograr sus objetivos. Para muchos el cosmos también tenía su propia alma, que canalizaba espíritus a través de estrellas y planetas y, con cada respiración, los espíritus del mundo entraban al cuerpo humano y le infundían vida e inteligencia, uniendo el alma del microcosmos con el alma del macrocosmos en un vínculo universal. Después de Willis todo esto quedó atrás. Esa disección en Beam Hall fue la primera investigación moderna del sistema nervioso. Desde entonces, cada vez que Willis sujetase un cerebro en sus manos y lo describiera a su audiencia, no se limitaría a describir los detalles anatómicos, sino que también mostraría cómo las intrincadas estructuras del cerebro podrían formar memorias, excitar la imaginación, crear sueños. Él imaginaba los pensamientos y las pasiones como tormentas químicas de átomos y llamó a su proyecto sobre el cerebro, la doctrina de los nervios, un nuevo paradigma.

Willis fue el primero en numerar los nervios craneales en el orden todavía usado por los anatomistas, describió las líneas paralelas del cuerpo calloso, el tálamo óptico, las cuatro eminencias orbiculares y las eminencias mamilares y en el cerebelo recalcó la disposición arborescente de las sustancias blanca y gris.

Thomas Willis admiraba a William Harvey (1578-1657), que vivió en Oxford durante la guerra civil, y fueron vecinos de la misma calle, Merton Street. Harvey, de quien dicen que hizo la disección de su padre y de su hermana cuando fallecieron, había descubierto la circulación de la sangre y adscrito nuevas funciones al corazón. Su pequeño tratado *De motu cordis*, publicado en 1628, fue una obra revolucionaria que se oponía directamente a uno de los conceptos básicos de la medicina galénica. Mientras que Galeno consideraba que la sangre venosa —uno de los cuatro humores— nacía del hígado para ser consumida rápidamente por los diferentes órganos, Harvey afirmaba que la sangre circulaba en un circuito cerrado y que el movimiento del líquido vital era el resultado de la actividad del corazón, que actuaba simplemente como una bomba mecánica. Harvey se sumaba a otros científicos como Galileo o Newton, que habían roto definitivamente con las ideas de la Antigüedad.

Harvey fue encargado por el rey de determinar si algunas sospechosas eran brujas o no. A una mujer que visitó le dijo que era un hechicero que venía a aprender con ella. La mujer sacó un platito de leche y llamó a un sapo, que apareció de repente y se puso a beberla. Harvey mandó a la mujer a por cerveza, una bebida más segura que el agua en la época, y, mientras tanto, hizo una disección al anfibio comprobando que era totalmente normal. Cuando la vieja volvió y vio destripada a su mascota se cogió un enfado monumental, que se le pasó cuando Harvey le explicó que era el médico del rey, que había ido allí para determinar si debía ser detenida y juzgada por brujería y que su informe sería favorable.

Willis, siguiendo las ideas de Harvey, intentó poner en marcha una teoría de circulación de los espíritus animales, en la que el cerebro se encargaría de su elaboración y transmisión, con una clara similitud con lo que hacía el sistema circulatorio. Pensaba que la sangre que irrigaba la base del encéfalo sufría un proceso de destilación en la sustancia gris del cerebro y en el cerebelo, que él comparaba a los que sucedía en un alambique. Igual que esos espíritus alcohólicos se podían transportar y pasaban de gases a líquidos y viceversa, los espíritus animales saldrían hacia fuera y hacia dentro a través de los nervios, que los llevarían desde el encéfalo a la periferia del cuerpo y vuelta. Para poder estudiarlo, Willis fue uno de los primeros que usaron la técnica de inyectar una sustancia, un colorante o tinta china, en una arteria principal y seguir su distribución en distintos cortes del encéfalo. De esta manera pudo estudiar los finos vasos sanguíneos e identificar las anastomosis de las arterias. Redescubrió un círculo de arterias en la base del cerebro que ahora lleva su nombre e hizo una buena descripción de las carótidas internas y de sus conexiones con la arteria basilar, es decir, del riego cerebral.

Al igual que Vesalio y Descartes, y siguiendo las ideas expresadas por Silvio en 1660 y por Erasístrato dieciséis siglos antes, Willis quiso dejar claro que las actividades mentales no se localizaban en los ventrículos sino en el propio tejido nervioso, una idea que él contribuyó a que fuera aceptada entre los estudiosos del cuerpo humano. Lo describe con cierta complejidad y bastante fantasía, al mismo tiempo que deja claro su interés por la óptica:

> *Es posible concebir una parte central del cerebro, una especie de cámara interior del alma equipada con espejos dióptricos, en cuya parte más interna, imágenes o representaciones de todas las cosas sentidas, enviadas a través de los pasajes de los nervios, como tubos o estrechas aperturas, primero pasan a través de los cuerpos estriados como si fuera una lente, entonces se revelan sobre el cuerpo calloso como si fuera una pared blanca y así inducen la percepción y al mismo tiempo una cierta imaginación de las cosas sentidas.*

Como Descartes, Willis aceptaba la idea de que había estructuras especializadas que controlaban el cuerpo pero, al contrario que el francés, que singularizaba la glándula pineal en ese ámbito, Willis consideraba que se entendía mejor en diferente niveles y planteó que las estructuras localizadas en la parte más alta del cerebro harían las cosas que son únicas de los organismos avanzados, como la voluntad y el pensamiento —y por eso las llamamos todavía funciones superiores—, mientras que las estructuras inferiores serían responsables de funciones más básicas, aquellas que variaban muy poco entre los diferentes grupos de vertebrados, como controlar la respiración o el latido cardíaco. Las contribuciones de Willis se consideran importantes y casi revolucionarias pero, aun así, cometió bastantes errores: adscribía al estriado un componente sensorial, situaba la imaginación en el cuerpo calloso, la memoria en la corteza cerebral, el comportamiento instintivo en la parte central del cerebro (que quizá corresponde a la *lamina quadrigemina*) y el movimiento involuntario, incluyendo la regulación de las funciones vitales en el cerebelo y en la cadena simpática.

La forma de observar a sus pacientes marcó un antes y un después en el mundo de la clínica. Pedía a sus pacientes muestras de orina para avanzar en el diagnóstico, muestras que guardaba en su casa. Se dio cuenta de que dentro de aquellos que tenían poliuria —exceso de producción de orina— había dos tipos, pues las moscas preferían sistemáticamente la orina de algunos de ellos. Aventuró, quizá tras probarla, que una contenía más azúcar, y por eso la llamó diabetes mellitus (dulce), mientras que la otra, un trastorno renal crónico, era la diabetes insipidus (sin sabor). Durante un tiempo, la diabetes fue conocida como la enfermedad de Willis. También avanzó la relación entre la química y la medicina y, siguiendo las ideas de

Frontis de la obra de Thomas Willis, *Opera omnia*, de 1682.

Paracelso, el químico del siglo anterior, pensó que en la medicina había que usar principios activos como el mercurio, el azufre o la sal, combinados con sustancias internas inertes como el agua o la tierra.

En su *Pathologicae cerebri* Willis aportó numerosas ideas al conocimiento de las enfermedades mentales. Postuló una nueva causa de la epilepsia y de otras enfermedades convulsionantes, y se le considera uno de los fundadores de la psiquiatría y de la psicología, pues hacía un seguimiento a sus pacientes con trastornos mentales y luego les hacía la autopsia, un método realmente avanzado para su época. Hasta entonces los problemas mentales eran tratados fundamentalmente por los clérigos, mientras que los médicos se encargaban de los problemas del cuerpo. En *De anima brutorum* planteó que los problemas del comportamiento eran una enfermedad del alma corpórea, y ayudó de esta manera a convertir el estudio de las enfermedades mentales en una ciencia secular en la que eran los médicos los que tenían que llevar la iniciativa y marcar las pautas. Habló y escribió de la melancolía, de la manía, del sonambulismo, de la narcolepsia, de la epilepsia, de la histeria y de la estupidez, que clasificó en cuatro niveles, y sugirió que ciertas formas eran hereditarias con el contundente axioma de *«los tontos engendran tontos»*.

Descartes es un filósofo y Willis un médico, los caminos de las humanidades y de las ciencias para el estudio de la mente y del pensamiento empezaron desde ese momento a divergir. Hasta entonces el lugar preciso del alma en el cuerpo y la relación entre el cerebro y la mente eran objeto de controversia pero, a pesar de ello, se aceptaba que el sistema nervioso era una interfaz entre el mundo material y el mundo de las ideas y era, por tanto, objeto de un interés especial.

Contemporáneo de Willis fue Thomas Sydenham, médico inglés y autor de las *Observationes Medicae*, una obra que hizo que lo conocieran póstumamente como «el Hipócrates inglés». Su estudio detallado hizo que una enfermedad conocida hasta entonces como baile de San Vito pasara a denominarse corea de Sydenham y que tuviera éxito con el invento del láudano (una tintura de opio), del que dijo «de todos los remedios que ha querido Dios todopoderoso dar al hombre para aliviar su sufrimiento ninguno es tan universal y tan eficaz como el opio», y con su defensa del uso de la «corteza peruana» en el tratamiento de fiebres cuartanas o, en palabras actuales, en el uso de corteza de cinchona, la fuente de la quinina, para el tratamiento de la malaria. Sydenham describió el cerebro humano como un ejemplo del *«método del Artífice Supremo en su maquinaria asombrosa y sabia»*, pero advertía que los anatomistas serían incapaces de conseguir entender el cerebro, pues *«ninguna contemplación diligente de esta estruc-*

tura nos dirá cómo una sustancia tan tosca (una simple pulpa sin un forjado demasiado elaborado) podría servir a un fin tan noble». Sydenham creía que Dios había hecho que el hombre solo percibiera los aspectos superficiales de la realidad, la «cáscara externa de las cosas».

Willis no habría conseguido sus logros si hubiera separado el alma y el cuerpo como Descartes. Estaba, por supuesto, de acuerdo con el sabio francés en que solo los humanos poseían un alma inmortal, pero Willis no aceptaba la idea cartesiana de que los animales no podían percibir, pensar o recordar. Al distinguir con rotundidad entre el alma corpórea y el alma inmortal, Willis abrió la puerta a los futuros científicos para que estudiaran las funciones superiores de la mente en el hombre sano, en el hombre enfermo y en los animales e hizo las primeras descripciones sensatas de una serie de enfermedades neurológicas y psiquiátricas. A pesar de la calidad de sus estudios, de sus agudas observaciones anatómicas y de su esfuerzo por entender el funcionamiento del cerebro, trasladó poco de ello al tratamiento de sus pacientes. Proponía, por ejemplo, como tratamiento en algunos casos golpear la cabeza del paciente con un palo, una medida que, aunque es económica y fácil de aplicar, no parece particularmente eficaz. Aun así, es uno de los grandes de la historia de la neurociencia.

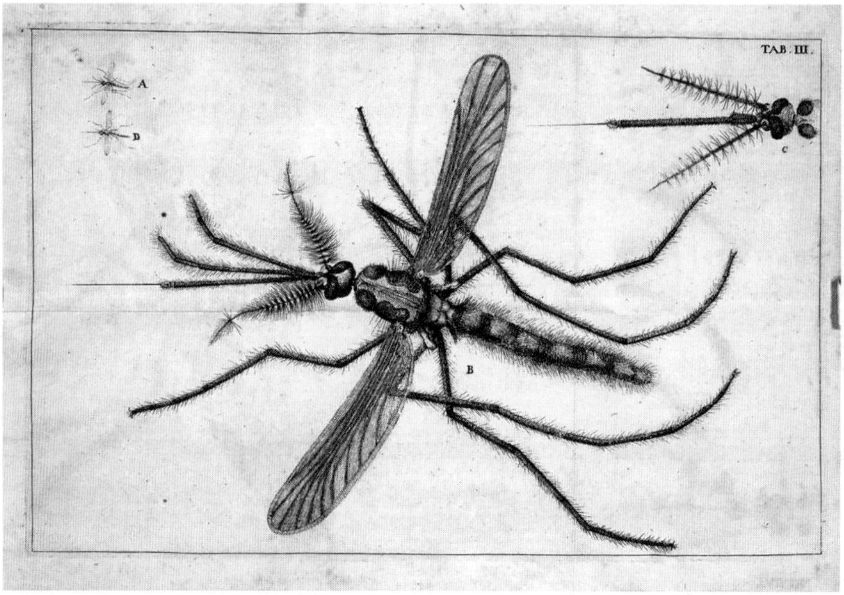

Una de las ilustraciones entomológicas de Jan Swammerdam (*Historia insectorum*, 1669).

SWAMMERDAM, EL CIENTÍFICO MÍSTICO

Jan Swammerdam nació en Ámsterdam el 12 de febrero de 1637. En un principio su padre, que era boticario, quiso que se dedicase a la Iglesia y se convirtiese en ministro calvinista, pero finalmente Jan optó por estudiar medicina en la Universidad de Leiden. Fue un fanático de los insectos desde que era niño y esta pasión continuó a lo largo de toda su vida, para gran disgusto de su progenitor. Para explicar el enfado de su padre puede ser necesario aclarar que criaba insectos en su casa, en su habitación y, algunos, en su propio cuerpo.

Swammerdam fue sin duda el mejor microdisector del siglo XVII. Usaba una gran variedad de herramientas minúsculas construidas por él mismo, como un par de tijeras diminutas, una sierra hecha con un trozo del muelle de un reloj, un cuchillo limado hasta dejar una punta muy afilada, como un bisturí, plumas, tubos de cristal, pinzas y agujas. En 1668 Cosme de Médici, futuro duque de Toscana, el tercero con ese nombre, visitó el gabinete de curiosidades de Swammerdam y, para sorpresa del joven Médici, Swammerdam le mostró que el cuerpo de la crisálida ya contenía las alas de la mariposa en que se iba a transformar. Cosme quiso comprar su colección con la condición de que Swammerdam se trasladara a Florencia para seguir ampliándola, pero él declinó la oferta. Con estas disecciones fue el primero en darse cuenta de que el «rey» de las abejas era realmente una reina, al identificar los ovarios, y pudo demostrar que los insectos no se generaban espontáneamente, como se pensaba desde la época de los sabios griegos, sino que eran el producto de un huevo, puesto por una hembra de la misma especie. Asimiló de esta manera los seres diminutos al resto de los seres vivos y dio un paso importante hacia una visión integrada de la naturaleza.

Swammerdam también se interesó por la anatomía humana. Puso en práctica nuevos métodos para la preservación de órganos y tejidos, para su posterior estudio y análisis, utilizando alcoholes y su inclusión en cera. Hacía las disecciones de estructuras frágiles dentro del agua para evitar dañarlas, utilizó el microscopio de forma sistemática, usó micropipetas para inyectar o inflar órganos con líquidos o aire y diseñó un sistema de inyecciones de cera fundida y colorantes para estudiar la organización del sistema circulatorio. Se dice que fue el primero en observar y describir los glóbulos rojos de la sangre, en 1658, aunque los interpretó como gotitas de grasa. Anticipando el papel del oxígeno en la respiración, Swammerdam sugirió que el aire contenía un elemento volátil que podía pasar de los pulmones al corazón y de allí a los músculos, proporcionando energía para la contracción muscular. Al estudiar la anatomía de renacuajos y ranas adultas observó la segmentación del huevo y describió las válvulas de los vasos linfáticos. Observó también que la erección del pene se debía a una afluencia de sangre y, finalmente, describió los folículos ováricos, la anatomía del útero y explicó, también por primera vez, la naturaleza de las hernias.

Swammerdam no tuvo una vida fácil. Aunque podría haber seguido los consejos de su padre y haberse convertido en clérigo, haber tenido una buena posición como médico o haber formado parte de la comunidad de académicos y profesores, la verdad es que nunca tuvo un «verdadero» trabajo. Su dedicación casi obsesiva a la ciencia le hizo abandonar cualquier criterio práctico, no hizo ningún caso a las continuas presiones para «que sentara la cabeza», por lo que su padre, resentido, dejó de enviarle dinero, lo que lo llevó a unas condiciones de gran privación. Llegó a pasar auténtica hambre, lo que a su vez tuvo consecuencias graves en su salud, tanto en la física como en la mental. En 1675 murió su padre, dejándole una cierta fortuna, pero el daño era ya irreparable. Por otro lado, su mejoría económica no significó el final de sus peleas familiares, pues los conflictos que había tenido con su padre continuaron ahora con su hermana. Swammerdam se volvió hipocondríaco y tuvo intensos arrebatos de religiosidad. De alguna manera, su vida transcurrió a bandazos entre ataques de misticismo y una devoción que podríamos calificar también de religiosa por la observación científica.

Uno de los aspectos más llamativos de su biografía es que fue uno de los seguidores de Antoinette Bourignon. Bourignon (1616-1680) era una mística itinerante que oía voces, decía que Adán era hermafrodita, pensaba que el fin del mundo era inminente e insistía en que todos sus seguidores debían abandonar los bienes materiales y las preocupaciones mundanas, su vida anterior, para seguirla y adorar juntos a Cristo. Como consecuencia de la influencia de Bourignon, Swammerdam abandonó la ciencia por un tiempo —ella describía su trabajo investigador como «pasatiempos de Satán»— e incluso llegó a quemar su maravilloso estudio del gusano de seda, aunque tuvo al menos el buen criterio de enviar los dibujos a Malpighi. Bourignon le permitió publicar su estudio sobre la efémera, pero su influencia se nota en las páginas y páginas de reflexiones y poemas religiosos que rodean sus descripciones científicas. Siguiendo a esta peculiar mujer, Swammerdam «abandonó el mundo» y se unió a su grupo de seguidores en la isla de Nordstrand, una zona desolada en la costa de Schleswig, la actual frontera entre Alemania y Dinamarca. Tras nueve meses de hambre, frío y rezos volvió desanimado y enfermo a la casa paterna en Ámsterdam.

De vuelta a casa, decidió ampliar la *Historia general de los insectos*, inició nuevas investigaciones y empezó a juntar todos sus resultados en lo que él llamaba su «gran obra»: la *Biblia de la Naturaleza*. Pasó el resto de su corta vida —murió a los pocos días de cumplir cuarenta y tres años— expandiendo y mejorando este monumental tratado. Terminó el manuscrito cuando estaba ya en una situación terminal y rogó a su amigo Thévenot que se encargase de publicarlo. Cada vez más debilitado por ataques recurrentes de malaria, falleció el 17 de febrero de 1680.

Swammerdam se debatió toda su vida entre dos pulsiones contradictorias. Por un lado, fue un verdadero científico, uniéndose explícitamente a la llamada «filosofía experimental». Esta nueva escuela de pensamiento desarrollaba los principios de Francis Bacon, que postulaban la supremacía de la observación y la experimentación sobre el puro razonamiento y las afirmaciones de los sabios de la Antigüedad. De hecho, había afirmado que «*un verdadero modelo del mundo*» depende de «*una disección muy diligente y una anatomía*». Por ello sus trabajos son atractivos e interesantes para el científico actual. Por otro lado, asombrado por la belleza y organización de los organismos que observaba y analizaba bajo el microscopio, llegó a una conclusión: aquel orden y maravilla eran el reflejo del diseño divino, la demostración de la obra de Dios. Su *Biblia de la Naturaleza* contiene, prácticamente en cada página, exhortaciones panteístas a alabar la obra del «Supremo Arquitecto» y usa las estructuras puestas de manifiesto por el microscopio y los instrumentos de disección como evidencia de la gloria del Creador. De hecho, su oposición a la generación espontánea no solo está fundamentada en sus observaciones, sino que se basa en su creencia de que era un «*atajo hacia el ateísmo*». Según escribe en la *Biblia de la Naturaleza* «*Si la generación de cosas está sujeta al azar, ¿qué evita que el hombre pueda ser así fácilmente producido de la misma manera?*». Por otro lado, al mostrar a los insectos como seres complejos y afirmar que «*el cuerpo de una bestia merece tan gran admiración como el cuerpo humano,*

El naturalista holandés Jan Swammerdam retratado en su gabinete [*The Popular science monthly*, 1901].

si consideramos ambos en su clase y naturaleza», avanzó hacia una visión unitaria del mundo natural.

Las ideas de Swammerdam también se vieron afectadas por su inmersión en la secta de Bourignon. En su monografía *Ephemeri Vita* (1675) argumenta que «*la curación de las enfermedades humanas no depende de la anatomía ni de cualquier otra ciencia, sino del miedo al Señor*». Sin embargo, unos años más tarde tiene ya una visión menos teológica:

> *Creo que si los médicos tuvieran ideas claras sobre la estructura de nuestros cuerpos y los movimientos de la sangre y de otros líquidos, serían capaces de reparar radicalmente cualquier disposición anormal en estas partes, ya que podrían probar la validez de esas ideas claras, llevándolas al examen del experimento, que es valorado en todos los países más que la propia razón.*

En el ámbito de la neurociencia los experimentos de Swammerdam fueron claves para nuestro conocimiento no solo del sistema nervioso de los insectos, que describe en detalle, sino, sobre todo, de la transmisión neuromuscular. Durante más de mil quinientos años se pensó que el movimiento era producido por unos «espíritus animales» que viajaban a través de los nervios como si fueran tuberías y llegaban desde el cerebro hasta los músculos. Swammerdam realizó un experimento un tanto desagradable pero esclarecedor delante de Olaf Borch, un botánico danés a quien visitó en París el 8 de diciembre de 1664 y que dejó anotado en su diario un relato detallado del encuentro. Swammerdam cogió una rana viva y, sin ningún tipo de anestesia, le cortó el corazón demostrando a Borch que esto no afectaba a su capacidad de moverse: la pobre rana, aunque moribunda, seguía nadando. En cambio, si en vez del corazón lo que extraía era el cerebro, el movimiento cesaba bruscamente. Swammerdam concluía que el sistema circulatorio no era necesario para el movimiento, al menos en la rana, y que el cerebro era necesario para una actividad motora coordinada como la natación. Entonces, Swammerdam cogió la rana sin encéfalo en la mano y le mostró a Borch que si tocaba con las puntas de las tijeras los extremos de los nervios cortados alrededor de la incisión de la cabeza los músculos se contraían. Esto derrumbaba las teorías de Galeno y Descartes, que implicaban el paso de los «espíritus animales» desde el cerebro al músculo a través de los nervios, puesto que «irritando» los nervios el músculo se activaba.

Swammerdam no paró ahí y perfeccionó su experimento. Se dio cuenta de que la rana era especialmente útil en este sentido «*ya que los nervios son muy conspicuos en estos animales y pueden ser descubiertos y desnudados con facilidad*» pero también remarcó en su *Biblia de la Naturaleza* que eran «*experimentos sobre el movimiento particular de los músculos de la rana que pueden ser, en general, aplicados a todos los movimientos de los hombres y las bestias*». Continuó comprobando si lo mismo se podía observar en una preparación de nervio y músculo aislados: «*Otro experimento útil y muy delicado puede hacerse si separamos uno de los músculos más grandes de la pata de la rana y, junto con su nervio adyacente, lo preparamos de tal manera que permanezca sin daño*». Es la preparación de nervio y músculo que se sigue utilizando trescientos cincuenta años después. Swammerdam fue haciendo mejoras sucesivas: primero otra persona sujetaba los dos extremos del músculo para notar la contracción. Después pinchaba el músculo con dos agujas que se desplazaban con la contracción y distensión, lo que permitía cuantificar la contracción midiendo la distancia entre las

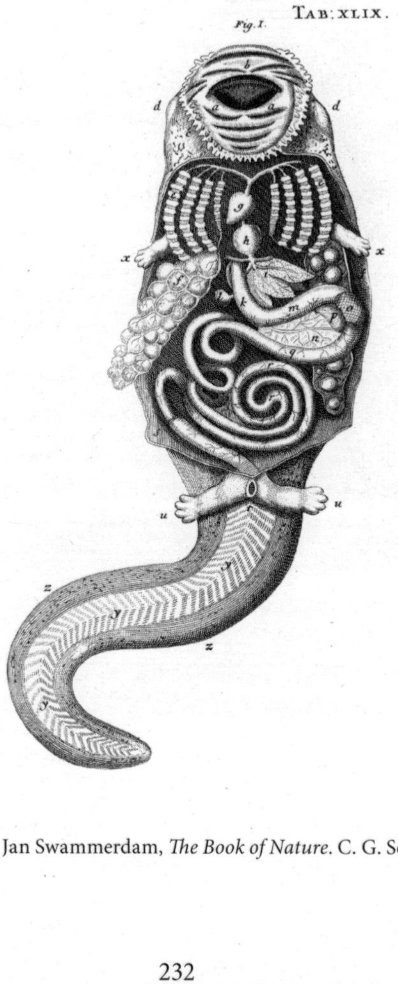

Disección de un renacuajo. Jan Swammerdam, *The Book of Nature*. C. G. Seyffert, Londres, 1758.

agujas, otro avance en el camino hacia la ciencia moderna. Finalmente, usando esta misma preparación, demostró, en contra de la predicción de Descartes, que los músculos no variaban de volumen al contraerse. Para ello metió el músculo en una jeringuilla dejando un pequeño agujero por el que sacaba el nervio, agujero que selló posteriormente con cola de pez. Al estimular el nervio y contraer el músculo la línea del agua en la aguja de la jeringa no se movía, lo que indicaba que el volumen no cambiaba.

Las ideas de Swammerdam, aunque él haya quedado como una figura poco conocida, han influido mucho en la historia de la neurociencia. Sus descubrimientos en la preparación nervio-músculo llevaron al concepto de que el comportamiento de un ser vivo se puede entender en función de la suma de los estímulos que recibe, algo que fue el sustrato para las principales teorías sobre la respuesta nerviosa y el aprendizaje desarrolladas en el siglo XX, en particular los estudios de Iván Pavlov y de la escuela conductista de J.B. Watson. Usando sus sencillos diseños experimentales Swammerdam mostró el poder del método reduccionista: yendo de la rana a un modelo formado tan solo por un músculo y un nervio demostraba que se podían hacer preguntas claras, establecer hipótesis, probarlas o descartarlas y aprender sobre el comportamiento y fisiología del animal. La preparación músculo-nervio era una herramienta que proporcionaba información cuantitativa, y los músculos y nervios podían ser comparados con piezas de una maquinaria que realizaban su función de forma sencilla y a una enorme velocidad.

> *Por lo tanto, el espíritu, como se le llama, o esa materia sutil que vuela en un instante a través de los nervios hasta los músculos, puede compararse con el movimiento más ágil, que surge desde el extremo de una varilla o un tablero al ser golpeado con el dedo y corre a tal velocidad a lo largo de la madera que se percibe casi en el mismo instante en el otro extremo.*

Swammerdam incluía también en sus escritos una descripción detallada que explicaba al lector cómo se hacía el experimento, lo que fue un nuevo concepto en el desarrollo de la literatura científica y en la habilidad de la ciencia para extenderse por el mundo y ser comprobada y desarrollada por nuevas generaciones de investigadores. Por último, pudo demostrar que un experimento sencillo podía desmontar los errores mantenidos por siglos de tradición y principio de autoridad, corrigiendo a Aristóteles y a Galeno. La ciencia podía generar una nueva visión de los seres vivos, de la propia realidad; podía, por tanto, ser capaz de cambiar el mundo.

Robert Hooke representado por Rita Greer en su gabinete. Este retrato conmemorativo fue presentado en el Departamento de Ciencias de la Ingeniería en la Universidad de Oxford en 2009. Muestra a Hooke en la universidad con un barómetro, su microscopio y una copia de *Micrographia*, un reloj de bolsillo, una lente y un muelle entre otros objetos. Sostiene una cadena para hacer un arco catenario y en la pared, detrás de él, hay un mapa de de Londres que ayudó reconstruirla después del Gran Incendio de 1666.

HOOKE, EL LEONARDO INGLÉS

Robert Hooke nació el 18 de julio de 1635 en Freshwater, en la isla de Wight. Su padre, John Hooke, era coadjutor, el nivel más bajo en la jerarquía eclesiástica anglicana, responsable de la iglesia de Todos los Santos y también enseñaba en una escuelita adosada a la iglesia y actuaba como tutor de algunos niños para completar el sueldo. La iglesia está al final de lo que es ahora la calle Hooke (Hooke Road), donde está también el Museo Hooke. Robert tenía un hermano llamado John, que era cinco años mayor que él. Ser clérigo era probablemente el destino de todos los hombres de esa familia: todos sus tíos eran también ministros anglicanos, y eso parece que era lo que se esperaba de él. Sin embargo, su salud era muy frágil: tenía constantes dolores de cabeza, es posible que sufriera una cifosis y, en aquella época con una mortandad infantil brutal, parecía imposible que sobreviviera hasta convertirse en adulto, así que sus padres decidieron no preocuparse de darle una educación formal y lo dejaron un poco a su aire, lo que aparentemente fue una decisión afortunada.

Al joven Robert le gustaba explorar y observar plantas, animales, rocas y las estrellas y también tenía una maravillosa habilidad manual, construyó desde un reloj de madera, que funcionaba, a la maqueta de un barco de guerra, que navegaba y cuyos cañones disparaban. Es posible que estas experiencias de la infancia lo llevaran a su pasión por la mecánica y a su idea de que la naturaleza era una maquinaria compleja cuyos mecanismos estaban por desentrañar y descifrar.

Robert tenía también grandes dotes para el dibujo. En esos años había un retratista ambulante, John Hoskyns, que trabajó en Freshwater, una tarea que siglos después ejercerían los fotógrafos, y Robert —como han hecho siempre los niños— se acercaba curioso a verle trabajar. Pronto empezó a imitar cómo Hoskyns usaba la pluma y la tiza y se puso a copiar los retratos de la gente del pueblo que este hacía, asombrando a la gente con su pericia. Así, cuando a sus trece años su padre se suicidó, la familia decidió que la pintura era la mejor opción para que sobreviviera y pudiera ganarse la vida. Robert recibió como herencia de su padre cuarenta libras, un baúl de madera y algunos libros y lo enviaron a Londres como aprendiz del pintor Peter Lely. Lely, influido por Van Dyck, había conseguido fama al retratar al rey Carlos I y al duque de York, y Hooke podría haber aprendido mucho con él, pero no se adaptó, pensó que estaba desperdiciando su tiempo y su dinero y, quejándose de que los óleos y barnices le irritaban el pecho, decidió que lo que necesitaba era una verdadera educación. Se apuntó a la escuela de Westminster bajo la tutela de Richard Busby, un maestro excepcional que rápidamente se percató de las virtudes y del potencial del joven Hooke. Busby tenía una merecida reputación de «*insertar el buen sentido a los chicos a base de golpes*», pero rápidamente se entusiasmó con su joven pupilo y se involucró personalmente, hasta el punto de llevarle a vivir a su casa. Busby se dio cuenta de que una educación al uso no sería lo mejor para el joven Hooke, y lo animó a estudiar por su cuenta, a aprovechar su biblioteca y a entretenerse con aquello que quisiera, con cualquier cosa que captara su interés. Con él, Hooke dominó las lenguas clásicas, que hablaba fluidamente aunque nunca escribió en latín, aprendió a tocar el órgano, diseñó toda una serie de máquinas voladoras y se aprendió los seis libros de los *Elementos* de Euclides en una semana. Mantuvo su estima por Busby a lo largo de la intensa y larga vida (ochenta y nueve años) del maestro, lo menciona frecuentemente en su diario —donde también llevaba un registro en clave de sus relaciones sexuales— y dibujó distintos planos para él, pues Hooke también fue arquitecto. De hecho, el único edificio del que se sabe con certeza que el arquitecto fue exclusivamente Hooke es la iglesia parroquial de Willen, en Buckinghamshire, donde vivía Busby.

En 1653, Robert Hooke aceptó una plaza de escolar pobre en la Christ Church de Oxford y dejó Westminster. Fue también cantor en la catedral, y aunque la abolición de la Iglesia anglicana entre 1643 y 1660 cerraría los coros litúrgicos, es lógico pensar que su pertenencia al coro lo ayudaría con una pequeña beca a sostenerse económicamente, y es reflejo también de la habilidad musical del joven Robert. Continuó su carrera en Oxford, logrando su sustento como sirviente del mismo modo que hizo Newton en Cambridge. Posteriormente obtuvo un empleo como asistente de química de Thomas Willis y de él y de Richard Lower adquirió las habilidades para la disección anatómica que serían esenciales en sus investigaciones posteriores sobre la respiración. Alrededor de 1659 Hooke conoció al físico Robert Boyle y se convirtió en su ayudante. Boyle le enseñó una exquisita destreza en química y, en general, en el trabajo de laboratorio, mientras que

Hooke aportó al pequeño grupo su habilidad como mecánico y construyó nuevas máquinas para las investigaciones de Boyle.

Willis, Lower, Wren y otros, el grupo de caballeros que se había reunido en Oxford por su interés común en la filosofía natural, se dispersó por la situación política y varios de ellos recalaron en Londres, donde se juntaron con otras personas con los mismos intereses. Este nuevo grupo decidió formalizarse como sociedad —una especie de club—, y el 28 de noviembre de 1660 doce científicos se reunieron en el Gresham College, después de una conferencia sobre astronomía de Christopher Wren, para formalizar su constitución. Hooke estuvo con Boyle hasta el mismo 1662, cuando este lo ayudó a conseguir trabajo como responsable de experimentos («Curator of experiments») para el grupo. Dos años más tarde el rey Carlos II les daba reconocimiento oficial y les autorizaba a llevar el adjetivo de «Real», siendo constituida como la *Royal Society of London for Improving Natural Knowledge* o, como se la conoce habitualmente, la «Royal Society». En 1664 la Royal Society aceptó pagar a Hooke un salario anual de ochenta libras, cincuenta de las cuáles vendrían gracias a la creación de una cátedra de artes mecánicas financiada por sir John Cutler y la Royal Society pagaría las treinta restantes, lo que lo convirtió en el primer científico asalariado de la historia. Hooke fue fiel a la Royal Society toda su vida, y fue él quien acuñó el objetivo básico de esta institución: «*Mejorar el conocimiento de las cosas naturales y todas las artes útiles, las manufacturas, las prácticas mecánicas, los ingenios y los inventos mediante experimentos, no mezclándolos con la divinidad, la metafísica, la moral, la política, la gramática, la retórica ni la lógica*». Una auténtica declaración de principios que anunciaba una nueva época para la ciencia.

En esta etapa temprana de su carrera en la Royal Society Hooke no se sentaba con los *fellows* —lo que ahora llamaríamos los académicos— Boyle, Wren, Wilkins y otros como un igual, sino que era un empleado, un operario al que se le pagaba un salario. Hooke no era como ellos un «*caballero, libre y sin cargas, poseedor de medios de vida independiente*». En su contrato original se exigía a Hooke que presentara demostraciones en las reuniones de la Royal Society, así como asumir «encargos» para llevar a cabo investigaciones particulares. Robert Hooke no podría haber encontrado un trabajo ni más difícil —tenía que preparar tres o cuatro experimentos o demostraciones cada semana— ni más acorde a su inteligencia, su imaginación y su variedad de intereses. Los experimentos debían ser novedosos y atractivos, pero también comprendidos y explicados. Algunos eran de química, otros de astronomía, otros de mecánica o de óptica, otros de biología, todos dentro del gran paraguas de la filosofía natural. Hooke llevó a cabo esta hercúlea tarea semanal durante cuarenta años, hasta su muerte.

En 1663, y hay que valorarlo tanto por la calidad de Hooke como por la honestidad de los *fellows*, Robert fue elegido miembro de la Sociedad y dos años más tarde fue nombrado catedrático de Geometría en el Gresham College. Como profesor, Hooke tenía derecho a habitación y a ama de llaves, y a cambio debía permanecer soltero y dar una conferencia a la semana, en latín y en inglés. El Gresham College era el mismo edificio donde la Society celebraba sus reuniones, y Hooke se convirtió en *fellow* a todos los efectos, se ocupó también de la galería de objetos extraños y curiosos hasta 1676, fue desde 1677 uno de los secretarios y bibliotecario hasta 1679.

Hooke parece que era un dandi, un bocazas, un insomne, un trabajador incansable, un amigo de los cafés y de la charla, alguien que abusaba del agua de opio y un idealista apasionado. Tenía una preocupación obsesiva por la propiedad intelectual y el miedo constante a que le robaran sus ideas. Era cualquier cosa menos diplomático: con Christiaan Huygens, con el astrónomo polaco Helvelius y con su propio mecenas sir John Cutler tuvo broncas por la prioridad de un descubrimiento, y en una reunión de la Royal Society acusó a Newton de haberle robado sus ideas, de que él era quien había pensado antes en la ley de la atracción gravitacional. Newton, en un ataque de ira, borró todas las menciones a Hooke en sus *Principia Mathematica*. La relación entre Hooke y Newton fue clave en la vida de ambos; sin embargo, siempre hablamos de Newton cuando hablamos de Hooke pero no al contrario. Cada uno influyó sobre el otro mucho más de lo que cualquiera de los dos estaría dispuesto a admitir y, aunque ambos deberían considerarse grandes figuras de la ciencia, raro es el caso en el que se le da esa consideración a Hooke. Ello es debido a que, aunque ambos tenían muchas cosas en común, eran grandes enemigos y Newton ganó la batalla, consiguiendo influir sobre la Royal Society, sobre toda la comunidad científica y sobre la posteridad en mucha mayor medida. No conservamos ningún retrato de Hooke, se piensa que por su horrible fealdad o, quizá, porque, según dicen, cuando Newton fue elegido presidente de la Royal Society borró todas las menciones a su trabajo de los archivos de la sociedad y mandó destruir su retrato. Una prueba más de que los científicos no son seres asépticos y angelicales sino hombres y mujeres apasionados con virtudes y defectos.

La imagen exterior de Hooke era la de alguien arrogante y seguro de sí mismo. Sin embargo, parece que se trataba de una pantalla para esconder su inseguridad, su complejo ante su fealdad. Aunque deformidades y cicatrices eran muy comunes en aquella época de enfermedades, Hooke parece que era un caso extremo, y se conservan menciones en cartas de su contemporáneos sobre él en las que le califican de horroroso, cheposo y enano, siendo, al parecer, objeto de aversión y de mofa. Se conserva esta descripción de su aspecto:

> *Como persona su aspecto era despreciable, estando muy encorvado pero, según he oído de él y de otros, estuvo derecho hasta los dieciséis años, cuando empezó a desarrollarse mal por practicar frecuentemente con un torno.*
>
> *Siempre fue pálido y flaco, y últimamente nada más que piel y huesos, con un aspecto enteco. Sus ojos grises y grandes tenían una mirada ingeniosa y aguda cuando era más joven. Su nariz era delgada, de una altura y longitud moderadas; su boca amplia, y el labio superior fino; su barbilla puntiaguda y su frente grande. Su cabeza de un tamaño medio. Llevaba su propio pelo de un color marrón oscuro, muy largo y cayendo abandonado sobre su cara, sin cortar y lacio.*

Aunque el trabajo en óptica y gravitación de Hooke fue superado y velado por las ideas de Newton, Hooke fue el mejor inventor y diseñador de instrumentos científicos del siglo XVII. Entre muchas otras cosas inventó el resorte de los relojes, un muelle helicoidal que regulaba la oscilación rotatoria de una rueda volante y que permitió que los relojes pudieran convertirse en portátiles y sustituir a los de péndulo, prácticamente los únicos hasta entonces. Basándose en los modelos de microscopios desarrollados por los hermanos Hans y Zacharias Janssen, Hooke construyó un microscopio compuesto de unos treinta aumentos. También inventó el barómetro de rueda, la bomba de vacío, la cámara hipobárica y la articulación universal o articulación de Hooke, que se utiliza todavía en todos los vehículos a motor. Hooke no solo trabajó con el microscopio, sino también con el telescopio, y con él publicó alrededor de 1666 un libro titulado *Cometa* que probablemente estimuló el interés de Newton por estos cuerpos celestes. En 1666 Hooke abandonó el tema, aparentemente por la necesidad de dedicarse a otros asuntos. Fue el primero en describir la Gran Mancha Roja de Júpiter y el primero en afirmar la rotación del planeta gigante. Formuló la teoría sobre el movimiento de los planetas como un problema mecánico e hizo importantes contribuciones a la teoría ondulatoria de la luz. Su amplio campo de interés y experimentación incluía la mecánica de los muelles, los terremotos, los átomos, la temperatura (estableció el punto cero del termómetro en el punto de congelación del agua), la presión atmosférica (relacionó los cambios en el barómetro con el tiempo), inventó un carruaje, una

El microscopio de Robert Hooke, fabricado por Christopher White. Puede que fuera el que empleó en sus observaciones para *Micrographia* [Billings Microscope Collection, National Museum of Health and Medicine].

campana para buzos, un método de telegrafía y pudo determinar la firma vibratoria de las notas musicales.

Fue también un arquitecto excepcional. En 1666, después del Gran Incendio que destruyó Londres, fue nombrado topógrafo de la ciudad y diseñó numerosos edificios, palacios, hospitales, etc., muchas de cuyas obras emprendió con su gran amigo Christopher Wren, quizá el arquitecto británico más famoso de todos los tiempos. Ambos conversaban, discutían y trabajaban juntos. La obra maestra de Wren es la catedral de San Pablo, donde Hooke se encargó de ajustar las grandes arcadas de la estructura. También el Royal Observatory parece que fue trabajo conjunto de ambos amigos.

Hooke habría pasado a la historia de la ciencia por cualquiera de sus muchos inventos, pero en el ámbito de la biología es recordado fundamentalmente como el descubridor de la célula. En su obra *Micrographia or some physiological descriptions of minute bodies made by magnifying glasses* (1665) Hooke detalla sesenta especímenes observados usando su microscopio compuesto, cuyas lentes eran obtenidas por fusión de hilos de vidrio y se encontraban sujetas a un armazón de plomo. Este microscopio disponía de un estativo de madera, enfoque macro y micrométrico y un sistema de aumento de la intensidad luminosa mediante la interposición de una ampolla con agua cuya luminosidad entraba por un agujero lateral. Entre muchas otras observaciones, Hooke miró finas láminas de corcho y vio que estaba «todo perforado y poroso, como un panal de miel». Esa estructura con pequeños agujeros le recordó las pequeñas celdas de los monjes (en latín, cella), así que las llamó denominó «*cells*» (celdillas o células), el nombre de las unidades básicas de la vida.

Es evidente que el término de Hooke para referirse a esas oquedades era sustancialmente diferente al concepto actual, ya que Hooke no concibió esas células como unidades constitutivas de los seres vivos, para lo que habría que esperar casi doscientos años más, pero la célula había sido bautizada y los nombres permiten que surjan los conceptos. Faltaba saber cómo era, cómo funcionaba y de dónde surgía, pero el primer paso estaba dado.

El descubrimiento de la célula fue el avance imprescindible para comprender la organización microscópica del cerebro. Sin él no hubiésemos podido conocer la estructura y función de los distintos tipos de células del sistema nervioso: neuronas y células gliales; tampoco habríamos sabido interpretar las partes de las células nerviosas como axones, dendritas o somas neuronales, ni mucho menos entender las estructuras subcelulares como sinapsis, receptores, transmisores, canales y toda la miríada de estructuras a las que el microscopio de Hooke nos abrió la puerta, a las que el concepto de célula dio sentido. Sin el descubrimiento de lo que podríamos llamar la neurociencia microscópica nuestro conocimiento sobre el cerebro habría seguido siendo un ámbito de especulación. Cuando se pudo ver que el sistema nervioso contenía células nerviosas, capaces de recibir y emitir señales, capaces de integrar información, capaces de modificar su funcionamiento por los efectos del aprendizaje, las lesiones o el uso de drogas, por poner algunos ejemplos, pudimos entender el sustrato estructural de todas las funciones mentales y de las «enfermedades del alma». Los espíritus vitales fueron perdiendo la batalla porque la célula era observable, mensurable y comprensible, y ellos no.

En 1682 Hooke dio una conferencia en la Royal Society en la que presentó un modelo mecanicista de la memoria humana. La charla abordaba temas como la codificación, la capacidad de almacenaje, la repetición, la recuperación y el olvido. La charla es sorprendentemente moderna para la época e incluye cosas tan interesantes como el papel de la atención y otras influencias verticales sobre la codificación, plantea la resonancia como un modelo para la recuperación de recuerdos, habla del tiempo de la memoria, lo reciente o vieja que es, al igual que ahora distinguimos entre memoria a largo y corto plazo, ofrece un sistema para explicar por qué la repetición mejora la memoria y la explicación del olvido surge fácilmente de los principios básicos de su modelo físico.

Hooke fue un auténtico hombre del Renacimiento: inventor, físico, explorador, astrónomo, biólogo, artista..., se le ha llamado el Leonardo inglés. Era sobre todo un experimentalista, convencido de que las limitaciones de los sentidos humanos podían superarse con instrumentos sensibles y potentes. No solo era un inventor y un mecánico excepcional, sino que creía firmemente en la importancia de los datos, de la experimentación y de la observación frente a la charla filosófica.

A partir de 1695 la salud de Hooke se deterioró, sufriendo hinchamiento de las piernas, dolores de pecho, mareos, emaciación, ceguera... Estos síntomas sugieren una enfermedad cardiovascular y diabetes. Vivió sus últimos años en una situación mísera, aunque debajo de su cama se encontró un arca de madera, quizá la misma que había recibido en herencia de niño, llena de monedas de oro y plata, con un valor superior a un millón de libras y una biblioteca excepcional, con casi tres mil volúmenes. Murió sin testamento el 3 de marzo de 1703 en Londres. Uno de sus amigos escribió «*el viejo filósofo se ha ido finalmente, a hacer experimentos con sus ancestros*». Hooke fue originalmente enterrado en la iglesia de Santa Elena de Bishopspage, pero sus restos se trasladaron en el siglo XIX y la localización final de su sepultura se ha perdido, un destino ingrato para un hombre excepcional.

LOS ANATOMISTAS HOLANDESES Y PEDRO EL GRANDE

El declive del imperio español fue acompañado del desarrollo de dos grandes potencias marítimas europeas: Gran Bretaña y Holanda. En el siglo xvii los Países Bajos lograron un fuerte desarrollo económico, sus flotas mercantes comerciaban por todo el mundo y el desarrollo de manufacturas de calidad y el fin de las guerras de religión con la corona española —dicen que todavía se asusta a los niños holandeses con que si no se duermen llegará el Duque de Alba como nosotros hacemos con el coco— llevaron al país paz y prosperidad. Ese ambiente de economía pujante y libertad individual hizo, como sucede siempre, que florecieran la ciencia y las artes.

La figura más conocida de los neerlandeses que estudian el cuerpo humano en esa época es Anton van Leeuwenhoek (1631-1723), un comerciante de paños de Delft que asumió como hobby la construcción de microscopios y la observación con ellos de un mundo desconocido e invisible: el de las estructuras y los seres diminutos. Su nombre real era Thonis Philipszoon, pero sus cartas iban firmadas como Anton van Leeuwenhoek, ya que fue conocido desde joven con ese apodo o apellido debido a que nació en una casa en la esquina de uno de los accesos a Delft, la «*Puerta del León*» y van Leeuwenhoek se traduce como «*Desde la esquina del León*». La casa ya no existe.

El primer encuentro de Leeuwenhoek con un cristal de aumento, una lupa, tuvo lugar a los dieciséis años en Ámsterdam. Entró como aprendiz en las oficinas de un mercader de tejidos escocés de quien fue posteriormente contable. Para valorar las telas se usaba una lupa que permitía medir la densidad de fibras textiles y, por tanto, su calidad: era mejor un paño hecho con muchos hilos finos que otro hecho con pocos hilos gruesos. De hecho, esas pequeñas lupas todavía hoy se llaman cuentahílos. A los veinte años volvió a Delft, donde prosperó tanto económica como socialmente,

Anton van Leeuwenhoek, por J. Verkolje (1686).

se formó como agrimensor y topógrafo y fue elegido para distintos cargos. Fue el albacea de Jan Vermeer, conciudadano de Delft, amigo y bautizado el mismo año de 1632 y se piensa que Leeuwenhoek sirvió de modelo para los maravillosos cuadros *El geógrafo* y *El astrónomo* del artista.

En 1668 Leeuwenhoek hizo un viaje, el único en su vida en el que salió de los Países Bajos, a Londres, donde probablemente vio un ejemplar de la *Micrographia* de Hooke. Junto a representaciones de animales como pulgas o de plantas como trocitos de corcho, esta obra tenía ilustraciones de urdimbres que sin duda llamaron la atención a este comerciante en telas, contaba cómo construir un microscopio y cómo era el espectro de la luz, y probablemente ese fue el inicio de su afición a la construcción y empleo de microscopios. A lo largo de su vida Leeuwenhoek fabricó más de quinientos cincuenta microscopios simples —muchos de ellos con un espécimen fijado permanentemente— en los que colocaba una lente biconvexa pulida por él mismo entre dos láminas de bronce y unos tornillos permitían mover la pieza y enfocar la lente. Diez de esos microscopios han llegado a nuestros días; uno de ellos, que había sido encontrado en una caja de material de laboratorio comprada al Departamento de Zoología de la Universidad de Leiden, se vendió en 2009 en una subasta de Christie's por 385 000 euros. El décimo se encontró en un jardín donde se había usado el lodo de los canales de Ámsterdam, se vendió en eBay sin sospechar lo que era realmente y lo pudo comprar un médico español.

Van Leeuwenhoek fue el primero que observó bacterias y es considerado el padre de la Microbiología, también puso las bases de la anatomía de las plantas, la reproducción de los animales y la estructura de los cristales y describió por primera vez células sanguíneas, nematodos microscópicos, el ojo compuesto de las libélulas, la estriación del músculo esquelético y los espermatozoides (no preguntemos cómo los consiguió). Aunque su microscopio era enormemente sencillo, Leeuwenhoek abrió las puertas al estudio de la anatomía microscópica del cuerpo humano. Afortunadamente empezó a comunicar sus observaciones a aquel grupo de ingleses que se reunía en Londres para realizar experimentos y comentar sus descubrimientos, la Royal Society, y esas cartas llenas de dibujos y de observaciones se han conservado hasta la actualidad. En su primera carta, fechada en abril de 1673, envió sus primeras observaciones: el aguijón y el aparato bucal de una abeja, un piojo humano y un hongo, y explicó que tenía mucho interés en saber si los nervios ópticos son huecos como habían escrito los sabios clásicos o macizos como decía Vesalio. Era un tema importante, porque se pensaba que los nervios eran como tuberías por los que transitaban los espíritus que llevaban la información visual desde el ojo hasta las regiones superiores del cerebro. Leeuwenhoek lo miró en diversos animales pero no pudo ver la «*oquedad*» que Galeno había visto en «*un día claro y soleado*», sino que:

> *... concluí conmigo mismo que si existiera una cavidad visible en ese nervio, también yo la habría visto, especialmente ya que, si así fuera, debería ser bastante grande, y su cuerpo bastante rígido o, de otra manera, las partes que la rodeaban harían presión sobre ella. Y en orden a este descubrimiento miré cuidadosamente tres nervios ópticos de vacas y no pude encontrar ninguna oquedad en ellos; solo pude notar que estaba hechos de muchas partículas filamentosas, de una sustancia muy blanda, como si solo consistieran de los corpúsculos del cerebro unidos juntos, los filamentos eran muy tiernos y sueltos...*

Sus observaciones lo llevaron a teorizar que los objetos visibles ponían a esos glóbulos blandos en el extremo proximal del nervio óptico en movimiento «*al igual que el movimiento se transfiere al agua al tocar su superficie*». Es posible que el microscopista holandés fuera el primero que vio los conos y bastones de la retina, pero si esos glóbulos de los que él hablaba eran células nerviosas, células de grasa, productos degenerativos o artefactos ópticos es algo que no hemos conseguido averiguar.

Si Leeuwenhoek fue un avanzado de la neurociencia microscópica, Herman Boerhaave (1668-1738) aportó mucho a la fisiología cerebral. Fue un médico, botánico y humanista que alcanzó una gran reputación, no tanto por sus descubrimientos, sino por la modernización que impulsó en distintos ámbitos científicos: fue el creador del concepto de hospital universitario, estableció la relación entre lesiones y síntomas y fue el primero que aisló la urea, siendo considerado uno los primeros químicos merecedores de tal nombre, dejando atrás la alquimia. Su lema era *Simplex sigillum veri*, la sencillez es el sello de la verdad.

Boerhaave nació en Voorhout, cerca de Leiden, en cuya universidad estudió filosofía natural, y allí se graduó con una tesis titulada *De distinctione mentis a corpore* (La diferencia entre la mente y el cuerpo). Después decidió estudiar medicina y finalizó la carrera en 1693. Samuel Johnson cuenta que Boerhaave gastó toda su fortuna en sus estudios, por lo que tras terminarlos tuvo que buscar un puesto remunerado que le permitiera subsistir. Inició su carrera académica como ayudante y fue posteriormente propuesto para distintas cátedras en su universidad, de la que fue nombrado rector en 1714. Boerhaave mantenía la idea original de Aristóteles y Galeno de la existencia de una fuerza vital, así como la teoría de que el sistema nervioso funcionaba mediante espíritus animales o «jugos» que fluían a través de los nervios, las mismas estructuras que había estudiado Leeuwenhoek.

Boerhaave cambió los métodos de la enseñanza de la medicina en Leiden. Fue tan importante que lo llamaron «*communis totius Europae praeceptor*» (el profesor común a toda Europa). Usó a Hipócrates como modelo y habló de sus obras a sus estudiantes, pero incorporó los nuevos descubrimientos en particular la química, siendo uno de los primeros profesores universitarios de esta disciplina. Samuel Johnson lo cuenta así:

> *Empezó entonces a dar clases públicas con gran aplauso y su audiencia lo convenció para ampliar su diseño original e instruirlos en química. Esto lo llevó a cabo para gran ventaja no solo de sus pupilos sino de su propia disciplina, que había, hasta entonces, sido tratada solamente de una manera confusa e irregular y era poco más que una historia de experimentos particulares, sin que hubieran sido reducidos a principios ciertos ni conectados unos con otros: él redujo este amplio caos a orden e hizo claro y sencillo aquello que había sido, hasta entonces, oscuro y difícil.*

Estudiantes de toda Europa fueron a formarse con Boerhaave y llevaron sus métodos docentes de vuelta a sus países. En 1728 Boerhaave dio una serie de conferencias sobre el sistema nervioso siguiendo los principios generales que eran guiados por la microscopía y la mecánica; sin embargo, en su esquema teórico, los espíritus seguían viajando a través de los nervios.

Con respecto al funcionamiento del sistema nervioso, cómo esos nervios mandaban la orden para mover un músculo, había distintas teorías. La primera eran los espíritus vitales que se movían por los nervios huecos como postulaba Descartes. La segunda, propugnada por Thomas Willis, pensaba que los fluidos nerviosos se mezclaban con la sangre y fermentaban, causando diminutas explosiones que producían la contracción muscular; mientras que una tercera teoría, defendida por Newton, era que los nervios transmitían información mediante vibraciones, como las cuerdas de una guitarra. La percepción de los colores se debería, según el sabio inglés, a que diferentes ondas de luz causaban distintos modelos distintos de vibración en los nervios que van del ojo al cerebro. Los experimentos para intentar entender la transmisión neuromuscular incluyeron meter la pata de un animal en un recipiente con agua y cortar sus músculos, de modo que veían que no salían burbujas, como se esperaría si fuese un proceso de fermentación; atar los nervios esperando que se hinchasen delante del nudo por la acumulación de fluidos o espíritus vitales, cosa que no sucedía; cortar un nervio y ver si se podían observar gotas del fluido nervioso, algo que tampoco pasaba y, junto a todo ello, la pregunta del millón de explicar qué fluido, qué cosa, podía moverse tan rápido como para explicar las acciones de un nervio. Tendría que pasar tiempo hasta que entendiésemos que la transmisión nerviosa es un proceso eléctrico. Con respecto a las vibraciones, el mayor problema es que los nervios parecían blandos y sin tensión y no se retiraban cuando se cortaban. Boerhaave calificó la teoría de las vibraciones como «*otra idea repugnante*». A pesar de sus errores, estas observaciones fueron poniendo las bases de nuestro conocimiento de los nervios, del sistema nervioso periférico y de la transmisión nerviosa.

En un viaje a París, Boerhaave encontró un mendigo que usaba su *calvarium* —la parte superior del cráneo formada por parte de los huesos frontal

Estatua de bronce de Herman Boerhaave por J. Stracke. Leiden, Holanda (1872).

parietal y occipital, lo que normalmente llamamos «la tapa de los sesos»— como bandeja para pedir limosna. A cambio de una moneda, este hombre dejaba que le palpasen el cerebro bajo el cuero cabelludo, lo que ocasionalmente le generaba sensaciones visuales:

> *Si le presionaban ligeramente la duramadre con un dedo, percibía como si hubiera mil chispas delante de sus ojos, y si se presionaba con un poco más de fuerza, sus ojos perdían toda la visión; presionando con la mano todavía con más fuerza en la duramadre, caía en un profundo sueño, que mostraba todos los síntomas de una leve apoplejía, meramente por esta presión con la mano y en cuanto se quitaba, gradualmente se recobraba de los síntomas: lo primero que se desvanecían eran los síntomas apopléjicos, después la letargia y finalmente la ceguera, recobrando todos sus sentidos su perfección inicial.*

Fue un caso singular, pero la influencia de Boerhaave hizo que comentar un caso singular como este generase un interés sobre el efecto de las acciones directas sobre el cerebro —las lesiones, especialmente— y sus efectos fisiológicos. La buena fama de Boerhaave convirtió a la Universidad de Leiden en un núcleo de atracción para visitantes, estudiantes y académicos de distintos países. Las cortes europeas le mandaban discípulos para que se formaran con él, y sabios reputados como Linneo o Voltaire viajaron hasta Holanda para conocerlo y conversar con él. Su fama superó incluso los límites de nuestro continente: un mandarín chino envío una carta dirigida «*Al ilustre Boerhaave, médico en Europa*», misiva que llegó a su destino.

El tercer anatomista holandés es Frederick Ruysch (1638-1731), botánico y médico nacido en La Haya y considerado «*probablemente el preparador más hábil y conocedor de la historia de la anatomía*». Fue el primero en describir válvulas en los vasos linfáticos, identificó el órgano vomeronasal de las serpientes —usado para la detección olfatoria de feromonas— y la arteria central del ojo. Ruysch tenía una colección impresionante de preparaciones anatómicas, elaboradas a lo largo de más de setenta años a partir de cuerpos muy diversos, desde bebés encontrados ahogados en el puerto a cadáveres de criminales ejecutados. Inyectaba soluciones conservantes y las ponía, con un cuidado que podemos denominar artístico, en vitrinas y frascos con alcohol. Ruysch era un trabajador excelente y casi compulsivo. En 1722, a los ochenta y cuatro años, escribió a Boerhaave «*Nunca amanece demasiado temprano para mí, y la caída del sol siempre sucede antes de lo que desearía*». Un recuerdo de aquellos tiempos cuando el trabajo estaba mediatizado por la ausencia de luz eléctrica.

Pedro el Grande (1672-1725), zar de todas las Rusias, es uno de los monarcas que realmente merecieron ese epíteto. Con sus más de dos metros de altura, sobresalía entre sus contemporáneos. Además, fue una auténtica fuerza de la naturaleza: sus guerras sin fin, sus apetitos desaforados, su crueldad aterradora, su impulso hercúleo para modernizar y hacer eficiente su patria, su irrefrenable deseo de aprender marcaron su siglo y su país para siempre. Fue implacable: mandó torturar a su hijo y heredero, que murió de las heridas sufridas, a los siervos que se rebelaban los ejecutaba a latigazos y a los cobradores de impuestos que robaban los mandaba desmembrar en la rueda. A su esposa le entregó la cabeza de su amante, a lo que ella respondió con indiferencia —quizá la mejor estrategia posible— y la cabeza encontró su destino en el Gabinete de Curiosidades del que luego hablaré. Pedro se encontró con un país atrasado, medieval en muchos aspectos, y optó por una modernización de arriba abajo, impuesta, algo que ha sido una constante en la historia rusa hasta nuestros días. El zar abrió su país hacia Europa, hizo que la gente cambiase su aspecto ordenando a los cortesanos, funcionarios y militares que se afeitaran las barbas y usaran ropas occidentales y poniendo impuestos a los demás para inducir los mismos cambios. Cuando vio claro que para enfrentarse a Suecia en el norte y a Turquía en el sur necesitaba una flota, aprendió a diseñar barcos y después aprendió carpintería, forja y finalmente construcción naval. El zar presumía de dominar quince empleos demostrando su habilidad como albañil, impresor, tornero, cantero o dentista. Se conservan los dientes que extrajo a miembros de su corte y a algunos paseantes despistados que se cruzaron con él.

Cuando Pedro I vio que necesitaba incorporar en su país las tecnologías de Europa occidental puso en marcha la «Gran Embajada» en 1697-1698, viajó con más de ciento cincuenta personas para aprender los avances occidentales y visitó las dos potencias de la época: los Países Bajos e Inglaterra. El propio Pedro trabajó en los astilleros holandeses para entender y dominar las técnicas necesarias para construir sus barcos. Allí se vestía con ropas viejas y dormía en casas humildes, pero su altura le traicionaba y la gente iba a verlo admirada de tener a un soberano tan cerca y de verlo hacer con pericia una actividad manual.

Entre medias de los trabajos navales Pedro el Grande sacó tiempo para visitar y recibir clases de Boerhaave, con quien discutió de anatomía y de fisiología. El lema de Pedro era «*Soy de esos que son enseñados y busco a esos que me enseñarán*», un mensaje sorprendentemente humilde en un hombre en todo desmesurado. Cuando visitó a Leeuwenhoek, el microscopista no fue muy amistoso y, según la crónica escrita por Hartsoeker, tuvo especial cuidado en no darle ninguna información sobre sus técnicas, aunque parece que le regaló uno de sus microscopios. Con Ruysch observó admirado la colección de preparaciones anatómicas, de cuerpos y órganos conservados en alcohol y también estuvo aprendiendo sobre la estructura del cuerpo humano y sobre cómo preservarlo más allá de la muerte. Uno de los niños embalsamados era tan impactante y parecía tan natural que el zar se agachó y besó la cara del bebé.

En 1717 Pedro regresó a Holanda y volvió a buscar a Ruysch. Con afecto, lo abrazó diciéndole «*sigues siendo todavía mi mismo viejo profesor*» y le compró dos mil preparaciones anatómicas, el trabajo de toda su vida, por la fortuna de treinta mil florines, con las que reforzó su Kunstkammer, una sugerencia del propio Leibniz, con quien el zar se carteaba. Boerhaave se encargaría del traslado de la colección de Ruysch a la ciudad en construcción bautizada en honor de su creador como San Petersburgo. La Kunstkammer era un gabinete de curiosidades en el que Pedro I colocaría desde los lingotes de hierro que él había fabricado hasta el cuerno de un unicornio marino (un colmillo de narval), pasando por un cordero con dos cabezas o un hermafrodita vivo, al que pagaba veinte rublos al año, o el famoso Foma, que solo tenía dos dedos en cada mano y pie, se paseaba por la cámara saludando a la gente y fue disecado tras su muerte. Al contrario que otros monarcas, Pedro abrió la exposición al público «*Quiero que la gente la vea y aprenda de ella*» y ordenó que los visitantes fueran atendidos con café, vino o vodka, lo que podríamos llamar una política activa y atractiva —aunque no muy saludable— de captación de público.

Poco antes de su muerte Pedro I el Grande consiguió uno de sus objetivos, la creación de una Academia de Ciencias similar a la de los países occidentales, aún hoy la institución científica por excelencia de Rusia. Cuando sus consejeros objetaron a su plan de añadir a la academia una universidad, indicando que «*no hay nadie para aprender*», puesto que Rusia no tenía escuelas de secundaria, Pedro, intuyendo que su fin estaba próximo dijo:

> *Tengo que recoger grandes cosechas, pero no tengo molino y no hay agua cerca. Pero hay suficiente agua a cierta distancia, solo que no tendré tiempo de construir un canal, pues la duración de mi vida es incierta. Por lo tanto, estoy construyendo el molino primero y daré las órdenes para que el canal se inicie, lo que forzará a mis sucesores a llevar agua al molino terminado.*

Un gran zar.

Carl von Linneus (1707-1778). Grabado de C.E. Wagstaff
en *The Gallery Of Portraits With Memoirs encyclopedia*, 1833.

LINNEO, EL CLASIFICADOR

Carl von Linneus (1707-1778) es uno de los grandes nombres de la biología, en particular de la taxonomía, la botánica y la zoología, y uno de los precursores de la ecología. Linneus, Linné o Linneo empezó a clasificar los animales y las plantas e inventó el sistema de nomenclatura binomial que seguimos empleando para la identificación de las especies. Así, *Canis familiaris* es el perro; *Dianthus caryophyllus*, el clavel y *Plasmodium falciparum*, uno de los parásitos de la malaria. Linneo fue llamado «El Plinio del Norte», pues el romano Plinio el Viejo realizó en el primer siglo de nuestra era una famosa enciclopedia en treinta y siete volúmenes, la *Naturalis Historia*, en la que, a partir de dos mil obras de cien autores selectos, describía la astronomía, la botánica, la zoología y la mineralogía de su época. Linneo fue también apodado el «Segundo Adán», pues según el Génesis (2,19):

> *Jehová formó, pues, de la tierra toda bestia del campo, y toda ave de los cielos, y las trajo a Adán para que viese cómo las había de llamar; y todo lo que Adán llamó a los animales vivientes, ese es su nombre.*

Linneo sería quien, por segunda vez, pusiera nombre a todos los seres vivos. Aunque era muy admirado, estaba también muy pagado de sí mismo y llegó a proclamar que nunca había existido «*un botánico ni un zoólogo más grande*» que él y que su famoso sistema de clasificación era «*el mayor logro en el reino de la ciencia*». Otro de sus apodos, «*Princeps Botanicorum*» («Príncipe de los botánicos») fue, de hecho, su *modesta* propuesta para su propia lápida. En una de sus cinco autobiografías dijo así:

> *No hay nadie que haya trabajado con más fervor y tenga más alumnos en nuestra universidad. No hay nadie con conocimientos de ciencias naturales que haya hecho más observaciones y descubrimientos.*

> *Nadie tiene un conocimiento más sólido de los tres reinos de la naturaleza. Nadie ha elaborado con más cuidado la historia natural de su tierra natal, su flora, su fauna y su economía. Nadie ha escrito más trabajos, de forma exacta y sistemática y basándose en su propia experiencia. Nadie ha reformado de esta manera una ciencia en su totalidad ni creado una nueva época. Nadie ha ordenado los diferentes grupos de la naturaleza en un orden tan perfecto. Nadie ha mantenido tanta correspondencia con el mundo entero. Nadie ha enviado a sus discípulos a tantos rincones del mundo. Nadie ha dado nombre a más plantas, insectos, a toda la naturaleza. Nadie ha visto tanto trabajo del Creador. Nadie ha sido tan famoso en el mundo.*

También escribía sobre sí mismo en tercera persona: «*El propio Dios lo guió con su mano todopoderosa. Hizo que viera más de su creación que ningún mortal antes que él. Lo dotó con la visión más grandiosa de la Historia Natural, mayor que la que nunca ningún otro recibió*». Linneo no ganaría el premio a la humildad, pero gozó de la admiración de sus coetáneos. El filósofo suizo Jean-Jacques Rousseau le escribía en 1771 «*…continuad la obra de interpretar a los hombres el libro de la naturaleza… yo os leo, os estudio, os medito, os respeto y os aprecio de todo corazón*». Johann Wolfgang von Goethe escribía «*Con las excepciones de Shakespeare y Spinoza, no hay ninguno entre los fallecidos que me haya influido tanto*». El escritor sueco August Strindberg escribió «*Linneo era en realidad un poeta que se convirtió en naturalista*».

Sus comienzos no fueron, sin embargo, muy prometedores. Nació en 1707 en la aldea de Rashult, en la Suecia meridional, hijo de un coadjutor luterano pobre pero ambicioso, y fue un estudiante tan malo que su exasperado padre lo puso de aprendiz de un zapatero. Harto de tacones y suelas, el joven aprendió la lección y pidió otra oportunidad, que le fue concedida. Estudió medicina en Holanda y Suiza y a partir de entonces no dejó de triunfar en el mundo académico. Tenía un carácter endiablado, aunque también sentido del humor, y su conversación era amena y entretenida. Su pensamiento era muy práctico, con un cuidado exquisito en los detalles y poco dado a las generalizaciones abstractas y a las grandes teorías. Por otro lado, las opiniones ajenas tenían poco peso en sus escritos y supeditaba cualquier conclusión a la observación propia, a verlo con sus propios ojos, con una excepción: aquellas observaciones o pensamientos que fueran contrarias a la interpretación más ortodoxa de la Biblia. Llegó a publicar: «*Me gustaría creer que la Tierra es tan vieja como dicen los chinos, pero las Escrituras no me lo permiten*». De hecho, limitó el concepto de especie a los textos bíblicos y explicó que «*contamos tantas especies como parejas han salido de las manos del Creador*», en referencia directa al Génesis. Para él las especies eran algo inmutable, y la misión del naturalista consistía en comprender los designios de Dios e intentar reproducirlos en sus sistemas de clasificación.

Era trabajador, ambicioso y le encantaban los honores y distinciones. En sus salidas al campo iba acompañado de una banda de música y de una multitud con la que luego hacía un gigantesco pícnic. En 1761 fue ennoblecido, recibiendo la autorización a usar la partícula «von» delante de su apellido y a tener un escudo de armas, que diseñó con tres campos con los colores de los tres reinos de la naturaleza: minerales, vegetales y animales (negro, verde y rojo), que rodeaban la anatomía de un ojo, y todo coronado por una flor, la *Linnaea borealis*, la planta de Laponia a la que Jan Frederik Gronovius nombró por él, aunque quizá no en su honor, pues dijo de ella que era «*una planta de Laponia, pequeña, insignificante, de poco valor y que florece un corto tiempo, por lo que se parece a Linneo*».

La obra más famosa de Linneo es su sistema de clasificación de los seres vivos. Un famoso adagio —inventado cómo no, por él mismo— decía «*Deus creavit, Linnaeus dispusuit*» (Dios creó, Linneo ordenó). Antes de él estos sistemas clasificatorios eran enormemente caprichosos y usaban criterios como si un animal era salvaje o doméstico, útil o perjudicial, acuático o terrestre, grande o pequeño o, incluso, si se consideraban nobles y apuestos o vulgares e intrascendentes. La clasificación de Linneo era jerárquica y presentaba un modelo organizado de la naturaleza que buscaba ordenar la inmensa variabilidad de los animales y las plantas en un sistema estructurado con criterios prácticos que facilitase la identificación de las especies. Así, los gatos y los leones eran de la familia de los félidos (Felidae), que junto con los perros y otros, formaban el orden de los carnívoros (Carnivora), que, junto con los humanos y otros, formaban la clase de los mamíferos (Mammalia). Su clasificación sirvió después a otros investigadores como Darwin para plantear que algunos seres que nos parecíamos, hombres, chimpancés y gorilas, éramos parientes cercanos y, como en una familia, probablemente teníamos antecesores comunes.

La relación de Linneo con la neurociencia tiene dos aspectos básicos: el establecimiento de cuántas especies humanas hay y, en segundo lugar, la clasificación de los olores y el olfato. En su famosa obra titulada *Systema Naturae* Linneo clasificaba, nombraba y comparaba las especies conocidas. Él puso nombre a nuestra propia especie, el *Homo sapiens* y, de hecho, el lectotipo, el espécimen seleccionado para servir como tipo nomenclatural, el que se usa para describir a todos los miembros de esa especie, fue el propio Linneo. La primera edición de *Systema* tenía solo catorce folios, pero la duodécima, la última que llegó a ver Linneo, tenía ya tres volúmenes y dos mil trescientas páginas.

La décima edición (1758) de *Systema Naturae* incluía cuatro mil cuatrocientas especies de animales y siete mil setecientas especies de plantas y, dentro de «Los Primates, el Hombre y los Simios», el *Homo sapiens* estaba dividido en cuatro categorías raciales dentro de la misma especie (Americanus, Asiaticus, Africanus y Europeanus) pero, además, había otras especies dentro del género *Homo* que nunca hemos encontrado. Estaba *Homo monstrosus,* como el famoso gigante de la Patagonia; *Homo ferus*, el hombre salvaje, y *Homo nocturnus*, el troglodita, el hombre de las cavernas con piel pálida y mala visión porque vivía sin ver la luz del Sol.

En febrero de 1758 Linneo recibió una carta de uno de sus estudiantes en la que le contaba que en Londres estaba expuesta una troglodita viva. Linneo le contestó rápidamente y le pidió que examinara cuidadosamente el espécimen y lo intentara comprar ofreciendo una importante cantidad. La compra falló, pero habría dado igual: no era una nueva especie humana, tan solo era una niña africana albina. Su pequeño tamaño, su piel pálida, su mala visión, su extraño aspecto encajaban en la descripción de los trogloditas, pero evidentemente no era diferente a nosotros. La clasificación de Linneo se fue posteriormente simplificando, y ahora sabemos que desde hace unos cuarenta mil años solo queda una especie de hombre, el *sapiens.* Es importante, porque siempre hemos considerado que las características humanas que son funciones mentales (inteligencia, lenguaje, personalidad, creatividad…) son exclusivas en el reino animal, y uno de nuestros libros sagrados llega incluso a afirmar que Dios nos creó a su imagen y semejanza. Nunca hemos admitido algo similar ni siquiera en las especies más próximas.

En el segundo aspecto, Linneo tuvo especial interés por el olfato. Él era fundamentalmente botánico, y se sumó a buscar, como ya se había conseguido con éxito en el mundo de los colores, cuáles eran los olores primarios, de los que supuestamente derivaban todos los demás. Linneo, el clasificador, hizo una tabla con siete olores: aromático, fragante, ambrosial (a almizcle), aliáceo (a ajo), hircíneo (a cabra), repulsivo y nauseabundo. La lista no tenía ningún control científico ni ningún dato químico, pero la clasificación de Linneo se mantuvo, con nuevas aportaciones, matizaciones y subdivisiones, durante dos siglos. Aun así, nunca ha sido suficiente, y ya decía Sherlock Holmes que «*hay setenta y cinco perfumes que un experto criminalista debe poder distinguir con claridad si quiere hacer bien su trabajo*».

Para identificar los olores primarios se realizó un experimento no muy exacto, pero ingenioso. Todos sabemos que nuestro olfato se satura: al poco tiempo de entrar en una sala cerrada y cargada —esas aulas llenas de veinteañeros que parecen venir de jugar la final de la Champions— no notamos los olores. Si, después de adaptarnos a un olor A, nos ponen un olor B y nuestra percepción está alterada, será porque los dos olores están relacionados, sus moléculas son parecidas y se pondrán en la misma categoría, mientras que si son dos olores diferentes, la adaptación al olor A no impide oler el aroma B en todo su esplendor. También se probó en el siglo XIX si para que notásemos un aroma, las moléculas tenían que estar dispersas en el aire. En 1822 Caspar Tortual probó a poner disoluciones de distintas moléculas en la nariz, y comprobó que no podían ser «olfateadas». Olfato y gusto son sentidos diferentes, y los odorantes deben llegar por el aire. Esos olores nos cubren, flotan alrededor de nosotros, entran en nosotros, emanan de nosotros, son un intermediario entre nuestro cuerpo y el mundo exterior.

Linneo, siempre amante de los reconocimientos, habría disfrutado al saber que un estudio reciente concluye que es la persona más influyente de todos los tiempos, al menos según Wikipedia. Un grupo de investigadores usó varios algoritmos y encontró que Linneo era el ganador porque miles de páginas de esta enciclopedia digital hacen referencia a su figura y enlazan a su página. En la versión española lo seguían, en este orden: Napoleón, Aristóteles, Carlos V, Jesucristo, Shakespeare, Julio César, Felipe II, Hitler y el emperador Augusto. ¿Qué quiere que le diga? Al menos, no sale ningún jugador de fútbol. Si el primero de la lista, Linneo, estaba interesado en los olores, el segundo, Bonaparte, también lo estaba. Se conserva una carta de Napoleón a Josefina en la que le pide que no se bañe en las dos semanas que faltan para que se reencuentren y así «*poder gozar de todos tus aromas naturales*». Y eso que París siempre ha sido la capital de los perfumes…

Efigie de Giovanni Battista Morgagni (1682 - 1771) por R. Blokhuysen.

SU ANATÓMICA MAJESTAD

El concepto moderno de enfermedad surgió en el siglo XVIII, cuando las ideas ilustradas de la primacía de la razón y el empleo de la ciencia para la búsqueda de la verdad fueron sometiendo a examen las «*verdades*» del pasado. La vieja teoría hipocrática de la enfermedad como un desequilibrio de los cuatro humores fue cada vez puesta más en duda, hasta que los nuevos enfoques teóricos, fundamentados en la observación, la fueron arrumbando en el baúl de la historia.

Un personaje clave en este cambio fue Giovanni Battista Morgagni. Nació en Forli en 1682 y empezó a estudiar medicina en la Universidad de Bolonia en 1698. Las universidades de la época, como la mía de Salamanca, tenían también escuelas menores, nuestra actual enseñanza secundaria, y por eso el primer título universitario que siguen concediendo las universidades anglosajonas es el de bachiller (*Bachelor in Arts*), lo que explica que Morgagni empezara sus estudios universitarios a los 16 años. Bolonia, la universidad más antigua del mundo, tenía buenos profesores, y Morgagni recibió docencia y guía de Antonio Valsalva, un gran anatomista y uno de los discípulos más conocidos de Malpighi, el llamado padre de la histología. Morgagni, que consideró la anatomía la «*piedra angular del edificio médico*», obtuvo su doctorado en medicina y filosofía en 1701, en cuya defensa dejó asombrado al tribunal por su memoria y agudeza. Tras graduarse empezó a practicar en tres hospitales de Bolonia, en particular en Santa María della Morte, donde actuó de prosector bajo la dirección de Valsalva, lo asistió en las autopsias y lo ayudó a completar su libro *De aure humano tractatus*. Desde la primera autopsia pública que observó, Morgagni empezó a llevar un diario médico científico en el que anotaba «*todo lo interesante que podía observar, escuchar o leer*». Toda su vida llevó estos cuadernos, en los que anotaba tanto lo que encontraba en una autopsia o en un hospital como lo que escuchaba en una conferencia o le relataba un paciente, cualquier dato

JO. BAPTISTÆ
MORGAGNI
P. P. P. P. Tho: Dale M. D. 1775.

DE SEDIBUS, ET CAUSIS
MORBORUM
PER ANATOMEN INDAGATIS
LIBRI QUINQUE.

DISSECTIONES, ET ANIMADVERSIONES, NUNC PRIMUM EDITAS, COMPLECTUNTUR PROPEMODUM INNUMERAS, MEDICIS, CHIRURGIS, ANATOMICIS PROFUTURAS.

Multiplex præfixus eſt Index rerum, & nominum accuratiſſimus.

TOMUS PRIMUS
DUOS PRIORES CONTINENS LIBROS.

VENETIIS,
MDCCLXI.

Ex Typographia Remondiniana.
SUPERIORUM PERMISSU, AC PRIVILEGIO.

Portada de la obra *De sedibus et causis morborum per anatomem indigatis.*

que le pareciera significativo, con lo que acumuló una cantidad ingente de información, mucha de ella de primera mano.

Morgagni destacó desde joven por su espíritu crítico, y por ello fue elegido miembro en 1699 y presidente en 1705 de la *Academia degli Inquieti*, una institución de buena reputación que tenía el objetivo de someter a examen la enseñanza tradicional y hacer avanzar la ciencia con sus propios proyectos. Morgagni reformó la academia siguiendo el modelo de la Real Academia de Ciencias de París. Un año más tarde, en 1706, escribió una de sus grandes obras, el tratado *Adversaria anatómica* (Escritos anatómicos). Su precisión y detalle eran muy superiores a los de las obras previas y ese libro, que fue ampliando en ediciones sucesivas, convirtió a Morgagni en uno de los anatomistas más respetados de Italia cuando solo tenía veinticuatro años. En 1707, cuando Valsalva abandonó Bolonia, Morgagni asumió su cátedra, pero se enfrentó con uno de los «capos» de la universidad, Giovanni Girolamo Sbaraglia (1640-1710), catedrático de anatomía durante cuarenta años, por lo que dejó esa universidad para trasladarse a Venecia, atraído tanto por la libertad que la República Serenísima daba a sus profesores como por la existencia en las bibliotecas de la ciudad de la laguna de libros poco conocidos.

En 1711 fue invitado a Padua, donde ocupó la segunda cátedra de medicina teórica y fue nombrado en 1715 para la primera cátedra de anatomía, el puesto más prestigioso para un anatomista italiano y que antes habían ocupado Vesalio y Fallopio. Morgagni tenía tiempo para su vida privada, y en 1712 se casó con Paola Vergieri, una noble de su misma ciudad, una aspiración que siempre había tenido, con la que tuvo quince hijos: doce chicas, de las cuales ocho se hicieron monjas y cuatro fallecieron en la infancia, y tres chicos.

La reputación de Morgagni hizo que asistieran a sus clases en Padua estudiantes de toda Europa, fue nombrado miembro de la Royal Society de Londres y de las academias de París, Berlín y San Petersburgo y fue apodado por sus alumnos «Su Anatómica Majestad». Tras su *Adversaria* no publicó más trabajos importantes y parecía que su única labor era la docente, pero, de forma sorprendente, en 1761, cuando tenía 79 años, publicó su obra más famosa *De sedibus et causis morborum per anatomem indigatis* (*De los lugares y causas de las enfermedades, investigados por medio de la anatomía*), con la que cambió el curso de la medicina.

En 1679 Theophilus Bonetus había publicado una obra titulada *Sepulchretum sive Anatomica Practica ex Cadaveribus Morbo denatis* (El Cementerio, o la anatomía practicada en cadáveres muertos de enfermedad), en la que se recogían tres mil casos, incluyendo sus historias clínicas y los resultados de las autopsias. Quizá *De Sedibus* no existiría si no fuera porque Morgagni fue de vacaciones con un joven amigo, Lelius, en 1740 y ambos tuvieron largas charlas sobre la obra de Bonetus. Lelius, que tenía una gran curiosidad científica, le pidió que le siguiera contando, que contrastara las afirmaciones de Bonetus con su propia experiencia, y a lo largo de más de veinte años intercambiaron correspondencia, en la cual Morgagni le escribió setenta largas cartas con los resultados de más de setecientas autopsias, con sus hallazgos clínicos pre y postmortem y con críticas y comentarios al *Sepulchretum*. Esas cartas fueron la base de *De sedibus*, que tuvo mucho éxito, con siete ediciones y tres traducciones, y cuyo primer volumen está dedicado a las enfermedades de la cabeza, incluyendo muchos problemas neurológicos, pues muchos de los pacientes tenían problemas como parálisis o demencias. Entre ellos había descripciones deta-

Escultura de Giovanni Battista Morgagni en Forlì, la ciudad italiana de la región Emilia-Romaña.

lladas de enfermedades infecciosas como la meningitis, la tuberculosis o la sífilis, y también describió casos de parálisis infantil, tumores cerebrales, inflamación o la presencia de líquido en el cerebro (hidrocefalia). Aportó al neurotrauma observando sangrado en nariz u oído tras una lesión en la base del cráneo, así como los efectos de hemorragias subdurales y epidurales. Otro problema cerebral que detalló fue la apoplejía, que definía como un ablandamiento del cerebro o una hemorragia, causada por muchas causas, incluyendo «*tensiones de la mente*», «*esfuerzo al defecar*» o «*estornudar*». Morgagni también aclaró que el daño de estas apoplejías podía producir cambios en la zona del cuerpo opuesta al hemisferio cerebral en el que se había producido el derrame, confirmando lo que había visto su maestro Valsalva.

Además de aportar mucho al conocimiento anatómico —se ha dicho que, si se hubiese ligado su nombre a todos sus descubrimientos, un tercio de las estructuras del cuerpo humano deberían llevar el apellido de Morgagni— la principal línea de pensamiento de su obra fue rechazar la teoría humoral y proponer que las enfermedades estaban causadas por un fallo orgánico, el mal funcionamiento de una parte del cuerpo: un concepto nuevo y radical. Aunque puede argumentarse que Morgagni no descubrió nada, en realidad produjo un cambio total en la forma de entender la enfermedad. A partir de él los médicos asumieron algo novedoso y que ahora nos parece evidente, pero que entonces fue un avance espectacular: que los síntomas eran producidos por alguna zona o parte concreta del cuerpo. Morgagni dijo que la enfermedad era «el grito de unos órganos sufrientes» y consideró al organismo como un aparato perfectamente conjuntado en el que cada órgano contribuía con su actividad al funcionamiento global del ser humano. Por lo tanto, si un órgano era dañado por la enfermedad, podía causar alteraciones en distintas partes del cuerpo o, incluso, la muerte. La función del anatomista era, según él, identificar el órgano afectado en cada enfermedad mediante la autopsia y buscar, con esa base, mediante un proceso racional, basado en la observación y la experimentación sistemática, qué tratamiento podía ser más eficaz. Según Virchow, con Morgagni «nació la medicina moderna», un proceso que fue ampliándose con la creación de cátedras de anatomía patológica en las principales universidades y que ya no tuvo marcha atrás. Su método de establecer la localización anatómica de una enfermedad correlacionando la historia clínica de un paciente con los hallazgos del examen *postmortem* proporcionó una herramienta poderosa para localizar y entender diversas enfermedades del sistema nervioso y del resto del cuerpo, algo que se sigue haciendo en los mejores hospitales de todo el mundo.

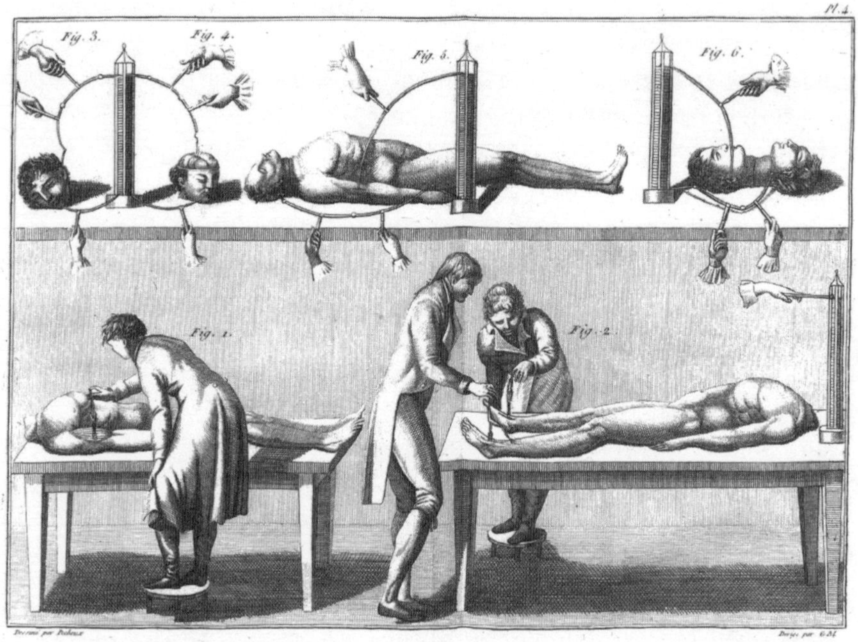

Ilustraciones (algunas satíricas) de los experimentos realizados por Aldini.

LA CHISPA DE LA VIDA

Como habían hecho los anatomistas holandeses, los científicos de otros países europeos intentaban conseguir para el estudio del cerebro humano los cuerpos de los criminales ejecutados. En enero de 1803 el cadáver de George Forster fue transportado con rapidez desde los sótanos de la prisión de Newgate al edificio del Real Colegio de Cirujanos en Londres. Forster era un criminal condenado por haber asesinado a su mujer y a su hijo y acababa de ser ahorcado. Delante de una audiencia de médicos y curiosos el profesor italiano Giovanni Aldini iba a realizar un espectáculo «anatómico» con aquel cuerpo todavía caliente. Aldini elogió la «*mente iluminada*» de los legisladores británicos, que permitían aprovechar los cadáveres de los criminales ejecutados en Inglaterra para su uso en la experimentación médica, y se puso manos a la obra. Su demostración en Londres «*superó nuestras expectativas más optimistas*» —escribió más tarde con entusiasmo—, y añadió que había tenido tanto éxito que «*el vitalismo podría, tal vez, ser restaurado*». Investigadores de toda Europa estaban en esos momentos buscando el secreto de la vida, la «fuerza vital», usando como herramienta la electricidad.

Decidido a comprender cómo funcionaba lo que él llamaba la «máquina animal humana», Aldini sabía que necesitaba cuerpos que hubiesen fallecido recientemente y que «*retuvieran... los poderes vitales en su máximo grado de preservación*». Su solución fue, como vimos, los criminales ahorcados o decapitados: «*me vi obligado, si se me permite la expresión, a colocarme debajo del patíbulo, cerca del hacha del verdugo, para recibir los cuerpos todavía sangrantes de los desafortunados criminales, los únicos sujetos apropiados para mis experimentos*».

En su demostración en Londres Aldini usó una gran batería húmeda, la llamada «pila voltaica», un invento que Alessandro Volta había presentado tan solo tres años antes. Con dos cables de cobre empezó a aplicar descar-

Diagrama de la primera batería, fabricada por capas de metal y almohadillas de cuero alternas, empapadas en solución salina. Con dos discos metálicos separados por un conductor húmedo, pero unidos con un circuito exterior, se logra por primera vez producir corriente eléctrica continua, el electróforo perpetuo, un dispositivo que una vez que se encuentra cargado, puede transferir electricidad a otros objetos, y que genera electricidad estática [Library of Congress, Washington, D.C., USA].

gas en la cara del cadáver. De repente, la mandíbula de Forster empezó a temblar, los músculos adyacentes comenzaron a contraerse en una mueca terrible y el ojo izquierdo se abrió de repente. De allí bajó al pecho, que pareció moverse como en la respiración, y el puño pareció levantarse y golpear en el aire, como si el cuerpo estuviera furioso con lo que le estaban haciendo. El clímax de la actuación se produjo cuando Aldini colocó sus cables en el recto del cadáver: sus piernas patearon, su espalda se arqueó violentamente y parecía que el asesino iba a volver a la vida. Los efectos de la exhibición no acabaron allí. Un tal señor Pass, bedel del Real Colegio, tremendamente afectado por lo que había visto, murió poco después. El *Newsgate Calendar*, una gacetilla que informaba de los crímenes y las ejecuciones en la prisión, publicó su preocupación por que los científicos devolvieran la vida a los criminales más rápido de lo que los propios verdugos daban cuenta de ellos. El editor mostraba al menos su tranquilidad porque, sin duda, si el reo revivía, tendría que ser nuevamente ejecutado, ya que la sentencia del juez había sido la horca «hasta la muerte».

Aldini era catedrático de física en la Universidad de Bolonia, la misma universidad donde su tío, Luigi Galvani, era catedrático de anatomía. El propio Galvani había dirigido durante tres años el llamado Carnaval Anatómico, en el que el cuerpo de un criminal era diseccionado en dieciséis fases delante de un público a la vez extasiado y horrorizado. Galvani estaba interesado en el llamado «*fluido eléctrico*», un jugo que se generaría en el cerebro, fluiría a través de los nervios y dotaría a los músculos de su potencia. Las teorías de Galvani encajaban con las ideas de finales del siglo XVIII sobre una fuerza vital, un líquido o gas que dotaría a los cuerpos inanimados de la capacidad de movimiento y de las demás actividades de un ser vivo.

No era la primera vez que se observaban los efectos de la electricidad en un organismo. Ya en tiempos de los romanos se utilizaron peces eléctricos para curar enfermedades. Los pacientes, afectados de artritis, gota o parálisis, se colocaban descalzos encima de anguilas o torpedos hasta que el potencial eléctrico del pez se daba por agotado. Scribonius Largus, un médico de lo que ahora llamaríamos gente famosa y que vivió en el siglo I, escribía en el año 46:

> *El dolor de cabeza, incluso crónico e insoportable, desaparece y es curado para siempre colocando un torpedo negro vivo en el lugar del dolor.*

Podemos imaginar a este médico romano colocando el pez por distintas partes del cuerpo del paciente. Scribonius debía de estar convencido de su tratamiento y ser un médico afamado y respetado, porque al año siguiente, en el 47, trataba con sus peces eléctricos las migrañas del hombre más poderoso de su época, el emperador Claudio.

Aquellas técnicas quedaron en desuso, en parte por los comentarios negativos de Galeno sobre ellas, hasta el siglo XVIII, en el que se dispuso, por primera vez, de fuentes artificiales de electricidad fiables y continuas. John Wesley, el fundador de la Iglesia metodista, escribió un libro titulado *Primitive Physick* en el que recogió doscientos ochenta y ocho problemas médicos que, según él, podían ser prevenidos o curados por la electricidad. Wesley escribió que:

> *...estaba firmemente persuadido de que no existía remedio en la naturaleza para los trastornos nerviosos de cualquier tipo comparable al uso adecuado y consistente de máquinas eléctricas.*

y terminaba sugiriendo que *«entre cincuenta y cien descargas serían la dosis adecuada en la mayoría de los casos»*.

Galvani tenía distintas máquinas generadoras de electricidad tanto en la universidad como en su casa, donde llevaba a cabo buena parte del trabajo con la ayuda de su mujer, Lucia Galeazzi. Había iniciado sus investigaciones estudiando la anatomía comparada, en particular la del sistema excretor y la del oído de las aves. Sin embargo, a partir de 1772 estudió los movimientos musculares de la rana y, poco más tarde, los efectos del opio en sus nervios. De ese modo, empezó a estimular los nervios y los músculos de estos anfibios. En el jardín de su casa tenía colgando de unos ganchos de bronce cuerpos de rana sin cabeza y vio que las ancas de aquellas ranas muertas se contraían cuando la brisa las balanceaba y tocaban la barandilla de hierro. Galvani interpretó que los nervios llevaban a los músculos un fluido eléctrico. Volta, más tarde, demostró que la electricidad no provenía del animal, sino de los dos metales, hierro y bronce, tras formarse un contacto húmedo entre ellos como el que generaba el rocío en la barandilla del jardín.

Parece que se produjo, además, un descubrimiento fortuito. Lucia, la esposa de Galvani, se dio cuenta de que, mientras uno de los estudiantes de su marido disecaba el nervio ciático de un anca de rana, la pata del animal empezó a temblar cuando una chispa de la máquina electrostática saltó al bisturí. Vieron que podían repetir la observación con tejidos muertos si los escalpelos habían recibido una chispa antes o si se conectaban directamente con la máquina electrostática mediante un cable. Galvani llamó a esta energía que provocaba el movimiento la «electricidad animal», en contraposición a la «electricidad artificial» obtenida, por ejemplo, frotando metales y un paño de lana, y a la «electricidad natural», que sería la del rayo. Demostró que en la relación entre nervios y músculos intervenía un componente eléctrico y no simplemente canales acuosos como se creía hasta entonces. Descubrió también que con la contracción de los músculos de la rana podía medir la intensidad de la corriente eléctrica, de modo que su modelo animal se convirtió en un auténtico galvanómetro biológico.

Galvani estudió también otros fenómenos. Sus experimentos con los metales y la corrosión lo llevaron a obtener por primera vez el acero galvanizado, tan usado en la actualidad, pero esa es otra historia. ¡Volvamos al cerebro! El galvanismo, la técnica que curaba con electricidad distintas enfermedades y que provocaba el movimiento de animales y personas muertas, se convirtió en un espectáculo que recorría las capitales europeas. Galvani había probado a estimular directamente el cerebro, pero sin éxito. Su sobrino Aldini tuvo más suerte: cogía una cabeza de buey, abría la tapa de los sesos y estimulaba eléctricamente el cerebro expuesto. El resultado era que se producían movimientos en los párpados, el hocico y los ojos, para asombro y admiración de todos los espectadores.

Aldini y otros «galvanistas» iniciaron experimentos para estudiar la respuesta del cuerpo humano a la corriente eléctrica. Probaban los efectos de la electricidad sobre pacientes afectados de las patologías más variadas, y las revistas médicas de la época recogían con regularidad informes de cómo unas pocas chispas o potentes descargas eléctricas habían curado una enorme variedad de trastornos, de la parálisis a la apoplejía, del reumatismo a diferentes enfermedades mentales.

El físico Alessandro Volta, profesor en la Universidad de Pavía, también quedó impresionado con los hallazgos de Galvani, pero les daba una interpretación diferente. Para él en el cuerpo no había nada eléctrico, y el galvanismo era tan solo una reacción ante cargas eléctricas externas generadas por metales (*«è la diversità dei metalli, che fa»*). El anca de la rana era un mero elemento conductor de la electricidad, al igual que lo era la salmuera, un sujeto pasivo. Galvani y Volta se enfrascaron en una controversia que iba a durar una década y que tendría a sus *tifosi* divididos en dos grupos irreductibles: animalistas frente a metalistas, fisiólogos frente a físicos, Bolonia frente a Pavía.

Simplificando, la diferencia fundamental entre ambos grupos se podría formular de la manera siguiente: para Galvani la electricidad existía en la rana, y los metales lo único que hacían era ponerla de manifiesto, mientras que para Volta, la electricidad era causada por el contacto entre los dos metales, y la rana era solo un elemento conductor entre ambos.

Luigi Galvani. Burgess, retratos, 1075.

La verdad es que ambos sabios italianos estaban en lo cierto, pues ambas cosas suceden, pero Galvani consiguió un paso más al hacer lo que se ha llamado su «tercer» experimento: eliminó todos los elementos metálicos y estiró bien el nervio ciático de la rana hasta hacerlo contactar con el músculo en una preparación fresca. La sorpresa es que, de nuevo, el anca se encogía súbitamente. También sucedía si ponía el nervio de una rana en contacto con el músculo de otra, y todo ello sin pinzas ni escalpelos, sin ningún instrumento metálico, sin generadores eléctricos, sin cables... solo la rana. La conclusión era que los animales tenían electricidad propia, que esas corrientes eléctricas viajaban a través de los nervios y que al llegar a los músculos era capaces de causar su contracción.

La historia una vez más intervino en el trascurso de la ciencia. Tras negarse a jurar lealtad a Napoleón, cuyos ejércitos ocupaban Italia y había fundado la República Cisalpina, Galvani perdió su cátedra en la Universidad de Bolonia y al año siguiente murió en la pobreza. Volta, en cambio, que había presentado su pila a Bonaparte en el Instituto de Francia, fue nombrado por este miembro del Instituto Lombardo de Ciencias y Letras, miembro de la Legión de Honor, senador del Reino de Italia y conde de Lombardía, y su nombre fue honrado al asignárselo a una de las principales unidades eléctricas: el voltio. Las ideas de Galvani, que era el que tenía razón, al menos en Neurociencia, languidecieron durante décadas.

El uso médico de la electricidad, como sucede siempre con los avances sanitarios reales o ficticios, dio lugar a nuevos negocios. James Graham abrió en uno de los mejores barrios de Londres un lujoso «balneario eléctrico» llamado «el Templo de la Salud». Los visitantes podían oír las charlas de Graham sobre las virtudes de la electricidad mientras eran atendidos por bellas señoritas con no mucha ropa. Una de ellas se llamaba Emma Lyon, más tarde conocida tras su matrimonio como Lady Hamilton, y que alcanzó la fama al convertirse en la amante del mayor héroe naval británico, Horatio Nelson. El éxito de su establecimiento fue tal que Graham tuvo que abrir un nuevo «templo» en Pall Mall, donde los clientes podían elegir entre sentarse en el «Trono Celestial», una silla eléctrica aislada del suelo mediante columnas de cristal, o bañarse en agua a través de la cual se pasaba una corriente eléctrica, y los que querían un tratamiento más convencional podían comprar píldoras o pociones imbuidas del poder revitalizante del «fuego celestial», una de las cuales se denominaba el «Éter eléctrico». Esta mezcla de extractos de plantas servía, según Graham, para:

> *...prevenir cualquier tipo de infección y para curar todas las enfermedades inferiores, nerviosas, persistentes y pútridas. Nada en la Tierra*

La anguila eléctrica (*Electrophorus electricus*) conocida también como temblador, pilaké o morena, puede realizar descargas eléctricas de hasta 600 voltios, gracias a que posee unas células especializadas llamadas electrocitos. Emplea las descargas eléctricas para cazar (aunque la imagen inferior puede ser algo exagerada), defenderse de depredadores potenciales y para comunicarse con otros individuos de su especie. Los electrocitos son también usados por la rayas eléctricas y algunos «peces gato», para electrogénesis y electrorrecepción. Son células en forma de discos que están dispuestas en una secuencia de manera similar a una batería eléctrica. Cada una de ellas puede producir hasta 0,15 V... y pueden tener miles. Funcionan gracias a una bomba de iones sodio y potasio. Los electrocitos postsinápticamente, trabajan como un tejido muscular. Estas estructuras celulares se usan en muchos experimentos gracias a su parecido con las uniones neuromusculares.

puede igualar esta nobilísima quintaesencia. No solo previene los catarros y resfriados, sino que cualquiera que tenga que visitar tribunales, lugares públicos, personas enfermas o lugares donde hay cientos de personas corrientes hacinadas en pasillos haría bien en tomar una cucharada de éter.

Para parejas ricas pero sin hijos estaba la Cama Celestial. Por solo cincuenta libras —dicho en castizo, ¡una pasta!— los aristócratas británicos podían pasar la noche en una cama gigantesca con un colchón relleno de paja fresca, hojas, pétalos y crines de la cola de los mejores garañones ingleses. Un poco de música y unas chispas en el cabecero de la cama y la concepción de un heredero estaba garantizada. Para aquellos con afecciones del sistema nervioso o «constituciones decaídas o gastadas», el bálsamo etéreo (éter mezclado con vino) era la solución. Y si nada funcionaba, entonces las «píldoras imperiales» garantizaban curar cualquier mal que no estuviera en la lista de enfermedades tratadas por los otros remedios.

La joya del montaje del Templo de la Salud era una máquina eléctrica gigantesca con cilindros de cristal que giraban, varillas conductoras y otra parafernalia diseñada para emitir chispas alrededor de esferas rodeadas de metal rellenas con las pociones de Graham y asombrar a sus crédulos clientes. Ocupaba diez habitaciones y su construcción costó una fortuna. Es como algunas clínicas actuales, que gastan más en diseño, materiales de lujo y secretarias atractivas que en comprobar la efectividad de sus tratamientos.

Nos hemos acostumbrado a ver en las películas al médico gritando ¡todos fuera! y dando unas descargas eléctricas para «resucitar», reanimar, al que ha entrado en parada cardíaca. Y es que el uso de la electricidad como tratamiento médico lleva ya dos mil años entre nosotros.

Retrato de Franz Anton Mesmer, 1766.

MESMER Y LAS PULSERAS MAGNÉTICAS

Franz Anton Mesmer fue un médico alemán interesado en la astronomía y que postulaba que había energías invisibles que se movían entre los seres vivos, el llamado magnetismo animal o mesmerismo. Mesmer estudió en las universidades jesuitas de Dillingen e Ingolstadt, la misma universidad donde, según la imaginación de Mary Shelley, fue creado un personaje de ficción: el monstruo del Dr. Frankenstein. De allí pasó a uno de los mejores centros de enseñanza superior de la época, la facultad de medicina de la Universidad de Viena.

Su tesis doctoral, defendida en Viena, tenía el título de *De planetarum influxu in corpus humanum* (Sobre la influencia de los planetas en el cuerpo humano), y en ella hablaba de los efectos de la Luna y de los planetas sobre el organismo, tanto en la salud como en la enfermedad. El punto de partida era la teoría gravitacional de Isaac Newton, que había establecido las influencias mutuas entre los distintos cuerpos celestes y había dado por primera vez una explicación a fenómenos físicos como las mareas. Al parecer, según se ha descubierto recientemente, Mesmer plagió su tesis de un artículo de Richard Mead, un médico amigo de Newton.

Mesmer planteaba que existía un único fluido universal al que dábamos distintos nombres (gravitación en las órbitas planetarias; electricidad, en los rayos de una tormenta; magnetismo en una brújula). Cuando ese fluido pasaba por un organismo vivo era el magnetismo animal, y Mesmer explicaba que la buena salud, tanto física como psicológica, se debía a tener correctamente orientados los campos magnéticos. La enfermedad, y en particular la enfermedad mental, era el resultado de un bloqueo de los fluidos, un desajuste en estas fuerzas, y se podía curar gracias a que la misma fuerza emanaba del magnetizador y actuaba sobre el enfermo, que sentía un alivio inmediato de sus dolores y molestias o veía desaparecer sus movimientos anormales. Mesmer puso en marcha una serie de tratamientos en los que

Un joven Wolfgang Amadeus Mozart, huecograbado a partir de la obra de F. Schrorer, 1895.

daba a sus pacientes una medicación rica en hierro y luego pasaba imanes por la superficie del cuerpo para «alinear» correctamente el campo magnético. Parece mentira, pero estas cosas de Mesmer, la influencia de los planetas, los campos magnéticos, pasar las manos, etc., siguen vivas actualmente en el mundo de los esotéricos, doscientos cincuenta años después.

En 1768, Mesmer hizo un experimento de éxito, similar al que han realizado otros famosos investigadores a lo largo de la historia: casarse con una viuda rica. Ello le dio tranquilidad económica, con lo que no solo pudo impulsar su carrera médica, sino también ser un mecenas de las artes. De hecho, aunque no está confirmado, parece que organizó en su jardín un concierto de un joven muchachito austriaco de doce años llamado Wolfgang Amadeus Mozart, al que el ayuntamiento de Viena había puesto dificultades para tocar, y que estrenó *Bastián y Bastiana* en las propiedades de Mesmer. Lo que es seguro es que Mozart supo del mesmerismo, pues lo inmortalizó en su ópera bufa *Così fan tutte,* en la que dos de los protagonistas, Ferrando y Guglielmo, son curados del falso veneno que han tomado cuando la criada Despina, disfrazada de médico, pasa por su frente un gran imán al mismo tiempo que canta lo que no deja de ser la historia de Mesmer:

pietra mesmerica
ch'ebbe l'origine
nell' Alemagna
che poi si celebre
la in Francia fù.

(Piedra mesmérica que tuvo su origen en Alemania y
que después se hizo tan célebre en Francia).

Mesmer, no obstante, vio que durante sus tratamientos, los pacientes caían en una especie de trance y al terminar se sentían mejor. Posteriormente observó que los resultados eran iguales si no usaba los imanes y, aunque los científicos se fueron dando cuenta del poder de la sugestión, Mesmer lo interpretó como que él mismo tenía poderes magnetizadores, así que empezó a pasar las manos sobre el cuerpo de los pacientes y también a dar algunos masajes. En los tratamientos individuales Mesmer se sentaba frente a su paciente estableciendo un contacto apropiado para el flujo tocando las rodillas del paciente —a menudo la paciente— con las suyas al mismo tiempo que sujetaba sus dedos y lo miraba fijamente.

Benjamin Franklin. Grabado a partir de la obra de M. Chamberlin.

Como sucede a menudo con los esotéricos, Mesmer, que debía de ser un hombre carismático, tuvo éxito con la sociedad civil, en particular con los ricos e incultos, que acudían presurosos a ponerse en sus manos, nunca mejor dicho, pero no consiguió el favor de los médicos, con una formación mejor, que lo expulsaron de la universidad y le prohibieron seguir practicando la medicina en Viena, una decisión coherente y valiente que no tienen algunos colegios de médicos y farmacéuticos actuales, que siguen amparando supercherías como la homeopatía o vendiendo artículos dignos del propio Mesmer, como las famosas pulseras magnéticas.

Ante ese contratiempo Mesmer hizo lo que hacen todos los charlatanes profesionales: cambiar de escenario. Marchó a París, donde se convirtió en una estrella en los salones de la nobleza, donde ponía a sus pacientes en trance y operaba «milagros» mientras repartía hojas con testimonios de personas agradecidas que declaraban con un firme convencimiento deberle su salud. También hacía sesiones en grupo —algo que siempre es interesante a la hora de hacer caja— en su lujosa clínica —todos los charlatanes que pueden hacerlo cuidan esa imagen de sofisticación y éxito—, donde actuaba bajo una luz tenue y una música suave —la versión en vivo del moderno hilo musical—, había espejos que reflejaban la escena —lo que anima a la respuesta en grupo—, los pacientes se cogían de los pulgares —lo que genera ya una cierta tensión emocional— y Mesmer se paseaba a su alrededor vestido con una túnica de seda y —según él— canalizando hacia ellos los fluidos magnéticos. Cuando algunos pacientes caían en trance y empezaban a balbucear, a gritar y a desmayarse, los demás lo vivían como un prodigio. Para que no le echaran en cara que solo se preocupaba de la salud de los ricos, Mesmer magnetizaba árboles e invitaba a los indigentes a abrazarlos para recibir ayuda gratuita. Me resulta menos gracioso cuando recuerdo que a una amiga latinoamericana muy querida le recomendó su psicólogo que abrazara árboles en pleno siglo XXI. ¿Adivina en qué país? ¡Exacto!, ha acertado.

De nuevo, los médicos, franceses en este caso, preocupados por la ciencia o por la pérdida de negocio a manos de un alemán, que todo es posible, protestaron, y el rey Luis XVI, aunque a la reina María Antonieta la encantaban las sesiones de Mesmer y Lafayette era uno de sus principales seguidores, ordenó a la Academia Francesa de Ciencias una investigación. En 1784 la Academia nombró una Comisión Real con una composición memorable: estaba presidida por Benjamin Franklin, embajador del nuevo país de los Estados Unidos y experto mundial en electricidad, y de ella formaba parte también el mejor científico de Francia, Antoine Lavoisier, el astrónomo y alcalde de París Jean Bailly y un médico que había conseguido cierta fama por un artilugio que facilitaba el tránsito a mejor vida de los condenados a muerte, Joseph Guillotin. La guillotina trabajaría pocos años después a destajo, y por ella pasarían, de hecho, los cuellos de Luis XVI, de María Antonieta, de Bailly y de Lavoisier, aunque no, como en algunos casos se dice, el del propio Guillotin.

Franklin tenía una salud delicada, y acordaron realizar las sesiones de investigación sobre el magnetismo animal en su residencia en Passy. Mesmer, que no era ningún estúpido, decidió tener un perfil bajo y, en vez de asistir personalmente, mandó a su ayudante, Charles Deslon. Si la comisión avalaba sus experimentos, era un éxito para Mesmer; si los criticaba, la mala fama era para Deslon. Deslon, que, como sucede muy a menudo, creía su propia superchería, se puso a demostrar a la Comisión cómo funcionaba el mesmerismo. Los miembros de la comisión intentaron magnetizarse ellos mismos y ensayaron las técnicas de Mesmer en siete personas con distintos problemas de salud. Probaron y volvieron a probar y comprobaron que los cambios eran causados por la sugestión y que no había ninguna evidencia de ningún fluido, de ningún magnetismo, de ninguna fuerza física invisible, de nada. Uno de los experimentos más llamativos consistió en magnetizar un árbol del amplio jardín y pedir a un sujeto inocente y con los ojos vendados que descubriera cuál era el árbol con más carga magnética. El voluntario fue un niño de doce años, especialmente sensible al magnetismo según Deslon, que fue comentando sus sensaciones y cómo notaba que la fuerza magnética era cada vez más fuerte, al mismo tiempo que caminaba alejándose del árbol magnetizado. El experimento terminó cuando el muchacho, abrumado probablemente por la situación, cayó desmayado al acercarse al cuarto árbol. También vendaron los ojos a una mujer y le dijeron que Deslon estaba en la habitación, cosa que no era cierta, y ella cayó en la típica crisis de los mesmerizados frente a los magnetizadores. Como era de esperar, Mesmer intentó apartarse de los resultados de la comisión y argumentó que Deslon era un inepto incapaz de controlar los flujos magnéticos, pero el impacto fue considerable y el mesmerismo quedó herido, pero no muerto.

El informe final de la Comisión Real titulado *Rapport des commmissaires chargés par le roi de l'examen du magnétisme animal* es una obra maestra de análisis científico y un hito en la historia de la razón. Su último párrafo concluía: «*La imaginación, sin magnetismo, puede producir convulsiones, pero el magnetismo, sin la imaginación, no hace nada*». Stephen Jay Gould dijo de este informe que «*debía ser rescatado de su actual oscuridad, traducido a todas las lenguas y reimpreso por las organizaciones dedicadas a desenmascarar a los charlatanes y a defender el pensamiento racional*».

Como no podía ser de otra manera en un comité presidido por un verdadero científico como Franklin, la comisión dijo que la terapia no tenía ninguna eficacia, que la idea de las fuerzas magnéticas no tenía ninguna base y que la mejoría de los pacientes no se debía al magnetismo animal sino al deseo que tenían de ponerse bien. Tras este repaso, Mesmer abandonó París camino de Suiza, donde siguió practicando sus teorías hasta su muerte en 1815.

Thomas Jefferson, que sustituyó a Franklin al año siguiente como embajador estadounidense en París, anotó en su diario «*magnetismo animal muerto, ridiculizado*», pero no fue del todo así. La teoría del fluido magnético empezó a decaer a favor de nuevas ideas, con mayor base científica, que atribuían los efectos positivos experimentados por algunos pacientes a la sugestión, a la influencia psicológica del experimentador sobre el paciente, a la hipnosis. A pesar del descrédito de Mesmer, el mesmerismo, bajo diferentes disfraces, ha continuado hasta nuestros días. A finales del siglo XIX en la Inglaterra victoriana se daban cursos y charlas sobre «magnetismo personal», un camino para aumentar el atractivo y el éxito. Había muchas variantes dirigidas a conseguir amor o matrimonio —dicen que no siempre es lo mismo—, a evitar enfermedades, a reforzar la personalidad, a conseguir amigos o a lograr éxito profesional. Es algo que forma parte de nuestro lenguaje cotidiano, y es normal oír hablar del magnetismo de un actor o de un famoso, como si fuera por ahí atrayendo limaduras de hierro.

Para algunos investigadores el magnetismo animal fue un paso erróneo pero positivo en la historia de la neurociencia y, al igual que la frenología, abrió caminos para la localización cortical de las funciones cerebrales; el mesmerismo fue un precursor del hipnotismo y de la psicoterapia. Aun así, en esa marmita de psicología, espiritualidad, filosofía, sugestión y un mínimo barniz de ciencia surgió una línea que llega hasta la actualidad con los movimientos New Age, espiritualistas, Christian Science y varios engañabobos más.

Franz Josef Gall, por J.B. Nacquart, 1808.

LOS FRENÓLOGOS Y LOS MAPAS CEREBRALES

Franz Josef Gall nació el 9 de marzo de 1758 en Tiefenbronn (Baden), uno de los futuros estados alemanes. Su nombre va unido al desarrollo de la Frenología (de *phrenos* = mente, *logos* = estudio), una disciplina científica que fue inicialmente denominada Cranioscopía (de *cranium*=cráneo, *scopos* = visión). La idea principal de la Frenología era que las funciones cerebrales tienen una localización determinada en la corteza cerebral, formando auténticos órganos cerebrales dedicados a una tarea concreta. Por tanto, si una persona tenía un rasgo característico, por ejemplo era un avaro, la zona del cerebro relacionada con el uso comedido del dinero estaría muy desarrollada y, puesto que según Gall «*el cerebro modela el cráneo*», un experto convenientemente entrenado notaría un bulto en esa región al palpar la cabeza.

En *La guerra del fin del mundo* de Mario Vargas Llosa uno de los protagonistas es frenólogo, se ha cambiado su nombre a Galileo Gall y usa la palpación de cráneos para confirmar sus apreciaciones sobre la psicología de otros personajes.

> *Los dedos de Gall escarbaban la pelambre del cangaceiro, deteniéndose, sobre todo, encima y detrás de las orejas. Estaba muy serio, con la mirada enfebrecida de sus momentos de euforia. La ciencia no se equivocaba: el órgano de la Acometividad, el de los propensos a atacar, el de los que gozan peleando, el de los indómitos y los arriesgados, salía al encuentro de sus dedos, rotundo, insolente, en ambos hemisferios. Pero era sobre todo el de la Destructividad, el de los vengativos y los intemperantes y los desalmados, el que crea los grandes sanguinarios cuando no lo contrarrestan los poderes morales e intelectuales, el que sobresalía anormalmente: dos hinchazones duras, fogosas, encima de las orejas. «El hombre predador», pensó.*

Parece que la semilla de las ideas de Gall sobre la organización modular de la función cerebral se encuentra en una observación de sus años de escuela. Uno de sus compañeros mostraba una gran habilidad lingüística y una excelente memoria verbal y, al mismo tiempo, tenía los ojos saltones. Gall se refería a ello del siguiente modo:

> *Aunque no tenía un conocimiento previo, quedé asombrado por la idea de que los ojos así formados eran una señal para una excelente memoria. Fue solamente más tarde... que me dije a mí mismo, si la memoria se muestra por una característica física, ¿por qué no otras facultades? Y esto me dio el primer incentivo para todas mis investigaciones y es el origen de todos mis descubrimientos.*

Gall buscó —y, por supuesto, encontró— la misma relación entre memoria verbal y ojos saltones en otros estudiantes, y postuló que esa peculiaridad fisonómica era causada por un desarrollo extraordinario de un área cerebral situada detrás de los globos oculares y dedicada a la «*facultad de atender y distinguir palabras y recordar palabras*». Esta área cerebral, más grande de lo normal en esos muchachos, empujaría los ojos hacia fuera y sería tanto el sustrato de esa notable capacidad verbal y memorística como la responsable de ese aspecto físico poco agraciado.

El frenólogo alemán consideraba que las cualidades morales e intelectuales eran innatas, que dependían de un sustrato orgánico y que este sustrato estaba localizado en el cerebro. El cerebro era, por tanto, el órgano encargado de todas las habilidades, de todas las tendencias, de todos los sentimientos, de todas las posibilidades de futuro. A su vez, el cerebro estaba compuesto de tantos órganos cerebrales como facultades, tendencias y sentimientos existen, y no todos esos órganos tenían el mismo desarrollo en cada persona. La Frenología estudiaba e identificaba esas diferencias individuales.

Las charlas de Gall eran seguidas con gran interés en Viena, lo que alarmó a las autoridades eclesiásticas. A resultas de sus presiones, en 1801 el emperador austríaco, Francisco I, le prohibió continuar con su investigación y con la difusión de sus ideas, citando para ello razones morales y religiosas y señalando el peligro que encerraba una teoría que llevaba al materialismo y al fatalismo. Si estamos definidos por unas características cerebrales, ¿para qué luchar contra nuestra naturaleza y nuestro destino?, ¿no es inútil tratar de mejorar? Al parecer, la jerarquía eclesiástica no veía bien el determinismo biológico implícito en esta teoría (al nacer ya se podría establecer para qué tendría el bebé aptitudes, cualidades y tendencias; el cerebro marcaría ya una propensión hacia la bondad o hacia el crimen), ni su afán de restringir, localizar y diseccionar el alma espiritual. Salvando todas las distancias, existen algunas similitudes con esos test psicológicos que hacemos en las escuelas y donde algunos pretenden ver las inclinaciones, aptitudes y posibilidades de un niño de pocos años, conocer su futuro, establecer a tan temprana edad sus fortalezas y limitaciones.

Lejos de decaer en su empeño, en 1805 Gall decidió dejar Viena, en compañía de su discípulo y lugarteniente Johann Caspar Spurzheim. Juntos viajaron por Europa difundiendo su doctrina con resultados dispares: «charlatanería» y «timo» eran comentarios frecuentes, aunque existe un consenso en que estaban menos interesados en ganar dinero que en conseguir que sus ideas fueran conocidas y aceptadas. Fue, por el contrario, bien recibido generalmente en los círculos científicos y consiguió el apoyo de pensadores tan prestigiosos como Goethe. El frenólogo alemán llegó a París en 1807, y allí se instaló, viviendo con gran lujo hasta su muerte en 1828. Aristócratas y embajadores, así como prominentes intelectuales de la talla de Stendhal lo eligieron como médico. A partir de 1808 empezó a escribir sobre sus ideas y a difundir sus teorías en el Ateneo, enfrentándose rápidamente con Napoleón. El motivo no fue únicamente que el emperador sintiese poca simpatía por los alemanes y sus doctrinas materialistas, sino que, además, Gall consideraba que el pequeño diámetro de la cabeza de Napoleón Bonaparte no permitía esperar demasiado, al menos desde el punto de vista frenológico, de aquel cerebro corso, una observación que Gall no se privaba de hacer en público.

En 1810, Gall publicó su principal trabajo, con un título realmente largo: *Anatomie et physiologie du système nerveux en général, et du cerveau en particulier, avec des observations sur la possibilité de reconnaître plusieurs dispositions intellectuelles et morales de l'homme et des animaux, par la configuration de leur têtes.* (Anatomía y fisiología del sistema nervioso en general y del cerebro en particular, con las observaciones sobre la posibilidad de reconocer distintas disposiciones intelectuales y morales del hombre y de los animales, por la configuración de sus cabezas). Gall solicitó su admisión en la Académie des Sciences, pero Napoleón movió hilos para denegarle el acceso y para que se estableciera un comité que juzgara sus ideas y sus procedimientos, a ser posible desfavorablemente. El frenólogo, en una jugada inteligente, envío como aval para su solicitud su extraordinaria investigación sobre la anatomía del cerebro (volúmenes I y II de la obra antes mencionada), de gran calidad científica, en vez del trabajo, mucho más controvertido, sobre los «órganos cerebrales» de la mente (volumen III). La Academia pidió a su mejor neurocientífico, Marie-Jean-

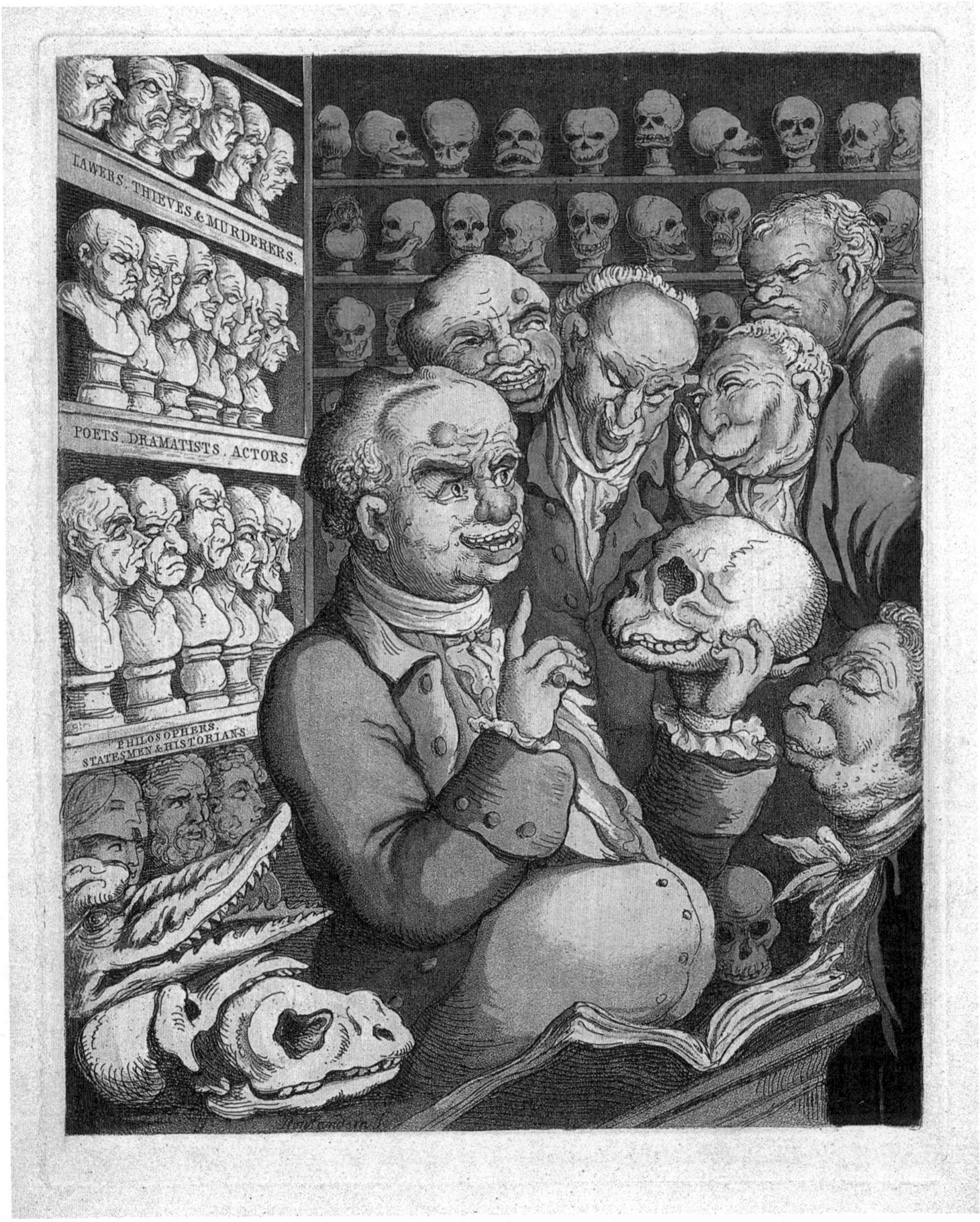

Ilustración satírica de Franz Joseph Gall, disputando sobre frenología con cinco de sus colegas, T. Rowlandson, 1808.

Pierre Flourens, académico y miembro de la Legión de Honor, que realizase experimentos en animales para comprobar las afirmaciones frenológicas del aspirante. Flourens fue metódico e implacable y realizó una serie de innovadores experimentos: de una manera sistemática quitó porciones cada vez más grandes de la corteza cerebral de distintos grupos de animales, fundamentalmente palomas, pollos y ranas, y observó a continuación los cambios en su comportamiento. Sus resultados fueron claros y bastante consistentes: «*uno puede extraer* —escribió en 1824— *de la parte frontal, de la occipital, de la superior o de la lateral cierta porción de los lóbulos cerebrales sin destruir su función*». Flourens vio que las lesiones experimentales que realizaba en los hemisferios cerebrales tenían efectos devastadores sobre funciones cerebrales básicas como la voluntad, el juicio, la memoria o la percepción, pero que el lugar concreto de la lesión resultaba irrelevante: todas las regiones de los hemisferios cerebrales parecían contribuir a esas funciones. Para que las facultades mentales funcionaran adecuadamente bastaba —según parecía— con «*una pequeña parte del lóbulo*».

Curiosamente, como veremos más adelante, las funciones cerebrales sí que muestran cierta localización, y en este sentido —y solo en eso y con muchas matizaciones— los frenólogos tenían razón. El error de Flourens se debió a que estudió animales con un desarrollo muy escaso de los hemisferios cerebrales, como aves y anfibios, y además se centró en funciones muy básicas: sueño y vigilia, la habilidad de moverse sin chocar con las cosas y la capacidad de comer y beber. No eran los mejores ejemplos para estudiar los lóbulos cerebrales, que se ocupan de lo que tradicionalmente se han llamado las funciones superiores. Flourens, no obstante, llegó a la conclusión tras numerosos experimentos de que la Frenología era una falacia. En su libro *Examen de la Phrénologie*, publicado catorce años después de la muerte de Gall, indicaba sobre él: «*Hizo lo que muchos otros han hecho. Comenzó planteando una hipótesis, y entonces imaginó una anatomía que se ajustase a dicha hipótesis*».

Mientras que en sus disecciones y autopsias Gall era muy riguroso, sus métodos para localizar los órganos cerebrales resultaban grotescos y absurdos, y se pueden ilustrar con algunos ejemplos. La «destructividad» fue situada en una zona encima de la oreja por tres razones: primero, es la zona más gruesa del cráneo en los animales carnívoros; segundo, Gall observó una prominencia en esta zona en el cráneo en un estudiante al que «*le gustaba tanto torturar animales que se convirtió en cirujano*»; y, tercero, esta región estaba muy bien desarrollada en un boticario que posteriormente se convirtió en verdugo. La «idealización» se colocó en una zona que observó desarrollada en estatuas de poetas y que, además, coincidía

—según él— con la zona de la cabeza que los poetas se tocaban o frotaban mientras escribían. Con respecto a la «veneración», la situó bajo Bregma, la zona de unión de las suturas de los huesos del cráneo en la parte superior de la cabeza, ya que observó que alguna gente devota y de rezo ferviente y frecuente tenía esta región ligeramente prominente. Se dice que definió el órgano cerebral de la reproducción en el cerebelo al «*notar la ardiente nuca de una viuda histérica*». Con esos procedimientos tan poco sólidos Gall se convirtió en su peor enemigo.

Gall estaba particularmente interesado en estudiar individuos que mostrasen un comportamiento extremo: genios, locos o criminales, y en valorar las prominencias y depresiones (bultos y zonas hundidas) de sus cráneos, lo que le permitiría identificar aquellas partes del cerebro subyacente que estaban «supra» o «infra» representadas en relación con lo observado en la mayoría de las personas. También actuaba en sentido contrario, una zona anormalmente pronunciada de un cráneo podía dar pistas de un talento particular, de unos dones determinados. Un frenólogo —según él— podría determinar los aspectos fuertes y débiles de la personalidad de un individuo mediante la palpación de su cabeza. Su interés por los cráneos causó un auténtico pánico entre las clases altas y los intelectuales. En una carta a Georges Cuvier, el famoso naturalista, Flourens indicaba:

> *En esa época [...] todo el mundo en Viena estaba temblando por su cabeza, temiendo que tras su muerte fuese solicitada para enriquecer el gabinete del Dr. Gall. Él mostraba su impaciencia sobre los cráneos de personas extraordinarias —aquellos que mostraban ciertas cualidades muy desarrolladas o un gran talento— lo que era causa aún mayor de terror. Muchas personas habían sido inducidas a creer que eran especial objeto de la atención del doctor e imaginaban que sus cabezas eran particularmente deseadas por él como un especímenes de la mayor importancia para el éxito de sus experimentos. Circulan curiosas historias en este sentido. El viejo Monsieur Denis, el bibliotecario del Emperador, ha incluido una cláusula especial en su testamento, intentando salvar su cráneo del bisturí de Monsieur Gall.*

Con las observaciones realizadas en los cráneos que fue recolectando, Gall describió 27 zonas cerebrales localizadas, centros encargados de funciones específicas. Según su clasificación, los primeros diecinueve son órganos comunes a hombres y animales, los últimos ocho son exclusivos de los humanos:

1. El instinto de reproducción (localizado en el cerebelo).
2. El amor a la descendencia.
3. El afecto y la amistad.
4. El instinto de autodefensa, el coraje, la agresividad.
5. El instinto carnívoro, la tendencia a matar.
6. La astucia, la agudeza y la inteligencia.
7. El sentimiento de propiedad, el instinto de almacenar comida (en animales), la codicia, la tendencia a robar.
8. El orgullo, la arrogancia y el amor a la autoridad.
9. La vanidad, la ambición y el ansia de gloria («una cualidad beneficiosa para el individuo y para la sociedad»).
10. La circunspección y la previsión.
11. La memoria de las cosas, la memoria de los hechos, la educabilidad, la perfectibilidad.
12. El sentido de los lugares, de las proporciones espaciales.
13. La memoria de la gente, el sentido de la gente.
14. La memoria de las palabras.
15. El sentido del lenguaje, del habla.
16. El sentido de los colores.
17. El sentido de los sonidos, el don de la música.
18. El sentido de las relaciones entre números.
19. El sentido de la mecánica, la construcción, el talento arquitectónico.
20. La sagacidad comparada.
21. El sentido de la metafísica.
22. El sentido de la sátira, el sentido del ingenio.
23. El talento poético.
24. La amabilidad, la benevolencia, la gentileza, la compasión, la sensibilidad, el sentido moral.
25. La facultad de imitar, la mímica.
26. El órgano de la religión.
27. La firmeza de propósito, constancia, perseverancia, obstinación...

Está claro que veinticinco de estas veintisiete regiones cerebrales con una función determinada simplemente no existen. Las dos restantes (14 y 15) están relacionadas con el lenguaje y la memoria de las palabras y pueden relacionarse con áreas cerebrales realmente existentes, aunque no son iguales a las planteadas por Gall en su modelo.

La Frenología se considera una pseudociencia no por estar equivocada, algo que les sucede en mayor o menor medida a todas las ciencias a lo largo de su historia, sino por apartarse del método científico por no comprobar

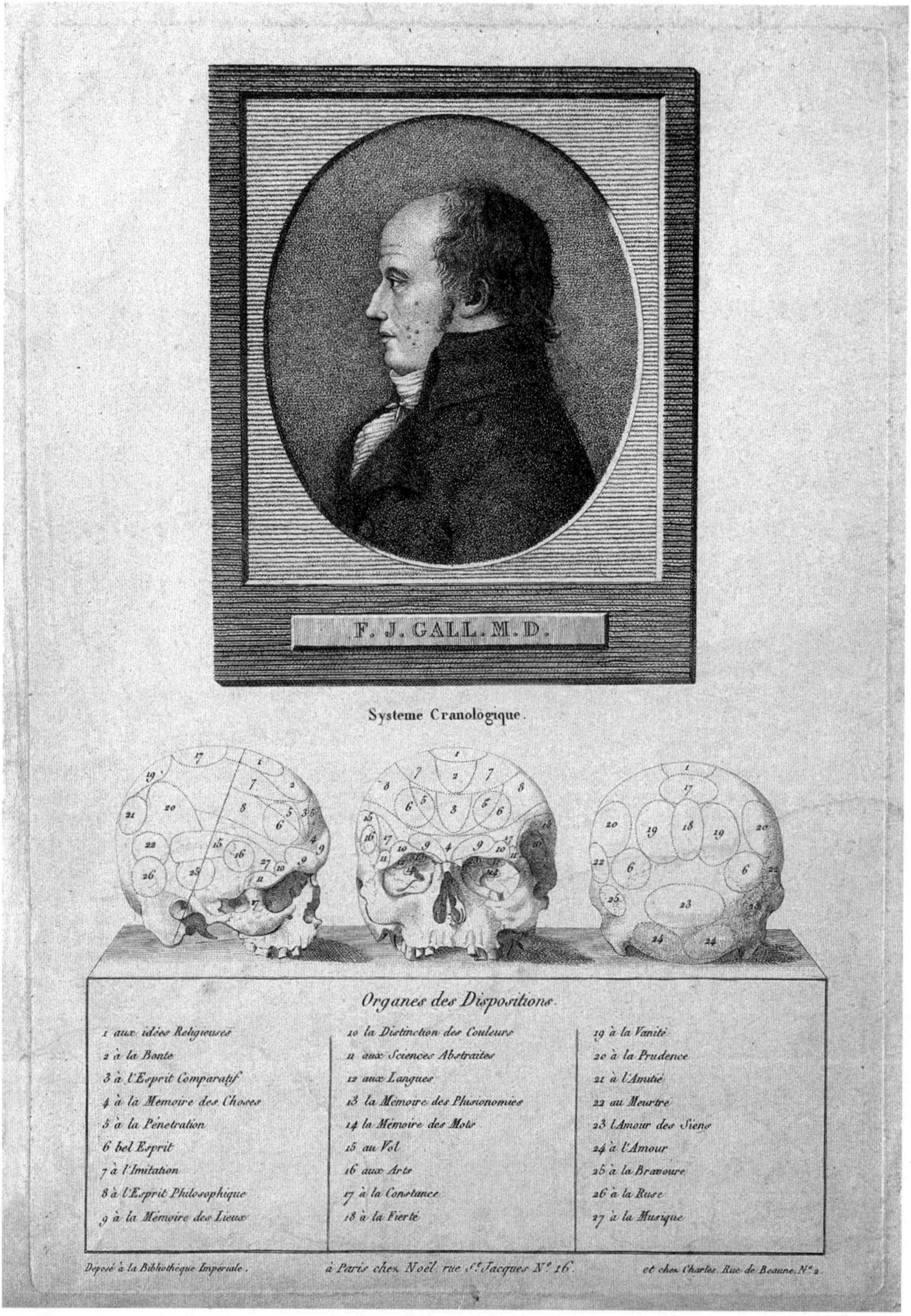

Grabado con la efigie de Franz Joseph Gall y la descripción de sus regiones cerebrales.

sus hipótesis con un método mínimamente riguroso y objetivo, por generalizar a partir de un número muy limitado de datos, por manipular las observaciones para que encajaran en sus postulados, seleccionando unas y omitiendo otras de modo interesado. En sus descripciones, Gall realizaba inspecciones rápidas y simples y utilizaba términos como «más grande», «más pequeño», «enormemente desarrollado», «se observa fácilmente»... Otros científicos renegaban de esa poca precisión, que se mostraba sin ningún valor a la hora de comparar sus datos o de extrapolarlos a otras personas, y señalaban que los límites de los órganos cerebrales propuestos por Gall eran difusos, lo que impedía comprobar si existía una correlación real entre una habilidad determinada y el tamaño de esa región cerebral.

Dejando la Frenología aparte, Gall hizo sólidas aportaciones al estudio del sistema nervioso. Fue el primero que separó claramente la sustancia gris (componentes neuronales) y la blanca (elementos conductores mielinizados). Reintrodujo, asimismo, el método de comenzar las disecciones desde la médula espinal y seguir los tractos fibrosos de forma ascendente, hacia la corteza cerebral. Gracias a ello observó que las fibras de la médula terminan en la corteza y no en el bulbo raquídeo, como se pensaba previamente. Esta separación entre anatomía bulbar y cortical puso de manifiesto por primera vez la importancia de la corteza cerebral como una entidad definida. Gall identificó claramente los orígenes de los nervios craneales I al VIII, y fue el primero en distinguir la presencia de dos tipos de fibras, «*rentrants*» o divergentes (axones de proyección) y convergentes (fibras de asociación/comisurales). Parece ser que también fue capaz, antes que nadie, de probar que las fibras de los tractos piramidales cruzaban los hemisferios cerebrales, y descubrió así la explicación para las parálisis contralaterales, las que se observaban en el lado del cuerpo opuesto a la zona de la lesión en la cabeza. Como primera persona que propuso que el cerebro estuviera constituido por sistemas individualizados aunque conectados, Gall estableció la base tanto para las teorías modulares como para las conexionistas de la función cerebral. Fue también importante su contribución a la localización de la función, la localización del síntoma y la localización de la lesión. Gall fue el primero que hizo una descripción completa de una afasia expresiva debida a una lesión cerebral y señaló la relación entre lesiones vasculares y problemas del habla. Obtuvo evidencias para sus teorías sobre el habla, el lenguaje y la memoria verbal a partir de disecciones de cerebros que habían sufrido heridas de bala, apaleamientos y posibles derrames cerebrales, así como del estudio de individuos con discapacidad intelectual y dementes. Tiempo después se comprobó que su concepto de que muchas funciones mentales se podían relacionar con zonas cerebrales concretas era correcto, pero no como planteaban los frenólogos.

Los frenólogos tuvieron una cierta venganza, ya que pudieron observar un molde del lado derecho del cerebro de Napoleón hecho pocas horas después de que el emperador muriera. El molde mostraba un lóbulo frontal «*miserablemente pequeño*» y un órgano diminuto para «*el sentido de los números y las matemáticas*». Puesto que las características no encajaban con la bien conocida personalidad de Bonaparte, los frenólogos contestaron que el molde estaba mal hecho y que seguro que la parte izquierda del cerebro, —de la que no se había hecho molde— habría mostrado unas características que hubieran encajado con la personalidad de Napoleón.

Junto a los aspectos más puramente científicos, Gall fue un personaje interesante. A nivel personal, se casó muy pronto con Miss Leisler, de quien no se conoce el nombre de pila, pero el matrimonio fue desgraciado y Gall tuvo numerosas amantes, con una de las cuáles tuvo un hijo. Decidió disfrutar de la vida y dijo que «*ni el pecado ni los amigos me abandonarán nunca*». Socialmente fue considerado durante toda su vida como un radical, un reformador social que señalaba, con razón, que «*es mucho más difícil ser virtuoso que ser devoto*». El elemento básico de su conducta personal era la tolerancia, que consideraba «*el primer deber, el más sagrado, el más filosófico*». De forma llamativa para su época, consideraba que la educación era vital para todos los ciudadanos, no había que hacer diferencias entre individuos de distintas razas y afirmaba que «*Todos los hombres tienen los mismos cerebros, por lo tanto, las mismas facultades y tendencias, [...] un negro y un europeo están al mismo nivel en la escala del reino animal*», algo realmente revolucionario a comienzos del siglo XIX. Gall solicitó reformas en las condiciones de las prisiones y los manicomios debido a su conocimiento de la situación de presos y enfermos mentales, al visitar esos establecimientos en la búsqueda de cráneos de personas con conductas extremas. Creía en la reforma más que en el castigo, una conclusión directa de su teoría de que las enfermedades de la mente eran innatas y, por lo tanto, no estaba tan clara la culpabilidad del reo. También consideraba que las características de la persona que ha cometido un delito debían tenerse en cuenta al dictar una sentencia judicial: «*los grados de culpa y expiación varían de una persona a otra*», y mientras que muchas de las ideas de Gall se abandonaron rápidamente, otras tuvieron una influencia notable en las reformas sociales de los siguientes doscientos años.

Spurzheim, el discípulo favorito de Gall tuvo ocasión de estudiar el cráneo de René Descartes. El cráneo del filósofo francés mostraba una frente pequeña y hundida, lo que teóricamente significaba un desarrollo pobre de los órganos del razonamiento. La evidente contradicción la resolvió Spurzheim declarando «*Descartes no era tan gran pensador como se creía*». Aquello debió de ser como unas banderillas de fuego para los científicos franceses, y no es casualidad que Flourens dedicase su *Frenología examinada*, el ataque más implacable y feroz a las doctrinas de Gall y sus seguidores, precisamente a Descartes. La puñalada definitiva a la Frenología la recibió Spurzheim por parte de otro neurocientífico francés, Magendie, quien usó como estratagema el cerebro más famoso de Francia, el de Laplace. Lo cuenta Flourens en su libro *Psychologie Comparée*:

> *El famoso fisiólogo Magendie conservaba con veneración el cerebro de Laplace. Spurzheim tenía el muy natural deseo de ver el cerebro de ese gran hombre. Para poner a prueba la ciencia de la Frenología, Monsieur Magendie le mostró [sin que lo supiera Spurzheim], en vez del cerebro de Laplace, el de un imbécil. Spurzheim, que se encontraba lanzado de entusiasmo, admiró el cerebro del imbécil como si fuera realmente el de Laplace.*

Magendie le tendió una trampa y Spurzheim se tragó el cebo, el anzuelo y la caña entera. La frenología nunca se recuperó de ese golpe.

Jean Léopold Nicolas Frédéric Cuvier. Grabado de C. Lorichon (1826) a partir de la obra de N. Jacques.

CUVIER Y LA FISIOGNOMÍA

La Revolución francesa no solo cambió las ideas políticas y sociales, sino que afectó también al pensamiento científico y creó un nuevo clima en torno a los centros educativos superiores. Danton había dicho «*Después del pan, la educación es la primera necesidad del hombre*», y la Convención Nacional, que desconfiaba de las universidades, a las que consideraba reductos reaccionarios y monárquicos, llamó a los más capaces para que dictaran cátedras en la Escuela Normal y en la Escuela Politécnica, que se convirtieron en el modelo revolucionario de la enseñanza superior. Se generalizó el concepto del investigador-profesor, se crearon las escuelas de pensamiento con una fuerte vinculación personal e intelectual entre maestros y discípulos y se generó una red entre las universidades, las academias y las sociedades científicas que generó una democratización del quehacer de los investigadores, una popularización de los avances de la ciencia entre la gente culta, una modificación de los métodos pedagógicos y una socialización de la investigación, que se convirtió desde entonces en una empresa que el gobierno debe amparar por resultar imprescindible para el desarrollo intelectual y económico de los países y ser un factor clave del prestigio nacional.

La neurociencia incorporó también los descubrimientos de una de las ciencias más prometedoras de la época, la química. Así, Lavoisier consideró el oxígeno como el fundamento de la combustión y creó una teoría que desterró el flogisto. Se explicaron los tres estados de la materia: sólido, líquido y gaseoso y los gases perdieron la espiritualidad, esa idea que les había hecho protagonizar durante siglos toda una serie de teorías misteriosas relacionadas con las funciones mentales, para convertirse en materia, nada más.

Un personaje importante de la ciencia ilustrada fue Georges-Louis Leclerc, conde de Buffon. Buffon nació en Borgoña y su padre era un abogado en el parlamento borgoñón y recaudador del impuesto de la sal. Se educó con los jesuítas y mostró una gran facilidad para las matemáticas pero, siguiendo los pasos de su padre, estudió Derecho en la Universidad de Dijon. Al graduarse decidió hacerse un nombre en la ciencia y estableció correspondencia con los principales matemáticos de Europa. Hizo el Grand Tour —el rito cultural de paso de los jóvenes europeos ricos— y se estableció en Paris, donde fue elegido miembro de la *Académie des Sciences* y empezó a desarrollar su interés por la historia natural, haciéndose un nombre como botánico. Al fallecer el anterior intendente fue nombrado director del *Jardin du Roi*, el jardín botánico de París, un puesto que ocupó durante cuarenta y nueve años.

Buffon se convirtió en un escritor de *un superventas*, su famosa *Histoire naturelle*, y se interesó en la relación entre plantas y animales; criticó a Linneo y defendió que los reinos no eran compartimentos estancos, como había planteado este sino que existía un gradiente, una gradación, entre unos y otros. Planteó que la animación era una propiedad común a los seres vivos pero que no estaba igualmente distribuida. Usó la metáfora del sueño para explicarlo, y dijo que una ostra, que no parecía tener tacto ni movimiento, era como un animal dormido. Yendo un paso más allá, afirmó que una planta era en realidad como un animal con un sueño muy profundo y no eran de diferente clase, sino que poseían grados variables de animación.

De modo similar al conflicto surgido entre la representación popular y las jerarquías nobiliaria y eclesiástica, fue también una época de una fuerte controversia entre los descubrimientos de los científicos y las ideas religiosas. La facultad de Teología de París obligó a Buffon a retractarse de todo lo que en su *Historia Natural* fuese contrario al retrato bíblico —empezando por haber afirmado que la edad de la Tierra era mucho mayor que los seis mil años que decía la Biblia—, y en Inglaterra —donde la libertad de pensamiento no estaba mediatizada por la autoridad del papa— se generó una corriente de pensamiento que defendía a capa y espada la interpretación literal del Génesis. Se llegó a decir que los fósiles que se iban descubriendo —cuya existencia no encajaba en el relato bíblico— habían sido enterrados por Dios para poner a prueba la fe del hombre. El geólogo James Hutton terminó con ello diciendo que *«no se deben emplear más fuerzas que las naturales del Globo, ni admitir ninguna acción cuyo principio sea desconocido»*. Las autoridades eclesiásticas intentaron también adaptar lo que era ya incuestionable —como que la edad de la Tierra era muy superior a la cronología bíblica— y, así, el «día» de la Biblia fue transformado —a regañadientes, se supone, por los literalistas— en un sinónimo de «época» o «era» para que el Génesis fuera compatible con los nuevos descubrimientos científicos.

Georges Cuvier, cuyo verdadero nombre era Jean Léopold Nicolas Frédéric Cuvier, fue un naturalista y zoólogo que se puede considerar el padre de la paleontología y de la anatomía comparada. Cuvier se dio cuenta de que algunos de los fósiles que se iban desenterrando no correspondían a ninguna de las especies existentes pero estaban claramente emparentados con ellas, y también estableció con claridad que las extinciones eran un hecho —se conocían los elefantes africanos y los asiáticos, pero nadie había encontrado un mamut vivo. En realidad, todos los continentes habían sido explorados y en ningún lado aparecían bestias como el pterodáctilo o los mosasaurios, a los que él había puesto nombre. Así que amplió la taxonomía de Linneo y los árboles genealógicos, creó el *phyllum* —una división sistemática superior— e incluyó en las mismas clasificaciones a las especies vivas y a las extintas.

Cuvier nació en Montbéliard y fue un estudiante aplicado, que se benefició de la magnífica educación que le dio su joven madre y desarrolló una pasión por la lectura y la historia natural. Leyó y releyó hasta aprenderlos casi de memoria los cuarenta y cuatro volúmenes de la enciclopédica *Histoire Naturelle* de Buffon. Completó la secundaria en la Academia Carolina de Stuttgart y, aunque no hablaba alemán al llegar, al final de curso ganó el premio anual de la asignatura de lengua alemana, la lengua materna de sus compañeros. Tras terminar los estudios no tenía de qué vivir, así que obtuvo un empleo como tutor del hijo del conde de Héricy, un noble protestante. Allí, en Normandía, empezó a comparar los fósiles con las especies actuales y conoció a Alexandre Tessier un médico y agrónomo que estaba escondido en la región, huyendo del Terror que asolaba París. Tessier usaba un nombre falso, pero al oírle hablar de temas agrícolas Cuvier reconoció sus ideas y lo saludó por su nombre, a lo que Tessier respondió en un lamento «*Me ha reconocido y, en consecuencia, estoy perdido*». «*¡Perdido!* —respondió Cuvier— *No, usted es desde ahora el objeto de nuestros más ansiosos cuidados*». Los dos se hicieron amigos íntimos: Tessier escribió a sus amigos en París «*He encontrado una perla en el estercolero de Normandía*» y lo puso en contacto con los principales científicos de la época. Uno de ellos, Jean Claude Mertrud, que había sido nombrado para la cátedra de anatomía comparada en el Jardin des Plantes, lo contrató para que se trasladara con él a París y fuera su ayudante. El Instituto de Francia se fundó en 1796, y Cuvier fue elegido miembro de su Academia de Ciencias. De ahí siguió una carrera meteórica en la que fue respetado y valorado por los distintos gobiernos: a pesar de haber sido nombrado catedrático durante la Revolución, fue consejero imperial de Napoleón y presidente del Consejo de Instrucción pública y rector de la universidad tras la restauración bor-

Jean Baptiste Lamarck. Grabado de J. Hopwood (1805), a partir de la obra de Jacques Louis David.

bónica. Recibió numerosos nombramientos y condecoraciones pero, sobre todo, fue la figura más respetada de las ciencias naturales en su época.

Cuvier se opuso a la teoría de la evolución que defendía Jean Baptiste Lamarck, y se basó en que las momias de animales (gatos e ibis, fundamentalmente) que había traído Geoffroy Saint-Hilaire a París tras la conquista de Egipto por Napoleón mostraban una anatomía idéntica a la de los ejemplares contemporáneos. Lamarck argumentó que los tiempos de la evolución eran mucho más largos que los cuatro mil años pasados desde la momificación de aquellos animales, a lo que Cuvier replicó que los cambios en un período prolongado deberían ser el resultado de multiplicar los observados en un período corto pero, como esos cambios eran nulos, su múltiplo seguía siendo cero. Cuvier escribió que la teoría de la evolución de Lamarck:

> *Se basaba en dos suposiciones arbitrarias: la primera, que hay un vapor seminal que organiza el embrión; la otra, que los esfuerzos y los deseos son capaces de engendrar órganos. Un sistema establecido con esos fundamentos puede captar la imaginación de un poeta; un metafísico puede derivar de ello una serie completamente nueva de sistemas, pero no aguanta ni por un momento el examen por alguien que ha hecho la disección de una mano, de una víscera o, incluso, de una pluma.*

Cuvier fue el líder de los fisiognomistas de su época. Este grupo de pensamiento buscaba asociar características mentales con detalles de la apariencia física, en particular de la cara. Esta disciplina ha dado origen a la palabra «fisonomía», cuyo significado es —según la RAE— «aspecto particular del rostro de una persona» o «aspecto exterior de las cosas». La fisiognomía hundía sus raíces en la Grecia clásica, donde un tal Zopyro, en el siglo V a. C., adquirió fama por ser un experto en relacionar apariencia con carácter. Pitágoras, al parecer, rechazó a Cylon, que intentaba sumarse a su escuela, porque su aspecto indicaba un mal carácter y un fisiognomista indicó que Sócrates se entregaba a la embriaguez, a la sensualidad y a los arrebatos violentos de pasión. Era tan opuesto a su imagen que los discípulos socráticos protestaron, y llamaron mentiroso al fisiognomista, pero Sócrates les hizo callar diciendo que así era él en realidad, pero que había conseguido superar aquellos tres vicios gracias a la disciplina que se había impuesto.

Aristóteles parece haber sido receptivo a esas ideas, y en un pasaje de su *Analítica Primera* dice que «*es posible deducir el carácter de las características*» y se le atribuye también un tratado titulado *Fisiognomónica*. En esta obra «*describe los signos generales del carácter, las apariencias particulares de las disposiciones, de la fuerza y la debilidad, del genio y la estupidez, de la timidez, el impudor, la furia y sus opuestos. Estudia la fisiognomía de los sexos y las características derivadas de las diferentes particularidades, del color, pelo, cuerpo, extremidades, andares y voz. Compara la variedad de los humanos a los animales, el hombre al león, la mujer al leopardo*».

Las universidades de la Edad Media y el Renacimiento enseñaron Fisiognomía —al fin y al cabo, era un libro aristotélico—, que se fue convirtiendo en un arte adivinatorio hasta que su desprestigio fue tal que fue prohibido. Por ejemplo, Enrique VIII de Inglaterra decretó fuera de la ley que «*mendigos y vagabundos practiquen juegos sutiles, taimados e ilegales tales como la fisiognomía y la quiromancia*». Leonardo da Vinci dijo que la fisiognomía era «*falsa*», una quimera «*sin base científica*». Aun así, pensaba que las arrugas del rostro causadas por las expresiones faciales podían indicar la personalidad del sujeto y, por ejemplo, escribió que «*los que tienen líneas profundas y marcadas entre las cejas son irascibles*». De ahí la fisiognomía volvió a aparecer con los estudios del italiano Giambattista della Porta, el suizo Johann Kaspar Lavater, y el inglés Thomas Browne. Los tres planteaban discernir características mentales tales como la personalidad o las preferencias de una persona fundamentándose en las características físicas de su rostro. Browne, el primero que usó la palabra caricatura en inglés, una herramienta didáctica para remarcar los detalles fisiognómicos, escribió en sus *Christian Morals* (publicado en torno a 1675):

> *Porque el entrecejo a menudo dice la verdad, puesto que los ojos y las narices tienen lenguas y el semblante proclama el corazón y las inclinaciones.*

Lavater por su parte, estableció la siguiente regla:

> *Cuanto más alta la frente, menor la faz restante, más nudosa la parte cóncava frontal, más profundos y hundidos los ojos, menos excavación entre frente y nariz, más cerrada la boca, más ancho el mentón... entonces más inquebrantable la obstinación y más áspero el carácter.*

La popularidad de la fisiognomía continuó hasta la época de Cuvier —el rey Jorge II la tuvo que volver a prohibir en 1743 y ordenó que aquellos que la practicaran fueran azotados en público y enviados a prisión— y fue ampliamente utilizada por distintos escritores tales como Balzac, Dickens, Charlotte Brontë o Wilde, cuya novela *El retrato de Dorian Gray* se fundamenta en esta teoría.

Como fisiógnomo, Cuvier se interesó mucho por el trabajo de Petrus Camper, que medía el ángulo facial y realizaba estadísticas antropométricas. El ángulo facial era, básicamente, una medida de la inclinación de la cara con respecto al cuerpo, y se lograba dibujando una línea recta desde el conducto auditivo hasta la narina, la apertura de la nariz, y una segunda línea desde la narina a la frente. Cuvier encontró que el ángulo facial aumentaba según uno ascendía de los monos a los grandes simios, y de estos a los humanos. También publicó que los europeos blancos —el grupo considerado por Cuvier y el resto de los europeos blancos como la raza más desarrollada intelectualmente— tenían mayores ángulos faciales y unas frentes más amplias que otras razas y grupos étnicos. Cuvier escribió que los africanos negros eran «*la más degradada de las razas, cuya forma se acerca a esa de la bestia y cuya inteligencia no tiene un tamaño suficiente para poder llegar a establecer un gobierno regular*». El colonialismo europeo se dotaba de una coartada científica.

Los frenólogos habían considerado que las funciones mas importantes, las superiores, las responsables de los grandes avances del hombre estaban situadas en los lóbulos frontales. Las funciones inferiores, tales como los instintos, estaban situadas en las porciones posteriores. Así, los encéfalos de animales como los perros o los monos tenían un desarrollo relativamente avanzado de la parte posterior del encéfalo pero menor de las partes frontales, aunque estas deberían permitirles ciertas formas rudimentarias de inteligencia.

La fisiognomía se ha intentado utilizar para hacer análisis psicológicos e, incluso, para la selección de personal. Lo más curioso que he encontrado es que de 1936 a 1945 el Departamento de Aeronáutica de la Armada japonesa contrató a un fisiognomista llamado Yoshito Mizuno después de que el cuartel general del almirante Isoroku Yamamoto descubriera que con solo observar a los candidatos era capaz de predecir con más de un ochenta por ciento de aciertos cómo sería su rendimiento como pilotos. La fisiognomía, como todas las pseudociencias, reaparece cada cierto tiempo, y es común usar una fotografía para hacer un panegírico o una crítica feroz de un líder o de un contrincante político. Y es que seguimos diciendo, siglos después de Cuvier, que la cara es el espejo del alma.

Sir Charles Bell (1774-1842), según J. Thomson.

LA LEY DE BELL-MAGENDIE

La época de transición entre los siglos XVIII y XIX vio como los principales estudiosos del cuerpo humano: anatomistas, fisiólogos, químicos, médicos clínicos, coincidían en primar al sistema nervioso por encima de cualquier otra región del cuerpo. Georges Cuvier, el maestro de la anatomía comparada, influyó mucho, al insistir en la importancia funcional del sistema nervioso dentro de los seres vivos y a su máximo desarrollo en los humanos. Por su parte, otros decían que el sistema nervioso era «*el más noble*» o, en palabras de Gottfried Reinhold Treviranus, «el primero» de los sistemas orgánicos, razón por la cual requería una atención especial. No está claro qué quería decir aquello de que era el primero, pero se supone que era una idea jerárquica, influida por la *Naturphilosophie,* según la cual los sistemas naturales avanzaban a través de estadios cada vez más elaborados y elevados siguiendo un camino preconcebido. De hecho, al grupo del hombre, los simios y los monos Linneo lo llamó los «primates», otra forma de decir los «primeros». La cumbre de la perfección de la naturaleza —según estas teorías— era el cuerpo humano, pero dentro de él había también una jerarquía en la que el sistema nervioso era la cúspide de esa evolución orgánica.

Implícito en ese interés por el sistema nervioso había una pregunta fundamental por dilucidar, y era cómo se producía la comunicación entre las zonas de control y el resto del organismo. Estaba claro que el sistema nervioso central, formado por el encéfalo y la médula espinal, daba órdenes a todos los músculos y recogía información del exterior a través de los sentidos. También estaba claro que las rutas debían ser los nervios, pues se veía su salida a distintos niveles del encéfalo —nervios craneales— y de la columna vertebral —nervios espinales— y también se podía seguir cómo se ramificaban y extendían por cada músculo o en la piel, pero no se conocía cómo se organizaba ese flujo de información. Los nervios eran importantes porque eran las vías de comunicación entre el cerebro y el resto del cuerpo.

El francés François Magendie. Grabado de Nicolas-Eustache Maurin.

Dos investigadores, uno escocés, Charles Bell, y el otro francés, François Magendie, consiguieron desentrañar ese enigma al hacer un descubrimiento fundamental para entender el funcionamiento del ser humano: las vías motoras —las que dan órdenes a los músculos— y las sensitivas —las que llevan la información sensorial de la piel al sistema nervioso— discurrían por los mismos nervios espinales. Al llegar a la médula espinal, no obstante, un grupo entraba en la zona dorsal o posterior —raíz dorsal— y el otro salía por la región ventral o anterior de la médula —raíz ventral. Este descubrimiento se considera la primera piedra en el desarrollo de la Neurología.

François Magendie vivió en plena Revolución Francesa. Su padre, el cirujano Antoine Magendie, apoyaba a los revolucionarios e instruyó a su hijo en las teorías filosóficas de Jean Jacques Rousseau; de hecho, puso de nombre a su otro hijo Jean Jacques, lo que no parece casualidad. Cuando el padre fue nombrado para un puesto de la administración republicana, la familia se trasladó a París, pero el mismo gobierno revolucionario decidió disolver las facultades de medicina, pues las consideraba bastiones de los monárquicos, y Magendie hijo, que quería seguir estos estudios, tuvo que conseguir una formación irregular en *collèges* de la periferia y apuntarse como aprendiz con médicos ya establecidos. De ahí le quedaría una profunda preocupación por la formación de los futuros médicos.

A pesar de esas dificultades para conseguir su educación, Magendie fue uno de los mejores fisiólogos de su época —fundó el primer laboratorio de fisiología de Francia y fue el maestro de Claude Bernard— y planteó que había que considerar los fenómenos del intelecto humano como «*resultado de la acción cerebral y que en nada se distinguían de otros fenómenos que dependían de las acciones orgánicas*». Para Magendie el ser vivo, el sistema nervioso y los fenómenos que lo caracterizan no constituyen un reducto aparte, sino que forman un todo integral junto a los aspectos de la naturaleza que estudian otras disciplinas, como la física y la química. Decía así:

> *La fisiología experimental comenzó con el descubrimiento de la circulación de la sangre en el siglo* XVII, *pero no ha progresado con la misma rapidez que la astronomía, la física o la química; quizá haya sido porque en este campo no ha habido genios como Galileo o Newton, quizá porque los prejuicios populares han sido más fuertes aquí que en las ciencias físicas.*

Como hemos mencionado, a Magendie lo preocupaba la formación de los médicos y dirigió la atención de los estudiantes de medicina hacia el experimento como nueva forma de conocimiento. Sus conferencias en el Collège de France, donde realizaba disecciones y demostraciones delante de los alumnos, llevaban el provocador título de *Lecciones sobre los fenómenos físicos de la vida*. Estas prácticas docentes fueron parte de los conflictos que Magendie tuvo con los ingleses, pues él experimentaba con animales de una manera sistemática, mientras que los británicos —con una preocupación mucho mayor por el bienestar animal— lo consideraban poco menos que un torturador. Richard Martin, que introdujo una ley en el Reino Unido que prohibía la crueldad con animales, puso a Magendie como ejemplo de lo que quería evitar, describió la disección por Magendie de un galgo al que clavó por una oreja y una pata en la mesa de disección —no había anestesia, y los animales estaban conscientes, al igual que los pacientes de los cirujanos—, expuso con el bisturí la mitad de los nervios de la cara del pobre perro y luego lo dejó durante la noche allí clavado para continuar con la clase al día siguiente.

Magendie aborrecía las especulaciones teóricas y solo confiaba en el trabajo de laboratorio. Decía que su trabajo era como el de un trapero, y lo describía así: «*Con un palo con un pincho en mi mano y una cesta en la espalda atravieso el campo de la ciencia y recojo lo que encuentro*». Su discípulo, Claude Bernard dijo años después que «*cuando llegaba la hora de la experimentación, Magendie tenía solo ojos y oídos, pero no cerebro*». Para mejorar sus experimentos, Magendie se juntó con varios cirujanos, un grupo que en aquella época era todavía despreciado como un gremio inferior, y aprendió de ellos técnicas quirúrgicas básicas como las ablaciones, las extirpaciones y las ligaduras de conductos, ámbito en el que también fue pionero. Aunque trabajó en numerosos campos, Magendie tuvo una fascinación toda su vida con el estudio del sistema nervioso. En sus *Leçons*, escribía lo siguiente:

> *No queda mucho por hacer en relación con la topografía del sistema nervioso. Pero, por el contrario, queda todo por explorar con respecto a la fisiología de este sistema. El hecho es que la mano (del experimentador) que sigue pacientemente un pequeño fascículo nervioso es mucho menos probable que se pierda que la imaginación que busca desentrañar sus misteriosas funciones.*

Contemporáneo de Magendie fue Charles Bell. Bell era, además de escocés, anatomista, cirujano, fisiólogo y teólogo. De hecho, cuando el reverendo Francis Herry, conde de Bridgewater, dejó en su testamento ocho mil libras esterlinas a disposición de la Royal Society para que encargara y pagara la redacción de una serie de libros «*sobre el poder, la sabiduría y la bondad de Dios, tal como se manifiestan en la Creación*» —los llamados tratados Bridgewater— Bell fue encargado de escribir uno de ellos, el dedicado a la mano: *The hand, its Mechanism and Vital Endowments as evincing Design (La mano, su mecanismo y sus dotes vitales como diseño demostrado).*

Bell tenía buenas dotes artísticas y quiso hacerse con la cátedra de anatomía de la Royal Academy, el principal centro de formación y promoción de las artes en Inglaterra. Con ese objetivo, publicó sus *Essays on The Anatomy of Expression in Painting* (1806) (*Ensayos sobre la anatomía de la expresión en la pintura*), una obra que aprovechaba sus conocimientos médicos sobre los músculos de la cara para buscar la máxima calidad en la representación de las emociones en los cuadros. Bell estaba muy marcado por sus ideas de teología natural y creía en la presencia de un sistema de músculos faciales exclusivo de los seres humanos, cuya función sería mantener una relación especial con el Creador. Su solicitud para la cátedra fue rechazada, y Bell fue calificado por el presidente de la Academia como «*carente de temperamento, de modestia y de juicio*». Tras su fracaso decidió dedicar toda su energía al estudio del sistema nervioso.

Magendie y Bell se enfrentaron al mismo problema, utilizaron el mismo método experimental (lesiones y estimulación de las raíces espinales), emplearon el mismo animal para sus pruebas (perros) y realizaron prácticamente el mismo descubrimiento: los nervios espinales salían de la médula espinal y eran tanto motores, llevaban información a los músculos, como sensoriales, recibían información sensorial de la superficie corporal; pero las fibras que formaban el nervio —los axones de las neuronas— no eran estructuras mixtas donde la información pudiera viajar en ambos sentidos, sino que una parte del nervio, la que entraba por la raíz dorsal o posterior de la médula espinal, llevaba la información sensorial, mientras que la que salía por la región ventral o anterior llevaba la información motora. Bell describió cómo llegó a su descubrimiento:

> *Considerando a continuación que los nervios espinales tienen una raíz doble, y siendo de la opinión de que las propiedades de los nervios derivan de sus conexiones con las partes del cerebro, pensé que tenía la oportunidad de someter mi opinión al examen del experimento y de probar al mismo tiempo que los nervios de diferentes naturalezas [motores y sensoriales] estaban en el mismo fascículo y se mantenían juntos por la misma vaina. Tras desnudar las raíces de los nervios espinales, encontré que podía cortar el fascículo posterior de nervios que tenían su origen en la porción posterior de la médula espinar sin con-*

vulsionar los músculos del lomo, pero que al tocar el fascículo anterior con la punta del cuchillo, los músculos del lomo convulsionaban inmediatamente.

Magendie realizó un grupo final de experimentos en una camada de ocho cachorros en 1821. Los perritos tenían seis semanas de edad y se los habían dado como regalo, pero eso no fue obstáculo para que el fisiólogo francés fuera abriendo los pobres animales uno a uno hasta llegar a la proximidad de la columna vertebral. Magendie lo describe así:

Tuve entonces delante de mis ojos las raíces de los pares lumbares y sacros, y levantándolos con la cuchilla de unas pequeñas tijeras, los corté en uno de los lados... Volví a cerrar la herida por medio de una sutura a través de la piel y observé al animal. Pensé al principio que la región correspondiente a los nervios cortados estaba totalmente paralizada. Era insensible a pellizcos y a la compresión más fuerte; también me parecía que estaba paralizada, pero pronto, para mi sorpresa, vi que se movía perceptiblemente, aunque la sensibilidad estaba siempre ausente. Un segundo y un tercer experimento me dieron exactamente el mismo resultado. Empecé a pensar que era posible que las raíces posteriores pudieran tener diferentes funciones que las anteriores y que estaban especialmente designadas para la sensibilidad.

Entonces, tras muchas dificultades, Magendie consiguió cortar las raíces anteriores:

Como en los experimentos precedentes, hice la sección solamente en un lado... Puede imaginar con qué curiosidad seguí los efectos de esta sección. Los resultados no admitían dudas: el miembro estaba completamente inmóvil y flácido, aunque mantenía una clara sensibilidad. Finalmente, porque nada debe ser descuidado, corté al mismo tiempo las raíces anteriores y posteriores, y hubo una pérdida total de sensación y de movimiento...

Con respecto a la primacía científica parece que fue Bell quien primero afirmó la diferencia entre las raíces espinales, demostrando en 1811 que las ramas ventrales llevaban información motora. Sin embargo, no dejó claro que las dorsales llevaban la información sensorial —probablemente porque se negaba a realizar experimentos dolorosos en animales conscientes— y, además, su descubrimiento lo contó en una serie de cartas a su hermano y en un panfleto titulado *Idea of a New Anatomy of the Brain; Submitted for the Observations of His Friends*, un cuadernillo del que encargó tan solo cien copias para distribuirlas a sus amigos y del que solo se conoce una respuesta. Por ello, cuando diez años más tarde Magendie realizó el estudio completo y publicó los resultados siguiendo los canales establecidos para la difusión de la ciencia, al no conocer los trabajos de Bell se atribuyó el mérito del descubrimiento.

Bell era un veterano de Waterloo, donde había servido como cirujano de guerra, por lo que su simpatía por los franceses no debía de ser muy alta. Aun así, parece que no contribuyó mucho a la victoria de Lord Wellington pues debía de ser tal desastre operando que la mortandad de los heridos a los que realizó alguna amputación fue del noventa por ciento. Ello no obstante, cuando Bell se enteró de la publicación de Magendie, montó en cólera y reclamó para él —¡un veterano de las guerras napoleónicas!— la primacía científica del descubrimiento. Magendie y los franceses, a su vez, señalaron los datos que faltaban en los estudios de Bell quien, a su vez, reimprimió su artículo, aprovechando para retocarlo y reforzar que él había sido el primero. Cuando Magendie pudo leer el folleto original de Bell declaró «*El sr. Bell estuvo muy cerca de descubrir las funciones de las raíces espinales*».

Tras la agria disputa entre las comunidades científicas de ambos países se llegó a un acuerdo, con la aceptación general del nombre de ley de Bell-Magendie para el hecho descubierto: que los nervios incluían fascículos motores y sensitivos y que ambos grupos salían separados de la médula espinal y se juntaban en un único nervio. La ley de Bell-Magendie ahondaba en la afirmación de Willis, dos siglos antes, acerca de la diferente función de distintas partes del sistema nervioso, y abría la puerta al estudio de diferentes funciones en distintos centros cerebrales.

Magendie, además de sus estudios sobre los nervios, realizó muchas otras contribuciones al conocimiento científico. Por un lado, fue uno de los fundadores de la farmacología moderna al entender que muchos remedios naturales contenían una sustancia que era la verdaderamente activa. Estudió el aislamiento, preparación y acción de un número importante de fármacos, entre los que se pueden citar la emetina, la morfina, la narcotina, la narceína, la quinina, la cinconina o la codeína, así como el efecto de venenos como la estricnina y el cianuro potásico. La solución de Magendie, por poner un ejemplo, era un preparado de sulfato de morfina en agua que se administraba por vía hipodérmica. Por otro lado, la seriedad y calidad científica de Magendie hizo que se echara mano de él para distintos temas. En 1815 la Francia postimperial se encontró con una enorme carestía de comida. Las autoridades francesas lo nombraron jefe de una comisión encargada de explorar los valores nutritivos de distintos grupos de alimentos. Magendie demostró la necesidad de ingerir cantidades adecuadas de proteínas, estableciendo los primeros conocimientos sobre la nutrición. Este grupo de expertos se llamó «comisión de la gelatina» porque determinó, en contra de lo que defendía Jean d'Arcet, que decía que con la gelatina extraída de los huesos se podía alimentar durante mucho tiempo a una persona, que eso no era cierto y que la gelatina no podía sustituir a la carne en la alimentación. La gelatina *«sabía peor, se pudría con facilidad, se digería peor y era menos nutritiva»*. También formó parte de la llamada «comisión hipiátrica», que estudió una enfermedad llamada muermo de los caballos, en la que aprovechó para hacer numerosos experimentos.

Charles Darwin se interesó por la obra de Bell, aunque su impresión de ella fue pobre, pues consideraba que mostraba más la ambición de su autor que la calidad de su trabajo científico. Ello no obstante, sus estudios sobre la expresión de las emociones, que él había planteado como herramienta para conseguir una mejor obra artística, fueron de gran interés para Darwin, que pensaba que el estudio de las emociones podía servir para comprender mejor las relaciones evolutivas entre los seres humanos y otras especies cercanas. Bell fue también uno de los primeros médicos que buscaron combinar el estudio de la anatomía del sistema nervioso con los problemas clínicos. Así, en 1821 describió la trayectoria del nervio facial, curiosamente lo mismo que estudiaba Magendie en aquel pobre galgo, y una enfermedad —ahora conocida como parálisis de Bell o parálisis facial periférica— cuya causa no se conoce (se piensa en alguna infección viral latente que es reactivada súbitamente) y que lleva a una parálisis unilateral de los músculos faciales. Parece que casi mil años antes que Bell el médico persa Rhazes (865-925) ya describió en detalle esta parálisis facial, así como autores posteriores como Cornelis Stalpart van der Wiel (1620-1702), James Douglas (1675-1742) o Nicolaus Anton Friedreich (1761-1836). Por ello Bell no parece el más indicado para haberse puesto a pleitear por la primacía de los descubrimientos.

PARKINSON Y MAO

En 1912, Leonard Rowntree, un médico americano que estaba de vacaciones en Inglaterra escribió un artículo que empezaba:

> *Nacido y criado inglés, médico y científico inglés, olvidado por los ingleses y por el resto del mundo —ese es el destino de James Parkinson.*

No le faltaba razón, no se sabe dónde está en su tumba y solo en el segundo centenario de su nacimiento se colocó una placa en la iglesia donde fue bautizado, se casó y fue enterrado, la de St. Leonard en Shoreditch.

James Parkinson había nacido en esta pequeña población a las afueras de Londres. Hijo de un boticario-cirujano, aprendió con él y entró a trabajar a los 17 años en su consulta cuyo placa rezaba «Parkinson e hijo, cirujano, boticario y matrón», un negocio que se mantuvo durante cuatro generaciones y ochenta años. Es decir, James Parkinson, al contrario de lo que afirmaba Rowntree, no era realmente médico. Era un buen paleontólogo —fosilista se decía entonces— y, además, un prolífico autor que escribía de temas diversos, entre los que estaban una enciclopedia de consejos médicos para el hogar y artículos sobre situaciones tan diferentes como la gota, la normativa de los manicomios o cómo reanimar a alguien alcanzado por un rayo. Fue también el autor de un manual de química y un activista de causas políticas que publicaba panfletos bajo el seudónimo de El Viejo Hubert, en los que defendía una composición más equilibrada del Parlamento —los pobres no tenían representación alguna—, el sufragio universal (masculino, claro) y la prohibición del trabajo infantil. Vamos, un radical de todas todas.

La vida de Parkinson coincide con la Revolución Industrial. La zona donde vivía la familia pasó de ser un pequeño pueblo con huertas y granjas a llenarse de docenas de fábricas, alrededor de las cuales se construyeron filas y filas de casas para los obreros, que se fueron degradando a barrios

El número 1 de la esquina de Hoxton Square en Londres. El lugar donde James Parkinson tenía su gabinete.

infectos y en los que se fundaron al menos tres manicomios, siempre saturados de pacientes. James Parkinson estuvo ligado durante más de treinta años a uno de ellos, Holly House.

En 1817, Parkinson escribió *An essay on the shaking palsy* (Un ensayo sobre la parálisis agitante), la obra que ha hecho famoso su nombre. El libro empieza con disculpas, pues la afección que va a describir no ha sido objeto de un estudio experimental y no tiene resultados anatómicos que mostrar, pero «*la enfermedad es tan grave y los efectos sobre el paciente tan devastadores que no se puede retrasar el hacerlo público, con la esperanza de que algún anatomista decida investigarla*». Es un estudio basado en solo seis casos, de los que solo tres habían sido examinados adecuadamente; de los otros tres, a dos los encontró «por la calle» y el otro «fue visto a cierta distancia». En el librito, de tan solo 66 páginas, Parkinson recoge estas señales:

> *Movimientos trémulos involuntarios, con una fuerza muscular disminuida, en partes que no están actuando, e incluso cuando está apoyado, con una propensión a doblar el tronco hacia delante y pasar de un ritmo andando a corriendo; los sentidos y el intelecto no muestran daños.*

También afirmó que la enfermedad progresaba tan lentamente que sus pacientes no recordaban cuándo habían tenido los primeros síntomas, y que normalmente lo primero que habían notado era cierta debilidad y una tendencia a que las manos temblaran. Parkinson también comentaba cómo los síntomas iban empeorando hasta llegar a incapacitar a los pacientes, y argumentaba que esta *paralysis agitans* debía ser considerada un nuevo tipo de enfermedad.

Parkinson describió con bastante claridad casi todas las características de la enfermedad que lleva ahora su nombre: La edad de inicio era superior a cincuenta años, el temblor era progresivo, los pacientes tenían dificultad para iniciar un movimiento, andaban con pasitos cortos y balanceaban poco los brazos. No pudo hacer ninguna autopsia, pero propuso, con buen ojo clínico, que se trataba de un problema del sistema nervioso central —como en realidad es— y no de los nervios periféricos. Especuló que podía ser un problema de la médula espinal cervical, con una posible expansión al bulbo raquídeo según la enfermedad progresara, en lo que estaba equivocado, y expresó su esperanza de que los médicos del futuro pudieran realizar estudios del cerebro para buscar la lesión causante, algo que sucedió décadas después.

El que bautizó la enfermedad con el nombre de Parkinson fue Jean-Martin Charcot, el gran neurólogo francés, que amplió el número de casos

—presumió de llenar su sala de espera de pacientes afectados por el mal de Parkinson para que sus estudiantes pudieran ver todas las fases de la enfermedad—, lo describió con más detalle aún —se fijó en detalles como la rigidez, la posición de las manos con los dedos como si sujetaran un lápiz o cómo la escritura se volvía mas pequeña, lo que denominó micrografía— e incluyó un capítulo sobre esta patología en su *Leçons sur les maladies du système nerveux*. Charcot prestó mucha atención a diferenciar el tipo de temblor que mostraban los pacientes con párkinson de los que sufrían una esclerosis múltiple. Para que sus estudiantes los distinguieran hacía que los pacientes sujetasen grandes plumas de las que usaban las damas en sus sombreros: al contrario de lo que sucedía en los pacientes con esclerosis múltiple, el temblor de la *paralysis agitans* se presentaba también cuando los pacientes estaban quietos y la pluma en su mano no paraba de oscilar.

Los dos buscaron alguna forma de aliviar a sus pacientes. Parkinson había indicado que los remedios internos eran inútiles, pero también comentaba que un tratamiento temprano con fisioterapia, linimentos y sangrías ayudaba a ralentizar el avance de la enfermedad. Charcot, por su parte, hizo una lista de los medicamentos probados por él y por otros (opio, estricnina, belladona y nitrato de plata) y dijo haberse fijado en que los pacientes mostraban un cierto alivio cuando habían hecho un largo viaje en tren o en carruaje para ir al hospital, por lo que pensó que las sacudidas eran beneficiosas, así que construyó un sillón vibratorio al que llamó «*trépidant*». Estudios posteriores de Gilles de la Tourette mostraban que el sillón suavizaba la rigidez, mejoraba la forma de caminar y favorecía un sueño reparador. La «dosis» se estableció en media hora de *trépidant* al día.

A lo largo del siglo XIX se fue ampliando la información para mostrar otros cambios, tales como el habla monótona y la dificultad para empezar una frase y cómo, una vez iniciada, las palabras se pronunciaban con rapidez, cierta confusión y un tono algo más agudo de lo normal. A finales de siglo se atendió también a los síntomas no motores, como la presencia frecuente de depresión e irritabilidad, aunque se discutía si era parte de la enfermedad o simplemente el resultado de saberse afectado por una patología incurable y discapacitante.

Hubo que llegar al siglo XX para que se conociera la causa de la enfermedad. Charcot pensaba que era una neurosis causada por un estrés emocional o por una fuerte impresión y John Hughlings Jackson argumentó que podía estar originada por un daño cerebelar. En 1871 Theodor Meynert propuso que estaba provocada por un fallo en el funcionamiento de los ganglios basales, y Edouard Brissaud sospechó que el daño podía estar en la sustancia negra, un grupo de neuronas pigmentadas que forma parte del sistema de ganglios basales pero no es un núcleo basal propiamente dicho. Hasta 1919 Constantin Trétiakoff no estudió en una serie de autopsias la *substantia nigra* y vio que los pacientes con párkinson presentaban lesiones o inflamaciones en esta región. Entre 1915 y 1926 una extraña epidemia, la encefalitis letárgica, asoló Europa, causando decenas de miles de muertos. La mortandad estuvo en torno al cuarenta por ciento de las personas afectadas, y la mitad de los supervivientes terminaban mostrando síntomas de párkinson cinco años después de su encefalitis, por lo que se pudieron estudiar numerosos casos en todos los grandes hospitales.

En esas primeras décadas del siglo XX se postularon tratamientos que ahora nos asombran, como la ablación quirúrgica de la corteza motora, de la corteza premotora o de ambas, o también las cirugías de los ganglios basales o realizar incisiones en el globo pálido. También se postuló la sección del tracto piramidal cuando entraba en la médula espinal. Afortunadamente, la mayoría de los médicos se opusieron a estas cirugías, pues en los pacientes que sobrevivían —la mortandad era muy alta—, aunque había algo de alivio en los temblores, se producía una pérdida de fuerza muscular y no se veía ninguna mejoría en la rigidez o en la discapacidad.

Desde 1953 se supo que la enfermedad de Parkinson iba ligada a la caída de dopamina, el neurotransmisor que utilizan las neuronas de la sustancia negra. En los pacientes con párkinson las neuronas se van inactivando o mueren, producen menos dopamina y los músculos que no reciben señales se van tensando y contracturando, generando los efectos observados en la postura y el movimiento. La dopamina no se podía administrar por vía oral o intravenosa, pues esta catecolamina no atraviesa la barrera hematoencefálica, pero en los años sesenta se descubrió la L-dopa, un precursor que sí llegaba al cerebro. Disponer de un fármaco eficaz generó una dramática recuperación de los pacientes que la encefalitis letárgica había postrado en la cama desde hacía décadas, una historia que contó magníficamente Oliver Sacks en *Despertares*. Desgraciadamente —como pasa también con otros medicamentos contra el párkinson— la L-dopa fue perdiendo eficacia y los pacientes volvieron a aquel terrible estado semivegetativo.

En junio de 1973 se celebró la Conferencia internacional sobre catecolaminas en Estrasburgo (Francia). Los organizadores, como hacían siempre, mandaron invitaciones a los principales centros de investigación del mundo, incluida la Academia China de Ciencias. Nunca nadie había respondido, así que se quedaron gratamente sorprendidos cuando una abundante delegación de científicos chinos de primer nivel se sumó al congreso. Los chinos eran gente simpática y divertida que estaba más que feliz después de haber podido recuperar sus puestos en las universidades y centros de investigación tras haber tenido que trabajar en el campo como labriegos durante la Revolución Cultural. Esta enorme y terrorífica campaña de reafirmación de los principios revolucionarios había sido la estrategia usada por Mao Zedong para recuperar el poder y barrer a sus opositores. En ella, se alentó al ejército y a los jóvenes a condenar a todos aquellos cuyos actos se apartaban de la ortodoxia del espíritu revolucionario, y ahí se incluía a todos los intelectuales, profesores e investigadores, que fueron sometidos a un proceso de «reeducación» —abonar con estiércol humano los arrozales, por ejemplo— para que eliminaran su forma aburguesada de pensar.

La reunión tenía lugar después del viaje de Nixon a Pekín, que avanzaba lo que se había conseguido con la diplomacia del ping-pong —el intercambio de jugadores de tenis de mesa entre Estados Unidos y la República Popular China—, y se pensó que era una muestra de buena voluntad de aquel deshielo político. Sin embargo, el objetivo era mucho más específico: los agentes de la CIA descubrieron que el Gran Timonel había sido diagnosticado de enfermedad de Parkinson, y las autoridades chinas buscaban ponerse al día de los últimos avances científicos para intentar ayudar a su líder.

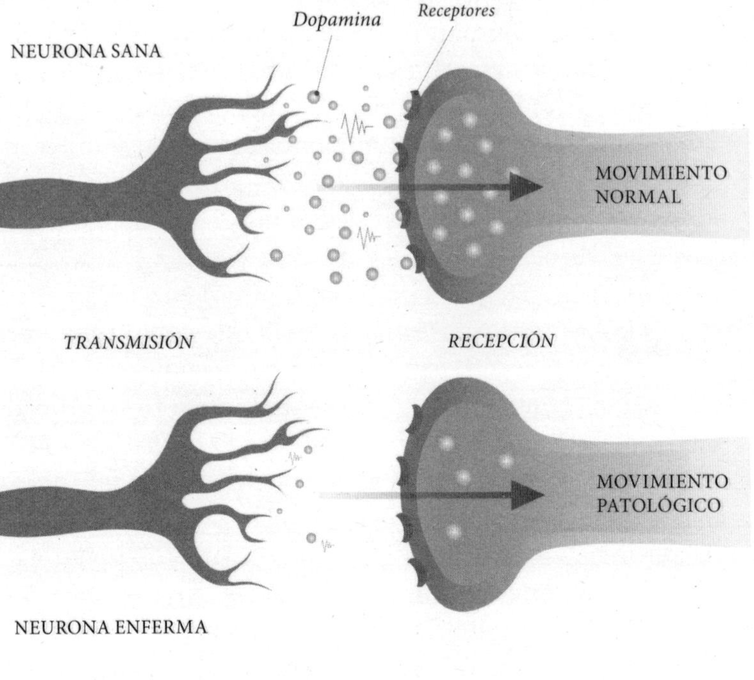

La dopamina juega un papel fundamental en la fisiopatología de la enfermedad de parkinson. Este esquema compara el mecanismo de acción en la sinapsis de una neurona sana, con la cantidad de dopamina fisiológica, y otra enferma.

A finales del siglo XX se intentó una nueva estrategia contra el párkinson, la terapia celular. Se usaron células productoras de dopamina procedentes de abortos terapéuticos y también células no nerviosas —fibroblastos— modificadas por ingeniería genética para producir dopamina. Aunque los investigadores que hicieron los trasplantes en México, Suecia y China comentaban cierto progreso en los pacientes, fueron experimentos muy controvertidos. Además, el material procedente de abortos era una fuente muy irregular y con graves problemas éticos. En 2014 se realizaron trasplantes en ratas con un modelo de enfermedad de Parkinson utilizando células madres embrionarias. Estas células sobreviven al trasplante, se transforman en neuronas dopaminérgicas, establecen conexiones adecuadas a larga distancia y restauran la función motora. Los resultados son comparables en eficacia y potencia a los obtenidos con neuronas fetales, no tienen los problemas éticos, pues las células madre se pueden cultivar indefinidamente, y abren la puerta a realizar ensayos clínicos en humanos para ver si por fin podremos tener algo eficaz contra una enfermedad descrita por primera vez por aquel inglés olvidado por los ingleses hace casi doscientos años.

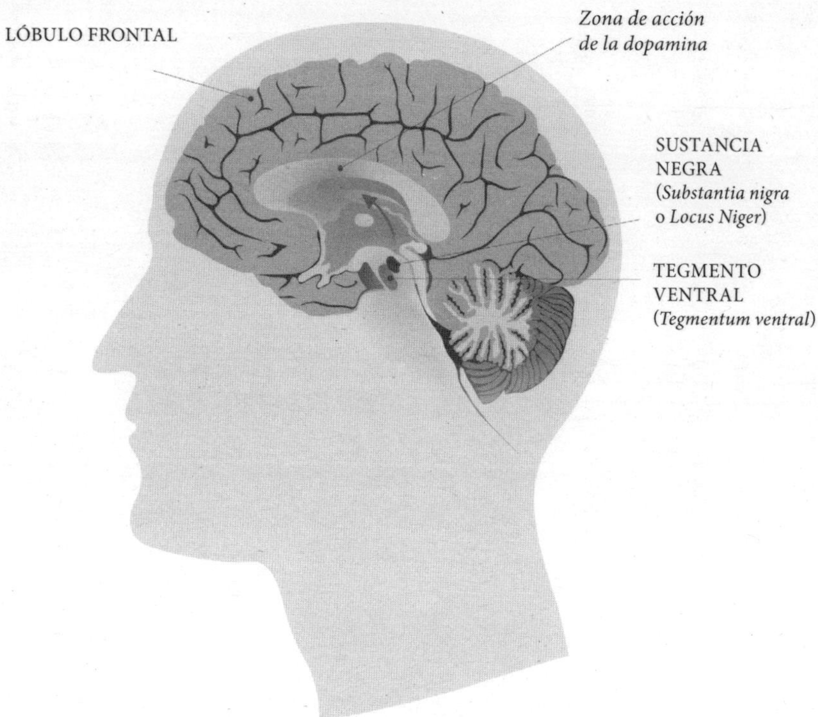

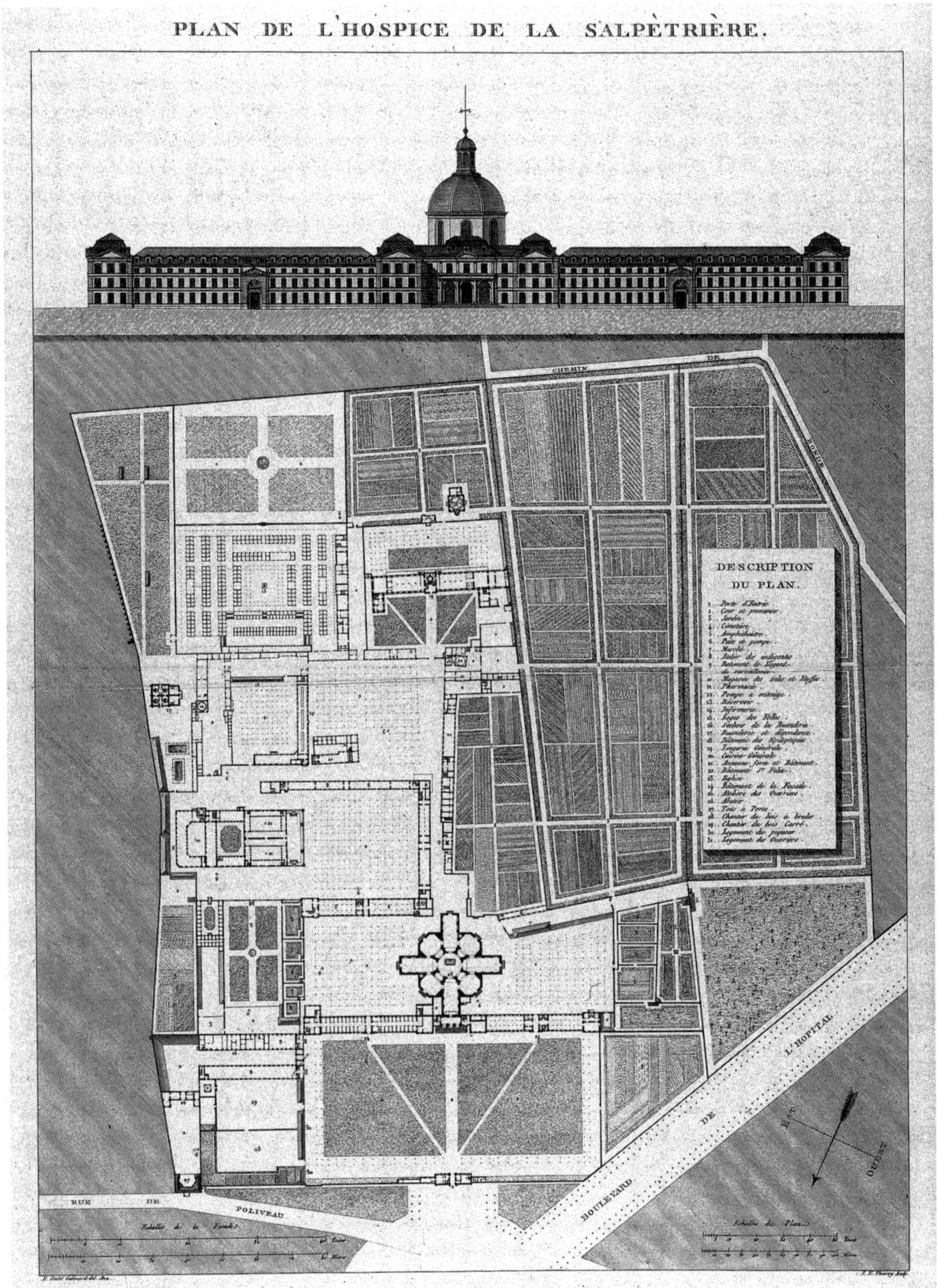

Hospital de La Salpêtrière, París. Grabado por J.E. Thierry a partir de E. Poulet Galimard, 1812.

LOS SABIOS DE LA SALPÊTRIÈRE

La Salpêtrière es el hospital más famoso de Francia, allí fallecieron Josephine Baker en 1975, Diana de Gales en 1997 y el ciclista Laurent Fignon en 2010. Fue fundado en 1603 e inicialmente era un polvorín, de ahí le quedó el nombre —«salpêtrière» es el salitre, uno de los ingredientes para la fabricación de pólvora— pero, ante el siempre posible riesgo de una explosión, la Salpêtrière se trasladó a la orilla izquierda del Sena. En 1656 un edicto real de Luis XIV cambió el edificio de función y encargó una nueva construcción, convirtiéndolo en un refugio para pobres: *Hôpital Général pour le Renfermement des Pauvres de Paris* (Hospital general para el internamiento de los pobres de París). Tenía tres áreas: la Pitié, para los niños; Bicêtre, para los hombres; y la Salpêtrière, para las mujeres. En 1684 la Salpêtrière fue ampliada con la creación de un edificio para recluir a las mujeres echadas de casa por sus maridos o padres —un ejemplo de las cosas que hemos vivido— y se añadió, además, una zona carcelaria para las prostitutas.

Dos figuras colocaron a la Pitié-Salpêtrière en la historia de la neurociencia: Philippe Pinel y Jean Martin Charcot. Pinel nació en Jonquières, en la región Mediodía-Pirineos. Hijo y sobrino de médicos, estudió en la facultad de Medicina de Toulouse y, tras licenciarse, completó su formación cuatro años más en la facultad de Medicina de Montpellier. Asqueado de la codicia y de la incompetencia de sus colegas de provincias, decidió trasladarse en 1778 a la capital, confiando en encontrar un mejor nivel profesional. Sin embargo, inicialmente no le permitieron ejercer en París, pues en la capital del país más centralista de Europa no se valoraba la formación recibida en otras ciudades. Pasó más de quince años trabajando como escritor, traductor y editor hasta que consiguió ejercer en una clínica privada para enfermos mentales. El motivo de buscar ese empleo fue una crisis personal: un amigo había desarrollado una melancolía nerviosa, lo que ahora llamamos una depresión, que había «*degenerado en una manía*» y finamente en el suicidio, sin que Pinel hubiese conseguido hacer nada por ayudarle. Eso lo impulsó a intentar saber más sobre los trastornos mentales.

Durante los años ochenta del siglo XVIII Pinel había asistido a reuniones en casa de madame Helvétius, un salón por donde pasaban escritores como Diderot, científicos como Lavoisier o Cuvier, escultores como Houdon, políticos como Talleyrand o Benjamin Franklin —que, supuestamente, propuso matrimonio, sin éxito, a la anfitriona— y militares como Napoleón Bonaparte. En aquellas tertulias Pinel manifestó su simpatía por el movimiento republicano. En 1792 se produjo una masacre en la Salpêtrière, el hospital-manicomio-prisión fue asaltado por una muchedumbre de *sans-culottes* del distrito del Faubourg Saint-Marcel con la intención de rescatar a las mujeres de la calle que estaban allí detenidas. Ciento treinta y cuatro prostitutas fueron liberadas, pero veinticinco enfermas mentales fueron arrastradas por las calles, todavía encadenadas a sus grilletes, y asesinadas. Aquello fue un aldabonazo en la conciencia de los gobernantes revolucionarios.

Los dirigentes republicanos, preocupados por aquel acto cruel que manchaba la imagen de la Revolución, y al recordar la especialización de Pinel y su simpatía hacia sus ideas, lo nombraron «*médico de las enfermerías*»

Hospital de La Salpêtrière visto desde el río. Grabado de Adam Perelle.

del Hospital de Bicêtre. Allí había más de cuatro mil internos, incluyendo criminales, pequeños ladrones, sifilíticos, vagabundos, unos doscientos enfermos mentales, y unos cuantos miles de ratas. No había tratamientos ni terapias, y los responsables políticos pensaron que quizá Pinel podría hacer algo por aquellos desgraciados. Pinel pidió al «gobernador» del hospital, Jean-Baptiste Possin un informe sobre aquellos trastornados, y este le trajo una tabla con comentarios notables y útiles sobre cada uno de ellos. Pinel, en un gesto que lo honra, decidió aprender de aquel subordinado, y los dos juntos eliminaron las sangrías y las purgas y las sustituyeron por una terapia que incluyera un contacto directo y frecuente con el paciente. El momento simbólico que inauguró una nueva época en el tratamiento de las enfermedades mentales y que va unido para siempre al nombre de Pinel fue quitar las cadenas que sujetaban a aquellos pacientes a las paredes de cada galería. Parece que fue Possin el que tomó la decisión y, aunque Pinel siempre le dio el crédito correspondiente, es Pinel el que tiene una estatua magnífica a la entrada de la Salpêtrière y al que se considera el pionero de una psiquiatría moral.

En 1794 Pinel publicó un estudio titulado *Memoria sobre la Locura*, un texto crucial en la psiquiatría moderna. Lo leyó ante la Sociedad de Historia Natural de París el 11 de diciembre de 1794, poco después del final de la época conocida como el Terror. Es un documento social en el que llama al gobierno revolucionario a construir hospitales donde los enfermos mentales sean tratados decentemente. En este ensayo explica su tratamiento psicológico, los principios del método humano que le han hecho ser considerado uno de los fundadores de una nueva forma de tratar los trastornos de la psique. Pinel dice que la enfermedad mental es a menudo curable, y que para llegar a un diagnóstico el médico debe observar cuidadosamente el comportamiento del paciente, entrevistarlo, atender cuidadosamente a lo que dice y hace y tomar notas de todo. Debe entender la historia de la enfermedad, si hay algún acontecimiento que lo haya precipitado en ese estado y escribir una historia clínica rigurosa y exacta. Y va desgranando más información útil: tras el conocimiento del enfermo es cuando se puede hacer un diagnóstico y un pronóstico; los períodos repetitivos de la enfermedad mental pueden ser útiles para la terapia; normalmente solo una facultad mental está alterada, por lo que las demás pueden usarse en su beneficio; los pacientes con delirios pueden ser malvados o asesinos… Pinel incluye en su alegato que uno «*debe dominar a los locos agitados al mismo tiempo que respeta los derechos humanos*», ese nuevo concepto cuya *Declaración* había sido aprobada por la Asamblea Nacional el 26 de agosto de 1789.

En 1798 publicó una clasificación de las enfermedades titulada *Nosographie philosophique, ou méthode de l'analyse appliquée à la médecine*. Estaba inspirada en las clasificaciones taxonómicas de Linneo y William Cullen y utilizaba los criterios de género y especie. Pinel simplificó la gran variedad de neurosis descritas en aquel momento a cuatro tipos básicos de trastorno mental: melancolía, manía, demencia e idiotismo, y consideraba a las enfermedades mentales como un desarreglo de las facultades cerebrales causado por distintos motivos:

— Causas físicas (cerebrales o simpáticas)
— Causas hereditarias
— Causas morales (a las que atribuye más de la mitad de los casos), que se pueden dividir en:
 — Pasiones intensas y fuertemente contrariadas o prolongadas.
 — Excesos de todo tipo.

Pinel es considerado el médico que cambió el concepto de «loco», convirtiéndolo en un paciente que necesita cuidados, comprensión y un tratamiento; segregó distintos tipos de pacientes; incluyó entre los tratamientos la terapia ocupacional, eliminó los castigos y los exorcismos, realizó un seguimiento estadístico de los resultados de las terapias y, en general, consolidó una rama de la medicina que sería conocida desde 1808 como Psiquiatría. Bajo su dirección disminuyó enormemente el número de muertes en el hospital y aumentó el número de pacientes que mejoraron o, directamente, se curaron. A pesar de su imagen bondadosa y progresista, también realizó tratamientos que ahora calificaríamos de torturas, como atar al paciente en una silla oscilante que sumergía su cabeza en una bañera con agua o la «cura del hambre». Pinel fue el médico jefe de la Salpêtrière hasta su fallecimiento en 1826, y para entonces la Salpêtrière era el hospital psiquiátrico más grande de Europa con más de ocho mil personas internadas en cuarenta y cinco edificios. Era una auténtica ciudad, con calles, plazas, jardines, un animado mercado y una iglesia. A su funeral asistieron cientos de antiguos pacientes de Bicêtre y la Salpêtrière, que sabían lo que le debían.

El segundo gran nombre del tratamiento de la enfermedad mental en la Salpêtrière es Jean-Martin Charcot. El padre de Charcot era constructor de carruajes y tuvo cuatro hijos varones. Pensó que con sus ingresos solo podía darle educación a uno de ellos, así que decidió que el mayor se quedase con el taller familiar, los dos pequeños ingresasen en el ejército y el segundo —Jean Martin—, que parecía el más despierto, estudiase medicina. No está claro que eso fuera lo que prefería este muchacho, que tenía auténtico talento artístico y se pasaba el día dibujando —una habilidad de la que luego haría buen uso en su descripción de las enfermedades mentales—, pero tampoco hay ningún dato de que tuviera posibilidad de elección. La Revolución Francesa había cambiado la sociedad, y el segundo de sus tres lemas, la Igualdad de todos los ciudadanos, había permeado la sociedad: Charcot pudo pasar de sus humildes orígenes a convertirse en el médico más importante de Francia.

Charcot había recorrido varios hospitales durante su carrera y en sus primeros años de ejercicio profesional, pero algo lo atrajo de la Salpêtrière, aunque para entonces aquel gigantesco complejo hospitalario estaba medio abandonado, con miles de pacientes hacinados y desatendidos: se dio cuenta de que allí podría estudiar lo que quisiera, de que tenía una enorme población de pacientes que incluía una representación de todas las variantes de las enfermedades mentales existentes, y de que la mayoría de aquellos enfermos estaban internados de por vida, con lo que el seguimiento podría ser completo. Fue nombrado jefe de los servicios médicos y mandó llamar a su amigo Alfred Vulpian para que lo ayudara. Mano a mano, se pusieron a examinar pacientes, a diagnosticarlos adecuadamente y a organizarlos en galerías. El *British Medical Journal* los denominó «*el Cástor y el Pólux de la fisiología y la patología experimental*».

Vulpian se marchó a los cinco años, pero Charcot se quedó allí el resto de su vida y, aprovechando el abundante «material» humano, un «*pandemonio de las enfermedades mentales*» y un «museo patológico vivo», se convirtió en el mayor experto mundial en los trastornos cerebrales. Desarrolló un examen neurológico sistemático, lo que le permitió establecer una relación entre signos clínicos y lesiones cerebrales específicas, y llegó a ello gracias a un seguimiento a largo plazo de los pacientes combinado con un análisis anatómico e histológico de sus cerebros tras la muerte. Ello le posibilitó identificar y describir por primera vez algunas patologías mentales, como la esclerosis lateral amiotrófica. Al menos quince enfermedades llevan su nombre. En la esclerosis múltiple describió tres señales que se conocen como la tríada de Charcot: el nistagmo, el tremor intencional y el habla telegráfica, aunque no son exclusivas de esta enfermedad. También instauró la costumbre de tomar la temperatura todos los días a los pacientes para detectar un posible brote de fiebre, algo que se sigue haciendo en todos los hospitales del mundo.

Charcot prestó especial interés a la histeria, una enfermedad que muchos médicos no reconocían, pues no encontraban una causa orgánica. También insistió vehemente en que, en contra de las creencias populares y de las de muchos médicos (histeria viene de hystera, útero), también existían hom-

En esta ilustración de 1830, Anne Buiret, una mujer francesa que se hace pasar por la marquesa de Champignelles, se sienta en un sillón junto a un pequeño ataúd velado y a su abogado. Éste señala a La Salpêtrière, en el fondo, insinuando así el hecho de que había sido fundamental para salvarla de un destino trágico en un manicomio [Francis Masse].

bres histéricos. Enseñó que, debido a este prejuicio, había «*casos que quedaban sin reconocer, incluso por doctores distinguidos*», y que incluso podía darse en profesiones muy masculinas como los ingenieros de los ferrocarriles o los militares. Además, su idea de que la histeria podría estar causada por algo concreto, como un trauma, estableció una nueva línea de estudio de los trastornos neurológicos causados por los accidentes de la era industrial o por los efectos de las guerras. Charcot concluyó que la histeria era una enfermedad real, pero que estaba causada por una degeneración neurológica hereditaria y, puesto que la histeria y la hipnosis tenían síntomas parecidos (las dos producían parálisis y analgesia), pensó que ser hipnotizable suponía tener predisposición a la histeria. Al final de su vida reconoció que esta teoría de la sugestibilidad estaba equivocada.

La posición de la Escuela de la Salpêtrière sobre la hipnosis fue muy criticada por Hippolyte Bernheim, uno de los principales neurólogos de la época. El propio Charcot tenía dudas sobre la utilidad de la hipnosis y sobre sus efectos en los pacientes, una preocupación agravada por el sensacionalismo que rodeaba a la técnica y que dificultaba su valoración objetiva. Para él la disputa con Bernheim, que continuó su discípulo Georges Gilles de la Tourette, había «dañado» el hipnotismo. También pensaba que el arte era una herramienta de enorme utilidad en su método clínicoanatómico. Usó fotos y dibujos, muchos hechos por él o por sus discípulos, en sus clases y conferencias. Junto con Duchenne es considerado un pionero en la utilización de la fotografía para el estudio de las enfermedades neurológicas.

Charcot puso orden en el caos de los trastornos neurológicos, estableció su base anatómica y construyó una clasificación bien estructurada. Crearon para él la primera cátedra de Neurología del mundo, lo que tuvo lugar en la Sorbona en 1881, y por él esta disciplina se convirtió en una especialidad clínica. Convirtió a su hospital en la meca de los neurólogos de todo el mundo, y por allí pasaron, entre muchos otros, Sigmund Freud, Joseph Babinski, Pierre Janet, William James, Pierre Marie, Albert Londe, Charles-Joseph Bouchard, Georges Gilles de la Tourette, Alfred Binet, Jean Leguirec y Albert Pitres. Puesto que Charcot era bajito, autoritario y con una cabeza de gran tamaño, lo llamaban —a sus espaldas, imagino— el napoleón de la Salpêtrière.

En 1862 se casó con una viuda rica, Madame Durvis, y tuvieron dos hijos, Jeanne y Jean-Baptiste, que se hizo médico y fue un famoso explorador polar que puso a una isla ártica el nombre de su padre. Trabajador compulsivo, Charcot era también un *bon vivant* que amaba la buena mesa. Fue mitificado y denigrado, tanto en vida como póstumamente. En marzo de 1881 hizo un viaje a Moscú y San Petersburgo, donde fue homenajeado por sus colegas como un médico cuasi milagroso. En agosto de aquel año causó sensación en el Congreso Internacional de medicina de Londres, donde presentó el molde en cera y el esqueleto de un paciente con ataxia locomotora, y fue largamente aplaudido por los tres mil médicos presentes en la sala. Junto con Louis Pasteur y Robert Virchow fue recibido en una audiencia privada por el príncipe de Gales, y juntos pudieron ver cómo los fuegos artificiales dibujaban el rostro de los tres grandes investigadores. Por otro lado, Edward Shorter escribió en su *A History of Psychiatry* que Charcot no entendía «casi nada» de las principales enfermedades psiquiátricas y que «estaba bastante falto de sentido común y grandiosamente seguro de sus propios juicios».

Charcot sufrió de insuficiencia coronaria crónica al final de su vida. Tuvo el primer ataque grave en la navidad de 1890, y Leon Daudet lo contó así:

> *Hacia 1890 el profesor Charcot estaba en el apogeo de su reputación y de su poderío. Tenía la facultad inclinada a su ley. Su obra, cuyos fundamentos no habían sido todavía atacados, daba una impresión de solidez, incluso de majestuosidad. Su método de expectación en terapéutica había sido adoptado universalmente. No se publicaba en el mundo civilizado ningún trabajo sobre las enfermedades del sistema nervioso en el que el autor no solicitase de antemano su aprobación, su imprimátur. La estructura del hígado y la del riñón lo obedecían, al igual que la estructura de la médula. A él le enviaban los atáxicos y los paralíticos con agitación de Norteamérica, del Cáucaso, incluso de la China. El los examinaba, los palpaba, los despedía y unía sus observaciones a sus archivos. Ese fue el momento que escogió la Parca, examinada por él tantas veces, para hacerle su primera seña de inteligencia.*

En 1891 tuvo que interrumpir sus clases, y moría dos años y ocho meses después, a la edad de 67 años, mientras iba de viaje junto a varios discípulos a conocer Vézelay y las iglesias de la región, de un edema pulmonar agudo. Su cuerpo fue expuesto durante días en el coro de la capilla de Saint-Louis en la Salpêtrière y se le hicieron unos funerales como si fuera un jefe de estado, tras lo cual fue enterrado en el panteón familiar en el cementerio de Montmartre. Sus amigos y discípulos hicieron una cuestación y le erigieron una estatua en 1898, que estuvo colocada a la entrada de la Salpêtrière hasta 1942, cuando fue desmontada por los alemanes y fundida para hacer munición.

BROCA, EL HOMBRE COMPROMETIDO

A veces pensamos en los científicos como seres puros, angelicales, que chapotean en su bañera esperando gritar ¡Eureka!: Newton sentado en su jardín que ve como la manzana cae al suelo y preguntándose por qué no sucedía lo mismo con la Luna; Ramón y Cajal observando cortes del cerebro en la cocina de su casa sin darse cuenta de lo que pasa alrededor; o Einstein elucubrando sobre el espacio cósmico y la relación entre el tiempo y el espacio mientras se fuma una pipa. La realidad no es así, o no es siempre así. Las figuras de estos grandes sabios quedan incompletas si no atendemos a sus pasiones, defectos e implicación en los temas de su mundo y de su época. Se conserva un listado de Newton de los pecados que había cometido a los 19 años, y entre ellos se encuentra el «*haber amenazado a mi padrastro y a mi madre con quemarlos vivos y quemar la casa*». Cajal, padre de familia numerosa, montó una librería para vender sus libros y que fuera una fuente de ingresos para uno de sus hijos, y Einstein fue un ciudadano activo de su siglo que se opuso al uso de la fisión nuclear como arma de guerra, que presionó a los políticos estadounidenses y que rechazó ser el primer presidente de Israel. Me gusta también que sean humanos y que tengan sentido del humor. A Einstein, por poner un ejemplo, la gente lo paraba por la calle y le pedía que le explicase «esa teoría». Cansado de esos momentos, decidió contestar «*Discúlpeme, lo siento, siempre me confunden con el profesor Einstein*».

Paul Broca (1824-1880) es uno de los grandes de la neurociencia y un hombre comprometido. Su padre, Benjamín, fue médico rural, pero anteriormente había sido cirujano en el ejército napoleónico hasta su derrota en Waterloo, donde estuvo presente, y es probable que las ideas sobre la sociedad civil, el servicio público y la separación iglesia-estado que «le Petit Caporal» extendió por Europa permearan al padre y, de él, al joven Paul. Su madre destacaba por su gran inteligencia y por una memoria prodigiosa, y era hija de un pastor protestante, algo que también contribuyó en

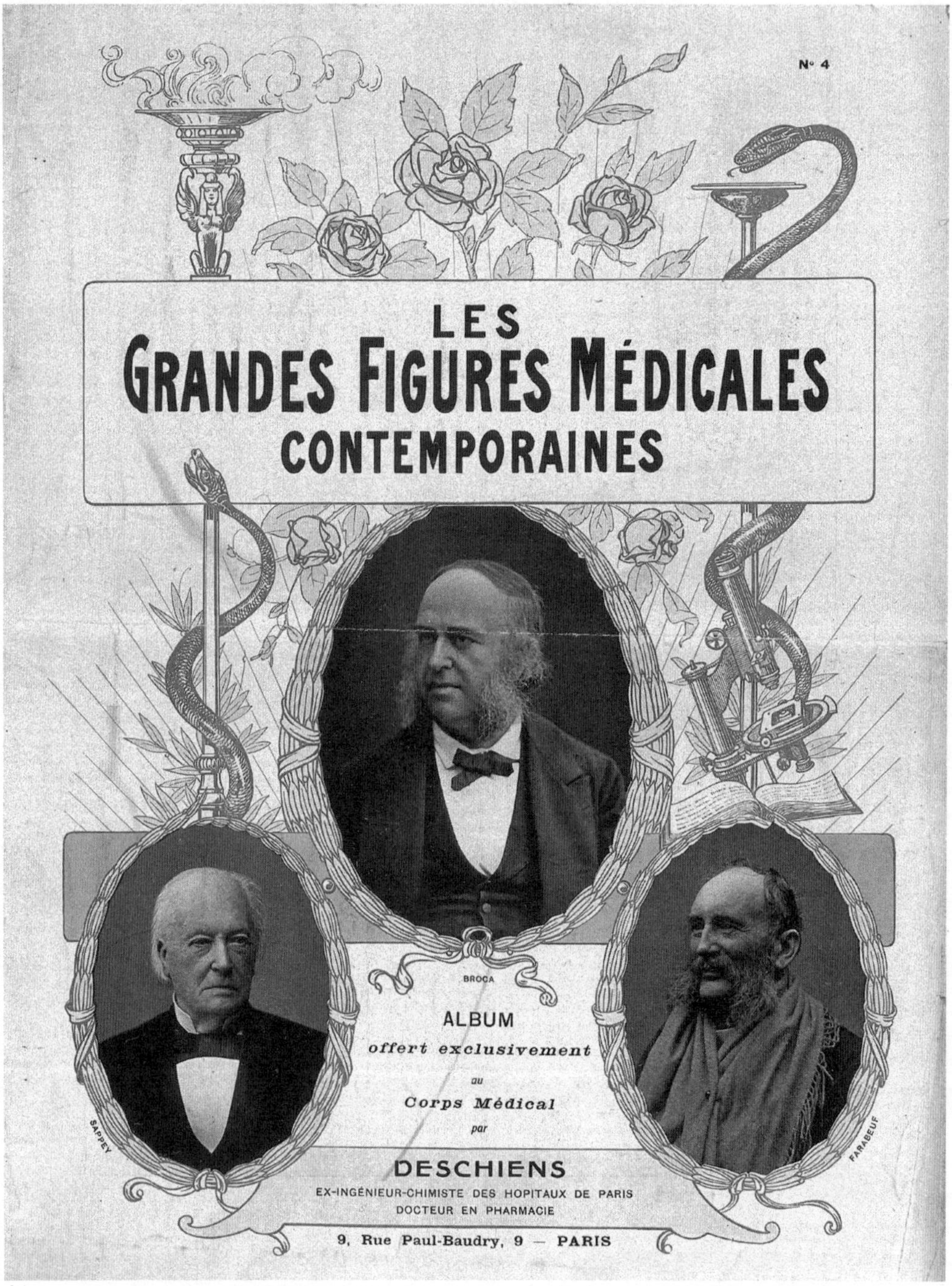

En esta hojilla publicitaria de la obra *Las grandes figuras médicas contemporáneas* aparece el retrato de Paul Broca junto a Louis Hubert Farabeuf y Philibert Constant Sappey [1900].

gran medida a su educación. Tras la restauración monárquica estas ideas de hugonotes y bonapartistas eran muy controvertidas, y la Iglesia católica y las monarquías de Luis Felipe I y Napoleón III intentaron «limpiar» Francia de los ideales revolucionarios y republicanos.

El joven Broca decidió seguir la carrera de su padre y estudiar medicina. Muy pronto demostró pericia como cirujano, además de talento para los idiomas, la pintura y la música, y se convirtió desde muy joven en un profesional respetado y valorado. Su primer gran descubrimiento fue la demostración de que las células cancerígenas pueden dispersarse a través de la sangre, lo que explica la presencia de metástasis. En 1848 fue nombrado catedrático de anatomía en la Universidad de París. Allí describió la distrofia muscular como una afección primaria del músculo antes que Duchenne; identificó el raquitismo como una enfermedad nutricional antes que Virchow y propuso la expansión del cáncer por el sistema circulatorio independientemente de Von Rokitansky. Su moderna visión de la medicina, basada en la firme creencia de que el trabajo del laboratorio y la clínica deben unir fuerzas para mejorar la atención al enfermo le abrió las puertas del potente sistema de hospitales de París. En 1859 fundó la Sociedad de Antropología de París, lo que hizo que tanto la Iglesia como el gobierno monárquico francés estuviesen aún más en su contra, ya que rechazaban los estudios antropológicos y los consideraban como algo nocivo y materialista. Apoyó la Teoría de la Evolución de Darwin, quien había publicado ese mismo año su *Origen de las especies,* y eso a pesar de sus sólidas creencias cristianas. Se le cita diciendo *«prefiero ser un mono transformado que el hijo degenerado de Adán»*, unas ideas por las que fue denunciado por materialismo y, como Sócrates, por corromper a la juventud. En las reuniones de dicha sociedad antropológica, la gendarmería enviaba un agente a escuchar a los conferenciantes para controlar si decían algo contra la religión, la sociedad o el gobierno, un trabajo que tuvo que hacer también un policía vecino mío en mi época de estudiante, y que comentaba que le había dado una gran cultura y un gran placer, a pesar de las miradas recriminatorias de los estudiantes.

En el momento en que Paul Broca se convirtió en una figura pública el debate sobre la localización cerebral de las funciones superiores (inteligencia, lenguaje, sentimientos, planificación…) estaba muy polarizado. Por un lado, esta discusión tenía una parte más puramente académica sobre el funcionamiento del sistema nervioso central, que discutía si el cerebro actuaba como un todo (holismo) o estaba dividido en zonas con funciones específicas. Por otro lado, estos aspectos científicos se conectaban inmediatamente con la controversia sobre la unidad y la inmaterialidad del espíritu humano, del alma. Si el alma era equiparable a la personalidad, a la mente, no tenía sentido que sus acciones estuvieran compartimentadas, separadas en sectores estancos. Si las funciones estaban aisladas unas de otras, la idea del alma tal como la sostenía la Iglesia católica debería replantearse. Como ocurre en la actualidad con otros temas como la clonación o las células madre, el debate sobre la localización cerebral adquirió dimensiones sociales, religiosas y políticas. Hartos de la interferencias en la vida cotidiana del clero católico y de los monárquicos, los intelectuales franceses, librepensadores y republicanos, pensaron que la ciencia era su aliada natural y que, si conseguían demostrar que las doctrinas religiosas eran erróneas y estaban basadas en la superstición y la incultura, el clero y sus aliados políticos perderían autoridad y tendrían que dejar paso a las nuevas ideas, a una nueva sociedad. En resumen, había que demostrar que el cerebro tenía distintas zonas encargadas de funciones diferentes.

Broca era el candidato ideal para este estudio. Era un neuroanatomista excepcional y llevó a cabo importantes estudios sobre la región límbica, antes considerada parte del rinencéfalo (el cerebro olfativo) y que ahora sabemos está involucrada en el procesamiento de las emociones. Dos zonas en el cerebro llevan su nombre: la llamada banda diagonal, una región del telencéfalo implicada en la enfermedad de Alzheimer, y el área de Broca, una pequeña zona en la tercera circunvolución del lóbulo frontal izquierdo de la que ahora hablaremos. Tenía un gran interés en el cerebro humano y su evolución reciente, lo que hizo que, usando sus conocimientos anatómicos, desarrollara una parte importante de la base científica de la antropología. Los siguientes trabajos dan una idea sobre su investigación antropológica:

— Sobre el cráneo y el cerebro del asesino Lemaire.
— Presentación del cerebro de un gorila adulto macho.
— Sobre el cerebro del asesino Prévost.
— Sobre la supuesta herencia de las características accidentales.
— La inteligencia de los animales y el dominio de los humanos.
— El orden de los primates: paralelismos anatómicos entre el hombre y los simios.
— El origen del arte de hacer fuego.
— Sobre monstruos dobles.
— Discusión sobre microcéfalos.
— Trepanación prehistórica.
— Dos casos de dígitos supernumerarios desarrollados en edad adulta.
— Las cabezas de dos neocaledonios.
— Sobre el cráneo de Dante Alighieri.

Broca estaba predispuesto a considerar el cerebro como un órgano con funciones localizadas en sectores diferentes, y su éxito llegó con el lenguaje. El 4 de abril de 1861, en un encuentro de la Société d'Anthropologie, Broca asistió a la presentación de Ernest Aubertin, una conferencia novedosa sobre la localización cerebral del lenguaje articulado. Aunque para esa época las teorías frenológicas de Gall habían sido desacreditadas, algunas personas seguían pensando que las funciones cerebrales estaban localizadas. Una de ellas era Jean-Baptiste Bouillaud, discípulo de Magendie y que había conseguido renombre al ser el primero que consiguió tratar la hipertensión con el digital o digitalina, un compuesto extraído de la planta con el mismo nombre.

Bouillaud había publicado un artículo que usaba observaciones clínicas para apoyar las teorías de Gall, y decía concretamente que la facultad del lenguaje articulado residía en los lóbulos frontales del cerebro. El frenólogo alemán había encontrado dos pacientes con heridas de esgrima en el cerebro, justo por encima de los ojos, por lo que había situado el área del habla en esta zona. Durante cuarenta años Bouillaud había conseguido mantener esta hipótesis viva reuniendo más de cien casos, pero no había conseguido convencer a sus colegas, que recordaban cómo Flourens había barrido las teorías de Gall en Francia. En 1825 Bouillaud publicó un libro y un artículo científico que recogían sus observaciones de pacientes que habían perdido el habla tras una lesión, demostrando en la autopsia que estas personas tenían lesiones en los lóbulos frontales de sus cerebros. El problema es que las ideas de los frenólogos sobre localización funcional habían sido enormemente criticadas, y esta hipótesis de Bouillaud se parecía demasiado a aquellas ideas. Veintitrés años después, en 1848, Bouillaud había reunido cientos de casos, estaba convencido de estar en lo cierto y, en su busca de un reconocimiento general presentó un reto: pagaría quinientos francos —una verdadera fortuna— a cualquiera que le trajera un caso de lesión de los lóbulos frontales sin que se hubiera producido, en ese paciente, una pérdida del habla.

Bouillaud había visto que la incapacidad para hablar no se debía a dificultades para mover la lengua, pues los pacientes podían tragar y comer con normalidad, por lo que el problema debía ser cerebral, y llamó a los lóbulos frontales «el principal legislador del habla». Intrigado, Broca decidió estudiar aquella hipótesis.

En 1861 le llevaron un paciente de cincuenta y un años llamado Louis Leborgne, pero al que apodaban «Tan» porque es la única palabra que era capaz de pronunciar. Aunque tenía afasia, pérdida del habla, sus labios y su lengua no estaban paralizados y entendía lo que se le decía. Por suerte para

Broca y mala para Leborgne, murió seis días después y, cuando Broca le hizo la autopsia, encontró que tenía una lesión en el lóbulo frontal izquierdo. Sin embargo, no era algo concluyente, porque también mostraba lesiones en los lóbulos parietotemporales. Seis meses más tarde llegó al hospital un segundo caso de afasia, Monsieur Lelong. De nuevo, la autopsia reveló daño en las circunvoluciones posteriores de los lóbulos frontales. El caso de «Tan» se convirtió en un revulsivo para las neurociencias, en el ejemplo crucial que convenció a muchos especialistas de que hay funciones localizadas en zonas específicas de la corteza, algo que hasta entonces había sido un anatema. Basándose en todas sus observaciones clínicas, Broca planteó que existe un centro en el cerebro para el funcionamiento del habla y que está localizado en esa zona, cerca de la tercera circunvolución. Ahora lo llamamos el área de Broca.

Cuatro años después, en una reunión de la Académie de Médecine celebrada en 1865, volvió a surgir la discusión sobre la localización de las funciones cerebrales, y un cirujano llamado Alfred Velpeau dijo que en 1843 él había visto un caso, un fabricante de pelucas en el que se daban ambas circunstancias: tenía una lesión en los lóbulos frontales, pero no había perdido el habla y, por lo tanto, le correspondía el monto de la apuesta. Velpeau es famoso por un experimento que, desgraciadamente, parece ser apócrifo. El 17 de julio de 1793, Charlotte Corday, la asesina de Marat, fue guillotinada en la Plaza de la Revolución de París. François le Gros, el ayudante del verdugo, levantó la cabeza cortada de la cesta y la enseñó alrededor del patíbulo como era costumbre. Le Gros, admirador de Marat, en un momento de entusiasmo dio una bofetada a la cabeza de la asesina de veinticuatro años. La multitud se agitó encolerizada, era una dama al fin y al cabo, y, según contaron, el rostro de Corday se ruborizó en ambas mejillas tras esa ofensa. ¿Era cierto o era tan solo un efecto óptico al atardecer?

El 9 de junio de 1864, la guillotina se instaló en la Plaza de la Roquette para la ejecución de Guy Couty de la Pommerais, un médico que había sido declarado culpable de envenenar a su esposa y a su suegra. Velpeau, que asistía habitualmente a las ejecuciones, hizo un pacto con Pommerais:

> *Cuando la cuchilla caiga estaré justo enfrente de usted, cerca de la máquina. Tan rápido como sea posible, el verdugo me pasará su cabeza y yo gritaré en su oído «Sr. Couty de la Pommerais, cierre su ojo derecho tres veces manteniendo su otro ojo abierto».*

Pommerais dijo que le ayudaría en su experimento. La historia termina de esta forma:

La cabeza ensangrentada de Pommerais temblaba en las manos del cirujano, manchando sus dedos, puños y ropa. Velpeau gritó la orden pactada en el oído derecho; el resultado le hizo temblar de terror. El párpado derecho de Pommerais bajó, mientras que el ojo izquierdo se abrió completamente, fijo en Velpeau. ¡En el nombre de Dios, repite la señal otra vez! gritó Velpeau. Los ojos de Pommerais se movieron como si realizaran un esfuerzo interno pero el párpado no se volvió a levantar. La cara quedó rígida y sin emoción.

Volviendo al tema de la apuesta, Bouillaud no daba crédito a que le recordaran un arrebato de hacía cuarenta años, y Velpeau explicó que el fabricante de pelucas tenía un tumor que había ocupado el lugar de los lóbulos frontales y, en vez de perder el habla, había desarrollado una «*locuacidad inaguantable*». De hecho, se produjeron quejas de otros pacientes porque con su verborrea incansable no les dejaba dormir ni de día ni de noche. No sabemos cómo consiguió Velpeau presentar su caso para convencer a sus colegas, y probablemente el tumor había empujado los lóbulos frontales en vez de destruirlos, con lo que muchas conexiones estaría intactas, pero el resultado es que, tras una fuerte discusión, la Academia decidió que Bouillaud había perdido y tenía que pagar los quinientos francos, cosa que —a regañadientes— hizo. Aunque Bouillaud y otros investigadores como Aubertin ya habían presentado incluso un número superior de casos, Broca fue el que consiguió el reconocimiento general por una serie de razones:

— Proporcionó mucha más información, incluyendo una historia clínica detallada, el énfasis sobre el lenguaje articulado (frente a otros defectos del habla) y la definición en la autopsia del sitio preciso de la lesión.
— Demostró que su localización no coincidía con la de los órganos cerebrales de los frenólogos, cuyo desprestigio seguía muy vívido en la memoria de todos. Gall había situado el habla detrás de la órbita del ojo; Broca, por el contrario, lo localizó en la tercera circunvolución frontal, una localización más posterior y más lateral.
— El espíritu de la época había cambiado, y los especialistas distinguían con claridad entre el desacreditado sistema de «bultos en el cráneo» de Gall y Spurzheim para la localización de funciones y un conjunto riguroso de observaciones basadas en el daño cerebral y en los trastornos neurológicos resultantes.
— El propio prestigio de Broca, considerado un científico de primer nivel, un cirujano excelente, un médico prudente, el fundador de una sociedad bien valorada y un hombre comprometido, honesto y con visión.

Pero había otro dato importante: la gran mayoría de los casos de Broca mostraban una relación entre la afasia y el daño en el lado izquierdo del cerebro. Cuatro años después de la publicación de su ensayo *Du siège de la faculté du language articulé*, Broca, al establecer las correlaciones entre la anatomía y la clínica, concluyó que «*la habilidad para el lenguaje articulado está alterada únicamente en lesiones del hemisferio izquierdo … esto nos lleva a la conclusión que las dos mitades del cerebro no tienen las mismas propiedades*». Es el descubrimiento de la lateralización o asimetría cerebral, la separación de funciones entre el hemisferio cerebral derecho y el izquierdo, lo que desmontaba las teorías holísticas. También fue una de las primeras indicaciones de que existían funciones específicas cerebrales en lugares particulares del cerebro, y de que hay una conexión entre anatomía y función, como ponían de manifiesto las lesiones causadas por un ictus, un tumor o un trauma.

Broca fue, asimismo, un pionero en la neuroimagen, el estudio de la localización de la actividad funcional del cerebro, para lo que inventó la «corona termómetro», un artilugio con el que buscaba medir las variaciones de temperatura de la superficie del cráneo debidas a los cambios en la actividad cerebral. Un artículo publicado en 1861 por el *Boletín de la Academia de Medicina* señalaba que «*cuando realizamos una tarea que requiere concentración a un participante, es posible observar un aumento en la temperatura*

Laparotomía en el hospital de Broca, París. Heliograbado de J. Heuse, 1901.

del cráneo situado sobre los lóbulos frontales». En la actualidad medimos y visualizamos los aumentos en la cantidad de sangre oxigenada que llega a una región cerebral como forma de seguir un incremento de su actividad.

Broca utilizó la hipnosis como anestesia en pacientes de cirugía. También contribuyó en otras áreas, como la anatomía comparada de primates, y el diagnóstico del cáncer, introduciendo el uso del microscopio en la anatomía patológica y forense. Hay que destacar también su compromiso con la salud pública. Realizó estudios relacionados con el tema y publicó varios trabajos, entre otros, sobre mortalidad infantil, el desarrollo de la población en Francia y el servicio médico en la Armada francesa. También se interesó por el cuidado de la salud de los pobres y fue vicepresidente del Consejo de Asistencia Pública. Como senador de la República, elegido en 1880, fue partidario de que la educación de la mujer fuese independiente de la Iglesia, y también fue miembro de la Academia Francesa. Se le describe como una persona generosa y amable, honesto y admirado por todo el mundo. Se dice de él que «*nunca hizo un enemigo y nunca perdió un amigo*». Broca fue una persona tranquila, amante sobre todo de la serenidad y de la tolerancia. Falleció a los cincuenta y seis años. Carl Sagan,en su libro *El cerebro de Broca*, dice de él:

> *Broca fue un hombre brillante y apasionado, con una ferviente dedicación al tratamiento médico de las capas sociales más míseras. Al amparo de la noche y con riesgo de su propia vida, consiguió en cierta ocasión sacar clandestinamente de París en una carreta tirada por caballos setenta y tres millones de francos dentro de unas maletas escondidas bajo montones de patatas; se trataba de dinero de los fondos de la Asistencia Pública que, según su opinión, corrían peligro de inminente pillaje. Fue el fundador de la moderna cirugía cerebral.*

Preguntado sobre todo lo que había logrado en la vida Broca contestó:

> *¿Cómo logré lo que hice? Nunca hice planes, nunca sabía hacia dónde me dirigía. He sido guiado por el instinto más puro, más inocente. No he sido conducido por el interés ni por los honores o el dinero. Tan solo lo hice por el impulso ciego de forzar los secretos de la naturaleza, de los animales y de los hombres.*

El cerebro de Broca se encuentra en el Museo del Hombre, que él contribuyó a crear, y su nombre está inscrito en la Torre Eiffel. Un buen homenaje a un patriota francés.

Retrato de John Hughlings Jackson [frontis de la obra *Selected writings of John Hughlings Jackson*].

JACKSON, JEKYLL Y HYDE

A las observaciones de Broca que postulaban que los dos hemisferios cerebrales no son iguales y que existe una dominancia de uno u otro para algunas funciones mentales, se sumaron los casos recogidos por Thomas Barlow y por John Hughlings Jackson, el decano de la neurología británica, al que llamaban el Gran Dogo del National Hospital. El «caso de Barlow» —así se conoce— era un muchacho que a los diez años perdió la capacidad de hablar, al mismo tiempo que mostraba una parálisis del lado derecho de su cuerpo. Sus familiares vieron con alegría que diez días más tarde recuperaba poco a poco la habilidad de hablar con fluidez y claridad, y al cabo de un mes lo dieron por curado totalmente, pero tres meses más tarde volvió a quedarse afásico, y esta vez su habilidad para el habla no se recuperó y murió poco después.

La autopsia del muchacho reveló que su cerebro tenía depósitos de calcio y problemas de riego sanguíneo en la tercera circunvolución frontal de cada hemisferio, pero el dato fundamental era que el daño en el hemisferio derecho parecía haber tenido lugar varias semanas después que el del izquierdo. Barlow propuso que el hemisferio derecho se había encargado de las funciones del habla después de la lesión en el lado izquierdo hasta que esta función mental recuperada se había vuelto a perder por una segunda lesión, la del hemisferio derecho. Sin embargo, otro neurólogo británico, Henry Charlton Bastian, discutió con buen sentido que diez días era un período demasiado corto para que se produjera esa reorganización funcional, y que era posible que la zona del habla no tuviera una localización cerebral nítida como en los casos recogidos por Broca y que, de hecho, Barlow nunca había aclarado si el muchacho era diestro o zurdo. Estudios posteriores en el siglo XX demostraron que la mayoría de los zurdos tiene localizada el habla en el hemisferio izquierdo al igual que los diestros, pero hay un pequeño número de zurdos que la tienen distribuida en ambos hemisferios —lo que se llama dominancia mixta— y existe incluso un grupo, aún más escaso, que tiene la zona del habla, el área de Broca, localizada en el hemisferio derecho.

Los estudios de Broca animaron a Jackson a reexaminar unos setenta casos que tenía recogidos con pérdida total o parcial del habla. En todos los casos, menos en uno, las lesiones estaban localizadas en el hemisferio izquierdo, por lo que concluyó que Broca estaba en lo cierto al asociar las afasias con las lesiones de este hemisferio. Sin embargo, Jackson no estaba convencido de la idea de que el lenguaje tuviera una localización determinada, y escribió lo siguiente:

> *...no localizaría el habla en ninguna pequeña zona cerebral de ese tipo. Localizar el daño que destruye el habla y localizar el habla son dos cosas diferentes... Pero el asunto más significativo es que el daño en un hemisferio deja a un hombre incapaz de hablar.*

Jackson reconoció que las lesiones en el hemisferio izquierdo producían trastornos del habla al mismo tiempo que generaban una hemiplejia del lado derecho o una debilidad muscular. Sin embargo, dos años más tarde, en 1866, cambió de opinión, afirmando que el hemisferio derecho tenía también cierta capacidad lingüística. El motivo es que algunos pacientes con afasia y daño en el hemisferio izquierdo de repente soltaban expresiones involuntarias o blasfemias. Por ello Jackson propuso que el hemisferio izquierdo se encarga sobre todo del habla intelectual (proposicional), mientras que el derecho era el responsable de las expresiones involuntarias y emocionales. En otras palabras, ambos hemisferios tenían capacidad de producir lenguaje, pero lo hacían en contextos diferentes. Jackson llamó al hemisferio derecho el «menor» y al izquierdo, el «mayor». No obstante, eso no significaba que el hemisferio derecho no fuera importante, y vio que pacientes afásicos con lesiones en el lado izquierdo eran capaces de reconocer objetos, aunque no conseguían decir sus nombres, lo que lo llevó a sugerir que el hemisferio derecho tenía una percepción superior.

Al mismo tiempo, Jackson vio que los pacientes con afasias realizaban bien las pruebas espaciales, mientras que aquellos que tenían lesiones en el hemisferio derecho tenían problemas de percepción y de orientación. En 1872 presentó el caso de un hombre que veía bien pero tenía dificultades para reconocer lugares, cosas y personas, incluso a su propia esposa, y unos años más tarde, el de Eliza T., una dama que había perdido completamente el sentido de la orientación. Jackson lo cuenta así:

Iba de su casa al Parque Victoria, una distancia corta y por unas calles que conocía bien, pues había vivido en la misma casa durante treinta años e iba con frecuencia a ese parque; en esta ocasión, sin embargo, no conseguía encontrar cómo llegar allí, y después de equivocarse varias veces tuvo que preguntar el camino, aunque la entrada al parque estaba justo delante de ella.

Eliza T. murió tres semanas después, y la autopsia mostró que tenía un tumor maligno en la parte posterior del lóbulo temporal derecho. Los dos hemisferios cerebrales se encargaban de funciones diferentes.

En esa misma década en la que Jackson demostró que el hemisferio derecho era importante para conseguir ir de un lugar a otro, para reconocer gente y para saberse vestir, Carl Wernicke escribió (1874) que el daño en el lóbulo temporal izquierdo, en un área distinta a la de Broca, producía un trastorno en el que el habla se mantenía fluida pero el lenguaje perdía su significado, se convertía en una jerigonza, una cadena absurda de sílabas. Ahora llamamos a ese trastorno afasia sensorial o afasia de Wernicke.

Wernicke había nacido en Tarnowitz, estudió en la Universidad de Breslau y realizó también una estancia de seis meses —lo que ahora llamaríamos un Erasmus— en la Universidad de Viena. Allí se formó con Theodor Meynert, que, además de ser considerado el mejor neuroanatomista de su tiempo, atendía y diagnosticaba a pacientes con lesiones cerebrales. Antes de que llegase Wernicke, Meynert había visto a una mujer con un lenguaje ininteligible y dificultad para comprender a otros. En la autopsia pudo ver una lesión en la parte superior del lóbulo temporal, una zona adonde se proyectaban los nervios auditivos.

De vuelta a Alemania Wernicke describió varios pacientes con este nuevo tipo de afasia, que era claramente diferente a los tipos descritos por Broca. En los casos del francés apenas podían hablar, pero entendían con normalidad lo que se les decía; en los casos del alemán tenían un habla fluida, pero totalmente ininteligible, compuesta de palabras sin sentido, y, además, no comprendían el lenguaje. Wernicke vio entonces que había una nueva forma de afasia generada por una lesión en el lóbulo temporal izquierdo, una zona alejada del lóbulo frontal, del área de Broca. Wernicke, que tenía la valentía de sus veintiséis años, no se conformó con ese importante descubrimiento, sino que propuso un nuevo modelo teórico del procesamiento del lenguaje; la afasia de Broca era un problema de producción del habla, la lesión del lóbulo temporal destruía su comprensión. Wernicke propuso también que las dos zonas tenían que estar conectadas, y razonó que, si la conexión se dañaba, las personas podrían hablar bien o entender a otros, pero serían incapaces de repetir de forma exacta o fluida las palabras que se les dijeran. Posteriormente se encontraron estas lesiones, en el núcleo arcuato, pacientes con dificultades para repetir material verbal, especialmente palabras abstractas, lo que se llama una afasia de conducción. Wernicke murió a la relativamente temprana edad de cincuenta y seis años por un problema de conducción, pero no cerebral: murió de las lesiones sufridas en un accidente de bicicleta.

Estos estudios empezaron a hacer pensar que el hemisferio izquierdo era el intelectual, el que dotaba de contenido al lenguaje, mientras que el derecho era más animal, el que se encargaba de cosas que los humanos compartíamos con las bestias, tales como localizar un objeto o saber volver a la madriguera. El siguiente paso, en aquella rígida época victoriana, fue considerar que el hemisferio izquierdo era el civilizado, el vigilante que impedía que el hemisferio derecho y las estructuras inferiores se comportaran como bestias sin pudor ni freno. En esa atmósfera se incubó la obra de Stevenson titulada *El extraño caso del doctor Jekyll y el señor Hyde.*

Las elucubraciones sobre los dos hemisferios se extendieron a dos campos muy diferentes. Por un lado, al jurídico, pues ¿era el Dr. Jekyll culpable de los crímenes de Mr. Hyde? Por otro lado, al educativo, pues existía una corriente que pensaba que era necesario educar al hemisferio derecho con el objetivo de conseguir «una formación bilateral», algo que elevaría el nivel educativo de la sociedad. Con estas ideas se pusieron en marcha unas pocas escuelas y asociaciones, particularmente en Gran Bretaña y Estados Unidos, para convertir a sus alumnos en cerebralmente ambidextros. El modo de enseñanza era aprender a hacer dos cosas al mismo tiempo, como tocar el piano con una mano mientras se escribía una carta con la otra. Estas ideas se vinieron abajo cuando se vio que los estudiantes zurdos a los que se los obligaba en la escuela a usar la mano derecha tartamudeaban cuatro veces más que los demás. De esta manera se llegó a la conclusión de que forzar a usar la mano menos hábil —incluso para conseguir ambidextros— no solo no era beneficioso sino que se corría el riesgo de interferir con la organización funcional del cerebro y con los procesos normales de dominancia cerebral. Un ejemplo más, frecuente en el mundo de la ciencia, de cómo una buena intención o una idea supuestamente positiva se transforma en algo dañino o peligroso.

CLAUDE BERNARD, EL EXPERIMENTADOR

Claude Bernard nació en Saint-Julien, en la comarca vitivinícola del Beaujolais, el 12 de julio de 1813. Hijo de una familia humilde, empezó de niño a ganarse la vida como mancebo de botica en Lyon, y allí soñó con ser autor dramático. Su primera obra de teatro tuvo cierto éxito, pero la segunda, un drama en cinco actos, la leyó un amigo de la familia, profesor de literatura en la Sorbona, y le aconsejó que buscara otro camino profesional, que por ese lo tenía complicado. Así que, sin ningún entusiasmo, Claude cursó en la Universidad de París la carrera de medicina. Sin embargo, le sonrió una suerte fundamental en las carreras científicas: tuvo un excelente profesor, François Magendie, cuyas clases, polémicas y alborotadas, captaron su interés y del que ya hemos hablado. En el anfiteatro de la facultad Magendie ponía a prueba la teoría que había explicado el día anterior con algún experimento sencillo y, cuando las cosas no encajaban, feliz, rompía a reír a carcajadas. Pensaba que aquellos errores y fracasos hacían más por la formación de los futuros médicos, al hacerles dudar de las teorías establecidas y fomentar su escepticismo, que cualquier experimento exitoso. El contacto con los secretos de los procesos vitales de aquellas clases terminó despertando la vocación de fisiólogo en el joven Claude.

Magendie montó uno de los primeros laboratorios del mundo dedicados a la fisiología experimental. Hasta él, casi todo lo que sabíamos sobre el cerebro y los demás órganos del cuerpo se basaba en especulaciones y deducciones a partir de la anatomía aprendida en los cadáveres y la medicina clínica, lo que se observaba en los enfermos. Fue de los primeros que defendieron la necesidad de hacer experimentos con seres vivos. y realizó vivisecciones en gatos, perros y conejos. Magendie enseñó a Bernard, que entró como alumno interno, a operar, y le mostró que con esos experimentos se podía avanzar en el conocimiento del funcionamiento del cuerpo y deducir las leyes de la biología, y que las diferentes estructuras están orga-

Retrato de Claude Bernard (1813-1878), fisiólogo francés.

nizadas armoniosamente en los diferentes sistemas que forman un ser vivo. Bernard aplicó esos principios con una intensidad desconocida hasta entonces, y lo hizo, al contrario que su maestro, siguiendo una planificación, un abordaje que resumía en la frase «*el experimentador que no sabe lo que está buscando no comprenderá lo que encuentre*».

Aun tras el contacto con un escéptico como Magendie, Bernard vio que había encontrado su camino, y desarrolló una vocación decidida e intensa que lo llevó a trabajar sin descanso en condiciones duras, a enfrentarse con dificultades económicas y administrativas sin fin y a chocar con la incomprensión de su propia esposa, que fundó junto a sus dos hijas un refugio para perros y gatos, una crítica directa a las actividades laborales de su marido. Aunque la anestesia se conocía desde la década de 1840, Bernard apenas la usó en sus experimentos, pues temía que las respuestas, en especial las del sistema nervioso, quedasen mediatizadas. Para muchos, incluida su esposa, aquel trabajo era un paradigma de crueldad. Él escribió:

> *El fisiólogo no es un hombre ordinario. Es un hombre formado, un hombre poseído y absorbido por una idea científica. No oye los gritos de dolor de los animales. Está ciego a la sangre que fluye. No ve más que su idea y los organismos que esconden de él los secretos que está resuelto a descubrir.*

Su vida familiar fue desgraciada, aunque hay que reconocer que su matrimonio fue de conveniencia y que Bernard utilizó el dinero de la dote de su mujer para financiar sus experimentos, algo que a ella no le debió de hacer mucha gracia. Las francesas, que tienen poco sentido del humor.

De Magendie Bernard aprendió un profundo escepticismo sobre los dogmas en la ciencia, y cuando lo sustituyó en la docencia dijo a sus alumnos: «*Estoy a cargo de enseñarles una medicina científica que todavía no existe, pero podemos establecer sus cimientos cultivando la fisiología experimental de la que derivará la medicina científica, porque la primera es la base de la última*». Aunque es contemporáneo de Darwin, fue crítico con las teorías del inglés. La razón era su forma de pensar: un fenómeno biológico que no se pudiera demostrar experimentalmente —y la evolución era un buen ejemplo— tenía poca validez para él.

Bernard nunca practicó la medicina, y con el tiempo heredó la cátedra y el laboratorio de su maestro. A lo largo de los años fue haciendo una serie de descubrimientos trascendentales, desarrolló el método *ciego* de experimentación y puso las bases para la construcción teórica de la nueva fisiología. Decía que «*las teorías de hoy en día son rápidas; mueren como moscas.*

Ya no es como antes. Ya no viven tanto como sus precursoras. Es necesario establecer hechos que vivan para siempre». Entre ellos están sus descubrimientos sobre la liberación de glucosa en el hígado, el papel del páncreas en la digestión, la regulación de la temperatura por los nervios vasomotores, la acción del curare y del monóxido de carbono en el sistema nervioso y el control por el nervio vago de la función del corazón. La mayor parte de este trascendental trabajo lo hizo en la primera parte de su carrera, entre 1843 y 1858, en un sótano húmedo y sin apenas medios.

Bernard se opuso con tenacidad al vitalismo, pues indicó que la biología nunca violaba las leyes de la física y de la química, pero también recalcó la complejidad de los sistemas biológicos y recordó que los enfoques puramente físico-químicos eran demasiado simplistas e insuficientes para la comprensión integral de un ser vivo, algo en lo que se distinguía de los principales fisiólogos alemanes como Helmholtz y Du Bois-Reymond, que tenían un planteamiento mucho más reduccionista. Según él mismo comentó «*en fisiología el materialismo ni conduce a nada ni explica nada*».

Una de sus grandes obras no fue un descubrimiento científico, sino un libro: *Introduction a l'étude de la Médecine expérimentale*, del que Pasteur dirá: «*Nada más luminoso, completo ni profundo se ha escrito sobre los principios del difícil arte de la experimentación*». Lo escribió en una larga convalecencia, y fue un éxito inmediato, no solo entre científicos y médicos, sino también entre escritores y filósofos. Es uno de los textos clásicos de la biología, y hay mucho del autor en él. Bernard explica algunos principios y aspectos prácticos mientras cuenta su propio trabajo, cómo llegó a esas conclusiones. De acuerdo con el espíritu de la época, los experimentos son siempre limpios, directos, exitosos, y destacan sus impecables razonamientos y el rigor sistemático que aplica en su investigación. Se echa en falta esa otra verdad, la de los errores, los callejones sin salida, los fracasos. Si hay algo que achacar a Bernard es que nos hace creer que su obra fue más fácil de lo que realmente había sido, que los experimentos siempre funcionaron a la primera, aunque él mismo había dicho «*todo, hasta el error, es enseñanza*».

Si hasta entonces el avance había sido casi exclusivamente de la anatomía, del conocimiento de la estructura, Claude Bernard inició la época más fecunda de la fisiología, del estudio de la función. Acérrimo defensor del método experimental, apenas concedía valor al propio órgano, para dárselo todo a la correlación y a la función. Tras su trabajo la fisiología se fue convirtiendo en el paradigma de la ciencia moderna. Los que estudiaban la estructura, los que iban clasificando los tipos de tejidos, de células, fueron vistos entonces como «coleccionistas de sellos», mientras que la atención se volcó en los mecanismos, el funcionamiento, las relaciones. El cerebro de un cadáver y el de un hombre vivo tienen el mismo aspecto anatómico, pero la fisiología es mínima en un caso y apasionante en el otro. Cuando Büchner dijo en 1865 que «*el cerebro filtra las ideas como los riñones la orina*», rompió para siempre con el panteísmo idealista de Hegel, el cerebro dejó de ser ya el lugar del alma y Bernard llegó a decir: «*el cerebro puede ser considerado como una glándula*».

En 1844 Bernard recibió un regalo insólito: un amigo que había estado en Sudamérica le trajo dos dardos impregnados con curare. Las tribus amazónicas, que todavía lo emplean, lo usaban para cazar con sus cerbatanas pequeñas piezas, que podían ser comidas porque el veneno se destruye a su paso por el estómago y el intestino. Deseando entender cómo funcionaba, Bernard clavó una de las puntas en la pata de un conejo, que poco después quedaba paralizado y moría. Inició una serie de experimentos, en los que fue viendo que aquella sustancia tenía que entrar en el torrente sanguíneo para ejercer su acción letal y que causaba la muerte por un fallo respiratorio, sin producir convulsiones ni dolor. Lo más llamativo era que el corazón seguía latiendo minutos después de que el conejo hubiese dejado de respirar, y, de hecho, Bernard demostró que si ponía al animal un respirador artificial, vivía y que, tras dejar pasar tiempo suficiente para que la droga fuese eliminada del cuerpo, el conejo se recuperaba completamente.

A continuación Bernard trató a una rana con curare y le extrajo el nervio ciático unido a un músculo del anca, y vio que el nervio no respondía a la estimulación eléctrica y que, tras aplicar una pequeña corriente en el nervio, no se producía la contracción muscular. Sin embargo, si estimulaba directamente el músculo, se contraía con normalidad, por lo que el curare —pensó— debía de actuar sobre el nervio. Siguió con nuevos experimentos, y en uno sumergió el ciático en un baño con curare, pero dejando fuera la zona de unión al músculo, y vio que, tras estimular el nervio, la contracción era potente. Después dejó solo la zona de unión neuromuscular en el baño, y ahí, en cambio, no se producía contracción, por lo que concluyó que ese punto, el lugar donde la información pasaba del nervio al músculo, era donde actuaba el curare. También comprobó que el curare no afectaba a los nervios sensoriales: si hacía una ligadura en el sistema circulatorio de una rana y evitaba que la sangre llegase a la zona inferior e inyectaba el curare cerca del corazón, las patas seguían contrayéndose, pero no el torso, donde se producía una intensa parálisis. Sin embargo, cuando pinchaba la piel en esa zona superior, se producían movimientos reflejos en las patas posteriores, lo que indicaba que el curare bloqueaba el mensaje de los nervios motores a los músculos, lo que causaba la parálisis, pero no a los nervios sensoriales que llevaban la información de la piel a la médula espinal. Estos resultados abrieron la puerta a la comprensión de la transmisión neuromuscular y de los efectos de los fármacos sobre el sistema nervioso.

Claude Bernard fue el hombre clave para unir ciencia y medicina. En 1851, mientras estudiaba los efectos de la temperatura en varias partes del cuerpo, fue cortando los nervios que inervaban cada zona. Se dio cuenta de que la sección de los nervios simpáticos cervicales generaba un aumento de la circulación sanguínea y un pulso arterial más marcado en varias zonas de la cabeza. Meses más tarde comprobó que la estimulación eléctrica de la porción superior del nervio dividido tenía el efecto contrario. De esta manera estableció la existencia de nervios vasomotores, tanto vasodilatadores como vasoconstrictores. Esos estudios sobre el sistema vasomotor están entre sus principales descubrimientos.

Bernard tuvo una idea central sobre la que luego se desarrolló la neurofisiología: el medio interno.

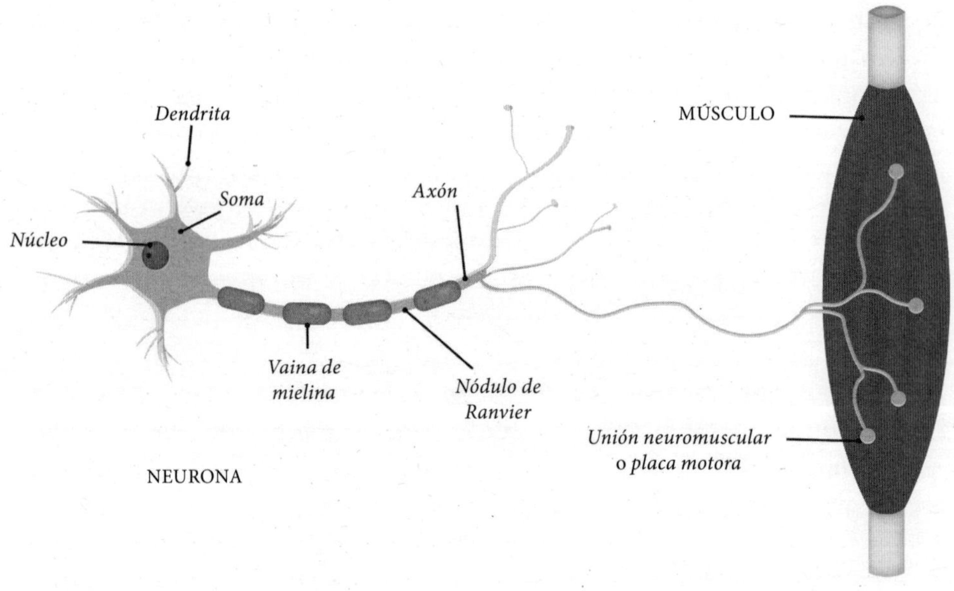

Esquema de una motoneurona somática inervando una fibra muscular estriada a través de la placa motora.

La constancia del medio supone una perfección del organismo, de manera que las variaciones externas en cada instante se compensan y se equilibran... Todos los mecanismos vitales, por muy variados que sean, tienen siempre un objetivo, mantener la uniformidad de las condiciones de vida en el ambiente interno... La estabilidad del ambiente interno es la condición para una vida libre e independiente.

Walter Cannon bautizó a este equilibrio como homeostasis y, en palabras de Charles C. Gross, «*estas generalizaciones resumían, por un lado, muchos de los logros experimentales de Claude Bernard y, por otro, proporcionaban un programa para los siguientes cien años de fisiología general*». La fama actual de Claude Bernard se sustenta en esa idea de que la estabilidad de ese ambiente interno —el *miliéu interieur*— es un prerrequisito para el desarrollo de un sistema nervioso complejo. El medio interno, que al principio era solo la sangre, fue ampliándose hasta ser ese ambiente exquisitamente regulado en el que viven las células y se desarrollan los procesos de la vida.

Bernard tuvo más honores y fue más famoso que ningún científico francés anterior o posterior a él. Napoleón III se complacía en escucharlo, lo nombró senador y le proporcionó un buen laboratorio en el Museo de Ciencias Naturales, al que Bernard se trasladó desde su cátedra de la universidad. La calidad literaria de sus escritos lo llevó a la Academia Francesa, y cuando murió recibió un funeral público, un honor que jamás se había brindado a un hombre de ciencia. Al igual que le pasó a Einstein en el siglo XX, Bernard fue el científico arquetípico del siglo XIX y apareció en poemas, biografías y novelas. Un ejemplo notable aparece en Los hermanos Karamazov, la genial novela de Dostoievski, en la que conversan Dmitri y Alexei:

—... Oye, ¿quién es Carlos Bernard?

—¿Carlos Bernard? No; Carlos, no: Claudio, Claudio Bernard. Es químico, ¿no?

—He oído decir que es un sabio, pero esto es todo lo que sé de él.

—Yo tampoco sé nada. ¡Qué se vaya al diablo! Seguramente vive en la miseria. Todos los sabios viven en la miseria. Pero Rakitine irá muy lejos. Se mete en todas partes. Es un Bernard en su género. Estos Bernard abundan.

No, no es verdad. No abundan los investigadores de esa valentía, constancia y talla. Un hombre extraordinario.

Una sesión de hipnosis organizada por Charcot para demostrar la cura de la histeria.
Una lección clínica en Salpêtrière, de André Brouillet (1887) [Universidad de París Descartes].

Sesión de hipnosis colectiva. En la parte superior derecha, con traje oscuro, el neuroanatomista Jean-Bernard Luys.
Les Fascinés de la Charité, por Georges Moreau de Tours (1889) [Musée des Beaux-arts de la Ville de Reims].

LUYS Y LA MEDICACIÓN A DISTANCIA

A finales del siglo XIX la École de la Salpêtrière, el mejor grupo científico del mundo sobre el sistema nervioso y sus trastornos, entró en crisis. Charcot se introdujo —según André Parent— *«en el campo minado de la histeria, donde el método anatomo-clínico, al que había llevado a sus más altas cotas, no le será de ninguna ayuda»* y muchos otros neurólogos franceses fueron víctimas de un trastorno finisecular que afectó a lo que hasta entonces había sido una trayectoria de progreso continuo sobre el estudio de la mente y la enfermedad mental, para derivar hacia soluciones discutibles como la hipnosis y desbarrar a continuación hacia la irracionalidad, el esoterismo y el ocultismo.

Jules Bernard Luys puede ser el mejor ejemplo de esta inflexión. Había nacido en París y, aunque no se conoce apenas sobre su infancia y juventud, se sabe que estudió cultura clásica y medicina también allí y que toda su carrera se desarrolló en torno a la capital francesa. Fue interno de los hospitales de París en 1853 y obtuvo su doctorado en 1857 con una tesis sobre la histopatología de la tuberculosis que se iniciaba con esta cita *«Las causas metafísicas se desvanecerán según progrese la anatomía patológica de los tejidos»*. Luys aplicó en detalle el microscopio a la medicina clínica, como hacía Rudolf Virchow en Alemania, y a los 28 años escribió una memoria sobre el uso del microscopio para el estudio de la enfermedad (*Du microscope, de ses applications à l'anatomie pathologique, au diagnostic et au traitement des maladies*).

En 1850 fracasó en un primer intento de conseguir una plaza de profesor agregado, pero es que tuvo que competir con unos opositores de la talla de Jean-Martin Charcot, Alfred Vulpian, Victor Marcé y Pierre Potain. En 1863 cosechó un nuevo revolcón, a pesar de haber presentado una tesis notable sobre las enfermedades hereditarias, un tema muy avanzado en la época. No obstante, dos años más tarde fue reconocido como *médecin des hôpitaux* de Paris y reemplazó a Alfred Vulpian en la Salpêtrière.

Una vez conseguido un puesto en la sanidad pública, Luys se puso a trabajar en una obra enciclopédica sobre la anatomía, la patología y la organización funcional del sistema nervioso central. Aportó nuevos datos sobre las lesiones patológicas en la ataxia motora y la atrofia muscular progresiva, pero su verdadera ambición fue abordar el estudio del sistema nervioso como un todo. Con esa idea publicó las *Recherches sur le système cérébro-spinal, sa structure, ses fonctions et ses maladies* en 1865, una obra de madurez aunque su autor solo tenía treinta y seis años. Ese volumen de seiscientas páginas incluye un atlas con cuarenta planchas que describen numerosos detalles de la anatomía del sistema nervioso central y recibió por su calidad sendos reconocimientos de la Academia de Medicina y de la Academia de Ciencias. En cierta manera, con esta obra se cerró la era vergonzante de los estudios frenológicos en Francia y se recuperó el prestigio y la solidez científica de las investigaciones sobre el cerebro, aunque la historia siempre da sus bandazos.

En los años siguientes, Luys publicó muchos otros trabajos sobre la anatomía patológica de diferentes regiones cerebrales e incorporó en su obra una técnica novedosa: la fotografía. Con ella publicó en 1873 su *Iconographie photographique des centres nerveux*, el primer atlas fotográfico del cerebro humano, formado por excelentes fotomicrografías de cortes histológicos realizados en los tres planos del espacio y en el que cada foto iba acompañada de un didáctico esquema explicativo. La nueva obra aumentó su prestigio entre los académicos y potenció su carrera como docente.

Luys escribió a continuación una obra muy personal sobre cómo funciona el encéfalo humano. Este pequeño volumen, titulado *Le cerveau et ses fonctions*, se publicó en 1876 y se convirtió rápidamente en un superventas, pues fue reeditado siete veces y traducido al alemán y al inglés. En este libro, Luys hace una analogía entre el reflejo simple de la médula espinal y los fenómenos mucho más complejos que permiten que los estímulos sensoriales se transformen y se «reflejen» en manifestaciones motoras a través de una serie de pasos que ocurren a distintos niveles del sistema nervioso central. Por ejemplo, dice que la información sensorial periférica converge sobre el tálamo, donde es «espiritualizada» antes de ser reenviada a las capas superiores de pequeñas neuronas de la corteza cerebral, que considera, recuperando la vieja terminología de la Edad Media, el verdadero *sensorium commune*. Los impulsos nerviosos son entonces transferidos localmente a las grandes neuronas de las capas más profundas, que identifica como la parte efectora o motora de la corteza. El impulso nervioso es enviado entonces al estriado, donde es «materializado» antes de proyectarse a los músculos periféricos.

Paralelamente a sus trabajos de anatomía patológica del sistema nervioso, Luys estudió las enfermedades mentales, sobre las que también escribió distintos tratados. Lo más llamativo fueron sus estudios de las enfermedades neuromusculares y sus aportaciones a la anatomía cerebral, donde parceló el tálamo en cuatro centros a los que atribuyó una modalidad funcional específica: el *centre antérieur*, relacionado con la olfacción; el *centre moyen*, implicado en la visión; el *centre médian*, relacionado con las aferencias sensoriales somáticas; y el *centre posterior*, involucrado en la audición. Es de los primeros que se percataron de que el tálamo no es una masa homogénea, sino una interfaz funcional entre las actividades puramente reflejas de la médula espinal y las funciones cerebrales superiores de la corteza. Para él los distintos centros funcionales del tálamo concentran, almacenan y elaboran las impresiones sensoriales y las transforman en energías nuevas y más «intelectualizadas» que, en un último paso, «excitan» la corteza cerebral. En cierta manera, Luys fue un pionero al mostrar que el tálamo no es solo una estación de relevo, sino que entrevé el papel que los neurocientíficos contemporáneos atribuyen a esta estructura en fenómenos de más amplio calado como la atención, los estados de vigilancia y la consciencia.

Fue también el primero en describir en detalle el núcleo subtalámico. Este núcleo, llamado durante años el cuerpo de Luys, fue identificado como un centro cerebral íntimamente relacionado con los ganglios basales, un conjunto de estructuras subcorticales motrices que incluyen, entre otros, el cuerpo estriado, descrito por primera por Thomas Willis en el siglo XVII. Luys no sabía cuál podía ser su función y lo consideraba «*un punto delicado que está destinado a mantener durante largos años hechizada la sagacidad de los vivisectores del futuro*». Esta estructura tiene importancia en neurología por su implicación en el comportamiento motor, algo que se confirmó al verse que una lesión en ella induce una serie de movimientos involuntarios muy violentos y habitualmente limitados al lado del cuerpo opuesto al daño, lo que se conoce como hemibalismo.

En 1876 Jules Bernard Luys fue encargado, junto con Charcot y Victor Dumont-Pallier, médico jefe de la Charité, de formar parte de una comisión especial creada por Claude Bernard, entonces Presidente de la Société de Biologie, para estudiar la metaloterapia, un tratamiento de distintas enfermedades neurológicas con planchas de metal o amuletos metálicos, una seudociencia defendida por Victor Burq, un médico mesmerista. La gente creía estas cosas y se colocaba planchas de metal entre la ropa o se sumergía en bañeras llenas de piezas de hierro oxidado. La ciencia continuó su lucha contra las supercherías y el curanderismo.

En 1886, Luys dejó La Salpêtrière y se convirtió en médico jefe del hospital de La Charité, pero decidió dedicar casi todo su tiempo al hipnotismo y a la histeria, dos temas sobre los que también escribió largo y tendido. Seguía en principio las ideas de Charcot, al que consideraba el padre del hipnotismo científico, pero al que criticaba por el secretismo de sus investigaciones y por el férreo control sobre sus discípulos, que impedía que desarrollaran sus propias iniciativas. Luys creó un grupo de trabajo centrado en la histeria que se conoció como la École de la Charité y cuyas ideas estaban a medio camino entre las del grupo de La Salpêtrière encabezado por Charcot y las de la escuela de Nancy, liderada por Hippolyte Bernheim.

Esta brillante trayectoria científica fue tomando un rumbo cada vez más absurdo. Luys se dejó engatusar por el Dr. Gérard Encausse, un personaje enigmático conocido como Papus y que había nacido en La Coruña de madre española y padre francés. Encausse había estudiado la Cábala, la alquimia y el tarot, formó parte de distintas organizaciones ocultistas y paramasónicas y fue el fundador de la llamada orden martinista. Hizo varios viajes a Rusia, donde se convirtió en consejero del zar Nicolás II, supuestamente tras haber conseguido invocar el espíritu de su padre, el zar Alejandro III, quien lo advirtió —siempre según Encausse— de su futura muerte violenta. Luys y Encausse diseñaron una serie de experimentos extravagantes que luego, convencidos evidentemente de que eran verdaderos hallazgos, presentaron en sesiones académicas. Uno de los inventos de Luys fue un juego de espejos que permitía supuestamente hipnotizar a varios pacientes al mismo tiempo; pero los experimentos más famosos son, sin duda, los de la medicación a distancia. Luys y Encausse afirmaron que las mujeres hipnotizadas mostraban cambios emocionales simplemente cuando les enseñaban tubos de ensayo que contenían fármacos o sustancias tóxicas. Al mostrarles un tubo con alcohol la paciente mostraba, según ellos, los síntomas de la embriaguez, mientras que un tubo con valeriana hacía que el sujeto se pusiera a cuatro patas, comenzara a maullar y se mirase los dedos como si tuviera garras; es decir, que imitara completamente a un gato. Los efectos fueron descritos como abruptos, lábiles y muy variables; de hecho, llegaron a decir que girando el lado del tubo de ensayo que se presentaba al paciente el cambio en el comportamiento era el opuesto. Lógicamente, a los científicos serios esas declaraciones les ponían los pelos de punta.

Luys resumió sus experimentos en un libro titulado *Les émotions chez les sujets en état d'hypnotisme,* que contiene muchas fotografías de mujeres hipnotizadas que muestran estados emocionales variables en función de las sustancias presentadas. Envió una copia a Charcot con la siguiente dedicatoria «*A mi eminente colega el Dr. Charcot. Permítame ofrecerle este libro como los frutos de las semillas que usted sembró*». Sin embargo, parece que no fue muy del interés de Charcot, pues la copia se conserva en la Salpêtrière y la mayor parte del volumen está intonso, con las páginas unidas.

En agosto de 1887 Luys presentó sus resultados sobre la medicación a distancia en la Academia de Medicina, donde alegó que una persona hipnotizada podría sufrir los devastadores efectos de un compuesto tóxico puesto frente a ella sin que luego se encontrara, lógicamente, ningún rastro en su cuerpo. Era, según él, una vía hacia el crimen perfecto, y los médicos y policías debían estar advertidos de este riesgo. La Academia, sin saber muy bien qué opinar de aquellas afirmaciones tan sorprendentes procedentes de un médico respetado y miembro de la Legión de Honor, puso en marcha la llamada Commission de l'hypnotisme, de la que ofreció formar parte a Charcot, quien declinó la invitación. La comisión organizó una serie de sesiones clínicas en su propio edificio y Luys repitió sus experimentos con algunas de sus pacientes habituales. El informe final de la comisión concluía:

> *Aunque los miembros de la comisión reconocieron la extrema buena fe del Dr. Luys, pensaban que los efectos producidos por los tubos de ensayo puestos a distancia de las pacientes hipnotizables podían ser explicados mucho más fácilmente por el capricho, la fantasía y la memoria de sus sujetos experimentales que por la medicación contenida en los tubos... Ninguno de los efectos notados por los miembros de la comisión pueden adscribirse a la naturaleza de las sustancias contenidas y, en consecuencia, ni la medicina terapéutica ni la legal deben tomar estos efectos en consideración.*

Luys no prestó atención a este repaso y en vez de llevar a cabo los experimentos doble ciego que le sugirieron —que ni la paciente ni él supieran lo que había en el tubo de ensayo— amplió su actividad en el mundo de las pseudociencias y se abrió a nuevos campos como el magnetismo animal y el espiritismo.

León Daudet, hijo del novelista Alphonse Daudet, era interno en La Charité y contó que Luys, que creía firmemente en lo que veía, permanecía imperturbable durante horas entre sus pacientes sin saber que Esther, Gabrielle y otras de sus personas tratadas habían ensayado su actuación bajo la dirección de los propios internos de Luys unos días antes. Un ejemplo de lealtad el de esos jóvenes médicos. En sus últimos cinco años Luys se sumergió aún más en el mundo del esoterismo, realizando estudios sobre el almacenamiento de la actividad cerebral en coronas magnéticas y sobre la visualización directa de las emanaciones corporales, algo parecido al aura.

Todos los colegas de Luys lo consideraban una persona honesta y trabajadora; también estaban convencidos de su buena fe y lo tenían por un hombre cordial y educado al que le gustaban las recepciones, la música y el buen yantar. Su incursión en los efectos a distancia de los fármacos le costó el prestigio que había conseguido con sus importantes aportaciones a la organización anatómica y funcional del cerebro humano.

André Parent describe que el de Luys no fue un caso aislado. Joseph Babinski, el neurólogo franco-polaco famoso por su estudio del reflejo en los neonatos y que en el famoso cuadro pintado por Andre Brouillet *Charcot dando su lección de los martes con una paciente histérica* es el personaje que sostiene a la mujer, investigó activamente la posibilidad de transferir algunas manifestaciones histéricas de un paciente a otro utilizando un imán. Incluso el propio Charcot, pocos meses antes de su muerte, publicó en los *Archives de Neurologie* un artículo titulado *La foi qui guérit* (*La fe que cura*). Charcot empieza su artículo con una levemente velada referencia a Zola que había viajado al santuario de Lourdes para conseguir datos para una novela. Charcot hace un repaso de distintas sanaciones milagrosas, incluyendo casos históricos, sus propias observaciones en la Salpêtrière y sus resultados con la sugestión en la práctica médica, dice que esas curas religiosas se producen en sujetos especialmente proclives a la autosugestión y en enfermedades «*susceptibles a la influencia que la mente posee sobre el cuerpo*» y cierra el artículo citando a Shakespeare:

> *Hay más cosas en el cielo y la tierra, Horacio,*
> *que las que sospecha tu filosofía.*

Estas ideas abrieron paso al espiritismo, el ocultismo, el surrealismo y el psicoanálisis. Los cambios de siglo siempre han sido épocas alteradas.

LA QUÍMICA DEL SISTEMA NERVIOSO

Los descubrimientos de Bernard con el curare dejaron muchas incógnitas sin resolver, en particular cómo la sustancia amazónica bloqueaba la transmisión de la orden que lleva el nervio desde el sistema nervioso central hasta el músculo. Bernard había llegado a proponer que quizá tenía un efecto anestésico sobre el extremo final del nervio, pero uno de los discípulos de Pierre Flourens, Alfred Vulpian, propuso que lo hacía en la segunda estructura de la vía: en el propio músculo. Vulpian, muy amigo de Charcot, fue el primero que describió la fibrilación del corazón y propuso un nuevo anestésico que tendría una historia problemática: la cocaína.

En 1886, el alemán Wilhelm Kühne, discípulo a su vez de Du Bois-Reymond en Berlín, de Claude Bernard en París y de Rudolph Wagner en Viena, y a cargo del departamento químico del laboratorio de patología de Berlín que dirigía Virchow, pudo ver que había una separación entre el extremo del nervio, la llamada placa terminal, y la fibra muscular, lo que ahora llamamos la sinapsis neuromuscular, y pensó que esa estrecha proximidad era suficiente «*para permitir la transferencia de la excitación desde el nervio hasta el músculo*», es decir, que era un fenómeno eléctrico. La otra posibilidad, planteada por Emil du Bois-Reymond en su obra sobre la fisiología del nervio y el músculo (1877), era que la transmisión fuese un proceso químico.

Kühne es famoso por dos de sus estudiantes: uno fue el médico y poeta José Rizal, el héroe nacional de las Filipinas, fusilado por los españoles a instigación de las órdenes religiosas, que no veían bien sus ideas masónicas, sus novelas que critican el poder de la Iglesia ni su propuesta de que las parroquias pasasen a ser regentadas por el clero nativo. La segunda alumna, igualmente interesante, es Ida Henrietta Hyde, que quiso doctorarse en fisiología con él en Heidelberg. La universidad le permitió matricularse, pero Kühne no le permitió asistir a sus clases ni entrar en el laboratorio, indicando que nunca permitiría «faldas» en él. No obstante, un

Retrato de John Newport Langley [*Journal of physiology*, Cambridge University Press].

colega le preguntó si la aprobaría si pasaba el examen y él dijo que sí, así que ella se pasó seis semestres estudiando sin poder ir a clase ni ver los experimentos, usando apuntes de compañeros y esquemas de lo que hacían en el laboratorio. Finalmente, tras cuatro horas de examen oral con un tribunal presidido por Kühne, demostró su excelente nivel. El «*Summa cum Laude*» para su tesis doctoral, la máxima nota, al parecer no podía ser concedido a una mujer, así que Kühne inventó una nueva nota, el «*Multa cum Laude Superavit*» que significa algo así como «Superado con mucho elogio». Hyde describió esa parte de su vida en una obra significativamente titulada *Antes de que las mujeres fueran seres humanos*.

En 1871 John Newport Langley, hijo de un maestro de escuela, ingresó en la Universidad de Cambridge para estudiar matemáticas, literatura e historia, la formación habitual para ser funcionario. Sin embargo, influido por uno de sus profesores, Michael Foster, que sería el primer catedrático de fisiología, dejó esas asignaturas y se puso a estudiar ciencias naturales. Langley empezó a trabajar en el laboratorio de Foster aún como estudiante y este le encargó que examinara la acción del jugo de jaborandi, una sustancia que se extraía de un arbusto brasileño, *Pilocarpus jaborandi,* y que contenía un alcaloide al que luego se llamó pilocarpina.

Langley, que estuvo unos meses en el laboratorio de Kühne en Heidelberg, vio rápidamente que las inyecciones intravenosas de pilocarpina en perros y gatos hacían que el corazón disminuyese su ritmo de latido y que el animal empezase a salivar. Por eso la usamos ahora como tratamiento de la sequedad de boca que se produce en el cáncer bucofaríngeo.

Ya se conocía la inhibición que el nervio vago ejercía sobre el corazón, y Langley pensó que la pilocarpina actuaba sobre él y que podría comprobarlo bloqueando el vago con curare, un proceso que —pensaba— paralizaría las terminaciones nerviosas sobre el miocardio, e inhibiría los efectos del jaborandi. Sin embargo, el bloqueo no se producía pero sí se lograba si se había tratado previamente con otro alcaloide llamado atropina, una sustancia que se extraía de la belladona, *Atropa belladonna,* una planta usada por las damas romanas para blanquear el cutis y dilatar las pupilas. Langley vio que la pilocarpina y la atropina actuaban como antagonistas mutuos con respecto a la secreción salivar: la secreción causada por la pilocarpina se podía parar con la atropina, reiniciar con la pilocarpina, parar de nuevo con la atropina y así las veces que hiciera falta. La única explicación de esos efectos parecía ser que la pilocarpina y la atropina no actuaban sobre el vago, que no mostraba ningún cambio, sino sobre el propio corazón o sobre la glándula salivar. Langley escribió que el jaborandi actuaba «*probablemente… más periféricamente que las terminaciones de los nervios vagos*».

Langley hizo lo que él llamó su experimento «quizá más decisivo». Trató con curare un conejo anestesiado hasta que la respiración casi cesó, mantuvo la ventilación pulmonar de forma artificial y vio que estimulando el nervio vago izquierdo no se producían cambios en la frecuencia cardíaca. Sin embargo, cuando inyectaba jaborandi en vena, los latidos pasaban de 250-270 por minuto a 120. Confirmaba su hipótesis inicial de que el jaborandi «*producía esta caída actuando sobre algo diferente a las fibras nerviosas inhibitorias que van al corazón*».

En 1889, Langley se fijó en otro alcaloide, la nicotina, el principal ingrediente activo del tabaco, que generaba una serie de cambios en el sistema nervioso, como un aumento del estado de alerta. Vio algo curioso: si aplicaba un poco de nicotina con un pincel fino directamente sobre los ganglios simpáticos, se bloqueaba la transmisión de los impulsos nerviosos. Por ejemplo, el ganglio cervical superior inerva el cuello y el rostro; si Langley lo estimulaba, la membrana nictitante del ojo se retraía, las pupilas se dilataban y los pelos del rostro y el cuello se erizaban. Sin embargo, nada de eso se producía si el ganglio se trataba previamente con nicotina. Usando procesos sencillos, estimulación eléctrica, bloqueo con nicotina y lesiones de los tractos nerviosos, Langley fue identificando dos sistemas antagónicos a los que luego puso nombre: simpático y parasimpático. El simpático tenía los cuerpos celulares en la médula espinal de los niveles torácico y lumbar e intervenía en la activación y la acción muscular intensa, mientras que las neuronas del parasimpático estaban en las divisiones craneal y sacra de la médula espinal y estaban relacionadas con la restauración y conservación de los recursos corporales. Langley fue también el que introdujo los términos «preganglionar» y «postganglionar» para los elementos situados antes o después de los ganglios.

Langley «heredó» la revista *Journal of Physiology* que había fundado Foster, su maestro. En una época donde a los autores de los artículos científicos se les pagaba por palabra, y por eso hacían descripciones eternas de cientos de páginas, Langley insistió en que fueran concisos, breves y claros y, en cierta manera, fundó el estilo moderno de escritura científica. También fue un gran deportista, en particular en patinaje sobre hielo, en el que estableció un nuevo reglamento y actuó de juez en competiciones internacionales.

A comienzos de los años noventa del siglo XIX un médico de Yorkshire, George Oliver, empezó a estudiar las glándulas suprarrenales, o adrenes. Oliver había visto que las personas que tenían un daño en estas glándulas, como por ejemplo en la enfermedad de Addison, tenían la presión sanguínea muy baja, y pidió a su carnicero que se las recogiera. Organizó un pequeño laboratorio en su casa y convenció a su hijo para que tomara una pequeña cantidad de suprarrenales mientras él medía sus efectos. Para su sorpresa, el muchacho tuvo un incremento súbito y casi mortal de la presión sanguínea, por lo que concluyó que los adrenes tenían que contener alguna sustancia química desconocida con una potente actividad biológica. Viajó a Londres para contarle su descubrimiento a Edward Schäfer, un profesor del University College, quien inyectó el extracto inmediatamente en uno de sus perros de laboratorio. A los pocos minutos la presión sanguínea del animal era tan alta que superaba el nivel máximo del aparato que tenían para medirla. Lo llamaron adrenalina.

Cuando lo supo, Langley empezó a probarla y vio que producía unos efectos similares a la estimulación eléctrica del sistema nervioso simpático: aumentaba la presión sanguínea al contraer el músculo liso de las paredes de arterias y venas y, además, incrementaba el latido cardíaco, dilataba los bronquios y estimulaba la secreción de saliva. Al principio pensaban que la adrenalina actuaba independientemente del sistema nervioso; de hecho, Oliver y Schäfer mostraron que un extracto de adrenes producía esos efectos en una rana a la que se le habían quitado el encéfalo y la médula espinal o en perros, gatos y conejos a los que se les habían cortado las vías nerviosas simpáticas. Sin embargo, los efectos eran demasiado rápidos para que fuera algo puramente hormonal, y pensaron que quizá era un neurotransmisor que se liberaba en las terminaciones nerviosas simpáticas. Sin embargo, la transmisión química en la sinapsis era una mera hipótesis, muy discutida, y Langley no propuso públicamente que la adrenalina fuera un neurotransmisor. No obstante, uno de sus doctorandos, Thomas Renton Elliot, no era tan prudente, y en un congreso de la *Physiological Society* planteó una neurotransmisión basada en la adrenalina. En defensa de su idea indicó que el extracto de los adrenes solo actuaba en tejidos inervados por los nervios simpáticos y que no tenía ningún efecto en los que inervaba el sistema parasimpático ni en el músculo esquelético. En los momentos finales de su charla Elliot hizo lo que se considera la primera propuesta contundente de una transmisión química: «*la adrenalina puede ser el estimulante químico que se libera en cada ocasión que el impulso llega a la periferia*».

Un año después Elliot publicó un artículo donde especulaba que todas las sinapsis podían usar neurotransmisores y que el transmisor podía ser diferente en distintos lugares. De hecho, propuso que el sistema nervioso simpático liberaba una sustancia similar a la adrenalina en los músculos lisos. Al principio se pensó que era una sustancia nueva, y se la llamó simpatina; luego se creyó que era la propia adrenalina, pero años más tarde Walter Cannon y el mexicano Arturo Rosenblueth observaron sutiles diferencias entre las secreción de los nervios y la glandular y llamaron a la de los terminales neuronales, noradrenalina. La mayoría de los científicos tenían, sin embargo, serias dudas: no se sabía cómo una neurona podía fabricar neurotransmisores, ni se entendía cómo el transmisor podía causar efectos en unos tejidos y en otros no.

La respuesta vino del viejo maestro. Langley había estado estudiando la nicotina y el curare y había visto que la nicotina causaba la contracción de los músculos. Por ejemplo, si la inyectaba en un pollo, los músculos de sus patas se ponían rígidos. Lo mismo sucedía si previamente había seccionado los nervios, lo que indicaba que la nicotina no actuaba sobre los terminales nerviosos, sino sobre el músculo. Era algo parecido a lo que habían visto con la atropina en el corazón, y la similitud fue aún más marcada cuando

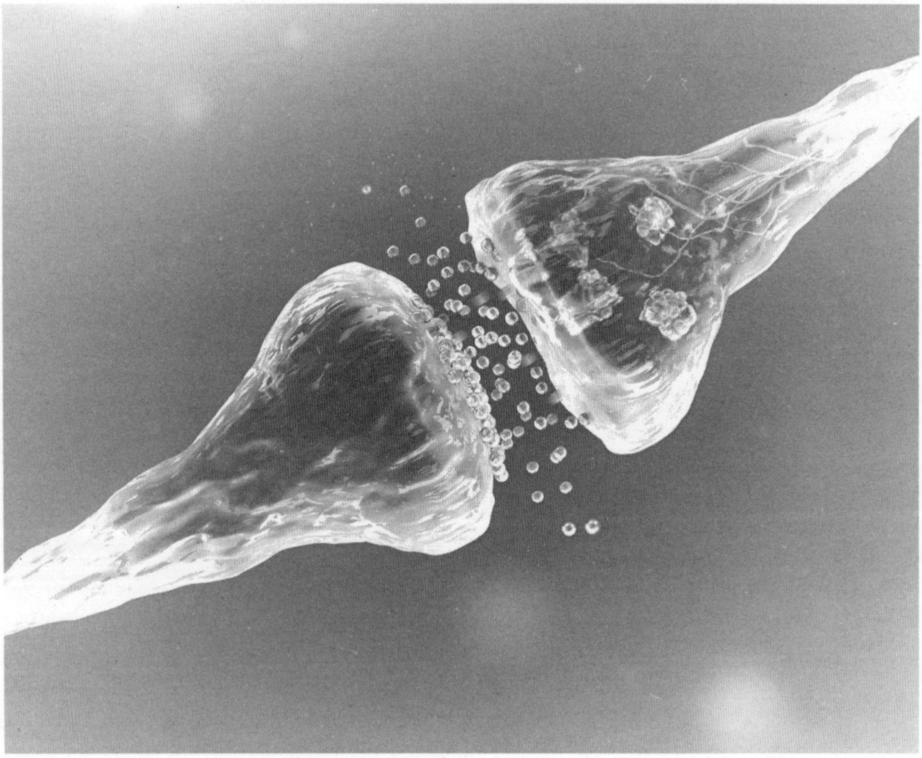

Esta ilustración digital recrea una sinapsis neuronal: A la izquierda, el terminal axónico de la primera neurona y a la derecha, una espina en la dendrita de la otra. El espacio que queda entre ambas células es el espacio intersináptico, por el que los neurotransmisores (representados como pequeñas esferas) viajan de una a otra.

Langley mostró que podía bloquear la acción de la nicotina si previamente inyectaba curare a los pollos. Propuso entonces, para explicar todos estos resultados, que los músculos tenían que tener una «sustancia receptiva», especializada, que era sobre la que actuaba la nicotina. Avanzando aún más, postuló que tenía que haber al menos dos tipos de receptores: unos capaces de producir las contracciones musculares que generaba la nicotina y otros sensibles a los efectos inhibitorios del curare que producían la parálisis muscular. La idea del receptor, una palabra que Langley nunca llegó a usar, fue la primera piedra en la historia moderna de la farmacología, y permitió comprender la acción de muchos medicamentos y avanzar en el conocimiento del funcionamiento del sistema nervioso. Según Valenstein

> *...como el descubrimiento del código genético y la creación de la bomba atómica, el descubrimiento de cómo funcionan las neuronas del cerebro es uno de los desarrollos fundamentales del siglo* XX. *El descubrimiento de los neurotransmisores revolucionó la forma en que pensamos sobre el cerebro y lo que significa ser humano.*

Cannon y Rosenblueth habían coincidido en Harvard. Rosenblueth nació en Ciudad Guerrero (Chihuahua) y había estudiado medicina en la Ciudad de México, época en la que se mantenía económicamente tocando el piano en las películas de cine mudo y en restaurantes. Se doctoró en París, y tras ganar una plaza en la Universidad Nacional de México obtuvo una beca de la Fundación Guggenheim para investigar en fisiología en la Universidad de Harvard, en el departamento que dirigía Cannon. Cannon amplió el concepto de homeostasis de Claude Bernard y suya es la denominación de la respuesta «*fight or flight*», «lucha o huye». Walter Cannon se casó con Cornelia James, que se convertiría en una famosa escritora de best sellers y, aunque ninguno de los dos era montañero durante su luna de miel escalaron el pico sudoeste del monte Goat, que fue posteriormente denominado monte Cannon. En su investigación desarrolló una de las teorías de la emoción, la llamada teoría Cannon-Bard, que indica que la expresión de las emociones es un reflejo de la actividad del tálamo, y propuso la hipótesis de la boca seca. Consistía en que la sed surge tan solo de tener la boca seca. Para demostrarlo hizo un experimento con dos perros: les colocó un tubo en la garganta, de manera que todo el agua que bebían se perdía sin llegar al estómago. Vio que esos perros tomaban la misma cantidad de agua que los perros de control. Las investigaciones de Rosenblueth sobre la transmisión de señales en el sistema nervioso, a su vez, fueron claves en el desarrollo de la Cibernética.

La primera imagen que se conoce de Phineas P. Gage (1823 - † 1860), en la que se le confundió con un ballenero.

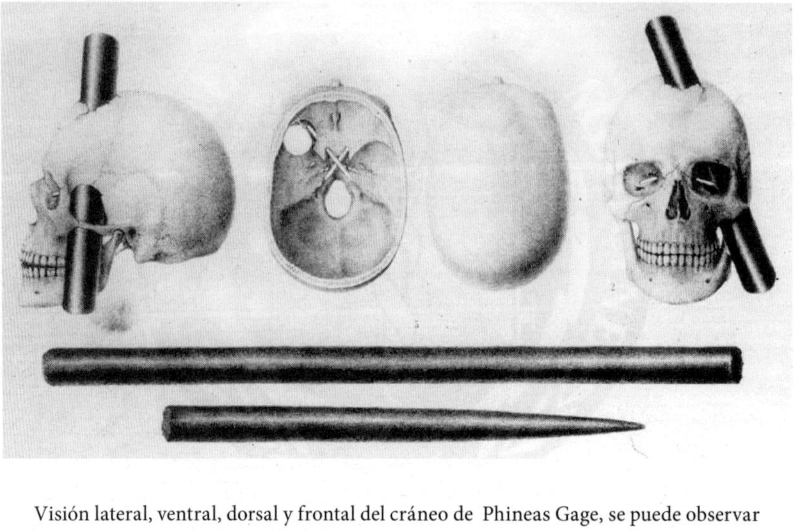

Visión lateral, ventral, dorsal y frontal del cráneo de Phineas Gage, se puede observar el lugar donde se alojó la barra de hierro y los orificios que provocó.

EL INSÓLITO CASO DE PHINEAS GAGE

El escritor Jesse Glass publicó un libro titulado *La pasión de Phineas Gage y otros poemas*. De quien quiero hablar no es de Glass, sino de Gage, uno de los sujetos más famosos de la historia de la neurociencia. Glass empieza así la introducción de su obra:

> *El 13 de septiembre de 1848 Phineas P. Gage se transformó en un instante de responsable capataz del Ferrocarril Rutland y Burlington en un paria marginado y soez que era incapaz de soportar su vida como marido y como padre. El medio de esta remarcable transformación fue una barra de hierro de tres centímetros de grosor y ciento nueve centímetros de largo que atravesó el cerebro de Gage tras un grotesco accidente con pólvora negra. Aquel día Gage estaba trabajando en la voladura de rocas. Primero taladraban un agujero en la piedra, luego echaban pólvora negra en el hueco y colocaban una capa de arena fina sobre la pólvora antes de apisonar el explosivo en su sitio con una barra de hierro. El día en cuestión, Gage, entretenido en una conversación, no comprobó si su asistente había colocado la arena encima de la carga y empezó a golpear directamente con la barra sobre la pólvora. La explosión lo dejó aturdido pero no lo mató. De forma llamativa, Gage vivió doce años más tras su transformación, pero el accidente pareció privarlo de todo sentido moral. Se convirtió en vagabundo, asumiendo trabajos temporales en granjas y atracciones de feria. Trabajó como conductor de diligencias en Chile —disfrutando de una breve vuelta a la normalidad—, tuvo una recaída y regresó con su familia a los Estados Unidos. Cuando murió en 1860 fue enterrado con la barra que cambió su vida.*

Tenemos más información para completar su biografía: Phineas y su cuadrilla de obreros estaban abriendo un paso en un afloramiento rocoso al sur de Cavendish. Compactar la pólvora ayudaba a concentrar la fuerza de la explosión. Gage debió de hacer saltar alguna chispa al golpear la barra contra la roca, y esto fue lo que causó la explosión a las cuatro y media de la tarde. La barra de hierro entró por debajo del pómulo izquierdo con su extremo en punta por delante, le atravesó el cráneo de parte a parte, emergió por su superficie superior, un poco a la izquierda y un poco delante del bregma, el punto de unión de las suturas coronales y sagitales, y salió volando. Se encontró a veintidós metros de distancia, manchada de sangre y materia cerebral. Gage fue colocado en un carro de bueyes y llevado sentado a su pensión en Cavendish, muy malherido pero todavía capaz de subir las escaleras con ayuda de dos hombres. Se sentó en la baranda y contó lo que le había pasado a los curiosos y al médico, Edward H. William, al que dijo «*Doctor, aquí hay tarea para usted*». Poco después, llegó otro médico, John M. Harlow, que escribiría varios estudios clave sobre Gage. Entre los dos consiguieron detener la enorme hemorragia, extrajeron fragmentos de huesos craneales de su cerebro y le cosieron la herida. Su mente estaba sorprendentemente lúcida, y dijo que pensaba volver a trabajar en pocos días. El daño cerebral parecía enorme, con una grave afectación de las funciones mentales, y Gage fue desahuciado. Estuvo semicomatoso las dos semanas siguientes, tuvo una infección (un «hongo») en la zona expuesta del cerebro, que tuvo que ser tratada quirúrgicamente por Barlow, quien le salvó la vida de nuevo. Un mes después de la explosión, contra todas las probabilidades, llegaron a la conclusión de que Gage viviría. Harlow debió de ser un excelente médico, y también humilde porque, repitiendo las palabras de Ambroise Paré, dijo sobre Gage «*Yo lo traté. Dios lo curó.*» Años más tarde Harlow propuso cuatro razones para la milagrosa recuperación de Phineas Gage:

— *Su buena forma física, una voluntad de hierro y una capacidad de aguante que difícilmente podrían ser superadas.*
— *La forma cilíndrica de la barra hizo que atravesara limpiamente sin dejar una concusión prolongada ni ninguna zona comprimida.*
— *La entrada de la barra creó una abertura para drenar la infección, sin la cual la recuperación habría sido imposible.*
— *La región del cerebro atravesada por la barra fue «por diversas razones, la más adecuada... para soportar el daño».*

Tres meses más tarde, Gage se trasladó a la granja de sus padres en New Hampshire, pasó allí casi un año recuperándose y en 1849 fue a Boston, donde el catedrático de cirugía de la Universidad de Harvard, Henry J. Bigelow, lo examinó y mostró el curioso caso a los estudiantes. Gage intentó recuperar su puesto de trabajo, pero lo rechazaron por los cambios en su personalidad. Se convirtió en una atracción de feria en el Museo Americano de Barnum, pasó por varios trabajos, siempre acompañado por su barra, y se marchó a Chile con un contacto que quería montar una línea de transportes en Valparaíso. Tras pasar ocho años en América del Sur conduciendo diligencias, en junio de 1859 decidió volver y navegó de vuelta a California, donde vivía entonces su familia. Era ya un hombre con mala salud, con frecuentes ataques epilépticos, y murió poco después. No se hizo autopsia, pero su madre, tras su exhumación, le regaló el cráneo y la barra a John Harlow, que publicó un estudio detallado sobre el accidente de Gage y su recuperación. Harlow donó más tarde el cráneo y la barra a la colección del museo de historia de la medicina de la Universidad de Harvard donde todavía se conservan.

La figura de Gage se ha utilizado y distorsionado. Frente a lo que escribió Glass, no parece probable que Gage fuera mal marido ni mal padre, ni mucho menos que se dedicara al maltrato doméstico, porque no tenía mujer ni hijos. La madre de Phineas le dijo a Harlow que aquél entretenía a sus sobrinitos y sobrinitas con los más fabulosos relatos de sus aventuras, que no tenían más fundamento que su imaginación. Desarrolló una gran simpatía por los animales, perros y caballos sobre todo, y también por los niños. Lo único que superaba este cariño era su fijación con la barra de hierro, que lo acompañó durante toda la vida.

Su caso fue estudiado en detalle y tuvo una influencia en el debate sobre la localización cerebral de las funciones superiores, en particular de la personalidad y del comportamiento social. Después de Gage se encontraron otros casos similares, también con lesiones del lóbulo frontal del cerebro. Harlow escribió que Gage tuvo cambios en su intelecto, personalidad y estabilidad emocional y que se convirtió tras el accidente en alguien infantil, impulsivo, caprichoso y malhablado. Harlow describió la transformación de Phineas Gage en el siguiente párrafo:

> *El equilibrio o balance, por decirlo de alguna manera, entre sus facultades intelectuales y sus tendencias animales parecía haberse destruido. Es inestable, irreverente y se deleita de vez cuando en los tacos más groseros… impaciente ante cualquier freno o consejo que entre en conflicto con sus deseos. Pertinazmente obstinado, caprichoso y dubitativo sobre sus planes para el futuro «tan pronto organizados como abandonados». Un niño en su capacidad intelectual y sus manifestaciones, tiene las pasiones animales de un hombre fuerte.*

Esto contrastaba con lo que decían los que habían conocido a Gage antes del accidente y que lo definían como: «*Fuerte y activo*», con «*una voluntad de hierro*» y un «*temperamento nervio-bilioso*»; de hábitos moderados y «*que tenía una considerable energía de carácter*»; un «*gran favorito*» para sus hombres; el «*más eficaz y capaz de los capataces contratados por sus jefes*»; en «*posesión de una mente equilibrada*»; «*un hombre de negocios astuto y listo, muy enérgico en la ejecución de todos sus planes*»... En palabras de Harlow y de sus compañeros: tras el accidente «*Gage ya no era Gage*».

En las últimas dos décadas se han realizado varios escáneres del cráneo de Gage para intentar estimar la localización exacta de la lesión cerebral. Hannah Damasio y su equipo realizaron medidas, radiografías y fotografías del cráneo de Gage y luego usaron estos datos para transformar en un ordenador el esquema tridimensional de la cabeza de un cadáver y ajustarlo a las medidas de Gage. Así pudieron concluir que la lesión afectó al lóbulo frontal izquierdo, tal como había estimado Harlow, y que es posible que el lóbulo derecho permitiera cierta recuperación funcional. De hecho, hay serias dudas sobre si los cambios de personalidad de Gage se mantuvieron toda su vida o si volvió a cierta normalidad y estuvo mucho más adaptado socialmente de lo que se pensaba hasta hace no mucho tiempo.

En 2009 y 2010 se produjeron dos descubrimientos inesperados: dos fotografías de Phineas Gage. Para mí, que había leído sobre él desde hacía veinticinco años, fue un sentimiento especial verle por fin la cara. La primera foto estaba en una colección de daguerrotipos y lo llamaban «el arponero» porque pensaban que lo que lucía orgulloso en la mano, la barra, era un arpón, y su ojo cerrado el resultado de un mal encuentro con un cetáceo. La segunda apareció poco después entre las posesiones de una descendiente de Gage. Se lo ve «*guapo, bien vestido y mostrando confianza, incluso orgullo*». Por supuesto, también sujeta firmemente la barra que lo hirió, mientras nos guiña el ojo para siempre.

LAS EMOCIONES DE DARWIN

Charles Darwin es, para mí, el científico más sobresaliente de la historia. La Teoría de la Evolución no solo es uno de los ejes de la biología moderna, sino que cambió también nuestra relación con Dios, nuestra concepción del mundo y nuestra visión del hombre, de nosotros mismos. Junto a su talla inferior a nadie como científico, me gusta también el Darwin persona. Perdió a su madre con ocho años y su padre, un médico con un gran interés por la psiquiatría, molesto con sus notas mediocres, le auguró: «*De lo único de lo que te preocupas es de andar dando gritos, de los perros y de cazar ratas, y serás una desgracia para ti y para toda tu familia*». Afortunadamente se equivocó en sus presagios y Charles Darwin, además de ese gran biólogo que todos conocemos, fue también un gran padre, un buen marido y un abuelo maravilloso.

Darwin empezó la carrera de medicina para congraciarse con su padre, pero la visión de la sangre y del dolor —contempló una operación quirúrgica a un niño en aquellos tiempos en los que no se usaba anestesia— le hizo abandonar, aterrado, esa carrera. Siguió con derecho, pero encontró el estudio de las leyes tremendamente aburrido y, finalmente, se graduó en teología en Cambridge, con lo que una vida tranquila como vicario rural parecía todo su futuro. Sin embargo, a los veintidós años se embarcó en el bergantín *Beagle* para el viaje más famoso que ha existido entre el de las tres carabelas españolas y aquel que culminó cuando Neil Armstrong bajó del módulo Águila y pisó el mar de la Tranquilidad. El viaje del Beagle duró casi cinco años. Darwin jamás volvió a salir de su país.

El capitán del Beagle, Robert FitzRoy, tenía solo un año más que Darwin, pero un carácter muy diferente, con grandes cambios de humor, y se acabó suicidando por una depresión. FitzRoy quería un «acompañante», un compañero de mesa bien educado, que tuviera una conversación amena, con formación religiosa (pues quería combinar el encargo del Almirantazgo de

Retrato de Robert FitzRoy a los 55 años de edad, la época en que tuvo lugar el «Debate de la evolución de Oxford».

Robert FitzRoy (Suffolk, 5 de julio de 1805 - † Surrey, 30 de abril de 1865) obtuvo gran fama por haber comandado el HMS Beagle durante el famoso viaje de Charles Darwin alrededor del mundo. Vicealmirante de la Marina Real Británica fue uno de los primeros meteorólogos modernos, llegando a ajustar enormemente las predicciones del tiempo atmosférico. Gobernó Nueva Zelanda entre 1843 y 1845. Su amistad con Darwin se torció cuando *El origen de las especies* fue publicado. Se sintió traicionado y culpable —en parte— por haber ayudado al desarrollo de la teoría. Siete meses después de la publicación del libro —en junio de 1860—, tuvo lugar en la Universidad de Oxford el conocido «Debate de la evolución». Un grupo de los más reputados científicos y filósofos británicos del momento, entre los que estaban Joseph Dalton Hooker, Samuel Wilberforce, Thomas H. Huxley, Benajamin Brodie y el propio FitzRoy, se congregaron para disputar y debatir sobre la revolucionaria teoría de Darwin. Durante el intenso coloquio FitzRoy, de profundas creencias religiosas, atacó la obra con fiereza y levantando una enorme Biblia primero con las dos manos y luego con una de ellas sobre su testa, imploró a la audiencia «*que creyeran en Dios en lugar del hombre*». Antes de su desgraciada muerte, este increíble marino había agotado toda su fortuna en gastos públicos. Su buen amigo Bartholomew Sulivan convenció al gobierno para que entregara a su viuda un fondo de tres mil libras esterlinas, por los grandes servicios que FitzRoy había prestado a la corona; Darwin agregó otras cien libras más.

cartografiar las costas de la América meridional con la búsqueda de pruebas para una interpretación literal de la Biblia) y que fuera un caballero, pues él no podía rebajarse a compartir su pequeño camarote con alguien inferior. A la vuelta Darwin publicó la historia de aquella larga travesía, *El diario del viaje del Beagle,* un libro que le dio fama como naturalista y como ameno escritor de divulgación científica. En los años siguientes trabajó con los especímenes recogidos y con sus notas y cuadernos, y la evolución tomó forma en su mente, pero sabía que significaba un reto a la interpretación literal de la Creación en la Biblia, la visión aceptada por muchos de sus colegas y por su propia esposa, Emma. Finalmente, en 1856 decidió escribir un libro que se titularía *Selección Natural* y que habría de tener unas tres mil páginas.

Dos años más tarde, cuando todavía no había publicado nada de eso, Alfred Russell Wallace mandó a Darwin desde Asia un manuscrito con su propia teoría de la evolución. Darwin, angustiado, lo remitió a Charles Lyell y a Joseph Hooker, dos científicos amigos suyos, sugeridos por Wallace y que lo habían estado urgiendo para que publicara sus ideas y observaciones. Los dos hombres, preocupados por Darwin y, al mismo tiempo, con un deber moral con Wallace, organizaron que dos resúmenes de los trabajos de ambos investigadores se presentaran el mismo día en una reunión de la Sociedad Linneana. Ninguno de los dos asistió: Wallace seguía en Malasia y Darwin estaba enterrando ese día a uno de sus hijos, Charles, que había muerto de escarlatina a los diecinueve meses. Con el manuscrito de Wallace ya encima de la mesa, Darwin trabajó día y noche en un libro más corto que se tituló *Sobre el origen de las especies por medio de la selección natural o la preservación de las razas favorecidas en la lucha por la vida.* Esta obra, de *solo* cuatrocientas noventa páginas, en la que Darwin evitó todo lo que pudo las palabras «evolución» y «evolucionar», se publicó a finales de 1859 y se convirtió en un superventas con un enorme impacto no solo en la comunidad científica sino en toda la sociedad. Las primeras mil doscientos cincuenta copias puestas a la venta se agotaron el primer día, y se hicieron inmediatamente varias reediciones.

Al principio Darwin no entró en mucho detalle en cómo sus teorías afectaban, por ejemplo, al comportamiento humano, pero esta, la nuestra, es la especie más cercana, la que más nos interesa, aquella de la que más sabemos. No le había dado tiempo a incluir todas sus ideas en el libro anterior, así que en 1871 Darwin publicó *La descendencia del hombre y la selección en relación al sexo,* seguido en 1872 por *La expresión de las emociones en el hombre y los animales.* Este último libro se centraba en el origen animal de la vida emocional humana. La traducción española se

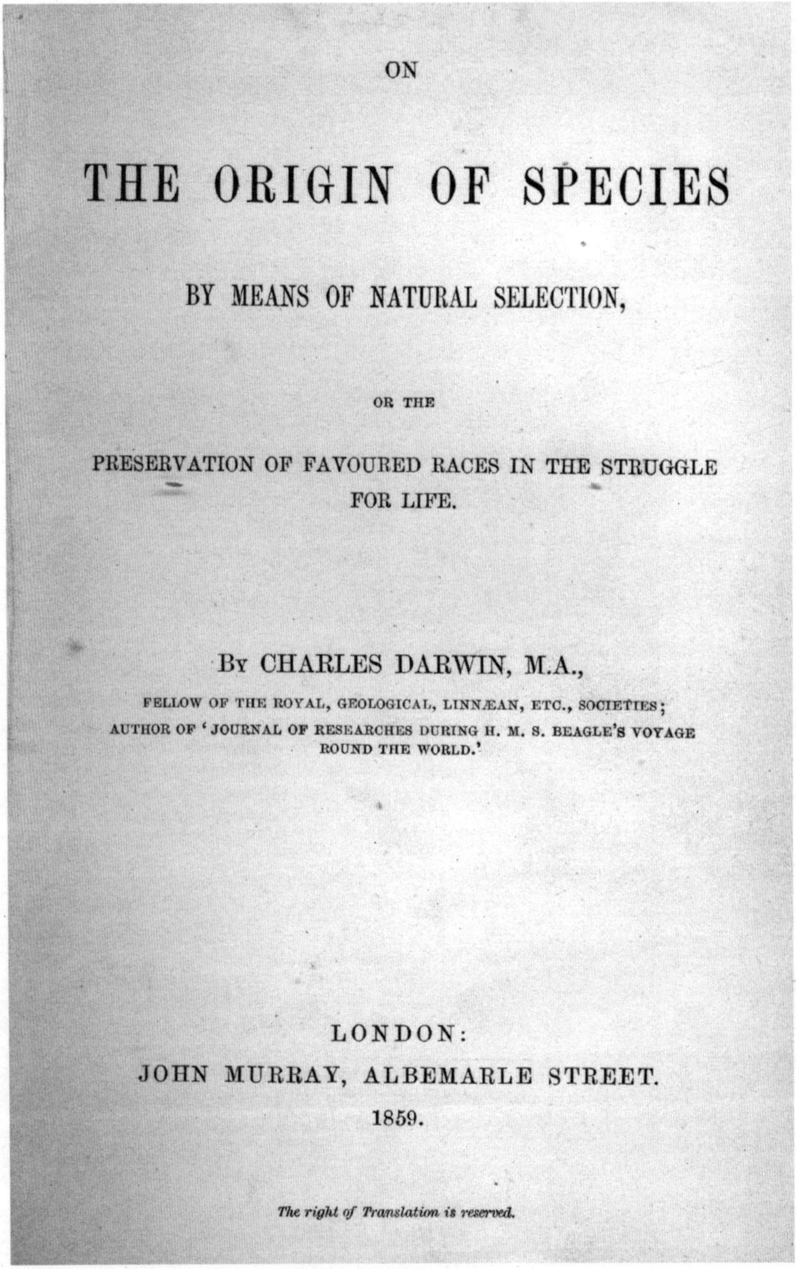

ON

THE ORIGIN OF SPECIES

BY MEANS OF NATURAL SELECTION,

OR THE

PRESERVATION OF FAVOURED RACES IN THE STRUGGLE FOR LIFE.

BY CHARLES DARWIN, M.A.,

FELLOW OF THE ROYAL, GEOLOGICAL, LINNÆAN, ETC., SOCIETIES;
AUTHOR OF 'JOURNAL OF RESEARCHES DURING H. M. S. BEAGLE'S VOYAGE ROUND THE WORLD.'

LONDON:
JOHN MURRAY, ALBEMARLE STREET.
1859.

The right of Translation is reserved.

El origen de las especies por medio de la selección natural, o la preservación de las razas favorecidas en la lucha por la vida(título original: *On the Origin of Species by Means of Natural Selection, or the Preservation of Favoured Races in the Struggle for Life*). Publicado el 24 de noviembre de 1859 fue el precursor del fundamento de la teoría de la biología evolutiva. En su sexta edición de 1872, el título fue modificado a *El origen de las especies* (*The Origin of Species*). La sexta edición fue traducida al español en 1877 por Enrique Godínez y Esteban y Antonio Zulueta.

publicó en 1902. En *La descendencia del hombre* Darwin argumentaba que los humanos proveníamos de antecesores con aspecto animal y, basado en sus ideas de parentesco, concluía que los humanos debíamos compartir algunas emociones con otros mamíferos, o ellos con nosotros. Darwin, que tenía un gran cariño a los perros, como le criticaba su padre, decía que un perro puede sentir celos cuando su dueño presta atención a otro perro. Del mismo modo, estaba convencido de que los perros mostraban otras emociones supuestamente humanas, como la vergüenza, o el orgullo o, incluso, pueden tener algo parecido al sentido del humor cuando les pides un objeto con el que están jugando y remolonean, mientras te miran de reojo con algo parecido a una sonrisa. Para Darwin la diferencia entre el hombre y los animales en lo que hace referencia a las emociones básicas era algo cuantitativo, no cualitativo. Es decir, tendríamos emociones parecidas pero en distinta medida. Esto chocaba con lo expresado por el experto en expresiones de las emociones hasta ese momento, Charles Bell, que en su obra *Anatomía y Filosofía de la Expresión* (1824) indicaba que había músculos humanos creados por Dios para expresar sentimientos exclusivamente humanos, algo que no encajaba en las ideas de Darwin. Su libro sobre la expresión de las emociones fue su respuesta.

Darwin diseñó este libro con unas técnicas tan novedosas que ocupa un lugar destacado en la historia editorial: realizó un cuestionario que recibió respuestas de todo el mundo para conocer las posibles variaciones en la expresión de las emociones en distintos grupos étnicos y países; encargó cientos de fotografías de bebés, niños y actores para estudiar esos gestos y sus similitudes con los que hacían los monos; incluyó descripciones de pacientes psiquiátricos para ampliar qué sucedía cuando el cerebro no funcionaba bien, y no tuvo reparos en incluir aspectos personales, de su propia vida emocional, como el sentimiento de pérdida que sentía por la muerte de alguno de sus hijos y que tanto lo afectó durante décadas.

Darwin mantuvo correspondencia con el neurólogo francés, G. B. A. Duchenne, que realizaba algo que ahora nos parece atroz: aplicaba descargas eléctricas en los músculos de la cara de personas para ver si esos espasmos inducidos ayudaban a comprender cómo se genera una sonrisa u otros gestos relacionados con nuestro estado de ánimo. Darwin incluso realizó un experimento en este sentido: en su casa mostró una selección de las fotos hechas por Duchenne, sin la identificación, y les pidió a veinticuatro invitados —la gente entonces «recibía» mucho más que ahora— que describieran la emoción que representaba cada una de ellas para elegir las más convincentes. Es quizá el primer estudio «ciego» en psicología experimental.

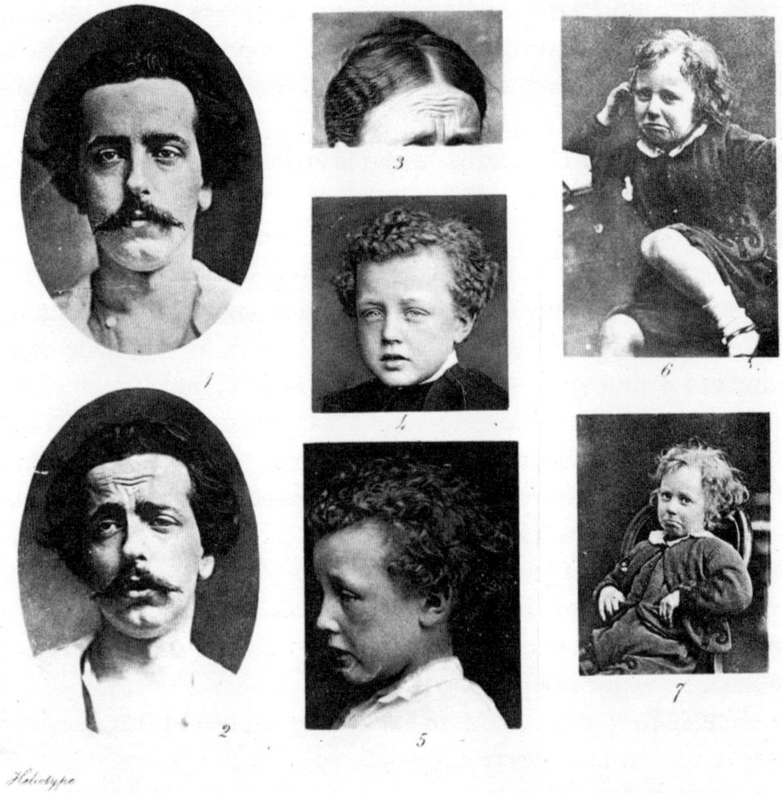

Ilustraciones del libro *La expresión de las emociones en el hombre y en los animales* (*The Expression of the Emotions in Man and Animals*), publicado en 1872. Trata sobre la manera en que los humanos y los animales —aves y mamíferos principalmente— expresan sus emociones. Se considera la principal contribución de Darwin a la psicología. *La expresión de las emociones en el hombre y en los animales* es también —como *Alicia en el País de las Maravillas* (*Alice's Adventures in Wonderland*, 1865)— un hito importante en la historia de los libros ilustrados.

Darwin escribió que las emociones básicas podrían caracterizar una especie tanto como los huesos o los dientes. A partir de esta premisa indicó que algunos actos expresivos debían ser el resultado de acciones adaptativas desarrolladas por su valor para la supervivencia de la especie. Por ejemplo, abrir los ojos de susto o de asombro puede deberse a que dilatar las pupilas permite al organismo asustado ver con más claridad. Gruñir y enseñar los dientes puede haber surgido del acto de morder y de la importancia de estos gestos para asustar a un oponente. A la existencia de un grupo de expresiones que transmite emociones que demuestran un estado de ánimo Darwin la llamó «principio de los hábitos asociados útiles».

No todos los gestos relacionados con emociones encajan en esta idea. Tenemos movimientos expresivos que no tienen una utilidad evidente sino que, por el contrario, parece que nos ponen en riesgo, como, por ejemplo, bajar la mirada frente a un matón. Entonces Darwin propuso que algunos comportamientos pueden haberse incorporado a nuestro acervo común porque señalan lo contrario de un gesto fácilmente reconocible. Así, si un animal para marcar su afán de dominio eriza su pelo y muestra los dientes para parecer más grande y agresivo, un animal que quiera parecer dócil hará justo lo contrario: agacharse, encogerse, dejar caer los labios, bajar la cabeza, desviar la mirada un poco sin dejar de vigilar la situación, dejar el pelo flácido. Este era su segundo grupo de gestos, el «principio de antítesis».

El tercer principio tenía que ver con un sistema nervioso «sobrecalentado». Este tipo se manifestaría en temblores, alteraciones del ritmo cardíaco, contorsiones de un cuerpo tenso, gestos forzados. Darwin describía esto en su discusión sobre la rabia:

> *Bajo esta poderosa emoción, el latido del corazón se acelera, o puede volverse irregular. La cara enrojece, o se amorata al impedirse el retorno de la sangre, o puede ponerse pálida como la de un muerto. La respiración es trabajosa, el pecho se tensa y las narinas se dilatan y se estremecen. A menudo tiembla todo el cuerpo. Los dientes están apretados o rechinan y el sistema muscular está preparado para una acción violenta, casi frenética.*

A este tercer principio Darwin le puso un nombre un poco largo: «principio de las acciones debidas a la constitución del sistema nervioso, independientemente de la primacía de la voluntad e independientemente en cierta medida del hábito».

Darwin insistió en que algunas expresiones de emociones humanas ya no tenían un valor de supervivencia, por lo que los gestos emocionales debían ser valorados y comprendidos en función del papel que pudiesen haber tenido en el pasado.

Algunas expresiones humanas, tales como erizar el pelo bajo la influencia de un terror extremo o enseñar los dientes bajo el de una rabia furiosa, pueden ser difícilmente entendidas, salvo bajo la creencia de que el hombre una vez existió en una condición muy inferior y parecida a la de los animales. Buscaba, evidentemente, un refuerzo adicional para su teoría de la evolución.

Un aspecto fundamental de estos estudios es que Darwin demostró que las emociones se expresaban de manera similar en todos los humanos. Una sonrisa, un gesto de desprecio o llorar con la cabeza gacha transmitían el mismo mensaje independientemente de grupos étnicos, países, sexos o clases sociales. Esto es lo que cabía esperar si todos los humanos éramos un grupo único, descendiente de un ancestro común, una idea difícil de asumir en una época, la victoriana, en la que se intentaba vender la idea de que los negros eran seres intermedios entre el hombre europeo y un simio. Darwin, aun siendo hijo de su época y autor de comentarios que hoy serían políticamente incorrectos, mostraba indirectamente su respeto a los negros que había conocido, como el hombre que había sido su maestro en el arte de disecar animales.

El capitán FitzRoy estuvo a punto de rechazar a Charles Darwin como compañero de viaje porque no le gustó la forma de su nariz. Según recordaba Darwin años después, FitzRoy dudaba de que alguien con esa nariz tuviese la fortaleza y la resistencia necesarias para aguantar un viaje de esa duración y de esa dureza. Darwin, quien demostró tener más fortaleza mental que FitzRoy, superó el viaje; no ayudó a FitzRoy a encontrar pruebas de la veracidad de la Biblia, pero sí logró su objetivo. Se dice que su «causa sagrada» era la abolición de la esclavitud, y que un impulso fundamental para sus teorías era demostrar que todas las razas éramos parte de una misma familia, parientes entre nosotros, toda la humanidad. Y es que todos sonreímos y lloramos por las mismas cosas y de la misma manera. Como Darwin demostró.

EL GEN DE LA TONTERÍA

El cerebro es una de las estructuras más complejas del universo, con ochenta y seis mil millones de neuronas, cada una con miles de conexiones y cada conexión, cada sinapsis, con cientos de proteínas perfectamente reguladas. Sin embargo, todo eso lo codificamos en unos veinte mil genes. Es decir, el libro de procedimientos para construir los billones de células de un ser humano parece que tiene solamente unas veinte mil instrucciones. Hay mucho más que esos genes que se expresan y solo ahora empezamos a descubrirlo.

Hemos vivido una época en la que la genética era la explicación fácil para casi cualquier aspecto biológico, de los más sublimes a los más infames. Dentro del ámbito de la actividad cerebral y su resultado, y sin ser exhaustivo, se han descrito genes para la depresión, el insomnio, el adulterio, el efecto placebo, el autismo, la religiosidad, el déficit de atención con hiperactividad, la simpatía o el consumo de drogas.

Hace cien años, en 1911, murió una persona que intentó saber cómo actuaba la herencia sobre las características de una persona antes de que se conociera la existencia de los genes. Se llamaba Francis Galton y era medio primo de otro científico famoso del que acabamos de hablar, Charles Darwin. Galton tenía tres circunstancias a su favor: era una persona inteligente, era muy trabajador y tenía fortuna, otro rasgo hereditario favorable que le permitió dedicarse a sus intereses científicos sin preocuparse de tener que asegurarse un sueldo.

Galton se dio cuenta de que la ciencia de su época (el último cuarto del siglo XIX) era muy descriptiva y necesitaba el refuerzo de los números, el análisis estadístico. Fue el primero que usó encuestas y cuestionarios para entender la diversidad humana y acuñó la expresión «*nature versus nurture*», «naturaleza frente a crianza», la participación e importancia relativa de la genética frente a la educación y las experiencias recibidas a lo largo de la vida a la hora de analizar el comportamiento humano.

Francis Galton y su esposa, Louise Jane Butler, en un retrato de recién casados. Fotografía de la colección Wheeler Galton aparecida en la obra *The life, letters and labours of Francis Galton,* de Karl Pearson.

Galton aplicó el método científico y el análisis estadístico a una gran variedad de temas porque pensaba que si se dedicaban suficientes horas, cualquier cosa podía ser cuantificada, que las medidas eran el origen de cualquier estudio científico y, este, la vía para el conocimiento y la verdad. Uno de sus estudios más recordados es un análisis estadístico sobre la eficacia de la oración y el rezo, donde descubrió que personas que eran beneficiarias de muchas plegarias, como los monarcas ingleses, por los que se pedía diariamente en todas las iglesias anglicanas, no tenían mejor salud ni vivían más que la media de las personas de clase alta, con una situación económica y una atención médica sanitaria parecidas, pero que no eran objeto de tantos rezos y buenos deseos. Midió asimismo el aburrimiento de los miembros de la Royal Geographical Society en las charlas a las que asistía cuantificando sus cambios de postura en la silla según iba avanzando el conferenciante en su disertación. También fue famosa la realización de un mapa de la belleza femenina en las Islas Británicas. Para ello calificó a escondidas (iba haciendo marcas con un alfiler en un papel que llevaba en el bolsillo) a las mujeres con las que se cruzaba en la calle de distintas ciudades, puntuándolas como atractivas, indiferentes o repulsivas. El papel tenía forma de cruz con extremos desiguales y en cada brazo de la cruz iba poniendo uno de los tres grupos, con lo que luego era fácil hacer el recuento de los agujeros en cada zona (Londres puntuó lo más alto y Aberdeen, lo más bajo). También fue el primero que usó las huellas dactilares para una investigación policial y el primero que publicó un mapa del tiempo, en el año 1875.

El trabajo de Galton tiene dos caras. Por un lado se le considera el precursor de la genética humana, una ciencia que ha mejorado considerablemente la salud de las personas y ha permitido ayudar y aconsejar a muchas familias. Por otro, fue también el fundador de su lado oscuro, la llamada eugenesia, una filosofía social que pretende mejorar la especie humana mediante una selección dirigida. Esta selección busca compensar, según sus seguidores, los efectos negativos que el progreso ha causado sobre nuestros genes, sobre la herencia biológica de la humanidad. La idea de Galton era que la civilización había interferido con la evolución de nuestra especie. Mientras que la selección natural eliminaba a los débiles, los enfermos, los peor adaptados, los menos hábiles, la sociedad desarrollada y civilizada protege a los discapacitados, a los frágiles, a los que tienen alguna tara genética, haciendo que su herencia persista en el acervo genético de la comunidad. Galton propuso que sólo limitando estas prácticas se podría evitar un «retroceso hacia la mediocridad», algo que fue posteriormente reformulado como «regresión hacia la media».

Con sus técnicas estadísticas, Galton estudió cómo determinadas «*tendencias o rasgos de personalidad, morales e intelectuales, se podían seguir en los distintos miembros de una familia*». Consideraba que «*mejorar la reproducción de la especie humana se ha convertido en una seria necesidad*». Para él, el «*genio*» y el «*talento*» eran rasgos igual de heredables que la altura de una persona o el color de su pelo. Cuando estudió sistemáticamente algo que todos sabemos, que los padres altos suelen tener hijos altos, sus resultados mostraron que los hijos no eran tan altos como los padres. Esa era la regresión hacia la media, algo que ahora sabemos que se debe a que muchas características aparentemente simples como la altura son realmente multigénicas e intervienen, en ese caso, al menos cincuenta genes diferentes. Lo lógico, por tanto, es que esas características «extremas» se atenúen cuando los matrimonios no son consanguíneos por la combinación de las herencias paterna y materna.

Galton también planteó que, igual que se usaba la selección artificial para incrementar una característica deseada de un organismo (rosas con mejor aroma o terneras que acumulen más carne o palomas más rápidas), lo mismo se podría extender a las personas si se aplicara un «modelo selectivo de cruces» en nuestra especie. En su famoso libro *Hereditary Genius* Galton escribía:

> *Me propongo mostrar en este libro que las habilidades naturales del hombre se derivan de la herencia, bajo exactamente las mismas limitaciones que la forma y las características físicas de todos los organismos. Consecuentemente, como es fácil a pesar de esas limitaciones obtener por una selección cuidadosa una raza permanente de perros o caballos dotada de especiales facultades para correr, o para hacer cualquier otra cosa, así sería posible producir una raza de hombres altamente dotados mediante matrimonios sensatos durante varias generaciones consecutivas.*

Utilizando un argumento que han reproducido todos los seguidores de la eugenesia, Galton indicaba que los menos inteligentes eran más fértiles que los más inteligentes. Afortunadamente, no proponía ninguna medida punitiva ni selectiva contra los supuestamente menos inteligentes, sino que planteaba una selección «en positivo», animando a los mejores a darse cuenta de la importancia del tema y alentándolos a que se casaran pronto y tuvieran el mayor número posible de hijos. En su testamento Galton dejó al University College de Londres la astronómica cantidad de cuarenta y cinco mil libras para fundar un Laboratorio de Eugenesia Nacional, que ya no existe.

La eugenesia quedó totalmente desprestigiada en el siglo XX. Los nazis y sus ideas sobre la pureza y mejora de la raza llevaron al extremo de la crueldad y la maldad esa idea de la superioridad y la inferioridad racial, los genes buenos y los genes malos. Aun así, seguimos leyendo en la prensa ideas sobre rasgos hereditarios peligrosos, oímos tonterías sobre el Rh, se vuelve a sugerir que hay niños que nacen destinados a ser torpes, inferiores o criminales y vemos atentados contra los derechos humanos a lo largo del último siglo, desde la limitación de la entrada en los Estados Unidos a los emigrantes del sur y del este de Europa a comienzos del siglo XX, porque supuestamente tenían peores características biológicas que los de Centroeuropa, a las campañas de esterilización de mujeres indígenas llevadas a cabo en Perú por Fujimori a finales de ese mismo dramático siglo XX.

A pesar del desprestigio de las teorías y de las acciones a favor de la eugenesia siguen apareciendo continuamente artículos en prensa donde se dice que se descubrió el «gen para...». De hecho, si escribimos esas dos palabras en Google nos salen, el día que escribo esto, 258.000 resultados. Entre ellos, «el gen para el cambio climático» o el «gen para neutralizar el VIH». Ojalá todos los problemas fueran así de simples. Dentro del ámbito de las neurociencias esa búsqueda sencilla encuentra referencias como «el gen para la enfermedad de Alzheimer», «el gen para la depresión» o «el gen para aprender a hablar». Es importante que recordemos que los genes tienen un impacto importante, pero limitado, sobre el desarrollo pleno de una persona, que un gen puede intervenir en cosas muy distintas, que la mayoría de los rasgos observables son el producto de la interacción entre decenas o cientos de genes y muchos otros factores (alimentación, ejercicio, cuidados sanitarios...) y que lo que causa auténticas diferencias en el comportamiento humano es la educación, la crianza responsable y el cariño. Y es que, aunque no se haya encontrado el gen para decir y escribir tonterías, haberlas, haylas.

Ilustración extraída de la obra *Anthropogenie*, de Ernst Haeckel (1834-1919).

EL BULLDOG DE DARWIN Y EL GORILA

Hannón el navegante, un explorador cartaginés del siglo v antes de Cristo exploró la costa de África, fundó siete ciudades en la costa atlántica africana como estaciones comerciales y llegó hasta el golfo de Guinea. Es una pena que el aniquilamiento de Cartago por los romanos nos haya privado de una cultura probablemente apasionante pero, afortunadamente, el cuaderno de bitácora de Hannón fue llevado al templo de Baal en Cartago y traducido por los griegos, otro pueblo marítimo, como relato, el *Periplo de Hannón*.

Al final de su viaje Hannón encontró una isla densamente poblada con gente salvaje y muy peluda. Lo cuenta así en ese libro:

> *Las mujeres eran mucho más numerosas que los hombres y tenían gruesas pieles. Nuestros intérpretes los llamaron Gorillai* [que significaba tribu de mujeres peludas]. *Los perseguimos, pero no pudimos capturar a ninguno de los hombres; se subían a la cima de precipicios, a los que trepaban con facilidad, y nos tiraban rocas. Capturamos tres de las mujeres, pero luchaban de forma tan violenta, mordiendo y desgarrando a sus captores, que tuvimos que matarlas y les arrancamos la piel, que llevamos de vuelta a Cartago. Habiéndonos quedado sin provisiones, no pudimos ir más allá.*

El historiador romano Plinio el viejo contaba que esas pieles de gorila estuvieron en el templo de la diosa Tanit hasta que el ejército romano, bajo el mando de Escipión Emiliano, destruyó Cartago.

El primer conocimiento del gorila como ser real por alguien no africano lo tuvo el misionero americano Thomas Savage, que obtuvo unos cráneos en Gabón o Liberia en 1846. El nombre específico se lo puso Geoffroy Saint-Hilaire en 1852, y la persona que mostró el primate desconocido al

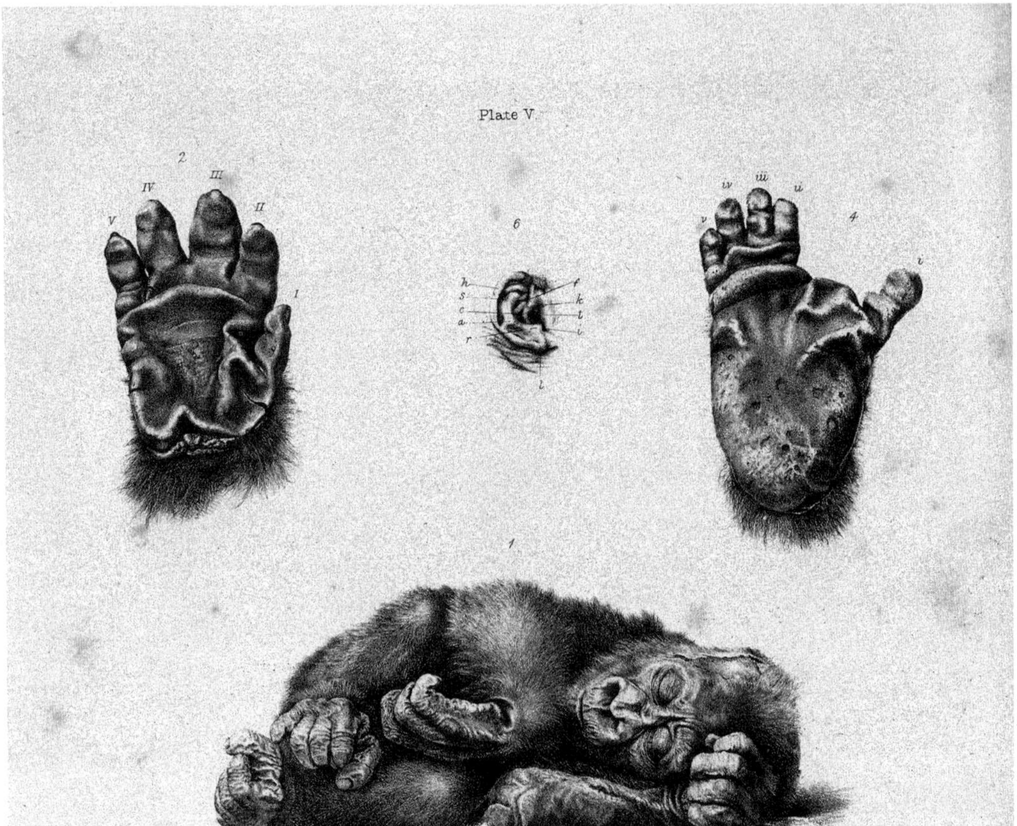

«*Manos, pies, nariz y oreja de un gorila*». Litografía de G.H. Ford.

gran público occidental fue Paul du Chaillu, un cazador franconorteamericano, sin formación pero con buena puntería que en 1855 fue enviado a África por la Academia de Ciencias Naturales de Filadelfia. Du Chaillu exploró las regiones de África occidental cercanas al ecuador, en particular el delta del río Ogooué y el estuario del Gabón. Tras cuatro años de expedición por esa región abandonó África con veinte pieles de un simio enorme al que los indígenas denominaban *njena*. El animal pronto fue conocido como gorila, debido a aquel relato cartaginés de dos mil quinientos años de antigüedad.

Ansioso por el dinero y los honores de los grandes descubridores, Du Chaillu montó una gran exposición en Nueva York con los trofeos de su viaje, pero allí competía con el rey de los espectáculos, P.T. Barnum, y no tuvo éxito. Fue muy criticado, se dijo que solo había comprado los objetos exhibidos y que no era un verdadero explorador. Desalentado, se trasladó a Inglaterra y el 25 de febrero de 1861 presentó una nueva muestra de sus hallazgos en la Royal Geographical Society. Entre la audiencia estaban Richard Owen, pionero de la anatomía comparada, considerado el mejor anatomista de Inglaterra y acérrimo oponente a lo que consideraba la visión materialista del cambio biológico propuesta por Darwin en su teoría de la evolución; Thomas Huxley, el primer darwinista convencido, llamado por algunos «el bulldog de Darwin»; Francis Galton, primo de Darwin y experto en estadística y eugenesia del que ya hemos hablado y William Gladstone, la única persona que ha sido primer ministro del Reino Unido durante cuatro mandatos.

Owen conocía los gorilas. Había recibido el primer esqueleto completo en 1851, y en 1859 el cuerpo de un macho, sumergido en aguardiente para conservarlo, pero esos especímenes no eran conocidos por el público. Du Chaillu salió al escenario entre dos gorilas disecados, erectos en una pose de agresividad y violencia, algo que no encaja demasiado con la imagen actual de estos animales herbívoros pero que consiguió la atención asustada del público. Los dos simios erguidos sobre sus patas traseras fueron mostrados como gigantes violentos y peligrosos, un reto a la supremacía del hombre. Por otro lado, eran demasiado parecidos a nosotros para que nos sintiéramos cómodos. A una especie, la nuestra, que afirmaba haber sido creada por Dios a su imagen y semejanza se le presentaba un animal de rasgos muy parecidos, solo que más grande y más fuerte. Era, además, la época y el lugar —la Inglaterra victoriana— en que las interpretaciones literales de la *Biblia*, la opinión de los teólogos y las convenciones sociales estaban siendo zarandeadas por las observaciones y las ideas de Darwin, algo que había generado una intensa polémica.

Thomas H. Huxley junto a una pizarra donde ha dibujado el cráneo
de un gorila [Cundall Downes & Co. c. 1861].

La publicación de *El Origen de las Especies* un año antes había abierto la discusión sobre la posición del hombre en la naturaleza y nuestra relación con animales parecidos a nosotros, como los grandes simios, lo que se convirtió en tema de actualidad y campo de debates acalorados. La presentación de Du Chaillu indujo inmediatamente un enfrentamiento entre Huxley y Owen, dos enemigos a muerte. Los periódicos, más interesados en los temas científicos que los actuales, lo llamaron «*the Gorilla War*», la guerra del gorila.

Aunque el tema que subyacía era si el hombre era una especie más de la naturaleza o un ser excepcional, separado claramente del resto de los animales, la discusión se centró en el cerebro. Parece lógico, todo aquello que pensamos que define a un ser humano, que lo convierte en un ser distinto, está ahí. Richard Owen había publicado varios artículos científicos sobre las diferencias anatómicas entre simios y hombres, y su conclusión final era su punto de partida, que ambos grupos habían sido creados independientemente y era imposible que unos hubieran derivado hacia los otros: eran esencialmente distintos. Owen forzó su razonamiento hasta proponer a la Sociedad Linneana de Londres que los humanos no deberían ser un orden específico dentro de los primates sino una categoría mucho más importante, una subclase diferente dentro de los mamíferos. Darwin comentó este artículo y dijo que «*el trabajo de Owen es un gran artículo, pero no me puedo tragar que la distancia de un hombre a un chimpancé sea como la de un ornitorrinco a un caballo. Me pregunto qué diría un chimpancé al respecto*».

Owen había reconocido que había una gran similitud de estructura: cada diente y cada hueso tenían su homólogo entre los grandes simios y los humanos, pero al llegar al órgano más importante, al cerebro, había —según él— tres diferencias fundamentales: los simios no tenían en su cerebro un lóbulo posterior, no tenían un asta posterior en los ventrículos y no tenían un hipocampo menor, estructura esta última a la que daba la máxima importancia. El hipocampo menor es una proyección de la pared interna del asta posterior del ventrículo lateral del cerebro y nunca tuvo ni antes ni después de esta discusión un gran interés. No tiene nada que ver con el *hippocampus maior* o hipocampo propiamente dicho. Owen llegó a proclamar que esta estructura, el hipocampo menor, era básica para que el hombre completara su destino como ser supremo de la Creación, una especie que tiene a su disposición a todas las demás especies existentes.

Huxley pensó que la apuesta por el *hippocampus minor* era un grave patinazo de Owen y una magnífica oportunidad para vencerlo y desacreditarlo. Empezó a hacer disecciones sistemáticas de cerebros de monos, bus-

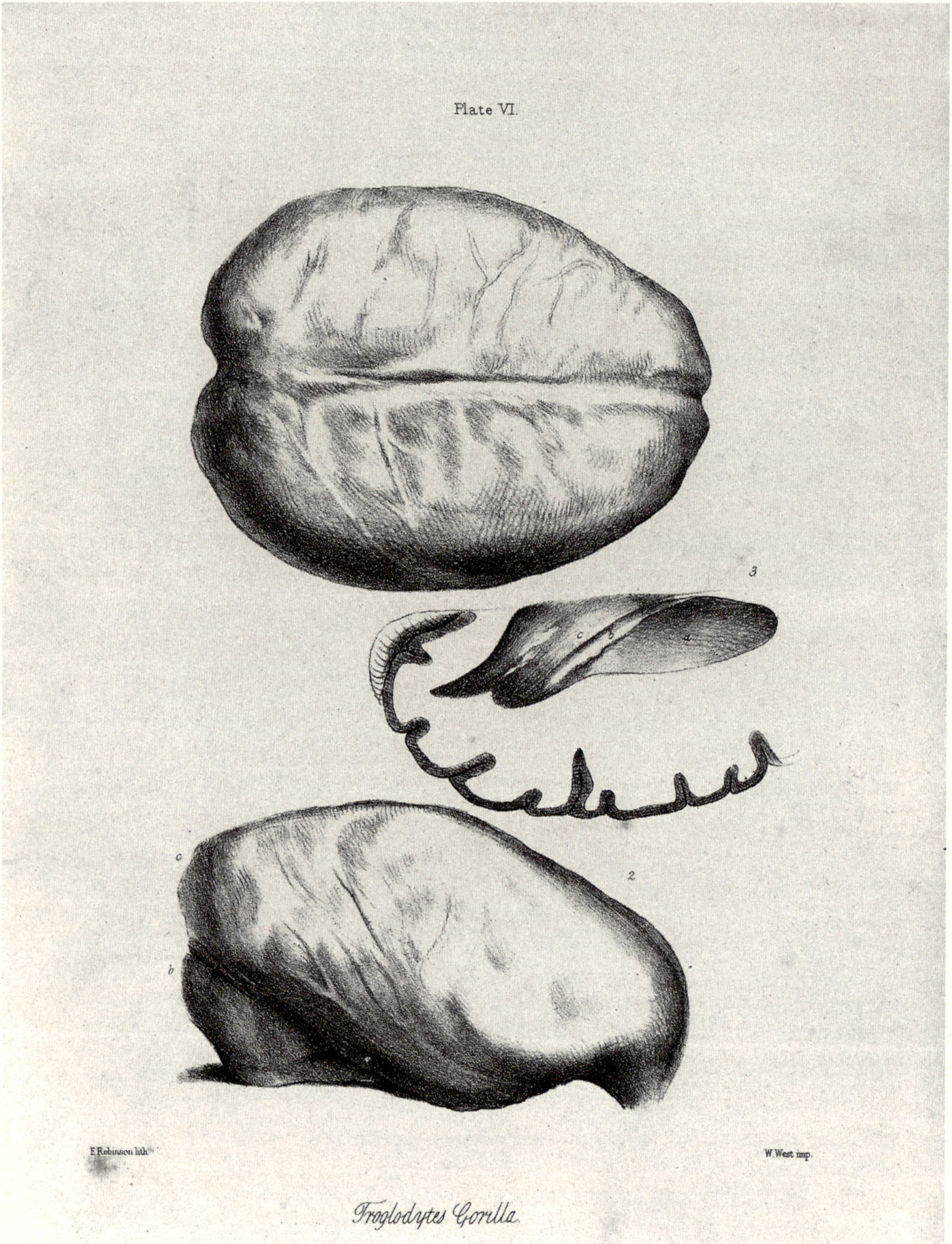

Tres vistas del cerebro de un gorila. Litografía de F. Robinson.

cando esta estructura con la firme determinación de arrastrar a Owen y sus argumentos por el barro, llegando a afirmar: «*antes de que acabe con las patrañas de ese mentiroso, lo clavaré como una cometa a la puerta de un granero como ejemplo para todos los que hacen mal las cosas*».

El objetivo de Huxley iba mucho más allá que ganar un debate intelectual y científico. Quería liquidar la dominación de la ciencia británica por clérigos ricos como Owen y crear un nuevo concepto del científico, un funcionario asalariado y laico, libre en el diseño y los objetivos de su investigación y no condicionado por creencias, versículos bíblicos o apriorismos. Frente a los que intentaban denigrar a Darwin como descendiente de un mono, Huxley respondió que «*tan respetable es ser un mono modificado como ser barro modificado*» en referencia al retrato bíblico de cómo fuimos creados.

Owen se encastilló en sus argumentos y llegó a decir que «*el cerebro del gorila se diferencia más del cerebro del hombre que del primate más inferior*», e insistía en su afirmación de que eso era debido a que solo el hombre tiene un lóbulo posterior, un asta posterior en los ventrículos y un hipocampo menor. A finales de 1860 Huxley estaba desquiciado por la pérdida de su hijo por una escarlatina y puso toda su rabia en un artículo en el que atacó a Owen, sus ideas y su profesionalidad diciendo que era «*culpable de una falsedad voluntaria y deliberada*». El debate continuaba y, tras la presentación de Du Chaillu y sus animales disecados, Owen dio una charla sobre los cerebros del «gorila y el negro», en la que reiteraba que solo los humanos tienen el hippocampus minor. Esta charla fue publicada en la revista del club Athenaeum, del que eran socios Owen, Huxley, Darwin y Charles Dickens, con unas ilustraciones descuidadas y sin anotar. Owen había puesto por escrito sus argumentos sin cuidar ni la forma ni el fondo. Huxley aprovechó la oportunidad y lanzó toda su artillería contra ese artículo, ridiculizando a Owen por esas ilustraciones, acusándolo de ocultar evidencias y de no mencionar los resultados de otros anatomistas que describían que las tres estructuras cerebrales supuestamente exclusivas del hombre estaban presentes en otras especies de primates. La reputación de Owen quedó maltrecha y se intentó disculpar como pudo, llegó a echar la culpa de las imágenes al «artista» e intentó defender que su argumento seguía siendo correcto. Huxley, saboreando su victoria, lo ignoró con suficiencia, y escribió que «*la vida es demasiado corta para ocuparse de matar una vez más al que ya está muerto*», en referencia al duro golpe que habían recibido Owen y sus ideas.

Mientras, George Rolleston encontró las tres características supuestamente exclusivas del cerebro humano en el cerebro del orangután. Owen respondió diciendo que era un tema de definición anatómica. Huxley le dio otra vuelta de tuerca e hizo una disección en público del cerebro de un mono araña que había fallecido en el zoo de Londres y demostró la presencia de las tres estructuras en disputa. John Marshall publicó otro artículo en el que describía las estructuras en el cerebro del chimpancé y mostraba cómo, si un cerebro no se extraía bien y no se preservaba adecuadamente, mostraba un aspecto similar a las ilustraciones de Owen, lo que ahondó su descrédito. El debate, que para entonces ya se conocía como la Gran Cuestión del Hipocampo, siguió en 1862. William Henry Flower revisó artículos previos y unió sus propios resultados para mostrar los cerebros de dieciséis especies de primates, incluyendo prosimios, monos y un orangután. Tras indicar que él no tenía interés en el debate sobre la trasmutación de las especies o el origen del hombre, no solo encontró las tres estructuras supuestamente inexistentes según Owen, sino que indicó que el hipocampo menor era especialmente grande en el mono tití, comparativamente mucho mayor que en el humano. Owen debía de estar abochornado y furioso.

El debate se volvió internacional. Dos anatomistas holandeses, Jacob Schroeder van der Kolk y Willem Vrolik, vieron que Owen había usado repetidamente su ilustración de 1849 del cerebro de un chimpancé y, para evitar confundir al público, hicieron la disección de un orangután que había muerto en el zoológico de Ámsterdam e informaron en una reunión de la Real Academia Holandesa de las Artes y la Ciencia de que el cerebro del primate asiático tenía las tres estructuras anatómicas que Owen decía que eran exclusivas de los humanos. Admitieron incluso que su ilustración anterior era incorrecta por su modo de extraer el cerebro, y sugirieron que Owen estaba «*perdido*» y había «*caído en una trampa*». Huxley, inclemente, se encargó de reimprimir aquel informe y, además, traducirlo al francés para darle aún más difusión. Huxley debía de ser un excelente amigo pero como enemigo era implacable.

La reputación de Owen quedó seriamente dañada, no tanto por su forma de trabajar sino por haberse aferrado a una explicación que los hechos iban desmintiendo contundentemente. Huxley y sus colegas científicos del «X Club», los nueve amigos que se reunían a cenar una vez por mes y discutían cómo apoyar las teorías de la selección natural y librarse de los dogmas religiosos, ganaron la partida y utilizaron la revista *Nature* para diseñar en gran manera la ciencia del siglo XX. Richard Owen fue el primer director del museo de Historia Natural de Londres. Allí compró el fósil más famoso de todos los tiempos, el *Archaeopteryx*. Owen lo describió como un pájaro —tenía plumas—, pero Darwin estaba feliz porque cumplía su predicción de que aparecería un antecesor de las aves con los dedos del ala sin fusionar.

Owen fue descrito por varios de sus coetáneos como una persona «*con tendencias sádicas*», «*adicto a la controversia y con una tendencia a la arrogancia y los celos*», un «*maldito mentiroso*», un «*egoísta fanático*», mientras que otro comentó que era «*una pena que alguien con tanto talento fuese tan ruin y envidioso*». Es evidente que los científicos somos seres pasionales, pero es que Owen intentó robar distintos descubrimientos a algunos colegas y plagió a otros, y cuando Darwin, que era un hombre bastante bondadoso, se enteró de que Owen estaba intentando que se cancelara la subvención que recibía William Jackson Hooker, otro darwinista, para los jardines botánicos de Kew dijo «*Me daba vergüenza odiarlo tanto, pero ahora podré disfrutar cuidadosamente de mi odio y de mi desprecio hasta los últimos días de mi vida*».

Las estatuas de Owen y Darwin estuvieron colocadas en la sala norte del Museo Nacional de Historia Natural del Reino Unido. En 1885 la estatua de Darwin obtuvo un lugar de honor al ser trasladada a la sala central, algo que probablemente no habría gustado al envidioso Owen. En 1927 la estatua de Darwin fue desplazada de nuevo a la sala norte, sustituida por la estatua de Owen que recibió el lugar prominente en la sala central. Finalmente, en 2009, con motivo del bicentenario de Darwin, su estatua volvió al lugar de honor. Y es que, al final, como nos enseñaron las películas del Oeste, siempre ganan los buenos.

Retrato de Johannes Müller, según P. Rohrbach (1858), a partir de la fotografía de S. Friedlander (1857).

IGNORAMUS ET IGNORABIMUS

Alrededor de 1840 un grupo de estudiantes brillantes se juntó en Berlín en torno a Johannes Müller, un magnífico profesor. Müller formuló la llamada «teoría de la energía específica de los nervios», según la cual la sensación que provoca un estímulo no depende tanto de las características del propio estímulo como del nervio que se estimula. Normalmente los ojos nos sirven para ver objetos luminosos, pero si nos presionamos los globos oculares no sólo notaremos la sensación táctil, sino que también veremos pequeñas chispas. Por consiguiente, tanto si el estímulo es luminoso como si es táctil, si lo que se estimula es el nervio óptico la sensación resultante siempre será visual. Por eso «vemos las estrellas» cada vez que nos golpeamos un ojo o el occipucio, la zona del cráneo bajo la que está la corteza visual.

Entre esos alumnos aventajados estaban Emil du Bois-Reymond, Hermann von Helmholtz y Rudolf Virchow, cada uno de los cuáles abriría un capítulo nuevo en la neurociencia. Müller fue el eslabón en esa transición desde las teorías vitalistas de sus antecesores a la investigación objetiva que desarrollarán sus discípulos:

> *Aunque parece que hay algo en los fenómenos de los seres vivos que no puede explicarse por las leyes ordinarias mecánicas, físicas o químicas, se puede entender mucho con ellas y debemos ampliar sin miedo estas explicaciones tan lejos como podamos, en tanta medida como mantengamos el sólido suelo de la observación y el experimento.*

La ciencia no respeta el error de los maestros. Du Bois-Reymond, Helmholtz y otros alumnos se pusieron de acuerdo para combatir las teorías vitalistas de Müller, a pesar del aprecio que sentían por su profesor. Para ellos esas teorías eran una superstición que hundía a su país en el pasado mientras que, en realidad, Alemania se lanzaba hacia el futuro.

Veían a la ciencia como el vehículo del progreso y la mejor herramienta para enfrentarse a las ideas conservadoras y a la resistencia contra los avances del pensamiento que representaba la Iglesia.

La influencia de Müller en sus alumnos se puede rastrear en las memorias de von Helmholtz:

> *... Müller todavía combatía los viejos enigmas y problemas sobre la naturaleza de la vida, desgarrado entre la anticuada forma metafísica de percibirlos y la recién desarrollada perspectiva de las ciencias naturales. Pero la convicción de que el conocimiento de los hechos no podía reemplazarse con nada surgió en él con una firmeza creciente, y su lucha con el problema hizo que su influencia sobre sus pupilos fuese aún mayor.*

Emil Du Bois-Reymond provenía de una familia de hugonotes. Su abuelo Daniel Chodowiecki fue presidente de la Academia de las Artes de Prusia y su padre, Jean Henry, fue director de la Kunstkammer y bibliotecario de la familia real prusiana. Paul, el hermano menor de Emil, fue un famoso matemático. El padre de Helmholtz era un profesor de secundaria, amigo del filósofo Inmanuel Fichte, y convenció a su hijo de que fuera a estudiar al Instituto Médico-quirúrgico Friedrich Wilhelm, una institución que formaba médicos militares. La razón es que no había que pagar matrícula —la familia no estaba muy boyante—, pero a cambio te comprometías a servir ocho años en el ejército al licenciarte. Afortunadamente para la ciencia, la vida militar le dejaba mucho tiempo libre y pudo compatibilizarla con la investigación. Posteriormente, Alexander von Humboldt lo ayudó a dejar el ejército y a conseguir un puesto de profesor de anatomía en la Academia de las Artes de Prusia.

Du Bois-Reymond y Helmholtz, compañeros y amigos, explicaron los fundamentos de la transmisión nerviosa. Du Bois-Reymond estableció el concepto de la electricidad intrínseca del músculo y el nervio —que músculos y neuronas tenían cargas eléctricas— y Helmholtz fue el primero que determinó la velocidad de conducción de los nervios. Era la época de las primeras fotografías, y esta técnica reforzó el criterio de objetividad, de lograr una reproducción fidedigna de los hechos, algo que era una norma básica en un laboratorio serio.

Emil fue el fundador de la electrofisiología experimental y quería comprobar si la transmisión neuromuscular era realmente eléctrica o si los experimentos de Galvani hacían que el músculo se contrajera pero en realidad eran un artefacto, algo creado por el hombre y no el verdadero mecanismo natural. Hizo una sencilla preparación nervio-músculo, pero los instrumentos disponibles no conseguían medir las diminutas corrientes biológicas, así que él mismo fue diseñando y fabricando aparatos clave, algunos de los cuales fueron la base de avances fundamentales para la clínica, como el electroencefalógrafo y el electrocardiógrafo. Los aparatos de du Bois-Reymond destacan por su inventiva, su precisión y su belleza. Para fabricar estos primeros artilugios soldaba, cosía y pegaba con caucho, haciendo a menudo un trabajo delicado y pesado. Un ejemplo puede ser el multiplicador, que le permitió medir las pequeñas corrientes del sistema nervioso, y en el que tuvo que enrollar veinte mil vueltas de un finísimo alambre de cobre en torno a un núcleo metálico central.

Suya fue la idea de que los tejidos vivos, como el músculo, podían considerarse compuestos de un número de «moléculas eléctricas», sustancias que tenían carga y cuyo comportamiento definía el comportamiento del órgano. Es algo que ahora sería fácilmente asimilable a los iones como el sodio, el potasio, el cloruro, el calcio y otros que explican mucho del funcionamiento de las células excitables, como las neuronas. Du Bois-Reymond, con su descubrimiento de la transmisión eléctrica de los impulsos nerviosos, sus innovaciones en los instrumentos de laboratorio y su metodología reduccionista fue uno de los pioneros de la neurociencia moderna.

Hermann von Helmholtz, por su parte, desarrolló en 1850 un sistema para medir la velocidad del impulso nervioso en el nervio. Muchos pensaban que la señal nerviosa viajaba tan veloz como la electricidad en un cable, a unos trescientos mil kilómetros por segundo, tan rápido como la velocidad de la luz y, por lo tanto, imposible de medir en una distancia tan corta como la de un nervio. Helmholtz diseñó dos dispositivos tremendamente imaginativos. Por un lado, conectó el nervio ciático de una rana a un músculo de ternera y usó un galvanómetro, fijando un pequeño espejo a la aguja del aparato para reflejar un rayo de luz que atravesaba la habitación. Con este truco logró una sensibilidad mucho mayor, pues una pequeña oscilación de la aguja se ampliaba enormemente con ese juego óptico. Por otro lado, colocó un músculo de rana colgado y extendido en posición vertical mediante unas pequeñas pesas. Gracias a un ingenioso dispositivo, en cuanto aplicaba la corriente, la propia contracción del músculo desconectaba el circuito. Fue probando en distintos puntos del nervio, variando por tanto la distancia al músculo, con lo que pudo medir la velocidad de la transmisión nerviosa.

Los valores que encontró, entre 24,6 y 38,47 m/s estaban enormemente alejados de los de la transmisión eléctrica en un conductor metálico, y están perfectamente dentro del rango conocido en la actualidad para la velocidad en los distintos tipos de axones, estimada entre 0,5 y 120 m/s. Posteriormente Helmholtz consiguió medir también la conducción en nervios humanos. Era también un manitas, y uno de sus inventos, el oftalmoscopio, le permitió ver por primera vez el fondo del ojo a través de la córnea. Así lo cuenta:

> *Sin la seguridad, basada en la teoría, de que debía funcionar, quizá no habría persistido. Pero ocho días después tuve el enorme placer de ser el primero que vio una retina humana, viva, con gran claridad.*

Los oftalmólogos usan aún en la actualidad el invento de Helmholtz, y él mismo decía que era de los «*más populares entre mis logros científicos*». Helmholtz hizo importantes aportaciones a la teoría de la visión, a la de la visión en colores, a la de la percepción visual del espacio y a la de la sensación del tono y la percepción del sonido. En física es valorado su estudio de la conservación de la energía y su trabajo en electrodinámica y termodinámica. Como filósofo es uno de los grandes de la filosofía de la ciencia, con sus ideas sobre las leyes de la percepción y las leyes de la naturaleza, la estética como una disciplina científica y el poder civilizador de la ciencia. Al estudiar el metabolismo de la contracción muscular intentó demostrar que no se pierde energía en el movimiento de los músculos, buscando demostrar que no hacían falta «fuerzas vitales» para mover un músculo, uno de los conceptos supervivientes de la *Naturphilosophie*, nacido de la

Péndulo de Helmholtz fabricado por la empresa Berliner Physikalische Werkstatten GmbH. Hermann von Helmholtz ideó este péndulo para estudiar la velocidad de los impulsos nerviosos. Sus investigaciones encontraron que la velocidad era de entre 24,6 y 38,47 metros por segundo [Museo de Ciencias, Londres].

pura especulación. Para él «*una conclusión metafísica es, o bien una conclusión falsa, o bien una conclusión experimental que se mantiene oculta*».

Los dos amigos obtuvieron sendas cátedras en la Universidad de Berlín, y gracias a su prestigio consiguieron del gobierno buenas instalaciones, que contribuyeron a consolidar el prestigio de Alemania en el ámbito del estudio del sistema nervioso. Du Bois-Reymond fue nombrado rector y luego secretario perpetuo de la Academia de Ciencias de Berlín. Fue famoso un discurso en el que predicaba el sometimiento de la universidad a la guía y las necesidades del Estado:

> *Nosotros, la Universidad de Berlín, tenemos nuestra sede frente al Palacio Real y, en virtud del Memorando de la institución* [los estatutos], *somos la guardia intelectual de la Casa de Hohenzollern.*

Esta pérdida de la autonomía universitaria fue muy criticada años después, y su labor investigadora fue quedando arrumbada por su dedicación a las tareas de gestión y políticas:

> *... dedicaba a esa tarea mucho de su tiempo, dejando prácticamente de investigar. Tampoco debía de preocuparse excesivamente de la docencia: los alumnos hacían bromas sobre que seguía explicando la fisiología con el mismo libro de treinta años atrás.*

Debe de ser una exageración, du Bois-Reymond fue el primero que introdujo a Darwin en las aulas alemanas, algo que generó un debate de dos días en el parlamento prusiano. Aun así, se convirtió en una figura muy respetada —en vísperas de la guerra francoprusiana se le pidió un informe sobre si Francia se había ganado el derecho a existir— y fue famoso por sus conferencias sobre ciencia, literatura, historia y filosofía. Se le considera uno de los principales intelectuales del siglo XIX, y también uno de los menos conocidos.

Du Bois-Reymond y Helmholtz cambiaron el curso de la ciencia mediante una herramienta que a veces subestimamos: la obtención administrativa de un título universitario. Du Bois-Reymond convenció al ministerio prusiano de educación para cambiar el *Tentamen philosophicum*, un examen exigido a los médicos para su graduación y que estaba muy orientado a la historia natural, por el *Tentamen physicum*, un examen mucho más dirigido hacia las ciencias experimentales. Miles de médicos que acababan sus carreras, a la hora de preparar ese examen de licenciatura, fueron enfocando su mentalidad al reduccionismo científico que marcaría la ciencia a partir de la segunda mitad del siglo XIX. En 1878 du Bois-Reymond escribió:

Hermann von Helmholtz. Reproducción de un grabado en madera (1938).

En el lugar del milagro, la ciencia natural puso la ley. Como si se desvanecieran con la luz del amanecer, los espíritus y los fantasmas desaparecieron. Rompió [la ciencia] *con la vieja mentira sagrada. Extinguió las piras para quemar a las brujas y a los herejes. Puso el cuchillo en la mano de la crítica histórica.*

Al comienzo de su carrera se había interesado por temas diferentes a la fisiología y la medicina —teología, filosofía, matemáticas, geología...—, y en sus últimos años volvió a eso, en particular a la filosofía. En su libro *Über die Grenzen des Naturerkennens* (*Sobre las fronteras de nuestra comprensión de la naturaleza*), publicado en 1872, du Bois-Reymond fue el primero que habló del misterio de la consciencia, abriendo paso a lo que se ha llamado la época de la duda; señaló que había límites para el conocimiento científico e identificó siete cuestiones que estaban —según él— fuera del alcance de lo que el hombre podría saber:

— La naturaleza última de la fuerza y la materia.
— El origen del movimiento.
— El origen de la vida.
— Los ordenamientos aparentemente teleológicos de la naturaleza.
— El origen de las sensaciones simples.
— El origen del pensamiento inteligente y del lenguaje.
— La cuestión del libre albedrío.

Para varias de estas cuestiones filosóficas planteó una máxima en latín *Ignoramus et ignorabimus* (Ignoramos e Ignoraremos; es decir, nunca llegaremos a saberlo). Casi medio siglo después, en 1930, el matemático alemán David Hilbert impartió la charla inaugural en la reunión de la Sociedad de Científicos y Médicos Alemanes en Königsberg (Prusia Oriental) y dijo así:

No debemos creer a esos que, al día de hoy, con porte filosófico y tono deliberativo, profetizan el desplome de la cultura y la aceptación del ignorabimus.

Para el matemático, no hay un ignorabimus, y en mi opinión tampoco lo hay en ningún ámbito de la ciencia natural. La verdadera razón por la que nadie ha conseguido encontrar un problema insoluble es porque, en mi opinión, no existe ningún problema insoluble. En oposición al ridículo ignorabimus nuestro eslogan debe ser: Debemos saber. ¡Sabremos! (Wir müssen wissen. Wir werden wissen!).

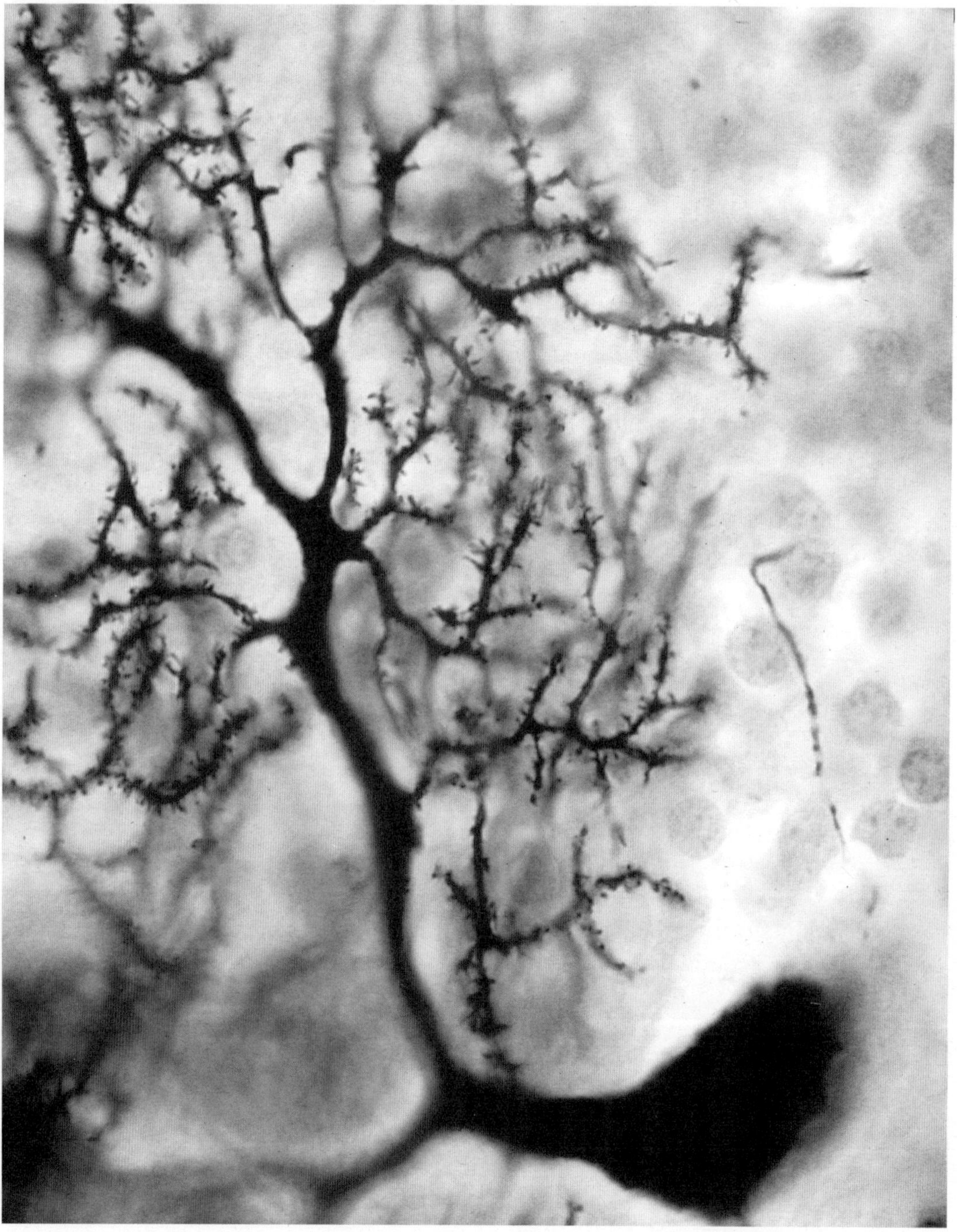

Neurona de Purkinje de la corteza cerebelosa. Del soma surgen las dendritas ramificadas, las ramas más delgadas muestran abundantes espinas dendríticas [José Luis Calvo].

EL DUELO DE LA SALCHICHA Y LA TEORÍA CELULAR

En 1800 Xavier Bichat, que moriría dos años después a los treinta años de edad, publicó una tabla sobre las acciones de la vida animal en la que incluía las funciones cerebrales relativas a sensaciones (la percepción, la imaginación y la memoria), al entendimiento (la atención, las ideas, el juicio y el razonamiento) y al movimiento (la voluntad). Bichat, descriptor de los tejidos que forman el cuerpo humano, no pudo avanzar sobre la estructura del sistema nervioso porque desconfiaba del microscopio. Había dicho que este aparato, con muchas aberraciones ópticas en su época, daba lugar a interpretaciones subjetivas, poco repetibles, y que era mejor no utilizarlo.

La aparición de los microscopios acromáticos en torno a 1820, con su menor distorsión de las estructuras observadas, abrió una nueva etapa en nuestro conocimiento de la estructura de los órganos biológicos. El cerebro era especialmente problemático: es blando y se manipula mal, se deteriora con gran rapidez y las observaciones microscópicas recogidas anteriormente no encajaban en las ideas existentes sobre el funcionamiento del sistema nervioso.

Dos procesos avanzaron en paralelo a lo largo del siglo XIX: por un lado un marco teórico cada vez más rico y mejor estructurado y, por otro, un avance metodológico que consiguió mejores técnicas de conservación del tejido (fijación), mejor visualización de las células que son habitualmente transparentes (tinción) y una mejora de los microscopios que fue solucionando los problemas de aberraciones esféricas y cromáticas que habían causado ese descrédito sobre lo que se observaba a través de estos aparatos. Siguió una auténtica explosión de descubrimientos: Ehrenberg describió las células ganglionares en 1833, Purkinje las grandes células del cerebelo que ahora llevan su nombre en 1837 y His mostró en 1838 que las neuronas, aunque todavía nadie las llamaba así, tenían núcleo y dendritas. Esta acumulación de datos, observaciones y teorías, fue generando un marco conceptual sobre qué eran las células, de donde surgían, cómo funcionaban y para qué servían que alcanzaría su culmen con la teoría celular.

Las teorías previas pensaban que la propiedad diferencial de los seres vivos era un componente principal, constitutivo y operativo que se llamó principio vital. Se definía como una fuerza específica, superior a las restantes fuerzas de la naturaleza (mecánica, térmica, eléctrica, química y magnética), que actuaba sobre una sustancia primitiva y homogénea y la transformaba en elementos vivos, más estructurados. Esta sustancia más organizada fue en un primer momento identificada como la fibra. Igual que en los telares de la época se sumaban y coordinaban fibras para formar tejidos, se pensó que algo similar sucedería para construir esos tejidos descritos por Bichat que se consideraban la base estructural de los cuerpos, un término que ahora seguimos usando: «tejido nervioso», «tejido muscular», «tejido epitelial»... Por tanto, al igual que las telas, los tejidos corporales también estarían construidos a partir de fibras de distintos tipos. Sin embargo, el perfeccionamiento de los microscopios hizo que la observación de glóbulos y vesículas fuese cada vez más patente. Después lo hemos llamado teoría globular (los seres vivos estarían formados por glóbulos) y la que se ha denominado teoría de la hilera de perlas, en la cual se intentaba combinar la idea de las fibras con las estructuras globulares que se observaban al microscopio, las propias células.

Un avance significativo es el que realizó René Joachim Henri Dutrochet, del que podríamos decir —echándole un poco de cara— que se produjo gracias a España. Dutrochet había estudiado medicina y se incorporó como médico militar al ejército de Bonaparte, participando en las desastrosas campañas españolas bajo el reinado de José I, el hermano de Napoleón. Dutrochet estuvo a punto de morir de tifus en nuestro país y fue licenciado del ejército, con lo que se dedicó a la investigación, en particular a la botánica. Fue el descubridor de la ósmosis, el primero que se percató de la importancia de la clorofila en la fijación del CO_2 y —según los franceses— el verdadero promotor de la teoría celular. Aunque según los chovinistas galos cualquier descubrimiento de la historia hecho por cualquier persona de cualquier país siempre fue hecho antes por un francés, Dutrochet fue verdaderamente autor de algunos progresos serios. Observó al microscopio la presencia en las plantas de formaciones poliédricas que también identificó en los tejidos animales: las células. Declaró «*La nature possède un plan uniforme pour la structure des êtres organisés animaux ou végétaux... et... tous les êtres vivants dérivent de la cellule dont ils sont la modification*». Finalmente, realizó un experimento sencillo y contundente: hirvió un trozo de planta en ácido nítrico y pudo comprobar que todos los tejidos vegetales se separaban en «vesículas completas», en las que luego serían identificadas como células.

Pocos años más tarde, Matthias Schleiden (1804-1881) estudió al microscopio tejidos vegetales jóvenes (meristemos) y se dio cuenta de que las plantas son organismos multicelulares y que las células son sus unidades morfológicas y funcionales. Schleiden había estudiado Derecho en Heidelberg y se había puesto a ejercer de abogado en su ciudad natal de Hamburgo. Sin embargo, la botánica se convirtió en su pasión y, finalmente, en su profesión: se matriculó en medicina en la Universidad de Göttingen, se especializó en ciencias naturales y ganó posteriormente la cátedra de botánica en la Universidad de Jena. El énfasis de sus colegas botánicos en la taxonomía le parecía repulsivo, y afirmaba con desprecio que prefería estudiar las plantas bajo el microscopio que meterlas en compartimentos artificiales. Las ideas de Schleiden se condensan en tres postulados:

- La célula vegetal es la unidad elemental constitutiva de la estructura de la planta.
- La célula se origina en una gelatina compleja, a través de un proceso de cristalización en esferas sucesivas (nucléolo-núcleo-célula adulta).
- El proceso de crecimiento de la planta consiste en la multiplicación de las células dentro de otras células, salvo en los órganos leñosos, en los que la coagulación de un líquido da lugar a la formación súbita del tejido celular.

A pesar de los errores (cristalización en esferas sucesivas, coagulaciones de un material homogéneo, etc.), Schleiden consideró que «*las células orgánicas elementales presentan una marcada individualidad y, puesto que son la expresión más general del concepto de la planta, es necesario ante todo estudiar esta célula como el fundamento del mundo vegetal*».

Los trabajos de Schleiden fueron revisados en detalle por su amigo, el zoólogo y fisiólogo Theodor Schwann. Él estaba estudiando el desarrollo de los anfibios y, dentro de ellos, el crecimiento del esqueleto, observando en detalle el tejido cartilaginoso. Schwann se dio cuenta de que sus observaciones al microscopio de las células cartilaginosas de sus renacuajos «*se parecen exactamente al tejido celular parenquimático de las plantas*» que había visto su amigo Schleiden. Los descubrimientos de Schwann son numerosos: describió por primera vez la pepsina, una enzima digestiva del estómago; atacó la generación espontánea y comprobó que la caries la causaba algo que había en el aire y se destruía con calor (ahora sabemos

Rudolph Carl Virchow (1821-1902) [W. Höffert, Berlín, 1893].

que son microorganismos), y que las levaduras eran las responsables de la fermentación alcohólica; comprobó que los embriones necesitaban oxígeno; acuñó el término «metabolismo» y analizó la estructura del músculo, las hojas germinales del pollo, la notocorda del renacuajo y la transmisión nerviosa. Llevan su nombre las células de Schwann, responsables de las envueltas de mielina del sistema nervioso periférico, las llamadas vainas de Schwann.

Schwann era un católico ferviente, y sometió su gran obra titulada *Mikroskopische Untersuchungen über die Übereinstimmung in der Struktur un dem Wachstum der Tiere und Pflanzen* a la aprobación de la Iglesia, que, afortunadamente, dio el «*nihil obstat*». Estas *Investigaciones microscópicas sobre la coincidencia en la estructura y el desarrollo de los animales y las plantas* de Schwann se basaban en la semejanza entre las superficies de separación (de hecho, la estructura que hizo a Hooke hablar por primera vez de células) como base del paralelismo entre células animales y vegetales, aunque en un caso fueran paredes celulares (vegetales) y en el otro una abundante sustancia intercelular (cartílago). Schwann concluyó unos años después: «*Hemos derribado el gran muro de separación entre los reinos animal y vegetal*».

El tercer gran protagonista de la teoría celular, con permiso de los franceses, fue otro alemán, Rudolf Virchow (1821-1902). Virchow fue médico, biólogo, antropólogo, prehistoriador, escritor, editor, patólogo y político. Fue clave para el avance de la medicina pública, de la medicina social y de la medicina basada en la evidencia; impulsó y mejoró la observación clínica, la experimentación con animales y el estudio microscópico de las patologías (por poner un ejemplo, fue el primero que identificó las células de la leucemia). Sus ideas sobre el componente social de la medicina y la razón de su implicación en política quedan de manifiesto en este párrafo:

> *La medicina es una ciencia social, y la política no es otra cosa que la medicina a gran escala. La medicina, como ciencia social, como la ciencia de los seres humanos, tiene la obligación de identificar los problemas e intentar su solución teórica. El político, antropólogo práctico, debe encontrar los medios para su solución real… Los médicos son los abogados naturales de los pobres, y los problemas sociales son en gran medida parte de su jurisdicción.*

Estas ideas también quedan claras en su *Informe sobre el brote de tifus en la Silesia superior,* en el que puso por escrito que una epidemia de ese tipo no podía resolverse tratando a los pacientes individualmente con fármacos o con cambios menores en las leyes que regulan la comida, la vivienda o la indumentaria, sino solamente a través de una acción radical que promoviera el avance de toda la población, algo que solo puede lograrse por una «*democracia completa y sin limitaciones*» y mediante «*la educación, la libertad y la prosperidad*».

Virchow fue uno de los fundadores del Partido Liberal alemán (Deutsche Fortschrittspartei) y tuvo graves enfrentamientos con Bismarck. Se opuso de tal manera al presupuesto militar del Canciller de Hierro que este lo retó a duelo en 1865. Una de las versiones dice que Virchow declinó porque no era una forma civilizada de solventar un conflicto, pero según otra versión, de la que hay varias referencias en la literatura científica, Virchow respondió que, puesto que él era el retado y podía elegir el arma, quería hacerlo con dos salchichas: una normal y otra cargada con larvas de *Trichinella*, un parásito que Virchow había estudiado y que causaba la triquinosis. Al parecer, Bismarck declinó el famoso «duelo de las salchichas» porque le pareció demasiado peligroso. Su aportación a la teoría celular está ligada al origen de la célula, sobre el que Virchow popularizó el epigrama de François-Vincent Raspail «*Omnis cellula e cellula*» (todas las células provienen de una célula) y difundió el trabajo de Robert Remak sobre la división celular como si fuera suyo, algo que este último jamás le perdonó.

Los avances conceptuales fundamentales iniciados con la teoría celular se pueden resumir en los siguientes postulados:

— La unidad estructural de todos los seres vivos es la célula.
— Las células se originan únicamente, y en todos los casos, por división de otras células preexistentes.
— El control de la herencia celular, que permite la invariancia general de la especie, así como la variación entre los individuos, reside básicamente en el núcleo o en los componentes nucleares de la célula.

En la primera época de la teoría celular el sistema nervioso parecía ser una excepción. Aunque numerosos investigadores habían visto células en el encéfalo y otras partes del tejido nervioso, no se sabía cuál era la relación entre esas células y esa malla de dendritas y axones que parecía la parte sustancial del sistema nervioso. Algunos pensaban que todas esas prolongaciones eran un elemento no-celular de un tejido vivo, una excepción a la norma general concordante con la excepcionalidad y «nobleza» del tejido nervioso. Los trabajos de distintos investigadores de finales del siglo XIX, y muy especialmente los de Santiago Ramón y Cajal, aclararon la situación estableciendo los siguientes puntos:

— El encéfalo está formado por unidades morfológicas y funcionales denominadas neuronas (un término que propuso Waldeyer), que tienen un cuerpo celular, unas ramas llamadas dendritas y una prolongación larga y centrífuga que es el axón.
— Las neuronas son células con muchas similitudes a las células de los demás tejidos.
— Las neuronas son diversas en su tamaño, forma y estructura de prolongaciones según su localización y función.
— Las llamadas fibras nerviosas son prolongaciones de las neuronas. No hay fibras nerviosas que no pertenezcan a un cuerpo celular.
— Las neuronas se generan por división de células preexistentes como todas las demás células del organismo y sufren posteriormente un importante proceso de diferenciación que hace que ya no puedan dividirse.
— Las neuronas se comunican por puntos de contacto y no existe una continuidad citoplasmática de una a otra.

Por tanto, el tejido nervioso tenía una organización celular comparable a la de los demás tejidos. Eso dio validez universal a la teoría celular para todos los tejidos de todos los organismos pluricelulares y esta teoría, junto con la de la evolución y el dogma central de la biología molecular, constituyen los tres puntales de la biología moderna.

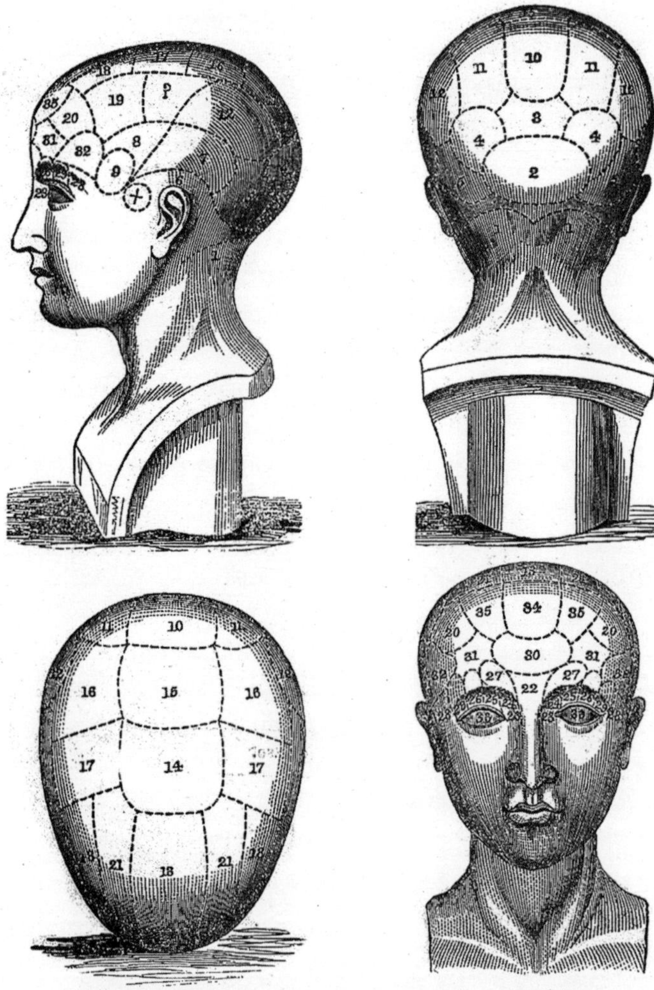

NAMES OF THE PHRENOLOGICAL ORGANS,

REFERRING TO THE FIGURES INDICATING THEIR RELATIVE POSITION.

AFFECTIVE.		INTELLECTUAL.	
I. PROPENSITIES.	II. SENTIMENTS.	I. PERCEPTIVE.	II. REFLECTIVE.
1 Amativeness P. 8	10 Self-Esteem . P. 12	22 Individuality P. 18	34 Comparison P. 23
2 Philoprogenitiveness, ... 8	11 Love of Approbation 12	23 Form 19	35 Causality . . 24
3 Concentrativeness 8	12 Cautiousness . . 13	24 Size 19	
4 Adhesiveness . 9	13 Benevolence . . 13	25 Weight . . 19	Modes of Activity 24
5 Combativeness . 9	14 Veneration . . . 14	26 Colouring . . 19	Practical Directions 28
6 Destructiveness 9	15 Firmness 15	27 Locality . 20	Combinations . 29
+ Alimentiveness 10	16 Conscientiousness 15	28 Number . . 20	Materialism . . 31
7 Secretiveness . 10	17 Hope 16	29 Order . . . 20	
8 Acquisitiveness 11	18 Wonder 16	30 Eventuality . 21	
9 Constructiveness 11	19 Ideality 16	31 Time . . . 21	
	? Unascertained.	32 Tune . . . 21	
	20 Wit or Mirthfulness 17	33 Language . . 22	
	21 Imitation . . . 17		

Esquemas de frenología, George Combe [Maclachlan & Stewart y J. Anderson, 1836].

LA LOCALIZACIÓN DE LAS FUNCIONES CEREBRALES

A pesar de los estudios de Flourens y Broca la frenología mantuvo durante décadas un amplio número de seguidores, y eso ayudó a que siguiera vivo el debate sobre la localización de las funciones cerebrales. En torno a 1830 había solo en Gran Bretaña veintinueve sociedades frenológicas, y cada conferenciante atraía a cientos de curiosos dispuestos a pagar un buen dinero por escucharlo y saber más sobre su cerebro, su capacidad, sus fortalezas y debilidades. Probablemente ninguna teoría científica hasta el darwinismo y, posteriormente, la psicología freudiana haya generado un interés tan amplio y discusiones tan intensas en el seno de la sociedad culta como la frenología.

Entre las ventajas que tenían las teorías frenológicas estaban que eran fáciles de entender, atractivas de tratar en cualquier tertulia o reunión y sencillas de aplicar a casos prácticos. Quizá todos querríamos detectar quién tiene buenas o malas intenciones, la personalidad psicópatica de algunos parientes o nuestras propias capacidades y posibilidades. Los frenólogos decían que, palpando los cráneos, podían identificar esas tendencias y definir en función de un bulto en la cabeza si alguien era muy celoso o muy tacaño. Por poner un ejemplo del interés y cierto prestigio de la frenología, el príncipe Alberto, marido de la reina Victoria y que ha dado nombre a uno de los piercings genitales más famosos, pidió a George Combe, un frenólogo escocés, que examinara a Eduardo, el príncipe de Gales, porque era «lento para aprender». Era la versión novecentista de nuestros test psicológicos. Combe escribió un libro titulado *La constitución del hombre*, que se convirtió en un superventas porque permitía no solo clasificar el carácter de cada persona, sino también mejorarlo a base de compromiso y ejercicios constantes. La mente, a pesar del determinismo inicial de los frenólogos, se empezó a considerar una arcilla moldeable, un material que se podía trabajar y perfeccionar.

A pesar del prestigio de Paul Broca y de la contundencia de sus resultados, Charles-Édouard Brown-Séquard no estaba de acuerdo con la hipótesis que asignaba una ubicación cerebral a una función determinada, en particular con la localización del habla. La identificación de la pequeña región implicada en el hemisferio izquierdo, lo que ahora llamamos en honor de su descubridor el área de Broca, estaba apoyada por una gran cantidad de datos clínicos y de análisis *postmortem*, pero Brown-Séquard, un peso pesado de la neurofisiología del siglo XIX, decía que este concepto —funciones cerebrales localizadas— era erróneo. Las críticas de Brown-Séquard se centraban en tres aspectos:

— La presencia de pacientes afásicos con daño en el hemisferio derecho, de los que decía haber identificado cuarenta y dos casos.
— La presencia de problemas en el lenguaje en pacientes con lesiones situadas fuera de las zonas identificadas, es decir, fuera del área de Broca.
— La presencia de pacientes con daños en el área de Broca que no presentaban alteraciones en el habla.

Con estos datos Brown-Séquard postuló que la localización funcional en áreas discretas, a pesar de que había bastante consenso al respecto tras los estudios de Broca, debía ser rechazada. De hecho llegó a proponer la vuelta a la teoría de la equipotencialidad cortical, la anterior a Gall, que postulaba que no existían zonas corticales con una función concreta, sino que las neuronas encargadas de una función determinada estaban dispersas por toda la corteza cerebral. En palabras de Brown-Séquard:

> *Cada función del cerebro es llevada a cabo por unos órganos especiales, pero estos órganos, en vez de estar compuestos por un acúmulo o una masa de células situada en un zona determinada, están compuestos de células distribuidas por muchas partes del cerebro, en comunicación, por supuesto, unas con otras por fibras y formando un conjunto por la unión de estas fibras, pero aún así están tan dispersas que la mayor parte de las zonas cerebrales —no quiero pecar de atrevido diciendo que todas— contienen los elementos encargados de cada una de las distintas funciones que sabemos que existen en el cerebro.*

El problema era que el habla es una función exclusivamente humana y con el cerebro de los seres humanos no se puede experimentar. Por otro lado, los datos sobre las afasias eran difíciles de reunir, no había dos lesiones iguales, y otras condiciones como el historial previo, los tratamientos empleados, las enfermedades concomitantes, etc., afectaban gravemente a la interpretación de los resultados. La solución fue pensar en otra función cerebral distinta al habla que sí se pudiese estudiar en animales. Una de las mas fáciles es el control motor, pues todos los animales se mueven y es fácil ver si un animal anda o está paralizado, si se tambalea o no puede mover una extremidad, y podemos estudiar cómo el sistema nervioso central controla los movimientos voluntarios.

En 1824 Flourens había dicho que el control motor estaba localizado en el cerebelo, pero dos alemanes, Eduard Hitzig y Gustav Theodor Fritsch, no estaban de acuerdo. Hitzig había estudiado medicina en Berlín y Würzburg con algunos de los mejores: Emil Du Bois-Reymond, Rudolf Virchow, Moritz Heinrich Romberg y Karl Friedrich Otto Westphal. Tras sus estudios Hitzig tuvo que incorporarse como médico al ejército y sirvió en la

Retrato de Gustav Theodor Fritsch (de perfil, sentado en primer plano) y Eduard Hitzig (de pie, tras el anterior) [*Erinnerungen Bedanken und Meinungen*, Bernhard Naunyn, 1866].

guerra dano-prusiana. Mientras vendaba a un soldado con una grave lesión en la cabeza vio que el desventurado muchacho empezaba a sufrir espasmos. Comprobó que si estimulaba la superficie del cerebro expuesta por un balazo o un trozo de metralla con una pequeña corriente eléctrica se producían súbitos movimientos musculares. No olvidaría aquellas experiencias. Fritsch, por su parte, se licenció en ciencias naturales y luego en medicina y fue un gran viajero, estudió la etnografía de los pueblos de Sudáfrica, hizo prospecciones arqueológicas en Egipto, estudió la fauna de Anatolia y los peces eléctricos del Mediterráneo y se llevó sus telescopios a Isfahán para ver el tránsito de Venus. ¡Algunas vidas nos hacen temer que las nuestras sean tremendamente aburridas!

Fritsch y Hitzig decidieron comprobar si podían repetir las experiencias con los soldados de una forma reglada y rigurosa. No tenían donde hacerlo, así que se trasladaron a casa de Hitzig y le quitaron el tocador a su esposa para usarlo como mesa de operaciones. Prepararon finas agujas huecas de cristal, las llenaron de un líquido conductor y colocaron dentro un cable de platino. A través de estos electrodos podían dar pequeñas descargas eléctricas y estimular la superficie del cerebro de un perro. Los canes estaban sin anestesiar, los ataban con fuerza y les abrían una ventana en el cráneo para ver exactamente la zona donde colocaban la aguja. Los dos amigos demostraron que al estimular algunas zonas de la corteza cerebral se producían movimientos en el lado opuesto del cuerpo. Destruyeron en dos perros las zonas que habían estimulado y la respuesta entonces desapareció, con lo que confirmaron que esas zonas corticales eran claves para el control de los movimientos. En 1870 Hitzig publicó un artículo titulado *Über die elektrische Erregbarkeit des Grosshirns* (Sobre la excitabilidad eléctrica del cerebro) que fue la primera publicación de un estudio de localización cerebral que usó estimulación eléctrica. Cuatro eran las principales aportaciones de los dos alemanes:

1. La estimulación eléctrica de puntos concretos de la corteza cerebral generaba movimientos en el lado contrario del cuerpo, algo que se puede relacionar con las descripciones del papiro Smith y los libros del *Corpus hippocraticum*.
2. La estimulación tenía que realizarse en zonas concretas del córtex para que generara movimientos. Esas áreas forman lo que luego se conocería como corteza motora.
3. Había una correspondencia directa entre partes específicas de la corteza cerebral y músculos o partes concretas del cuerpo.
4. Era posible establecer un mapa consistente, reproducible de animal en animal, de zonas corticales excitables y movimientos concretos.

El descubrimiento de los dos alemanes, jóvenes y desconocidos, fue inmediatamente puesto a prueba por un británico, David Ferrier, un médico escocés que se había formado con uno de los grandes, John Hughlings Jackson, maestro a quien no habían citado ni una sola vez los dos teutones. Ferrier diseñó un programa de experimentos con el que buscaba, en primer lugar, comprobar los resultados de Hitzig y Fritsch mediante la estimulación eléctrica de la corteza motora de un perro y, en segundo lugar, explorar la idea de Jackson de que la epilepsia tenía un origen cortical. Jackson había visto que en las crisis de convulsiones parciales —hoy llamadas epilepsias de Jackson— los espasmos iniciados en una parte del cuerpo se desplazaban siguiendo un orden, lo que él interpretó correctamente como que el episodio epiléptico se iba extendiendo por zonas sucesivas de la corteza motora.

Ferrier, que había sido nombrado director de un laboratorio de neurología experimental en un hospital psiquiátrico, tenía allí un buen laboratorio y un animalario con conejos, cobayas y perros. Además, la Royal Society lo financió para que pudiera extender sus experimentos a monos. Con esos animales, cuya estructura cerebral es mucho más parecida a la de los humanos, Ferrier pudo demostrar que la estimulación eléctrica permitía obtener un mapa específico y preciso del sistema motor, lo que confirmó las observaciones de Fritsch y Hitzig de tres años antes. El procedimiento era sencillo y muy parecido al de Hitzig y Fritsch: Ferrier pinchaba una zona de la corteza cerebral con un electrodo, la estimulaba con corriente eléctrica y el animal movía una parte del cuerpo. Consiguió localizar quince zonas corticales diferentes cuya estimulación producía el movimiento de músculos determinados. A continuación destruía esa zona concreta de la corteza, una ablación, y el animal dejaba de responder al estímulo eléctrico. Por último, si la estimulación era de alta intensidad, se producían movimientos repetitivos del cuello, cara, patas delanteras o traseras que se parecían mucho a las convulsiones que se producían en un ataque epiléptico. Ferrier vio también que cuanto más evolucionado era el animal, más claros eran los efectos del daño cerebral, lo que explicaba la contradicción entre los resultados de Flourens, que había trabajado con palomas, y los de Broca, basados sobre todo en el estudio de seres humanos.

Ferrier se esforzó en encontrar la corteza sensorial, las regiones que se encargarían de procesar la información procedente de los sentidos. Como los animales no pueden comentar sus experiencias, Ferrier hizo ablaciones de regiones concretas y comprobaba después si ese animal sufría una pérdida sensorial aunque sus órganos de los sentidos estuvieran intactos. Ayudado por el descubrimiento del ácido carbólico, que redujo considerablemente las infecciones tras la cirugía, Ferrier cartografió las distintas regiones de la corteza sensorial y comprobó que si lesionaba la parte superior de la corteza temporal el mono actuaba como si hubiera perdido el oído del lado opuesto: había localizado el área auditiva primaria. Hizo lo mismo con el olfato y, con menos acierto, con la vista, que no consiguió localizar en la corteza occipital, la región que nos hace ver las estrellas —alucinaciones visuales— cuando recibe un golpe. Ferrier resumió sus observaciones en su libro *The Functions of the Brain*, dedicado a su mentor y amigo Hughlings Jackson. La obra estaba ilustrada con mapas funcionales del cerebro del mono y, en un alarde de atrevimiento, con mapas del cerebro humano con una extrapolación de las mismas regiones, aunque Ferrier no había hecho ningún estudio en pacientes humanos. El mensaje era inequívoco: la corteza cerebral está parcelada en su dedicación a funciones específicas.

Como en una película del Oeste, los dos grupos, los que creían en una distribución dispersa de las funciones cerebrales y los que creían en una organización localizada, se encontraron por fin cara a cara. El momento clave fue el Séptimo Congreso Médico Internacional celebrado en Londres en 1881, presidido por la reina Victoria y el príncipe Alberto y con la presencia del príncipe Friedrich de Alemania y Prusia, que luego sería emperador, y de las principales eminencias europeas, incluyendo a Pasteur y a Charcot de Francia, a Koch de Alemania y a Hughlings Jackson, Jenner y Huxley por parte de Gran Bretaña.

Friedrich Goltz, que asistía al congreso tras ser nombrado catedrático de la Universidad de Estrasburgo por el canciller Otto von Bismarck como parte de su campaña para «germanizar» Alsacia, afirmó ante lo más granado de la neurociencia mundial que la localización compartimentada de funciones en el córtex no era cierta. La idea de Goltz se basaba en su convicción de que el intelecto no podía estar localizado en una parte del cerebro y en los efectos que veía en perros después de causarles una gran lesión cerebral utilizando agua a presión. Las demencias que observaba en los canes no parecían estar relacionadas con una región cortical concreta y, al contrario, parecía existir una relación directa entre la extensión de destrucción de la corteza y el grado de locura del pobre animal, lo que sugería que las funciones corticales estaban distribuidas de una forma difusa por toda la corteza. También aseguraba que los efectos eran similares cuando destruía los cuadrantes anterior izquierdo y posterior derecho de la corteza frente a los animales en los que se habían eliminado los dos anteriores o los dos posteriores. En el congreso subió al atril, abrió su maleta y sacó el cráneo de un perro con grandes orificios y un bote con lo que quedaba de su cerebro. Dijo que el pobre animal había sobrevivido a cuatro operaciones en las que supuestamente las áreas somatosensoriales y las motoras habían sido destruidas, pero que el animal había seguido respondiendo a estímulos sensoriales y no había quedado paralizado. Goltz dijo que eso era la prueba de que la teoría de la localización cortical de las funciones sensoriales y motoras era un error, y sus palabras no dejaban margen para un compromiso:

> *Una fruta puede parecer enormemente tentadora y, a pesar de eso, tener un gusano en su centro. No es difícil detectar el corazón agusanado de todas las hipótesis sobre la localización cerebral.*

En aquel mundo sin Powerpoint ni vídeos Goltz sacó entonces al estrado un perro vivo, el cual —explicó— había sufrido cinco grandes operaciones, que habían destruido amplias zonas corticales, en especial en los lóbulos parietal y occipital, y mostró a los congresistas que el perro era capaz de correr, saltar, ver, oír, oler y sentir. Una persona entre el público respondió rápidamente a Goltz, era David Ferrier. Ferrier subió al estrado y, tras agradecer la ponencia de Goltz, pasó a desmontar uno por uno sus argumentos, enfatizó el peligro de extrapolar los resultados de unas especies a otras y detalló sus resultados en monos, en particular dos que seguían vivos tras sus lesiones corticales: uno que sufría de hemiplejia, una parálisis de la mitad del cuerpo, después de una lesión cortical bien delimitada y otro que había quedado sordo tras otra lesión. Ferrier terminó su intervención diciendo que los animales estaba a disposición de los congresistas para su examen y posterior sacrificio. El cuerpo medio paralizado del primer animal y la información de Ferrier de que la lesión era pequeña y localizada dejaron asombrados a los asistentes. Aun así, los congresistas fueron incapaces de decidir quién tenía razón y optaron por una solución salomónica: nombrar una comisión independiente que revisara los experimentos, estudiara los cerebros de los animales operados y comprobara los resultados presentados por Goltz y por Ferrier.

El perro y los monos fueron anestesiados con cloroformo, sacrificados y sus cerebros extraídos. El hemisferio cerebral del perro fue enviado a la Universidad de Cambridge, donde a un joven que un día sería premio Nobel, Charles Scott Sherrington, le encargaron cortar el cerebro y estudiarlo. Los expertos del comité se quedaron asombrados por la exactitud de las lesiones de los monos presentados por Ferrier, cuyas zonas coincidían además con las publicadas por Fritsch y Hitzig tras sus experimentos en perros. Al contrario, las lesiones del perro operado por Goltz eran mucho menores de lo que este había indicado: el lóbulo frontal, incluyendo las áreas motoras, estaba sin tocar apenas y también quedaba mucho tejido cerebral intacto en las áreas visuales. El comité se dio cuenta de que las áreas corticales que permanecían ilesas eran suficientes para la preservación de las funciones observadas y también indicó en su informe que el menor nivel filogenético del perro podía contribuir a mantener algunas de estas funciones inferiores. Ferrier y sus partidarios habían ganado la batalla: las funciones cerebrales estaban localizadas.

La alegría de Ferrier no duró mucho. Tres meses después él y su ayudante Gerald Yeo fueron denunciados por haber infringido la Ley contra la Crueldad con los Animales de 1876. Los denunciantes no solo buscaban la condena jurídica, sino también la popular, con lo que el caso fue rápidamente filtrado a la prensa. Los científicos reaccionaron, y las principales revistas, incluido el prestigioso *British Medical Journal,* defendieron a Ferrier, recalcando la importancia que sus experimentos tenían para la medicina y para los enfermos neurológicos. Como acusado, Ferrier pudo escoger si prefería ser juzgado por un juez o por un jurado, y eligió la primera opción. La acusación adujo que los animales deberían ser sacrificados antes de que se recuperaran de la anestesia de la operación, pero Ferrier explicó que el propósito era precisamente observar los cambios en la conducta del animal causados por la lesión. El tiempo de supervivencia era, pues, necesario para que el animal se recuperara. La defensa pudo presentar varios casos clínicos que se habían beneficiado de los «mapas funcionales» realizados por Ferrier: pacientes donde se había podido anticipar la situación aproximada de un tumor por los cambios observados. De esa manera era posible operar realizando una trepanación mucho más localizada, disminuir los riesgos para el paciente y mejorar sus posibilidades de supervivencia y recuperación. Ferrier y Yeo fueron absueltos y la neurología y la neurocirugía pudieron seguir avanzando, pero la lucha entre los científicos y los animalistas no había hecho más que empezar.

KRAEPELIN: UN HOMBRE Y UN LIBRO

Emil Kraepelin es considerado el fundador de la psiquiatría científica moderna. Nació en Neustrelitz (Mecklemburgo), en el nordeste de Alemania, su padre era un actor y profesor de música alcohólico que abandonó a su familia y dejó a su mujer, cantante de ópera, a cargo de sus tres hijos. A pesar de estas dificultades, los dos muchachos, Karl y el pequeño Emil, estudiaron medicina y salieron adelante.

Emil Kraepelin empezó sus estudios en la Universidad de Würzburg y decidió especializarse en las enfermedades del cerebro después de matricularse en una asignatura impartida por William Wundt, fundador del primer laboratorio de psicobiología del mundo. Dos años más tarde presentó en Múnich su tesis sobre el *Lugar de la psicología en la psiquiatría* ante un tribunal presidido por el anatomista Bernhard von Gudden, a cuya cátedra de Múnich se incorporó como ayudante durante cuatro años. Desgraciadamente no fueron tiempos fáciles para él: por un lado, una zona de ceguera en su ojo izquierdo lo afectaba en su trabajo con el microscopio, lo que le impedía estudiar los cambios anatomopatológicos en el tejido nervioso, uno de los ámbitos de más interés en la investigación de su tiempo y, por otro lado, estaba a cargo de un ala de psiquiatría con ciento cincuenta pacientes violentos y peligrosos, algo que minaba su energía. Terminada esa etapa, Kraepelin aceptó un puesto en Leipzig, en la clínica dirigida por Paul Flechsig; sin embargo, Kraepelin chocó con él y su contrato fue rescindido pocos meses después por, según consta en la carta de despido, «considerar el servicio en la clínica como una tarea menor». Tenía claro que lo que quería era seguir trabajando en el estudio de la mente, volvió a Múnich con Wundt, donde se puso a estudiar los efectos cerebrales de diversas sustancias químicas, y por ello se le considera uno de los primeros psicofarmacólogos.

A pesar de que Wundt lo acogió con aprecio, Kraepelin estaba en una situación casi desesperada: no tenía dinero, no tenía un buen trabajo, no

Retrato de Emil Kraepelin tomado por Carl Schulz.
[Colección de la Biblioteca de la Universidad de Tartu, Estonia].

veía posibilidades para mejorar su formación y se había prometido y no tenía nada que ofrecerle a su pareja. En esas circunstancias le propusieron que escribiera una introducción a los trastornos psiquiátricos, algo que hizo durante las vacaciones de Semana Santa de 1883. Ese *Compendium der Psychiatrie* será la semilla de su *Tratado de Psiquiatría*, la obra más importante de Kraepelin, la primera clasificación de las enfermedades psiquiátricas con un enfoque moderno y el hito que explica en parte la orientación médica que tiene la psiquiatría actual. Kraepelin publicó ocho ediciones del tratado, de 1883 a 1913, cada vez más completas y organizadas, incorporando nuevos trastornos mentales —uno de ellos es el que él denomina enfermedad de Alzheimer y de la que puede considerarse en parte codescubridor— siempre basándose en las nociones de evolución del trastorno y de su estado final. Reforzó la objetividad de la psiquiatría, eliminó algunos diagnósticos absurdos —como la «psicosis de la noche de bodas»— y organizó toda la información disponible en un esquema coherente y completo. De hecho, estableció un sistema de tarjetas indexadas donde recogía los aspectos fundamentales de los pacientes, los resultados de sus evaluaciones y la situación tras el tratamiento. Era una auténtica base de datos, donde comparaba la información relevante de más de mil pacientes y su organización en fichas le permitía reorganizarla y probar nuevas agrupaciones de los síntomas, algo que al parecer Kraepelin disfrutaba haciendo durante sus vacaciones.

A los treinta años, la vida de Emil Kraepelin dio un giro inesperado: le ofrecieron una cátedra en la Universidad de Dorpat, en Estonia, ahora llamada Universidad de Tartu. No hablaba estonio ni ruso —Estonia formaba parte del imperio ruso—, pero era la oportunidad de ser el dueño de su destino y de hacer investigación en las ochenta camas psiquiátricas que debía atender. Fue una buena época para él, puso en marcha un laboratorio de investigación psicológica y escribió la segunda y la tercera ediciones de su libro, centrándose en una mejora continua de las clasificaciones al uso. Hasta ese momento las enfermedades mentales se clasificaban según su síntoma principal como melancolía o locura y se atribuían a traumas psicológicos como la pérdida de un ser querido o a problemas orgánicos como «nervios débiles». Kraepelin decía que la clasificación tradicional era «sintomática» y la suya era «clínica», agrupando las enfermedades según la clasificación de síndrome —patrones comunes de síntomas a lo largo del tiempo— más que en la simple similitud de las características principales.

Tras cuatro años en Estonia dejó el puesto, al parecer tras un incidente con el zar Alejandro III, y se trasladó temporalmente a Heidelberg, donde tuvo como colaboradores a Gustav Aschaffenburg y a Aloïs Alzheimer.

Alzheimer lo seguiría a Múnich, donde Kraepelin ocupó, en 1903, la cátedra de psiquiatría clínica y asumió la dirección de la nueva clínica universitaria, la Königsliche Psychiatrische Klinik, que gracias a su impulso adquirió prestigio internacional. A finales de ese mismo año Kraepelin viajó al sudeste asiático con su hermano Karl y realizaron estudios sobre la situación psiquiátrica de la población indígena en la colonia holandesa de Indonesia. La publicación del libro *Psychiatrisches aus Java* ha hecho que sea considerado el fundador de la psiquiatría comparada o transcultural. Kraepelin estableció claras diferencias entre los pueblos donde supuestamente no se registran enfermedades mentales, aquellos que viven en contacto directo con la naturaleza y cuyos miembros están obligados a luchar por su supervivencia, y los pueblos donde las enfermedades mentales no han dejado de crecer, es decir, los habitantes de los grandes centros urbanos de las regiones civilizadas de Europa y América.

El trabajo de Kraepelin también fue determinante en la delimitación y definición de importantes trastornos como la paranoia o la psicosis maníaco-depresiva, pero sobre todo le debemos el concepto de demencia precoz, un término donde agrupó tres tipos clínicos distintos: la catatonia, la hebefrenia y un trastorno delirante, la *dementia paranoides*, un nuevo trastorno caracterizado por presentar sus primeros signos en personas jóvenes y por su mal pronóstico. El psiquiatra suizo Eugen Bleuler redefinió el trastorno en 1911, lo amplió con un mayor espectro de tipos, lo esquematizó con una visión menos trágica y aciaga y le cambió el nombre a esquizofrenia. Bleuler veía la esquizofrenia como un término amplio para una colección de enfermedades parecidas pero, a pesar de distintos intentos para definir subtipos o identificar formas específicas, seguimos tratándola como una única enfermedad, una importante causa de discapacidad —veinte años menos de esperanza de vida en las personas que la sufren en el mundo desarrollado— y un problema de amplia distribución, pues afecta a un uno por ciento de la población.

Además de sus obras más estrictamente científicas Kraepelin escribió sobre temas de política social y defendió la eugenesia y la higiene racial. Abominaba de las instituciones públicas como el sistema educativo y el estado del bienestar porque pensaba que minaban la lucha por la supervivencia debida a los efectos de la selección natural. Lo preocupaba la preservación del pueblo alemán, *das Volk*, dándole el sentido de nación o raza, y era un defensor de la teoría de la autodomesticación, una versión del darwinismo social que postulaba que la civilización impedía quitar las malas hierbas de la población, lo que hacía que aumentaran los trastornos mentales y se estropeara la base hereditaria, un proceso agravado en las clases cultas y ricas por las demandas sociales excesivas y las exigencias educativas. Kraepelin decía ver una serie de «síntomas», entre los que incluía «debilidad de la viabilidad y de la resistencia, caída de la fecundidad, proletarización y un daño moral debido al hacinamiento». También decía que el «número de idiotas, epilépticos, psicópatas, criminales, prostitutas y vagabundos que descendían de padres alcohólicos y sifilíticos y que traspasaban su inferioridad a su descendencia era incalculable». Todas estas teorías dejaron un poso en la sociedad alemana culta. De hecho, la profesión cuyo apoyo al nazismo fue más numeroso fue precisamente la médica.

Kraepelin era una persona reservada, meticulosa, con un claro sentido del orden y de la autoridad, algo que se manifestaba en su admiración por Bismarck. El gusto por la clasificación del que dio testimonio su obra psiquiátrica se reflejaba también en un enorme interés, como aficionado, por la botánica. Cada año, organizaba con el personal de su laboratorio una caminata por las montañas que rodean Múnich, familiarmente bautizada por sus participantes como «la marcha catatónica». Aficionado a la música y a la literatura, escribió también un poemario que se publicó póstumamente.

Aunque la obra de Kraepelin alcanzó más prestigio entre los profesionales que la de Freud, ha sido mucho menos difundida. Aun así, sus teorías básicas sobre el diagnóstico de las enfermedades psiquiátricas forman la base de los dos principales sistemas de diagnóstico en uso hoy en día, tanto el DSM-5 de la Asociación Psiquiátrica Americana como el sistema internacional de clasificación de enfermedades (ICD) de la Organización Mundial de la Salud. Estos manuales y clasificaciones han sido definidos como neo-krapelinianos por utilizar una estructura teórica y metodológica similar a la usada en el Tratado de Psiquiatría. Además Kraepelin escribía «Knapp und Klar» (conciso y claro), un estilo que hacía que sus libros fueran herramientas muy bien valoradas por los médicos y que se intenta en lo posible conseguir o mantener en las clasificaciones actuales.

La creación de estos manuales estadísticos y de diagnóstico de los trastornos mentales tuvo un primer origen en los censos. El censo de Estados Unidos de 1840 incluyó una categoría de enfermedad mental: idiotez/locura. Tres años después la Asociación Estadística Americana hizo una protesta oficial al Congreso de los Estados Unidos indicando que «los errores más llamativos y notorios se encuentran en las frases con respecto a nosología, prevalencia de locura, ceguera, sordera y mudez, entre la gente de esta nación» y señaló que en muchas ciudades todos los negros habían sido inscritos como dementes, con lo que los datos no servían para nada. Los importantes contingentes de soldados de la I y, sobre todo, de la II

Guerra Mundial necesitaron la revisión de las levas para excluir a aquellos jóvenes afectados de trastornos mentales y hacerlo de una forma ordenada y sistemática, por lo que se volvió a los sistemas de Kraepelin. Los psiquiatras participaron en la selección, asistencia y tratamiento de los soldados y su salud mental debía estar claramente caracterizada en sus expedientes si no se los consideraba aptos para el servicio. Las fuerzas armadas desarrollaron una clasificación llamada Medical 203 en 1943, mientras que la OMS presentaba en 1949 su sexta revisión de la ICD, en la que por primera vez se incluía una sección sobre las enfermedades mentales. En 1952 la Asociación Psiquiátrica Americana publicaba el DSM-I, un manual de ciento treinta páginas que listaba ciento seis trastornos mentales entre los que incluía la homosexualidad, una situación que se mantendría hasta mayo de 1974. En los años siguientes se fueron publicando el DSM-II (1968) con ciento treinta y cuatro páginas y ciento ochenta y dos trastornos, el DSM-III (1980) con cuatrocientas noventa y cuatro páginas y doscientos sesenta y cinco trastornos, el DSM-III-R (1987) con quinientas sesenta y siete páginas y doscientos noventa y dos diagnósticos, el DSM-IV (1994) con ochocientas ochenta y seis páginas y 297 trastornos y el DSM-5 (2013) con novecientas cuarenta y siete páginas y más de trescientos diagnósticos diferentes, aunque para muchos el propio concepto de trastorno mental ha quedado difuminado en las últimas clasificaciones. Aun así, las últimas ediciones de los manuales de diagnóstico han recibido fuertes críticas, pues se piensa que llevan a un exceso de diagnóstico y a un exceso de medicación de la población. La situación podría haber sido aún peor. Distintas propuestas, algunas con muy poco apoyo científico, fueron eliminadas antes de llegar a la redacción final del DSM-5, entre las que se encontraban la adicción a internet, el riesgo de psicosis, la adicción al sexo o la violación como un trastorno mental. Bastantes especialistas llegaron a afirmar que, visto el ritmo de crecimiento de los diagnósticos, tanto en número de trastornos como en personas afectadas en cada uno de ellos, en algún momento el número de personas con una enfermedad mental superaría a las sanas, lo que es muy grave tanto si tiene base científica como si no la tiene. A menudo pienso que la literatura anticipa lo que la ciencia descubre. Edgar Allan Poe dijo «*me convertí en un loco, con largos intervalos de una cordura horrible*».

EL MÁS GRANDE

Santiago Ramón y Cajal es el fundador de la neurociencia moderna, el mejor científico de la historia de España y el protagonista de una obra ingente que, aun contando con una tradición previa, cargó sobre sus amplias espaldas llevar la ciencia española del siglo XVI al siglo XX en poco más de treinta años.

Nada en sus comienzos auguraba un éxito así. Sus abuelos eran agricultores y pequeños artesanos textiles que trabajaban en telares en su propio domicilio. Su madre era una montañesa austera dedicada al hogar y su padre un ejemplo de hombre hecho a sí mismo, un aragonés autoritario y con una sana e insaciable ambición que pasó de ser un pastor de cabras semianalfabeto en su niñez a ser mancebo en una botica en su adolescencia, formarse como cirujano-barbero en su juventud, conseguir posteriormente licenciarse de médico siendo ya un hombre maduro con familia y, finalmente, a ser profesor de medicina en la Universidad de Zaragoza. Justo Ramón obligó a sus dos hijos, Santiago y Pedro, a estudiar medicina y a sus dos hijas les puso dos nombres extraños, Jorja y Pabla, quizá porque tener hijas no entraba en sus esquemas. No se puede comprender a Cajal sin conocer a su padre.

Santiago fue un muchacho terrible, mal estudiante y protagonista de «hazañas» que solo piadosamente pueden ser calificadas de travesuras: construyó un cañón con un tronco hueco y, con él atiborrado de pólvora, voló la puerta de un vecino; tras el hallazgo de una moneda de oro de veinticinco pesetas, una pequeña fortuna en la época, se la gastó en comprarse una pistola; se escapó de casa y estuvo varios días escondido en el bosque; le rompió el sable con su certera honda a un guarda que lo perseguía y era famoso en los pueblos donde vivió por liderar las peleas a pedradas entre los muchachos de su edad. El padre probó de todo con él: desde arrastrarlo entre risotadas de la gente por las calles del pueblo, meterlo en la cárcel

Santiago Ramón y Cajal. Neurocientífico español, 1899.

municipal y tenerlo allí varios días, sacarlo del instituto y ponerlo de aprendiz de zapatero, darle tremendas palizas, meterlo de interno en colegios de curas especializados en domar caracteres como el suyo y, lo que más le dolió, prohibirle su principal pasión: el dibujo y la pintura. Aun así, y es algo para recordar siempre que alguien pretenda dar a un muchacho como caso perdido, Santiago salió adelante, se convirtió en un científico excelso y en un gran hombre.

Cajal fue un dibujante talentoso, un trabajador constante y metódico, un antinacionalista furibundo, un padre preocupado de la economía doméstica, un profesor tranquilo y comprensivo pero, sobre todo, fue un patriota. Su amor a España, su deseo de que nuestro país saliera del estado de postergación, incultura y descrédito entre las principales naciones fue el eje conductor de su vida y de su trabajo. Sorprendentemente, lo consiguió. Cajal logró respeto para la ciencia española y su figura no ha parado de crecer en el casi siglo y medio que ha pasado desde sus primeros descubrimientos. Sus trabajos siguen siendo referencia en todos los centros de investigación en neurociencia del mundo.

No fue neurohistólogo desde el comienzo. Con los ahorros de su tiempo de servicio en Cuba como médico militar, donde estuvo a punto de morir de malaria y sufrió la corrupción y la desorganización del ejército colonial, se compró un microscopio y montó un pequeño laboratorio en su casa. El inicio de su carrera científica coincidió con la época gloriosa de la microbiología, en la que los agentes causantes de diversas enfermedades fueron identificados y vencidos por figuras como Robert Koch y Louis Pasteur, y Cajal incursionó en este mundo de las bacterias casi por obligación. En aquella época había sacado su primera cátedra, la de Valencia, y la ciudad del Turia estaba asolada por una epidemia de cólera. Las autoridades le pidieron ayuda y Cajal se dedicó al estudio del microbio, hizo diferentes análisis y publicó una memoria sobre la naturaleza del patógeno y las medidas asumibles para limitar su propagación y tratar a los enfermos. Alguien en la diputación valenciana, cuyo nombre me encantaría saber pues merece ser recordado, le hizo un obsequio por su trabajo y sus desvelos: un magnífico microscopio Zeiss. Sin saberlo, esa persona puso la base para una de las epopeyas científicas de la época moderna, la obra de Cajal.

A pesar de ese inicio prometedor como microbiólogo, Santiago decidió que aquello no era para él, se necesitaban instalaciones con estufas e incubadoras, así como gran número de animales. Era demasiado caro para sus modestos medios, por lo que decidió buscar otro campo de estudio en el que desarrollar sus intereses y saciar su ambición de hacer ciencia, un objetivo que consiguió en la neurohistología. A base de probar y estudiar fue aprendiendo diversas técnicas histológicas. Finalmente, se quedó asombrado cuando vio en casa de Luis Simarro, un amigo médico que había completado su formación en París, las posibilidades que una nueva técnica, la «reacción negra» o método argéntico de Golgi, mostraba en el sistema nervioso. Así lo cuenta en sus memorias:

> *Debo a L. Simarro, el afamado psiquiatra y neurólogo de Valencia, el inolvidable favor de haberme mostrado las primeras buenas preparaciones efectuadas con el proceder del cromato de plata, y de haber llamado mi atención sobre la excepcional importancia del libro del sabio italiano, consagrado a la inquisición de la íntima estructura de la substancia gris.*
>
> [...]
>
> *A mi regreso a Valencia decidí emplear en grande escala el método de Golgi y estudiarlo con toda la paciencia de que soy capaz.*[...] *el nuevo recurso analítico tenía ante sí brillante porvenir, sobre todo si se encontraba manera de corregirlo de su carácter un tanto caprichoso y aleatorio. El logro de una buena preparación constituía sorpresa agradable y motivo de jubilosas esperanzas.*

La técnica de la impregnación argéntica permitía un detalle de las neuronas impensable: con una definición perfecta sobre un fondo transparente se veía la totalidad de la neurona, y el uso de animales embrionarios y jóvenes, en los que la mielinización no se ha realizado o está poco avanzada, permitió mejorar aún más los resultados. Con este método de Golgi y otras técnicas que aprendió o desarrolló él mismo Cajal estudió todas las regiones del sistema nervioso central, todas las neuronas, capas y núcleos de cada región, las principales variaciones en cada una de las clases de vertebrados (peces, anfibios, reptiles, aves y mamíferos) e incluso de algunos invertebrados, las diferencias en el desarrollo entre animales jóvenes y adultos, así como los procesos de degeneración y regeneración. Una obra ingente, que proporcionó más información sobre la estructura final del cerebro que lo hecho anteriormente por todos los investigadores que habían estudiado el encéfalo en los siglos anteriores. Cajal combinó la anatomía microscópica, la anatomía patológica, la neurohistología e incluso la biología celular, como sus descubrimientos del cuerpo nuclear de Cajal o de las neurofibrillas, una obra magna que no tiene parangón.

Sus estudios descriptivos de la organización del sistema nervioso fueron la base de la teoría neuronal, que sostiene que el sistema nervioso está formado por células individuales, neuronas y que no existe continuidad citoplasmática entre ellas. Aunque en algún lugar se le adjudica el mérito a Waldeyer, que propuso el término de neurona, Cajal fue pionero en afirmar su individualidad, en distinguir axones y dendritas y en hablar de los contactos entre células antes de que se llamasen sinapsis. Afirmó que las interconexiones de las neuronas entre sí no se hacían de forma casual, sino que estaban determinadas por su función, por la labor que realizaban en los circuitos cerebrales. En contra tenía a los reticularistas, con Golgi a la cabeza, que consideraban que el sistema nervioso era una red, en la que las neuronas eran los nodos y las prolongaciones se seguían de una a otra como un gigantesco sincitio, una estructura pluricelular con continuidad citoplasmática de una célula a otra. El concepto de la individualidad de las neuronas había sido planteado por William His, Fridtjof Nansen y August Forel, pero Cajal fue el primero en demostrarlo y en plantearlo como un sistema organizado y presente en todas las regiones, e identificó un sustrato morfológico que explicaba en buena manera el funcionamiento del encéfalo. Sobre esa gigantesca base, sólida hasta en los menores detalles, se fueron apilando en las décadas siguientes las contribuciones de los fisiólogos, los bioquímicos, los farmacólogos, los neuroendocrinólogos, los neurólogos, los psiquiatras, los psicólogos, todos los que trabajaban y trabajan sobre el sistema nervioso. Cajal presentó esos resultados en el congreso de la Sociedad Anatómica alemana celebrado en Berlín en 1889. En ese momento y en ese lugar Cajal se convirtió en una figura internacional y su obra captó el interés de todos los estudiosos del cerebro. Merece la pena contar ese encuentro en más detalle, y lo haré en el próximo capítulo.

Aunque su estudio fue puramente morfológico, su intuición, las aportaciones del enfoque comparado, los estudios sobre el desarrollo y sus descubrimientos en algunos modelos experimentales llevaron a una comprensión impensable antes de él de los circuitos neuronales y del funcionamiento de la mayor parte de los centros cerebrales. Fue suya la teoría de la polarización dinámica, que presentó en un congreso en Valencia en 1891, según la cual el impulso nervioso no es multidireccional sino que llega a través de las dendritas al cuerpo celular —el soma— y de este al axón. De esta manera pudo predecir la dirección de los impulsos nerviosos por todo el sistema nervioso. En 1940 Sherrington lo homenajeó con estas palabras:

> *Resolvió definitivamente el problema de la dirección de las corrientes nerviosas en su viaje por el cerebro y la espina dorsal. Demostró, por ejemplo, que cada senda nerviosa es siempre una línea de tráfico de una sola dirección y que la dirección de ese tráfico es siempre, irreversiblemente, la misma.*

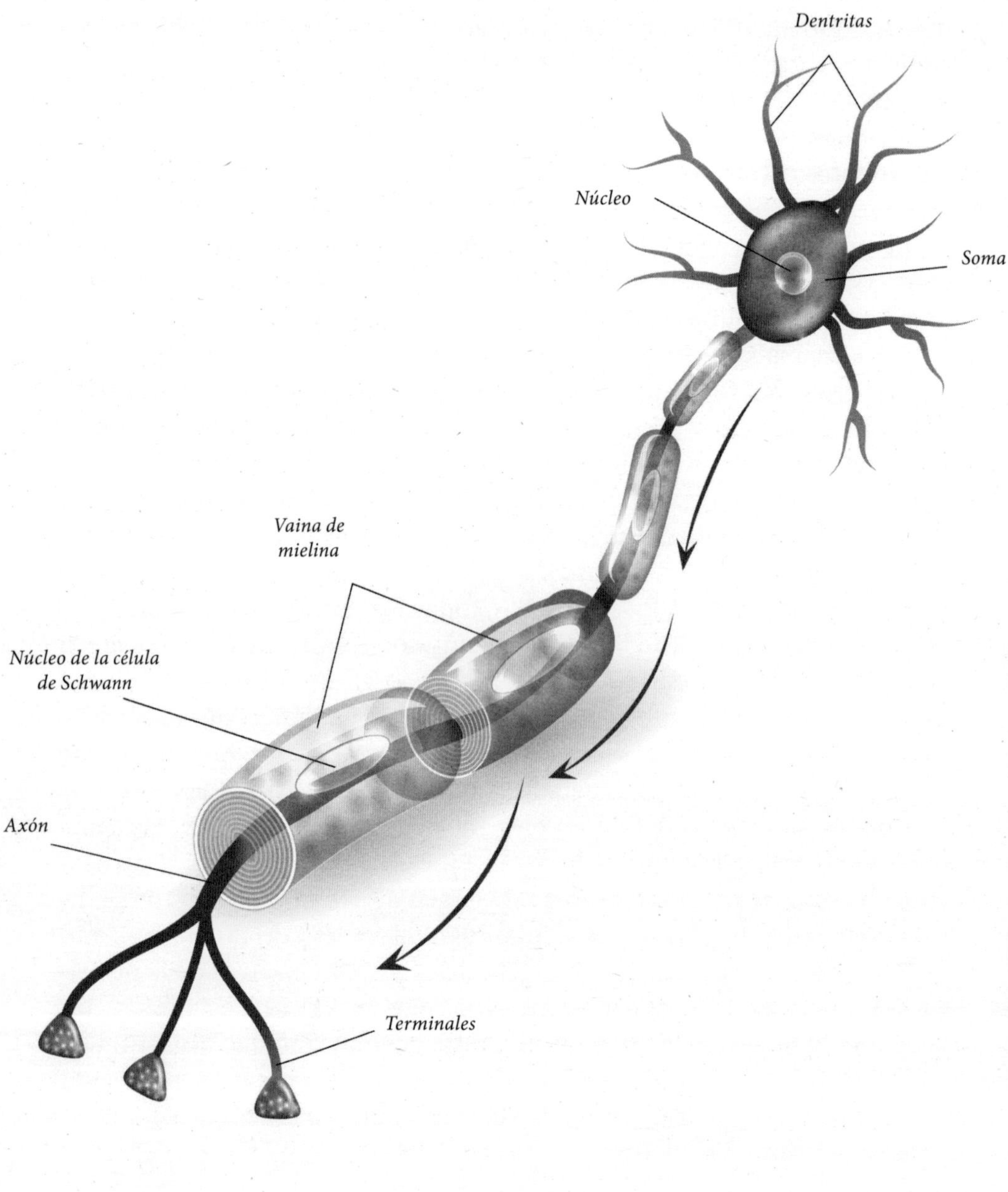

Ilustración de una neurona, las flechas indican el sentido del impulso nervioso.

Cajal estudió también el desarrollo del sistema nervioso, y postuló que el cono de crecimiento de los axones era atraído o repelido por sustancias químicas concretas secretadas por las células con las que se encontraba a lo largo de su ruta de avance. Es la teoría del quimiotropismo, postulada en 1892. También observó que de algunos axones salían ramas colaterales que permiten que una misma neurona inerve varias neuronas e, incluso, varias regiones cerebrales distintas. Cajal observó las neuronas en distintos momentos de su desarrollo, los ordenó, estableciendo la secuencia completa, y comprobó que las neuronas maduran alargando su axón al mismo tiempo que despliegan las dendritas.

Santiago Ramón puso las bases en España de la ciencia moderna: hizo que los jóvenes más brillantes completasen su formación en el extranjero; estableció una red de centros de investigación especializados; publicó en alemán, inglés y francés, los idiomas de la ciencia más avanzada; se suscribió a las principales revistas científicas internacionales y fundó revistas de buen nivel; dio conferencias en universidades europeas y americanas; consiguió financiación para la ciencia; no aceptó ser ministro, pero se preocupó de las mejoras en la educación y la investigación. Su impacto, directo o indirecto, alcanzó todos los ámbitos de la ciencia española.

Santiago recibió la ayuda de su hermano Pedro Ramón y Cajal, otro neurocientífico muy poco conocido, oculto bajo la obra enorme de su hermano. Tras una adolescencia aventurera, que incluyó una escapada como polizón a América Latina, estudió medicina y fue catedrático de histología en la Universidad de Cádiz. Realizó numerosos estudios sobre la organización cerebral de anfibios y reptiles que sirvieron para respaldar y ayudar en la investigación de su hermano Santiago. Jamás buscó la fama y estuvo feliz de esa labor secundaria pero importante: ampliar la obra de su hermano, trabajar por su universalidad, plantearle nuevos objetivos, proporcionarle material e ideas y ser, por encima de todo, su mejor amigo. Muchos trabajos de Santiago comienzan «Como dice mi hermano…».

Cajal murió en 1934 convertido en vida en algo que odiaba, un mito. Él, que había pedido ser enterrado en la fosa común, fue objeto de estatuas, discursos y homenajes. Dos años después, la Guerra Civil arrasaba su legado. El más brillante de sus discípulos, Pío del Río Hortega, tuvo que partir al exilio, donde moriría. Otros, como Jorge Francisco Tello o Fernando de Castro, tuvieron que vivir el régimen gris y aislado del franquismo, un paria internacional sin el menor interés por la ciencia. La Junta de Ampliación de Estudios, su gran obra para el impulso de la ciencia española, fue purgada, y su sucesor, el biólogo Ignacio Bolívar, tuvo que marchar al exilio con ochenta y nueve años. Los centros de investigación creados bajo la mirada atenta de Cajal fueron incluidos en una nueva estructura, el Consejo Superior de Investigaciones Científicas, que se puso bajo la dirección de un sacerdote y que convirtió el famoso paraninfo de la Residencia de Estudiantes, el lugar por donde había pasado la intelectualidad europea en las décadas anteriores, en una iglesia. Todo un símbolo de los tiempos. Si Cajal había conseguido con su tesón aragonés un salto hacia delante de siglos en la ciencia española, bastaron tres años, los de la Guerra Civil, para volver a la miseria científica, intelectual y ética de este país llamado España. Afortunadamente, no lo vivió. Él, que se había enojado cuando la Real Academia Española no apoyó a Benito Pérez Galdós en la candidatura para el premio Nobel, que se amargaba cuando unos españoles no apoyaban a otros, habría sufrido enormemente viendo que ahora se mataban entre sí y destrozaban el país. Para él, «*la patria no es solamente el hogar y el terruño, es también el pasado y el porvenir, es decir, nuestros antepasados remotos y nuestros descendientes lejanos*». Un porvenir que se desangraba en los campos y trincheras de la guerra y en las tapias de los cementerios y las cunetas de la posguerra.

MUCHOS ALEMANES Y UN ESPAÑOL

En 1810 Wilhelm von Humboldt fundó la Universidad de Berlín, un nuevo tipo de institución de enseñanza superior que marcaría el futuro de las universidades europeas y norteamericanas y crearía una nueva figura: el profesor-investigador, el académico que explica su disciplina a la vez que la hace avanzar. A lo largo de las siguientes décadas se formó allí la intelectualidad alemana, incluidos filósofos como Fichte, Hegel o Schopenhauer, médicos como Müller, Virchow o Koch, y físicos como Planck o Von Laue. Una cosecha excepcional que al día de hoy suma un total de veintinueve premios Nobel formados en esa universidad, más que muchos países juntos.

La victoria en la guerra franco-prusiana (1870-1871) llevó a los estados alemanes a la estabilidad política con la creación en 1871 del Imperio Germánico bajo el mando de otro antiguo alumno de la Universidad humboldtiana de Berlín, Otto von Bismarck. La conjunción de alta cultura, poder político, estabilidad social, crecimiento económico, buena formación académica e investigación consiguieron que la mejor ciencia mundial de finales del siglo XIX estuviera en Alemania.

En la última década del siglo XIX se produjeron año tras año avances claves en el conocimiento del cerebro, y ese progreso conceptual sobre la estructura del sistema nervioso tuvo un elemento desencadenante: la obra de Cajal. En el congreso de la Sociedad Anatómica alemana —la Anatomische Gesellschaft— celebrado precisamente en la Universidad de Berlín en octubre de 1889 apareció un investigador que chapurreaba un mal francés y se acababa de afiliar a aquella sociedad científica. Se llamaba Santiago Ramón y Cajal y había pedido permiso a su rector, había viajado tres días y tres noches en un vagón de tercera atravesando Europa, había gastado en ese viaje todos sus ahorros e iba cargado con su posesión más valiosa, su microscopio Zeiss y el fruto de años de trabajo, sus mejores preparaciones. Una vez allí, un desconocido para todos, vestido sin elegancia y

Heinrich Wilhelm Gottfried von Waldeyer-Hartz (1836-1921).

de aspecto huraño, proveniente de un país que no producía ciencia de calidad, nadie le prestó atención. Cajal decidió que había hecho un viaje muy largo para quedarse sin mostrar sus resultados, así que se levantó de la silla, agarró del brazo a uno de los sabios alemanes y lo llevó sin sutileza hasta la mesa donde tenía su microscopio. Kölliker, el gran histólogo alemán y primer presidente de la Gesellschaft, que probablemente se acercó por no saber decir que no a aquel pesado, se quedó asombrado con lo que aquel hombre le mostraba. Cajal, que debía de hablar idiomas tan mal como los españoles de ahora, dejó que los preparados se expresaran por sí solos, le fue mostrando uno tras otro y finalmente, Kölliker empezó a llamar a otros profesores para que también ellos vieran aquello. Fue un éxito total, algo que Cajal contó maravillosamente:

> *El más interesado de mis oyentes fue A. Kölliker, el venerable patriarca de la Histología alemana. Al final de la sesión, condújome en carruaje al lujoso hotel en que se alojaba; me convidó a comer; presentome después a los histólogos y embriólogos más notables de Alemania, y en fin, se desvivió por hacerme agradable la estancia en la capital prusiana.*
>
> *Los resultados obtenidos por usted son tan bellos —me dijo—, que pienso emprender inmediatamente, ajustándome a su técnica, una serie de trabajos de confirmación. Le he descubierto a usted y deseo divulgar en Alemania mi descubrimiento.*

El mundo de la neurociencia cambió. Los preparados histológicos que Cajal llevaba en su caja contenían más información sobre la organización microscópica del sistema nervioso que todo lo que se había aprendido en los siglos anteriores, de allí surgirían nuevas ideas que cristalizarían en los años siguientes. También cambió para nuestro país: un profesor universitario, de una universidad que estaba a años-luz del modelo humboldtiano, demostraba que España era también un país de donde podía salir Ciencia con mayúscula, nuevas técnicas y nuevos conceptos que permitieron un salto trascendental en la investigación sobre el cerebro. Aquello tuvo un efecto multiplicador y muchos de los mejores científicos del momento centraron su interés en el sistema nervioso, que de ser la zona más difícil para su estudio se convirtió súbitamente en la más prometedora. Veamos a algunos de los responsables de lo que fue una revolución silenciosa:

Heinrich Wilhelm Gottfried von Waldeyer-Hartz, uno de los «capos» de la anatomía alemana y uno de los que se convirtieron en seguidores de Cajal, acuñó en 1891 un término para las principales células del sistema nervioso: las llamó neuronas. Parece mentira que solo haga poco más de un siglo que usamos este nombre. Al principio Waldeyer no igualaba neurona a célula individual y, de hecho, la definió como *Neuroneinheit* o «unidad neuronal». De esta manera no se decantaba entre la teoría reticular —la unidad neuronal podía ser un trozo de la red— y la teoría neuronal de Cajal, en la cual la neurona era una célula independiente y se comunicaba con otras por contactos.

El mismo año 1891 Heinrich Quincke realizó la primera punción lumbar. Esta técnica consistía en meter una aguja hueca entre las últimas vértebras de la columna vertebral y aspirar una muestra de líquido cefalorraquídeo. Al examinarla al microscopio se pudieron diagnosticar por primera vez y de manera inequívoca numerosas enfermedades, incluidas la meningitis y la esclerosis múltiple.

El gran divulgador de la punción lumbar fue otro médico y profesor alemán, Franz Nissl, al que sus alumnos apodaban *Punctator Maximus*. Nissl, que iba para sacerdote y terminó de psiquiatra —algo, quizá, no tan sorprendente— inventó en 1894 un método para teñir las células, la técnica de Nissl, que colorea las ribonucleoproteínas y se sigue usando en la actualidad para estudiar la histología cerebral. Marca solo los cuerpos celulares, sin teñir todo el neuropilo de dendritas y axones, por lo que fue, y es, ideal para ver las regiones y capas del cerebro. En Frankfurt Nissl conoció a Karl Weigert, que también había inventado una tinción, en este caso para la neuroglia. Las posibilidades combinadas de ambas técnicas motivaron a Nissl a hacer un estudio sistemático del material de autopsias, y pudo relacionar enfermedades mentales con cambios en las células gliales, en las neuronas, en los elementos sanguíneos o en los propios vasos. De repente el microscopio se convertía en una herramienta diagnóstica que permitía identificar algunos trastornos de la mente y alejar las patologías del cerebro de interpretaciones antiguas y de las controversias que se producían entre los médicos. Nissl escribió:

> *Tan pronto como acordamos ver en todos los trastornos mentales la expresión clínica de procesos patológicos definidos en la corteza estamos eliminando los obstáculos que hacen imposible un acuerdo entre los alienistas.*

Nissl era bajito, con una marca de nacimiento en la cara y nunca se casó, salvo con su trabajo, algo que le permitió tejer una amplia red de colaboraciones entre profesores interesados en el cerebro. En Frankfurt trabajó con Alois Alzheimer, de quien fue padrino de boda, y luego se trasladó a

Heidelberg por invitación de Emil Kraepelin, el gran sistematizador de las enfermedades mentales. Sin familia, Nissl tuvo tiempo para lo que nadie quiere, la gestión. Cuando Kraepelin se mudó a Múnich él se encargó de dirigir el departamento de Psiquiatría y, durante la I Guerra Mundial, lo nombraron director de un enorme hospital militar. En 1918 Kraepelin le volvió a pedir que se fuera con él a Múnich y le volvió a hacer caso, allí trabajó con Korbinian Brodmann y Walther Spielmeyer, que luego establecerían la parcelación de la corteza cerebral.

En 1893 Paul Emil Flechsig describe la mielinización del cerebro. Flechsig es lo que en España llamamos un «endogámico». Estudió en Leipzig, allí fue profesor ayudante, allí ganó una plaza de catedrático, allí fue rector, y no se movió de esa universidad en cincuenta y cinco años. Realizó un cambio conceptual importante: hasta él las patologías del sistema nervioso se llamaban en alemán «Geisteskrankheiten» que significa «enfermedades del espíritu», término que él sustituyó por «Nervenkranheiten», enfermedades de los nervios, enfermedades mentales. En cierta manera, los trastornos mentales pasaron del ámbito de las letras a las ciencias.

En la lección del rector (Rektoratsrede) de 1894, Flechsig habló a sus compañeros de «Cerebro y alma» y explicó cómo las funciones neurales superiores tenían su localización en distintas zonas corticales. Flechsig estudió el cerebro de fetos a término y de recién nacidos mediante una técnica que teñía específicamente la mielina que recubre los axones. Según él, el proceso de mielinización refleja el orden evolutivo de los mamíferos iniciándose en las zonas más primitivas (corteza motora, visual, auditiva y somatosensorial) y progresando sucesivamente de menor a mayor complejidad, hasta las zonas corticales que llamó de asociación, un nuevo concepto fundamental en neurociencia.

El laboratorio de Flechsig se convirtió en un referente donde iban investigadores y pacientes célebres de todo el mundo. Uno de los visitantes fue Woodrow Wilson, entonces rector de la Universidad de Princeton (en su diario Flechsig anotó «un tal profesor Wilson de la Universidad de Princetown [sic]»), que fue a pedirle que lo ayudase a conseguir un profesor de neurología para su universidad. Cuando se convirtió en presidente de los Estados Unidos, el único que hasta el momento ha tenido un doctorado, y fue el responsable de la derrota alemana en la I Guerra Mundial, altos representantes políticos le pidieron a Flechsig que aprovechara su ascendiente e intercediera para que las condiciones del tratado de Paz de Versalles fueran menos duras con Alemania.

En 1895 hubo otro avance sustancial: Wilhelm Konrad Roentgen inventó los rayos X. Por primera vez se veía el interior del cráneo de una persona viva. La definición de los tejidos blandos era muy mala, pero distintas técnicas, como inyectar aire en los ventrículos cerebrales, o las nuevas generaciones de aparatos de neuroimagen irían mejorando enormemente la resolución y discriminación de la imagen del cerebro vivo.

Hubo también avances en la terminología. Kölliker acuñó en 1896 el término axón, anteriormente denominado *Achsencylinder* (cilindroeje) en 1837 por J. S. Rosenthal, uno de los discípulos de Purkinje. En su época de estudiante Kölliker hizo un gran descubrimiento al demostrar que tanto los espermatozoides como los óvulos no eran otra cosa que células. También observó durante sus estudios el desarrollo de la médula espinal y describió que la mayoría de las fibras nerviosas surgían de un cuerpo celular que estaba situado en el interior de la médula, pero nunca reclamó la «paternidad» de este importante descubrimiento. Sus dibujos muestran el axón naciendo del cuerpo neuronal o, como él lo describió, «finas fibras nerviosas que tienen su origen en corpúsculos gangliónicos».

Waldeyer, que además de «neurona» inventó el término «cromosoma», decidió aprender español para seguir la cantidad ingente de información que nacía de los estudios cajalianos y se convirtió en su amigo, en su mentor, en su promotor entre la ciencia alemana. El reconocimiento de los sabios alemanes fue clave para los importantes galardones que Cajal tuvo los siguientes años: el premio Moscú (1900), la medalla de oro Helmholtz de la Academia de Ciencias de Berlín (1905) y el premio Nobel (1906), y él correspondió llevando el conocimiento del cerebro a la última frontera. Se dice que los resultados de don Santiago dieron trabajo a todos los investigadores del cerebro para varias décadas, pero fue algo aún más importante: Cajal había abierto las puertas a la neurociencia moderna.

GOLGI, EL DEL APARATO

Camillo Golgi nació el siete de julio de 1843 en Corteno (ahora llamado Corteno Golgi), un pequeño pueblo del noroeste italiano, en la Brescia. Tras el bachillerato se matriculó, con 16 años recién cumplidos, en la prestigiosa facultad de medicina y cirugía de Pavía, donde también había estudiado su padre y donde existía una rica tradición en los estudios anatómicos y, más concretamente, microscópicos, en la cual se formó y donde asentó las bases de su futura labor investigadora.

Golgi terminó sus estudios de medicina en 1865 y fue contratado por un corto período en la clínica psiquiátrica que dirigía Cesare Lombroso, quizá el último defensor de la fisiognomía, que consideraba que podía distinguir a los criminales por su aspecto físico y que dirigirá su atención hacia el estudio del sistema nervioso. En 1871 Golgi fue nombrado profesor honorario (esto es, sin sueldo) para impartir un curso sobre microscopía clínica en la Facultad de medicina. Poco más tarde, en 1872, interrumpió temporalmente su carrera científica, parece que por motivos económicos, pues su padre le recriminó que quién era él, nadie, y qué tenía, nada, y le echó en cara que siete años después de su licenciatura sólo cobraba el escaso salario de asistente de hospital. Tras un examen, Golgi obtuvo el modesto nombramiento de médico principal del hospital de incurables de Abbiategrasso, pequeña ciudad cercana a Milán. Tenía 29 años y, a pesar de la pequeña mejora económica, el panorama no era alentador: el hospital era un edificio destartalado donde no había apenas nada para el cuidado de los pacientes, enfermos crónicos y de la beneficencia que estaban allí internados hasta que morían. Sin embargo, según relatará mucho después, encontró un punto positivo en el artículo 86 del reglamento del hospital: «*Es obligación del médico ocuparse de las secciones anatomo-patológicas*», algo que le gustaba, pues le permitía seguir investigando con su microscopio. En algunos de sus primeros trabajos planteaba que «*las enfermedades*

Camillo Golgi (1843-1926).

mentales podían deberse a lesiones orgánicas de los centros nerviosos», un tema que intentaría averiguar.

Pasó allí tres años: «*con un mínimo de medios para trabajar, pleno del sagrado fuego de la investigación, comencé, pese al aislamiento, mis estudios microscópicos en el laboratorio que construí en la cocina de mi pequeña vivienda*». Allí es donde «*provando e riprovando*» descubre el método básico que lleva su nombre. Golgi comentaba en una carta ese momento especial de su vida:

> *He recuperado la energía que hace unos pocos meses había perdido completamente. Paso largas horas al microscopio. Estoy feliz, pues he encontrado una nueva reacción que demuestra hasta a los ciegos la estructura del estroma intersticial de la corteza cerebral. Dejo al nitrato de plata reaccionar con piezas de cerebro endurecidas en dicromato potásico. He obtenido ya magníficos resultados y espero, incluso, mejorarlos en el futuro.*

La técnica se menciona por primera vez en un trabajo de pocas páginas sobre la corteza cerebral publicado en 1873 y la leyenda, frecuente en estos descubrimientos que suponen un avance sorprendente, cuenta que la primera impregnación se produjo al tirar una mujer de la limpieza algunos trozos de tejido nervioso que habían sido fijados en dicromato potásico en un recipiente que contenía nitrato de plata de desecho. El mérito de Golgi se «reduciría» a haber estudiado lo que aparentemente era un desperdicio y a haber conseguido relacionar aquellas cristalizaciones, no observadas anteriormente, con cuerpos y prolongaciones celulares. Otra historia, quizá menos poética pero probablemente más real, cuenta que el descubrimiento se produjo de forma casual cuando Golgi estaba intentando impregnar con sales de plata las envueltas meningeales de tejido cerebral que había sido previamente fijado y endurecido con dicromato potásico. Parece más lógico considerar que el descubrimiento fue el resultado inesperado de un esfuerzo continuo y metódico para obtener un sistema de preparación del tejido nervioso y, en cualquier caso, como señaló Cajal, la técnica fue descubierta por Golgi «*favorecido por la casualidad, musa inspiradora de los grandes hallazgos*».

Tras su publicación de 1873 Golgi siguió trabajando en su método y puso en marcha nuevas variantes basadas en modificar la composición de la mezcla fijadora, añadiendo osmio o diferentes aldehídos. A pesar de estos avances técnicos, Golgi tuvo errores conceptuales: consideró que las dendritas son unas prolongaciones con las que las neuronas se alimentan y pensó que los axones forman una red, una malla profusa con la que el cerebro sería una estructura holística, que funcionaría como un todo.

La técnica de Golgi, esa aplicación sucesiva de dicromato potásico y nitrato de plata, tiene un problema y una virtud. El problema es que es calificada por todos sus usuarios como «caprichosa», a veces sale y a veces no aunque se haya hecho todo exactamente igual. La ventaja es que presenta un detalle exquisito de las pocas neuronas que muestra, no solo el soma como todas las demás técnicas usadas hasta ese momento, sino que la «reazione nera» muestra todo el árbol dendrítico, incluso los pequeños detalles como las espinas y, con suerte, largas porciones del axón y de sus ramificaciones y terminaciones. Los primeros frutos de la técnica de impregnación no se hicieron esperar. En 1874 Golgi utilizó su método en material patológico: describió un caso de corea con síntomas de demencia, una enfermedad que hasta entonces se consideraba un problema «funcional», sin una base histológica.

Tras haber logrado cierta fama con sus descubrimientos Golgi volvió a la Universidad de Pavía, donde desarrolló la mayor parte de su carrera científica. Fue el principal defensor del reticularismo, o teoría reticular, una teoría apoyada por Joseph Gerlach que proponía que el sistema nervioso era una red y que las neuronas estaban anastomosadas unas con otras, continuándose de una a otra. La teoría opuesta, el neuronismo o teoría neuronal, defendida por Ramón y Cajal, postulaba que las neuronas eran células independientes que establecían contactos entre sí pero sin puentes citoplasmáticos.

Además del descubrimiento de la técnica que lleva su nombre, en el transcurso de su larga vida científica Golgi trabajó con éxito en varios campos de la biología y de la medicina, siendo los más importantes la neurohistología, la citología y la malariología. En el campo de la neurohistología Golgi distinguió dos grandes tipos de neuronas, clasificación que aún se mantiene: tipo I de Golgi, células cuyo axón, aun pudiendo dar lugar a ramas o colaterales, tiene un largo recorrido; y tipo II de Golgi, cuyos axones se ramifican en una región relativamente próxima al soma neuronal. También describió las espinas corneales y los órganos tendinosos, que ahora llevan su nombre.

En el ámbito de la citología lo más importante fue la descripción, por primera vez en 1898 en el cerebelo de la lechuza, de un orgánulo formado por sáculos apilados, que ahora sabemos que tiene una importancia fundamental en los procesos metabólicos celulares y que llamamos el aparato de Golgi. En el campo de la malariología, Golgi estudió el parásito de la malaria y demostró la existencia de una sucesión de formas del parásito (ciclo de Golgi) y su relación con los episodios de fiebres. Estos resultados permitieron ajustar la medicación al ciclo de los parásitos —las formas juveniles del parásito son más sensibles a la quinina— y ayudaron a salvar miles de vidas.

La fama de Golgi como científico fue creciendo en esos años. Albert von Kölliker, quien consideraba su mejor descubrimiento al propio Cajal, inició con Golgi una amistad que, a pesar de las diferencias de edad y carácter, duró toda la vida. Kölliker señaló repetidas veces a Golgi que sus publicaciones habían aparecido en revistas médicas italianas que nadie conocía en Europa y organizó la traducción de su obra principal, *Sulla fine anatomia degli organi centrali del sistema nervoso* (1886), que es en realidad una recopilación de sus primeros trabajos con una presentación sistemática de los resultados obtenidos.

No se puede entender la obra de Golgi ni su repercusión sin Cajal. Don Santiago vio que, al contrario que las células de otros órganos que son todas iguales, en el sistema nervioso las células son muy diferentes en cada región y esa diversidad va unida a sus conexiones y, por tanto, a su función. Cajal basó todas sus investigaciones en la técnica de Golgi, pero sacó mucho más partido a este método de estudio del sistema nervioso que el propio sabio italiano.

En 1900 se encargó a Golgi la organización del Congreso Anatómico que se celebró en Pavía. Gustav Retzius, presidente de la Sociedad Anatómica alemana, aquella Anatomische Gesellschaft en la que se presentó Cajal en Berlín, pronunció un homenaje a su obra, que incluía estas palabras:

> *... ya en nuestro tiempo, en uno de los capítulos más importantes y difíciles de nuestra ciencia, la exploración del órgano de la psique, del sistema nervioso, hay un maestro que encendió una antorcha que lo ilumina. Y este maestro, Camillo Golgi, está aquí ante nosotros. Con el método descubierto por él y sus discípulos se consiguieron algunos de los descubrimientos más importantes de la ciencia, que pertenecen a los grandes éxitos de los que la anatomía de nuestro tiempo puede sentirse orgullosa. Y sus discípulos no se encuentran sólo en su patria italiana, sino en todos los países del mundo. Italia, con Scarpa, Fontana, Spallanzani, Cotugno, Pacini, y Panizza en épocas tempranas ya el país clásico de la anatomía, acredita hoy su eminente posición en la ciencia.*

Golgi fue nombrado senador vitalicio en 1900 y tomó parte activa en la vida pública y en la administración universitaria, especialmente en Pavía. En este sentido trabajó y presentó memorias referentes a distintos problemas de salud pública y ocupó durante bastantes años la presidencia del consejo superior de sanidad. No intervino en polémicas políticas, pero se preocupó especialmente por la lucha contra la malaria, presentó proyectos de higiene social y mejora de las condiciones de salud de las clases más desfavorecidas, para la reordenación de la organización universitaria y por una mejor protección de los inválidos de guerra. Fue decano de la facultad de medicina y rector de la universidad, recibió numerosos premios y fue, probablemente, el médico italiano más conocido de su tiempo. Tuvo fama de ser introvertido, taciturno, severo y autoritario. En la I Guerra Mundial fue director de un hospital militar y se ocupó sobre todo del tratamiento de soldados con lesiones cerebrales.

En 1906 Camillo Golgi recibió, junto con Santiago Ramón y Cajal, el Premio Nobel de medicina, «*en reconocimiento a sus trabajos sobre la estructura del sistema nervioso*». Fue el primer premio Nobel compartido, y la propuesta partió de Kölliker. La nominación de Golgi fue criticada, pues, según el testamento de Nobel, el premio debía ser otorgado a quien «*durante el año anterior hubiese proporcionado el mayor beneficio a la humanidad, y a trabajos más antiguos sólo en caso de que su importancia no se hubiese establecido hasta fechas recientes*», mientras que los resultados más importantes de Golgi tenían ya varias décadas y sus ideas cada vez tenían menos respaldo. La concesión conjunta sugería que Cajal había necesitado a Golgi, pues era él quien le había proporcionado la herramienta soñada y Golgi a Cajal, pues habrían hecho falta décadas de trabajo de muchos investigadores para lograr todo lo que Santiago consiguió él solo y, además, nadie como él demostró el poder que esa técnica atesoraba. La entrega de los galardones fue un pequeño desastre. Cajal, en su discurso, mencionó elogiosamente los trabajos del «sabio de Pavía» y reconoció con respeto las aportaciones que Golgi había hecho. Golgi, menos elegante, atacó las ideas de Cajal sobre la teoría neuronal, algo que al de Petilla de Aragón, orgulloso como buen español, le sentó como un tiro.

La enemistad entre Golgi y Cajal duró el resto de sus vidas, pero pronto estuvo claro que Cajal había ganado la batalla: era él el que tenía razón y las neuronas eran verdaderas células independientes. Golgi no dio su brazo a torcer y murió el veintiuno de enero de 1926 en Pavía defendiendo, quizá ya el último, la teoría reticular. Contaba ochenta y dos años.

EL CAMARADA PAVLOV Y EL TRAMPERO

Iván Petróvich Pavlov nació el catorce de septiembre de 1849 en Ryazan, una ciudad a ciento noventa y seis kilómetros al sudeste de Moscú donde su padre era pope, un sacerdote ortodoxo. Se educó en la escuela parroquial y luego en el seminario, y parecía que todo en su vida estaba pautado para que siguiera las huellas de su padre en la carrera eclesiástica. Sin embargo, inspirado por las obras de Iván Sechenov, el padre de la fisiología rusa, Pavlov abandonó el seminario para dedicarse a la ciencia y se matriculó en la carrera de ciencias naturales en la facultad de Física y Matemáticas de Moscú.

Como otros alumnos que llegan tarde a los estudios y, por lo tanto, con más madurez, los abordó con pasión y seriedad y, junto con otro estudiante, M.I. Afanasyev, publicó un primer estudio sobre la fisiología de los nervios pancreáticos que tuvo un gran reconocimiento y fue premiado con una medalla de oro, un reconocimiento académico significativo en la Rusia imperial. Tras superar con un expediente sobresaliente los estudios de ciencias naturales decidió continuar su formación y se matriculó en la Academia de Cirugía Médica, donde también finalizó sus estudios con medalla de oro. La tesis doctoral de Pavlov, presentada en 1883, se titulaba *Los nervios centrífugos del corazón,* y en ella establecía las primeras bases sobre la función trófica del sistema nervioso. Pavlov demostró que existía un patrón básico en la regulación refleja de la actividad del sistema circulatorio y ayudó a establecer la base fisiológica de la integración entre el sistema nervioso y el resto del organismo. En 1880, después de graduarse, viajó a Alemania, donde completó su formación con dos de los grandes fisiólogos de la época: Karl Ludwig, en la Universidad de Leipzig, con el que aprendió la importancia de la observación precisa y cuidadosa; y Rudolf Heidenhain, en la Universidad de Breslau, con quien se entrenó en las últimas técnicas de experimentación y cirugía del sistema gastrointestinal.

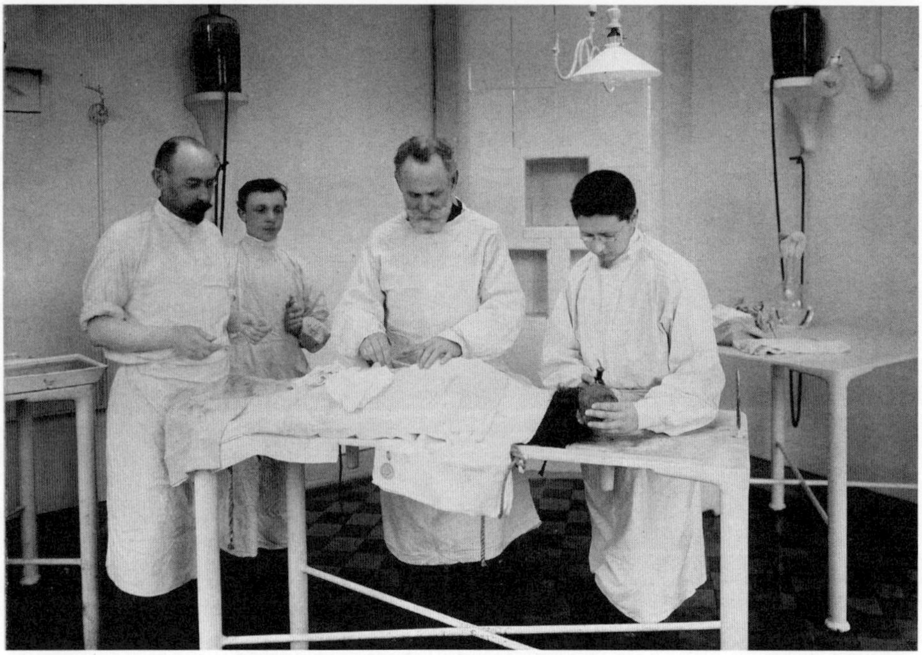

[Superior] Perros con sus cuidadores en el Departamento de Fisiología, Instituto Imperial de Medicina Experimental, San Petersburgo. [Inferior] Pavlov con tres colegas interviniendo a un perro en el Departamento de Fisiología, Instituto Imperial de Medicina Experimental, San Petersburgo (1902).

En 1890 Pavlov fue invitado a montar y dirigir un departamento de fisiología en el Instituto de Medicina Experimental de Moscú. A lo largo de los cuarenta y cinco años en los que fue su director este centro se convirtió en uno de los de mejor reputación del mundo. Allí tuvo lugar su principal etapa de investigación, entre los años 1891 y 1900. Pavlov era una auténtica fuerza de la naturaleza y, por poner un ejemplo, el aborto que sufrió su esposa en su primer embarazo fue achacado a que tenía que correr para seguir el paso que llevaba su marido.

Con la excelente base en cirugía que tenía puso en marcha experimentos «crónicos», en los que un amplio uso de fístulas —conexiones anormales entre un órgano, un vaso o el intestino y otra estructura— en animales de experimentación permitía seguir la función secretora de varios órganos bajo unas condiciones relativamente normales. Es decir, Pavlov podía conectar un pequeño tubo al estómago y recoger y estudiar la secreción gástrica. En comparación, la mayor parte de los estudios previos se habían hecho mediante una vivisección «aguda» de los animales, abrir en canal al animal vivo e intentar entender lo que estaba pasando, en la que era difícil separar los efectos normales, fisiológicos, de los causados por el propio abordaje experimental. Con su trabajo Pavlov puso las bases para diferentes avances, tanto en la teoría médica como en la práctica clínica.

Mediante una serie de elegantes experimentos Pavlov demostró que el sistema nervioso era el centro rector de los procesos digestivos, lo que constituyó un auténtico salto adelante en la fisiología de la alimentación. También alcanzó fama por sus experimentos sobre el «condicionamiento clásico», en los que mostraba que, al emparejar un estímulo neutro y condicional (una campana) con un estímulo incondicional (comida), los sujetos de la experimentación (perros) empezaban a salivar con el sonido de la campana aunque no hubiera comida. Este proceso, que se conoce popularmente como reflejo de Pavlov, se denominó «secreción psíquica».

Tras la Revolución de Octubre un decreto especial del gobierno de los sóviets, firmado por el mismo Lenin el veinticuatro de enero de 1921 reconocía los *«extraordinarios servicios científicos del académico I.P. Pavlov, que son de un enorme significado para la clase trabajadora de todo el mundo»*. Asimismo, se indicaba que el partido comunista y el gobierno soviético proveerían para que Pavlov y sus colaboradores tuvieran todo lo necesario para hacer su investigación, un auténtico cheque en blanco que el Instituto de Medicina Experimental supo aprovechar. Pavlov también dirigió su energía a la reforma de las instituciones científicas, convirtió los institutos de investigación con los que tuvo que ver en auténticos centros de excelencia y guió y formó a una pléyade de discípulos que continuó su labor y formó una escuela de renombre mundial.

Pavlov no debía de ser fácil de llevar, y estaba más abierto a criticar que a que lo criticasen a él. Creía que la ciencia era un método de acercarse a la realidad y que no podía tratarse como una ideología, rechazaba la posibilidad de que el comunismo o cualquier otra corriente de pensamiento estuviera en posesión de la verdad, abominaba de que la lucha de clases o las máximas del partido pudieran usarse como alternativa a una verdadera educación superior y se oponía al pensamiento único como lo contrario a la duda y a la experimentación, claves en la ciencia. En 1923 Pavlov se atrevió a dar un discurso sobre *El dogmatismo comunista,* en el que defendía la autonomía de la ciencia, y no eran tiempos fáciles: las heridas de la guerra civil y de la I Guerra Mundial estaban todavía abiertas, la disidencia cada vez era peor vista y se encontraban traidores por todas partes, Lenin estaba irreversiblemente enfermo y la lucha por el poder agitaba el Politburó. Esa conferencia pronunciada ante una audiencia de trabajadores se mantuvo oculta durante décadas, lo que, junto con el enorme prestigio del científico ruso, probablemente permitió que Pavlov no fuese represaliado en los difíciles años que siguieron bajo el régimen de Stalin y continuara adelante con sus investigaciones. Pavlov habló así:

> *Cuando entres en la ciencia encontrarás que la ciencia y el dogmatismo son cosas totalmente diferentes. La ciencia y la libre crítica, esos sí son equivalentes. Pero el dogmatismo no es aceptable, y no hace falta poner ejemplos. ¡Cuánto se ha retorcido la verdad! Tomad el ejemplo de la indivisibilidad del átomo. Han pasado años y nada queda de eso. Y la ciencia está llena de ejemplos similares. Y si respetas la ciencia, como es lógico que hagas si estás de verdad familiarizado con ella a pesar de que seas comunista o miembro de las escuelas de trabajadores creadas por los sóviets, entonces reconocerás que el marxismo y el comunismo no son verdades absolutas, que son solo una teoría en la que puede haber parte de verdad pero en la que quizá no hay nada cierto; entonces mirarás a la vida con libertad y no como un esclavo.*

Había que tener un par para decir esas cosas en público.

Con la muerte de Lenin en 1924 y la asunción del poder por Stalin la situación empeoró. Aún fue a peor tras la II Guerra Mundial, cuando se estableció que la ciencia estaba al servicio del materialismo dialéctico para, mediante el conocimiento de los procesos psicológicos y fisiológicos, conseguir la reconstrucción del «nuevo hombre» comunista. Pavlov era un creyente en la ciencia y afirmaba que «*con la ayuda del omnipotente método científico la ciencia sacará al hombre de la actual pesadumbre*». En realidad se generó un sistema donde se daba un barniz de ciencia a discriminaciones, abusos totalitarios y la imposición del pensamiento único. En ese período la figura de Pavlov fue opuesta propagandísticamente a la de Freud. Pavlov sería el psiquiatra del poder proletario frente a Freud, el psiquiatra de la burguesía decadente, que era además germánico y judío. En los años que siguieron muchas enfermedades mentales fueron tratadas de una forma simplista y reduccionista. La principal terapia era el trabajo, que en realidad escondía algo muy parecido a una esclavitud, con una enorme carga, condiciones infrahumanas y ningún tipo de remuneración para quien era considerado enfermo mental, incluidos muchos disidentes.

Volvamos un poco para atrás. El salto en la proyección internacional de Pavlov tuvo lugar en España. En 1903, en el XIV Congreso Médico Internacional, celebrado en Madrid, Pavlov presentó una comunicación titulada *La psicología experimental y la psicopatología de los animales*. En esa ponencia presentaba la definición de reflejos condicionados y de otros tipos de respuestas nerviosas y demostraba que un reflejo condicionado era al mismo tiempo un fenómeno mental básico y un fenómeno fisiológico básico. De eso deducía que el estudio de los reflejos condicionados abría un camino para el conocimiento de los mecanismos cerebrales, de las formas de respuesta más avanzadas a los cambios externos e internos que afectaban a hombres o a animales y que ello hacía posible un estudio objetivo de la actividad psíquica. Un año más tarde le fue concedido el premio Nobel.

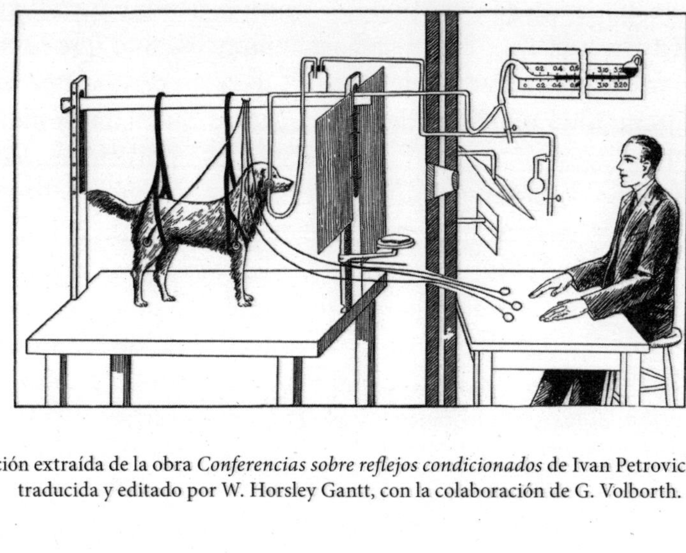

Ilustración extraída de la obra *Conferencias sobre reflejos condicionados* de Ivan Petrovich Pavlov; traducida y editado por W. Horsley Gantt, con la colaboración de G. Volborth.

Todos tenemos la imagen de Pavlov y de sus perros salivando al oír una campanilla pero, como él mismo indicó en el discurso de aceptación del premio Nobel, no había sido el primero en observar la estimulación por parte del sistema nervioso tanto de las glándulas salivares como de las glándulas gástricas. El autor que tiene esa primacía es William Beaumont, un cirujano militar asignado a Fort Mackinac, una fortificación situada en los estrechos que comunican los lagos Míchigan y Hurón.

A este cirujano le llevaron el seis de junio de 1822 a un trampero canadiense de la Compañía Americana de Pieles, Alexis St. Martin (1803-1886), que había recibido accidentalmente un tiro a corta distancia que le había dañado gravemente las costillas y el estómago. Beaumont le curó las heridas de la perdigonada, pero pensó que moriría pocos días después. A pesar de esos malos augurios, St. Martin sobrevivió sesenta y cuatro años más, pero con una fístula en el estómago que nunca se cerró, lo que hizo que tuviera que dejar su trabajo en la American Fur Company. Como no hay mal que por bien no venga, Beaumont empleó a St. Martin con un contrato que indicaba que el médico podía estudiar el estómago del trampero y que este tenía que acompañarlo en sus viajes, recibiendo a cambio ciento cuarenta y siete dólares al año.

Beaumont empezó a investigar con su flamante empleado, una relación que continuó con algunos paréntesis durante décadas. Muchos de estos experimentos los realizaba Beaumont atando un trozo de comida a un bramante y metiéndolo en el estómago de St. Martin. Cada pocas horas Beaumont sacaba el pedazo de comida y examinaba su grado de digestión. También extraía y analizaba muestras de los jugos gástricos de St. Martin y probaba con ellos a disolver comida en pequeños recipientes. El resultado fue darse cuenta de que la digestión no era un proceso básicamente mecánico, una trituración, como se creía hasta entonces, sino que se trataba de un proceso fundamentalmente químico. A lo largo de los años Beaumont puso en marcha toda una serie de experimentos que iban desde la observación de una digestión normal a modificar las condiciones para determinar los efectos de la temperatura, el ejercicio o incluso las emociones. Beaumont publicó sus resultados en 1838 en la obra titulada *Experimentos y observaciones sobre el jugo gástrico y la fisiología de la digestión* donde escribió que las secreciones de St. Martin aumentaban cuando pensaba en su comida favorita, algo que es un claro antecedente de la campanilla del camarada Pavlov y de la secreción psíquica, y que ayudó a comprender las relaciones entre el sistema nervioso y el sistema digestivo.

SHERRINGTON

Charles Scott Sherrington recibió el premio Nobel por «*sus descubrimientos sobre la función de las neuronas*». Si Cajal había explicado cómo era el sistema nervioso, Sherrington fue desentrañando cómo funcionaba. El hallazgo de Cajal de que las neuronas eran estructuras anatómicas independientes resaltaba la importancia del espacio entre ellas, ahí era donde la información tenía que pasar de una a otra, el punto clave de la actividad cerebral, y había que bautizarlo. Cuando Michael Foster realizó en 1897 una revisión de su texto de fisiología, un clásico, le pidió a Sherrington que le mejorara el capítulo sobre la médula espinal. Este añadió un pequeño párrafo con una nueva palabra:

> *...si... el axón continúa su recorrido y termina finalmente en el sistema nervioso central, su modo de terminación... tiene la forma de un penacho arborescente que se aplica sobre el cuerpo o las dendritas de alguna otra célula. Según lo que sabemos hasta ahora nos inclinamos a pensar que el extremo de una ramita de la arborescencia no es continuo, sino que simplemente está en contacto con la sustancia de la dendrita o del cuerpo celular sobre el que impacta. Esa conexión especial de una célula nerviosa con otra podría llamarse sinapsis.*

Sherrington había pensado primero en llamarlo sindesmo, pero Foster contactó con su amigo Verrall, un profesor de clásicas experto en Eurípides, quien propuso el término que conocemos. La razón fue que sinapsis significa un proceso de contacto, algo que gustaba a los fisiólogos como Sherrington y Foster, mientras que sindesmo sugería un vínculo, una estructura de unión y anclaje, algo mucho menos sugerente.

Aunque las biografías oficiales dicen que Sherrington era hijo de James Norton Sherrington, un médico rural, parece claro que era, al igual que sus tres hermanos, hijo ilegítimo de Caleb Rose, un famoso cirujano de Ipswich,

Charles Sherrington (izquierda), Leon Fredericq (sentado) y Paul Grützner (derecha).
Instituto de Fisiología de Lieja, 1898.

la ciudad donde vivían. Su supuesto padre, James Norton Sherrington, no era médico, sino ferretero, y había muerto nueve años antes del nacimiento del pequeño Charles, por lo que tenía un poco difícil eso que llaman la paternidad responsable. Por otro lado, Caleb Rose debía de hacer vida en aquella casa, ya que el censo de 1861 lo registra allí como «*visita, casado, cirujano*».

Cuando Sherrington empezó en 1876 sus estudios universitarios en el hospital de St. Thomas ya había leído los *Elements of Physiology* de Johannes Müller, la mejor obra de fisiología del momento, un tratado que le había regalado Rose, quien además lo animó a estudiar medicina. En 1878 Charles aprobó el examen del Royal College of Surgeons y en 1879, tras una corta estancia en Edimburgo, fue a estudiar fisiología a la Universidad de Cambridge.

Sherrington era todo un deportista —jugó al fútbol en el club de la ciudad, el Ipswich Town, al rugby en el equipo del Hospital de St. Thomas y fue luego miembro del club de remo de Cambridge cuyas regatas contra la Universidad de Oxford ya se celebraban— y también un magnífico estudiante. En 1881 uno de sus tutores en la universidad lo informó de que había sacado las mejores notas de su promoción en botánica, anatomía humana y fisiología y la segunda en zoología y era el estudiante con mejor nota media de su curso.

Ese mismo año Sherrington asistió al famoso congreso médico de Londres donde se discutieron los trabajos de Charles Bell y se produjo el famoso enfrentamiento entre Ferrier y Goltz. Los cerebros de los animales utilizados por uno y otro fueron enviados a Cambridge, donde estudiaba Sherrington, y le encargaron —siempre hay un becario al que endosarle el trabajo sucio— que analizara histológicamente aquellos encéfalos. Su primer artículo, publicado con Langley en 1884, trata de la degeneración del bulbo raquídeo y la médula espinal en uno de los perros decorticados mostrados por Goltz, y fue así como empezó a interesarse por la neurociencia, a la que dedicaría su vida. Posteriormente, al estudiar la degeneración de las neuronas, vio que era un proceso localizado hasta un determinado punto, por lo que empezó a pensar que deberían ser elementos separados y planteó que entre medias había una hendidura, un hueco, un espacio que separaba el citoplasma de una neurona del de la siguiente.

En 1885 Sherrington vino a España formando parte de una comisión para estudiar la epidemia de cólera de aquel año y la vacuna de Jaime Ferrán. Marchó después a Venecia con el mismo propósito, y las muestras de autopsias obtenidas en estos viajes las estudió en Berlín bajo la supervisión primero de Rudolf Virchow, quien lo envió con Robert Koch para hacer con él un curso de seis semanas, aunque se quedaría un año allí. Durante la estancia en España conoció a Cajal, quien fue una influencia constante en su carrera y a quien tuvo siempre en la más alta estima.

El trabajo clínico de Sherrington empezó en el hospital de St. Thomas, donde fue nombrado profesor de fisiología, pero para complementar su salario se convirtió en profesor y superintendente de la Brown Institution, un hospital veterinario de la Universidad de Londres financiado por las personas amantes de los animales. Aun así, Sherrington los convenció de que cuando había que sacrificar un animal este podía prestar un último servicio a otros animales y a la humanidad si se hacían estudios de sus funciones básicas mientras estaba bajo una profunda y final anestesia.

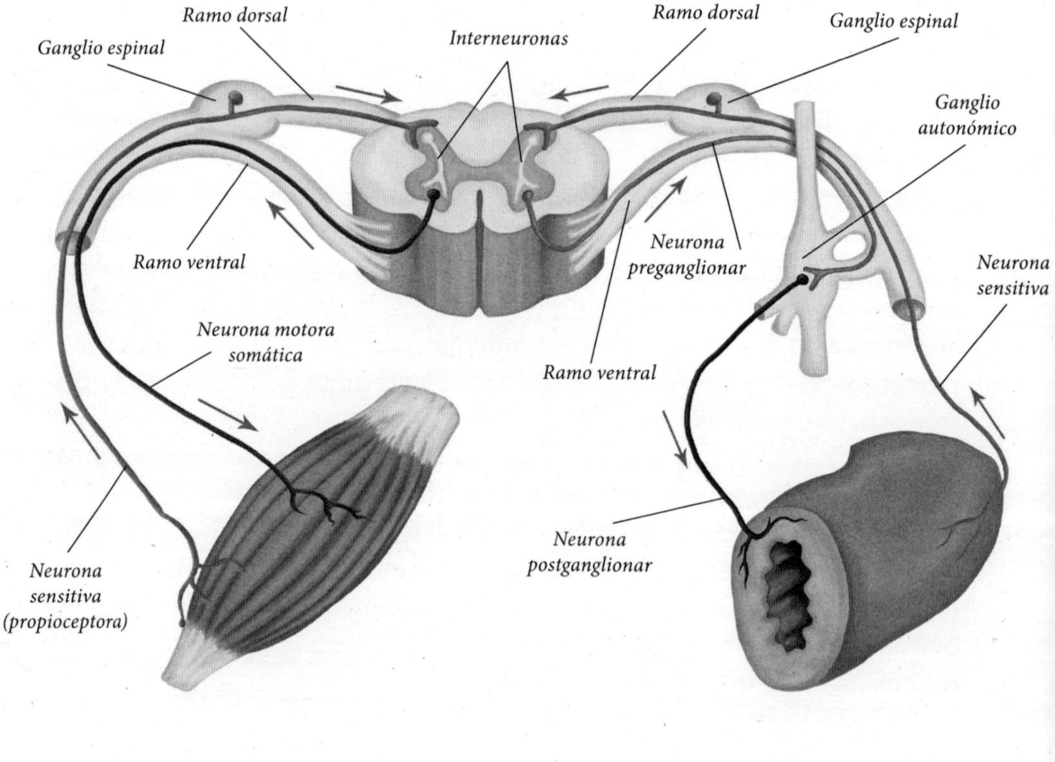

Sección de la médula espinal con las vías aferentes y eferentes inervando la musculatura estriada y una víscera.

Su primera línea de investigación fue las segmentaciones motora y sensorial. De cada lado de la médula espinal sale, por un agujero entre dos vértebras, una raíz dorsal, o posterior, y una raíz ventral, o anterior. Las dos raíces se unen y forman el nervio raquídeo, o espinal, tal como vimos al hablar de la ley Bell-Magendie. La raíz dorsal es aferente y lleva información hacia el cerebro. La raíz ventral es motora, eferente, y lleva las órdenes a los músculos. Para analizar qué zonas controla cada raíz ventral Sherrington estimuló eléctricamente —una por una— cada raíz desde la primera cervical a la última sacra y registró qué músculos se movían. Para estudiar la segmentación sensorial, la ruta inversa, cortó tres raíces dorsales por encima y otras tres por debajo de la raíz que quería estudiar y luego fue estimulando la piel con pinchazos o con calor, registrando con un voltímetro si se detectaba actividad eléctrica en la raíz dorsal. Con eso construyó mapas segmentados de la piel llamados dermatomos y comprobó también que los territorios de las raíces espinales dependían del tipo de información y que los dermatomos para dolor y calor eran más pequeños que los del tacto. La primera ley de Sherrington dice que cada raíz posterior de un nervio espinal recibe información de una zona determinada de la piel, con cierto solapamiento entre dermatomos adyacentes.

Mientras estudiaba los nervios sensoriales y los músculos Sherrington puso las bases de lo que luego se denominó el sistema propioceptivo. Antes de él los libros de texto asumían que todos los nervios que iban a los músculos eran motores. Con su enfoque característico de estudiar primero las relaciones anatómicas y luego explicar su funcionamiento Sherrington encontró que cuando los ganglios de la raíz dorsal que llegaban a un músculo determinado se extirpaban, una gran proporción de las fibras nerviosas del nervio muscular en cuestión degeneraban. Concluyó que de un tercio a la mitad de las fibras nerviosas de los nervios de los músculos esqueléticos tenían una función sensorial. Vio también que al quitar los ganglios de las raíces dorsales los husos musculares y los órganos tendinosos de Golgi degeneraban. Estas estructuras son las que informan al sistema nervioso central del estado de contracción de cada músculo.

Sherrington lo demostró en un experimento con gatos callejeros. Encontró que si cortaba los nervios cutáneos de las zarpas de un gato el animal no tenía problemas locomotores, podía subir por una escalera y beber un cuenco de leche puesto en el peldaño superior aunque sus garras no sentían nada. Por el contrario, si cortaba las raíces dorsales, aunque el animal todavía podía mover los músculos, se quedaba atáxico y no conseguía subir por la escalera. El estudio del felino le permitió demostrar que había perdido las sensaciones de dónde estaban situadas sus extremidades en el espacio y del grado de contracción de cada músculo —la información que llevaban unas neuronas en los músculos que formaban el sistema propioceptivo—, y sin conocer dónde estaba su pata y cómo estaba no conseguía moverla adecuadamente.

En 1894 Cajal, que era relativamente joven y muy poco conocido, fue invitado por la Royal Society a dar la Croonian Lecture, una de las principales conferencias del año en Gran Bretaña. Cajal dio la charla en francés y la tituló *La fine structure des centres nerveaux*. Sherrington lo alojó en su casa, lo agasajó y lo guió por la ciudad. Además hizo con los preparados más claros filminas para proyectar y proporcionó a Cajal todo lo necesario para dibujar en color varios esquemas de gran tamaño. La charla de don Santiago fue un enorme éxito. La mujer de Sherrington estaba asombraba porque Cajal, que era madrugador, salía al amanecer para acercarse a un puente desde donde miraba asombrado el espectáculo de cientos de coches que entraban en Londres. Sir Charles contaría años más tarde que Cajal, con sus impactantes dibujos y sus descripciones, consiguió estimular a todos los jóvenes investigadores ingleses interesados en el cerebro que acudieron a su charla. En el banquete en su honor Michael Foster, el jefe de Sherrington, hizo un brindis diciendo que gracias al trabajo de Cajal «*el bosque impenetrable del tejido nervioso se ha convertido en un jardín organizado y delicioso*» y que el sabio aragonés «*había conseguido establecer colaterales recurrentes y placas motoras entre las almas de España e Inglaterra, hasta entonces separadas por siglos de malentendidos e indiferencia*».

Al año siguiente Sherrington fue nombrado catedrático en la Universidad de Liverpool y empezó a trabajar en las conexiones entre el encéfalo y la médula espinal a través de la vía conocida como tracto piramidal. Para ello «truncaba» el sistema, lo que consistía en cortar la parte superior de la médula, dejando al animal «descerebrado». Esta operación hacía que el sistema nervioso del animal fuese incapaz de transmitir el dolor y evitaba la aplicación continua de anestésicos, que podían interferir en las respuestas reflejas. Sherrington usó sobre todo gatos porque adoraba a los perros y apenas los usó en experimentos de este tipo. Comprobó que en esos gatos las extremidades, la mandíbula y la cola asumían una posición determinada y cuando se el experimentador los intentaba mover de esa postura notaba una fuerte resistencia. Al soltarlos volvían a su posición anterior y se quedaban aún más rígidos que antes. Esa rigidez era eliminada con una anestesia profunda, pero la sección de las columnas dorsales de la médula espinal no la eliminaba. Más aún, la sección de una columna ventrolateral de la médula espinal cervical, por otro lado, destruía la rigidez en los miembros anteriores y posteriores de ese lado, mientras que cesaba también en una extremidad determinada si se cortaba la raíz posterior. De esta manera se dio cuenta de que los reflejos eran actividades integradas de todo el organismo y no eran solamente el resultado del pequeño circuito del arco reflejo. También propuso que tenía que haber neuronas que informasen a la médula del grado de estiramiento de los músculos para que actuaran los reflejos oportunos. Todos estos estudios fueron fundamentales para nuestra comprensión de cómo funciona la médula espinal y de lo que pasa cuando alguien se queda tetrapléjico.

En 1913 le ofrecieron la cátedra Waynfleet de fisiología de la Universidad de Oxford, un puesto al que había optado anteriormente sin éxito. En esta ocasión todos los que votaban la cátedra lo propusieron unánimemente. Tras su traslado se centró en los reflejos individuales, como el de estiramiento de los músculos y se percató de la inervación recíproca de los músculos, por lo que pudo demostrar que la excitación de un músculo era inversamente proporcional a la inhibición del grupo muscular opuesto. De estos estudios dedujo que «*desistir de una acción puede ser tan activo como realizar una acción*» y que «*los procesos de excitación e inhibición deben verse como polos opuestos, siendo uno capaz de neutralizar al otro*». La segunda ley de Sherrington, o ley de la inervación recíproca, dice que cuando se estimula la contracción de un músculo hay una inhibición simultánea de su antagonista, algo esencial para la coordinación de los movimientos.

En 1904 fue invitado a impartir las confrencias Silliman de la Universidad de Yale, diez conferencias que reunieron lo fundamental de su investigación sobre la fisiología del sistema nervioso. Sin embargo, Sherrington no era un buen orador, parecía dubitativo o abstraído, y los oyentes llegaron a decir que «*daba la impresión de que sus pensamientos no estaban realmente en la sala de conferencias, sino contemplando y diseñando otro experimento*». Ello no obstante, el conjunto del curso de Sherrington se publicó en 1906 en forma de libro con el título de *The integrative Action of the Nervous System* (*La acción integradora del sistema nervioso*), una obra de referencia en el avance de nuestro conocimiento del cerebro, uno de los tratados fundamentales en la historia de la neurociencia.

En el curso de sus experimentos Sherrington descubrió algo que Cajal, con sus estudios morfológicos, no puedo anticipar: algunas neuronas en lugar de estimular otras neuronas, las inhiben. Él las llamó neuronas inhibidoras y se convirtieron en un nuevo jugador, clave para entender los circuitos del sistema nervioso.

Su trabajo en Oxford quedó interrumpido por la I Guerra Mundial. Con el inicio de la guerra los jóvenes fueron llamados a filas y en su clase solo quedaron nueve estudiantes. La disponibilidad de espacio en las aulas fue uno de los argumentos que utilizó en marzo de 1916 para luchar por que se admitieran mujeres en la facultad de medicina de Oxford. Él mismo se puso a trabajar en una fábrica de obuses, al mismo tiempo que estudiaba la fatiga en los obreros de la industria. Podría haberse usado a sí mismo como sujeto de experimentación, pues sus jornadas laborales empezaban a las siete y media de la mañana y terminaban a las ocho y media de la tarde, y los fines de semana de siete y media —solo— hasta las seis.

Sherrington era humilde, generoso y un excelente amigo, se volcaba siempre con quien le pidiera ayuda y lo encantaban el arte y la cultura. Publicó un libro de poesía titulado *The assaying of Brabantius, and other verses*, y su sensibilidad hizo que un crítico comentara elogiosamente su obra confiando en que «*la señora Sherrington siga escribiendo unos versos tan maravillosos*». Fue también un gran maestro que formó a muchos jóvenes brillantes, tres de los cuales, John Eccles, Ragnar Granit y Howard Florey, recibieron también el premio Nobel.

En una ocasión le preguntaron cuál debería ser el papel de la Universidad de Oxford en el mundo y contestó así:

> *...después de algunos siglos de experiencia pensamos que hemos aprendido aquí en Oxford a enseñar lo que se sabe. Pero ahora, con el innegable incremento de la investigación científica, no podemos continuar a expensas del hecho básico de que hemos aprendido a enseñar lo que se sabe. Debemos aprender a enseñar la mejor actitud para lo que no se sabe. Puede que lograrlo nos lleve también siglos, pero no podemos escapar a este nuevo reto, ni queremos hacerlo.*

A los ochenta años Sherrington se jubiló y volvió a su Ipswich natal, donde se construyó una casa. Sin embargo, a pesar de lo difícil que le resultaba viajar por la artritis que sufría, dos años después volvió a Oxford. La guerra civil española estaba llegando a su fin y Pío del Río Hortega, el mejor discípulo de Cajal, estaba trabajando allí e iba a ser nombrado doctor *honoris causa*. Al acto, también un homenaje a la exangüe II República Española, asistió Sherrington renqueante y felicitó a Río en español, la lengua que había aprendido para leer los trabajos originales de Cajal. Ese mismo día la dirección del Hospital de Valdecilla de Santander, parte del régimen franquista, mandó un telegrama a la Universidad de Oxford en protesta por la concesión de tan prestigioso título al compatriota exiliado.

EL PRIMER NEUROCIRUJANO

El primer neurocirujano merecedor de ese nombre fue Victor Alexander Haden Horsley. Era miembro de la clase alta: su padre, John Calcott Horsley, era un renombrado artista, miembro de la Royal Academy, y fue, según dicen, el inventor de la tarjeta de Navidad, el *christmas*, y también alguien con mucho predicamento entre los pudorosos británicos, pues criticaba el uso de modelos desnudas por los artistas prerrafaelitas. El nombre de Victor Alexander fue elegido por su madrina, la reina Victoria.

Horsley se graduó en 1881 en el University College de Londres con una medalla de oro por su habilidad quirúrgica, unas manos que muchos decían heredadas de su padre, el artista. Dos años después fue admitido en el Royal College of Surgeons, el colegio oficial de los cirujanos. Se trasladó entonces a la Brown Institution, el mismo lugar donde trabajó Sherrington, una institución que combinaba la defensa de los animales, buenas instalaciones veterinarias y el convencimiento de que una experimentación bien hecha y con estándares de calidad era beneficiosa tanto para la humanidad como para el resto del reino animal. Horsley realizó allí trabajos de endocrinología, microbiología y neurofisiología.

Desde muy joven Horsley fue un defensor de causas que entonces eran consideradas radicales o subversivas, como el derecho al voto de las mujeres, el reconocimiento de la enfermería como una profesión o la necesidad de un sistema nacional de salud gratuito, una seguridad social. Esto último le hizo enfrentarse con la mayoría de sus colegas, que veían amenazado su negocio, por lo que lo atacaron duramente en reuniones públicas y lo sometieron a un cierto ostracismo. Horsley no se arredraba, era un polemista terrible y no dudaba en gritar e insultar a sus adversarios, aunque fueran amigos suyos. Aun así, estableció una costumbre que ha llegado hasta nuestros días —en muchos médicos, no en todos—: que a un colega no se le cobra, algo que él extendía a los soldados y a los pobres. Por otro

Victor Alexander Haden Horsley (1857-1916).

lado, era también un firme opositor al consumo de alcohol y tabaco, pues veía que muchas de las personas que ingresaban en el hospital por un accidente llegaban ebrias. Con el tiempo fue presidente de la British Medical Temperance Association, una institución que intentaba frenar los males ligados al alcoholismo, y de la Medical Defense Union, una organización que defendía a los médicos de las acusaciones judiciales injustas y que fue fundamental para reforzar el compromiso entre el médico y el paciente.

Horsley fue uno de los primeros cirujanos modernos: usaba en el cerebro técnicas básicas como la anestesia, la antisepsia y los métodos de localización cerebral. Hasta entonces las operaciones en la cabeza, y las más comunes eran las trepanaciones, tenían una mortandad terrible. Horsley trabajó en la localización funcional de las enfermedades, y así pudo demostrar que la extirpación del tiroides causaba mixedema (un hinchamiento de la piel) y también fue el primero que realizó con éxito una hipofisectomía. Comprobó en monos que tanto el mixedema como el cretinismo podían tratarse con un extracto de tiroides e intentó trasplantar tejido glandular tiroideo, pero era absorbido con demasiada rapidez.

Por su habilidad quirúrgica lo nombraron en 1886 cirujano del National Hospital for Nervous and Mental Diseases en Londres, el primer hospital en el mundo especializado en el tratamiento de las enfermedades del sistema nervioso y el primero que tuvo un cirujano especializado en plantilla, es decir, fue el primer neurocirujano. La primera operación de Horsley fue en mayo de 1886 con un paciente con *status epilepticus*. El paciente había sido atropellado de niño por un taxi en Edimburgo, lo que le había causado una fractura deprimida de cráneo (el hueso hundido presionaba sobre el cerebro) y una hemiplejia (parálisis en su lado derecho). Aunque el cirujano que lo trató le había salvado la vida al extraerle los fragmentos óseos del cerebro, en la adolescencia empezó a tener ataques epilépticos que iban a más, y en la época en que lo reconoció Horsley tenía varios ataques intensos al día, lo que le impedía tener una mínima calidad de vida. Además, había que operar con cierta urgencia pues estaba empezando a sufrir un deterioro cognitivo causado probablemente por los ataques epilépticos. Horsley extrajo el hueso craneal y levantó la duramadre para observar la superficie cerebral, encontrando una gruesa cicatriz de tres centímetros de largo por dos de ancho de un intenso color rojo. Horsley cortó el tejido cicatricial y lo eliminó. La operación fue un éxito y la epilepsia y la parálisis remitieron. Repitió la operación en otros dos pacientes y presentó estos éxitos en el congreso de la British Medical Association de agosto de ese mismo 1886, con lo que por primera vez una cirugía cerebral se convertía en un tratamiento válido para algunas formas graves de epilepsia. Fue un cambio radical.

Ese mismo 1886 fue nombrado secretario de la comisión gubernamental encargada de estudiar la vacuna antirrábica desarrollada por Louis Pasteur. Horsley corroboró los resultados del sabio francés y puso en marcha una campaña para vacunar contra la rabia en todo el Reino Unido. Al final de ese año crucial, Horsley había realizado once operaciones intracraneales con solo un fallecimiento. Fue también el primero que realizó ligazones en la carótida para tratar los aneurismas cerebrales y el primero que usó «flaps» de piel. Al año siguiente llevó a cabo lo que William Osler, entonces el médico más famoso del mundo anglosajón, llamó «*la operación más brillante en toda la historia de la cirugía*». El paciente era un militar de cuarenta y cinco años, el capitán Gilbey. Había sido gravemente herido en un accidente de tráfico —y eso que apenas había automóviles entonces— en el que había fallecido su esposa. Gilbey tuvo un buen postoperatorio, pero a los dos años sus piernas desarrollaron una parálisis y se volvieron espásticas. Eran los síntomas de un tumor en la médula espinal, lo que en aquella época era una virtual sentencia de muerte: nadie jamás había vivido mucho tiempo después de ese diagnóstico. Para complicar las cosas, cuando Horsley lo operó en 1887 la lesión no estaba al nivel esperado, por lo que tuvo que hacer una laminectomía —eliminación de parte del hueso de la vértebra para poder acceder a la médula— mucho mayor de lo esperado antes de exponer el tumor. Sin embargo, la operación fue un éxito, Horsley pudo extraer el tumor y un año después Gilbey le escribía contándole que caminaba con normalidad y que ese día había estado trabajando sin problema dieciséis horas.

Fue el inicio de una carrera de éxitos. Para 1900 había realizado cuarenta y cuatro operaciones con diez fallecimientos, había extraído por primera vez tumores de la hipófisis siguiendo una vía a través del cráneo, mejoró la técnica de la división intradural de la raíz del nervio trigémino para las neuralgias trigeminales, publicó abundantemente sobre anatomía y fisiología, estableció los fundamentos de las técnicas de reanimación e inventó el aparato estereotáxico —un sistema para localizar con exactitud una zona cerebral mediante sus coordenadas en los tres ejes— y la cera de Horsley, una mezcla antiséptica hecha con cera de abejas, aceite de almendras y ácido salicílico que corta las hemorragias en la superficie cortada de los huesos del cráneo. El aparato estereotáxico, que al principio parecía poco práctico, revolucionó la neurocirugía, pues permitió realizar procedimientos quirúrgicos en zonas profundas del cerebro tales como el tálamo o el núcleo estriado. También fue enormemente útil para los investigadores, que pudimos así hacer pequeñas lesiones sin abrir apenas el cráneo, realizar registros eléctricos o colocar casi a voluntad moléculas trazadoras que permitieron entender las vías neuronales.

Como neurocientífico Horsley estudió las funciones del cerebro, en especial de la corteza cerebral, tanto en animales como en humanos. Sus estudios sobre las respuestas motoras tras la estimulación eléctrica de la corteza, la cápsula interna y la médula espinal son clásicos en su campo. Combinó, además, estos estudios electrofisiológicos con la cirugía y fue pionero en el uso de la estimulación eléctrica de la corteza para localizar los focos epilépticos, décadas antes que Fedor Krause y Wilder Penfield. Horsley, que había sido un magnífico tirador en los Artists' Rifles, un regimiento de infantería ligera en la reserva que tuvo servicio activo en la guerra de los bóers y en la I Guerra Mundial, estudió también los efectos de las heridas de bala experimentando con animales que le proporcionaba un carnicero. Concluyó que la causa de muerte más común tras una herida de bala no era el fallo cardíaco, como se creía entonces, sino el fallo respiratorio.

A pesar de su calidad como científico y de muchos detalles que sugieren que era una muy buena persona, Horsley era excéntrico. Trataba muy bien a los pacientes y a sus subordinados, pero tenía tremendas discusiones con colegas y amigos. Iba al hospital en bicicleta y se negaba a usar los cuellos duros con corbata que consideraba «insalubres». Se compró un coche, con el que iba a hacer excursiones por su cuenta en aquella época en la que conducir era una tarea impropia de un caballero. Con la fama Horsley no abandonó su compromiso social, su credo era *«la hermandad del hombre y el triunfo último del bien»*. Apoyó a un joven facultativo de origen afrocaribeño y consiguió, mandando carta tras carta al presidente del patronato del hospital, que recibiera un puesto en el mismo hospital donde él trabajaba, probablemente el primer nombramiento de un médico mestizo en el Reino Unido. Se presentó en 1910 como candidato por el partido liberal al escaño de la Universidad de Londres y, aunque las organizaciones de «animal rights» hicieron campaña contra él por experimentar con animales, ganó la elección. En 1914 se iba a volver a presentar, pero renunció por la oposición de su partido al sufragio femenino y a las propuestas contra el alcoholismo, que eran principios fundamentales para él. Con el estallido de la I Guerra Mundial, se alistó voluntario, y fue destinado inicialmente a un hospital de campaña en Wimereux (Francia). En mayo de 1915 fue nombrado director del cuerpo médico militar en Egipto, con base en el 21º hospital general en Alejandría, como apoyo a la campaña de los Dardanelos. Al año siguiente se presentó voluntario para ejercer como cirujano de guerra en Mesopotamia. Horsley creía que el daño de la radiación solar se debía al consumo de alcohol y no al sol *per se*. Para demostrarlo se negó a usar sombrero, y falleció a los cincuenta y nueve años de un golpe de calor. Allí, en las arenas del cementerio militar de Amara, está enterrado este príncipe de los cirujanos.

Edgar Douglas Adrian (1889-1977) [Alfred Eisenstaedt].

O TODO O NADA

Charles Sherrington compartió el premio Nobel con otro fisiólogo inglés, Edgar D. Adrian. Adrian nació en Londres y estudió ciencias naturales en Cambridge, donde tuvo maestros de la categoría de Gaskell, Langley o Keith Lucas. En 1905 Lucas había conseguido resolver uno de los interrogantes de la transmisión neuromuscular: ¿por qué un músculo puede contraerse parcialmente? Es decir, ¿por qué no debe hacerlo necesariamente en su totalidad? Y, además, ¿cómo lo hace? Había dos opciones: o las fibras musculares individuales, las células, podían contraerse parcialmente y la contracción parcial del músculo era el resultado de la suma de todas esas contracciones parciales de las fibras individuales o, la segunda opción, unas células se contraían y otras se mantenían distendidas, con lo que el músculo, de nuevo el conjunto de todas las fibras, disminuía solo parcialmente su longitud.

Lucas usaba ranas como animales de experimentación pero, en vez de elegir un músculo enorme como los de las ancas, decidió centrarse en un pequeño músculo del lomo del batracio, el dorsocutáneo, que está formado por tan solo unos pocos cientos de fibras musculares. El neurofisiólogo inglés desgarró el músculo en unos estrechos fascículos de quince a treinta fibras cada uno y puso por un lado un electrodo estimulador, donde iba aplicando una débil corriente eléctrica que iba aumentando gradualmente, y, por el otro lado, un marcador para registrar al mismo tiempo la contracción del músculo. La idea era que, si las fibras pueden contraerse parcialmente, el registro mostraría una curva ascendente pero si cada una de ellas tiene un mecanismo de contracción total, un proceso de todo o nada, la gráfica se parecería más a una escalera según se fueran sumando nuevas fibras musculares al proceso de contracción. El registro fue esclarecedor: la gráfica mostraba una respuesta escalonada cuyo número de peldaños nunca superaba el número de fibras musculares de cada fascículo.

Las fibras se iban sumando en una respuesta del tipo todo o nada y cada una de ellas podía estar contraída o distendida, pero no en una posición intermedia.

Keith Lucas encargó a Edgar Adrian, su ayudante en Cambridge, que se centrara en el impulso nervioso. A cada músculo llega un nervio o un fascículo nervioso con numerosos axones, las fibras nerviosas, que son los que transmiten la orden de contraerse, el impulso nervioso. Según el propio Adrian:

> *El primer problema de la conducción es si el impulso nervioso es una cantidad variable o si cada fibra única del sistema nervioso tiene siempre la misma fuerza. La investigación de esta cuestión es de singular dificultad debido a que el impulso es tan intangible. Si estimulamos un nervio motor y registramos la contracción del músculo que inerva, concluimos que ha pasado un impulso nervioso desde el origen de la excitación hasta el músculo; pero ¿cómo podemos tener un contacto más estrecho con el impulso nervioso para aprender algo más sobre él que el mero hecho de que ha pasado o no a través del nervio?*

En otro párrafo Adrian define la cuestión aún con más claridad: «*Queremos saber cómo varía el impulso en intensidad, si es más fuerte cuando el estímulo es más fuerte*». La pregunta estaba clara, pero el problema era fundamentalmente técnico: el nervio no mostraba ningún cambio visible y las señales que viajaban por su interior era miles de diminutos cambios de potencial eléctrico de una magnitud mínima, unos pocos milivoltios, y de muy corta duración, del orden de milisegundos. Adrian usó un electrómetro capilar, un aparato inventado por el físico francés Gabriel Lippmann, que sería galardonado con el Nobel en 1908 por sus trabajos sobre la fotografía en color. El electrómetro había permitido observar las bases de la acción eléctrica en el corazón pero, sin embargo, una cosa era la acción masiva, grupal, del músculo cardíaco y otra, muy distinta, la débil señal de los nervios.

El electrómetro fue también usado por Francis Gotch y Victor Horsley para detectar las señales eléctricas que cursaban por los nervios periféricos y la médula espinal. Gotch y Horsley eran cuñados y se dedicaron a hacer estimulaciones eléctricas de la corteza cerebral, con lo que pudieron demostrar que el cerebro de los mamíferos era capaz de producir corrientes eléctricas. Gotch, catedrático en Oxford, describió, además, el período refractario, una fase de la transmisión del impulso nervioso consistente en que una fibra nerviosa no podía generar un nuevo impulso inmediatamente después del anterior, sino que hay un período mínimo de inactividad entre dos descargas. Gotch intentó medir impulsos individuales, pero no lo logró, el aparato solo medía un chispazo diminuto que no permitía decir nada sobre su forma, dimensión y tiempos. En esa época el holandés Willem Einthoven inventó el galvanómetro de cuerda, un aparato con el que consiguió hacer verdaderos registros del corazón. El instrumento tenía un fino hilo conductor colocado entre dos potentes electroimanes. Si pasaba corriente por el cable, por mínima que fuera, el cable empezaba a oscilar, lo que se podía registrar en papel fotográfico. El aparato pesaba doscientos setenta kilogramos por el sistema de refrigeración por agua de los electroimanes y necesitaba cinco personas para manejarlo, pero tenía mayor sensibilidad que cualquier aparato hasta la fecha, con lo que se pudieron medir las corrientes del corazón a pesar de estar metido dentro del cuerpo: fue el primer electrocardiógrafo. Los primeros filamentos eran tan finos que se hacían de cuarzo recubierto de plata y para fabricarlos se fundía el cuarzo y se lanzaba una flecha que arrastraba una hebra líquida de ese material. No obstante, las primeras pruebas de los neurofisiólogos fueron un fracaso: ni siquiera con el nuevo aparato, de una sensibilidad mucho mayor, conseguían detectar las tenues señales de los axones nerviosos.

Lucas y Adrian tenían otro problema añadido, y es que no podían comprarse un galvanómetro de cuerda, era demasiado caro para ellos, así que volvieron al electrómetro capilar. Habían leído que los impulsos neurales que discurrían por los nervios se podían bloquear o ralentizar usando anhídrido carbónico y otras sustancias que interferían en la conducción nerviosa. En primer lugar, Adrian demostró que al pasar por una atmósfera saturada de vapor de alcohol la transmisión se debilitaba y el nervio parecía narcotizado. A continuación hizo un diseño experimental en el que un largo nervio de rana atravesaba dos pequeñas cámaras saturadas de vapores etílicos separadas por un espacio. Podía suceder que la señal se debilitara parcialmente al atravesar el primer tramo, no sufriera cambios en el segundo, sin vapores de alcohol y finalmente desapareciera por completo en el tercero, la segunda cámara con alcohol, con lo que el músculo no registraría ninguna señal. La otra posibilidad era que tras atravesar cada cámara con alcohol el nervio se recuperara y la corriente nerviosa llegara finalmente al músculo colocado en el extremo de la forma habitual. Esto último fue lo que sucedió, e hizo pensar que, como en el caso de las fibras musculares, también los axones nerviosos funcionaban con la ley del todo o nada, pero el experimento no era concluyente.

De nuevo la guerra interfirió en el avance de la ciencia. Maestro y discípulo, Keith Lucas y Edgar Adrian, se incorporaron al esfuerzo bélico de la I

Guerra Mundial. Adrian sirvió en un hospital de campaña, donde atendió a soldados con lesiones neurológicas y obusitis, un trastorno muy frecuente en el frente de trincheras. Lucas, nieto de un veterano artillero de Waterloo, se alistó en la Honourable Artillery Company, el segundo cuerpo militar más antiguo del mundo después de los guardias suizos del Vaticano. Sin embargo, su habilidad para construir instrumentos científicos hizo que la RAF, la recién creada Fuerza Aérea, lo reclamara para el diseño de sistemas de navegación para los aviones e inventara un visor para los bombarderos y una brújula para los pilotos. Decidió que podría hacer un mejor servicio a sus camaradas si aprendía a pilotar y entendía sus dificultades, pero murió poco después en una colisión entre dos aviones. Adrian honró a su maestro. Primero terminó un libro inacabado que salió con el título *The conduction of the Nervous System*, en el que puso a Lucas como único autor y se incluyó a sí mismo simplemente como revisor. Posteriormente, cuando recibió el premio Nobel, en el discurso de honor dijo «*En mi propio trabajo he intentado seguir las líneas que Keith Lucas habría desarrollado si hubiera vivido, y me hace feliz pensar que al honrarme a mí con el premio Nobel honráis al maestro así como a su pupilo*».

Lo que la guerra quitó, la guerra dio. Si el grupo quedó descabezado por el accidente de Lucas, los avances tecnológicos desarrollados durante la contienda mundial, tales como las válvulas de vacío que usaban las viejas radios de nuestros abuelos, permitían amplificar miles de veces las señales y fueron la solución. Adrian, guiado por el americano Herbert Gasser, construyó un amplificador que podía multiplicar por cinco mil las débiles señales eléctricas de los nervios. Otro aparato, un tubo de rayos catódicos, que unos lustros más tarde se usaría para la construcción de un nuevo invento llamado televisión, permitía visualizar las señales.

El primer experimento fue un desastre: colgó el músculo de un soporte, encendió el aparato y el amplificador y el tubo empezaron a disparar como si fueran una metralleta. Adrian pensó que el aparato estaba estropeado y empezó a desmontar la instalación. Sin embargo, al descolgar el músculo, lo más frágil y delicado del montaje, las señales cesaron. Volvió a suspenderlo y los ruidos empezaron de nuevo. Tras varias pruebas se dio cuenta de que estaba registrando el alargamiento muscular, los propioceptores de Sherrington, que informaban al cerebro del estiramiento de los músculos. Por primera vez las neuronas dejaban oír su voz: los cambios eléctricos generados por la actividad neuronal eran multiplicados por el amplificador y convertidos en una señal luminosa en el tubo de rayos catódicos y en sonido por un altavoz.

Un descubrimiento accidental en 1928 mostró la posibilidad de hacer análisis en tiempo real. Adrian lo contó así:

> *Había colocado unos electrodos en el nervio óptico de un sapo en conexión con unos experimentos en la retina. La sala estaba prácticamente a oscuras y no sabía de donde venían unos ruidos que se repetían en el altavoz conectado al amplificador, ruidos que indicaban que había una enorme actividad de impulsos en marcha. Hasta que comparé los ruidos con mis propios movimientos por la habitación no me di cuenta de que estaba en el campo de visión del ojo del sapo y de que estaba señalizando lo que yo estaba haciendo.*

El siguiente objetivo era evidente: escuchar la actividad de una única neurona. Recordando quizá los experimentos de su maestro Lucas con el músculo dorsocutáneo de la rana, Adrian y un estudiante sueco llamado Yngve Zotterman, empezaron a trocear un músculo para quedarse con el trozo más pequeño, intentando tener un único receptor. El problema era que si había varios las señales se mezclaban, era como si estuvieran registrando un cable telegráfico por el que discurrieran varias líneas transmitiendo distintos mensajes en morse simultáneamente. Finalmente consiguieron hacer una disección más fina y quedarse con un único huso muscular. Zotterman lo contó así:

> *Bajo un fuerte estrés emocional nos apresuramos a registrar la respuesta a diferentes grados de estimulación [estirar más o menos el diminuto trozo de músculo]. Adrian corría arriba y abajo controlando el aparato de registro en la habitación oscura y revelando las placas fotográficas. Estábamos nerviosos, los dos éramos conscientes de que eso que ahora veíamos nunca había sido observado antes y de que estábamos descubriendo un gran secreto de la vida, cómo los nervios sensoriales transmiten su información al cerebro.*

El análisis de la señal puso de manifiesto varios aspectos clave de la transmisión nerviosa:

- Todos los impulsos registrados tenían la misma intensidad, no había señales fuertes y débiles. El impulso eléctrico en las fibras nerviosas también se regía por la ley del todo o nada.
- Con un peso de 0,25 g en el músculo la neurona del propiorreceptor disparaba 21 veces por segundo; con 0,5 g lo hacía 27 veces y con un

gramo, 33 veces por segundo. La intensidad de la sensación era codificada a través de variaciones en la frecuencia de disparo, no en la intensidad de los disparos.
— Si el estímulo se mantenía constante, al poco tiempo se producía un rápido descenso en la frecuencia de disparo. Es decir, la neurona se adaptaba con rapidez y los nervios funcionaban respondiendo a los cambios más que a las condiciones estacionarias.

Todo ello implicaba que las neuronas seguían un código universal basado en la presencia o no de disparos en primer lugar y, en segundo, en su frecuencia. No había diferentes códigos para transmitir señales de luz, sonido, dolor, frío, calor o de cualquier otro tipo, sino que la diferencia estaba en el lugar del cerebro adonde llegaba el mensaje: si un impulso llegaba a la corteza visual se interpretaba como luz, pero si llegaba a la corteza auditiva era sonido.

La adaptación, por su parte, explicaba que al entrar en una clase con la atmósfera cargada notemos el fuerte olor pero a los pocos segundos lo notemos menos y poco después ya no lo detectemos. No es que haya desaparecido —a no ser que hayas abierto las ventanas y ventilado un poco—, es que nuestros receptores han enviado la señal al cerebro y poco a poco el mensaje va decayendo hasta desaparecer. Por eso tampoco notamos la ropa que llevamos puesta al poco de vestirnos o una persona que está dormida con la televisión puesta se despierta cuando se apaga, porque lo que realmente llega al sistema nervioso son los cambios en el nivel de información.

En el banquete del premio Nobel Edgar Adrian comentó que era el noveno de los miembros del Trinity College que conseguía el famoso galardón, afirmando con humor «*ustedes pensarán que no es un sitio muy agradable para todos los demás*», y mencionó cómo la fisiología estaba gobernada por el progreso de la física. Quizá esa admiración por la física tenía que ver con una peculiar herencia: en la facultad ocupaba un estudio y una sala que daban al gran patio del Trinity y un pequeño y gélido dormitorio, las habitaciones donde trescientos años antes residió otro científico famoso: Isaac Newton.

RABIA, VIRUS Y VACUNAS

Joseph Meister tenía 9 años y vivía en Meissengott (ahora llamado Maisonsgoutte) en Alsacia, esa zona de Centroeuropa que entre 1871 y 1945 cambió cuatro veces de soberanía, siendo unas veces Alemania y otras Francia. Al parecer, cuando iba camino de la escuela, el niño molestó a un perro con un palo y el animal, que supuestamente estaba rabioso, se le echó encima. Su madre, desesperada porque una infección de rabia era una muerte segura, lo llevó a París, a Louis Pasteur, quien anotó en su diario:

> *Gravemente mordido en el dedo índice de la mano derecha, en los muslos y en la pierna por el mismo perro rabioso que destrozó sus pantalones, lo tiró al suelo y lo hubiera devorado si no hubiera sido por la llegada de un albañil armado con dos barras de hierro que lo abatió.*

La palabra «rabia» viene del latín *rabies* y significa locura. La relación se basa en que el virus de la rabia viaja desde el punto de mordedura a lo largo de los nervios periféricos hasta el cerebro, donde se aloja y genera los primeros síntomas, asimilables a un trastorno mental. El periodo en el que el virus viaja lentamente a través del nervio, de varias semanas a dos años, hace que se produzca un tiempo de incubación en el que la enfermedad progresa de forma invisible pero sin que se produzca ningún síntoma. Una vez en el cerebro se genera una respuesta inmune, una inflamación o encefalitis, y para el ser humano, esa reacción significaba hasta hace pocos años una muerte segura a los dos-diez días de los primeros síntomas. En 2004, 2008 y 2011 tres personas salvaron la vida tras haber mostrado signos de una infección de rabia. Los médicos indujeron un coma, el llamado protocolo de Milwaukee, que detuvo parcialmente la actividad cerebral y dio tiempo al organismo a montar su defensa contra la infección viral sin que el cerebro resultase dañado y esas tres personas sobrevivieron, con secuelas, a la infección.

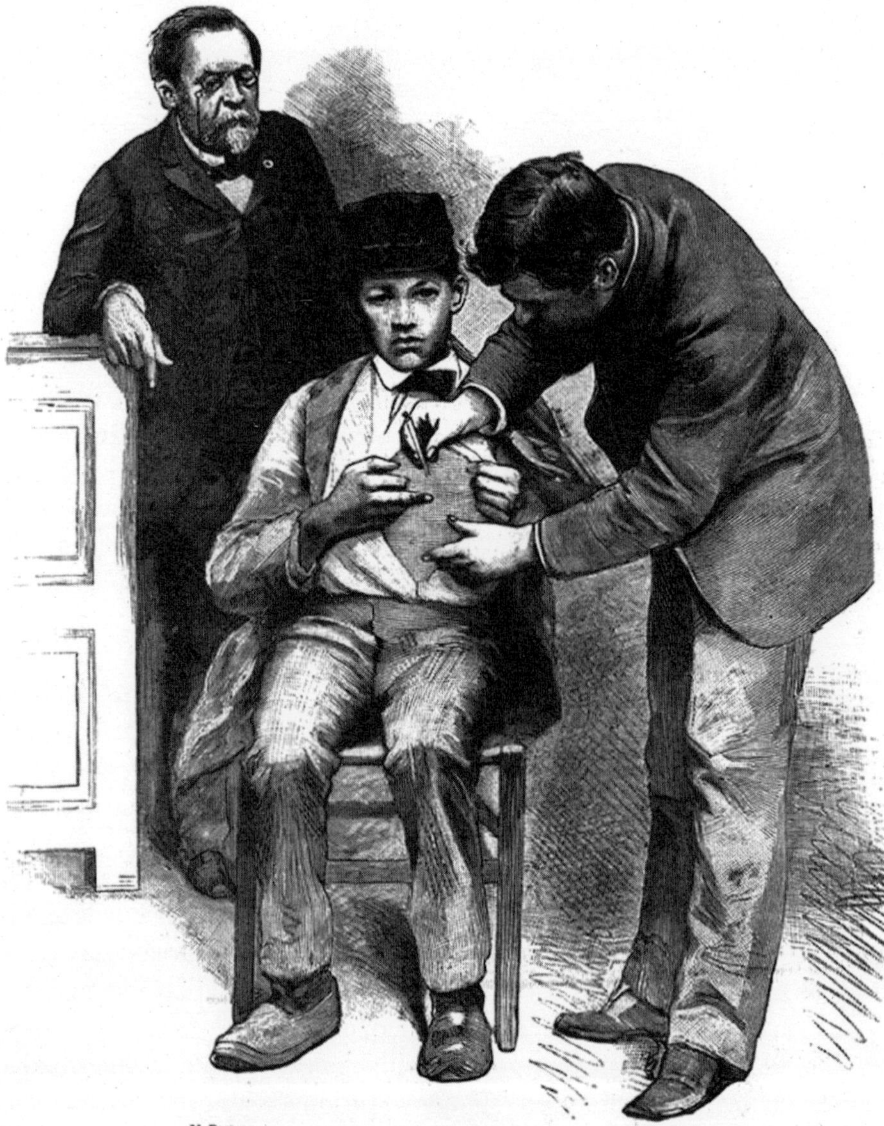

M. Pasteur.
AN INOCULATION FOR HYDROPHOBIA.—From "L'Illustration."

Joseph Meister tenía 9 años cuando un perro rabioso le atacó. Su madre, desesperada porque una infección de rabia era una muerte segura, le llevó a París, a Monsieur Pasteur, quien anotó en su diario: «*Joseph Meister fue la primera persona en ser vacunada contra la rabia.*» [*An Inoculation for Hydrophobia*, *L'Illustration*, Harper's Weekly 29:1513, 19 de diciembre de 1885, página 836].

La rabia es importante para la neurociencia porque el virus viaja saltando de neurona en neurona, una propiedad que hace que se utilice en la actualidad para marcar circuitos neurales; porque tiene una alta especificidad mediada por receptores neuronales; porque causa de treinta mil a sesenta mil muertes anuales y porque con tan solo cinco genes consigue cambiar el comportamiento del animal o persona afectada haciendo que aborrezca el agua (hidrofobia), lo que hace que en la saliva se concentre una alta carga viral y, además, consigue que el individuo infectado desarrolle una enorme agresividad, con lo que el virus pasa a otro huésped mediante mordiscos.

Volvamos a Pasteur. Tras la llegada del niño consultó con el neurólogo Alfred Vulpian y con el médico Jacques-Joseph Grancher, que estuvieron de acuerdo en probar algo a la desesperada porque no había ningún tratamiento eficaz para los enfermos de rabia. Pasteur llevaba tiempo trabajando en una vacuna contra la rabia: atenuaba el virus y lo pasaba por un conejo tras otro. Para ello, extraía las médulas espinales de conejos contagiados de rabia y las dejaba secar lentamente colgadas de una cuerda en el laboratorio. Cuando estaban secas las pulverizaba y usaba ese polvo para preparar una solución que inyectaba en otro conejo. Luego, vuelta a empezar una y otra vez. Sin que Pasteur supiera bien la razón, ese proceso de infecciones sucesivas «debilitaba» el virus de la rabia hasta hacer que su llegada a un nuevo organismo fuera suficientemente intensa como para generar una respuesta defensiva y convenientemente floja como para que, como mucho, causase fiebre y un poco de malestar. Era un tipo de vacuna similar a la que había descubierto Jenner para la viruela, aunque esta quizá debería llamarse «conejuna», porque el animal de partida era el conejo y no la vaca. Louis Pasteur lo cuenta así:

> *La muerte de este niño parecía inevitable. Decidí, no sin una vívida ansiedad, como se puede entender, probar sobre Joseph Meister el método que he comprobado con un éxito constante en perros. Consecuentemente, sesenta horas después de las mordeduras, y en presencia de los doctores Vulpian y Grancher, el jovencito Meister fue inoculado bajo un pliegue de la piel con media jeringa de la médula espinal de un conejo que había muerto de rabia. La había conservado durante quince días en un frasco con aire seco. En los días siguientes hice nuevas inoculaciones frescas. En total fueron trece. En los últimos días inoculé a Joseph Meister con virus de la rabia de la máxima virulencia.*

Aunque Pasteur indicaba que había vacunado a perros de la rabia siguiendo ese procedimiento, no era verdad, y había muchas grietas en la nueva técnica:

— Pasteur no era médico sino químico. Si realizaba un tratamiento médico a un niño, podía ir a la cárcel. De ahí, probablemente, que aclarase que había dos médicos presentes en el momento de la vacunación y que no fuera él el que pusiera la inyección.
— El procedimiento no era realmente una vacuna. El niño estaba ya, presumiblemente, infectado, por lo que no era un tratamiento preventivo sino curativo, destinado a intentar bloquear el progreso de la infección.
— El tratamiento estaba en desarrollo. Nunca se había probado con anterioridad. No había ninguna referencia de su eficacia ni de su seguridad.
— El niño no mostraba ningún síntoma de tener la rabia. El porcentaje de personas que desarrollan la enfermedad tras ser mordidas por un animal infectado se calcula entre el diez y el quince por ciento. Y, sin embargo, le iba a inyectar una cantidad muy importante y presumiblemente letal de virus. Uno de los colegas de Pasteur, Émile Roux, que había trabajado con él en la vacuna contra la rabia, abandonó el edificio en protesta por ese ensayo que consideró cruel y falto de ética.

Joseph en ningún momento desarrolló síntomas de la enfermedad. A los dos días, Pasteur abandonó el laboratorio, según comentan por miedo a un contagio y encargó a sus ayudantes que lo informaran cada día del estado del niño. Pasada una semana tras la última inyección, Pasteur lo envió a su casa. El químico francés se mantuvo muy secretista sobre sus experimentos y, de hecho, pidió que sus cuadernos de laboratorio no se hicieran públicos. Así se hizo desde 1895, el año de la muerte del científico, a 1971. Una vez a disposición de los historiadores, la lectura de los datos de lo que se hizo con Joseph no deja a Pasteur en buen lugar, y estas son algunas de las conclusiones:

— La técnica que utilizó con el niño no se había probado nunca y era distinta a la que había aplicado en perros.
— En los experimentos con perros el número de animales supervivientes era el mismo en los vacunados que en los no vacunados, con lo que los resultados eran, en el mejor de los casos, dudosos. No encaja con lo escrito de un éxito continuo en los experimentos en perros.

— Pasteur había recomendado la vacunación a dos pacientes con rabia del hospital local y uno de ellos había muerto.
— El periodo de incubación de siete días es típico de conejos. En una persona puede ser hasta de dos años. Pasteur no tendría que haber mandado al niño tan pronto a su casa.

Así que Pasteur echó un órdago y, afortunadamente para Meister y para él, la jugada salió bien. El nombre de Pasteur es reverenciado a nivel mundial y, de hecho, es uno de los escogidos con mayor frecuencia a la hora de poner nombres a calles. Fue el fundador de la microbiología, descubrió los isómeros ópticos de algunas moléculas, identificó los gérmenes como causantes de muchas enfermedades e impuso la asepsia en los quirófanos y consultas, y descubrió un procedimiento para conservar los alimentos que conocemos con su nombre, pasteurización. Sus experimentos ayudaron a los fabricantes de vino y cerveza, a los criadores de gusanos de seda y a los productores de leche y queso. Sin él, Francia, Europa y el mundo hoy quizá fuesen algo diferentes. Con los criterios del siglo XXI su investigación, su forma de trabajar, hubiesen sido un escándalo, pero él, como todos, era un hombre de su época y trabajaba con los criterios y estándares de su época. Y en ese tiempo fue considerado lo que creo que es a pesar de las posibles críticas, un gran científico y un benefactor de la humanidad.

Es conocido que Joseph Meister se convirtió en el portero del Instituto Pasteur y allí trabajó hasta su fallecimiento a los sesenta y cuatro años. Es menos sabido que su muerte fue un suicidio con su arma de servicio de la I Guerra Mundial. Cuando un grupo de soldados de la Wehrmacht, el ejército alemán que ocupaba París, fue a visitar la cripta de Pasteur, Meister intentó impedirles el paso. Para un patriota francés y alsaciano, un homenaje vivo a la figura de Pasteur, la presencia de aquellos *boches* uniformados y armados en el santuario del científico francés era un ultraje. Probablemente sólo era un grupo de soldados que disfrutaban de unas horas de permiso en la *Ville Lumière* y tenían mejor nivel cultural que sus camaradas que preferían los cabarés de Pigalle. Hay un último detalle precioso sobre la relación entre el científico y su paciente: cuando a Pasteur se le preguntó qué quería como epitafio, de todos sus honores, méritos, reconocimientos, premios y condecoraciones, pidió que en su tumba se inscribieran sólo tres palabras: «*Joseph Meister vivió*».

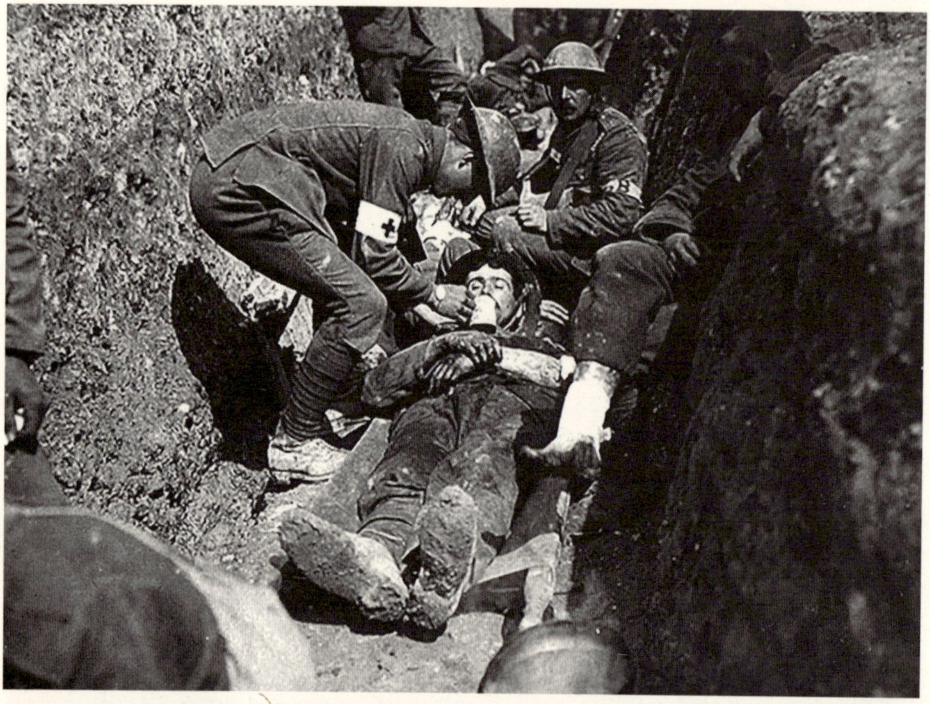

[Superior] Un sanitario atiende a un soldado en una trinchera hasta que pueda ser evacuado al hospital de campaña. [Inferior] Un cirujano realiza una rápida anamnesis con los soldados heridos. Entre 10 y 31 millones de personas perdieron la vida en la Primera Guerra Mundial.

CIRUJANOS DE GUERRA

La I Guerra Mundial fue un aldabonazo en la conciencia de la humanidad. Fue un nuevo tipo de conflicto bélico, una guerra industrial, mecanizada, blindada y motorizada en la que por primera vez se enfrentaron las grandes potencias mundiales de la época: Inglaterra, Alemania, el Imperio Austrohúngaro, Francia, Estados Unidos, Japón, el Imperio Otomano, Rusia... Además, con una ferocidad nunca vista: murieron nueve millones de combatientes y siete millones de civiles. No hay un pueblo en Francia que no tenga un monumento a los caídos en la Gran Guerra con un listado de muertos que eriza la piel. Nuevos artilugios como aviones, ametralladoras, balas explosivas, gases tóxicos o carros de combate tomaron un protagonismo anteriormente desconocido, nunca antes se había matado tanto y con tanta eficacia. El mundo ya nunca fue igual.

Un factor clave fue el alto número de soldados con heridas gravísimas a causa de la metralla. El poeta Charles Sorley, que moriría a los veinte años en las trincheras de Loos en 1915, contaba los horrores al ir a rescatar a un compañero en tierra de nadie y «*cargar una pieza de carne viva*», así como el «*curioso grito inarticulado de un hombre próximo a la muerte*». A pesar de su sensibilidad exquisita, Sorley confesaba que sentía una «*gratitud horrible*» cuando tenía que encargarse de un muerto en vez de de un compañero herido, pues así no «*tengo que cargar con él bajo el fuego, gracias a Dios, bastará con arrastrarlo, tirando de él, de ese cuerpo sin resistencia, en la oscuridad, la cabeza reventada traqueteando, el alivio de que esa cosa ha dejado de gemir*».

Esos heridos eran después llevados por camilleros a hospitales de campaña donde eran atendidos por algunos de los mejores médicos de su generación. Uno de ellos fue Noel Chavasse, atleta olímpico y condecorado en 1916 con la cruz Victoria —el máximo honor británico al valor frente al enemigo— por ir a rescatar heridos bajo un diluvio de artillería. Recibió otra condecoración por seguir tratando a los heridos a pesar de haber sufrido él mismo dos heridas en la cabeza y finalmente murió en 1917 por el impacto de un obús mientras operaba en un hospital de campaña durante la batalla de Passchendaele. Hablar de hospital y de operaciones da quizá una imagen errónea. La atención médica en esos puestos cerca del frente solía consistir en un rápido vendaje, un cigarrillo, una bebida caliente y dosis generosas de morfina. Si el herido no moría a continuación, era evacuado en una ambulancia tirada normalmente por caballos, aunque aparecieron también las primeras motorizadas. Era un viaje agónico hasta un hospital lejos de primera línea donde ya sí se le podía operar y solía estar cerca de una vía férrea para poder enviarlo a continuación a los hospitales base de la retaguardia para su convalecencia y rehabilitación.

El aura honorable y gloriosa de las guerras es una mentira. Los trenes de heridos eran detenidos con cualquier excusa, y uno de ellos tuvo que esperar cinco días en una vía muerta en Inglaterra para que pasaran todos los trenes civiles cargados de turistas que iban de vacaciones a las ciudades de la costa. Los camilleros robaban a los heridos. Las siglas del RAMC (Royal Army Medical Corps) (Real Cuerpo Médico del Ejército) debían traducirse —según el escritor Robert Graves— por Rob All My Comrades (robo a todos mis camaradas), pues los sanitarios le desvalijaron, le privaron de todo lo que llevaba salvo unos papeles en un bolsillo y un anillo que no consiguieron arrancarle del dedo. En el otro bando las cosas no eran mejores. El hospital de prisioneros de guerra de Berlín estaba infestado de chinches y el bloqueo aliado hizo que no hubiera suministros. La carencia de vendas, por ejemplo, hizo que se usaran en su lugar visillos y papel, que se disolvía en una masa infecta al mezclarse con el pus y la sangre.

En ese ambiente caótico los médicos, especialmente aquellos con experiencia en investigación, pronto empezaron a hacer innovaciones. Vieron que intervenir rápidamente las heridas del vientre era la mejor opción para que el paciente sobreviviera, que había que limpiar y desbridar las heridas, y Alexis Carrel, un médico francés que luego recibiría el premio Nobel, puso en marcha nuevas técnicas como las anastomosis, coser venas y arterias, un sistema antiséptico usando lejía diluida y mejoras en las transfusiones de sangre. Carrel decía que todas las civilizaciones importantes habían surgido lejos del ecuador, donde la luz no era tan intensa, porque un exceso de luz inhibía la actividad cerebral, así que su sala de operaciones, su mesa, su bata, etc. eran todas negras. Un motivo más científico es que el ambiente negro permitía distinguir con claridad las motas de polvo y él estaba obsesionado con la limpieza y la asepsia en el quirófano.

Harvey Cushing, uno de los grandes, dejó su cátedra de cirugía en la facultad de medicina de Harvard para unirse al ejército expedicionario americano. Contaba que en julio de 1918 en el Marne operaba sin parar, que no sabía en qué día vivía y que no tenía el mínimo equipamiento básico, como aparato de rayos X, plasma y, ni siquiera, vendajes. Se vio obligado a *«usar paquetes viejos de gasas y vendas de entablillar dedos para cubrir las ruinas apestosas de esos pobres chicos»*. Un día, exhausto, el coronel Cushing se tumbó en la mesa de operaciones, se quedó dormido y se terminó cayendo, dándose un costalazo contra el suelo.

Cushing fue uno de los pioneros de la neurocirugía moderna. En él coincidieron dos características llamativas: el paso de Norteamérica a la vanguardia de la cirugía y la especialización quirúrgica profesional. Provenía de una familia acomodada con tres generaciones anteriores de médicos, pero fue un mal estudiante que prefería el deporte y el arte a los libros, aunque luego se volvió loco por ellos, al menos por coleccionarlos. Se decidió tarde por la medicina, que empezó a interesarlo en la Universidad de Yale, de donde se trasladó a la de Harvard, en la que se licenció *cum laude* en 1895. Comenzó su formación quirúrgica en el Hospital General de Boston, pero aprendió la cirugía moderna con William S. Halsted, la figura sobresaliente del momento, de quien fue asistente desde 1896 en el Johns Hopkins, un hospital fundado según el modelo de las clínicas alemanas de vanguardia de la época. Halsted era muy lento en el quirófano —decían con sorna que sus pacientes cicatrizaban antes de que él terminara la operación— y tampoco iba mucho por el hospital, por lo que Cushing pronto empezó a trabajar de forma independiente.

Cushing completó su formación en Europa (1900-1901), con Kocher en Berna y con Sherrington en Liverpool, y allí inició su especialización en neurocirugía, a la que consagraría el resto de su vida profesional. En Inglaterra conoció a William Osler, del que sería un gran amigo y admirador, el maestro que lo abrió al conocimiento de la medicina más avanzada de su época, le presentó a los mejores médicos ingleses, le despertó un interés por la historia de la medicina y lo convirtió en bibliófilo. A su regreso a los Estados Unidos Cushing consiguió que le dotaran un puesto especializado en Baltimore, a pesar de que apenas había en ese momento enfermos para justificarlo. Pero con sus nuevos conocimientos, en poco tiempo, los pacientes susceptibles de beneficiarse de la neurocirugía aumentaron en tal número que se garantizó sobradamente la continuidad de la especialidad. Los Cushing compraron la casa de al lado de la de Osler, y este abrió un hueco en la verja para que el joven matrimonio pudiera disfrutar de su jardín. En 1905 hizo otro avance inusual, Cushing, que decía que esperaba el día en que fuese nombrado cirujano alguien sin manos porque la parte manual era la menos importante de su trabajo, fundó el Hunterian Laboratory de Johns Hopkins, un laboratorio para desarrollar investigaciones experimentales y probar técnicas quirúrgicas con las que mejoró sus resultados en el quirófano y la calidad de sus clases.

Como neurocirujano, y en solo uno de los hospitales donde trabajó, el Peter Bent Brigham, Cushing operó más de dos mil tumores cerebrales y redujo la mortandad ligada a la cirugía del cincuenta al ocho por ciento. Era muy exigente, y sus ayudantes lo veían como frío, dictatorial, hipercrítico, desagradable y obsesivo: llegaba a detallar y escribir personalmente los menús de los pacientes. Los enfermos, en cambio, veían a un cirujano amable, con un toque de calidez y que siempre tenía tiempo para hablar con ellos y explicarles las cosas. Como catedrático formó una generación de cirujanos que se convertirían en los líderes en las salas de operaciones

Harvey Cushing realiza el esquema de una operación (la número 2000) en su despacho [Fotografía de Richard U. Light, Boston, Massachusetts, 1932].

de todo el país; como gestor creó la Sociedad de Neurocirujanos e, indirectamente, la Asociación Americana de Cirujanos Neurológicos. Como autor escribió monografías sobre adenomas pituitarios, neuromas acústicos, meningiomas, gliomas, tumores de los vasos sanguíneos, cirugía de tumores y ganó el premio Pulitzer por su biografía de Osler. Como investigador describió la enfermedad de Cushing, el reflejo de Cushing, la úlcera de Cushing, la «tercera circulación» del líquido cefalorraquídeo y una gran variedad de fenómenos biomédicos. Como bibliófilo reunió la mejor colección de textos médicos y quirúrgicos de la Antigüedad. Harvey Cushing fue una superestrella de la neurocirugía, cuando no existía ninguna de las dos.

Cushing no surgía de la nada. En el último tercio del siglo XIX comenzaron a publicarse monografías de patología quirúrgica encefálica. La primera maniobra neuroquirúrgica propiamente dicha fue una trepanación craneal para drenar un absceso cerebral previamente localizado por diagnóstico clínico, una operación realizada por el mismísimo Paul Broca. Desde mediados de los años ochenta del siglo XIX se realizaron con éxito las primeras ablaciones corticales para tratar la epilepsia jacksoniana traumática (Horsley, 1883), los tumores cerebrales (Bennet y Godel, 1884) y los medulares (Horsley, 1888). En 1885, el italiano Francesco Durante extirpó con éxito un tumor cerebral y se dice que en la I Guerra Mundial, donde también fue cirujano de guerra, consiguió evitar la amputación a miles de soldados italianos.

Harvey Cushing ideó operaciones descompresoras, como el drenaje lumbar de la hidrocefalia, pero sobresalió por su dedicación a la patología y el tratamiento de los tumores intracraneales. Con su exquisita formación médica y su extrema habilidad técnica inauguró la cirugía hipofisaria y contribuyó al desarrollo de la endocrinología. En 1912 publicó *The pituitary body and its disorders*, fruto de sus investigaciones experimentales y clínicas sobre anatomía, fisiología y patología de la hipófisis. Entre sus más de trescientas publicaciones destacan las monografías en colaboración con un discípulo de Cajal, Percival Bailey, que estuvo al frente del Laboratorio de Investigación Quirúrgica que Cushing creó en Harvard. La primera de ellas, *Classification of the gliomas* (1926), la dedicó «al profesor S. Ramón y Cajal y a los discípulos de su ilustre escuela de neurohistólogos españoles». Esa época en la que España estaba en el mapa de la ciencia.

La neurocirugía, en particular la cirugía del cerebro, fue muy pronto valorada como una de las fronteras de la medicina. Con sus nuevas técnicas, audaces y arriesgadas, la exigencia de una habilidad a menudo asombrosa, que requería el desarrollo y puesta a punto en la morgue y en el laboratorio antes de ir al quirófano, y la promesa de unas posibilidades de curación antes impensables, hizo que los neurocirujanos se convirtiesen en seres míticos en el imaginario popular. De hecho, los más prominentes fueron candidatos evidentes para el premio Nobel pero, sin embargo, aunque Victor Horsley y Harvey Cushing fueron propuestos repetidas veces, tendrían que pasar décadas hasta que finalmente António Egas Moniz obtuviera el galardón científico más prestigioso por un descubrimiento enormemente criticado en la actualidad, la lobotomía frontal. A Horsley y Cushing se los ha denominado «perdedores altamente cualificados» del galardón sueco.

Puesto que era experto en operar tumores cerebrales a Cushing le encargaron en la guerra ocuparse de los soldados heridos en la cabeza. Asombró a los colegas usando instrumental quirúrgico magnetizado e imanes para extraer trozos de metralla después de localizarlos con los rayos X. Bier hizo algo similar en el bando alemán pero, en su caso, con esa pasión germana por la maquinaria pesada, usaba un gigantesco electroimán de más de doscientos cincuenta kilogramos que bajaba sobre la mesa de operaciones utilizando unas poleas y con el que arrancaba también las esquirlas de metralla de las cabezas de los soldados del káiser.

El problema de Cushing era que la meticulosidad y el ritmo lento con los que estaba acostumbrado a operar no encajaba con la urgencia de la cirugía de guerra, pero aprovechó un descubrimiento afortunado: el cerebro no tiene receptores de dolor. Eso le permitió poner a los soldados heridos una anestesia local para el dolor del cráneo y el cuero cabelludo, con lo que les abría la cabeza y charlaba con ellos mientras les operaba el cerebro; no perdía tiempo con la anestesia general y operaba un herido tras otro. Uno de los soldados a los que intentó salvar, sin conseguirlo, de las heridas de metralla fue Revere Osler, el hijo de su maestro y amigo William Osler. Tuvo que ser un golpe duro para Cushing, pero los Osler, con una delicadeza admirable, le escribieron para decirle que para ellos había sido reconfortante saber que su hijo había muerto en las mejores manos y junto a alguien que lo conocía y lo quería.

Después de su jubilación Cushing, que era historia viva, recibió numerosas ofertas para dedicarse a la historia de la medicina, pero decidió acabar sus publicaciones y enseñar neurología en Yale como emérito (1933-37). A esta universidad legó su biblioteca médico-quirúrgica de más de ocho mil volúmenes, un auténtico tesoro que recogía el saber clásico, un ejemplo de que ciencia y humanidades siempre van juntas. Ahora distintas bibliotecas llevan su nombre, Cushing Library, el homenaje que más le habría gustado.

FREUD

Trece años antes del nacimiento de Cushing en 1869 nació Sigmund Freud en Freiberg (Moravia). Esta ciudad era parte entonces del Imperio Austrohúngaro y el niño, el primogénito de un matrimonio de judíos ucranianos que tuvo ocho hijos, fue bautizado como Segismund Schlomo Freud. Fue neuroanatomista, neurólogo, psicoanalista y un importante teórico de la cultura. Se le incluye en todas las listas entre los pensadores de mayor impacto del siglo XX. John Kihlstrom ha dicho:

> *Más que Einstein o Watson y Crick, más que Hitler o Lenin, Roosevelt o Kennedy, más que Picasso, Eliot o Stravinski, más que los Beatles o Bob Dylan, la influencia de Freud en la cultura moderna ha sido profunda y duradera.*

A pesar de que sus padres eran judíos hasídicos, fue «criado sin religión» y se consideró siempre un «no creyente», aunque se sentía unido al judaísmo no por «*las creencias o un orgullo de nación sino por la clara conciencia de la identidad interior, el secreto de la misma estructura mental*». Fue un magnífico estudiante en el bachillerato, graduándose con honores, y hablaba alemán, francés, italiano, español, inglés, hebreo, latín y griego. Aunque originalmente iba a estudiar derecho terminó matriculándose en la facultad de medicina de la Universidad de Viena. Allí estudió filosofía con Franz Brentano, fisiología con Ernst Brücke y zoología con el darwinista Carl Claus. Tardó casi nueve años en terminar sus estudios universitarios, por esa diversidad en su formación y porque pasó casi seis años en el laboratorio de Brücke. De esas investigaciones publicó su primer trabajo, sobre un tema que no tendría mucho que ver con su trayectoria posterior, o quizá sí: los testículos de las anguilas. Más tarde, presentó su tesis doctoral sobre la médula espinal de distintas especies de peces, consiguiendo

SIGM. FREUD

(1891)

una buena base en neuroanatomía, aunque tuvo siempre más interés en el funcionamiento de la mente que en la estructura del cerebro, que en aquellos momentos no tenía respuesta para las preguntas que a él lo interesaban.

Entre 1884 y 1887 Freud se ocupó en detalle de la farmacología de la cocaína, un derivado químico de una planta latinoamericana, la coca, una droga entonces poco conocida que un médico militar alemán había utilizado para aumentar la resistencia física de los soldados. Además de recomendarla a todos sus familiares y conocidos, en la monografía que escribió al respecto, *Über Coca* (*Sobre la coca*), Freud incorporó sus sentimientos, sensaciones y experiencias personales en el consumo de la droga junto con sus observaciones científicas. Frente a sus anteriores artículos, que eran ciencia al uso, incorporó un personaje literario a su descripción del uso de esta sustancia: él mismo. La inclusión en sus escritos de las experiencias personales, las suyas y las de sus pacientes, abrirá una puerta que desembocará en la creación del psicoanálisis.

En septiembre de 1885 Freud obtuvo una plaza docente de neuropatología en la Universidad de Viena, sin sueldo, y poco después le encargaron la dirección de la asistencia pública infantil en el primer distrito de la ciudad. Realizó investigaciones sobre la parálisis cerebral, las afasias —de las que estudió su localización cerebral exacta— y sobre la anatomía microscópica del sistema nervioso. Ese mismo 1885 viajó a París y visitó la clínica psiquiátrica de la Salpêtrière, donde conoció a Jean-Martin Charcot y vio sus tratamientos sobre la histeria y el uso de la hipnosis y de la sugestión para el tratamiento de las enfermedades mentales. Posteriormente Freud exploró el estado hipnótico para evitar la autocensura que impedía que el analista descubriera las experiencias reprimidas de sus pacientes, pero primero recibió muchas críticas del resto de los médicos, pues los hipnotizadores se habían convertido en atracciones de feria y, además, se sintió muy incómodo, según comentó, pues las pacientes se sentían atraídas por él durante los tratamientos.

En 1886 volvió a Viena y abrió una consulta especializada en trastornos nerviosos. Junto con Josef Breuer, amigo y colaborador, inició el desarrollo de la llamada «terapia del habla», precursora del tratamiento psicoanalítico. Empezó tratando a sus pacientes con hipnosis, pero la fue abandonado progresivamente y comprobó que podía hacer que sus pacientes hablaran simplemente al ponerlos en una posición relajada —el diván— y animarlos a contar lo primero que viniera a sus mentes, en un proceso conocido como libre asociación. A partir de ahí analizaba lo que recordaban y determinaba qué sucesos traumáticos del pasado eran los causantes del sufrimiento que los había llevado en ese momento a buscar apoyo profesional. El caso de una paciente, conocida como Anna O., tuvo una gran impacto en su trayectoria. Era una joven que sufría de lo que entonces se diagnosticaba como histeria y presentaba una parálisis temporal, no podía hablar su lengua materna, el alemán, pero podía hacerlo en francés y en inglés, y no podía beber aunque tuviera sed. Al principio la animó a hablar sobre sus síntomas bajo el influjo de la hipnosis pero, según el tratamiento iba evolucionando, se planteó que la situación se aliviaba según iba recuperando recuerdos de incidentes traumáticos que podrían haber actuado como desencadenantes. También hipotetizó que los sueños podían analizarse y que se podía sacar de ellos información sobre el inconsciente, con lo que buscaba demostrar la acción psíquica de las represiones que eran, según él, el sustrato de los síntomas observables en los trastornos mentales. Aunque en la actualidad se considera que los sueños tienen un componente emocional primario, la mayor parte de las ideas freudianas al respecto han sido desacreditadas y la interpretación de las ensoñaciones está más en el mundo de las pitonisas que en el de la ciencia.

El cuerpo conceptual del psicoanálisis se montó sumando a los conocimientos médicos sobre el sistema nervioso de la época e ideas de la filosofía alemana. Leibniz había planteado, con su teoría de las mónadas, que dependiendo del número de ellas el nivel de consciencia variaba desde una percepción nítida a experiencias de las que ni siquiera éramos conscientes. Goethe, por su parte, uno de los autores favoritos de Freud, había descrito que la existencia humana era un conflicto constante entre las emociones y las tendencias. Hegel postuló, a su vez, que la resolución de las fuerzas en conflicto a través del proceso dialéctico era una explicación prácticamente universal para la naturaleza humana. De todo eso Freud desarrolló su teoría de las tensiones y los conflictos y postuló que había un nivel umbral por encima del cual una idea era consciente y por debajo del cual era inconsciente. Planteó que la complejidad de la actividad mental inconsciente no era menor que la de la consciente y que la causa de buena parte de las enfermedades mentales residía en ese inconsciente, al que el terapeuta tenía que acceder para poder tratarlas. Otro concepto clave de las teorías freudianas fue el de transferencia, según el cual el paciente trasladaba al analista sentimientos e ideas que derivaban de figuras con las que había convivido previamente. Al principio la transferencia fue vista como algo negativo que interfería con la recuperación de las memorias reprimidas y alteraba la objetividad de los pacientes, pero en torno a 1912 Freud pasó a considerarla como una parte esencial de su proceso terapéutico.

En 1895 Freud escribió *Proyecto para una Psicología científica,* obra en la cual trató de conectar los mecanismos neurales con los conceptos psicodinámicos. Sin embargo, lo consideró un proyecto fallido y nunca publicó este manuscrito, algo que se haría póstumamente. Freud abandonó esos intentos de conectar psicoanálisis y neurociencia, pues consideraba que el conocimiento sobre las conexiones nerviosas no encajaba con sus conceptos psicodinámicos, y optó por alejarse de la evidencia y de la experimentación. En ese proceso de teorización fue incorporando ideas de distintos pensadores y, así, de Fechner tomó la imagen de que la mente era como un iceberg y solo la punta era la experiencia consciente. Sostuvo la existencia de un aparato psíquico con tres instancias, el ello, el yo y el superyó, que no han tenido un refrendo en la neurociencia. De Charcot tomó el interés por la hipnosis pensando que las personas susceptibles tenían una especial propensión a la histeria y de Darwin el *continuum* entre seres humanos y animales y la idea de que el instinto puede desempeñar en nuestra vida diaria un papel más importante de lo que normalmente asumimos. Dos de esos instintos, el sexual y el de agresión, eran para él las fuerzas dominantes en el hombre, solo limitadas por el efecto civilizador de la sociedad. De Schopenhauer incorporó la idea de que el comportamiento de los humanos se movía entre la necesidad y la necesidad satisfecha e incorporó los conceptos de sublimación, represión y resistencia, como cuando el filósofo de Dantzig dijo que se podía encontrar alivio o un escape a las fuerzas irracionales sumergiéndose en la música, la poesía o el arte. Sin embargo, la mayor parte de las ideas de Freud sobre los instintos en la mente humana o sobre las memorias reprimidas han sido abandonadas, nadie lo usa como fuente fiable y prácticamente ninguna de sus teorías ha sido respaldada por evidencias comprobables.

En 1896 suceden en su vida dos acontecimientos notables, uno positivo y otro negativo. Por un lado, alcanza reconocimiento y éxito profesional con la publicación en una revista médica francesa de *La etiología de la histeria*, la obra donde aparece por primera vez la palabra psicoanálisis y que tiene una gran acogida. Por otro lado, ese año muere su padre.

En 1900 Freud publicó *La interpretación de los sueños* y llevó al público general la noción de la mente inconsciente. Ese año escribía en una carta a Wilhelm Fliess «*Actualmente no soy en absoluto un hombre de ciencia, ni un observador, ni un experimentador ni un pensador. Por temperamento no soy otra cosa que un conquistador, un aventurero si quiere traducirlo, con toda la curiosidad, osadía y tenacidad características de un hombre de ese tipo*». En 1901 publicó *La psicopatología de la vida cotidiana*, en la que planteaba que un olvido o un comentario impulsivo e incontrolado (ahora lo llamamos un lapsus freudiano) no era algo accidental sino un elemento cargado de significado que revelaba la acción del inconsciente. Para mucha gente esto era hacer pasar por ciencia puras supersticiones, pero sus siguientes ideas fueron no menos provocativas. Para él el impulso sexual era el principal constructor de la psicología de una persona, y la sexualidad algo presente incluso en los niños. Su redefinición de la sexualidad para incluir experiencias infantiles lo llevó a formular el complejo de Edipo como un elemento central de la teoría psicoanalítica. Su autoanálisis sobre los sueños y las memorias de su infancia lo hizo descubrir sentimientos de hostilidad hacia su padre y una rivalidad por el cariño de su madre que lo llevaron a nuevas teorías sobre el origen de las neurosis. No hay ningún dato que apoye la idea de que los niños desean sexualmente a sus madres y odian a sus padres, y sus ideas sobre la envidia del pene por parte de las mujeres se consideran al mismo tiempo cómicas y trágicas. El desarrollo de estas nuevas ideas tuvo lugar en un momento en que su situación personal era compleja: tenía arritmias cardíacas, sueños perturbadores y períodos de depresión, una «neurastenia» que él conectaba con la muerte de su padre en 1896 y que probablemente también tenía que ver con su abandono de la cocaína, hacia la que había desarrollado una intensa dependencia. También postuló la existencia de la libido, una energía transformada por las estructuras mentales y que genera fijaciones eróticas y una tendencia hacia la muerte y que se convierte en la fuente de las repeticiones compulsivas, el odio, las agresiones y la culpa neurótica. Freud dejó también en este tema la ciencia de lado y desarrolló una aproximación subjetiva, sin ningún tipo de evidencia ni experimentación, basada en sus intuiciones y en lo que los pacientes le decían sobre su vida interior. No hay evidencias que confirmen que el desarrollo humano pasa por fases oral, anal, fálica y genital, y su teoría de que la homosexualidad era un fallo para reconciliar la fase anal es un sinsentido más. Tampoco tiene fundamento considerar la esquizofrenia o la depresión como trastornos narcisistas, y decir que el autismo es un problema de la maternidad, como algún freudiano llegó a decir casi medio siglo después, es escandaloso e insultante.

En 1902 Freud fue nombrado profesor de la Universidad de Viena y reunió a su alrededor un grupo de devotos seguidores que se juntaban todos los miércoles, según describió Max Graf, uno de los participantes:

> *Las reuniones seguían un ritual definido. Primero, uno de los miembros presentaba un artículo. Entonces se servían café negro y pasteles, y en una mesa había puros y cigarrillos que se consumían en grandes cantidades. Después de un cuarto de hora social, la discusión empezaba. Las últimas y decisivas palabras eran siempre pronunciadas por el propio Freud. En aquella habitación había la atmósfera de la fundación*

de una religión. El propio Freud era su nuevo profeta, que hacía que los métodos usados hasta entonces para la investigación psicológica parecieran superficiales.

Pronto grupos similares surgieron en otras ciudades, pero disputas internas hicieron que algunos de sus seguidores más destacados, como Alfred Adler y Carl Jung, rompieran con el grupo inicial de una forma traumática. Freud continuó trabajando y escribiendo, con una enorme productividad. En 1909 hizo la primera presentación internacional de sus teorías en la Clark University de Massachusetts. En 1923, a los 67 años, se le diagnosticó un cáncer de mandíbula, el resultado de muchos años de fumar puros. Freud consideraba que sus adicciones, la cocaína o después el tabaco, eran un sustituto para la masturbación a la que llamaba «el gran hábito». En los dieciséis años siguientes le hicieron treinta operaciones para intentar detener el progreso del tumor. Al mismo tiempo, la subida al poder del partido nazi en 1933, otro tipo de tumor, comenzó a alterar el paisaje de Europa, y distintos libros, incluidos los de Freud, fueron quemados en plazas públicas. Freud comentó «*Estamos progresando. En la Edad Media me habrían quemado a mí. Ahora se quedan contentos quemando mis libros*». En 1938 Austria fue anexionada por Alemania y a Freud le confiscaron el pasaporte, pero su fama internacional hizo que le permitieran abandonar el país y se trasladó con su esposa a Inglaterra, donde murió en septiembre de 1939 tras pedir a su médico que le inyectara una sobredosis de morfina.

El psicoanálisis sigue siendo influyente en la psicología y en la psiquiatría a pesar de la carencia de evidencias científicas en su favor y ha ampliado su ámbito de actuación desde ser una forma de terapia para las enfermedades mentales a permear gran parte de las humanidades. Sin embargo, las últimas décadas, a pesar de algunos intentos para vincularlo a la ciencia experimental como el llamado neuropsicoanálisis, han visto arreciar las críticas sobre su eficacia y su estatus, y es considerado por la mayoría de los investigadores del cerebro más como una seudociencia, basada en postulados no demostrados, que una verdadera disciplina científica.

Aloysius Alzheimer (1864, Baviera, Alemania - † 1915, Breslavia, Alemania (actual Wroclaw, Polonia). Psiquiatra y neurólogo alemán que logró identificar los síntomas de la enfermedad que lleva su nombre; junto a su retrato, una fotografía de una de sus pacientes, Auguste Deter.

ESE ALEMÁN QUE ME ESCONDE LAS COSAS

El cada vez mejor conocimiento de la estructura y función del cerebro abrió la puerta a la comprensión de las enfermedades mentales y a su posible tratamiento. Aloysius Alzheimer o Alois, como lo llamaban sus amigos, trabajó en el manicomio municipal de Frankfurt. Las fotos que se conservan de él frecuentemente lo muestran con un puro en una mano y un microscopio en la otra. Llevaba ya trece años en aquella ciudad, desde el año siguiente a que se licenciara como médico. En su tesis doctoral (1888) había estudiado una estructura cercana al cerebro pero sin mucha relación con él, las glándulas de la cera del oído, y se había basado en los experimentos realizados en el laboratorio de Rudolf Albert von Kölliker, el fisiólogo suizo que hizo avanzar considerablemente el conocimiento del sistema nervioso. En aquel hospital psiquiátrico Alzheimer se especializó cada vez más en el estudio y el tratamiento de los enfermos mentales y conoció a Franz Nissl, otro médico, que le enseñó su sencillo método para teñir las neuronas, una técnica que permitía estudiar con más claridad la estructura de las regiones cerebrales. Alzheimer quería dedicarse a la investigación, pero su situación económica no se lo permitía, así que hizo lo que se podía hacer en aquellos tiempos sin becas ni proyectos de investigación: se casó con una viuda rica. En descargo de él y de la ciencia, Alois amó a su querida Cecilie Geisenheimer hasta el final de su vida.

Un día, de repente, la enfermera introdujo en su consulta a una nueva paciente, Auguste Deter. Estaba muy confusa, tenía evidentes problemas de memoria y un comportamiento extravagante. El caso era muy parecido a una demencia senil, pero aquella mujer sólo tenía cuarenta y siete años. La historia clínica de Deter, que durante mucho tiempo se creyó perdida, apareció en 1995 de manera inesperada en los archivos de la Universidad de Frankfurt, lo que demuestra que aún pueden producirse hallazgos sorprendentes en los países avanzados. El archivo, de cuarenta y dos páginas, contiene el informe de admisión y tres historias diferentes, incluidas notas tomadas por el propio Alzheimer. La mayoría del texto está escrito en un tipo de escritura en desuso llamada *Sutterlinschrift*. El historial también contiene una pequeña hoja de papel con muestras de la caligrafía de Deter, puesto que Alzheimer llamó originalmente a la nueva enfermedad «*trastorno amnésico de la escritura*».

Los primeros síntomas de la señora Deter fueron cambios en su personalidad, desorientación, y unos fuertes celos hacia su marido. Pronto empezó a mostrar déficits de memoria, que aumentaron hasta el punto de no saber orientarse en su propia casa. La paciente no mejoraba, cada vez se encontraba más confundida, desorientada y con delirios. Si Alzheimer le proponía un ejercicio, como identificar algunos objetos, los olvidaba inmediatamente, como si nunca hubiera tenido lugar esa sesión. Un fragmento de ese historial, escrito por Alzheimer y fechado el 26 de noviembre de 1901, dice así:

> *Se sienta en la cama con una expresión desvalida.*
> *—¿Cuál es su nombre?*
> *—Auguste.*
> *—¿Cuál es el nombre de su marido?*
> *—Auguste.*
> *—¿De su marido?*
> *—Ah, mi marido.*
> *Mira como si no entendiera la pregunta.*
> *—¿Está usted casada?*
> *—Con Auguste.*
> *—¿Señora Deter?*
> *—Sí, sí Auguste Deter.*
> *—¿Cuánto tiempo lleva aquí?*
> *Parece intentar recordar.*
> *—Tres semanas.*
> *—¿Qué es esto? —le muestro un lápiz.*
> *—Una pluma.*

> *Una cartera, una llave, un periódico y un puro son identificados correctamente. En la comida, toma coliflor y cerdo. Preguntada sobre qué está comiendo, contesta «espinacas». Mientras está masticando la carne, contesta «patatas» y «nabo». Cuando se le muestran cosas no recuerda después de un poco de tiempo qué objetos se le han mostrado,*

entre medias habla de sus mellizos. Cuando se le pide que escriba su nombre, intenta escribir señora y olvida el resto. Es necesario repetirle cada palabra.

En una de esas entrevistas, de repente, Auguste hizo una pausa con una mirada que expresaba miedo, desconcierto, vergüenza y dijo lo más parecido a un autodiagnóstico que haría nunca: «*Me he perdido*».

En 1903 Alzheimer se trasladó a Heidelberg siguiendo a Emil Kraepelin, que le pidió ayuda para identificar la base anatómica de los trastornos psiquiátricos, pero se mantuvo pendiente de la evolución de Auguste. Al año siguiente Kraepelin y Nissl se trasladaron a Múnich y decidieron llevarse a Alzheimer con ellos como jefe del departamento de patología de un nuevo instituto de psiquiatría. Alzheimer siguió el deterioro de Auguste durante cuatro años y medio, viéndole perder cada vez más piezas de ese rompecabezas que es la mente humana, cada vez menos posibilidades, menos memorias, menos «alma».

Cuatro años después de sus primeras manifestaciones clínicas, en 1906, Auguste Deter se volvió incontinente, apática y no se levantaba de la cama. Murió en posición fetal a la relativamente joven edad de cincuenta y un años, la misma edad a la que moriría Alzheimer unos años después. Curiosamente, parece que no murió de la enfermedad de Alzheimer, sino de una arteriosclerosis cerebral.

Tras la muerte de Deter se fueron encontrando más pacientes de ese tipo. Llegaban a la consulta con lapsos de memoria y problemas de concentración y se veía cómo se deterioraba su atención a los asuntos personales y cómo perdían interés por las cosas que los rodeaban. Los problemas de memoria aumentaban y estaba más afectada la memoria de hechos recientes que la de los sucesos del pasado lejano. La desorientación y las dudas al hablar se iban agravando y la pérdida de memoria se acentuaba hasta que eran incapaces de recordar lo que habían dicho o hecho pocos minutos antes. Los pacientes estaban desorientados, sin saber quiénes eran, dónde estaban ni en qué época vivían. La comunicación se iba deteriorando y, finalmente, las personas afectadas, muy debilitadas, solían morir de una neumonía u otro tipo de infección.

Alzheimer pudo realizar un análisis *postmortem* del cerebro de Deter y encontró que había sufrido grandes cambios. Había una atrofia generalizada de la corteza cerebral: muchas neuronas habían desaparecido y otras parecían estar llenas de unas marañas de hilos o alambres, a las que llamó ovillos neurofibrilares. Además, en los espacios entre las neuronas se veían unos depósitos con aspecto pegajoso, las denominadas «placas seniles». En la actualidad sabemos que esas dos estructuras neuropatológicas, las placas y los ovillos están formadas por acúmulos de proteínas. En el caso de las placas seniles, por una mezcla compleja de moléculas orgánicas que rodea un núcleo de una proteína llamada beta-amiloide. En el de los ovillos, por la formación de una variante especial, insoluble, de las proteínas tau. Unos meses más tarde Alzheimer presentó estas observaciones en el congreso de la Asociación Alemana de Alienistas y los publicó: primero en el Neurologisches Centralblatt en 1906 y un año más tarde, en 1907, en otras dos revistas alemanas. A caballo prácticamente de ambos años, el 4 de noviembre de 1906, en un congreso de la asociación de psiquiatras del sudoeste de Alemania, Alzheimer presentó una ponencia sobre «*eine eigenartige Erkrankung der Hirnrinde*» (una enfermedad peculiar de la corteza cerebral). Un padecimiento nuevo empezaba a ser conocido.

Si una enfermedad solo existe cuando tiene nombre, en 1910 nació una nueva, la que todos llamarían la enfermedad de Alzheimer. Su amigo Emil Kraepelin, llamado el «Linneo de la psiquiatría», pues dedicaba gran parte de su tiempo a la categorización y clasificación de los trastornos psiquiátricos, llamó así al nuevo tipo de demencia y lo incluyó en la octava edición de su *Tratado de psiquiatría*.

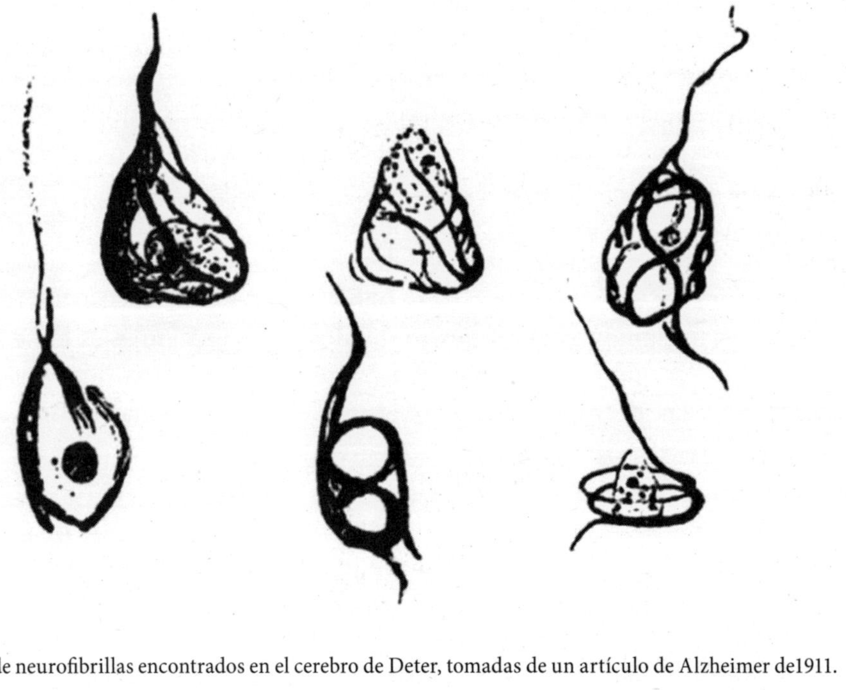

Ovillos de neurofibrillas encontrados en el cerebro de Deter, tomadas de un artículo de Alzheimer del1911.

La nueva enfermedad avanzaría rampante en todos los países desarrollados a lo largo del siglo XX. Se calcula que en España afecta en mayor o menor medida a unas ochocientas mil personas y que otras doscientas mil podrían no estar diagnosticadas (datos de la Federación de Enfermos de Alzheimer). No sabemos por qué se desarrolla un alzhéimer. Hay genes que confieren una predisposición y hay un tipo de enfermedad de Alzheimer llamada familiar, pero explica solo un porcentaje mínimo de casos. En él, muchos de los miembros de una misma familia desarrollan esta enfermedad, y a edades muy tempranas. Por otro lado, se ha identificado recientemente una variante génica que confiere propensión a sufrir la enfermedad de Alzheimer tardía, el tipo más normal de demencia.

Alzheimer enfermó en el tren en su camino a Breslau, donde había sido nombrado catedrático de psiquiatría. Falleció en 1916. En su obituario, Robert Gaupp, jefe del departamento de psiquiatría de la Universidad de Tübingen y predecesor de Alzheimer en la clínica de Kraepelin en Múnich, escribió sobre él:

> *Alzheimer fue un hombre con una mente clara y unos poderes creativos inusuales que afrontaba los mayores esfuerzos en su trabajo con un fuerte compromiso por la verdad científica. Con una buena formación, esta combinación de talentos tenía que resultar en unos hallazgos impresionantes en el campo científico. Esto se complementaba con su cordial interés en las personas, su mentalidad de verdadero científico y su gran felicidad en combinar la ciencia con la práctica médica. Aunque trabajó en un pequeño campo especializado, infinitamente difícil, siempre se esforzó para que su investigación no pusiera en peligro al médico clínico que había en él.*

Hablando sobre su trabajo dijo lo siguiente:

> *La modestia excesiva y el abatimiento paralizante no han ayudado a las ciencias a avanzar ni estas son ayudadas por ellos; sí lo hará un sano optimismo que busque animoso nuevas vías para comprender, puesto que está convencido de que será posible encontrarlas.*

Alzheimer supo crear un ambiente cordial y grato en el laboratorio. Recibió visitantes de todas partes del mundo, incluidos Nicolás Achúcarro, de España, y Ludwig Merzbacher, alemán nacido en Italia que terminó trabajando en Buenos Aires, en la Clínica Modelo y, posteriormente, en el Hospital Alemán. Alzheimer fue un trabajador meticuloso y nunca publicó prematuramente, lo que le hacía ir despacio. En una de sus raras visitas al laboratorio de su compañero, Kraepelin comentó que «*los molinos neuroanatómicos de Alzheimer muelen bastante lento*». Walther Spielmeyer, su sucesor en Múnich, comentaba sobre la política de publicaciones de Alzheimer:

> *Nunca tuvo que luchar por el reconocimiento de su trabajo investigador. La claridad de sus conferencias y escritos convencía a un observador lejano de la importancia de sus resultados. En estos tiempos de prolífica publicación, donde todos piensan que tienen algo importante que decir y donde muchos publicitan las pequeñas cosas que han encontrado una y otra vez, Alzheimer nunca saltó a la arena si no tenía algo importante que mostrar.*

Igual que ahora.

La incidencia de la enfermedad de Alzheimer aumenta con la edad. A partir de los sesenta y cinco años de edad, la posibilidad de sufrir un alzhéimer se dobla cada cinco años y medio. Hay quien piensa que, si viviéramos más, todos padeceríamos una demencia de un tipo u otro, y los estudios estadísticos indican que el setenta y cinco por ciento de las personas de los países desarrollados desarrollaría la enfermedad de Alzheimer si llegaran hasta los cien años. Así que, una de dos, o te mueres antes o padeces la enfermedad de Alzheimer. Pero recuerde, todos olvidamos cosas de vez en cuando o colocamos objetos fuera de su sitio. Perder la iniciativa, al entrar en una discoteca por ejemplo, puede ser un síntoma de sensatez y no precisamente de enfermedad mental.

EL PRIMER ELECTROENCEFALOGRAMA

Hasta el desarrollo de los electroencefalogramas y de la neuroimagen, los médicos y los científicos solo podían intentar imaginar —sin ninguna información fiable— cómo era el estado estructural y funcional del cerebro vivo. Richard Caton publicó en el *British Medical Journal* en 1875 que se podían medir cambios eléctricos en los hemisferios cerebrales de conejos y monos. Quince años más tarde, en 1890, el fisiólogo polaco Adolf Beck registró actividad eléctrica espontánea en el cerebro de conejos y perros y observó oscilaciones rítmicas que cambiaban tras la exposición del animal a una fuente de luz. En 1912 un fisiólogo ruso, Vladimir Vladimirovich Pravdich-Neminsky, publicó el primer electroencefalograma (EEG) de un perro y anotó la presencia de potenciales evocados, una señal eléctrica que se registra tras la presentación de un estímulo. Dos años después se vio que, si se provocaba un ataque epiléptico en un animal, el EEG permitía su seguimiento. La técnica estaba madura para su uso en humanos, y en 1924 el fisiólogo y psiquiatra Hans Berger la probó en un hospital comarcal en Jena (Alemania).

Berger tenía una historia particular. Había empezado a estudiar matemáticas en la Universidad de Jena con la idea de convertirse en astrónomo. No debía de estar muy a gusto, pues, cuando solo llevaba un semestre en la facultad abandonó la universidad y se enroló en un regimiento de caballería. Durante unas maniobras el caballo se encabritó y lo tiró al suelo justo delante de un tiro de caballos que arrastraba un cañón. Berger pensó que iba a morir aplastado pero, afortunadamente, el conductor del tiro estaba atento y pudo parar a los animales justo a tiempo. Sin embargo, su hermana, que estaba a kilómetros de distancia «sintió» que su hermano estaba en peligro y rogó a su padre que le telegrafiara. Una anécdota de las que quedan en nada salvo cuando sucede una de estas causalidades sorprendentes. Años más tarde Berger escribió: «*Fue un caso de telepatía espontá-*

nea en un momento de peligro mortal en el cual, mientras contemplaba una muerte cierta, transmití mis pensamientos mientras que mi hermana, que me era particularmente cercana, actuó como receptor».

Berger, obsesionado con aquella idea, regresó a Jena tras el servicio militar para estudiar medicina con el objetivo de descubrir la base fisiológica de la «energía psíquica». Tras terminar la licenciatura se incorporó al departamento de psiquiatría y neurología y allí desarrolló su carrera académica e investigadora. El tema de su tesis fue «la búsqueda de la correlación entre la actividad objetiva en el cerebro y los fenómenos psíquicos subjetivos».

Años más tarde Berger fue elegido rector de la Universidad de Jena y consiguió registrar y amplificar las debilísimas señales eléctricas que la actividad cerebral generaba y que se podían captar directamente en el cuero cabelludo, sin necesidad de cirugía ni de anestesia. Hacía sus experimentos en su tiempo libre, y las dudas que tenía sobre su hallazgo hicieron que tardara cinco años en publicarlo. En su primer artículo da la fecha del 6 de julio de 1924 como el día del nacimiento del electroencefalograma, una técnica que «permitía registrar la actividad eléctrica del cerebro humano desde la superficie de la cabeza». Sin embargo, Berger no fue profeta en su tierra y sus colegas no lo consideraban en la primera línea de la psiquiatría

Fotografía de Hans Berger realizada en 1927.

alemana, sino que mas bien pensaban que era un excéntrico. Un americano que lo visitó dijo de él «*me pareció una persona modesta y digna, plena de buen humor y tan imperturbable ante la ausencia de reconocimiento como lo estaría más tarde ante la fama que atrajo. Pero tenía una debilidad fatal: era un completo ignorante de la base técnica y física de su método. No tenía ni idea de mecánica ni de electricidad*».

Quizá eso contribuyó a ese escaso reconocimiento. Al principio utilizaba unas agujas que clavaba en el cuero cabelludo, pero luego las sustituyó por electrodos planos adheridos sobre la piel, sujetados con gomas y conectados a un oscilógrafo. Mediante su aparato Berger vio que podía distinguir diversos ritmos en las ondas cerebrales. Había uno que aparecía en reposo y con los ojos cerrados. Al principio se llamó onda de Berger, tiene un ritmo cercano a los 10 hercios (7,812-13,28 hercios) y ahora se conoce como onda alfa. Cuando el sujeto abría los ojos la onda alfa era sustituida por otra de mayor frecuencia, llamada onda beta, de 12 a 30 hercios. Se pensó que la onda alfa correspondía al ritmo espontáneo de descarga de los millones de neuronas repartidas por la corteza cerebral y la beta a un estado de consciencia y alerta. Posteriormente se identificaron las ondas gamma, con más frecuencia aún, de 30 a 100 hercios y que se observan cuando el cerebro realiza algunas tareas complejas que requieren una alta concentración; las ondas delta, de baja frecuencia y amplias, de hasta 4 hercios, que aparecen en el sueño profundo, mientras se duerme sin soñar, y en los bebés; y las ondas theta, de 4 a 7 hercios, que aparecen en niños pequeños en estado de somnolencia.

Aunque se había dicho que Berger fue represaliado por los nazis, las últimas investigaciones han podido comprobar que fue miembro de las SS y que participó en el tribunal de salud genética, un comité que decidía a quién había que esterilizar para la pureza de sangre del Reich, que sus diarios contienen comentarios antisemitas y que participó en el nombramiento de su sucesor, un médico que fue expulsado de su puesto en la universidad al final de la II Guerra Mundial por su connivencia con los nazis. Berger, que sufría una fuerte depresión y una infección grave de la piel, se suicidó ahorcándose en la clínica donde trabajaba el 1 de junio de 1941.

A pesar del poco interés de los alemanes por la electroencefalografía, los ingleses se dieron cuenta inmediatamente de que aquello era prometedor. Adrian comentó que parecía un método valioso para el estudio de la actividad cerebral, y lo que leyó sobre las ondas descritas por Berger le hizo declarar que esos datos encajaban con lo que había descubierto sobre los impulsos nerviosos. Una nueva técnica se había incorporado al arsenal metodológico de la neurociencia.

La electroencefalografía mide las ondas eléctricas registrables en la superficie craneal, que muestran cambios característicos en función de la actividad neuronal de la corteza cerebral. Por poner un ejemplo, permitió saber que durante el sueño hay distintas fases que se diferencian por los registros eléctricos. El aparato utiliza de 19 a 128 electrodos situados sobre el cráneo y construye una imagen de la actividad cerebral mediante el registro de picos eléctricos en relación con estímulos determinados como oír palabras, leer una frase o tocar una parte del cuerpo. La electroencefalografía es una de las técnicas más baratas para registrar actividad cerebral, es fácil de transportar, tiene una buena resolución temporal del orden de milisegundos —el rango de muchas respuestas cerebrales—, el sujeto se pude mover y no genera sentimientos de claustrofobia, es silenciosa y no implica exposición a altos campos magnéticos ni a radiaciones. Las desventajas son que tiene mala resolución espacial, que no puede asociarse a un neurotransmisor determinado, que no da apenas información de lo que sucede por debajo de la corteza cerebral y que la proporción señal/ruido es pobre, por lo que hacen falta muchas medidas o muchos sujetos para tener unos datos medianamente fiables. Pocos años después de su invención se lograron las primeras aplicaciones al identificarse señales específicas de las epilepsias. Recientemente se ha desarrollado una aplicación para teléfono móvil que se conecta a un gorro con electrodos y permite realizar un EEG en zonas donde no hay cobertura sanitaria, lo que ayuda, por ejemplo, a identificar a las personas afectadas de epilepsia en países en desarrollo y permite ponerlas en tratamiento sin más demora. También se ha visto que los registros cerebrales de una persona son una prueba biométrica. Es decir, que son característicos de esa persona concreta y diferentes de los de todas las demás. Algunas empresas están explorando su posible uso para asuntos de seguridad, como poder identificar con certeza a una persona y dejarle o no acceder a lugares o a información restringida.

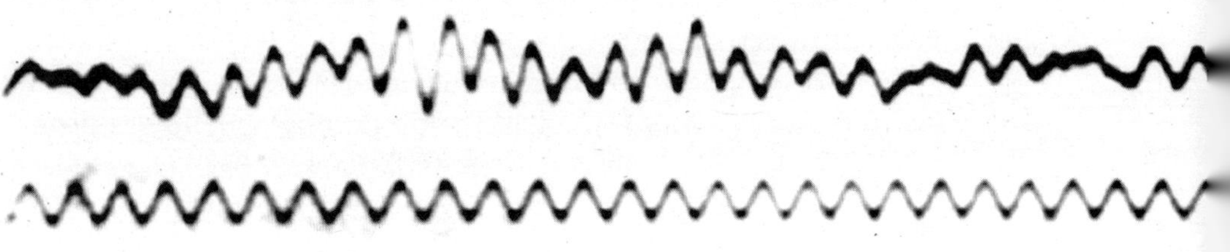

La magnetoencefalografía (MEG) es parecida al EEG pero, en vez de medir los campos eléctricos alrededor de las neuronas, registra los pequeños pulsos magnéticos de la actividad neuronal utilizando unos trescientos detectores. Las señales son débiles y hay interferencias con el campo magnético terrestre, pero es rápida y consigue una resolución temporal muy buena, también con medidas en milisegundos. Las señales provienen de las corrientes eléctricas que produce la transmisión nerviosa, y lo que se mide es el resultado conjunto de miles de neuronas que se disparan simultáneamente. Las neuronas que están organizadas en paralelo, como las neuronales piramidales de la corteza cerebral, muestran señales más limpias y definidas. Entre las desventajas, el aparato es mucho más complejo que el EEG y los detectores, por ejemplo, tienen que enfriarse con helio líquido y estar en una habitación blindada a los campos magnéticos, una instalación que cuesta varios millones de euros y tampoco da información estructural sobre la organización anatómica del cerebro vivo.

La magnetoencefalografía es una técnica mucho más reciente; de hecho, las primeras señales fueron obtenidas por el físico de la Universidad de Illinois David Cohen en 1968. El primer detector era muy poco sensible, pero años más tarde Cohen diseñó una nueva generación de magnetoencefalógrafos en una habitación especial del MIT que, mediante el uso de detectores SQUID («*superconducting quantum interference devices*»), un aparato inventado por James E. Zimmerman, un investigador de la compañía automovilística Ford, logró unas señales casi tan limpias como las del EEG. En 2012 se consiguió una miniaturización usando un magnetómetro atómico del tamaño de un chip.

Las ventajas de la MEG son que, al contrario que la EEG, es independiente de la geometría de la cabeza, no es invasiva, no usa una radiación ionizante como el PET y su relación temporal es muy buena comparada con la resonancia magnética funcional.

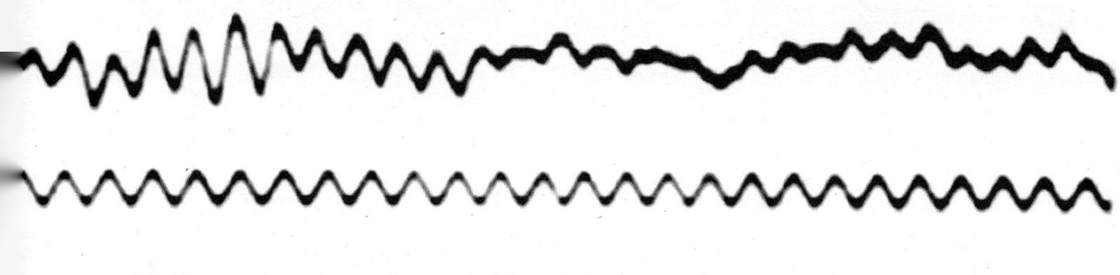

El primer registro de una electroencefalografía humana, obtenido por Hans Berger en 1924. El trazado superior corresponde a la onda EEG, y el inferior, más regular, a la señal de sincronización de 10 Hz.

Caricatura de Rudolf Ludwig Karl Virchow. Litografía de Sir L. Ward (Londres, 1893).

LA HISTORIA DE LA GLÍA

En 1846 Rudolf Virchow observó unas células en las paredes de los ventrículos cerebrales y postuló en uno de los libros científicos más famosos del siglo XIX, su *Patología Celular* (1858), que el cerebro contenía una segunda población de células, distintas a las neuronas. Pensó que eran parte de un *Bindegewebe*, un tejido conjuntivo, y las llamó glía o *Nervenkitt*. Normalmente se traduce como «pegamento nervioso» o «cemento nervioso», pero el idioma alemán tiene otras palabras para eso, tales como «*Leim*», «*Klebstoff*» y «*Zement*». Al usar la palabra *Kitt* se refería a algo pegajoso pero que tenía volumen y forma, «*un tipo de masilla en el que están inmersos los elementos neuronales*», algo cuyo equivalente podría ser la plastilina o la masilla de cristalero, una pasta que mantenía unidos a todos los componentes del tejido nervioso. Plantear que eran tejido conjuntivo establecía una analogía con el sistema nervioso periférico, donde los nervios tienen una envuelta de conjuntivo que rodea a los axones. Más aún, Virchow era un gran patólogo y estaba familiarizado con los procesos inflamatorios que afectan a las cavidades ventriculares. Para él, solo el tejido conjuntivo podía inflamarse; por lo tanto, bajo el epitelio que bordeaba los ventrículos debía de haber algo de conjuntivo, puesto que el cerebro puede presentar encefalitis, una inflamación generalmente debida a una infección.

Otros investigadores habían visto células gliales anteriormente, pero ninguno les había puesto nombre y no estaba claro qué eran o si no eran más que un tipo especial de neuronas. El primero que documentó células gliales fue el fisiólogo francés Henri Dutrochet en 1824. No tenía ni idea de qué era aquello y simplemente anotó que había glóbulos entre los nervios de los moluscos, un lugar donde ahora sabemos que no hay neuronas. Otros pioneros postularon cosas sobre la glía que se demostrarían ciertas un siglo más tarde: su capacidad para secretar sustancias químicas (*Nageotte*), su asociación con los vasos sanguíneos (Golgi), su plasticidad morfológica (Cajal), su capacidad para actuar como aislantes (Cajal), su papel en la captación de neurotransmisores y en la finalización de la transmisión (Lugaro) y su implicación en algunas enfermedades (Virchow). Para Cajal el pionero en la identificación en el sistema nervioso central de células que no eran neuronas fue Otto Deiters, quien había razonado correctamente que si una célula no tenía axón («*Hauptaxencylinderfortsatz*» o «prolongación cilindro eje principal») no podía ser una neurona. En su libro póstumo de 1865 aparecen dos células marcadas como Bindegewebszellen, células del tejido conjuntivo y, de hecho, durante un tiempo la glía se conoció como célula de Deiters.

Otros investigadores identificaron distintos tipos celulares en el tejido nervioso que ahora incluimos dentro de la glía. Theodor Schwann vio unas células en el sistema nervioso periférico y ahora las llamamos células de Schwann y sabemos que se encargan de formar la envuelta mielínica de los nervios. De forma similar, Heinrich Müller, un profesor de Würzburg, observó en la retina unas células radiales y ahora las denominamos células de Müller. Los primeros que describieron una malla de células gliales en la corteza cerebral fueron Friedrich Merkel y Jacob Henle, mientras que Mihály von Lenhossék, un húngaro que trabajaba en Alemania, las denominó astrocitos por su forma estrellada. La primera imagen convincente de un oligodendrocito fue publicada por Camillo Golgi, quien dijo

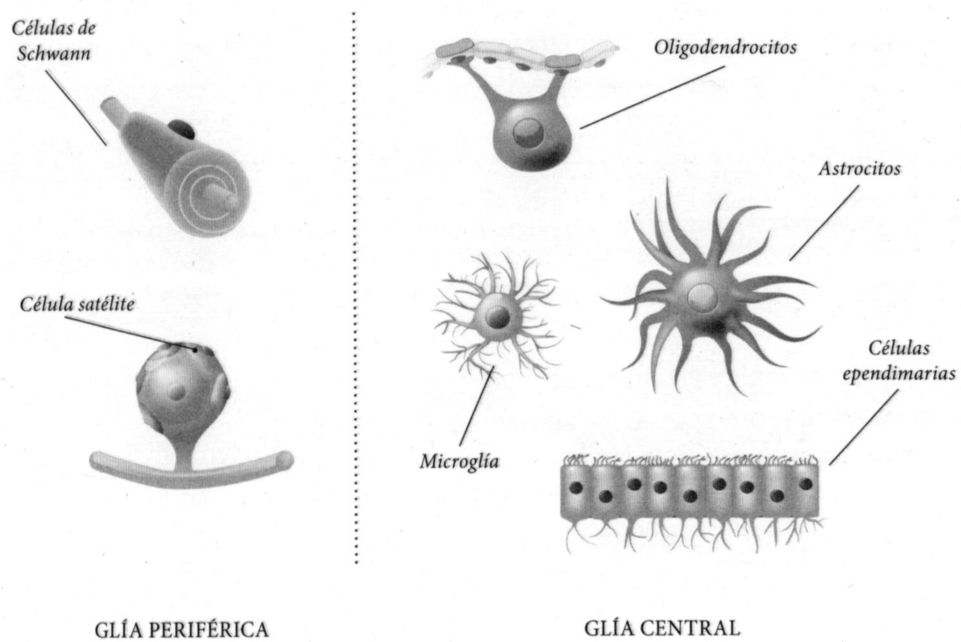

que la característica definida por Deiters, la ausencia de axón, era el único rasgo fiable. Lenhossék cita a Golgi como el primero que vio fibras que se extendían rápidamente desde las células ependimarias hasta la superficie del cerebro, pero dice que fue Fridtjof Nansen, el neurocientífico que se convirtió en explorador polar, el primero que postuló que derivaban del epéndimo embrionario. Esto era importante porque el epéndimo es ectodérmico, es decir, similar a los epitelios y al tejido nervioso y, por lo tanto, diferente del tejido conjuntivo. La glía, entonces, era mucho más próxima a las neuronas, eran, por así decirlo, parientes cercanos, mientras que el conjuntivo estaba alejado ontogenética y evolutivamente. El origen ependimario de las células gliales fue confirmado por Ramón y Cajal. Su discípulo Nicolás Achúcarro habló de «glía ependimaria» y de «glía autónoma», las demás células, para reforzar la relación entre ambos tipos. En 1889 Wilhelm His dio otro espaldarazo a la importancia de las células gliales en el sistema nervioso al postular que las largas prolongaciones de la glía radial servían como sistemas de guía para la migración de las neuronas en desarrollo, algo fundamental para la formación del cerebro.

Sin embargo, la cosa distaba de estar aclarada debido, entre otras causas, a la diversidad de las células gliales. Franz Nissl había visto unas células en la década de 1880 que se parecían a los macrófagos. Victor Babeş estudió un caso de rabia en 1897 y vio que esas células se activaban y mostraban ramificaciones, algo que se observaba en otras enfermedades infecciosas. En 1913 Cajal planteó que además de las dos categorías principales, neuronas y neuroglía «legítima», existía un «tercer elemento»: células sin prolongaciones que parecían derivar del mesodermo. Pío del Río-Hortega demostró a su maestro que eran células incompletamente teñidas y que correspondían en realidad a oligodendrocitos, un tipo definido por él en 1922, o a un nuevo grupo, al que llamó microglía y que durante décadas fueron conocidas como células de Hortega.

Don Pío, el mejor discípulo de Cajal y candidato al premio Nobel en 1929 y en 1937, fue el que puso orden en todo este caos, confirmó que la glía estaba formada por células individuales y clasificó los distintos grupos. Comparó las células oligodendrogliales con las células de Schwann y llegó a la acertada conclusión de que las dos estaban relacionadas con las envueltas de mielina, unas estructuras que mostraban alteraciones en algunas enfermedades como la esclerosis múltiple. Cajal diferenció dos tipos de astrocitos: fibrosos y protoplasmáticos; y Río-Hortega demostró la respuesta de la microglía al daño cerebral. Planteó que la función de la microglía era la fagocitosis de elementos dañinos o restos celulares e indicó que «*si hay neuronofagia, creemos que solo las células de la microglía la hacen, ya que su capacidad para migrar y fagocitar está fuera de toda duda*», una afirmación que se anticipaba a la investigación sobre la microglía publicada décadas más tarde. En 1988 William F. Hickey e Hiromitsu Kimura publicaron en *Science* que las células microgliales perivasculares derivaban de la médula ósea y expresaban proteínas del complejo mayor de histocompatibilidad (clase II), lo que confirmaba los postulados de Río Hortega de que la microglía funcionaba de forma similar a los macrófagos y hacía fagocitosis y presentación de antígenos. Las distintas partes del rompecabezas iban siendo identificadas y empezaban a encajar.

Las células glíales son algo más pequeñas que las neuronas, están en un número parecido (85.000 millones de células gliales frente a 86.000 millones de neuronas en el cerebro humano) y ocupan aproximadamente la mitad del volumen del encéfalo y de la médula espinal, aunque la proporción entre neuronas y glía varía de una zona a otra. En la actualidad se distinguen dentro de la glía dos grandes grupos: microglía y macroglía, que a su vez se divide en cuatro tipos especializados: células ependimarias, células de Schwann, oligodendrocitos y astroglía.

La astroglía incluye los astrocitos, la glía marginal, la glía radial, las células de Bergmann en el cerebelo, las células de Müller en la retina, los pituicitos en la neurohipófisis y los tanicitos en el hipotálamo. En la corteza cerebral la glía más común son los oligodendrocitos (75,6%), seguida por los astrocitos (17,3%), y la más escasa, en condiciones normales al menos, es la microglía (6,5%), aunque aumenta tras lesiones, infecciones y otros problemas.

En 1909 Ramón y Cajal se preguntó «*¿cuál es la función de la glía?*» y él mismo dio la respuesta: «*Nadie lo sabe*». Virchow pensaba que lo que hacían era mantener unidas a las células y dar forma al cerebro, pero pronto estuvo claro que hacían muchas más cosas. Golgi decía que alimentaban a las neuronas, pero él pensaba, equivocadamente, que las dendritas servían para conseguir nutrientes y no intervenían en la transmisión nerviosa. Para ello se basó en la semejanza entre las prolongaciones de la glía y las dendritas de las neuronas y en que algunas de esas prolongaciones se acercaban hasta los vasos sanguíneos a los que rodeaban, los llamados pies chupadores. Cajal rechazó las ideas de Golgi y propuso que los procesos de la glía podían servir para aislar los axones, no solo por la formación de las envueltas de mielina sino también por situarse entre los axones amielínicos. También se vio que las células gliales modificaban su morfología, y el joven Wilder Penfield, que trabajó con Río-Hortega en Madrid, confirmó que las células en bastoncito (*Stäbchenzellen*) eran microglía en movimiento.

Ya en ese inicio del siglo XX la noción de Virchow de que la glía era una masilla que simplemente mantenía unidas a las neuronas se fue resquebrajando. Desde entonces, y ya ha pasado más de un siglo, los neurocientíficos han descubierto que son mucho más activas e importantes. Durante gran parte del siglo XX el papel de la glía fue bastante pasivo: establecía el andamiaje del cerebro, los nutrientes pasaban a su través y se encargaba de formar las envueltas de mielina y de hacer la limpieza. Es decir, las células gliales eran los arquitectos del cerebro, los médicos, la policía, los barrenderos y los jardineros; pero en las dos últimas décadas el interés por la glía se disparó y nuevas funciones se fueron sumando. Hacían cosas sorprendentes, entre las que podemos citar las siguientes: la microglía es el principal sistema de retirada de restos celulares del cerebro, pero no es solo eso. Las células microgliales se encargan de eliminar el exceso de fluido, de retirar y digerir las células muertas y de eliminar cualquier resto celular que pueda alterar el funcionamiento normal del cerebro. La microglía patrulla por el cerebro, pero, además, elimina acúmulos de beta amiloide y de otras proteínas asociadas con la enfermedad de Alzheimer. También interviene en el podado de las conexiones sinápticas que se producen en exceso en el desarrollo cerebral.

Las células precursoras de los oligodendrocitos (CPO) son especialmente activas. Con el tiempo pueden madurar y convertirse en oligodendrocitos, que envuelven los axones formando las cubiertas aislantes de mielina. Un único oligodendrocito envuelve múltiples axones, cada uno de una neurona. Pero las CPO establecen sinapsis con las neuronas y cambian su comportamiento en función de las señales eléctricas que reciben de ellas. Hay evidencias de que la comunicación entre las CPO y los oligodendrocitos va en los dos sentidos y alcanza a las neuronas. Por poner un ejemplo, la superficie de las CPO está recubierta de una proteína llamada NG2. Los impulsos eléctricos que las CPO reciben de las neuronas ponen en marcha enzimas que despegan la NG2 de la membrana plasmática y hacen que fluya libremente en el líquido extracelular hasta que entra en contacto con neuronas cercanas, un nuevo tipo de comunicación entre células neurales. Al llegar a esas otras neuronas las hace más sensibles a transmisores como el glutamato, uno de los principales mensajeros intercelulares. Si este proceso se bloquea eliminando NG2 o sus enzimas, los ratones se vuelven más lentos y menos curiosos. También se ha visto que los oligodendrocitos y las neuronas están acoplados metabólicamente e intercambian materiales bioquímicos como el lactato, que se usa como fuente de energía. Además, los oligodendrocitos producen factores neuromoduladores que ajustan y afinan la comunicación entre las neuronas. Otro tipo glial, los astrocitos, es el más complejo e interviene en funciones muy diversas:

— Unidad neurovascular. Los astrocitos envuelven perfectamente los vasos sanguíneos y hacen que todo lo que sale de la sangre hacia el tejido nervioso tenga que pasar a través de ellos. Así, si llega una sustancia tóxica, la paran como si fuesen los catadores de la comida de un rey, evitan que haga daño a las neuronas y aseguran una correcta homeostasis en el cerebro. También modulan el propio flujo sanguíneo en función de los niveles de oxígeno y anhídrido carbónico. La glía es imprescindible hasta para respirar. Si tenemos poco oxígeno y mucho anhídrido carbónico, baja el pH en la sangre. Los astrocitos del bulbo raquídeo, la parte del tronco encefálico que controla la respiración y el latido cardíaco, incrementan su señalización intracelular de calcio y empiezan a secretar ATP a su alrededor, una molécula que no solo almacena energía sino que tiene muchas otras funciones en las células. Este ATP estimula el disparo de las neuronas de su alrededor, lo que incrementa la respiración, y, a su vez, lleva más oxígeno al cerebro. Si el pH sube en vez de bajar, el ritmo de respiración se hace más lento y disminuye el riego.

— Acoplamiento metabólico. Los astrocitos tienen transportadores de glucosa y son las únicas células capaces de almacenar energía en el cerebro adulto, en forma de glucógeno. Estos depósitos energéticos se movilizan mediante señales neuroactivas como la noradrenalina y el péptido intestinal vasoactivo. Tras las señales adecuadas los astrocitos liberan lactato, que es aprovechado por las neuronas.

— Participación en la plasticidad. Los astrocitos regulan la plasticidad sináptica y se encargan de la eliminación de sinapsis inoperantes o superfluas y de la formación de nuevos contactos. Algunas células astrogliales excretan moléculas que promueven la formación de nuevas conexiones entre las neuronas, mientras que otros astrocitos rodean y digieren las sinapsis que tienen poca actividad y modifican las conexiones cerebrales todos los días, durante toda la vida. Participan también en funciones cognitivas superiores como el aprendizaje y la memoria. Tras el aprendizaje se produce un incremento («upregulation») de la expresión de los genes implicados en el acoplamiento entre astrocitos y neuronas.

— Gliotransmisión. Los astrocitos presentan numerosos receptores y canales iónicos similares a los de las neuronas. Pueden también liberar neurotransmisores, eliminarlos de las sinapsis y controlar cuánto transmisor liberará una neurona en el futuro. En muchas sinapsis glutamatérgicas los astrocitos envuelven la hendidura sináptica y comunican con el elemento presináptico y con el postsináptico, en lo que se ha llamado una sinapsis tripartita.

— FUNCIÓN NEUROTRÓFICA. Los astrocitos fabrican y liberan muchos factores tróficos, como el FGF2 o el BDNF, necesarios para la supervivencia de las neuronas y otros factores de crecimiento que modulan la transmisión sináptica y la plasticidad. Esto afecta a la cognición y a los comportamientos asociados al estado de ánimo.

— RESPUESTA A LA LESIÓN. Tras un daño cerebral los astrocitos se convierten en reactivos, modifican su morfología y la expresión de sus genes. Pueden luchar también contra los patógenos modificando la permeabilidad de la barrera hematoencefálica y secretar citocinas, que atraen a células inmunitarias desde la circulación sanguínea, para luchar contra el daño cerebral.

Intervienen en la modulación y la recaptación de los neurotransmisores. Parcelan la sustancia gris en compartimentos funcionales cuyos niveles umbral de activación y cuyas eferencias hacia el exterior son definidos por las células gliales. La red de microdominios delimitados por los astrocitos regula la actividad neuronal y el flujo sanguíneo y genera una coordinación marcada por la glía.

En resumen, la interpretación de la glía ha cambiado radicalmente en la última década y es posible que los resultados más sorprendentes sobre el funcionamiento cerebral se hayan descubierto en estas células. Los estudios realizados demuestran que la comunicación entre las neuronas y la plasticidad neuronal están bajo la influencia constante de las células gliales. Ahora sabemos que las células gliales son elementos muy dinámicos, enormemente versátiles e imprescindibles para que las neuronas realicen su función. La idea en la actualidad es que las células gliales son las compañeras imprescindibles de las neuronas y que su implicación en la función del sistema nervioso es clave y mucho más compleja y rica de lo que conocíamos anteriormente.

John Broadus Watson (Nueva York, 1878-1958).

WATSON Y EL PEQUEÑO ALBERT

John Broadus Watson, fundador de la escuela conductista, fue uno de los psicólogos más importantes del siglo XX. Como en todos los avances teóricos, sus ideas se fundamentaron en trabajos previos y, en concreto, en la psicología objetiva —la psicología que insiste en estudiar solo aquellas cosas que pueden analizarse y medirse directamente—, que ya estaba bien desarrollada en Rusia antes del trabajo de Watson y de los conductistas americanos.

Su infancia no fue nada fácil: su madre, Emma Watson, era una mujer devota y puritana que se oponía al alcohol, al tabaco y al baile, y su estricto adoctrinamiento del joven John hizo que, de rebote, este tuviera una antipatía feroz contra todas las religiones y un miedo constante a la oscuridad, pues su madre le había inculcado que el Diablo podría salir en cualquier momento de las sombras y arrastrarlo al infierno. Su padre, blasfemo, alcohólico y mujeriego, abandonó a la familia cuando John tenía trece años y no debía de tener tanto miedo al demonio, pues se fue a vivir con dos mujeres indias, algo que su hijo nunca le perdonó. Su madre, con objeto de que el muchacho pudiera progresar, vendió la granja, su única propiedad, y se trasladaron a la ciudad de Greenville para que John tuviera la oportunidad de estudiar y poder ir a la universidad.

Tras graduarse, John dio clase en una escuela de pueblo de una sola aula en la que ganaba veinticinco dólares al mes. Cuando su madre falleció, decidió mejorar su formación y presentó solicitudes a las universidades de Princeton y Chicago. Cuando se enteró de que Princeton exigía ser capaz de leer griego y latín, marchó a Chicago con un total de cincuenta dólares en el bolsillo. Encontró un trabajo de camarero y ganaba otros dos dólares a la semana encargándose de cuidar a las ratas del laboratorio, lo que tendría importancia en su carrera, pues lo convirtió en experimentalista. Se graduó en 1903 con una tesis doctoral titulada *Animal education: an expe-*

rimental study on the psychical development of the white rat, correlated with the growth of its nervous system, uno de los primeros estudios que analizan el comportamiento de un animal de laboratorio, y en el que se siguen en paralelo la maduración anatómica del sistema nervioso y la capacidad de aprendizaje del animal. Watson empezó a pensar que, si era capaz de entender los comportamientos de la rata sin que el roedor le contara sus pensamientos ni se tumbara en un diván, ¿por qué no se podía hacer algo similar con los seres humanos?

Tras la lectura de su tesis la Universidad de Chicago lo contrató como profesor ayudante para dar clase de psicología animal y psicología humana. Durante un examen Mary Ickes, una alumna que estaba «colada» por él, en vez de responder a las preguntas se dedicó a escribirle un largo poema de amor. Cuando Watson insistió en recoger la hoja de examen, Mary se la entregó ruborizada y salió corriendo. La poesía no debía de ser tan mala, porque la pareja se casó poco después.

En Chicago, Watson siguió publicando y consiguió cierta fama, por lo que recibió una oferta de la Universidad Johns Hopkins que le quintuplicaba el sueldo, y pasaba de seiscientos dólares al año a tres mil. Allí se convirtió en una especie de *enfant terrible*, una mezcla entre niño prodigio, gurú y revolucionario académico. Dos años después era director del pequeño departamento de psicología, que había conseguido desgajar del de filosofía; poco más tarde se convertía en editor jefe de *Psychological Review*, una de las grandes revistas de esta nueva ciencia, y, a los treinta y seis años, fue elegido presidente de la American Psychological Association, el más joven de la historia de esta organización.

Frustrado por lo que veía como falta de rigor y de objetividad de la psicología de su época, Watson dio una serie de conferencias en la Universidad de Columbia que luego publicó como *Psychology as the Behaviorist views it*, un ensayo en el que buscaba llevar el estudio del comportamiento a un marco científico que convirtiera las diferentes conductas en entidades observables y mensurables. La charla, en la que Watson se definía como conductista, empezaba así:

> *La psicología, tal como el conductista la ve, es una rama experimental puramente objetiva de las ciencias naturales. Su objetivo teórico es la predicción y el control del comportamiento. La introspección no forma parte esencial de sus métodos ni el valor científico de sus datos depende de la facilidad con la que se prestan a la interpretación en términos de la consciencia. El conductista, en sus esfuerzos para conseguir un esquema unitario de la respuesta animal, no reconoce ninguna línea*

divisoria entre el hombre y el bruto. El comportamiento del hombre, con todo su refinamiento y complejidad, constituye solo una parte del ámbito total de investigación del conductista.

Watson era muy crítico con el énfasis de los psicoanalistas en la introspección y con su aproximación a las patologías mentales basada en las impresiones del paciente. Llamaba vuduísmo a las teorías de Freud y consideraba necesario un marco teórico basado en la observación del ser humano, en particular en su desarrollo infantil. En ese sentido escribió al rector de Johns Hopkins:

No estaré satisfecho mientras no tenga un laboratorio en el que pueda criar niños desde el nacimiento hasta los tres o cuatro años bajo una observación continua.

Estos proyectos fueron interrumpidos por su llamada a filas a la I Guerra Mundial, en la que estuvo a punto de ser sometido a un consejo de guerra por insubordinación. En su autobiografía recordaba esa etapa con estas palabras: «*Nunca había visto tal incompetencia, tal extravagancia, tal grupo de hombres inferiores y autoritarios*». No parece que destacara por su espíritu militar.

A su vuelta a la vida civil retomó la investigación. Pensaba que muy pocas de las respuestas emocionales y conductuales estaban ya establecidas en el momento del nacimiento y que la gran mayoría se «construían» a través del condicionamiento en la primera infancia. Planteó —una frase, muy criticada, que se suele presentar truncada de su última sentencia— que con las técnicas de modificación de conducta se podría lograr cualquier objetivo si se actuaba sobre una mente en formación:

Dadme una docena de niños sanos, bien formados, para que los eduque y yo me comprometo a elegir a uno de ellos al azar y adiestrarlo para que se convierta en un especialista de cualquier tipo que yo pueda escoger —médico, abogado, artista, hombre de negocios e incluso mendigo o ladrón— prescindiendo de su talento, inclinaciones, tendencias, aptitudes, vocaciones y raza de sus antepasados. Voy más allá de mis hechos y lo admito, pero así lo hacen también los que defienden lo contrario, y lo han estado haciendo durante miles de años.

Watson fue también muy crítico con los psicólogos que no tenían en cuenta la neurobiología, y escribió:

La mayoría de los psicólogos hablan, también, bastante volublemente sobre la formación de nuevas vías en el cerebro, como si existiera un grupo de pequeños sirvientes de Vulcano que corrieran a través del sistema nervioso con un martillo y un cincel cavando nuevas trincheras y haciendo más profundas las viejas...

Décadas después se descubriría la plasticidad neuronal y que las propias «trincheras» tenían una capacidad endógena de reorganización y de adaptación muy superior a lo que se estimaba en aquella época.

Tras conocer los trabajos de Pavlov, Watson pensó que con los reflejos condicionados podría eliminar la subjetividad y las interpretaciones seudofilosóficas y convertir los estudios psicológicos en una verdadera ciencia. Para él, el reflejo condicionado era la «unidad» del comportamiento, y todas las formas más complejas de comportamiento estaban, al final, compuestas —como las piezas de un juego de construcción—, de estas unidades.

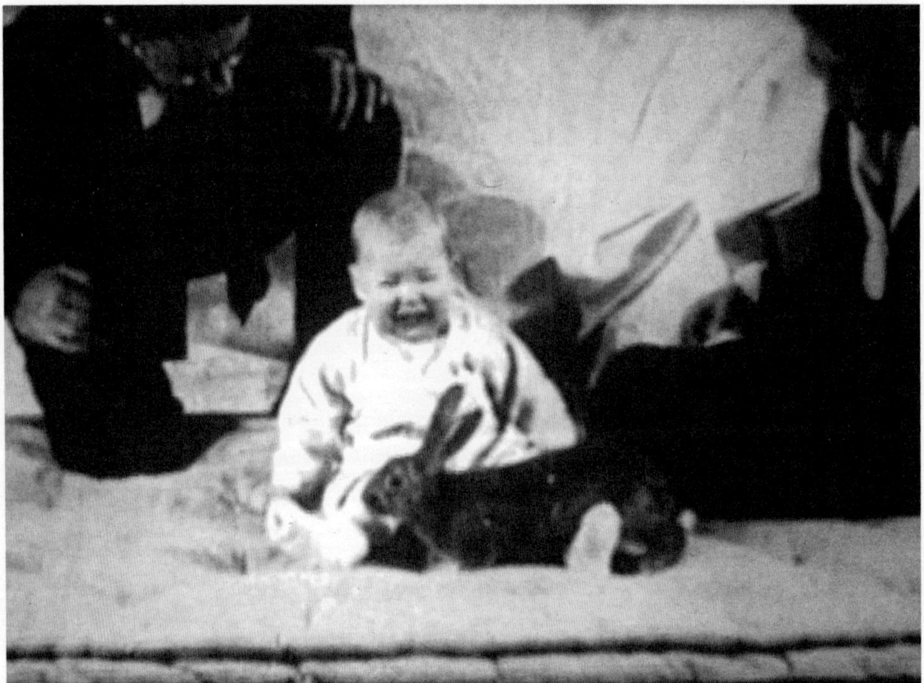

Un fotograma extraído de película del experimento con el pequeño Albert. Muestra al niño con un conejo, flanqueado por el Dr. John Broadus Watson y Rosalie Rayner.

En un momento determinado, Watson decidió que tenía que llevar sus ideas a la práctica y puso en marcha junto a una joven estudiante de doctorado llamada Rosalie Rayner, uno de los experimentos de peor fama de la historia de la psicología: el del pequeño Albert. El objetivo general era comprobar si se podía generar una emoción fuerte *de novo,* para lo que decidieron generar una fobia condicionada en un niño que no tenía miedo previo al agente causal y que era emocionalmente estable. El trabajo buscaba respuestas a tres interrogantes:

— ¿Puede condicionarse a un niño para que sienta un temor que antes no sentía?
— ¿Se transferirá ese miedo a otros animales u objetos inanimados?
— ¿Cuánto persistirá ese condicionamiento?

Albert B. era un niño de 9 meses criado en el hospital donde su madre trabajaba de nodriza. Era común que muchas de ellas llevaran sus hijos a las clínicas donde trabajaban alimentando en esa época pre-biberón a los bebés allí internados, primero por no dejarlos solos en casa y, segundo, porque también tenían que darles a ellos el pecho a sus horas.

Lo primero que hicieron Watson y Rayner fue establecer el nivel basal emocional de Albert. Para ello lo expusieron a una serie de estímulos novedosos, entre los que había animales vivos, máscaras, algodón, lana, un periódico quemado y otros objetos. El niño no mostró miedo a ninguno de ellos. Entonces colocaron a Albert en un colchón situado en una mesa, pusieron a su lado una rata albina de laboratorio y le dejaron jugar con ella. Al poco tiempo el niño intentaba cogerla. A continuación colocaron una barra de hierro detrás del niño y, cuando acercaba su mano a la rata, golpeaban el metal con un martillo. El pequeño Albert se asustaba con el ruido y empezaba a llorar. Tras siete repeticiones probaron a ponerle solo la rata: mostraba claras señales de miedo, se negaba a acercarse a la rata y quería irse de allí. También vieron que la sensación de terror se generalizaba a otros animales y objetos que tuvieran pelo, entre los que estaban un perro, un conejo, algodón en rama, el abrigo de piel de foca de Rosalie y el propio Watson disfrazado con una careta barbuda de Santa Claus. Con respecto a la persistencia del condicionamiento, las respuestas se mantuvieron durante un mes, momento en el cual la madre de Albert se llevó al niño. Watson no hizo ningún intento de deshacer el condicionamiento, y declaró que era muy probable que el miedo «*se mantuviese indefinidamente*».

Watson y Rayner especularon cómo interpretarían los discípulos de Freud los miedos de Albert si llegaba a psicoanalizarse:

De aquí a veinte años los freudianos, a menos que sus hipótesis cambien, cuando empiecen a analizar el miedo de Albert a un abrigo de piel de foca —suponiendo que vaya a que lo analicen a esa edad— probablemente sacarán de él el relato de un sueño sobre el que su análisis demostrará que cuando Albert tenía tres años intentó jugar con el vello púbico de su madre y fue reprendido violentamente... Si el analista ha preparado suficientemente a Albert para aceptar ese sueño como una explicación para sus tendencias de rechazo y tiene la autoridad y la personalidad para imponerlo, Albert puede quedar totalmente convencido de que el sueño fue la verdadera revelación de los factores que le han causado ese miedo.

Aunque el experimento tenía graves problemas de diseño y nunca se ha vuelto a repetir, se considera un clásico de la historia de la Psicología. Para muchos los datos de Watson y Rayner entran en la categoría de resultados «interesantes pero ininterpretables». El experimento del pequeño Albert tuvo una derivada inesperada: Watson inició una relación con Rosalie Rayner. El escándalo saltó a la prensa, Rayner pertenecía a una de las familias más poderosas de Baltimore, y la Universidad Johns Hopkins le pidió a Watson que dejara su puesto. Los dos abandonaron la universidad y se casaron poco después. En vez de artículos académicos, Watson empezó a publicar en revistas populares como *Cosmopolitan* y *Harper's* y a salir en distintos programas de radio, actividad que le dio cierta fama, aunque lo hacía por la difícil situación económica que estaba pasando. Gracias a los contactos de un colega empezó a trabajar en la agencia de publicidad J. Walter Thompson. Aprendió sobre el negocio de los anuncios desde la base, lo que incluyó una experiencia como vendedor de zapatos en unos grandes almacenes. En dos años ascendió a la vicepresidencia de la empresa con un salario y unos beneficios que multiplicaban por mucho su buen sueldo de la universidad —sería equivalente a un millón de dólares actuales al año— y abrió a los psicólogos una importante salida laboral: entender por qué elegimos un producto, ya sea un candidato electoral o una marca de champú.

Rayner y Watson tuvieron dos hijos, William (1921) y James (1924) —probablemente un homenaje a su admirado William James—, que criaron de acuerdo a los principios del conductismo. Según Watson, mostrar afecto a los niños les generaba una dependencia de los padres que iba en detrimento de su independencia al ir creciendo, así que ni William ni James fueron besados o mimados. En vez de eso eran tratados como pequeños adultos, animados a estar a gusto ellos solos, a practicar sus propias aficiones y enviados desde muy pequeños a campamentos y clubs de fin de semana.

En el libro *The Psychological Care of Infant and Child* se animaba a las madres a criar a los hijos bajo estos principios y a no malcriarlos con muestras de cariño. En el capítulo titulado *Too Much Mother Love* (*Demasiado amor maternal*) se decía:

> *Cuando tengas tentaciones de besuquear a tu hijo, recuerda que el amor materno es un instrumento peligroso. Un instrumento que puede infligir una herida que nunca cicatrice, una herida que puede hacer que la infancia sea infeliz y la adolescencia una pesadilla, un instrumento que puede arruinar la vocación futura de tu hijo o hija o sus posibilidades de felicidad marital.*

Rayner murió de disentería tras haber comido fruta en mal estado. Watson nunca se volvió a casar y cayó en el alcoholismo. Los dos hijos intentaron suicidarse y William lo hizo. Según James, el otro hijo:

> *Creo honestamente que los principios que mi padre defendía como conductista erosionaron la capacidad de Bill y la mía para manejar con eficacia las emociones humanas y, cuando fuimos mayores, nos minó la autoestima y contribuyó finalmente a la muerte de Bill y a mi propia crisis. Trágicamente, la antítesis de lo que mi padre esperaba al practicar estas filosofías.*

El pequeño Albert fue localizado en 2014 e identificado como Albert Barger, aunque ya había fallecido. Su sobrina contó a los investigadores que al posible pequeño Albert no le gustaban los animales y que, en particular, tenía un miedo atroz a los perros. Una casualidad, o quizá un condicionamiento que le duró toda la vida.

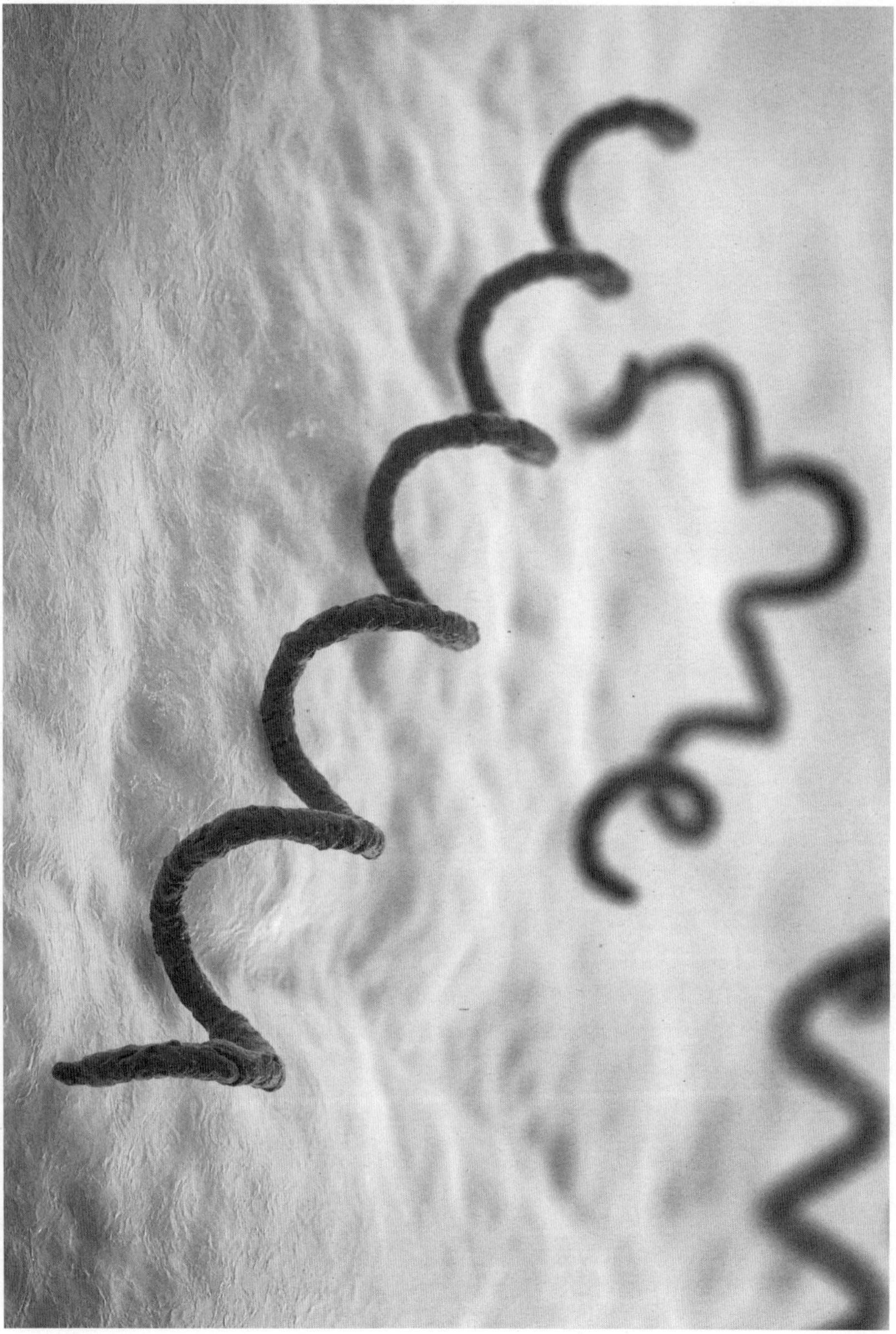

Ilustración de *Treponema pallidum* en la superficie de la mucosa humana [Kateryna Kon].

INFECTAR CON MALARIA PARA CURAR

En el inicio del siglo XX se produjo un cambio en la manera de afrontar los trastornos mentales. Hasta entonces las personas con psicosis, esquizofrenia o depresión eran internadas, en ocasiones de por vida, en hospitales mentales donde, en general, solo se ocupaban de custodiarlas y evitar que hicieran daño a otros o a sí mismos, pero sin apenas hacer nada por ellos. No había ninguna estrategia terapéutica. Las teorías psicoanalíticas habían supuesto un primer cambio, con algunos resultados positivos en los trastornos mentales más leves, especialmente en las neurosis, pero el descubrimiento de los microorganismos causantes de diferentes enfermedades y de compuestos eficaces contra ellos, como las sulfamidas, cambió la medicina y, por primera vez, el médico pudo curar. En torno a 1930 empezaron a aparecer nuevas técnicas para el abordaje de las enfermedades mentales, con un enfoque más físico, más biológico, buscando no tanto alterar los procesos mentales como entender y reconducir las bases neurobiológicas de la conducta patológica, y se empezó a buscar una forma más proactiva de tratar a los enfermos psiquiátricos. Las primeras líneas fueron las llamadas terapias de choque, una de las cuales fue la piroterapia o tratamiento mediante la fiebre: la temperatura de los pacientes se subía con baños, mantas eléctricas o generando una infección por malaria.

La sífilis es una enfermedad microbiana, una infección crónica de transmisión sexual producida por la bacteria espiroqueta *Treponema pallidum*, subespecie *pallidum*. El nombre «sífilis» fue acuñado por el poeta y cirujano veronés Girolamo Fracastoro en su poema épico latino *Sýphilis sive morbus gállicus* (*Sífilis o la enfermedad francesa*) en 1530. Los protagonistas de la obra es el pastor Sífilo y sus amigos que, tras desafiar al dios griego Apolo, son castigados con el contagio de la enfermedad que los priva de su belleza.

Una de las pocas cosas divertidas de la sífilis es que siempre se ha acusado al vecino de ser el causante. En la época de Fracastoro en Italia y Alemania se la conocía como el «morbo francés» —morbus significa enfermedad en latín—, mientras que en Francia era «el morbo italiano». Años más tarde, cuando las tropas francesas intentaban conquistar Nápoles y las tropas españolas y napolitanas defendían la ciudad, en Italia se la conocía como la «sarna española»; los franceses la llamaron el «mal napolitano»; los españoles, el «mal francés» o «morbo gálico»; los portugueses y los holandeses, el «mal español»; los rusos, la «enfermedad polaca»; los turcos, la «enfermedad cristiana»; y los pueblos autóctonos de Tahití, la «enfermedad británica».

En su fase final, que se inicia entre uno y veinte años después del inicio de la infección, la sífilis se activa intensamente, ataca al sistema nervioso y causa una neurosífilis. En esta fase se producen los problemas más serios y pueden generarse lesiones cerebrales y de la médula espinal y la muerte del paciente. La sífilis se convirtió a principios del siglo XX en la más letal de las enfermedades infecciosas, con un enorme coste personal y social.

Hipócrates había visto que algunas personas afectadas por un trastorno mental y que tenían convulsiones por la fiebre durante un ataque de malaria mejoraban su estado. Se habló de la exclusión de las convulsiones; es decir, las convulsiones causadas por la fiebre malárica evitaban las convulsiones causadas por el trastorno mental. En la Edad Media hay noticias de que los pacientes dementes alojados en asilos mejoraron después de que estos primitivos establecimientos sanitarios sufrieran epidemias de cólera. Ruy Díaz de Isla fue el primero que dijo que la fiebre tenía un efecto beneficioso en la sífilis. En 1911 Hideo Noguchi —que, por cierto, se llamaba Seisaku pero se cambió de nombre al leer una novela cuyo protagonista era un médico así llamado que desperdiciaba su talento por su holgazanería— demostró que la llamada paresia general o *dementia paralytica* era en realidad la etapa terminal de una neurosífilis, la infección del sistema nervioso por la espiroqueta. Era una enfermedad incurable y mortal y los pacientes sufrían neurodegeneración, deterioro mental, ataxia, problemas de habla y una parálisis generalizada y, mentalmente, presentaban, además, manía, depresión, paranoia, alucinaciones, pérdida de memoria, desorientación y apatía. Por primera vez un trastorno mental, un tipo de locura, se pudo rastrear e identificar como la alteración del cerebro por un agente biológico. Aun así, no se disponía de ningún tratamiento eficaz y los manicomios estaban atestados de estos pacientes. Desde finales del siglo XIX hasta 1940 de un diez a un cuarenta y cinco por ciento de las personas ingresadas en los hospitales psiquiátricos tenían paresia general.

El hombre clave en la malarioterapia fue Julius Wagner von Jauregg. Tras terminar su formación en Viena y presentar su tesis doctoral, Von Jauregg comenzó a realizar experimentos con animales, una actividad peculiar en su época. Había visto que algunos enfermos de demencia paralítica que sobrevivían a un tifus grave, a una erisipela o a una tuberculosis mejoraban considerablemente. Para él el factor clave era que todos ellos habían tenido fiebres muy altas y habían caído inconscientes. Inició una serie de experimentos para inducir la fiebre que incluyó infecciones experimentales con erisipela o administrando tuberculina. Los resultados no fueron gran cosa, pero entonces probó una estrategia diferente: inocular parásitos de la malaria.

En junio de 1917 ingresó en la clínica un soldado con síntomas de malaria. En mayo del mismo año se había admitido a otro paciente con paresis. Puesto que «no había nada que perder», Von Jauregg extrajo sangre al militar malárico y la inyectó en el brazo del paciente con paresis, que rápidamente desarrolló malaria. Según él, «*a lo largo del mes siguiente hubo una mejora gradual*» en sus síntomas. En esas pruebas trató a nueve pacientes crónicos con paresia mediante la transfusión de sangre del soldado malárico: tres de ellos se recuperaron completamente, otros tres mostraron una clara mejoría, en dos no se observaron cambios y uno murió de malaria. Entonces puso en marcha un ensayo clínico completo: reclutó a doscientos setenta y cinco pacientes con sífilis que estaban en riesgo de paresia, comprobó la presencia de espiroquetas en su sangre y en su líquido cefalorraquídeo, les inyectó malaria en sangre y luego los trató con quinina, para reducir la malaria, y con neosalvarsán, la versión mejorada del medicamento de Ehrlich, para eliminar las espiroquetas. El 83% de los pacientes se libraron de la paresia. La noticia de la eficacia de la malarioterapia en la paresia general se extendió como un reguero de pólvora. Una revisión internacional de 2.460 casos encontró que un 27,5% habían mostrado una gran mejoría y otro 25,6% una mejoría más leve. Si tenemos en cuenta que hasta entonces la paresia tenía un pronóstico de muerte en los siguientes cinco años, fue algo que llevó esperanza a un territorio asolado: el de los dementes por causa de la neurosífilis. En 1927 Von Jauregg recibió el premio Nobel de medicina o fisiología, el primero de los dos psiquiatras que han recibido este galardón. Una revista científica, el *Scientific Monthly*, dijo que «todo el mundo debería unirse a sus pacientes y estudiantes en sus felicitaciones». Hasta Sigmund Freud lo hizo a pesar de que era un enfoque opuesto al suyo.

La malarioterapia se convirtió en una activa área clínica y de investigación y se amplió su uso a otras enfermedades y trastornos mentales como la esquizofrenia, la psicosis maniaco-depresiva, los síndromes de irritación cortical psicomotora, la encefalitis post-Parkinson o las psicosis relacionadas con la epilepsia. Durante un tiempo los hospitales «cultivaron» el parásito de la malaria en pacientes hospitalizados que eran utilizados como fuente de plasmodios. También se hicieron estudios para conservar sangre infectada enfriada o congelada, y algunos hospitales establecieron criaderos de *Anopheles gambiae,* el mosquito transmisor de la enfermedad. Todo aquello desapareció con la llegada de los antibióticos en los años cuarenta del siglo XX. En la actualidad la demencia paralítica es muy rara porque la penicilina demostró ser enormemente eficaz contra la sífilis.

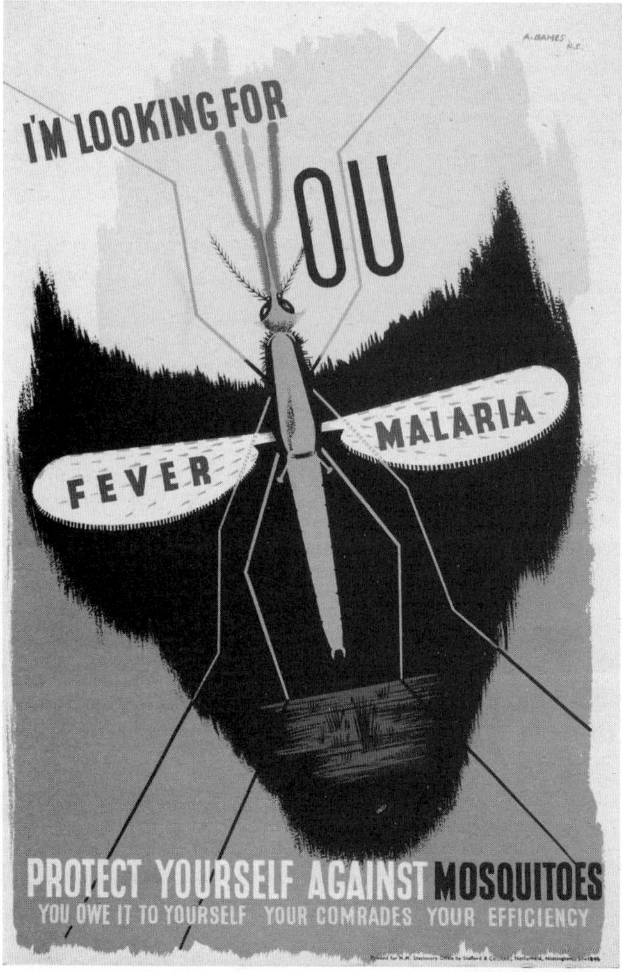

Cartel realizado por Abram Games, Segunda Guerra Mundial [H.M. Stationery Office, 1941].

En sus últimos años de vida Von Jauregg continuó con una alta productividad científica (publicó ochenta artículos después de su jubilación) y mostró su simpatía por los nazis y por su antisemitismo. Curiosamente, tras la II Guerra Mundial una comisión de desnazificación —un comité encargado de retirar de puestos gubernamentales a personas vinculadas al NSDAP, el partido nazi— encontró que su solicitud para hacerse miembro del partido había sido rechazada «por motivos de raza» porque su primera mujer era judía; es decir, se había acostado con la raza «inferior».

En los años ochenta del siglo XX se volvió a hablar de la malarioterapia. Una nueva enfermedad asolaba a la humanidad, los pacientes morían en menos de dos años y no había ningún tratamiento eficaz: era el SIDA. En las dos décadas siguientes se probó en China la inoculación de parásitos de la malaria en pacientes infectados de VIH, una investigación en la que participaron científicos estadounidenses. El primer estudio se publicó en 1997 y se titulaba *Malariotherapy for HIV patients.* Los autores escribieron que la terapia había sido ampliamente utilizada, era segura y no causaba resistencias, y señalaban un incremento en el número de células CD4 en dos de los ocho pacientes estudiados después de un seguimiento de dos años. Posteriormente se vio que los pacientes con VIH infectados con plasmodios tenían peor evolución que los que no tenían co-infección: la carga viral era mayor y la malaria aumentaba el contagio del VIH y aceleraba el avance de la enfermedad. La ciencia avanza entre tropiezos, pero es ella misma la que corrige sus errores.

Henry Judah Heimlich, el norteamericano que era primer autor del estudio mencionado —y famoso por su maniobra para las obstrucciones de garganta— puso en marcha nuevas pruebas en Etiopía, sin que lo conociera el Ministerio de Sanidad etíope. Al parecer, los ensayos fueron supervisados por Mekbib Wondebassen, un inmigrante etíope que trabajaba en un negocio de alquiler de coches usados. Heimlich dijo que los resultados con los primeros pacientes eran prometedores, pero se negó a proporcionar información detallada sobre sus pruebas ilegales y los ensayos se trasladaron a China. Sus experimentos fueron calificados por la FDA y los CDC como «una atrocidad». Otro médico, Peter Lurie, dijo que era «*charlatanismo de primera magnitud*» y que «*estaba explotando la carencia de cuidados médicos decentes en China*».

La ausencia de un protocolo adecuado —estudios controlados aleatorios— impide saber la eficacia y la seguridad de este tratamiento pero, con todo lo que sabemos, deberíamos ser escépticos: las zonas con más SIDA coinciden muy a menudo con las zonas con más malaria; si el segundo parásito detuviera la progresión del primero, no sería así.

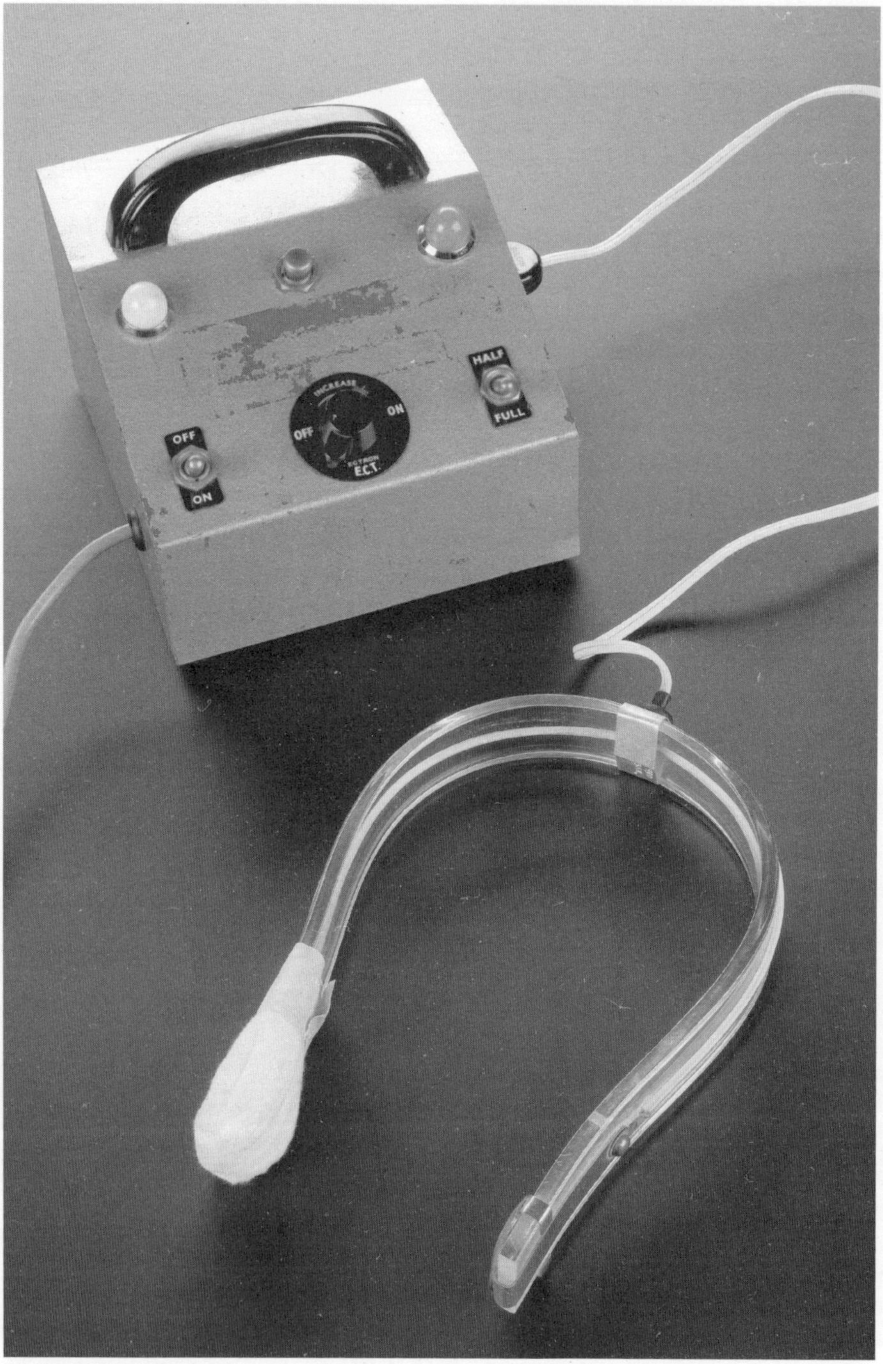

Máquina de terapia electroconvulsiva fabricada por Ectron Limited (Baldock, Hertfordshire, Inglaterra) [Museo de Ciencias de Londres].

LAS TERAPIAS DE CHOQUE

Tras los inciertos resultados de la infección con malaria tres nuevas terapias se usaron para el tratamiento de las enfermedades mentales: el choque insulínico, el choque con cardiazol y el electrochoque.

La terapia de choque insulínico fue postulada por Manfred J. Sakel, un neurofisiólogo y psiquiatra polaco-austriaco que dijo que era útil para el tratamiento de la esquizofrenia y de otros trastornos mentales. Al poco tiempo de terminar su carrera en la Universidad de Viena Sakel vio que el estado mental de algunas personas con adicción o psicosis mejoraba tras sufrir una crisis hipoglucémica. Sakel postuló que, dando a los pacientes una sobredosis de insulina que les generaba fuertes convulsiones y terminaba normalmente en un coma, se replicaba esa mejoría en su condición mental. Luego los pacientes eran sacados del coma administrándoles una solución de glucosa por vía nasogástrica y el cambio positivo en su estado mental que algunos experimentaban se mantenía pasado un tiempo.

Sakel publicó sus resultados en 1933 y sus métodos fueron rápidamente adoptados por otros psiquiatras. Una delegación británica visitó Viena en 1935 y 1936 para revisar este procedimiento, y en 1938 treinta y un hospitales ingleses tenían unidades de tratamiento con insulina para enfermos mentales. En 1936 Sakel, que era judío, se trasladó a Estados Unidos huyendo de los vientos nazis que soplaban en Europa, y a finales de la década de los años cuarenta del siglo XX la mayoría de los grandes hospitales psiquiátricos norteamericanos habían adoptado el choque insulínico entre sus terapias. Aun así, era una técnica compleja que necesitaba largos tratamientos (inyecciones diarias de insulina durante dos meses), personal muy especializado y salas diseñadas específicamente para esta metodología. Tras realizar una batería de pruebas Sakel cuantificó que la terapia de choque insulínico producía una mejoría en el 88% de los pacientes. Sin embargo, los estudios posteriores fueron mucho más críticos sobre el balance riesgos/beneficios: algunos enfermos tratados morían y, en general, los pacientes vivían la terapia con horror.

En 1933 un joven médico húngaro llamado Ladislaus von Meduna, que no conocía la propuesta de Sakel, propuso un nuevo tipo de tratamiento de choque químico. Tras revisar las historias clínicas de pacientes con esquizofrenia o epilepsia llegó a la conclusión de que existía un «*antagonismo biológico*» entre ambas enfermedades mentales. La idea de Meduna era que, si conseguía generar artificialmente convulsiones epilépticas, podría «curar» la esquizofrenia.

La primera parte de su trabajo fue identificar el fármaco convulsionante perfecto. Se sabía que algunos medicamentos generaban convulsiones como efecto secundario, pero su idea fue identificar cuál era el que producía convulsiones de forma inmediata, controlable y reproducible. La primera sustancia que probó fue el alcanfor, pero los resultados eran muy heterogéneos; a continuación probó la estricnina, la tebaína, la pilocarpina, la coramina, la cafeína y, finalmente, el pentilentetrazol, también conocido como metrazol o cardiazol. Sakel había probado muchos de estos productos químicos en combinación con la insulina, para generar una respuesta más potente y aumentar las convulsiones, pero Meduna los inyectaba solos. Finalmente Meduna consiguió los mejores resultados con el cardiazol administrado por inyección intravenosa: se producían violentas convulsiones, sucedían de forma casi inmediata y de una forma dosis-dependiente —a más cantidad administrada, mayor respuesta—. Tras realizar el tratamiento en ciento diez personas, Meduna escribió un informe indicando que la mitad habían podido ser dadas de alta, con claras mejorías e, incluso, curas asombrosas.

Meduna presentó sus resultados en un congreso de psiquiatría celebrado en Münsingen (Suiza) cuya principal sesión estaba dedicada al choque insulínico de Sakel. Desde aquel momento la comunidad médica que trataba pacientes mentales crónicos se dividió en dos bandos: los que defendían la terapia de coma insulínico y los que defendían el tratamiento con cardiazol. El choque insulínico requería hospitalización y un seguimiento de cerca, pero era fácil de controlar y se podía detener en cualquier momento con una inyección de glucosa o de adrenalina. El cardiazol, por su parte, era más barato, más fácil de usar e inducía convulsiones de forma más regular. Por otro lado, era más difícil de controlar y las convulsiones eran tan violentas que: ¡el 42% de los pacientes terminaba con fracturas en la columna vertebral! Con la expansión del nazismo Meduna también se vio forzado a emigrar a los Estados Unidos y se estableció en Chicago en 1939. Para entonces los psiquiatras habían visto que la epilepsia y la esquizofrenia eran compatibles, pero se mantenía un consenso general de que las convulsiones provocadas químicamente ayudaban a reducir los síntomas de la esquizofrenia, aunque los pacientes lo vivían con angustia al ser sometidos a violentas convulsiones mientras estaban plenamente conscientes.

Puesto que las lesiones óseas y articulares o los desgarros musculares eran terribles, A.E. Bennett, un psiquiatra, propuso combinar las inyecciones de cardiazol con curare, el agente paralizante que usaban algunos pueblos indígenas sudamericanos para envenenar sus dardos y flechas y que había estudiado Paul Broca. Al inyectarlo bloquea la transmisión neuromuscular, con lo que los músculos quedan paralizados. Posteriormente se añadió al cóctel de cardiazol y curare escopolamina que actuaba como sedante y tranquilizaba a los pacientes.

En ensayos clínicos controlados se encontró que la eficacia del cardiazol era menor que la de la insulina para tratar a los pacientes con esquizofrenia, mientras que los resultados eran mejores para algunas psicosis, tales como la depresión maníaca o psicótica, y se dijo que se producía una mejoría en el ochenta por ciento de los pacientes.

Tanto la terapia de choque insulínico como el tratamiento con cardiazol fueron progresivamente sustituidos por la más famosa de las terapias de choque, la terapia electroconvulsiva, electrochoque o electroshock, una técnica que ha llegado hasta la actualidad. Existen algunos médicos y ex pacientes que se oponen rotundamente a su uso, pero la mayoría de los psiquiatras consideran que es una técnica segura y eficaz, especialmente útil para los casos de depresión refractaria, la que no responde a otros tratamientos, y también para algunos casos de manía y psicosis.

La terapia electroconvulsiva fue introducida por primera vez en 1938 por Ugo Cerletti y Lucio Bini y es, por tanto, la última de las terapias de choque, pero anterior a la mayoría de los tratamientos psicofarmacológicos. Cerletti había nacido en Conegliano, cerca de Venecia, y, tras estudiar medicina en París con Pierre Marie y Ernest Dupré, pasó un año completando su educación con Franz Nissl en Heidelberg. Continuó su formación con Augusto Tamburini, uno de los grandes psiquiatras italianos anteriores a la I Guerra Mundial, y finalmente montó un pequeño laboratorio en la Universidad de Roma. Se cuenta que Nissl lo visitó allí y, cuando vio aquella pequeña instalación sin apenas medios se le saltaron las lágrimas y le dijo: «*Es imposible. ¿Por qué no se viene a trabajar con nosotros?*». Cerletti siguió en Roma, pero amplió su formación realizando nuevas estancias con Nissl en Heidelberg y luego con Kraepelin y Alzheimer en Múnich.

Cerletti, histólogo de formación, quería estudiar las consecuencias de los ataques epilépticos en la histopatología del cerebro. La historia que se cuenta es que camino de casa entró en una carnicería a comprar un poco de carne de cerdo. El tendero le dijo que no tenía en ese momento lo que pedía, pero que en la parte trasera del establecimiento se lo podía preparar. Allí atrás tenía un pequeño matadero donde anestesiaban a los cerdos con una descarga eléctrica antes de sacrificarlos, lo que causaba que los animales se desplomasen entre convulsiones. Puesto que en aquella época se pensaba erróneamente, como hemos dicho, que la epilepsia hacía inmune a la esquizofrenia, Cerletti pensó que de esa manera, al generar ataques convulsivos mediante una descarga eléctrica, podría intentar tratar a los esquizofrénicos.

Tras numerosos ensayos en animales Cerletti probó con Enrico x, un hombre de treinta y nueve años que sufría esquizofrenia y que durante el año anterior no había mostrado mejoría tras ocho tratamientos con cardiazol en el hospital psiquiátrico de Mombello en Milán. El hombre era un vagabundo que había sido recogido por la policía de Roma en la estación cuando intentaba subirse sin billete a distintos trenes. Según la nota del atestado «*el sujeto no parecía estar en pleno dominio de sus facultades men-*

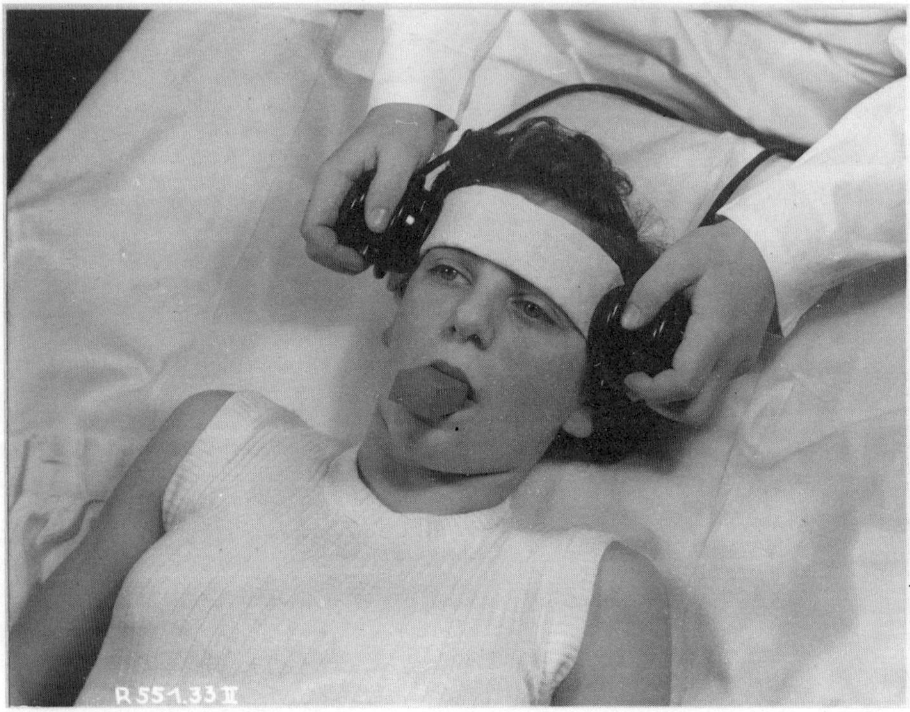

Fotografía de 1955 utilizada en un folleto publicitario de Siemens de 1957 [Siemens MedArchives, Erlangen, Alemania].

tales». Las descargas con corrientes suaves no mostraron ningún efecto, pero cuando el choque eléctrico fue de tal intensidad que el paciente quedó inconsciente durante unos minutos, este se mostró mucho más coherente al despertar, su habla era más inteligible, perdió los celos patológicos hacia su esposa y un año después había conseguido un trabajo. Una nueva etapa se había iniciado en el tratamiento de la enfermedad mental.

Cerletti y sus ayudantes trataron a cientos de pacientes con buenos resultados. Aun así, no se sabía el fundamento biológico y el investigador italiano propuso que durante el electroshock el cerebro producía una sustancia revitalizante que se oponía a la enfermedad mental y que bautizó como acroagonina. De hecho, durante los últimos años de su vida intentó «*emancipar a la humanidad del electrochoque*» y preparó e inyectó suspensiones de extractos de cerebro de cerdos que habían recibido electrochoques para tratar las enfermedades mentales con aquella molécula esquiva que nunca se pudo identificar ni aislar.

Desde la época de Cerletti el electrochoque se ha mantenido en uso, con mayor o menor predicamento, con fama mala o peor, y sus detractores piensan que solo consigue que los pacientes sean más dóciles y más fáciles de manejar, mientras que muchos estudios concluyen resultados positivos tras su uso. En la depresión refractaria los niveles de remisión alcanzan el sesenta por ciento, y eso teniendo en cuenta que se suele emplear en pacientes en los que han fallado todos los demás tratamientos. La terapia de electrochoque tiene también fervientes defensores. Según Max Fink, uno de los pioneros de esta técnica, «*salvo la penicilina para la neurosífilis y la niacina para la pelagra, la terapia electroconvulsiva para los trastornos mentales graves es el tratamiento más eficaz desarrollado en el siglo* XX».

Puesto que es una técnica que se ha mantenido dentro del arsenal terapéutico durante décadas, se han ido generando mejoras, algunas recientes, tales como el uso de electrodos únicamente en el hemicráneo derecho, la realización de pulsos ultrabreves o las aún experimentales, como la terapia de ataques inducidos por campos magnéticos o la terapia electroconvulsiva focal, modificaciones que buscan minimizar los efectos secundarios de las descargas sin sacrificar su eficacia. Entre las limitaciones de la terapia electroconvulsiva están los problemas anteriormente mencionados, los aspectos prácticos (el paciente tiene que dejar de trabajar durante el período de tratamiento) y el estigma que va asociado a esta técnica. De hecho, uno de los problemas con la terapia de electrochoque puede ser su nombre. Los médicos que la utilizan propusieron renombrarla «terapia de estímulos breves», pero el término está demasiado metido en el lenguaje común para ser sustituido con facilidad.

Lina Solomonova Stern (1878-1968) [Universidad de Moscú].

LINA STERN, LA LUCHADORA

Los científicos son recordados por sus descubrimientos y, con el tiempo, se van desdibujando las circunstancias políticas y sociales que rodearon su vida investigadora. La vida de la mayoría de ellos se ajusta a la atmósfera a su alrededor, pero Lina Stern no siguió ese camino, nunca se rindió, siempre mantuvo su dignidad y jamás dejó de trabajar.

Lina Stern nació el 26 de agosto de 1878 en Liepāja, entonces parte del imperio ruso y ahora en Letonia occidental. Su padre era un hombre de negocios y se dio cuenta del afán de aprender de su hija mayor, a la que apoyó en toda la carrera. Su origen judío hacía casi imposible que fuese admitida en las universidades rusas y, por eso, muchos estudiantes judíos rusos se matriculaban en otros países europeos. Ella, tras serle denegado el ingreso en la Universidad de Moscú durante dos años, se matriculó en la facultad de medicina de la Universidad de Ginebra. Las universidades suizas estaban entre las más abiertas de la época, y en la de Ginebra, en 1890, de 819 estudiantes, 557 eran extranjeros, de los cuales 220 provenían de Rusia.

Mientras estudiaba, Stern empezó a trabajar en el departamento de fisiología con Jean-Louis Prévost, que introdujo las técnicas fisiológicas modernas en Ginebra y que fue coautor con Jules Cotard de un estudio sobre el «reblandecimiento cerebral», un cambio en la estructura cerebral causado por una hemorragia o por una inflamación.

Al terminar la carrera Stern volvió a su ciudad natal, donde aprobó los exámenes para ejercer como médica —necesarios al ser su título de una universidad extranjera—, pero entonces recibió una invitación de Prévost para que volviera a Suiza y trabajara como asistente suya. Lina aceptó inmediatamente y regresó a Ginebra, donde sería la primera profesora de la universidad. Allí, junto con Frédéric Batelli, publicó numerosos artículos sobre el metabolismo celular, las enzimas respiratorias, la inervación eléctrica del corazón, la fisiología de la sangre y el sistema nervioso. Tras su nombramiento como directora del departamento de química fisiológica, e inspirada por su amistad con Constantin von Monakow, se centró en el estudio de la fisiología del sistema nervioso central.

Paul Ehrlich había visto que inyectando en un animal colorantes vitales, en especial anilinas, se teñían todos los órganos salvo el cerebro, pero pensó que era simplemente que el tejido nervioso no cogía la tinción. Sin embargo, Edwin Goldmann, uno de sus estudiantes, inyectó azul tripán, un colorante, en el líquido cefalorraquídeo y vio que en ese caso sí se teñía el cerebro pero no lo hacía el resto del cuerpo. Max Lewandowsky, mientras estudiaba la penetración del ferrocianuro potásico en el cerebro, fue el primero que sugirió la existencia de un límite entre la sangre y el cerebro, al que llamó *Bluthirnschranke*, la barrera hematoencefálica. De 1918 a 1925 Stern y Von Monakow realizaron numerosos experimentos inyectando una gran variedad de sustancias en el espacio subaracnoideo, en los ventrículos cerebrales y en la sangre. Lo más llamativo era que, dependiendo de la sustancia y del lugar de inyección, los resultados eran diferentes: Stern y Batelli encontraron que algunas sustancias se movían de la sangre al cerebro y de este al líquido cefalorraquídeo con facilidad. Entre ellas estaban el bromuro, el tiocianato, la estricnina, la morfina, la atropina y las sales biliares. Por otro lado había otras, entre las que estaban el ioduro, el ferrocianuro, el salicilato, el curare, la adrenalina, los pigmentos biliares, la eosina y la fluoresceína, que nunca aparecían en el líquido cefalorraquídeo. Los resultados de sus experimentos la llevaron a las siguientes conclusiones: 1) el espacio subaracnoideo está conectado anatómicamente con los ventrículos cerebrales; 2) las características químicas del fluido cerebroespinal del espacio subaracnoideo y las del de los ventrículos cerebrales son idénticas; 3) el trasporte de las sustancias químicas a los ventrículos cerebrales es necesario para lograr una respuesta cerebral y 4) no todas las sustancias de la sangre llegan al cerebro, pero todas las sustancias del cerebro terminan por llegar a la sangre.

El 21 de abril de 1921 Stern presentó ese nuevo concepto en la Sociedad Médica de Ginebra: la barrera hematoencefálica, un límite membranoso que separa la sangre del líquido extracelular del sistema nervioso y que actúa como límite selectivo: deja entrar fácilmente el agua, algunos gases y las moléculas lipídicas por difusión pasiva y, mediante transporte activo, traslada también glucosa y los aminoácidos que son necesarios para la función neural. Por otro lado, evita la entrada de bacterias y toxinas. También comprobó que algunos medicamentos solo llegan al cerebro si se inyectan en el espacio subaracnoideo, lo que abría nuevas posibilidades terapéuticas, y que la barrera hematoencefálica era inmadura y más permeable en el cerebro en desarrollo.

Stern trabajaba en la universidad, colaboraba como consultora con varias empresas farmacéuticas y su situación económica era desahogada. Aun así, se relacionaba con los emigrantes políticos que habían huido de la Rusia zarista, tenía simpatías por el movimiento revolucionario y abominaba la I Guerra Mundial, que consideraba una agresión imperialista. Por todo ello, cuando, tras varios intentos sin éxito de conseguir una promoción a cátedra en Suiza, recibió en 1924 una carta de Aleksei Nikolaevich Bach, el fundador de la bioquímica rusa, en la que le ofrecía dirigir el departamento de fisiología en la Segunda Universidad Estatal de Moscú, aceptó inmediatamente. En marzo de 1925, a los 48 años, se trasladó a la capital rusa y, desde aquel momento, celebró dos cumpleaños: el 26 de agosto, día de su nacimiento, y el 31 de marzo, la fecha de su llegada a la Unión Soviética. Desde su puesto de directora organizó congresos y reuniones, invitó a algunos de los científicos europeos más prestigiosos de su tiempo y publicó numerosos artículos. Cuatro años más tarde, con la ayuda de los comisariados populares de sanidad y de educación fundó el Instituto de Fisiología, parte de una estrategia del gobierno de fundar nuevos centros de investigación de alto nivel. En 1939 fue la primera mujer elegida miembro de pleno derecho de la Academia de Ciencias y el instituto pasó a formar parte de esa prestigiosa institución. Ese mismo año se afilió al partido comunista. En esos años realizó experimentos sobre los efectos de la actividad física, la hambruna, el estrés emocional y la deprivación de sueño, demostrando que la barrera hematoencefálica funciona de manera diferente en distintos estados funcionales. También vio que interviene en la señalización neuroendocrina, las respuestas neuroinmune y neuroinflamatoria, el metabolismo de los fármacos, la protección contra la neurotoxicidad y la regulación del fluido intracelular en las neuronas.

En agosto de 1939 se firmó el acuerdo Ribbentrop-Molotov, por el que la URSS y Alemania firmaron un pacto de no agresión. Para Stern no había nada que negociar con los nazis, ya que no se podía confiar en ellos y la guerra era inevitable. Cuando uno de sus amigos intentó calmarla indicando que era como un matrimonio de conveniencia ella respondió: «*uno nunca sabe qué clase de niños puede nacer de esos matrimonios*». La ruptura de hostilidades entre las dos naciones le dio la razón. En la guerra introdujo las inyecciones suboccipitales de fosfato potásico como tratamiento para el choque traumático. Se ha dicho que sus tratamientos, en los que inyectaba fármacos a través del cráneo, salvaron la vida a miles de soldados, pero es dudoso. Ella recomendaba estas inyecciones intracraneales no solo para el choque, sino para el asma, la pérdida de oído, la distrofia alimentaria, las úlceras gastrointestinales, la hipertensión arterial, los eczemas y la epilepsia. Son demasiadas cosas distintas para un mismo tratamiento, y una evaluación posterior fue crítica con estos procedimientos y dejaron de aplicarse. También se interesó por la longevidad. Había visto en el laboratorio que manteniendo el equilibrio del metabolismo celular la célula prolongaba su existencia. De ahí saltó a la conclusión de que la barrera hematoencefálica y la homeostasis intracelular, sus dos temas principales de investigación, podían prolongar la vida. Quizá no la de sus pacientes, pero sí lo hizo con la suya, como veremos después.

Stern se implicó en el conflicto bélico: escribió en la prensa internacional contra los nazis, apeló a la solidaridad de la Federación Internacional de Mujeres Universitarias y donó el premio del Estado, cien mil rublos, para la fabricación de un avión medicalizado. Al poco tiempo, coincidiendo con la derrota de las tropas alemanas en Stalingrado, le pidieron que se uniese al Comité Antifascista Judío, una organización puesta en marcha para conseguir apoyo internacional para la Unión Soviética, tanto material como moral, para intentar resistir el avance de las tropas nazis y para difundir las primeras noticias sobre el Holocausto. También se crearon comités de mujeres, de adolescentes, de científicos y de eslavos. En el grupo judío, dirigido por Solomon Mikhoels, un famoso director teatral, había escritores, médicos y actores que rápidamente escribieron miles de artículos para la prensa internacional, realizaron programas radiofónicos en yiddish que se difundían a diferentes países y llevaron a cabo giras de propaganda y captación de fondos por los países occidentales. Tan solo de Estados Unidos volvieron con treinta millones de dólares. Al mismo tiempo, la ocupación alemana estaba aniquilando la cultura judía en la Europa oriental, y el comité se reorientó a mantener vivas las comunidades judías, reconstruir los negocios y granjas que eran su subsistencia y proteger la cultura y la identidad judías. El empoderamiento de la población judía no pasó desapercibido a Stalin, que lo vio como el fomento dentro de la Unión Soviética de una cultura separada, con su propio lenguaje y con unos peligrosos vínculos internacionales.

El final de la II Guerra Mundial y el inicio de la guerra fría empeoraron las cosas. El recién creado estado de Israel se alineó con las potencias occidentales en vez de ser el aliado socialista que Stalin esperaba tener, y eso reforzó el antisionismo en el gobierno soviético. El activismo judío empezó a tener más y más trabas, hasta que fue directamente prohibido en 1948. Ese año Mikhoels fue asesinado en un accidente de coche simulado y a Stern se la acusó de ideas anticientíficas, de oponerse a las ideas de Pavlov, de deslealtad y de contactos no autorizados con Occidente. Aunque respondió a todas las acusaciones con afirmaciones claras y valientes, fue despedida y su instituto fue desmantelado. Los judíos fueron denominados «cosmopolitas sin raíces», y los miembros del comité antifascista pronto fueron acusados de «crímenes contrarrevolucionarios» y de organizar actividades para «derribar, menoscabar o debilitar a la Unión Soviética». La acusación indicó que los miembros del comité lo habían utilizado como una herramienta para espiar y promover un sentimiento contra el gobierno y que habían usado la actividad exterior para construir una red internacional con la que organizar la actividad contra el Estado. Tras ser arrestados fueron sometidos a interrogatorios sin fin, torturados, golpeados y mantenidos en celdas de aislamiento durante tres años antes de ser llevados a un juicio secreto en el que no hubo ni fiscales ni abogados defensores, tan solo tres jueces militares. Una frase de Leon Talmy de que cierto pueblo ruso no era tan bonito como otro coreano fue usada como evidencia de sus tendencias antipatrióticas. Otro de los acusados, Joseph Yuzefovich, dijo al tribunal que debido a las torturas «*estaba dispuesto a confesar que era el sobrino del propio papa y que actuaba siguiendo sus órdenes directas*». Finalmente, otro más, Boris Shimeliovich, dijo que había contado más de dos mil golpes en sus nalgas y talones, pero fue el único que se negó a confesar ningún crimen. Durante el juicio Lina Stern estaba determinada a «no ser menos culpable» que los demás, pero sus investigaciones fueron consideradas importantes para el Estado.

Alexander Cheptsov, el juez principal del tribunal, intentó por dos veces reabrir la investigación, pues eran evidentes las múltiples contradicciones de la instrucción, pero no se lo permitieron. También intentó aplazar el final del juicio, pero finalmente cedió a las presiones y ordenó proceder. La sentencia especificaba que los acusados recibirían «el máximo castigo por los crímenes cometidos conjuntamente: ejecución por un pelotón de fusilamiento y confiscación de todas sus propiedades». Se dice que Stalin creía que la investigación de Stern podría retrasar su vejez, y él mismo tachó su nombre de la lista de condenas de muerte. Lina Stern fue sentenciada a tres años y medio en un campo de trabajos forzados y a cinco de exilio, pero le conmutaron el campo de trabajo por el tiempo que había estado en prisión, así que partió inmediatamente al exilio en Kazajistán. Tenía setenta y dos años.

El 12 de agosto de 1952 trece miembros del Comité Antifascista Judío, todos menos Lina Stern, fueron fusilados en la tristemente célebre prisión Lubyanka de Moscú. Se la conoce como la noche de la ejecución de los poetas. Los familiares de los asesinados, incluidos los niños pequeños, fueron acusados de «ser parientes de traidores a la Madre Patria» y enviados al exilio en Siberia o Kazajistán en diciembre de 1952. No supieron del destino de sus familiares hasta noviembre de 1955, cuando, tras la denuncia por Jrushchov de los crímenes de Stalin, las familias recibieron notificación oficial de que sus familiares habían muerto. Poco a poco sus casos fueron revisados y sus nombres rehabilitados. A Stern simplemente le dijeron que se la había arrestado por error y le permitieron regresar a Moscú.

Tenía 76 años y nadie pensó que continuaría con sus investigaciones, pero en 1958 publicó una revisión sobre la barrera hematoencefálica que incluía una frase sutil en la introducción: «*nuestra investigación científica fue interrumpida en 1948*». Recuerda un poco al «*Decíamos ayer*» de Fray Luis de León al retornar a clase tras cuatro años y medio en una cárcel de la Inquisición.

Lubianka, prisión y cuartel general de la antigua KGB en Moscú.

TRANSMISORES Y RECEPTORES

Al mismo tiempo que se iban desarrollando nuevas terapias para el tratamiento de las enfermedades mentales los bioquímicos y farmacólogos fueron desentrañando, a lo largo del siglo XX, la química del cerebro. Los dos principales grupos de moléculas fueron los neurotransmisores, que pasaban información de una neurona a la siguiente célula, y los receptores, proteínas que identificaban al transmisor y mediaban su función. Ello permitió la identificación de agonistas, sustancias que se unían a los receptores celulares y provocaban una respuesta similar a la causada por el transmisor, y los antagonistas, que también se unían al receptor, pero lo bloqueaban, impidiendo actuar al transmisor. Agonistas y antagonistas abrieron la puerta al descubrimiento de fármacos neuroactivos, aquellos que corregían, al menos en parte, algunas anomalías en el funcionamiento del sistema nervioso.

Neurotransmisores y receptores forman ahora una parte tan intrínseca de todas nuestras teorías sobre la función cerebral que no es fácil darnos cuenta de lo difícil que fue probar su existencia y entender cómo funcionaban. Ahora hay más de cien neurotransmisores identificados, muy variados químicamente (aminas, aminoácidos, péptidos, etc.) y aún más receptores, pues muchos neurotransmisores tienen diferentes receptores posibles, lo que multiplica enormemente las posibilidades de la transmisión nerviosa.

La acetilcolina fue el primer neurotransmisor identificado, en 1915 por Henry Dale, por su efecto sobre el corazón, acción que fue confirmada por Otto Loewi, como luego veremos. Es el principal mediador en procesos complejos como el pensamiento, el aprendizaje y la memoria, y también se encarga de dar las órdenes a los músculos para su contracción. Por eso, las moléculas que afectan a la transmisión colinérgica, como el gas sarín o la muscarina de la seta venenosa *Amanita muscaria,* generarán parálisis o convulsiones. La enfermedad de Alzheimer es fundamentalmente un déficit de acetilcolina, y este neurotransmisor también interviene en la atención y en el incremento de la percepción sensorial que se produce al despertar. Los efectos de la nicotina se basan en su acción sobre uno de los tipos de receptores de acetilcolina, los nicotínicos.

La adrenalina, también llamada epinefrina, es una hormona que se produce en situaciones de excitación y de alto estrés. Estimula el latido cardíaco, provoca la contracción de los vasos sanguíneos y dilata las vías respiratorias, lo que hace que se incrementen el flujo de sangre a los músculos y el de oxígeno a los pulmones. La adrenalina prepara al cuerpo para luchar o para huir, y el cerebro toma rápido una decisión y dirige esa sangre oxigenada a los brazos y músculos de la mandíbula para pelear y morder o a los de las piernas para salir corriendo. Fue aislada por primera vez en 1901 por el químico japonés Jokichi Takamine. Takamine fue a la Exposición del Algodón de Nueva Orleans en 1884 y allí conoció a su futura mujer, Caroline Hitch. Decidió trasladarse a Estados Unidos y montó su propio laboratorio de investigación. En Japón había descubierto la takadiastasa, una enzima que hidroliza el almidón, y cedió los derechos de explotación en América a la farmacéutica Parke Davis, lo que lo convirtió rápidamente en millonario. La adrenalina se convirtió rápidamente en otro éxito comercial, al ser el primer broncodilatador eficaz contra el asma. Takamine regaló a la ciudad de Washington los cientos de cerezos que florecen en el parque del Potomac, una auténtica belleza.

La noradrenalina, también llamada norepinefrina, es un neurotransmisor que afecta a la atención y a las respuestas del cerebro. Su estructura es muy parecida a la de la adrenalina, se diferencia solamente en un grupo metilo, e interviene, junto a ella, en la respuesta de lucha o de huida. Su efecto principal es la contracción de los vasos sanguíneos para aumentar la cantidad de sangre disponible, por lo que se usa como medicamento cuando la presión arterial es muy baja. También aumenta el bombeo del corazón, incrementa la producción de glucosa en el hígado, convierte la grasa en sustancias que puedan producir energía y reduce la actividad digestiva. Todo ello prepara al organismo para esa situación de emergencia.

El descubrimiento de la noradrenalina dio varios tumbos. A comienzos del siglo XX Walter Cannon y su colega Arturo Rosenblueth desarrollaron la teoría de las simpatinas y dijeron que existían dos moléculas: la simpatina E (excitadora) y la simpatina I (inhibidora), que serían las responsables de la respuesta de lucha o de huida. El farmacólogo belga Zénon Bacq propuso que la noradrenalina podía ser un transmisor del sistema nervioso simpático. En 1945 el sueco Ulf von Euler estableció que la noradrenalina era un neurotransmisor y demostró su presencia en tejidos inervados por el simpático y en el cerebro, planteó que era la simpatina de Cannon y

Rosenblueth y demostró que se almacenaba en los terminales sinápticos en vesículas intracelulares. Euler fue famoso por su olfato para escoger los laboratorios en los que se formaba. Estuvo con Henry Dale en Londres, con Corneille Heymans en Gante, con Archibald Vivian Hill, de nuevo en Londres, y en el Instituto de Biología y Medicina Experimental de Buenos Aires fundado por Bernardo Houssay, entre otros. Dale, Heymans, Hill y Houssay, igual que el mismo Euler, recibieron el premio Nobel.

La dopamina, asociada con sensaciones de placer y satisfacción, se ha relacionado con la adicción, con el movimiento y con la motivación. La enfermedad de Parkinson es causada por una pérdida de neuronas dopaminérgicas en la sustancia negra, como vimos al hablar de su descubridor. Las neuronas dopaminérgicas son relativamente escasas, unas cuatrocientas mil en el cerebro humano, y están concentradas en zonas bastante pequeñas. Sin embargo, sus axones se proyectan a numerosas regiones cerebrales y los circuitos dopaminérgicos son importantes, el más famoso es el circuito de recompensa. La sensación de recompensa va unida al incremento de los niveles de dopamina en el cerebro, y las drogas más adictivas aumentan la actividad de las neuronas dopaminérgicas y generan sensación de placer. La satisfacción que provoca la dopamina es ansiada y, para satisfacer ese deseo, la persona reincidirá en los comportamientos que vayan ligados a la liberación de ese transmisor, tanto los naturales, como comer cuando se tiene hambre, beber cuando se tiene sed o tener relaciones sexuales, como los no naturales, como el consumo de drogas psicoactivas.

George Barger y James Ewens sintetizaron la dopamina por primera vez en 1910 en los laboratorios Wellcome de Londres. Tuvo que pasar casi medio siglo hasta que Kathleen Montagu demostrara en 1957 que estaba presente en el cerebro humano y, al año siguiente, Arvid Carlsson y Nils-Åke Hillarp pusieran de manifiesto que era un verdadero neurotransmisor y que estaba implicada en la enfermedad de Parkinson. Carlsson desarrolló un método para medir la cantidad de dopamina en el tejido nervioso y encontró que sus niveles eran particularmente altos en los ganglios basales, una zona clave en el control cerebral del movimiento. Mostró luego que si se administraba a los animales un fármaco llamado reserpina se producía una caída en los niveles de dopamina y una pérdida del control motor, unos efectos que se parecían a lo que sucedía en los pacientes parkinsonianos. Tras administrar a esos animales L-dopa, el precursor de la dopamina, los síntomas mejoraban, lo que llevó al uso clínico de este fármaco, que es todavía el principal medicamento disponible para el tratamiento del párkinson. Estos descubrimientos lo hicieron merecedor del premio Nobel el año 2000.

VÍA DE LA
DOPAMINA

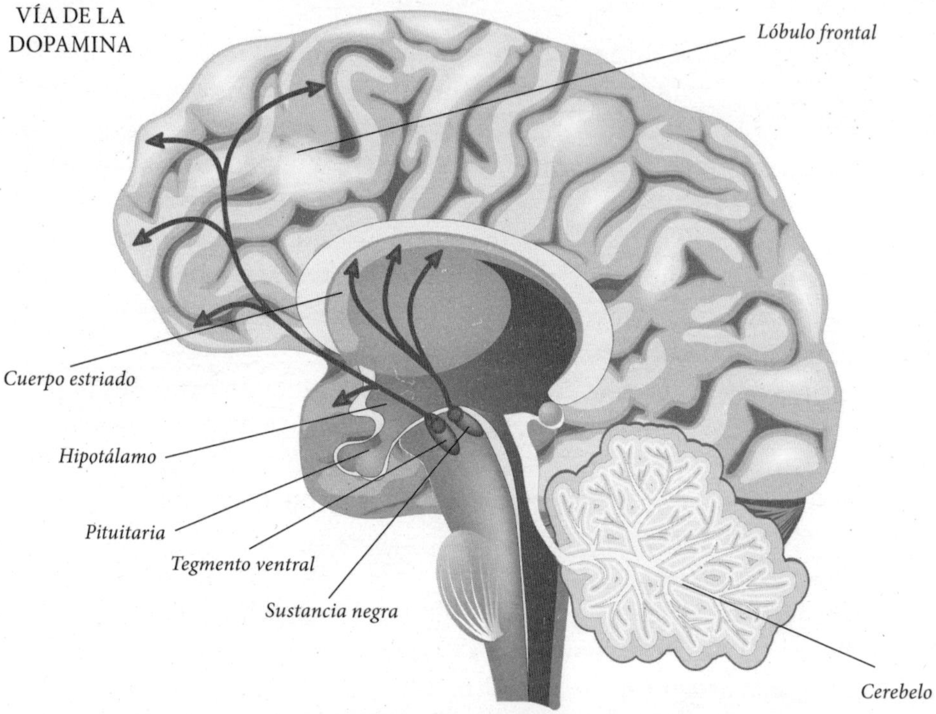

VÍA DE LA
SEROTONINA

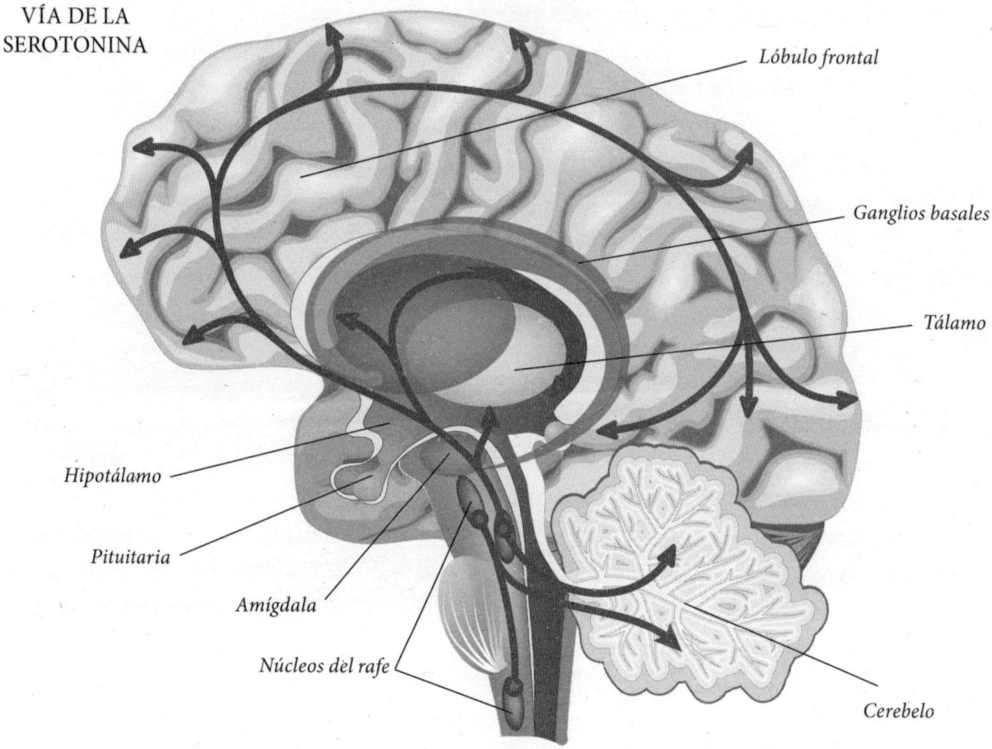

A nivel popular se dice que la serotonina o 5-hidroxi-triptamina contribuye a los sentimientos de bienestar, y se la considera la sustancia de la felicidad. Está presente en el sistema nervioso central, pero también en el tubo digestivo, donde se produce la mayor cantidad, y en las plaquetas. Mantiene los ciclos de sueño-vigilia y también interviene en la regulación de los movimientos intestinales. Los niveles bajos de serotonina se han relacionado con la depresión, la ansiedad y algunos otros trastornos mentales. Muchos medicamentos antidepresivos como el Prozac actúan incrementando los niveles de serotonina, algo que también se consigue con el ejercicio, la luz natural y las situaciones placenteras de la vida social, como disfrutar de la familia y de los amigos. Distintas drogas actúan sobre el sistema serotonérgico, y entre ellas están la psilocibina, la mezcalina, el LSD y el éxtasis.

En 1935 el farmacólogo italiano Vittorio Erspamer encontró que un extracto de células enterocromafines, unas células endocrinas que se sitúan en los epitelios que bordean la luz del tubo digestivo y de las vías respiratorias, hacía que los intestinos se contrajeran. Al principio se pensó que era adrenalina, pero dos años mas tarde Erspamer demostró que era una amina desconocida hasta ese momento y la denominó enteramina. Erspamer desarrolló una fructífera colaboración con la industria farmacéutica, y con fondos de Farmaitalia empezó a recolectar organismos terrestres y marinos, tales como anfibios y moluscos, y a estudiar su neuroquímica, en particular la presencia de péptidos y aminas. Uno de los que más lo interesaron fue *Phyllomedusa bicolor*, una rana arborícola de Centroamérica y Sudamérica que era usada en rituales chamánicos por grupos indígenas para aumentar su habilidad como cazadores, al incrementar supuestamente la agudeza de los sentidos y hacerles sentir invencibles. Erspamer encontró que las secreciones de la piel de esta rana tenían efectos analgésicos y euforizantes. En 1953 Irvine Page y Betty Twarog encontraron la misma molécula en el sistema nervioso central y la denominaron serotonina. Erspamer descubrió otra importante amina en las glándulas salivares del pulpo y la denominó octopamina.

Hubo también sorpresas inesperadas. El GABA, o ácido gamma aminobutírico, una molécula muy sencilla, un aminoácido, se sintetizó en el laboratorio por primera vez en 1883, y en torno a 1910 se vio que era un producto natural del metabolismo en plantas y microorganismos. En 1950 se descubrió que estaba presente en el sistema nervioso central y aumentó enormemente el interés por él. En 1954 Stephen Kuffler y Ernst Florey plantearon, con poca o ninguna evidencia, que el gran sistema muscular abdominal de los crustáceos, lo que nos comemos tras pelar un langostino, podía servir para detectar sustancias inhibitorias y excitatorias presentes en el cerebro de los mamíferos. Así, se vio que el factor I («i» significa inhibitorio) contenía GABA y se pensó que podía ser el neurotransmisor natural. Sin embargo, se dudó mucho tiempo si era realmente un transmisor, puesto que no se encontraba un mecanismo de inactivación rápida, que era una de las condiciones básicas de la definición de neurotransmisor. Luego se ha visto que el transporte al interior de la célula, lo que se conoce como internalización, es el mecanismo fundamental para detener su actividad. Posteriormente se descubrió su acción inhibitoria y se encontró un alcaloide natural, la bicuculina, que bloquea la acción del GABA. Los niveles altos de GABA incrementan la concentración y la relajación, mientras que los niveles bajos pueden causar ansiedad y se han relacionado con la epilepsia, que sería causada por la actividad exagerada de algunas neuronas al no tener un control inhibitorio adecuado. De hecho, los principales fármacos para el tratamiento de la epilepsia incrementan los niveles cerebrales de GABA, que también participa en el control motor y en la visión.

La glicina es otro aminoácido, tiene la estructura más simple de todos los transmisores y se pudo identificar su receptor gracias a uno de los venenos más conocidos de la historia de la humanidad, la estricnina. Fue descubierta en 1820 por Henri Braconnot que hirvió gelatina con ácido sulfúrico y purificó el aminóacido, pero solo en 1965 Mori H. Aprison y Robert Werman vieron que su concentración en la médula espinal era muy superior a la del resto del sistema nervioso central y pensaron que podía ser un neurotransmisor. Posteriormente se demostró que es un transmisor inhibitorio presente en el sistema nervioso central adulto, en particular en la médula espinal, el tronco del encéfalo y la retina. En el desarrollo, sin embargo, su acción es excitatoria. Al parecer la glicina ayuda a mejorar la calidad del sueño, y se piensa que también puede ser útil en el tratamiento de la esquizofrenia. En 2009 se encontró glicina en la superficie del cometa 81P/Wild 2.

El ácido glutámico, o glutamato, se encontró en altas concentraciones en el sistema nervioso en los años treinta del siglo XX. Al principio se pensaba que era parte del metabolismo energético, pero Takashi Hayashi demostró en 1952 que la inyección de glutamato en el cerebro producía convulsiones y fue el primero que postuló que podía ser un neurotransmisor excitatorio. De hecho, es el neurotransmisor más común en el cerebro y está implicado en funciones cognitivas tales como la memoria y el aprendizaje; regula también el desarrollo del sistema nervioso y la creación de contactos sinápticos entre las neuronas. Ello no obstante, los niveles de ácido glutámico deben mantenerse en un rango determinado pues, si se superan, es tóxico para las neuronas y puede causar su muerte, en un proceso denominado excitotoxicidad. El ictus y los traumatismos cerebrales pueden generar un exceso de ácido glutámico, lo que amplía el daño sufrido en la lesión.

Candace Pert tuvo un accidente de equitación, estuvo ingresada en el hospital y recibió frecuentes inyecciones de morfina para calmarle el dolor. Aquello picó su curiosidad para entender cómo funcionaba aquel extraordinario poder analgésico. Ella, Rabi Simantov y Solomon H. Snyder descubrieron los receptores para opioides en el cerebro. Lo curioso de este caso es que se encontraron antes los receptores que el transmisor, pero el siguiente paso era inmediato. ¿Para qué había en nuestro cerebro unos receptores que reconocían específicamente una sustancia producida por las amapolas? La identificación de moléculas parecidas a los derivados del opio y producidas de forma endógena por el propio organismo fue la explicación. Las endorfinas son cadenas de aminoácidos cuyo nombre proviene de «morfina endógena», por su parecido estructural a este derivado del opio, y son fabricadas por las propias neuronas. Su principal función parece ser inhibir las señales de dolor y generar una sensación placentera, incluso de euforia. Se liberan durante el ejercicio, la excitación, el dolor y la actividad sexual y también, al parecer, justo antes de la muerte. Quizá sirvan para preparar ese momento, y de ahí la sensación de paz que comentan los que se recuperan y vuelven de ese trance. Hay más de veinte tipos de endorfinas diferentes y los primeros péptidos opioides fueron aislados del cerebro de un cerdo por John Hughes y Hans Kosterlitz que los llamaron encefalinas.

La investigación siguió avanzando y se identificaron nuevos grupos de moléculas neuroactivas. En los años setenta y ochenta del siglo XX se identificaron decenas de neuropéptidos, pequeñas cadenas de aminoácidos que también eran usadas por las neuronas para un gran número de funciones, incluidas analgesia, recompensa, toma de alimentos, metabolismo, reproducción, comportamiento social, aprendizaje y memoria. Se vio que colocalizaban con distintos neurotransmisores «clásicos», por lo que se los consideró como neuromoduladores; es decir, modificaban la acción del transmisor principal. El holandés David de Wied fue el primero que usó el término neuropéptido en 1971 para nombrar a un fragmento de una hormona peptídica que no tenía actividad en la molécula hormonal intacta pero era capaz de inducir cambios en el comportamiento. Los neuropéptidos tienen en común su origen, su biosíntesis, su secreción, su metabolismo y su enorme eficacia, pues consiguen efectos biológicos a concentraciones extremadamente bajas.

En la última década del siglo XX se descubrieron otros neurotransmisores totalmente diferentes. El primero de ellos fue un gas, el óxido nítrico. Su receptor no estaba en la membrana de la neurona postsináptica, sino que actuaba sobre la guanilato ciclasa, una enzima situada en el interior de la célula. También se difundía libremente, atravesaba las membranas plasmáticas y se pensaba que podía ser el buscado transmisor retrógrado, el que iría de la célula postsináptica a la presináptica e informaría de que el mensaje había sido recibido y protegería de la excitotoxicidad. El óxido nítrico relajaba los vasos sanguíneos e intervenía en la erección del pene. Un fármaco que servía para producir óxido nítrico y se estaba estudiando contra la angina de pecho se empezó a usar para la disfunción eréctil, lo que hizo que su fabricante, los laboratorios Pfizer, ganara miles de millones de euros. Era la Viagra.

El óxido nítrico intervenía en tantas funciones importantes que se pensó que un ratón incapaz de fabricarlo, sin sintasa del óxido nítrico neuronal, sería inviable. Sin embargo, cuando se construyó el *knock-out*, un ratón con el gen mutado y que era incapaz de producir el gas en las neuronas, se vio que era prácticamente normal, salvo que tenía hipersexualidad y una enorme agresividad: atacaba e intentaba montar a todos los ratones de su jaula sin importar el sexo, la edad o la condición.

Poco tiempo después se vio que otro gas, el monóxido de carbono, igualmente de pequeño tamaño, podía actuar también como transmisor y, al igual que el óxido nítrico, colaborar en la generación de GMP cíclico que era su receptor. Si el óxido nítrico intervenía en la erección, el monóxido de carbono mediaba la eyaculación pero, al contrario que el primero, no parecía tener un papel en los procesos de memoria y aprendizaje. Por último, la D-serina, un tipo de aminoácido inusual, se sintetiza en astrocitos y, al parecer, también interviene en la transmisión nerviosa.

Esta enorme diversidad de composiciones químicas, modos de acción y modos de inactivación hizo que fuera necesario cambiar la definición de neurotransmisor. Ahora se considera que es una «molécula, liberada por neuronas o por glía, que influye fisiológicamente en el estado electroquímico de las células adyacentes», un concepto mucho más amplio de lo que se pensó originalmente.

LOS FÓSILES DE VERTEBRADOS ME SALVARÁN

La paleoneurología estudia el sistema nervioso de los animales fósiles. Su principal objetivo es definir tendencias en el desarrollo evolutivo de los distintos sistemas nerviosos y su principal impulsora fue una mujer: Ottilie Edinger, «Tilly». Fue la primera en investigar de manera sistemática, comparar y resumir los datos de las principales colecciones de cráneos fósiles que había en Europa y en Norteamérica, y la que se dio cuenta de que los escasos datos sobre la evolución cerebral podían aprovecharse si se centraba en los grupos de animales cuyos linajes estaban bien establecidos gracias al trabajo estratigráfico, como équidos, camélidos y sirénidos. Edinger hacía moldes cerebrales de los especímenes que había en los museos y utilizaba los métodos sólidamente establecidos de la anatomía comparada. Es una de las grandes investigadoras de la neurociencia.

Tilly fue la tercera y última hija de Anna Golschmidt, activista social, y de Ludwig Edinger, médico y pionero de la neurología comparada que en 1914 obtuvo la primera cátedra de neurología de Alemania, en la recién fundada Universidad de Frankfurt, y crearía posteriormente el Instituto Neurológico de Frankfurt. Ambos padres tuvieron el reconocimiento público a su entrega y compromiso.

La educación de los niños Edinger fue primero con una institutriz francesa, luego con una inglesa y con un tutor privado. A los 12 años, Tilly ingresó en una escuela secundaria femenina, la Schiller-Schule, pero tenía ya la ventaja de aquella educación infantil cosmopolita que le permitió dominar varios idiomas, estar acostumbrada a viajar, haber conocido en su casa a algunos de los mejores intelectuales de su tiempo y haber recibido de su padre el ejemplo científico y el interés por la investigación sobre el cerebro. Uno de sus placeres eran las visitas al Museo Senckenberg de historia natural, que alberga una magnífica colección paleontológica y que marca-

La paleontóloga Tillie Edinger (1897-1967).

ría su carrera posterior. Aunque por ser mujer y por su desahogada posición económica no se esperaba que buscase un trabajo, le dejaron al menos que siguiera su vocación y que se formase con cursos en las universidades de Heidelberg, Frankfurt y Múnich. En una carta a su futuro mentor y colega Alfred Sherwood Romer describía esa época como «siete semestres bastante infelices estudiando zoología» que mejoraron al leer el libro de Othenio Abel *Grünzuge der Paleobiologie der Wirbeltiere* (*Principios de Paleobiología de los Vertebrados*), con lo que «una nueva vida empezó, la más feliz desde entonces». En 1921 Edinger obtuvo un doctorado «magna cum laude» en geología, zoología y psicología con una tesis sobre un reptil marino fósil del Triásico: *Nothosaurus*.

El interés de Tillie Edinger por la Paleoneurología empezó con este proyecto, en el que estudió un molde endocraneal —cuando el interior del cráneo se ha rellenado con sedimentos y queda una imagen tridimensional de cómo sería el cerebro— del nothosaurus y, para tener un control con el que comparar, realizó otro endomolde de la cavidad cerebral de un reptil actual, el caimán. Esto le permitió obtener una gran cantidad de información del espécimen fósil, un conocimiento que aplicaría a distintos grupos de vertebrados.

Tras graduarse en la universidad empezó a trabajar como asistente de investigación en el Instituto de Geología de la Universidad de Frankfurt y, en 1927, en su querido Museo Senckenberg de historia natural. Fue nombrada conservadora (*Sektionärin*) de fósiles de vertebrados, un puesto sin sueldo que le permitió dedicarse a la paleontología. Aunque su madre consideraba que aquello era un pasatiempo, al final de la década había descubierto que los cerebros de los mamíferos dejaban marcas en el interior del cráneo y había creado una nueva disciplina, la paleoneurología. La importancia del trabajo neuroanatómico de su padre fue patente en su carrera, y en una carta comentó al neuroanatomista holandés y discípulo de su padre Cornellius Ubbo Ariëns Kappers: «*¿No es maravilloso que, aun siendo paleontóloga, pueda seguir el camino de papá?*».

Salvo Fritz Drevermann, que le dirigió la tesis sin hacerle apenas caso y se dedicaba a la dirección del museo, no había otros paleontólogos de vertebrados en Frankfurt. En una carta a Romer de 1937 le explicaba las ventajas e inconvenientes de esa situación «*Todos los fósiles de vertebrados están a mi entera disposición... nadie más está interesado en ellos... Por otro lado, significa que soy casi autodidacta*». Solucionó esta ausencia de colegas próximos al establecer relaciones epistolares con los principales paleontólogos de su época, en particular con Schindewolf (Berlín), Von Heune (Tubinga), y Dollo (Bruselas). Su trabajo en los años 1926-1928 fue organizar las caóticas colecciones de peces, anfibios, reptiles y mamíferos fósiles que estaban apiladas en armarios y guardadas en cajas de bombones e intercambiar moldes de especímenes con un amplio grupo de museos e instituciones. Edinger complementaba su trabajo como conservadora con charlas sobre paleontología para sus colegas del museo, con numerosas revisiones de artículos científicos y libros (llegó a escribir más de mil doscientas reseñas) y con programas de radio sobre anatomía comparada y fisiología para el público general, un interés por la divulgación científica muy poco común en aquella época.

Las ideas más poderosas del momento eran las llamadas reglas de Marsh, unos principios teóricos establecidos en el siglo XIX por Othniel Charles Marsh, catedrático en Yale y que rivalizó con su compatriota Edward Drinken Cope en la llamada «guerra de los huesos», una competición por la primacía científica en la que los dos mantuvieron una rivalidad feroz y consiguieron descubrir más de ciento veinte especies nuevas de dinosaurios. Las reglas de Marsh predecían el tamaño y complejidad de los cerebros en función de su situación estratigráfica; es decir, los fósiles más modernos, situados en los últimos estratos, tenían que tener cerebros más grandes. Marsh llegó a plantear que la supervivencia o extinción de un

Recreación de un nothosaurus, uno de los muchos cordados extintos.

taxón podía predecirse según su volumen cerebral fuese superior o inferior a la media. Tilly Edinger pronto vio que la progresión ordenada de Marsh no encajaba bien con sus observaciones y, por ejemplo, los cerebros de los murciélagos fósiles tenían el volumen y la forma de los actuales.

En los años 20 del siglo XX Edinger trabajó en una de las principales obras de la paleoneurología —lo que ella llamaba «*meine große Gehirnarbeit*», mi gran tratado sobre el cerebro— publicada en 1929 con el título *Die fossilen Gehirne* (*Los cerebros fósiles*), dedicado a la memoria de su padre, que había descrito la anatomía comparada del cerebro de los vertebrados vivientes. La revisión, que posteriormente calificaría como «*una compilación bastante infantil*» explicaba la historia, el estado del conocimiento y algunas de las preguntas más sugerentes de la paleoneurología y aprovechaba para incluir una refutación de la ley general sobre el crecimiento cerebral de Marsh. Muchos años después Edinger se referiría a Marsh como «el hombre que engañó a todo el mundo todo el tiempo (¡realmente! Y todavía lo hace)». Ella formuló su propia teoría de la «no correlación», que implicaba que la evolución genera diferentes presiones selectivas sobre diferentes partes del cuerpo y que, por ejemplo, cambios en el esqueleto postcraneal no tienen por qué ir acompañados de cambios paralelos en el volumen cerebral.

Dos líneas de trabajo fueron claves en su investigación en los años treinta del siglo XX: La primera fue la descripción de endomoldes de numerosas especies de un mismo taxón de distintos horizontes geológicos. Este método permitía a Edinger la reconstrucción de la secuencia de innovaciones cerebrales en la historia de un grupo. La segunda fue la paleoneuroendocrinología, con la que estudió, por ejemplo, el tamaño relativo de la pituitaria en vertebrados fósiles y vivientes. Su hipótesis era que un aumento en el tamaño corporal iba acompañado por un incremento en el tamaño del lóbulo anterior de la hipófisis y, como resultado, un incremento de la producción de hormona del crecimiento. Trabajó esta idea en especies grandes y pequeñas de reptiles, aves y mamíferos y se concentró en particular en un tema que ha atraído el interés de los niños desde su descubrimiento: el gigantismo de los dinosaurios.

La vida tranquila y feliz de Tilly Edinger en Frankfurt sufrió una debacle con un suceso que afectó a muchos de sus compatriotas: el ascenso de Hitler al poder. El impacto sobre su trabajo durante los primeros años de régimen nazi fue menos dramático que en otros casos por dos motivos: el Senckenberg era una institución privada y su puesto no era remunerado. Sin embargo, un goteo de pequeñas infamias fue haciendo la situación cada vez más enrarecida, la dejaban fuera de revistas en las que había publicado o la retiraban de colaboraciones. Rudolf Richter, el paleontólogo que había sucedido a Drevermann en el Senckenberg, «luchaba como un héroe para mantenerme en la casa» según contaba la propia Edinger y con su humor característico, comparaba su persistencia en el museo a la de «un ammonites en el Holoceno», un fósil viviente, uno de los últimos científicos de origen judío que todavía trabajaban en la Alemania nazi.

Aunque sus amigos y su hermana Dora la urgieron a dejar el país, decidió quedarse, al igual que hizo su hermano Friedrich, que en 1942 moriría asesinado en el Holocausto. Alice Hamilton, una profesora recién jubilada de Harvard, discípula de su padre y amiga de la familia durante años dijo que en una cena en casa de los Edinger en septiembre de 1938, Tilly le dijo: «*Mientras me dejen en paz, me quedaré. Después de todo, Frankfurt es mi hogar, la familia de mi madre ha vivido aquí desde 1560, nací en esta casa. Y te prometo que nunca conseguirán llevarme a un campo de concentración, siempre llevo conmigo una dosis letal de veronal*».

Sin embargo, no era estúpida y empezó a valorar seriamente la posibilidad de marcharse. En julio de 1937 habló con una amiga de la escuela que trabajaba como psicóloga en un hospital de Boston y le pidió que intentase hablar con Romer sobre la posibilidad de poder estudiar, trabajar o investigar en Harvard. Romer respondió positivamente y ella presentó en el consulado americano una solicitud de entrada a los Estados Unidos en agosto de 1938. Desgraciadamente, le adjudicaron el número 13.814, que, al ritmo de emisión de visados, significaba que tendría que esperar casi dos años. Sus amigos americanos empezaron a enviar cartas al Departamento de Estado intercediendo por ella. Una era de George Gaylord Simpson, paleontólogo y biólogo teórico que incluía este testimonio:

> *Es una científica investigadora de primer nivel y es favorablemente valorada como tal en todo el mundo. Es conocida en todas partes como la principal especialista en el estudio del cerebro y el sistema nervioso de animales extintos y en la evolución de la estructura macroscópica del cerebro. Es tal su preeminencia en este campo que realmente se puede decir que ha creado una nueva rama de la ciencia, la de la paleoneurología, un estudio de un valor e importancia extraordinarios.*

A pesar de su resistencia a dejar el país, la Kristallnacht o Noche de los Cristales Rotos, el siniestro progromo del 9 al 10 de noviembre de 1938 le mostró el verdadero riesgo de su situación. Esa noche varios cientos de judíos fueron asesinados, unos treinta mil fueron arrestados y enviados a campos de concentración, cientos de hogares, hospitales y escuelas judías fueron saqueados, más de mil sinagogas fueron incendiadas y más de siete mil comercios judíos fueron destruidos o gravemente dañados. Para Tillie, a quien ya le habían prohibido entrar en el museo y no podía prácticamente salir de su piso, la situación fue finalmente clara: tenía que escapar lo antes posible.

Una serie de cartas de Alice Hamilton a Romer lo urgieron a moverse para conseguir un nombramiento en Harvard que le permitiera saltarse el listado de cuotas de inmigración y, al final, se consiguió una solución temporal gracias a la Sociedad para la Preservación de la Ciencia y el Aprendizaje «*Society for the Preservation of Science and Learning*» de Londres, que obtuvo un visado para Inglaterra a cambio de una garantía económica y el compromiso de dejar Gran Bretaña para Estados Unidos antes del verano de 1940. El dinero fue conseguido por un grupo de familiares lejanos que vivían en Londres y por un puesto a tiempo parcial traduciendo textos médicos del alemán al inglés para el patólogo Philipp Schwartz, que había sido profesor en la Universidad de Frankfurt y ahora trabajaba en la Universidad de Estambul. Alice Hamilton y Alfred Romer firmaron sendos documentos en los que se comprometían a encargarse de ella en Estados Unidos y una serie de paleontólogos de fama mundial (Fischer-Wasels, Broili y Richter) enviaron cartas recalcando la admiración que tenían por ella y por su trabajo, lo que confirmaba una frase que ella escribió en una carta a Richter: «los vertebrados fósiles me salvarán».

Aunque perdió la mayor parte de la fortuna familiar, Tilly Edinger dejó Alemania en dirección a Londres en mayo de 1939 llevando solo equipaje de mano. Allí estuvo un año y, aunque tenía limitados los desplazamientos por orden del Gobierno, tenía miedo a ser encarcelada como «extranjero enemigo» y el Museo Británico de Historia Natural estaba cerrado debido a la guerra, lo recordaba —frente a lo vivido en Alemania— como una época maravillosa. Aunque la mayor parte de su jornada estuvo dedicada al trabajo como traductora siguió investigando en su tiempo «libre» y publicó varios artículos. Finalmente su número fue llamado antes de lo esperado y cruzó el Atlántico en un peligroso viaje a bordo del Britannic, llegando a Nueva York el 11 de mayo de 1940.

Al poco de llegar obtuvo un nombramiento como investigadora asociada en la Universidad de Harvard y pudo completar sus ingresos con clases, la realización de resúmenes de artículos en alemán y con ayudas del Comité de Emergencia para académicos extranjeros desplazados y de la Fundación Guggenheim. Edinger encontró la atmósfera de Harvard mucho más amigable y divertida que en el Senckenberg con «*Gelachter, Gesinge und Gepfeife*» (risas, canciones y silbidos) en la sala de preparaciones y por la amabilidad de Romer, que décadas después de su muerte aún es recordado por sus colegas por su gran calidad humana.

Sus primeros artículos en América fueron sobre el cráneo de un pterodáctilo, su estudio sobre la pituitaria y una colaboración con Romer sobre los cráneos de los anfibios fósiles. Esos artículos mostraron una nueva forma de trabajar, en la que no solo describía la anatomía sino que también intentaba relacionar esas características estructurales, en lo posible, con el comportamiento y la filogenia. Edinger atacó los errores antropocéntricos en la paleoneurología, como que la extinción de una especie se debía a sus «cerebros absurdamente pequeños» y la idea del incremento progresivo de los volúmenes encefálicos; defendió la necesidad de comparar el volumen del cerebro con el de todo el cuerpo y criticó la idea de que la evolución de todos los sistemas corporales estaba de alguna manera sincronizada y era progresiva en vez de ser como realmente era, un mosaico que mostraba simultáneamente rasgos conservados y otros mucho más modernos.

Edinger se convirtió en una conferenciante valorada y se la consideraba la memoria viva de la profesión. En 1948 la Sociedad de Paleontología de Vertebrados votó unánimemente «que Tilly debe ser obligada a reescribir, en inglés, su obra *Die fossilen Gehirne* de 1929». Era una muestra de admiración pero también un regalo envenenado: tenía que viajar a todos los museos principales que tuviesen material paleoneurológico, su salud cada vez estaba más deteriorada, sobre todo por una sordera progresiva, y apenas tenía dinero. Sus colegas se movilizaron de nuevo y recibió bolsas de viaje con las que recorrió todos los museos importantes de Estados Unidos y volvió en 1950 y 1955 a Europa donde restableció las relaciones con muchos de sus colegas de antes de la guerra. Su colega de Harvard, Bryan Patterson, se refirió a esta intensa actividad como «difundir el evangelio del cerebro fósil» y Eddinger trabajó con varios colaboradores en esta obra hasta el final de su vida. Desgraciadamente, la sordera la limitaba mucho y perdía ese toma y daca que es clave para el intercambio de ideas y la confrontación científica.

Fue la primera mujer elegida presidenta de la Sociedad de Paleontología de Vertebrados (ella comentó con humor que «esta, para mí la más querida de las sociedades científicas, ha elegido como presidenta a una mujer que me parece que no está preparada para el puesto»). A pesar de su jubilación en 1964, siguió investigando. En 1966 envió a esa misma sociedad un listado de proyectos que quería «olvidar, terminar ella misma o conseguir un colaborador que se hiciera cargo de ellos». El 27 de mayo de 1967, a los sesenta y nueve años, murió de las lesiones cráneoencefálicas sufridas tras un accidente de tráfico.

LOS VOGT Y EL CEREBRO DE LENIN

Oskar Vogt nació el 6 de abril de 1870 en Husum, un pequeño pueblo de Schleswig-Holstein, una zona que ha cambiado de fronteras entre Dinamarca y los estados alemanes repetidas veces. Tuvo una infancia difícil: su padre murió cuando él tenía nueve años, lo que hizo feliz a su madre, pues era una ferviente cristiana que pensaba que su marido recibiría entonces el premio en el cielo por una vida austera y virtuosa, aunque la familia —Oskar era el mayor de cinco hermanos—, quedó en una situación económica muy mala. Oskar se convirtió en un estudiante excepcional para ayudar a sus hermanos menores con los premios y becas que recibía. Tras estudiar en las universidades de Kiel y Jena fue a trabajar a Zúrich con August Forel y bajo su tutela se convirtió en un experto hipnotizador. Vogt consideraba la hipnosis como «un microscopio para la exploración del alma humana» y trató a numerosos pacientes en varias capitales europeas, incluida San Petersburgo. Durante un banquete en la corte del zar Nicolás II notó que la mejilla izquierda del general que estaba sentado a su lado se ponía colorada cada vez que el nombre del zar se mencionaba. Vogt fue llamado a consulta y pudo averiguar, tras una sesión de hipnosis, que el general había sido abofeteado por el zar en ese lado de la cara. En las siguientes sesiones, usando hipermnesia, el desafortunado incidente fue analizado y racionalizado y consiguió que desapareciese aquella respuesta embarazosa en el rostro del pobre militar.

Tras la estancia en Zúrich Vogt pasó a Leipzig, ampliando su formación con Paul Flechsig, con el que tuvo una tormentosa relación. El primer motivo de las desavenencias fue que le mostró a Flechsig unos resultados sobre el cuerpo calloso y se encontró con que a las cuatro semanas él los presentaba como propios.

Por su difícil infancia Vogt decidió que el dinero era una fuente clave de poder e independencia. Para conseguir una situación saneada se pro-

El matrimonio Vogt: Cécile (1875-1962) y Oskar (1870-1959).

puso convertirse en un médico de prestigio en alguno de los balnearios de moda en Europa, donde descansaban y se curaban las élites económicas de sus enfermedades reales o imaginarias. Consiguió un puesto mal pagado en Alexanderbad, uno de los mejores balnearios de Europa, y allí fue conquistando, uno a uno, la confianza y el aprecio de los clientes y, de forma especial, de una de las familias más poderosas de Alemania, los Krupp. Esa amistad le salvaría la vida en los años de la dominación nazi.

Los clientes de Vogt, seducidos por la hipnosis y sus conocimientos médicos, fueron creciendo, al igual que sus ingresos. El director del balneario le pidió una comisión de las considerables ganancias que su «praxis áurea» le estaba aportando, Vogt lo rechazó y su contrato fue finiquitado. Así que, siguiendo el consejo de Forel, decidió iniciar una nueva etapa y se trasladó a la capital de la neurología mundial en ese momento, París. Oskar se buscó un acomodo en el laboratorio de Joseph Jules Déjérine en la Salpêtrière. Déjérine fue el primero en identificar qué zonas del cerebro intervienen en la lectura y fue pionero en el estudio de la alexia. En la misma ciudad trabajaba Cécile Mugnier. Cécile había sido criada por una tía con fuertes convicciones católicas y educada en un convento, donde su tía confiaba en que ingresara como monja. Sin embargo, las cosas no salieron como la tía esperaba. A los catorce años, Cécile se negó simple y llanamente a tomar la primera comunión y después escribió un ensayo en el que criticaba duramente a Dios por permitir tanta miseria en el mundo, un escrito que enojó terriblemente al confesor jesuita de su convento e hizo que su tía la desheredara. Con la ayuda de su madre consiguió hacer el bachillerato en ciencias y en 1893 fue una de las primeras mujeres aceptadas para estudiar medicina. La vocación, brillantez intelectual y capacidad de trabajo de Cécile hizo que Pierre Marie, una de las estrellas de la neurología francesa, le ofreciera un puesto en su equipo. Aunque Pierre Marie y Déjérine habían tenido fricciones, la relación entre ambos laboratorios era intensa y Oskar y Cécile, que para entonces se había convertido en una de las primeras neurólogas de Europa, se pudieron conocer, se casaron y tuvieron dos hijas, que serían dos buenas investigadoras. Los antecedentes familiares de Oskar incluían ministros luteranos, capitanes de barco y un pirata, y Cécile solía recordar que su jefe en París, Pierre Marie, le había aconsejado que no se casara con un alemán, y menos con uno con ese pasado. La pareja se entendió maravillosamente y trabajaron juntos durante cinco décadas.

A comienzos del siglo XX era evidente que las funciones superiores residían en la corteza cerebral y que distintas zonas estaban especializadas en distintas tareas. Oskar y Cécile Vogt, junto a otros investigadores como

Grafton Elliot Smith, Alfred Walter Campbell y Korbinian Brodmann, retomaron el estudio en detalle de la corteza cerebral. Analizaron el grosor de la corteza, el número de capas horizontales, el espesor relativo de cada una de ellas, la disposición de las células, la presencia o proporción de tipos neuronales específicos, las variaciones en el tamaño y en la forma de las neuronas, la densidad celular y la afinidad por los colorantes. Los resultados eran complejos porque los límites variaban de un investigador a otro e incluso de un cerebro a otro, pero quedó más o menos claro que las diferencias regionales en la citoarquitectura eran el reflejo de una especificidad funcional.

En marzo de 1914, con el apoyo de Fritz Alfred Krupp, el magnate del acero alemán de quien era médico personal, Oskar Vogt fue nombrado profesor y director de un nuevo Instituto, el *Kaiser-Wilhelm-Institut für Hirnforschung und Allgemeine Biologie* (Instituto Emperador Guillermo de Investigación Cerebral y Biología General). Allí empezó a recibir las donaciones de cerebros de personas prominentes, particularmente científicos, que llevaron a la creación de una colección creciente de «cerebros de la élite». Con ellos los Vogt pretendían localizar «la fuente de la genialidad». Debido a la I Guerra Mundial y a la difícil posguerra, la construcción de un edificio para el instituto en Buch, un suburbio de Berlín, se demoró hasta 1931, pero allí se formaron científicos con carreras prominentes tales como Korbinian Brodmann, Harald Brockhaus y Nikolai Vladimirovitch Timofeev-Resovskij, con quien Solzhenitsyn coincidió en el gulag. El Instituto estaba financiado por la Sociedad Emperador Guillermo (actualmente denominada Sociedad Max Planck), la Fundación Rockefeller, el gobierno del Reich alemán, el Estado federal de Prusia y la ciudad de Berlín.

En 1924 le hicieron a Vogt un encargo único. Fue uno de los neurólogos llamados a consulta en la enfermedad de Vladimir Ilyich Ulianov, Lenin, que había sufrido varios derrames cerebrales los dos últimos años de su vida. Cuando Lenin falleció, el 21 de enero de 1924, era considerado por las autoridades soviéticas «el más grande de los genios», y se esperaba que su cerebro fuese único. Se estableció un comité asesor con «médicos-comunistas» seleccionados por el gobierno soviético para el estudio científico de su cerebro. A finales de 1924 se le pidió a Vogt que fuera a Moscú como asesor para la fundación de un Instituto de Investigación sobre el Cerebro de Lenin, la única vez que se ha creado un centro para investigar un único cerebro.

El cerebro fue extraído antes de embalsamar el cuerpo de Lenin, así que probablemente se realizó un corte en la zona de la nuca, toda la piel se arrancó hacia delante como si fuera una careta de goma, se abrió la caja craneal con una sierra, se extrajo el cerebro y luego la «tapa de los sesos» y el cuero cabelludo se volvieron a colocar en su lugar original. La autopsia reveló una grave arterioesclerosis cerebral y hay bastantes pruebas indirectas de que los médicos silenciaron un diagnóstico de neurosífilis, pero no se ha demostrado. Stalin, que se había hecho con el poder tras el fallecimiento de Lenin, se dio cuenta de que se había creado un halo de santidad en torno a su antecesor y decidió establecer un fuerte culto a la personalidad del «*gigante sobrehumano de la revolución*». Un paso importante en ese camino sería un estudio que demostrase que Lenin tenía el cerebro de un genio, y si había un hombre en el mundo especialmente cualificado para esa tarea, ese era Vogt. Parece que él tuvo dudas, pero el gobierno alemán lo presionó para que aceptase la «misión cultural» porque los dirigentes germanos querían afianzar las buenas relaciones con la Unión Soviética (los generales alemanes querían probar armas y estrategias militares allí, pues lo tenían prohibido en suelo alemán por el tratado de Versalles) y sus protectores, los Krupp, querían exportar armamento y maquinaria pesada al régimen revolucionario bolchevique.

Cuando los rusos contactaron con Vogt este indicó que un estudio detallado era posible, pero requería una enorme experiencia, un cuidado exquisito e instalaciones y medios. Es decir, Vogt estaba sugiriendo que solo él lo podía hacer y, además, pedía prácticamente un cheque en blanco. Además, advirtió sobre la imposibilidad de realizar ese estudio en Moscú y de que, si no se daban pasos urgentes, el cerebro se iría deteriorando y el tejido, conservado en formol desde su extracción, no absorbería los colorantes requeridos para poder hacer un buen análisis. Las autoridades del Politburó, presidido por Stalin, no tenían clara la conveniencia de dejar un estudio tan delicado políticamente en manos de un extranjero y enviaron dos médicos «de confianza» a formarse en su instituto en Berlín, pero nadie quería asumir aquella tremenda responsabilidad. Finalmente, los dirigentes rusos superaron sus reticencias y decidieron encargarle a Vogt que estudiara aquel encéfalo y que estableciera un centro de neurociencias, el Instituto de Investigación Cerebral de Moscú .

En ese instituto se instaló «El Panteón de los Cerebros», un repositorio de encéfalos de famosos, siguiendo las ideas y el modelo de trabajo de Vogt. El primer cerebro fue el de Lenin, en 1924, y luego se incorporaron los del escritor Máximo Gorki, el actor y dramaturgo Konstantín Stanislavski, el cineasta Serguéi Eisenstein, y el fisiólogo Ivan Pavlov, pero se siguieron añadiendo cerebros de personas famosas hasta 1989. El último incorporado fue el cerebro de Andrei Sajarov, físico nuclear, disidente, activista de los derechos humanos y premio Nobel de la Paz en 1975. El objetivo era una fundamentación materialista de las capacidades superiores del hombre frente a las creencias religiosas o metafísicas.

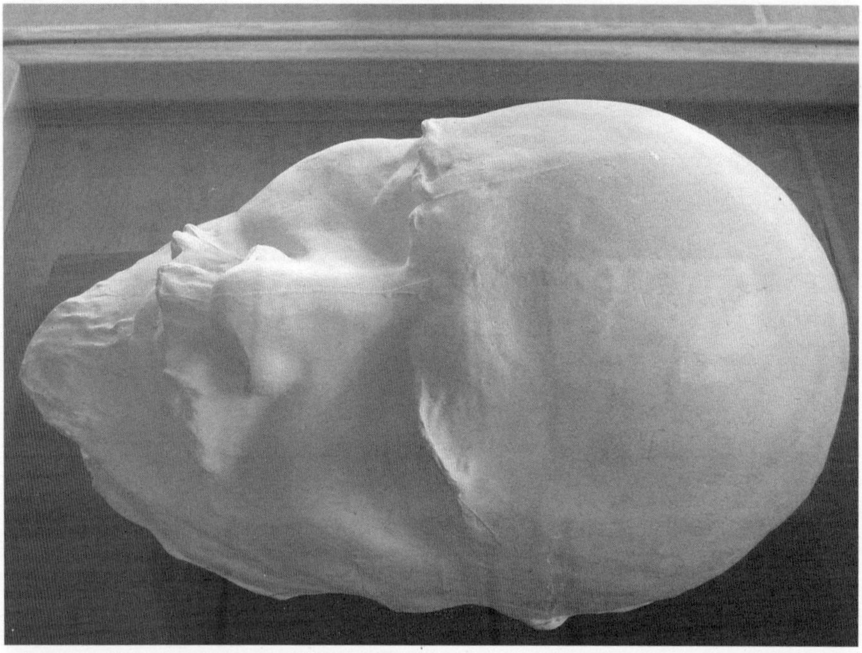

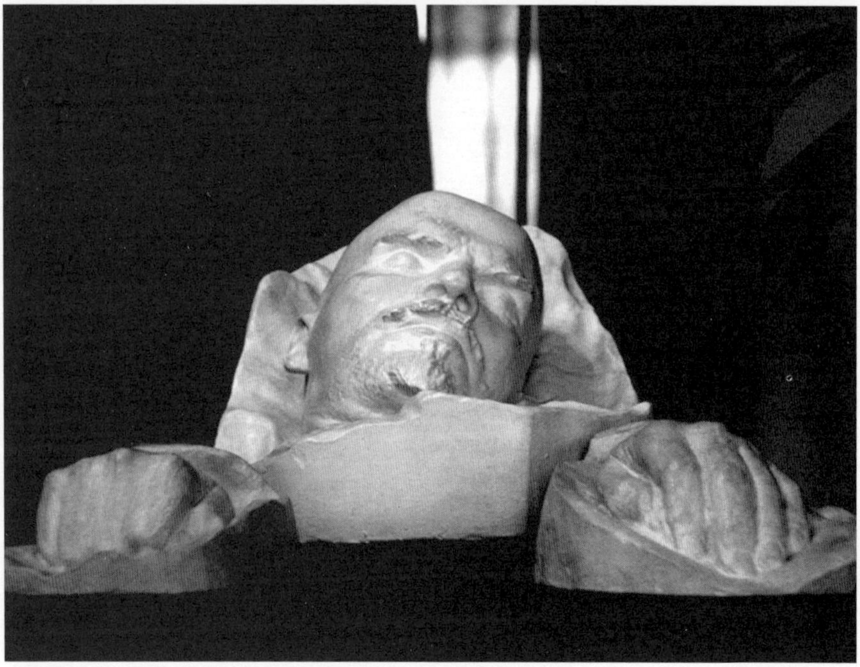

Máscaras mortuorias de Lenin.

El fundador del Instituto fue Vladimir Bekhterev. En 1927 fue llamado al Kremlin para que examinara a Stalin, que estaba en un estado de fuerte turbación. Bekhterev lo encontró sumido en una depresión y con una agresividad desatada contra Trotsky y sus partidarios. Le diagnosticó «paranoia grave» y, de forma quizá no muy sorprendente, el médico, que no el paciente, murió un par de días después, según se dijo, de una infección intestinal. Su cerebro pasó a formar parte de la colección de su propio instituto.

Vogt y su equipo cortaron el cerebro de Lenin en treinta y una mil secciones. El procesamiento y estudio de todos esos cortes llevó años, en los cuales Oskar Vogt viajó a Moscú varias veces entre 1924 y 1930. Finalmente expuso algo que ha sido muy controvertido, pues hay quien piensa que dijo a los rusos lo que querían oír, que el cerebro de Lenin era distinto, que tenía algo peculiar. Según Vogt, las neuronas piramidales de la capa III de la corteza cerebral eran de un tamaño mayor y más numerosas de lo normal, lo que hacía que la capa III fuera más gruesa y la capa IV más fina que en otros cerebros. Vogt propuso que estas células de la capa III, que él consideraba implicadas en circuitos de asociación, permitieron al dirigente ruso una «*mente muy ágil, relacionar ideas con gran rapidez, así como su sentido de la realidad*», y lo llamó «*atleta del pensamiento asociativo*».

Tras presentar sus resultados a los dignatarios soviéticos, Vogt planteó a continuación un estudio mucho más detallado en el que las secciones del cerebro de Lenin se compararían con un número importante de otros cerebros: trece personas de la élite intelectual y política, cuyos nombres estaban recogidos en una lista, y otros treinta y nueve cerebros de personas de distintos grupos étnicos de la Unión Soviética. Puesto que había que estudiar tantos cerebros, habría que aumentar la financiación para reclutar investigadores que pudieran afrontar aquella tarea tan formidable. Todo ello quedó en suspenso con la llegada al poder de Hitler, que en su libro *Mein Kampf* había dejado claro sus planes expansionistas hacia el este de Europa y su poco aprecio por los comunistas. Pocos años después se iniciaban las hostilidades entre Alemania y la Unión Soviética.

El 16 de marzo y el 21 de junio de 1933, tropas de asalto del partido nacionalsocialista irrumpieron en el instituto y la vivienda de los Vogt. Alguno de sus colaboradores había enviado cartas a los grupos parapoliciales con todo tipo de acusaciones contra el matrimonio, desde esconder izquierdistas a haber arrancado banderas nazis. El instituto fue denominado «un castillo comunista infiltrado de judíos» y en 1937 Vogt fue obligado a dimitir de la dirección por el gobierno nazi, a quien no le gustaban ni las ideas de Vogt, ni sus contactos internacionales, ni su mujer francesa, ni sus colaboradores judíos, ni su actividad en Moscú. De hecho, el

Tercer Reich había declarado que «Lenin tenía queso suizo en la cabeza», y a los dirigentes nazis no les gustaba que Vogt hubiera alabado el cerebro del líder ruso. De nuevo los Krupp fueron en su ayuda: financiaron a los Vogt la creación de un nuevo instituto en Neustadt, en la Selva Negra, para que pudieran continuar su trabajo. Allí pasaron Oskar y Cécile la II Guerra Mundial y la primera parte de la posguerra, años durante los cuales Vogt pidió examinar los cerebros de los condenados a muerte en los juicios de Núremberg para estudiar las características anatómicas de la crimininalidad nazi. También comentó en una ocasión que su esperanza era que algún día su cerebro y el de su amada Cécile reposaran, uno junto al otro, en el mismo armario donde guardaba la colección de encéfalos humanos.

En 1945 partes del cerebro de Lenin seguían en Berlín, en los antiguos laboratorios del instituto de Buch. Había el riesgo de que pudieran caer en manos de los americanos, que podrían usarlas para denigrar al padre de la Unión Soviética (la historia de la sífilis, que no hubiera realmente cambios estadísticamente significativos en su corteza…) como ya habían hecho los nazis. Según dos belgas, L. van Bogaert y A. Dewulf, los soviéticos montaron una operación de comando para impedir que los americanos se hicieran con el tejido nervioso del líder de la revolución. Debe de ser la única misión militar que se haya hecho nunca para conseguir unas preparaciones neurohistológicas y unos trocitos de cerebro. Y así, aquellos restos de un ser humano llamado Vladimir Ilyich Uliánov, *Lenin*, bien custodiados por el Ejército Rojo, volvieron a Moscú.

LOS MAPAS CORTICALES DE BRODMANN

Uno de los principales discípulos de los Vogt fue Korbinian Brodmann. Nació en 1868 en Liggersdorf, una pequeña localidad en la provincia de Hohenzollern, cerca del lago Constanza. Siguiendo las buenas costumbres de la época, Brodmann estudió medicina en distintas universidades: Múnich, Würzburg, Berlín y Friburgo, donde se licenció. Realizó estudios de posgrado en la Universidad de Lausana (Suiza), de donde pasó a la Clínica Universitaria de Múnich, en la que trabajó ya como médico. Pensaba ponerse a ejercer en la Selva Negra, pero enfermó de difteria y pasó la convalecencia como asistente de Oskar Vogt en la Clínica Neurológica que este había montado en el balneario de Alexanderbad. Vogt lo describió como de «amplios intereses científicos, buenas dotes de observación y una gran diligencia para ampliar su conocimiento». Para completar su periplo por lo mejor de las universidades germanas obtuvo su doctorado en la Universidad de Leipzig en 1898 con una tesis sobre la esclerosis ependimal crónica, trabajó en la Clínica Psiquiátrica de la Universidad de Jena con Ludwig Binswanger, de una famosa saga de psiquiatras, y en el Asilo Mental Municipal de Frankfurt del Meno, donde coincidió con otro médico, Aloïs Alzheimer, que fue clave para que decidiera dedicarse a la investigación básica en neurociencia.

En 1901 Brodmann empezó a trabajar con los Vogt en la *Neurobiologische Zentralstation*, y continuó con ellos mientras su influencia política y el apoyo financiero que recibían iba en aumento. El tema de trabajo de Brodmann fue desde un principio la organización de la corteza cerebral humana. Era una línea que todavía sufría el desprestigio de la Frenología y de su localización de las «facultades» psíquicas del cerebro según las protuberancias del cráneo. Sin embargo, los descubrimientos posteriores de Broca y Wernicke permitieron identificar regiones corticales especializadas en el lenguaje y habían abierto la puerta a una teoría cognitiva, a poder relacionar lesiones localizadas en el cerebro con la pérdida de funciones muy concretas, como la producción del habla o la comprensión del lenguaje.

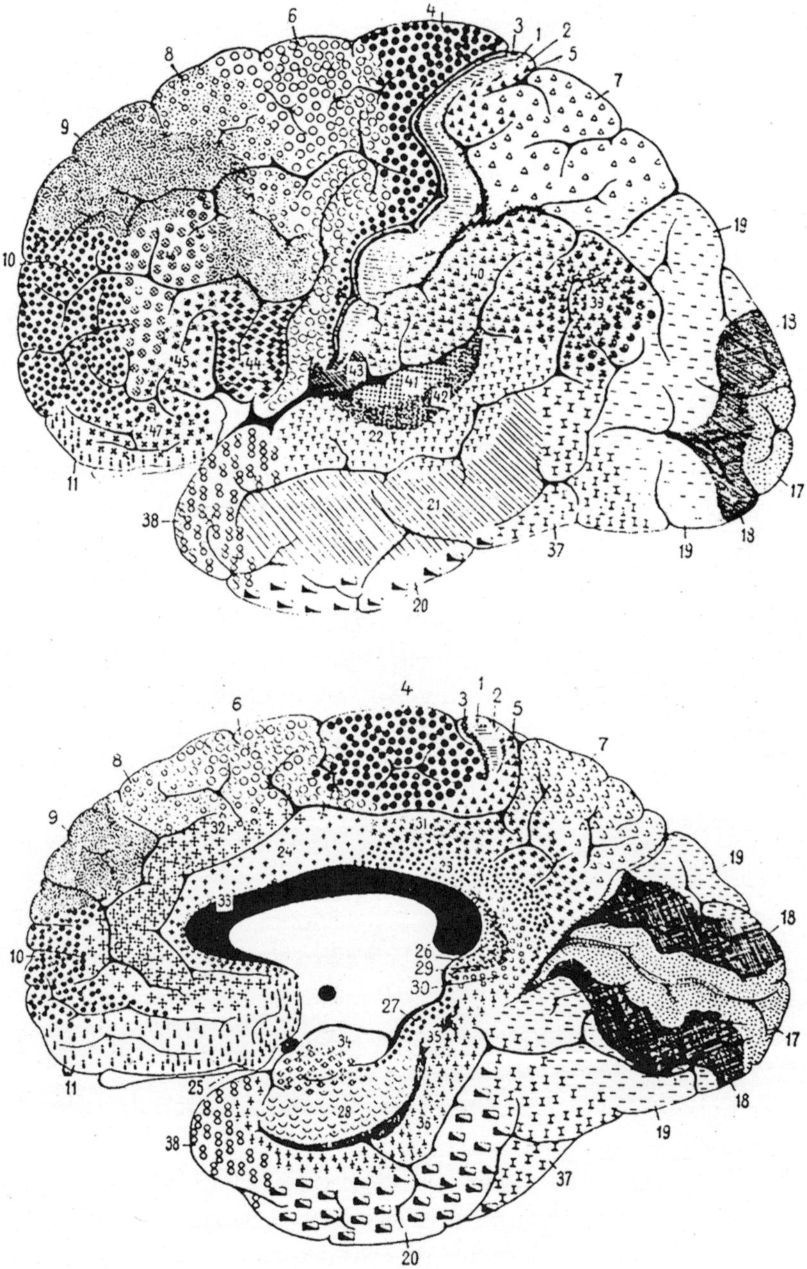

Hemisferios cerebrales con el mapa cortical de Brodmann.

Con la aportación cada vez más significativa de la neurofisiología surgió una controversia entre los que defendían una concepción holística de la corteza cerebral, donde toda o una gran parte participaría en la ejecución de cualquier función —uno de cuyos defensores era John Hughlings Jackson— y los que pensaban en un sistema parcelado con funciones localizables en áreas corticales específicas, entre los que se encontraban los Vogt y Brodmann. Uno de los méritos de este último fue integrar la teoría de la evolución en el estudio de la citoarquitectura de la corteza cerebral —era un admirador de la obra de Darwin— e incluir el análisis comparado del cerebro de los primates. Al parecer, la discusión de las teorías evolutivas con Oskar Vogt lo llevó al concepto de subdivisiones filogenéticamente antiguas (arqueocorteza y paleocorteza) y otras más recientes (neocorteza). Las primeras, definidas histológicamente como allocórtex, no tenían la estructura típica en seis capas de la neocorteza o isocórtex.

En 1909 Brodmann publicó su gran obra sobre la citoarquitectura de la corteza cerebral: *Vergleichende Lokalisationslehre der Großhirnrinde in ihren Prinzipien dargestellt auf Grund des Zellenbaues* (*Estudios comparados sobre la localización en la corteza cerebral en sus principios representados sobre la base de su arquitectura celular*). En ella definió cincuenta y dos áreas en la corteza cerebral mediante referencias anatómicas y el análisis histológico del espesor y de la complejidad de las capas corticales, prestando atención a la forma, disposición y densidad de las neuronas, la presencia de tipos celulares particulares y la disposición en acúmulos o columnas. Brodmann escribió:

> *Solamente se han tenido en cuenta esas diferenciaciones regionales de la estructura cortical que son aparentes en la organización laminar de un giro cortado transversalmente en la posición, tamaño, densidad de empaquetamiento y distribución de las células, esto es, en las diferencias citoarquitectónicas. Las diferencias histológicas en sentido estricto, es decir, los detalles de células individuales, la apariencia de fibrillas y la sustancia tigroide* [retículo endoplásmico rugoso], *así como los detalles en la estructura de los núcleos de las células, etc, no han sido usados topográficamente.*

Tras aprovechar esta idea novedosa —histología combinada con filogenia— Brodmann utilizó un sistema numérico que establecía homologías entre las áreas corticales de diferentes mamíferos, pues aclaró que la parcelación citoarquitectónica de la corteza humana solo podía comprenderse mediante la comparación con los cerebros de otros primates. También especuló sobre las implicaciones antropológicas de sus hallazgos y criticó la generalización hecha por Huxley en su famoso principio de pitecometría, que señala que todos las diferencias entre los humanos y los grandes simios son menores que las diferencias entre los grandes simios y los primates inferiores. Huxley y su batalla constante a favor de la teoría de la evolución.

Cada área cortical estaba numerada del 1 al 52, pero las áreas con los números 12 a 16 y 48 a 51 no aparecían en el mapa del cerebro humano. Brodmann explicaba esos «huecos» en el listado indicando que algunas áreas no eran identificables en la corteza humana pero estaban bien desarrolladas en otras especies de mamíferos; en particular, las cortezas olfatoria, límbica e insular. Así, distinguía cuarenta y tres áreas en la corteza humana, mientras que monos y grandes simios solo tenían treinta y las cincuenta y dos correspondían a un modelo teórico y generalizado que luego presentaba variaciones en las diferentes especies. La corteza insular, por ejemplo, no estaba bien definida en los humanos pero se extendía por las áreas 14 a 16 de los monos del Viejo Mundo (como los cercopitecos) y por las áreas 13 a 16 de los prosimios (como los lémures). Brodmann asumió que el polimorfismo de las neuronas y la conectividad entre células y áreas eran más complejos en el cerebro humano que en los de los demás primates, pero también especuló sobre las diferencias citoarquitectónicas entre las diferentes razas humanas e incorporó a su análisis de la topografía cortical el racismo y los prejuicios ideológicos de su tiempo.

Brodmann estaba convencido de que cada área citoarquitectónica era un órgano que se encargaba de una función determinada, y lo expresó así:

> *La diferenciación histológica específica de las áreas corticales prueba irrefutablemente su diferenciación funcional específica —que se basa, como hemos visto, en la división del trabajo—. El gran número de regiones estructurales especialmente constituidas apunta hacia una separación espacial de muchas funciones y a la delimitación tajante de algunos campos, de donde se deduce finalmente la localización nítidamente delimitada de los procesos fisiológicos que les corresponden.*

Era una hipótesis que no se podía comprobar con la tecnología de la época, pero años más tarde la neuroimagen confirmó que la corteza está parcelada: se activan diferentes grupos de neuronas cuando reconocemos caras, cuando leemos o cuando levantamos la mano.

Cinco años después de su monografía de 1909 publicó una revisión en la que intentó reconciliar la parcelación citoarquitectónica con observaciones electrofisiológicas en animales y con datos de cerebros de personas que habían sufrido lesiones cerebrales. Resumió también los datos sobre varios trastornos neurológicos y psiquiátricos causados por problemas en el desarrollo de la corteza cerebral y recalcó la idea de que las alteraciones específicas de una región determinada eran fundamentales para entender los trastornos mentales y su posible evolución.

Aquel trabajo le dio prestigio y fue habilitado como catedrático en la Tübingen. En 1916 se trasladó a Halle para trabajar en su Hospital Municipal y finalmente, en 1918, aceptó una invitación de la Universidad de Múnich para dirigir el grupo de histología en el Centro de Investigación Psiquiátrica, el lugar donde Kraepelin estaba congregando a los mejores neurocientíficos alemanes. Desgraciadamente, Brodmann moría pocos meses después, a los cuarenta y nueve años, de una septicemia desarrollada a partir de una infección contraída durante la realización de una autopsia.

La obra de Brodmann ha sido objeto de numerosas modificaciones y correcciones. Los Vogt presentaron un estudio basado en la mieloarquitectura —la tinción de la mielina de las fibras nerviosas intracorticales— y describieron doscientas áreas diferentes que intentaron correlacionar con las áreas de Brodmann. Unos años más tarde, en 1925, Von Economo y Koskinas hicieron una descripción monumental de la corteza humana que reforzaba y ampliaba los estudios de Brodmann. En las décadas siguientes los análisis electrofisiológicos, primero, y las técnicas de neuroimagen, después, fueron en algunos casos confirmando y en otros modificando los límites entre las zonas corticales descritas por Brodmann. A pesar de algunas deficiencias —era una parcelación muy subjetiva, le faltaba reproducibilidad y objetividad, existía una variación significativa entre distintos individuos que no era tenida en cuenta y no incluía información sobre el interior de los surcos, lo que no era un problema menor, ya que la superficie intersulcal ocupa dos tercios del total de la superficie cortical— el mapa de Brodmann se ha usado durante décadas para la delimitación de una función, un tumor o el efecto de una enfermedad como la de Alzheimer o la esquizofrenia.

Los estudios de neuroimagen en los años ochenta del siglo xx multiplicaron el interés por el mapa de Brodmann. Las nuevas máquinas permitían estudiar el cerebro vivo y registrar simultáneamente datos de actividad y límites estructurales en unas coordenadas comunes, lo que permitía asociar zonas arquitectónicas con su función. Eso hizo que el mapa de Brodmann se convirtiera en la base de distintos atlas estereotáxicos y paquetes de software para localizar estructuras corticales, con lo que hubo que «traducir» su mapa bidimensional a una representación que ya era tridimensional. En la actualidad la localización de focos de activación se expresa solo en términos de probabilidad, ya que los límites citoarquitectónicos varían mucho de persona a persona.

El mapa de Brodmann fue un trabajo pionero y todavía tiene su hueco en la investigación básica y clínica, y es la base para analizar la relación entre función o disfunción y estructura cortical. No se trata de una mera herramienta para localizar, y el propio Brodmann lo expresaba en su monografía: «*Nuestro objetivo es producir una teoría orgánica y comparada de la corteza cerebral basada en sus características anatómicas*». Quizá lo acabemos de lograr. En julio de 2016 se publicó en la revista *Nature* un nuevo mapa de la corteza cerebral. Describe y localiza ciento ochenta áreas distintas, más del doble de las que se conocían hasta ahora, que eran ochenta y tres. También se ha desarrollado un software que detecta automáticamente estas áreas en el escaneo del cerebro de una persona e incorpora datos de muchas técnicas de imagen no invasivas, lo que soluciona el problema de las variaciones entre individuos. Este nuevo conocimiento nos ayudará a entender cómo se desarrolla la corteza y el papel de estas ciento ochenta áreas especializadas tanto en personas sanas como en enfermas, así como una precisión antes impensable en la neurocirugía.

El estudio forma parte del proyecto Conectoma Humano, en el que participan mil doscientos voluntarios cuyos cerebros se estudian en detalle con diferentes técnicas, incluidos distintos tipos de resonancia magnética para medir la arquitectura, la actividad, la conectividad y la topografía de la corteza cerebral. La ventaja es que las distintas medidas (espesor de la corteza, contenido en mielina, actividad en reposo y durante la realización de una tarea, entre otras) —y de cada cerebro hay ciento doce grupos de información diferentes— se validan unas con otras. Las conclusiones fueron confirmadas en otra muestra independiente de doscientos diez voluntarios sanos. Se descubrieron nuevas áreas, se redescubrieron algunas —un área que tenía menos mielina que las de alrededor fue comentada como curiosidad hace décadas pero cayó en el olvido, ahora se ha visto que esta área, bautizada como 55b, se activa de forma inusual cuando una persona escucha una historia— y se ha visto que algunas áreas estaban compuestas de unidades mucho más pequeñas, cada una con funciones específicas. Aunque algunas áreas corticales tenían localizaciones atípicas en unos pocos sujetos, los algoritmos incorporados en el software permitían localizarlas con éxito también en ellos. La capacidad para discriminar diferencias individuales en la localización, tamaño y topología de las áreas corticales y para relacionarlas con diferencias en su actividad o en su conectividad nos debe permitir conocer mucho mejor los efectos de la genética en la estructura cerebral, de esta en la función mental y de esta última en el comportamiento. Brodmann estaría orgulloso.

AMISTAD

Si los mapas corticales trataban de lo macroscópico: las regiones del cerebro; se trabajaba también en lo microscópico: la química de las neuronas y la transmisión nerviosa. Al estudiar el descubrimiento de la transmisión química en el sistema nervioso hay algo que llama la atención: la amistad entre tres de sus protagonistas: Henry Dale, Otto Loewi, y Wilhelm Feldberg. Los tres crearon una red de aprecio, simpatía mutua y generosidad que pudo superar los estragos, distanciamientos y odios de dos guerras mundiales.

Henry Hallett Dale nació en Islington (Londres) en 1875 y se licenció en la Universidad de Cambridge, donde fue becario en el laboratorio de John Langley. Antes estudió en la escuela municipal, uno de cuyos profesores, Edward Butler, lo atrajo hacia las ciencias naturales y le enseñó que la mejor forma de aprender las cosas era explicárselas a alguien que no supiera nada del tema. Muchas tardes se quedaba con Butler, y este lo animaba a reescribir sus clases: «*ahora, chaval, vas a estar conmigo hasta que hayas escrito eso de manera que yo, y la persona más estúpida imaginable, no podamos dejar de comprenderlo*». Dale disfrutaba de ese ejercicio de escribir cada vez más claro, mejor explicado, más didáctico, y años después diría que eso había hecho que sus artículos fueran aceptados sin correcciones en el *Journal of Physiology*, la revista que editaba Langley, famoso por sus revisiones «salvajes» de los artículos recibidos.

Durante el año de rotación en el hospital, un requisito para obtener el título de médico, Dale se sintió amargado por el tono autoritario y el desprecio a los estudiantes de los médicos clínicos y echaba de menos las discusiones casi de igual a igual que tenía con sus profesores de Cambridge, con Gaskell o con Langley. No quiso ser uno de esos facultativos soberbios y necios y decidió no ejercer la medicina y dedicarse a la investigación, para

El Nobel de Medicina Sir Henry Hallett Dale (1875-1968).

lo que aceptó una beca en el University College de Londres, donde conocería a su amigo de por vida, Otto Loewi. En 1903 pasó unos meses con Paul Ehrlich en Frankfurt del Meno y tomó parte en el llamado «affaire del perro pardo», un enfrentamiento entre los antiviviseccionistas y los médicos que usaban perros en sus experimentos y para enseñar a los alumnos.

En 1904 Dale aceptó un puesto de director del laboratorio de fisiología en los laboratorios Wellcome, la empresa farmacéutica creada por Henry Wellcome, médico, coleccionista y creador de la fundación que lleva su nombre, una de las mayores organizaciones no gubernamentales promotoras de la ciencia mundial. Según Dale, sus amigos intentaron persuadirlo para que no aceptara ese plaza, pues era como renunciar a la investigación de prestigio para irse a un lugar donde el empeño sería ganar dinero, pero Dale pensó que su futuro en la academia era «de color hormiga», estaba deseoso de tener su propio laboratorio y el sueldo era lo suficientemente decente como para poder casarse. Henry Wellcome le quitó las últimas dudas cuando le prometió que sería libre de continuar con sus objetivos, ya que la principal motivación de su empresa era lograr hallazgos de «valor científico permanente». A los dos años Dale fue nombrado director de todos los laboratorios, y ocho años después era considerado uno de los líderes mundiales de la farmacología experimental.

Henry Wellcome animó a Dale a estudiar el cornezuelo del centeno, un hongo que causaba el ergotismo pero que también se usaba desde hacía siglos para inducir el parto y para cortar las hemorragias. Lo hizo con una elegancia inusual diciéndole que «*cuando pudiera encontrar tiempo, sin interferir en sus propios planes, le daría una especial satisfacción si pudiera desentrañar el problema del cornezuelo del centeno y las aplicaciones farmacológicas y terapéuticas, pues están muy confusas*». El cornezuelo resultó ser el cofre del tesoro: estaba lleno de compuestos activos, algunos de los cuáles eran cruciales en la química cerebral. Uno era la histamina, que reducía la presión arterial al aumentar la permeabilidad de la pared de los capilares. Dale vio inmediatamente su utilidad en el choque anafiláctico y recomendó que se aplicara a los soldados de la I Guerra Mundial que sufrían el llamado «choque secundario de las heridas». Otras sustancias aisladas fueron una amina con propiedades similares a la adrenalina, una ergoxina que se separó en tres compuestos con propiedades parecidas a la de la acetilcolina y, finalmente, la propia acetilcolina. En realidad no era propia del hongo, sino el resultado de una contaminación con una bacteria, el *Bacillus acetylcholini*, el mismo microorganismo que emplean los alemanes para fermentar la col y producir el chucrut, quizá el plato más típico de la triste gastronomía germana.

Dale describió la estructura química y la acción farmacológica de una serie de medicamentos que imitaban lo que sucedía cuando se estimulaba el sistema nervioso simpático, y los llamó simpaticomiméticos, o el parasimpático, los parasimpaticomiméticos, con la acetilcolina en primer lugar. Demostró que la acetilcolina tenía una enorme potencia para disminuir el ritmo del latido cardíaco y reducir la presión arterial; de hecho, creyó que había matado al gato que usó para la primera prueba, pues no detectaba ningún pulso en el felino. Vio que en algunos lugares, la acetilcolina y la muscarina tenían efectos similares, mientras que en otros sitios no era así. Vio también que la atropina bloqueaba la transmisión colinérgica en los sitios muscarínicos pero no en los nicotínicos, lo que sería un elemento clave en la clasificación posterior de los receptores. También describió que la acción de la acetilcolina era «inmediata» e «intensa» pero también «extraordinariamente evanescente». Muchos años antes de que se descubriera la acetilcolinesterasa postuló que la corta duración de la acción de la acetilcolina se podría deber a la presencia en el cuerpo de una esterasa que rompiera rápidamente el transmisor en acido acético y colina. A pesar de todo, nunca propuso que la acetilcolina pudiera ser secretada por los nervios parasimpáticos debido, según escribió más tarde, a que no podían capturar la acetilcolina antes de su degradación y a que no tenían ninguna evidencia fiable de que la acetilcolina fuese un componente real del organismo.

En 1914 Dale dejó los Wellcome y aceptó un puesto como director del departamento de bioquímica y fisiología del Instituto de Investigación Médica de Londres, en el que se dedicó a fabricar numerosos fármacos pues, debido a la guerra, Inglaterra había perdido a su principal proveedor de medicamentos, que era Alemania. Bajo su dirección el laboratorio estudió y sintetizó numerosos compuestos, uno de los cuales fue la noradrenalina. Era muy potente, pero, de nuevo, no había ninguna prueba de que fuera un producto natural del sistema nervioso y Dale no se atrevió a postular que era un neurotransmisor. Sin embargo, todo este trabajo inspiraría a otros investigadores, muy en especial a Wilhelm Feldberg y a Otto Loewi.

Wilhelm Feldberg nació en Hamburgo en una familia judía de muy buena posición. Su padre y su tío habían montado una tienda de ropa para señoras que creció hasta convertirse en unos grandes almacenes. Wilhelm hizo la carrera en las universidades de Heidelberg y Múnich y recibió su título de la Universidad de Berlín en 1925. Al igual que Dale, prefería hacer investigación en vez de atender enfermos, así que aceptó un puesto en el laboratorio de Erich Schilf en Berlín. Schilf había traducido al alemán el libro de Langley *The Autonomic Nervous System* y se puso de acuerdo con él para que Feldberg pasara el año 1925 en su laboratorio. Desgraciadamente, Langley murió súbitamente, pero Henry Dale, apiadado del joven alemán que se había quedado de repente sin tutor, lo invitó a que pasara los restantes seis meses en su laboratorio. Feldberg contó que la forma en que Dale le enseñó a investigar marcó toda su carrera científica. Dale le dijo:

> *Feldberg, debe trabajar como un astrónomo. Prepárese durante semanas, durante meses, si es necesario durante años, hasta que su método funcione a la perfección, entonces haga un experimento, quizá dos, y publique los resultados.*

En 1932 Dale fue el invitado de honor de la Sociedad Farmacéutica Alemana, que celebraba su congreso anual en Wiesbaden. En una charla Minz, uno de los investigadores del laboratorio de Feldberg, contó la técnica que habían puesto a punto para detectar la presencia de cantidades mínimas de acetilcolina. Dale, que seguía sin poder aislar la acetilcolina *in vivo*, estaba muy interesado en saber más de aquello y organizó una comida con Feldberg. Durante la sobremesa Dale preguntó a Feldberg qué opinaba de Hitler, cuyo partido salía cada vez más en las noticias y tenía admiradores y detractores por toda Europa. Feldberg le contestó:

> *Sir Henry* [Dale había sido nombrado caballero ese año], *no hay por qué preocuparse, nunca ganará, y, si lo hiciera, solamente cocinaría con agua.*

Es la expresión alemana equivalente a nuestra «agua de borrajas», de allí no saldría nada. Dale, que seguía la política europea, le contestó dubitativo «*Feldberg, mejor concéntrese en sus experimentos*» sugiriendo que tenía mejor olfato para la ciencia que para la política. Pocos meses más tarde, el 30 de enero de 1933, los nazis se hicieron con el gobierno y promulgaron inmediatamente las primeras leyes raciales. En abril, cuando estaba en medio de un experimento, Feldberg fue llamado al despacho del director del instituto, donde le comunicaron que, como judío, a partir del día siguiente tenía prohibida la entrada en el edificio. Llamó a su esposa, que se ofreció para ayudarle a terminar el experimento, lo que lograron pasada la medianoche. Feldberg contó en sus memorias que su expulsión no pasó totalmente desapercibida, pues dos colegas japoneses esperaron horas a la puerta de su laboratorio y, sin decir palabra, cuando Feldberg y su esposa salieron del laboratorio hicieron una reverencia, y otra más cuando el matrimonio se alejó hacia la puerta del edificio.

Feldberg había oído que la Fundación Rockefeller proporcionaba asistencia a algunos de los científicos judíos que estaban siendo expulsados de las universidades y los centros de investigación y se reunió con el representante en Berlín de la fundación.

Fue de lo más simpático, pero me dijo algo así: «Debe entenderlo, Feldberg, hay tantos científicos famosos que han sido expulsados y a los que debemos ayudar que no sería lógico generar la esperanza de encontrar un puesto para una persona joven como usted». Entonces, más por tranquilizarme que otra cosa, me dijo «Pero al menos déjeme anotar su nombre. Uno nunca sabe». Y cuando le deletreé mi nombre dudó y dijo «Debo de haber oído algo sobre usted. Déjeme ver». Revisando las notas de su agenda dijo súbitamente encantado consigo mismo: «Aquí está. Tengo un mensaje para usted de sir Henry Dale, con quien me reuní en Londres hace quince días. Sir Henry me dijo que, si por casualidad me encontraba con Feldberg en Berlín y había sido expulsado, le dijera que quería que fuera a Londres a trabajar con él. Así que usted está listo —dijo cordialmente—. Al menos una persona por la que no tengo que preocuparme más.

Feldberg trabajo tres años con Dale, luego fue a Melbourne y a continuación volvió a Inglaterra, donde trabajó veintitrés años más. Dale, que sin duda se benefició de tener a Feldberg con él, se preocupó de encontrar puestos en universidades inglesas para otros colegas alemanes que habían perdido sus trabajos con la llegada de los nazis al poder. Durante el primer año tras la elección de Hitler dos mil seiscientos científicos alemanes abandonaron su país. De ellos, veinte recibieron el premio Nobel, cincuenta fueron elegidos miembros de la Royal Society y el grupo que cruzó el Atlántico consiguió poner la ciencia de Estados Unidos en primera línea del mundo, un puesto que ya no ha abandonado. Hasta la época nazi el país que más premios Nobel tenía en ciencias era Alemania, el segundo, Inglaterra y el tercero, Francia. Estados Unidos, que iba por detrás de estos tres países europeos, pasó a ocupar el primer lugar desde la II Guerra Mundial. Lo llaman «el regalo de Hitler».

Feldberg tuvo un problema administrativo. No había sido expulsado de un puesto pagado, pues era rico; no cobraba y, de hecho, pagaba el sueldo de su técnico y compraba los materiales y animales necesarios para sus experimentos de su propio bolsillo. Todo ello hacía que no encajase en el perfil de los científicos refugiados en Inglaterra. Dale consiguió arreglarlo y, con el apoyo de la Fundación Rockefeller, Feldberg abandonó Alemania en julio. Poco después de que se incorporara al laboratorio en Londres Dale no se aguantó y le preguntó: «*Bueno, ¿qué opina ahora de Hitler?*» Feldberg contaba que la única respuesta que se le ocurrió fue: «*Sir Henry, ¿qué puedo hacer yo si la historia ha cometido un error?*»

Katherine, la esposa de Feldberg, que no era judía, se quedó más tiempo para arreglar las cosas y preparar a sus hijos para el viaje. Feldberg lo pasó muy mal, pues llegaban historias de pasajeros obligados a bajar de los trenes en la frontera y de los que no se sabía nunca más. Cuando su mujer y los niños finalmente llegaron a Inglaterra, el funcionario de inmigración, que había visto a su esposo dando paseos de un lado a otro de la aduana durante horas mientras esperaba le dijo: «*Señora Feldberg, nunca debe volver a dejar solo a su marido*». Feldberg lo contaba como un ejemplo de la sensibilidad de los ingleses hacia el destino de aquellos perseguidos en Alemania. Tenía muy buen humor, y una de sus historias favoritas es que en 1939, junto a dos neurofisiólogos, Alfred Fessard de Francia y David Nachmansohn de los Estados Unidos, empezó a estudiar uno de los animales que más acetilcolina tienen, los peces eléctricos del género *Torpedo*. Aquella correspondencia sobre torpedos al poco de empezar la guerra, entre tres personas de apellidos extranjeros y repleta de términos incomprensibles, captó el interés del servicio secreto, que hizo una visita a Feldberg en su domicilio. Afortunadamente, la historia no fue a más.

Con el dinero que le dio la República Federal Alemana tras la II Guerra Mundial como restitución por los daños morales y económicos sufridos por la persecución nazi, Feldberg creó una fundación para apoyar la colaboración científica entre Alemania e Inglaterra. La historia de la química cerebral muestra lo mejor de la ciencia, cómo las amistades trenzadas entre los científicos permitieron avanzar en la investigación y, cuando las circunstancias lo requirieron, posibilitaron difuminar las fronteras, escapar de las amenazas de las dictaduras y obviar los convencionalismos para apoyar a un colega, para salvar a un amigo que necesita ayuda. Y ahora contaremos la historia del tercer científico del triángulo de amistad: Otto Loewi.

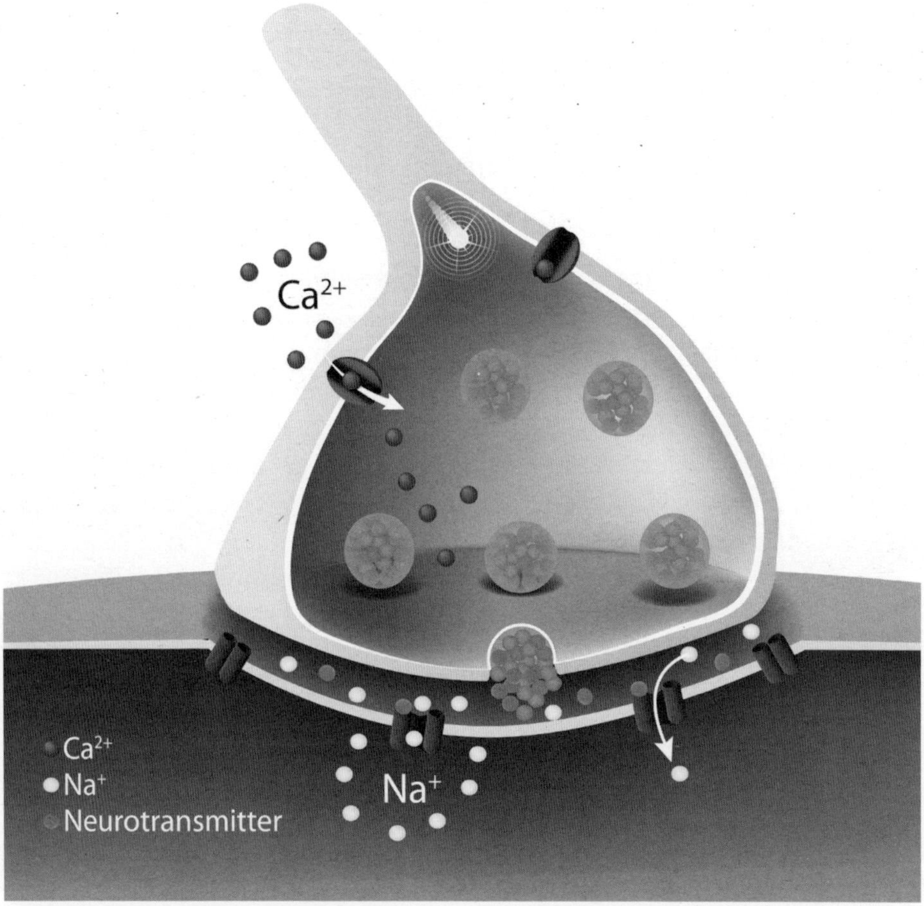

Esquema de una sinapsis química o humoral —como la que defendía Otto Loewi— en este caso de tipo colinérgico —mediada por un neurotransmisor llamado acetilcolina—. El impulso nervioso desencadena la liberación de neurotransmisores, un veloz proceso de secreción celular: en el terminal nervioso presináptico, las vesículas que contienen los neurotransmisores permanecen ancladas junto a la membrana sináptica. Al llegar el impulso nervioso se produce una entrada de iones calcio que inician una cascada de reacciones que terminan haciendo que las membranas vesiculares se fusionen con la membrana presináptica, liberando su contenido a la hendidura sináptica. Los receptores del lado opuesto se unen a los neurotransmisores y fuerzan la apertura de los canales iónicos cercanos de la membrana postsináptica, haciendo que los iones fluyan. El resultado puede ser excitatorio o inhibitorio, según el caso.

UNA CHISPA O UNA SOPA

A mediados del siglo XX se conocía que las neuronas eran entidades independientes y que estaban separadas por un espacio estrecho, la hendidura sináptica. Descubrir cómo las dos neuronas se comunicaban a través de este hueco era una de las grandes cuestiones de la neurociencia del momento y dos teorías se postulaban para explicar cómo se realizaba la transmisión neuronal, el modo en el que una neurona transmitía información a la siguiente. Había quien pensaba que era una transmisión eléctrica, una chispa, y quien pensaba que era una transmisión humoral, una sustancia química, una sopa. Fue un conflicto incruento que sería gravemente afectado por una auténtica debacle, la II Guerra Mundial. Emil Du Bois-Reymond había expuesto en términos claros esta controversia:

> *De los procesos naturales conocidos que pudieran pasar la excitación, solo dos merecen, en mi opinión, que se hable de ellos. O existe en el límite de la sustancia contráctil una secreción estimuladora en la forma de una delgada capa de amoniaco, ácido láctico u otra sustancia estimulante poderosa, o el fenómeno tiene naturaleza eléctrica.*

Los defensores de la idea de la «sopa» fueron fundamentalmente Henry Dale y Otto Loewi, mientras que el australiano John Eccles fue el principal defensor de la teoría de la «chispa», que la transmisión tenía que ser un fenómeno eléctrico. Curiosamente, los tres recibirían el premio Nobel. Dale y Loewi en 1936 y Eccles, casi treinta años después, en 1963.

Otto Loewi nació en Fráncfort del Meno en 1873 y era hijo de una familia judía adinerada, pues su padre era un rico comerciante de vinos. Otto tuvo una infancia feliz, en la enseñanza secundaria descolló en las asignaturas de humanidades y quería dedicarse, tras terminar el bachillerato, a estudiar historia del arte. Sin embargo, como han pensado tantos padres a lo largo de la vida, aquella carrera no parecía augurar un buen futuro y su familia lo animó y presionó para que estudiara una carrera más prometedora: medicina. Loewi inició sus estudios en la Universidad de Estrasburgo, entonces parte de Alemania, y también estudió un corto tiempo en la Universidad de Múnich. Aunque tuvo excelentes profesores en las asignaturas médicas, salvo en las de anatomía apenas iba a clase y se escapaba para asistir por libre a la docencia en la facultad de filosofía o a conferencias sobre arquitectura o cualquier otra expresión artística. Afortunadamente, consiguió ir sacando la carrera y, al terminar, por alguna razón que él no sabía explicar, decidió hacer su tesis en farmacología, un área en la que no tenía ni experiencia ni conocimientos especializados. Su proyecto era medir los efectos de distintos fármacos en el corazón, utilizando ranas como animal de laboratorio. Fue una casualidad con un alcance imprevisible, pues, aunque trabajó en temas muy diversos, la preparación del corazón de rana aislado fue la que usó a lo largo de toda su carrera investigadora. Su tesis fue bien valorada por el tribunal y Loewi, siempre fiel a su pasión por la cultura, decidió premiarse con un viaje a Italia. Además de visitar los maravillosos museos de Florencia y las ruinas romanas, aquel viaje debía servirle para pensar y tomar una decisión: si dedicarse a la vida académica y la investigación o ponerse a trabajar en un hospital, optar por la labor clínica. Cuando regresó a casa había tomado una decisión: se dedicaría a la medicina clínica. En su Fráncfort natal Loewi consiguió una plaza en el Hospital Municipal, pero al poco tiempo se dio cuenta de que aquello no era para él, veía morir sin tratamiento posible a cientos de personas con tuberculosis o neumonía y se sentía abatido y frustrado. A él, de quien todos recordaban su alegría de vivir, aquella experiencia lo hundía en una sensación de tristeza constante. Entonces se enteró de que había una plaza disponible de asistente de farmacología en la Universidad de Marburgo, echó los papeles y consiguió aquel modesto puesto. Al leer las publicaciones científicas se dio cuenta de que las mejores investigaciones sobre la farmacología del cerebro ya no se estaban haciendo en Alemania sino en el Reino Unido, por lo que escribió a varios investigadores y organizó un viaje de estudios con visitas a los principales investigadores biomédicos británicos y a sus laboratorios. Fiel a sí mismo, camino de Inglaterra se detuvo durante una semana en los Países Bajos para disfrutar de las colecciones artísticas de los museos holandeses.

Loewi pasó varios meses en el laboratorio de Ernest Henry Starling y en el del cuñado de este, William Maddock Bayliss, en Londres los dos. Allí conoció a quien sería su amigo durante toda la vida, Henry Dale. En aquel laboratorio investigaban las acciones y propiedades del sistema nervioso y habían identificado la acetilcolina y la adrenalina. Uno de los objetivos de su viaje a Inglaterra había sido mejorar su inglés, pero estaba tan impaciente por intercambiar ideas que decía «*no tengo tiempo para aprender a hablar inglés correctamente; solo deseo hablarlo rápido*». Volvió a Marburgo con nuevas ideas y se puso a estudiar el riñón y la acción de los diuréticos, pero al año siguiente regresó a Londres, donde tuvo el honor de tener un encuentro personal con sir John B. Sanderson, «Regius Professor» de la Universidad de Cambridge. Loewi se partía de risa cuando le contaron que el único interés de Sanderson había sido escuchar su divertida forma de hablar inglés, que se había hecho famosa en el departamento.

Dos años más tarde se trasladó a Viena, donde la oferta de música y arte era muy superior, y empezó a trabajar en el metabolismo de los glúcidos. En 1909 se volvió a mudar, esta vez a Graz, la segunda ciudad austriaca, donde asumió la cátedra de farmacología. Fue el último judío contratado por la Universidad de Graz entre 1903 y 1945. Allí haría los experimentos sobre la sinapsis que le dieron fama internacional.

Loewi llevaba tiempo intentando demostrar que la transmisión química, y no la eléctrica, era la responsable de la contracción de los músculos. Estaba convencido de que estaba en lo cierto, de que la transmisión neuromuscular era química, y, sin embargo, no conseguía probarlo. Los experimentos no eran limpios, o no eran finos, o eran demasiado complicados y nada concluyente podía extraerse de ellos. La noche del Sábado Santo de 1920 Loewi dormía en su casa y en medio de la noche se despertó sobresaltado: en su sueño había visto la respuesta, el experimento crucial que podría demostrar que tenía razón. Los pasos a seguir, los materiales necesarios, el diseño del experimento estaban claros en su pensamiento. Era EL experimento. Loewi se incorporó en la cama, cogió un trozo de papel y escribió lo que tenía que hacer, el esquema del ensayo que pondría en marcha a la mañana siguiente en el laboratorio, que respondería de una vez por todas a la pregunta sobre la transmisión nerviosa y zanjaría el debate. Loewi, feliz, se volvió a dormir. Cuando se despertó de nuevo, a las seis de la mañana, pensó que tenía por delante el día más importante de su vida. Se desperezó, se sentó en la cama y fue a buscar el papel que había dejado en la mesilla. Cuando revisó la hoja vio con angustia que era incapaz de leer su letra: no entendía nada de aquella nota escrita en medio de la noche. ¡No tenía ni idea de lo que tenía que hacer! Intentó sin éxito descifrar aquellos garabatos y pasó todo el día, el más largo de su vida según contó años más tarde, dando vueltas a qué podía ser, qué era lo que había soñado o pensado en medio de sus sueños. Loewi terminó el día sin acordarse y, exhausto, se fue a la cama. Para su sorpresa, a las tres de la mañana volvió a despertarse teniendo nuevamente en su mente el experimento buscado, igual de claro que en el sueño de la noche anterior. Esta vez no corrió riesgos, saltó de la cama, cogió la ropa, se vistió y salió corriendo para el laboratorio en medio de la oscuridad. A las cinco de la mañana, menos de dos horas después, el experimento crucial sobre la transmisión química estaba terminado, uno de los grandes debates sobre el funcionamiento del cerebro estaba zanjado, la respuesta era contundente y Otto Loewi ganaría el premio Nobel dieciséis años más tarde por esos resultados conseguidos en la soledad de un edificio vacío, en medio de la noche.

El experimento definitivo de Loewi tenía un diseño muy sencillo. Cogió dos ranas, su animal de experimentación de toda la vida y les extrajo el corazón. En un caso dejó unido el nervio vago, que disminuye la frecuencia

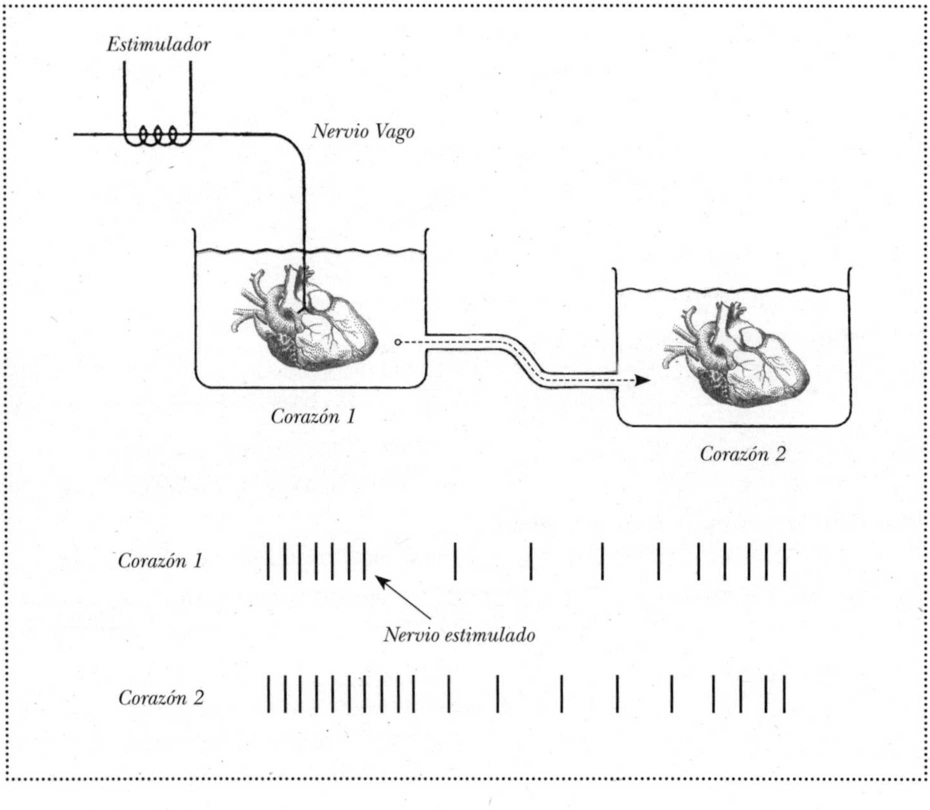

Esquema del experimento de Otto Loewi.

del latido cardíaco, y en el otro lo quitó. Bañados en una solución de sales en concentraciones adecuadas los corazones de los anfibios siguen latiendo unos cuantos minutos. Estimuló al corazón que tenía el nervio vago todavía unido y, como era de esperar, el latido cardiaco se ralentizó. En el momento de mayor bradicardia (menor frecuencia de latido), cogió con una pipeta el líquido que bañaba ese corazón y lo echó encima del otro. Para su felicidad, el latido del segundo corazón, que no tenía ningún tipo de estimulación eléctrica, empezó a ralentizarse de forma inmediata. Probó a continuación con la solución de un corazón al que no se había estimulado, y no pasó nada. Loewi dedujo que una sustancia química liberada por las terminaciones nerviosas del vago (de hecho, la llamó *Vagusstoff*, la «sustancia del vago», aunque ahora la llamamos acetilcolina) y que se disolvía en la solución salina era la responsable de la inhibición. Loewi repitió los experimentos para comprobar si los nervios del sistema nervioso simpático, que aceleraban el latido cardiaco, funcionaban igual. Esta vez estimuló los nervios simpáticos y la solución salina con fuese lo que fuese que hubiera soltado el nervio demostró un poder cardioacelerador, es decir, había un agente en ella que, como la adrenalina, producía un efecto simpatomimético, causaba el aumento de la frecuencia del latido cardíaco.

Aun así, no fue fácil convencer a la gente. Había tantas dudas al respecto que Loewi tuvo que repetir públicamente dieciocho veces su experimento en el XII Congreso Internacional de Fisiología que tuvo lugar en Estocolmo en 1926. Afortunadamente, todas funcionaron, pero el escepticismo de los investigadores era tal que le llegaron a pedir «que permaneciera en un extremo de la sala y simplemente diera instrucciones a otra persona, para descartar la posibilidad de que tuviera algún compuesto químico guardado entre las uñas que pudiera caer sobre las preparaciones» y fuera el verdadero responsable de esta respuesta. ¡Bien por los controles de los experimentos!

El premio Nobel fue concedido en 1936 a aquellos dos viejos amigos, Otto Loewi y Henry Dale: «*por sus descubrimientos sobre la transmisión química de los impulsos nerviosos*». Loewi, siempre un enamorado de las artes, comentó que se había emocionado en dos momentos de la ceremonia en Estocolmo. Uno, cuando las trompetas empezaron a sonar para anunciar la entrada al estrado de los premiados y toda la audiencia, incluido el viejo rey Gustavo de Suecia, de ochenta y cuatro años, se puso en pie para homenajearlos. El segundo, cuando Dale y él se acercaron a recoger sus premios y la orquesta empezó a tocar la apertura Egmont de Beethoven, un canto a la libertad y al fin de la opresión, un mensaje sensible para un judío alemán, un hombre que ya no era ciudadano en su propia patria.

Tras meses de presiones, de amenazas e, incluso, del asesinato del canciller Dollfuss, el 12 de marzo de 1938 las tropas alemanas entraron en Austria entre los vítores de la población. Era el *Anschluss* o anexión, la incorporación de Austria al Reich alemán. A las tres de la mañana un pelotón de tropas de asalto, las tristemente famosas SA, despertó a Loewi en su domicilio y se lo llevó detenido. Al final del día, él, dos de sus hijos y cientos de otros hombres judíos estaban encerrados en la cárcel municipal de Graz. Los policías no dejaban a sus prisioneros leer ni escribir y Loewi estaba obsesionado con que lo asesinaran antes de que pudiera publicar los resultados de sus últimos experimentos. Uno de los guardas, en uno de esos rastros de humanidad que hay hasta a las puertas del infierno, le dio a escondidas una postal y un lápiz. Loewi no escribió pidiendo ayuda, ni se despidió de la familia, sino que escribió a una revista científica comunicando brevemente sus últimos resultados. Cuando dos meses más tarde fue liberado había perdido cuarenta y cinco kilos. Las autoridades alemanas lo autorizaron a abandonar el país si ordenaba al banco sueco donde estaba el importe del premio Nobel transferirlo a un banco controlado por el régimen. Los nazis estaban enfrentados con el comité Nobel, pues había premiado al pacifista alemán Joseph von Ossietzky, a quien Hitler consideraba un traidor y que moriría en la cárcel sin llegar a recuperar la libertad.

Loewi sabía que no podía elegir: entregó todos sus bienes y embarcó camino de Inglaterra. Se quedó en casa de Dale varias semanas hasta que encontró un puesto, primero en la Universidad Libre de Bruselas y luego en el Instituto Nuffield de Oxford. Afortunadamente, estaba en Inglaterra cuando los alemanes invadieron Bélgica. En 1939 aceptó un puesto de profesor de investigación en farmacología en la facultad de medicina de la Universidad de Nueva York y se convirtió en ciudadano americano en 1946. Hasta su fallecimiento en 1961 fue enormemente querido y tuvo numerosos amigos, algunos de los cuales habían sido alumnos suyos en Graz. Los últimos años se dedicó a cerrar algunos cabos sueltos de sus experimentos, a dar conferencias y a recibir diferentes homenajes. Murió en su apartamento de una forma que probablemente hubiera aprobado si le hubiesen preguntado. Un amigo de Woods Hole, uno de los principales laboratorios de biología marina del mundo, le envió una langosta que Loewi completó con una botella de buen vino y compartió con la enfermera que lo cuidaba. A la mañana siguiente, mientras charlaba animadamente con un amigo, se quedó de repente en silencio y murió poco después. Shakespeare pone en boca de Próspero en *La tempestad* que los hombres «*estamos hechos de la misma materia que los sueños*». La ciencia, a veces, también.

EL AXÓN GIGANTE DEL CALAMAR

La transmisión nerviosa permite entender cómo la información de los órganos sensoriales (ojo, nariz, oído, gusto, piel, etc.) llega al cerebro y cómo las órdenes del cerebro llegan a los músculos y las glándulas, en ambos casos a través de los nervios. Cada nervio está formado por miles de axones, y la velocidad de la transmisión nerviosa en cada uno de ellos depende de su diámetro —a mayor grosor, mayor velocidad—, y de la presencia o ausencia de mielina —con mielina la conducción es más rápida. La mielina es una sustancia grasa, actúa como el recubrimiento de plástico de un cable en segmentos sucesivos y permite la conducción saltatoria: la electricidad se mueve a lo largo del axón a saltos, de espacio entre segmentos a espacio entre segmentos, con lo que la propagación de la señal es muy veloz en los axones mielínicos.

En el sistema nervioso central de los vertebrados la mielina es común, pero algunos invertebrados no tienen mielina, por lo que deben emplear otra estrategia si quieren una transmisión rápida: utilizar axones enormes, los llamados axones gigantes. El más conocido es el del calamar. Cuando el animal quiere evitar ser pescado y cocinado a la romana provoca una contracción súbita de su cuerpo, el agua que tiene en su interior sale a gran velocidad por el sifón —una estructura en forma de tubo— con lo que el cefalópodo hace un movimiento «a reacción», escapando de una forma brusca y rápida como si un globo abre su boquilla. Para que el sistema funcione, dos neuronas con dos enormes axones inervan una gran cantidad de músculos por todo el cuerpo, con lo que logran que todo el manto muscular se contraiga de manera simultánea y la eficacia sea máxima.

El gran tamaño del axón gigante, entre medio milímetro y un milímetro de diámetro (mil veces mayor que los axones de los mamíferos), permitió a Alan Hodgkin y Andrew Huxley estudiar el comportamiento de la transmisión nerviosa. Los electrodos eran finos alambres de plata enrolla-

dos en torno a una barra aislante central, con lo que solo podían entrar en una estructura tan grande como el axón gigante. Un electrodo se colocaba dentro del axón y el otro fuera, y los dos estaban conectados a un amplificador, con lo que podían medir los intercambios eléctricos en segmentos muy pequeños de la membrana del axón del calamar. También podían variar las concentraciones de iones fuera del axón, sustituir uno de los iones por otro más grande que no atravesase la membrana (colina H^+) y desarrollaron un aparato llamado pinza de voltaje o fijación de voltaje («voltage clamp»).

Todas las células tienen una diferencia de voltaje entre su interior y su exterior, que es lo que se denomina potencial de membrana. En una célula animal típica es de –70 mV, lo que quiere decir que el interior es negativo frente al exterior —hay menos iones positivos dentro— con una diferencia de potencial en torno a un quinceavo de voltio. En la mayoría de las células esa diferencia es constante, pero algunas, en particular las neuronas y las células musculares, son excitables; es decir, pueden sufrir cambios bruscos en ese potencial, que se transmiten por la membrana como una ola eléctrica, y forman lo que se llama un potencial de acción.

La fijación de voltaje introduce en el axón una corriente que es igual y opuesta a la que fluye a través de los canales de membrana sensibles al voltaje. De esta manera, la pinza de voltaje impide que cambie la separación de cargas a través de la membrana. La cantidad de corriente que debe ser generada por el aparato para mantener constante el potencial de membrana constituye una medida directa de las cargas que fluyen a través de la membrana. Con este descubrimiento Hodgkin y Huxley pudieron entender la propagación de señales a lo largo del axón de las neuronas.

Alan Lloyd Hodgkin nació cerca de Oxford pero se educó en Cambridge. Era nieto y sobrino de famosos historiadores y dudó si dedicarse a la historia o a la ciencia, pero le gustaba mucho la historia natural y al final se matriculó en biología y en química. De estudiante inició algunos experimentos en los nervios de la rana y uno de sus profesores, el zoólogo Carl Pantin, le dijo que aprendiera tanta física y matemáticas como pudiera. Se convirtió en *fellow* del Trinity College, uno de los principales colegios mayores de Cambridge, donde le tocaba compartir mesa con algunos de los grandes del siglo XX como J. J. Thomson, Rutherford, Aston, Eddington, Hopkins, G. H. Hardy y Adrian. En el laboratorio de fisiología aprendió teoría de cables y a utilizar aparatos eléctricos como amplificadores, algo que sería clave en su investigación. Su tesis cayó en manos de Herbert Spencer Gasser, premio Nobel en 1944, que lo invitó a realizar una estancia en su laboratorio en el Instituto Rockefeller de Nueva York. Durante esos dos años pasó varias semanas en el famoso Laboratorio de

Biología Marina de Woods Hole, el mismo que le mandaba langostas a Loewi, y allí le enseñaron a extraer el axón gigante del calamar.

Andrew Huxley, por su parte, era nieto de Thomas Huxley, el llamado bulldog de Darwin, del que hemos hablado, y hermanastro del etólogo Julian Huxley y del novelista Aldous Huxley. De niño lo encantaba la mecánica, y cuando tenía catorce años sus padres le regalaron un torno que usó entonces para hacer portavelas de madera y que años más tarde emplearía para construir aparatos para sus experimentos. Se formó en la Universidad de Cambridge y en principio iba para ingeniero, pero luego eligió una asignatura optativa de fisiología, que le encantó, y decidió dedicarse a ella, pues para él esta disciplina era «la ingeniería mecánica de las cosas vivas».

La idea original de Hodgkin era medir las corrientes eléctricas en neuronas, pero una célula individual era demasiado pequeña para las técnicas de electrofisiología disponibles en esa época. Después probó en el nervio ciático de la rana, pero la presencia simultánea de los miles de axones que forman el nervio hacía que los movimientos de cargas fueran muy difíciles de discriminar. La solución fue el axón gigante del calamar.

Alan Lloyd Hodgkin (1914-1998).

En el verano de 1939 Hodgkin invitó a Huxley a trabajar con él en el Laboratorio de Biología Marina de Plymouth, donde empezaron su trabajo con el calamar. Sin embargo, la invasión de Polonia por Alemania ese septiembre acabó con sus planes, pues los dos tuvieron que dejar la investigación para encargarse de colaborar en la derrota de Hitler. Huxley trabajó durante la guerra en artillería antiaérea y Hodgkin en el desarrollo del radar y de visores nocturnos para los aviadores. El trabajo durante la guerra mejoró considerablemente las excelentes dotes matemáticas de Huxley, lo que fue la base para su éxito posterior al plantear las ecuaciones que explicaban la conductividad eléctrica de los nervios. Tras la guerra los dos científicos se volvieron a juntar en 1946, y retornaron a sus calamares y a sus clases en Cambridge. Recibieron el apoyo de lord Adrian, premio Nobel en 1932 junto con Sherrington, que consiguió que les rebajaran la docencia para que tuvieran más tiempo para investigar y les consiguió financiación de la Fundación Rockefeller para montar su laboratorio. Fueron obteniendo distintos resultados, que culminaron en cinco artículos publicados en 1952 en los que establecieron el modelo de los mecanismos iónicos que subyacían a la iniciación y a la propagación de los potenciales de acción. Eso les valió el premio Nobel en 1963.

Los dos británicos pudieron demostrar que el impulso nervioso viajaba desde el cuerpo de la neurona hasta el extremo del axón, lo que permitía que el cerebro coordinase todas las actividades del organismo. Según sus medidas y registros propusieron que unos átomos con carga eléctrica, los iones, se movían a través de compuertas en la membrana de la neurona de dentro hacia fuera y de fuera hacia adentro. Esas compuertas se llamaron canales iónicos, y su existencia solo se pudo confirmar dos décadas después, cuando los fisiólogos alemanes Erwin Neher y Bert Sakmann registraron las primeras corrientes eléctricas que pasaban a través de un canal, demostrando así su existencia, un descubrimiento que les valió el premio Nobel en 1991.

La célula tiene mucho potasio y poco sodio en su interior, mientras que por fuera de su membrana hay lo contrario: mucho sodio y poco potasio. Las células gastan un tercio de toda su energía en mantener esos desequilibrios. Hodgkin y Huxley propusieron que el potencial de acción era un proceso secuencial en el cual se abrían compuertas en la membrana del axón por la que iban entrando y saliendo iones a favor de gradiente. Primero entraban iones sodio (Na^+); el resultado es que el interior de la célula se volvía positivo y la membrana se despolarizaba (pasaba de los –70 milivoltios de reposo a un potencial de +40 mV). A continuación se cerraba la compuerta para el sodio y se abría la del potasio (K^+): los iones potasio salían y el interior de la membrana volvía a ser negativo (repolarización). La repolarización iba más allá y se alcanzaba un potencial de –90 mV, lo que establecía un tiempo no excitable o período refractario y, finalmente, se restablecía el potencial de reposo de –70 mV. Además, esos cambios de voltaje afectaban a los canales contiguos, que sufrían el mismo proceso de despolarización y repolarización, y estos, a su vez, a los siguientes, con lo que el cambio de potencial se iba extendiendo como una ola, formando lo que se llama el potencial de acción. Al mismo tiempo, las bombas de sodio y potasio volvían a meter el potasio en el interior de la céllula y a sacar el sodio fuera para que las concentraciones iniciales se recuperaran y volver a la situación de reposo, con lo que la neurona estaba lista para volver a dispararse.

En aquella época no había ningún aparato capaz de detectar los canales iónicos, así que desarrollaron una serie de ecuaciones teóricas para comprobar después si las leyes de la física permitían predecir los cambios de voltaje que registraban en sus experimentos. Huxley era un genio de las matemáticas y sus resultados teóricos encajaban con las medidas que Hodgkin obtenía en el calamar, lo que sugería que estaban en lo cierto.

El trabajo de Huxley y Hodgkin permitió explicar cómo funciona la anestesia, lo que era un auténtico enigma en la neurociencia de su época: algunos anestésicos bloquean los movimientos de los iones a través de los canales, con lo que la información dolorosa no llega hasta las zonas superiores del cerebro, no nos enteramos del dolor. La conducción de electricidad por los nervios fue también la base para las prótesis biónicas, aparatos que se mueven con impulsos eléctricos y permiten una cierta recuperación de la funcionalidad de una extremidad perdida. También posibilitó la identificación de algunas enfermedades genéticas llamadas canalopatías, que surgen por culpa de un defecto en los canales iónicos. Eric R. Kandel, premio Nobel en 2000, dijo que el trabajo de Hodgkin y Huxley «*hizo por la biología celular de las neuronas lo que la estructura del* ADN *hizo por el resto de la biología*».

LOS LOBOTOMISTAS

Cirujano como Horsley, Antonio Caetano de Abreu Freire Egas Moniz es el único científico portugués que ha conseguido el premio Nobel. Se le conoce como Egas Moniz, pese a no ser estos sus verdaderos apellidos sino el nombre de un noble medieval del que la familia parecía descender y cuyo prestigio un tío sacerdote trató de conservar incluyéndolos entre los apellidos familiares.

En 1949 le fue concedido a Egas Moniz, junto al neurólogo suizo Walter Rudolph Hess, el galardón en medicina y fisiología por «*su descubrimiento del valor terapéutico de la leucotomía en algunas psicosis*». La leucotomía era una técnica psicoquirúrgica que es más conocida por uno de sus sinónimos: lobotomía, que significa etimológicamente «cortar lóbulos» (cerebrales).

Previamente a los estudios de Moniz existían antecedentes como el trabajo del alemán Friedrich Goltz, quien seccionando tractos nerviosos en el cerebro de perros conseguía que estos perdiesen la agresividad y se comportaran de una manera tranquila y mansa, o los experimentos de un psiquiatra suizo, Gottlieb Burckhardt, que operó a seis pacientes con esquizofrenia con el balance de dos pacientes muertos por la operación y unos cambios tan irregulares en los otros cuatro que el experimento —por fortuna impensable en nuestros días— fue severamente criticado y quedó prácticamente abandonada esa línea de investigación.

Egas Moniz tenía una excelente reputación debido a su descubrimiento de la angiografía, el estudio de los vasos sanguíneos que no son visibles por radiografía tradicional, una importante técnica de diagnóstico por la que ya había sido candidato al Nobel. Pensaba que la gente con trastornos mentales sufría el azote de ideas obsesivas, que parecían residir en los lóbulos frontales, y se basaba en algunas evidencias de personas que, tras sufrir en esas zonas tumores o lesiones, fruto de accidentes o de heridas de guerra, se habían vuelto más tranquilas y menos ansiosas. Evidencias similares se

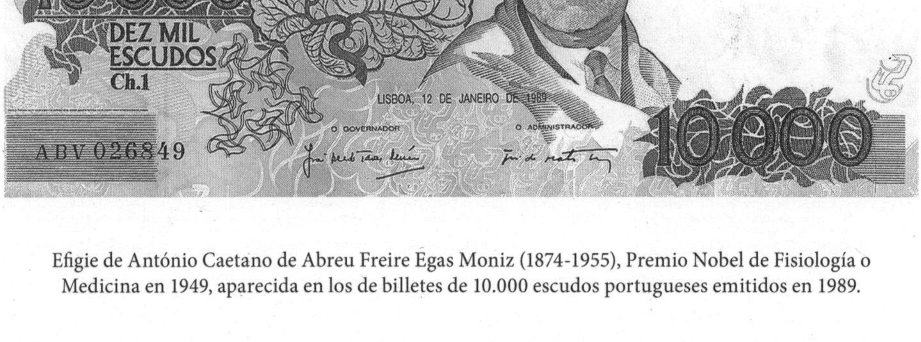

Efigie de António Caetano de Abreu Freire Egas Moniz (1874-1955), Premio Nobel de Fisiología o Medicina en 1949, aparecida en los de billetes de 10.000 escudos portugueses emitidos en 1989.

habían obtenido en chimpancés, en los que la extirpación de los lóbulos frontales había hecho que uno de ellos, que era violento, dejara de mostrar signos de perturbación emocional. Además, casos como el de Phineas Gage demostraban con claridad que la destrucción de la corteza prefrontal no implicaba la muerte del paciente y generaba profundos cambios.

Moniz decidió probar los efectos en los enfermos mentales de la separación del lóbulo frontal del resto del encéfalo, la lobotomía. Al no tener experiencia clínica en neurocirugía, buscó un cirujano, Pedro Manuel Almeida Lima, y juntos operaron a veinte pacientes entre noviembre de 1935 y febrero de 1936. Los trastornos mentales para los que aplicaron la lobotomía fueron muy variados e incluían: depresión (9), esquizofrenia (6), ataques de pánico (2), manía (1), catatonia (1) y depresión maníaca (1). Probaron distintas técnicas, como la separación quirúrgica y la inyección de alcohol puro para destruir y esclerotizar las conexiones de las áreas prefrontales, y, finalmente, optaron por la llamada leucotomía prefrontal, cortar la sustancia blanca utilizando un alambre, con el que sacaban pequeños fragmentos de tejido cerebral.

Egas Moniz señaló posteriormente que un tercio de los pacientes mejoró notablemente, en otro tercio la mejoría fue leve y el último tercio no mostró cambios. Ninguno murió como resultado de la operación ni se observaron problemas graves, como ataques epilépticos o comportamientos violentos. Un problema serio fue que solo siguió la evolución de sus pacientes unas semanas tras la operación y un estudio posterior comprobó que muchos de ellos sufrieron recaídas y ataques epilépticos, además de una mortandad elevada.

La lobotomía se convirtió en una terapia prometedora para una enorme variedad de trastornos del sistema nervioso, de la psicosis a la depresión, de las neurosis a la criminalidad recurrente, y fue ampliamente utilizada. Walter Freeman, un joven neurólogo norteamericano, se encontró un hospital psiquiátrico con más de cinco mil internos abandonados a su suerte, ante lo que sintió, según sus palabras, «*una extraña mezcla de miedo, asco y culpa*». Freeman era un joven ambicioso, cuyo abuelo había sido el primero en extraer un tumor cerebral de un paciente vivo, y cuando leyó los trabajos de Moniz pensó que aquello podía dar un vuelco a la situación de los hospitales psiquiátricos. Como no tenía formación quirúrgica, se asoció con un cirujano, James Watts, y durante unos meses estudiaron el procedimiento y lo modificaron, consiguiendo mayor rapidez y mayor potencia. En vez de extraer fragmentos de sustancia blanca, cortaban las conexiones de los lóbulos frontales mediante un movimiento angular de una espátula recta o de un punzón. Freeman declaró que las lobotomías eran un éxito, aunque en realidad lo que consiguió fue que los pacientes dejaran de estar agitados y pudieran ser dados de alta en el psiquiátrico aunque quedaban inermes, faltos de energía y motivación, bulímicos y desinhibidos e incapaces de llevar una vida social normal.

Freeman presentó sus resultados en un congreso en noviembre de 1936, causando alarma y estupefacción entre sus colegas. No había suficientes evidencias experimentales previas, la técnica era muy invasiva, con la realización de lesiones cerebrales deliberadas, y los pacientes estaban a menudo en una situación de indefensión, tanto por parte de sus familias como por parte del estado. Freeman prometió solemnemente usar solo la lobotomía como una «operación de último recurso», pero al mismo tiempo puso en marcha una intensa labor de relaciones públicas que hizo que periódicos prestigiosos la denominasen «*la cirugía del alma*» y explicasen que era «*una de las innovaciones quirúrgicas más grandes de esta generación*».

Eliminar las conexiones por las que cursaban emociones básicas como la ira o el dolor parecía en teoría un buen sistema para mejorar la calidad de vida de la persona afectada y de su familia. Egas Moniz propuso una mejora técnica que consistía en hacer dos pequeños agujeros a los dos lados de la frente y meter a su través una herramienta de la que salía un alambre retráctil que cortaba el tejido nervioso y permitía separar la cor-

Egas Moniz en la presentación de los resultados de sus angiografías [Archivo Hospital Santa Marta, 1934].

teza prefrontal del resto del cerebro. Freeman usaba otra técnica llamada «*lobotomía del punzón de hielo*». Su nombre se debía al instrumento puntiagudo que insertaba con un golpe de martillo a través del delgado hueso que forma la órbita ocular y que movía luego a un lado y a otro hasta seccionar igualmente las conexiones de la corteza prefrontal. A Freeman le gustaba el espectáculo: utilizaba un picahielos y, en vez de un instrumento quirúrgico para dar el golpe, empleaba un mazo de carpintero; hacía giras por los hospitales psiquiátricos de todo el país al volante de su furgoneta, que él llamaba el lobotomóvil, colocaba a los pacientes en fila, sobre camas, para operarlos en serie y avisaba a la prensa y a los fotógrafos. La técnica de Freeman era muy rápida, no requería hospitalización y llegaba a realizar unas veinticinco lobotomías al día, al módico precio de veinticinco dólares por cabeza —nunca mejor dicho—.

En la década y media que estuvo en boga esta técnica, se hicieron decenas de miles de operaciones psicoquirúrgicas en todo el mundo. La terminaron aceptando y practicando centros de élite como el Johns Hopkins, el Hospital General de Massachusetts o la Clínica Mayo. La lobotomía desapareció del «arsenal terapéutico» de los psiquiatras cuando aparecieron nuevos fármacos como los antipsicóticos y los tranquilizantes potentes, pero estos tampoco estaban libres de efectos secundarios y otros problemas. Aun así, las llamadas «camisas de fuerza químicas» acabaron con la mayor parte de las psicocirugías.

Egas Moniz, que fue tres veces ministro de asuntos exteriores de Portugal, recibió ocho tiros en 1938, cuando tenía sesenta y tres años de edad. Un paciente psiquiátrico suyo le tiroteó y lo dejó paralítico para el resto de su vida. El homicida adujo vagamente que el médico no le estaba dando los medicamentos necesarios para su enfermedad. Se calcula que Walter Freeman realizó tres mil quinientas lobotomías a lo largo de su carrera médica, de las cuales un quince por ciento de los pacientes murió en la mesa de operaciones. Lobotomizó a diecinueve menores, incluido un niño de cuatro años. La última fue en 1967 a una mujer, Helen Mortesen, que era la tercera lobotomía que sufría a manos de Freeman y que murió de hemorragia cerebral en la mesa de operaciones. Freeman, que no era cirujano, que no usaba máscara ni guantes en las lobotomías, perdió la licencia para ejercer y abrió una modesta consulta en California.

La lobotomía es ahora un ejemplo de operación cruel e inhumana. Los familiares y herederos de las personas lobotomizadas han llegado a pedir que se retire el premio Nobel a Egas Moniz, algo sin precedentes. En todo caso, es preciso plantear una cierta mirada más allá del rechazo inmediato. Hay que pensar que hasta el siglo XX la única respuesta de la medicina ante un trastorno mental era el internamiento en un manicomio, a menudo de por vida. En las primeras décadas del siglo pasado se desarrollaron nuevos procedimientos, a menudo con graves efectos secundarios, pero que eran acordes a una nueva etapa de la medicina, mucho más proactiva, más agresiva, más arriesgada. Por un lado, los médicos querían hacer algo ante el sufrimiento de miles de pacientes y de sus familias; y, por otro, estos pacientes no tenían prácticamente derechos ni respaldo social que los protegiesen de médicos poco escrupulosos, por muy cargados de buenas intenciones que estuvieran. Por ello podían convertirse con facilidad en víctimas de experimentos mal sustanciados. Entre los tratamientos complejos y peligrosos que se pusieron en marcha esos años están algunos de los que hemos contado: el contagio consciente de malaria como tratamiento para la paresia general, el sueño profundo inducido con barbitúricos o la terapia de choque con cardiazol. La lobotomía fue considerada menos peligrosa y más exitosa que varias de esas intervenciones también frecuentes. Todas estas técnicas fueron parte de una evolución, en la que todavía estamos. En un principio la medicina decía que lo primero es no hacer daño, lo que se plasma en la locución latina *primum non nocere,* pero nos hemos ido aproximando a una nueva forma de pensar, tanto entre muchos médicos como en una gran parte de la sociedad, de «intentar lo que sea» para curar lo incurable.

El neurocirujano neoyorquino Sidney W. Gross escribió en 1953 que la lobotomía era un procedimiento «*valioso y humano*» que reducía el dolor de los pacientes, moderando sus respuestas emocionales, pero, pese a ello, incluso sus defensores admitían que podía hacer que los pacientes se volvieran «*infantiles, apagados, apáticos y con poca capacidad para cualquier experiencia emocional*». Simplemente muchos médicos pensaban que era una opción preferible a un dolor o un sufrimiento prácticamente continuos.

Una prueba de la buena consideración que tuvo la técnica psicoquirúrgica es que Rosemary Kennedy, la hermana de John y de Robert fue lobotomizada. En 1941, cuando la muchacha tenía veintitrés años, los médicos le dijeron a su padre que un nuevo procedimiento, la lobotomía, podría estabilizar sus altibajos emocionales, suavizar sus ataques de ira y convertirla en una persona más tranquila y dócil. El resultado no fue bueno: Rosemary no solo no mejoró sino que desarrolló una incontinencia urinaria y una mentalidad infantil y plana, se quedaba mirando la pared durante horas y su habla se volvió ininteligible. Pasó el resto de su vida internada hasta el 7 de enero de 2005, en que falleció a los 86 años. Una curiosidad es que fue el quinto de los hermanos Kennedy en morir, pero el primero que lo hizo por causas naturales.

LA ULTRAESTRUCTURA DE LAS NEURONAS

Un microscopio es un aparato con lentes que permiten amplificar y observar una muestra diminuta. A finales del siglo XIX se identificaron mediante microscopios ópticos muchos de los componentes celulares: los cromosomas, las mitocondrias, los neurofilamentos, el aparato de Golgi o los cuerpos de Nissl, pero los mejores microscopios no iban más allá de los mil, mil quinientos aumentos y aspectos fundamentales de la organización del sistema nervioso quedaban por debajo de ese poder de resolución.

El poder de resolución de un microscopio está limitado por la longitud de onda de la radiación utilizada, y hasta el siglo XX todos los microscopios eran ópticos, usaban la luz visible, pero teóricamente había longitudes de onda que podrían permitir ampliar enormemente el poder de resolución. Hans Busch diseñó en 1926 la primera lente electromagnética, lo que abrió la puerta a usar en microscopía haces de electrones en vez de ondas del espectro visible o ultravioleta. El nuevo tipo de microscopio se llamó microscopio electrónico, las lentes eran electromagnéticas —bobinas de hilo de cobre con carga eléctrica— en vez de lentes de cristal y había que usar cortes muy finos y condiciones de vacío para el viaje a través del microscopio de un haz de electrones generado por una alta diferencia de potencial eléctrico.

En 1931 el físico Ernst Ruska y el ingeniero eléctrico Max Knoll construyeron el primer prototipo de microscopio electrónico, que conseguía cuatrocientos aumentos, muy por debajo de la magnificación que se conseguía con los microscopios ópticos de calidad. Pero dos años más tarde un nuevo modelo ya superaba esa magnificación y, en poco tiempo, se llegaba a valores de entre veinte mil y cien mil aumentos, abriendo un mundo desconocido, el de las ultraestructuras. En la actualidad, aunque se trabaja normalmente con magnificaciones menores, se pueden conseguir dos

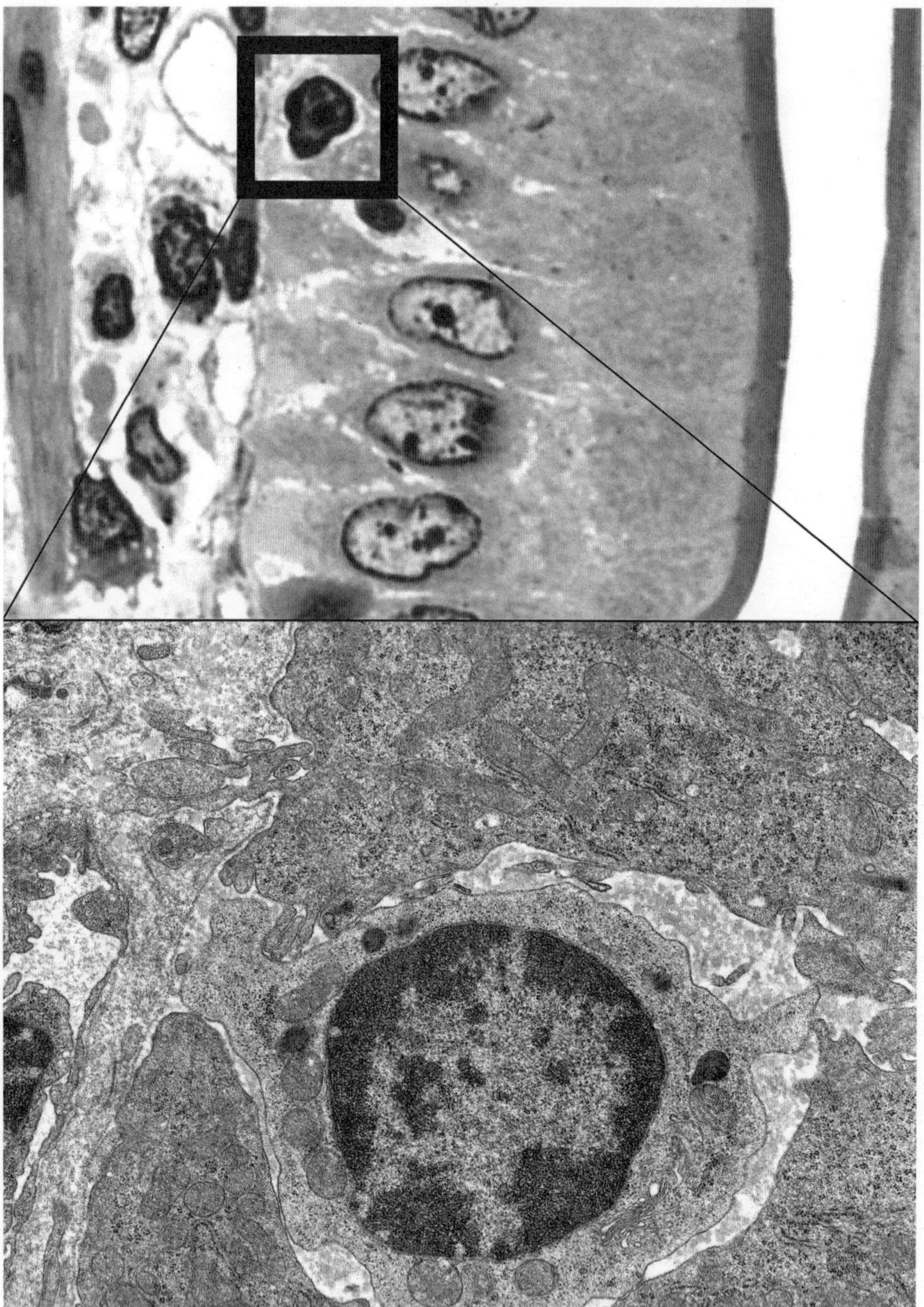

Esta imagen pone de manifiesto la diferencia en el poder de resolución de un microscopio óptico (con una preparación estándar del epitelio del intestino delgado en la parte superior), y una preparación de microscopio electrónico, mostrando el detalle de un Linfocito intraepitelial localizado en el mismo epitelio del intestino delgado. Los linfocitos T juegan un papel defensivo y forman parte del tejido linfoide asociado al intestino [José Luis Calvo].

millones de aumentos. Ruska ganó el premio Nobel de física por su descubrimiento más de cincuenta años después, en 1986.

A comienzos de los años 50 del siglo XX las casas Siemens y Philips sacaron al mercado los primeros microscopios electrónicos comerciales, lo que abrió este nuevo campo a muchas universidades y centros de investigación. Hasta entonces la estructura de las células solo podía estudiarse con microscopía óptica, y los orgánulos que contenía la célula en su interior o eran desconocidos o su organización era difusa y apenas comprendida. La microscopía electrónica abrió una nueva era en la biología celular, en la que cada orgánulo fue individualmente reconocido y su morfología bajo microscopía electrónica, la ultraestructura, fue la base sobre la que se empezaron a conocer y comprender las funciones celulares. Los descubrimientos relativos a la ultraestructura de los componentes celulares se sucedieron a un ritmo vertiginoso: mitocondrias (Palade en 1953); mielina (Geren en 1954), cilios (Fawcett y Porter en 1954); retículo endoplásmico (Palade y Porter en 1954); aparato de Golgi (Dalton y Felix en 1954); núcleo y nucleolo (Porter en 1955); ribosomas (Palade en 1955); lisosomas (Novikoff y otros en 1956) y membrana plasmática (Robertson en 1957).

Porter y Bennett, dos pioneros del microscopio electrónico, recordaban esta época:

> *Un mundo nuevo se abría para la investigación, un nuevo surtidor de información había sido descorchado. La excitación por los descubrimientos y la comunidad de objetivos nos juntó. Las amistades y el mutuo respeto engendrado en aquellos días excitantes han permanecido y han fortalecido el campo de la biología celular.*

Si había una estructura en el sistema nervioso sobre la que los microscopistas electrónicos apuntaron sus aparatos fue la sinapsis. Cuando se dispuso de los primeros microscopios electrónicos hacía más de cincuenta años que la idea de Cajal de que las neuronas interaccionaban por «contactos» entre sus axones y sus dendritas, por «besos protoplasmáticos» era algo asumido, pero nadie lo había podido comprobar. El primero que lo hizo fue Sanford L. Palay.

Palay, nacido en Cleveland, tenia idea de convertirse en microbiólogo, pero en su primer año de estudiante de medicina pidió una beca de verano y fue aceptado en el laboratorio de Ernst y Berta Scharrer, un matrimonio alemán que había emigrado en 1937 a Estados Unidos huyendo de los nazis y que trabajaba en el sistema nervioso, parte de ese «regalo de Hitler». Ernst había conseguido una beca de la Fundación Rockefeller, uno de los mayores impulsores de la ciencia en el siglo XX, pero la joven pareja había llegado a América con un total de ocho dólares. En un ambiente claramente discriminatorio contra las mujeres, Berta tuvo dificultades para conseguir un puesto de trabajo con sueldo pero, aun así, es considerada la fundadora de la neuroendocrinología, una rama de la neurociencia basada en que hay neuronas que secretan sustancias que actúan como hormonas. Palay contaba lo que sus maestros significaron en su formación:

> *Los Scharrer representaban la vida intelectual en una forma extraordinariamente atractiva. Sus profesores habían sido las luces más importantes en biología en la primera parte del siglo XX y ellos continuaban la línea de excelencia que la ciencia europea y, especialmente la alemana, había logrado desde comienzos de siglo. Para un joven del Medio Oeste que solo había estado fuera del norte de Ohio dos veces en su vida, ellos representaban el mundo cultivado de los viajes, la literatura, las artes y el renombre. Podían hablar con facilidad en inglés, francés y alemán y sabían también italiano y otros idiomas. Conocían a los autores de los libros que leíamos y de los manuales que estudiábamos. Discutíamos todo tipo de temas, de las preguntas científicas que estábamos analizando al estado del mundo, del progreso de la guerra en Europa y el Pacífico a los peligros que se intuían en los acuerdos de la posguerra. Pasé cada tarde en el laboratorio, o estudiando o haciendo investigación.*

Al finalizar la II Guerra Mundial Ernst Scharrer sugirió a Palay que fuese a trabajar al Instituto Rockefeller con Albert Claude, uno de los primeros biólogos celulares, pero el Cuerpo Médico del Ejército lo reclutó y lo envió a Japón, como parte de las fuerzas de ocupación. Por un lado esto interrumpió su carrera científica y, por otro, le dejó un interés de por vida por la cultura japonesa, incluido el cultivo de bonsáis. Tras el servicio militar Palay se unió a Claude, un belga que había escapado de los nazis en los años treinta, y a George Palade, un rumano que había huido de su país cuando fue invadido por la Unión Soviética en 1947, que estaban haciendo las investigaciones más interesantes sobre las células. Es llamativo cómo Estados Unidos supo aprovechar la triste historia de Europa en el siglo XX para su fortalecimiento científico. Claude, Palade y De Duve compartirían el premio Nobel de medicina y fisiología en 1974 por sus estudios sobre la ultraestructura de las células. En su búsqueda de la sinapsis, Palay se centró en las células motoras del núcleo abducens, pues sabía que los cuerpos de estas neuronas estaban recubiertos de terminales axónicos y allí sería más fácil identificarlas.

La prioridad sobre la primera descripción de la sinapsis se discute porque la primera referencia fueron dos pequeñas comunicaciones, resúmenes en congresos, presentadas de forma simultánea en 1954. George Palade «asistido por Sanford Palay» publicó un resumen en el congreso de la *American Association of Anatomists* titulado *Observaciones a microscopía electrónica de sinapsis interneuronales y neuromusculares* en el que decía:

> *En el sistema nervioso central (corteza cerebral y bulbo raquídeo) se encontraron ocasionalmente figuras de botones terminales con dendritas. En la terminación axónica se encontraba una aglomeración de mitocondrias y pequeñas vesículas (300-500 Å), mientras que las dendritas mostraban menos mitocondrias y vesículas en un citoplasma bastante fibrilar. El axón y la dendrita aparecían separados por sus respectivas membranas plasmáticas que, al nivel del contacto más próximo, eran más densas y más gruesas. El espacio entre los sinaptolemas* [el espacio sináptico entre las membranas plasmáticas de las dos neuronas] *estaba en torno a 200 Å …*

Esta comunicación era seguida por otra de Sanford Palay «asistido por George Palade» titulada *Estudio a microscopía electrónica del citoplasma de la neurona*. El resumen contaba que las neuronas tenían conspicuas masas de sustancia de Nissl y que esta estaba compuesta por membranas delgadas y por gránulos, la imagen que ahora conocemos del retículo endoplásmico rugoso. También describieron un segundo sistema de membranas sin gránulos (probablemente el aparato de Golgi, todavía una estructura apenas conocida). Los dos investigadores relataban cómo la sustancia de Nissl se introduce en las dendritas por un corto trecho, pero luego apenas describían diferencias entre dendritas y axones. Quizá el principal hallazgo fue la ausencia de hallazgos: las neuronas tenían una ultraestructura muy similar a la del resto de las células activas del cuerpo.

En 1956 Palay publicó finalmente un artículo completo que describía las sinapsis y se centraba en tres aspectos ultraestructurales característicos: (a) las membranas limitantes muy próximas entre sí del terminal presináptico y la célula o dendrita postsináptica; (b) el grupo de mitocondrias; y (c) las colecciones de pequeñas vesículas que llenan el terminal presináptico. La ausencia de continuidad protoplásmica en la superficie de contacto entre los dos miembros de la sinapsis era la confirmación definitiva de la doctrina de la neurona enunciada y defendida por Ramón y Cajal a comienzos de ese siglo.

Otro pionero de la ultraestructura de la neurona al que hay que mencionar fue Eduardo de Robertis, un porteño hijo de padres inmigrantes italianos. El primer trabajo científico de De Robertis, publicado en 1934, fue una dura crítica a un artículo sobre el desarrollo del embrión aparecido en *La Semana Médica*. El autor del artículo criticado lo retó a duelo, pero el incidente no pasó a mayores gracias a la intervención de Pedro Rojas, maestro y mentor de De Robertis y una de las figuras de la medicina argentina de comienzos del siglo XX. Tras acabar medicina De Robertis consiguió una beca para estudiar en Francia, pero el estallido de la II Guerra Mundial le impidió aprovecharla. Gracias a una gestión de Bernardo Houssay recibió otra beca de la Academia Nacional de Medicina de Argentina y realizó varios periodos formativos en Estados Unidos, en las universidades de Chicago y Johns Hopkins y en el Massachussets Institute of Technology. Volvió a Argentina, pero en 1946 renunció a su puesto tras la separación de su cátedra del profesor de Histología Manuel Varela, el sucesor de Pedro Rojas, acusado por el gobierno de Perón de desarrollar actividades políticas en la universidad. Desde 1949, y tras renunciar a permanecer en Estados

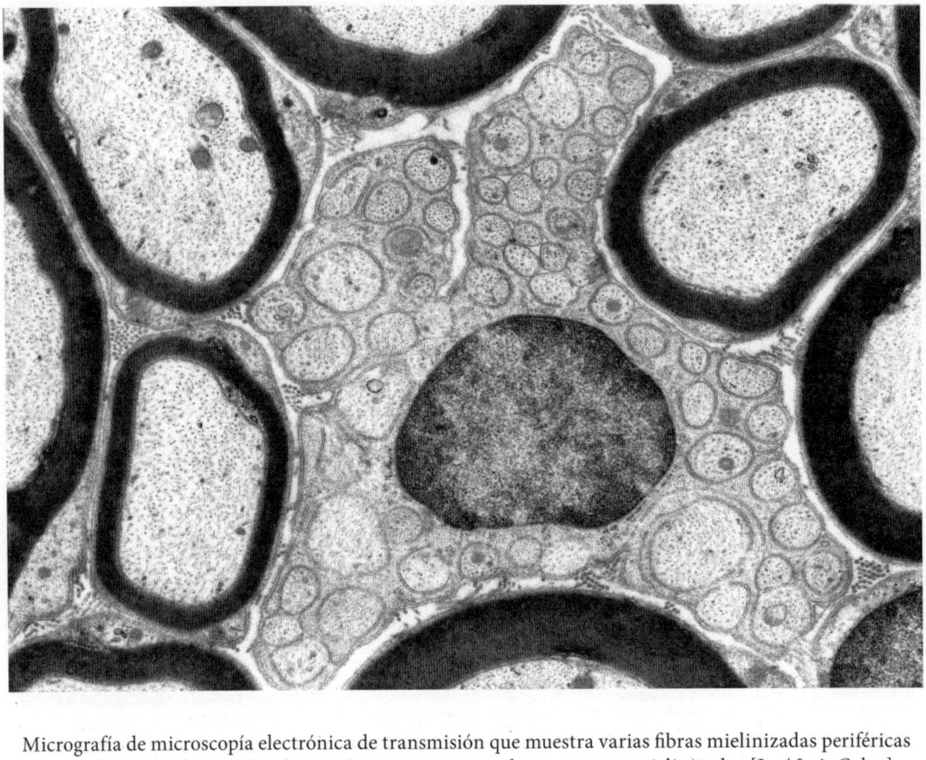

Micrografía de microscopía electrónica de transmisión que muestra varias fibras mielinizadas periféricas y una célula de Schwann (en el centro) que contiene muchos axones no mielinizados [José Luis Calvo].

Unidos en la Universidad de Washington en Seattle y no poder incorporarse a la universidad argentina, se instaló en Montevideo. Lo había invitado Clemente Estable, que había estado tres años trabajando con Cajal con una beca del gobierno español, y había vuelto para incorporarse al Instituto de Investigación Biológica en Uruguay, donde tuvieron el primer microscopio electrónico de Latinoamérica gracias a una ayuda económica de la Fundación Rockefeller. Allí estuvo De Robertis hasta 1957, año en el que se incorporó a la Universidad de Buenos Aires como profesor de histología y director del instituto de biología celular que hoy lleva su nombre. Durante la primera mitad del siglo xx Argentina había tenido un desarrollo científico de muy buen nivel, del que la mejor muestra son premios Nobel como Bernardo Houssay o Luis Leloir y, más recientemente, Cesar Milstein, aunque nacionalizado británico y con la mayor parte de su carrera en la Universidad de Cambridge.

A finales de 1947 De Robertis identificó los microtúbulos con microscopia electrónica en axones amielínicos. En la actualidad sabemos que los microtúbulos constituyen un elemento fundamental del citoesqueleto, con una participación imprescindible en procesos celulares como la división, la polaridad, la plasticidad neuronal, la exocitosis o el trasporte axonal. Pocos años después Eduardo de Robertis hizo, junto a Bennet, el que fue, en sus propias palabras, su descubrimiento más importante: las vesículas sinápticas, presentes en los terminales presinápticos. Quizá no fue muy reconocido porque, aunque él dio más información, ya habían sido mencionadas el año anterior por Palay y, además, De Robertis estudió las neuronas de ranas y lombrices, que no son los organismos más populares entre los científicos. Aun así, este hallazgo conectaba el almacenamiento de los neurotransmisores y la transmisión del impulso nervioso, hecho que refrendará años más tarde al conseguir aislar dichas vesículas e identificar las características que presentan algunos receptores sinápticos. En 1970 el comité Nobel concedió el Premio de medicina y fisiología a Bernard Katz, Ulf von Euler y Julius Axelrod por sus descubrimientos sobre los neurotrasmisores en las terminaciones nerviosas y sus mecanismos de almacenamiento, liberación e inactivación. Para algunos, habría estado justificado que De Robertis hubiera estado entre los premiados, algo que no sucedió y que algunos achacan a motivos políticos —Argentina se había ido hundiendo en una espiral de degradación social y política— y a cierto desprecio del mundo anglosajón por la ciencia que habla español. A veces pienso que es puro nacionalismo y ganas de esconder nuestras vergüenzas, pero casos como los de Salvador Moncada y Jorge Luis Borges, en la ciencia y en las letras, hacen pensar que el Nobel no siempre es limpio o no siempre es justo.

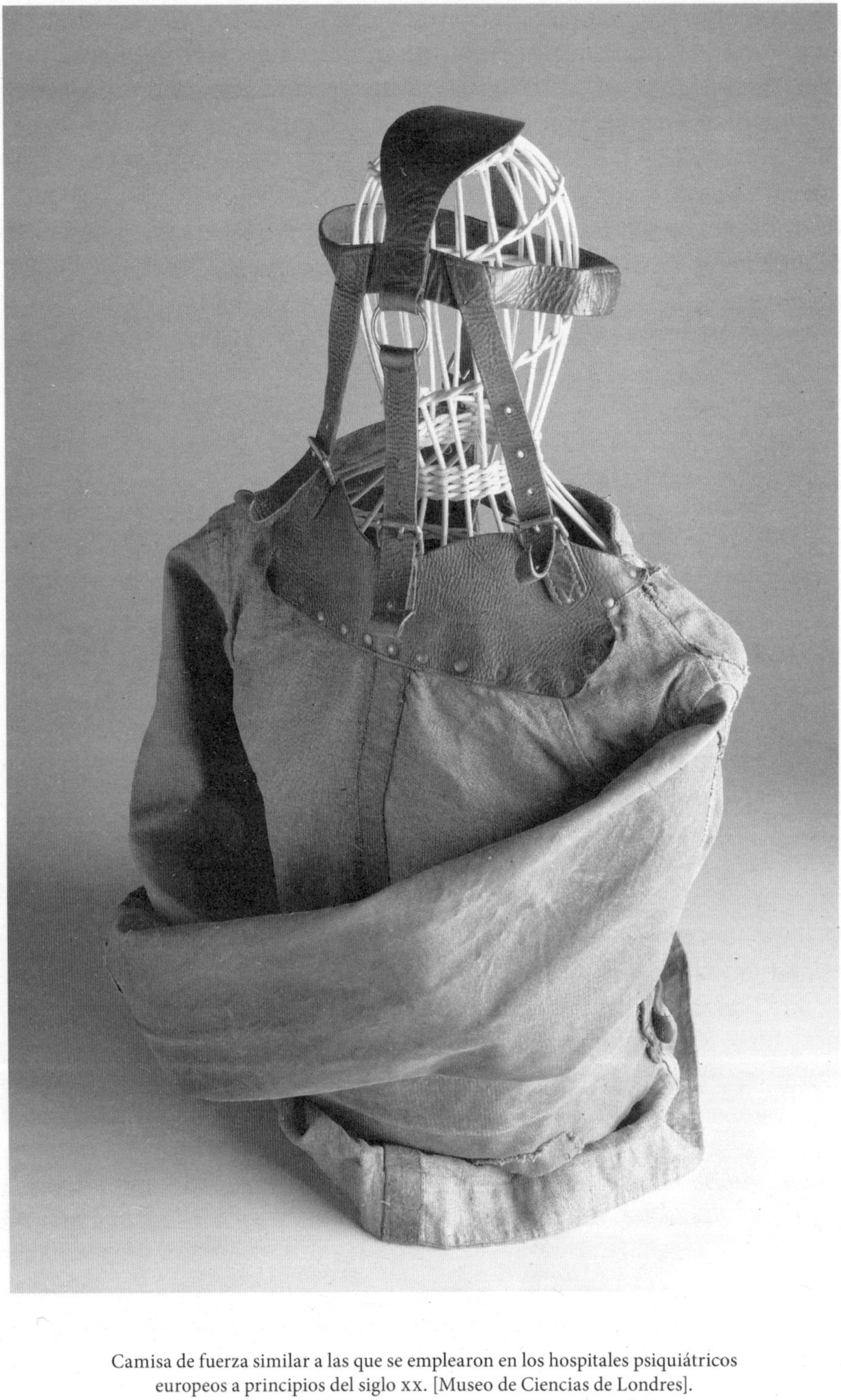

Camisa de fuerza similar a las que se emplearon en los hospitales psiquiátricos europeos a principios del siglo XX. [Museo de Ciencias de Londres].

LA DÉCADA PRODIGIOSA DE LOS PSICOFÁRMACOS

En la primera mitad del siglo XX los psiquiatras alcanzaron el consenso de que existían dos grandes grupos de problemas mentales: uno eran las psicosis, a menudo incluidas bajo el término «esquizofrenia», en las que las alteraciones del pensamiento eran tan graves que la persona se desconectaba de la realidad, y el otro era la depresión, un trastorno del ánimo en el que la tristeza y la desesperanza eran tan abrumadoras que el paciente no quería seguir viviendo. En algunos casos la depresión se alternaba con la manía, una excitación eufórica en la que todo parecía factible, y se denominaba trastorno bipolar.

Hasta 1950 las herramientas para tratar los problemas psiquiátricos eran enormemente limitadas. Por un lado, las psicoterapias incluido el psicoanálisis; por otro, una serie de tratamientos que podríamos calificar de extremos: psicocirugía, electrochoque, choque insulínico, infección malárica inducida, etc. En los años cincuenta esto cambió gracias al desarrollo farmacológico: se descubrió casi por azar una serie de medicamentos que eran eficaces en los trastornos mentales y que también nos ayudaron, en un proceso de ingeniería inversa, a conocer más sobre el funcionamiento del cerebro.

La psicofarmacología estudia distintos tipos de fármacos y sus interacciones químicas con los componentes del sistema nervioso. Tras unirse con receptores o dianas específicas estos compuestos inducen potentes cambios en la fisiología cerebral, en la psicología de la persona afectada y en su comportamiento. Las fuentes de los psicofármacos pueden ser plantas o animales, pero la mayoría se obtienen por síntesis química en el laboratorio.

Como a menudo sucede, las primeras aplicaciones para trastornos mentales llegaron con fármacos que habían sido desarrollados para otros problemas. Henri Laborit, un cirujano francés, se fijó en que la prometazina, un medicamento que se usaba contra las alergias, dejaba a los pacientes muy adormilados. Pensó que podía ser útil para prepararlos para el quirófano, como preanestesia, y por su acción antihistamínica, pues se creía que la histamina podía estar involucrada en una complicación llamada choque quirúrgico: una brusca caída en la tensión arterial cuando el paciente está bajo anestesia general.

Laborit pidió a la compañía farmacéutica Rhône-Poulenc distintos compuestos para probar cuál era el más eficaz en lo que él llamó «anestesia potenciada» y le pasaron, entre otros, la clorpromazina o RP4560, que la empresa había dejado de lado pues su efecto antihistamínico era muy bajo y se creía que era demasiado fuerte como sedante. Laborit halló que inducía una «*quiétude béatifique*» y se lo contó a sus colegas de psiquiatría por si les podía servir para calmar a sus pacientes, pero la mayoría encontró que era ineficaz. Laborit se puso entonces a hacer pruebas y la administró, con su consentimiento, a una colega, la psiquiatra Cornelia Quarti. Quarti no notaba nada, pero se desmayó cuando intentó ir al baño. A pesar de ese pequeño desastre Laborit siguió probando, y en enero de 1952 se lo administró a un paciente maníaco, Jacques Lh. El resultado fue espectacular, y tres semanas después el paciente era dado de alta. Esos resultados llegaron a oídos de Pierre Deniker y Jean Delay, del Hospital de Sainte-Anne en París, que hicieron un ensayo clínico en treinta y ocho pacientes psicóticos y dieron con el truco: había que empezar con dosis pequeñas e ir subiendo poco a poco. En un punto determinado, súbitamente, los pacientes se calmaban. Pruebas adicionales demostraron que la ansiedad se reducía y las paranoias y las psicosis maníacas también mejoraban. Pocos meses después distintos investigadores publicaron que era eficaz en la depresión, la adicción, el síndrome de abstinencia y, en particular, en la esquizofrenia. Los pacientes no solo quedaban sedados, sino que su pensamiento se centraba y su comportamiento emocional mejoraba. Las salas de los hospitales psiquiátricos, en algunas de las cuales no se podía entrar si los pacientes no estaban sujetos, se transformaron: aquellas personas que amenazaban, agredían y gritaban se convirtieron en pacientes tranquilos, cooperadores y capaces de comportarse con normalidad.

La clorpromazina fue comercializada en Estados Unidos como Thorazine y en Europa como Largactil y sustituyó en gran medida al electrochoque, a la terapia de choque insulínico y a la psicocirugía. De hecho, se la llamó inicialmente la «lobotomía química» y no tenía los problemas metodológicos ni éticos de estas operaciones. El número de ingresos en los hospitales psiquiátricos se redujo drásticamente y en 1964 la habían tomado cincuenta millones de personas. Por primera vez había un medicamento útil para las psicosis graves, medio siglo después se sigue usando y todos los nuevos antipsicóticos se valoran en una unidad de «equivalentes a clorpromazina». Laborit, por su parte, se dedicó a estudiar la hibernación artificial, descubrió el éxtasis líquido y fue uno de los protagonistas de *Mi tío en América*, la película de Alain Resnais.

En 1953 Paul Janssen y J.P. Tollenaere exploraron una nueva familia química, la de la difenilpropilamina, buscando algo que tuviera efectos parecidos a la clorpromazina. El compuesto R1625 parecía prometedor y lo llamaron haloperidol. Era mucho más potente que la clorpromazina, de acción más prolongada y tenía menos efectos secundarios. Marcando el haloperidol se vio que se unía solo a uno de los receptores de dopamina, el llamado D2. Así se fue entendiendo la acción de los neurolépticos —del griego neuro, «nervio», y lepto, «sujetar»— un término que se inventó para esas sustancias «*que se hacían cargo del sistema nervioso*» y que calmaban la agitación psicomotora, el insomnio grave y la inquietud.

El siguiente fármaco neuroactivo provenía de una planta, la *Rauwolfia serpentina*. Era un remedio tradicional en la medicina india —al parecer Mahatma Gandhi lo usaba como tranquilizante— y empezó a recetarse para la hipertensión. El principio activo, la reserpina, fue identificado en 1950 y se vio también que calmaba a los pacientes y aliviaba a los esquizofrénicos. Tanto la clorpromazina como la reserpina tenían importantes efectos secundarios, semejantes a los de la enfermedad de Parkinson, y se han ido eliminando de la práctica clínica según han sido sustituidos por nuevos fármacos con más eficacia y menos molestias.

La siguiente oleada de neurofármacos fueron los antidepresivos. Hasta entonces lo único eficaz contra la depresión era el electrochoque, y los neurolépticos no servían. La solución vino por un camino inesperado: las compañías farmacéuticas estaban interesadas en otro problema antiguo, la tuberculosis, y vieron que un medicamento, la iproniazida, era regu-

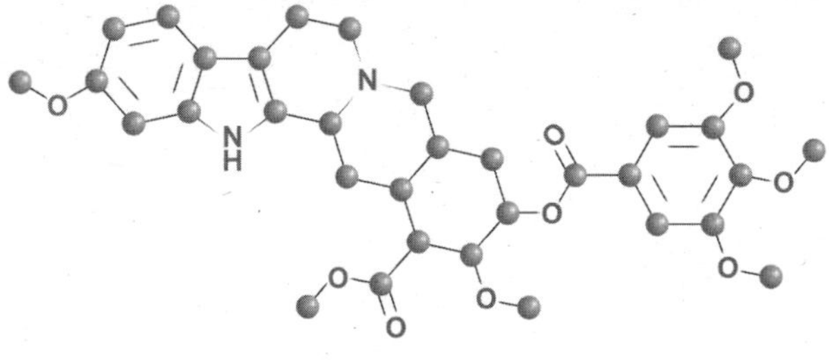

Estructura molecular de la reserpina [Lyric Saima].

lar para tratar esta infección bacteriana pero los pacientes se volvían muy animosos, casi eufóricos, y algunos psiquiatras decidieron probarlo en sus pacientes deprimidos.

El conocimiento del funcionamiento de este primer antidepresivo vino también de otra línea de investigación. En la década de 1930 se vio que una enzima llamada monoamino oxidasa (MAO) degradaba el aminoácido tiramina. Buscando compuestos capaces de inhibir esa enzima se vio que uno de los más eficaces era la iproniazida. Se fue avanzando paso a paso y se vio que los inhibidores de la MAO bloqueaban la degradación de aminas neurotransmisoras como la serotonina o la norepinefrina, mientras que la reserpina agotaba sus reservas.

Tras un descubrimiento prometedor de este tipo, los químicos generan muchas sustancias parecidas y los farmacólogos prueban sus efectos. Roland Kuhn quería estudiar la clorpromazina pero era demasiado cara, así que preguntó a los químicos de Geigy si tenían algo parecido y le dieron el compuesto G 22355 o imipramina. Consiguió buenos resultados en tres pacientes y, solo con eso, lo presentó en un congreso en Zúrich, donde lo escucharon solo doce personas. Aun así, una nueva herramienta contra la depresión había nacido: los tricíclicos. Años más tarde se vio que los niveles de serotonina, un transmisor clave en la depresión, se podían mantener altos en la hendidura sináptica si se bloqueaba un sistema que tienen las neuronas para reciclar, que es recaptarla. Los inhibidores selectivos de la recaptación de la serotonina, el más famoso de los cuáles ha sido el Prozac, se convertirían en el mayor negocio de la historia de la industria farmacéutica y en algunas de las moléculas protagonistas del siglo XX.

John Cade, australiano, se había alistado voluntario en la II Guerra Mundial y había sido enviado como cirujano a Singapur, donde fue capturado por los japoneses al caer la ciudad y pasó tres años y medio en un campo de concentración. Vio que algunos prisioneros de guerra tenían un comportamiento extraño y se planteó que quizá alguna toxina les afectaba el cerebro y dejaban de presentar esos síntomas cuando la eliminaban por la orina. Pensó que los estados maníacos podían estar causados por una disfunción metabólica que hacía que el cuerpo produjera un exceso de alguna sustancia que quizá se podría encontrar en la orina. De vuelta a Australia decidió inyectar a cobayas orina humana de enfermos mentales para ver si mostraban algún cambio. Vio que los cobayas morían más rápido con la orina de personas con trastornos mentales que con la de personas de control y pensó que quizá la primera tuviera más ácido úrico. Para aumentar su solubilidad en agua añadió urato de litio a la solución y encontró que la toxicidad se reducía, pero también que los cobayas estaban mucho más tranquilos. Cade comenzó a hacer pruebas a pequeña escala en pacientes con manía, demencia y melancolía, con resultados excelentes. Sin embargo, la toxicidad del litio hizo que algunos pacientes murieran hasta que se desarrollaron test sencillos para medir la litemia. Morgen Schou, un danés, se interesó en estos resultados e hizo un estudio sistemático que estableció que el litio era útil para el tratamiento de los estados maníacos y como estabilizador del ánimo. El problema fue que, como era una sal común, no era patentable y ninguna empresa farmacéutica estuvo interesada en invertir en un estudio para determinar sus usos terapéuticos. Tuvieron que pasar veinte años hasta que el uso del litio se aprobó en los Estados Unidos. No obstante, se cree que el descubrimiento de los efectos antimaníacos del litio fue la piedra angular de la psicofarmacología.

Además de los dos grandes grupos de psicosis y depresión hay toda una serie de trastornos más leves manifestados en tensión, ansiedad, agitación, insomnio, dolores de cabeza y molestias gastrointestinales que son generados normalmente por los sucesos estresantes de la vida cotidiana. Se llamaron neurosis, e iban desde molestias leves a situaciones incapacitantes que impedían llevar una vida normal: pánico, fobias, trastorno obsesivo compulsivo o estrés postraumático, entre otros. Un problema añadido de las neurosis es que la gente se trataba por su cuenta estos problemas con alcohol o tabaco, lo que generaba, entre otros, problemas de adicción.

Frank Berger, un checoslovaco que escapó a Inglaterra durante la II Guerra Mundial, buscaba alguna sustancia que actuara como conservante de la penicilina, y una de las moléculas que probó fue la mefenesina. Al inyectarla en roedores los animales cojeaban porque los músculos se relajaban y quedaban sedados, aunque conscientes. Bergen lo llamó «tranquilizante». El problema es que la mefenesina se metabolizaba con rapidez, tenía una acción débil y actuaba más sobre la médula espinal que sobre el encéfalo, por lo que causaba una potente depresión respiratoria que podía ser letal si se combinaba con alcohol u otra sustancia depresora. Así que buscaron moléculas parecidas que se metabolizaran más lentamente y descubrieron el meprobamato, que aliviaba la ansiedad durante tiempo prolongado y tenía pocos efectos secundarios. Se dice que los Rolling Stones estaban pensando en él cuando compusieron su famosa canción *Mother's Little Helper* («*El pequeño ayudante de mamá*»), que trata sobre la existencia cotidiana de un ama de casa, con sus obligaciones domésticas, la monotonía de la vida familiar, el marido y los hijos y la ansiedad por culpa de su frustrante forma de vida, que la pastilla, el «pequeño ayudante», contribuye a sobrellevar. Sin embargo, su éxito fue corto —el de la pastilla, no el de los Rolling Stones—: los pacientes desarrollaban tolerancia y necesitaban cada vez dosis mayores, lo que los llevaba a la adicción. Aldous Huxley, que escribiría su famosa novela *Un mundo feliz* en la que los protagonistas usaban un psicofármaco llamado *soma*, fue invitado a un congreso sobre el meprobamato y predijo que «*se desarrollarían muchas moléculas capaces de cambiar la calidad de la conciencia humana*». Así ha sido.

El éxito del meprobamato y sus problemas indujeron a las empresas farmacéuticas a buscar otros psicosedantes. Leo Sternbach, un polaco que también había huido durante la II Guerra Mundial, decidió probar con sustancias totalmente nuevas. En Polonia había trabajado con unas moléculas para hacer tintes llamadas benzodiacepinas, probó varias de ellas sin éxito y la empresa le dijo que se dedicara a otros proyectos. Mientras limpiaba el laboratorio se encontró un último bote marcado como Ro 5-0690 y decidió enviarlo a los farmacólogos para que hicieran una última prueba. Pocos días después le dijeron que esa muestra tenía todo lo que buscaban: era «*un potente relajante muscular y sedante, sin propiedades anestésicas generales y aparentemente libre de efectos sobre el sistema nervioso autónomo, todo esto con muy baja toxicidad*». Los primeros ensayos clínicos fueron un desastre porque los voluntarios se quedaban adormilados y con habla pastosa, pero entonces se dieron cuenta de que las dosis que estaban probando eran demasiado altas. Se sacó al mercado como Librium (clordiazepóxido), y un poco más de toqueteo químico dio lugar a otra molécula con sabor menos amargo y que se bautizó como Valium (diazepam). En los videojuegos de la franquicia Metal Gear Solid el protagonista puede tomar diazepam para calmar el pulso y así apuntar con más precisión a la hora de usar el rifle de francotirador. Tuvieron que pasar años hasta que se averiguó que sus efectos se debían a que potenciaba el transmisor inhibitorio GABA.

Si en la década de los 1950 se descubrieron nuevos medicamentos, también se descubrieron nuevas enfermedades. Una de las que pasó al lenguaje popular fue el estrés. El «inventor» fue Hans Selye, un austro-canadiense que inyectaba extractos de órganos en animales y estudiaba sus efectos. Vio que surgía un «síndrome específico» cuando el organismo era expuesto a agentes muy diversos como el frío, una operación quirúrgica, un ejercicio muscular excesivo o dosis subletales de distintas moléculas. Publicó estos resultados en un artículo corto en 1936, y eso fue suficiente para llevar el estudio de los efectos de la tensión sobre el cerebro al conocimiento general. La idea de una relación entre el cuerpo y la mente mediada por el estrés y las hormonas quebró la separación establecida trescientos años atrás por Descartes entre el cuerpo y la mente. El *mens sana in corpore sano* de Juvenal cobraba un nuevo sentido.

GANSOS CON IMPRONTA

Si Otto Loewi fue víctima de los nazis, Konrad Lorenz estuvo en el otro bando. Lorenz ganó el premio Nobel de medicina y fisiología del año 1973 por sus estudios sobre etología, la ciencia que estudia el comportamiento de los animales y que él denominaba psicología animal. Su interés por este tema se había desarrollado en su infancia pero, como a muchos otros biólogos vocacionales, sus padres, preocupados por el futuro del joven Konrad, lo animaron —o lo obligaron, esas fronteras siempre son difusas— a estudiar medicina. Su padre, un famoso ortopeda, tenía consultas en Viena y Nueva York y Konrad ingresó en la Universidad de Columbia para lo que se llama en Estados Unidos un currículum premédico, pero en 1923 volvió a su Austria natal, donde continuó sus estudios en la Universidad de Viena. Vivió toda la vida rodeado de animales y en la época de estudiante universitario compartía piso con una mona capuchina llamada Gloria. En los animales con los que convivió en su casa, en una finca que tenían sus padres y en la universidad, puso las bases para una observación detallada del comportamiento de las especies domésticas y salvajes. En la facultad lo atrajeron especialmente las clases del catedrático de anatomía Ferdinand Hochstetter, quien buscaba entender el cuerpo humano y la embriología del hombre mediante el estudio de la anatomía y el desarrollo embrionario de distintas especies de animales, lo que llamamos anatomía comparada y embriología comparada. Lorenz pensó que esa misma estrategia podría emplearse para la conducta y estudió y analizó el comportamiento de distintas especies de animales para entender el de los humanos mientras trabajaba como ayudante de Hochstetter.

En un simposio internacional sobre los instintos celebrado en 1936 Lorenz conoció a quien sería su colega y con quien compartiría treinta y siete años después el premio Nobel, el holandés Nikolaas Tinbergen. Juntos estudiaron los gansos, salvajes y domésticos, y las crías híbridas, viendo el

Propaganda nazi en favor de la eutanasia (1938): «60.000 rm [*reichsmark*, marco imperial]. Esto es lo que una persona que sufre defectos hereditarios le cuesta a la Comunidad de los alemanes durante su vida. Conciudadanos también es su dinero. Lea *Gente Nueva*».

fuerte impacto de la domesticación sobre el comportamiento animal. Estas ideas lo llevaron a sospechar «*que idénticos procesos de deterioro pueden estar sucediendo en la civilización humana*». Los estudios de los híbridos de variedades domésticas y salvajes de ganso fueron usados como supuesta justificación científica para las doctrinas nazis en contra de los matrimonios mixtos y la mezcla de razas. Tinbergen fue prisionero de los alemanes durante la II Guerra Mundial y dejó de hablar a Lorenz durante años por sus diferentes posiciones durante el conflicto bélico. De hecho, y a pesar de cierto esfuerzo para edulcorarlas y blanquearlas, las relaciones entre Lorenz y los nazis han sido muy polémicas. En 1938 se afilió al partido de Hitler indicando en su solicitud de admisión: «*Puedo decir que todo mi trabajo científico está dedicado a las ideas de los nacionalsocialistas*», y en una conferencia en Bayreuth ese mismo año proclamó:

> *Nada es más importante para la salud de todo un pueblo que la eliminación de los tipos débiles y degenerados, los cuales, con la virulencia más extrema y peligrosa, amenazan penetrar el cuerpo de un pueblo como las células de un tumor maligno.*

Uno de los seguidores de Lorenz, el psicólogo nazi Erich Jaensch, llegó a comparar los estilos de picotear de los pollos del norte y del sur de Europa, asimilándolos con las razas de los humanos:

> *Los pollos del norte picotean de una forma constante y exacta, mientras los pollos del sur de Europa picotean con rapidez pero de una forma impulsiva e imprecisa.*

¡Así somos los latinos! Esto reflejaba, según él, el comportamiento tranquilo, comedido y tenaz de los germánicos y escandinavos, frente al comportamiento inquieto, caótico y flexible de los mediterráneos.

Después de la guerra, Lorenz negó haber tenido relación con el partido nazi hasta que su expediente personal salió a la luz. También rechazó haber tenido conocimiento de la extensión del genocidio, a pesar de haber ocupado un puesto de psicólogo en la Oficina de Política Racial. Por último, también negó haber mantenido ideas antisemitas, pero de nuevo aparecieron unas cartas a Heinroth, uno de sus mentores, con expresiones claramente racistas contra los judíos.

En 1940 Lorenz obtuvo un puesto como profesor de psicología en la Universidad de Königsberg, la *alma máter* de Inmanuel Kant. Al año siguiente fue reclutado por el ejército —donde quizá le enseñarían a marchar con el paso de la oca— e intentó conseguir un puesto de mecánico de motocicletas, pero fue asignado como psicólogo militar al hospital de Poznan, en la Polonia ocupada, donde realizó algunos estudios raciales sobre los «mestizos» de polacos y alemanes. El objetivo era determinar si estas personas eran fisiológicamente y psicológicamente aptas, y si se les debía permitir reproducirse o no. Tan fuerte como suena. Aquellos que no eran considerados aptos fueron enviados a campos de concentración.

En 1944 fue enviado como médico al frente oriental, donde al poco tiempo cayó en manos de los rusos, quienes lo tuvieron prisionero durante cuatro años. Trabajó en un hospital en Chalturin, donde se hizo cargo de una sección con seiscientas camas ocupada casi exclusivamente por casos de polineuritis, una forma de inflamación general del tejido nervioso causada por los efectos combinados del estrés, el frío y la falta de vitaminas. Sorprendentemente, los médicos rusos no conocían este síndrome y creyeron que era difteria. Cuando el hospital fue bombardeado y destruido por los alemanes, Lorenz fue trasladado a los hospitales de campaña de varios campamentos en Armenia, en los que hizo amistad con los médicos soviéticos con los que trabajaba. Durante su cautiverio escribió un libro titulado *Rückseite Spiegels* (*El otro lado del espejo*) utilizando como tinta una disolución de per-

Konrad Lorenz (derecha) con su compañero Niko Tinbergen. Ambos recibieron el Premio Nobel de Fisiología o Medicina en 1973 (compartido con Karl R. von Frisch). Los tres eran zoólogos, y todos trabajaban en el comportamiento animal. [*Max Planck Gesellschaft*, 1978]

manganato potásico y sacos de arpillera como papel. Los responsables soviéticos descubrieron el libro cuando estaba ya casi terminado y enviaron a Lorenz a Krasnogorsk, cerca de Moscú, con la orden de pasar el manuscrito a máquina y enviarlo al censor. En 1948, tras los acuerdos de paz entre la Unión Soviética y la República de Austria, Lorenz y sus compatriotas prisioneros de guerra pudieron volver a sus hogares, y él lo hizo llevándose su libro y un estornino que había domesticado, llegaron *«los dos en buen estado»*.

En 1950 la sociedad Max Planck creó el Instituto Lorenz para la Fisiología del Comportamiento en Buldern (Alemania) y allí trasladó la investigación etológica, incluyendo algunas experiencias sobre la guerra —en particular aquellas relacionadas con la agresión—. Lorenz demostró que en gran medida los comportamientos agresivos tenían una base genética y pudo explicar cómo, mientras que entre los animales se evita normalmente la muerte en los conflictos, no era así entre los seres humanos. Explicaba que los humanos tenemos una agresividad innata y que mientras, tras una pelea, un lobo vencido expone su cuello al vencedor y este le deja ir, nosotros hemos convertido la guerra en algo impersonal, de una violencia inconmensurable. El político que declara la guerra, el general que ordena un ataque aéreo, el piloto de un bombardero que deja caer sobre una ciudad cientos de kilos de bombas no ven los rostros de sus víctimas, con lo que las inhibiciones que se producen en el enfrentamiento cara a cara entre dos animales no tienen lugar en los conflictos bélicos de los humanos. Solo cuando la televisión llevó la guerra de Vietnam a los hogares se vieron de nuevo los rostros de los adversarios, los cuerpos mutilados de las víctimas civiles y resurgió el rechazo a la violencia bélica.

La imagen más famosa de Lorenz es la del sabio austriaco paseando por el jardín y seguido por un grupo de polluelos de ganso. Es el fenómeno de la impronta, por el cual, al salir del huevo, estas aves seguirán al primer ser que les sea expuesto por un tiempo prolongado. Si los huevos se hacían madurar en incubadoras y las pequeñas anátidas el primer ser al que veían era Lorenz, eso quedaba grabado en sus jóvenes cerebros y lo seguían en fila india como siguen a su madre. Lorenz también describió que había un «período crítico» para el establecimiento de la impronta, que iba de trece a dieciséis horas después de la eclosión. En los perros, por poner otro ejemplo, el período crítico va de las ocho semanas a los cinco meses, tiempo en el cual se debe establecer el vínculo con su dueño. Lorenz también demostró que la impronta podía establecerse con un ser inanimado (de hecho, los gansos seguían realmente a sus botas de goma) y en un experimento los pequeños gansos daban vuelta tras vuelta siguiendo a una caja de cartón —su supuesta mamá— que había colocado encima de un tren eléctrico.

La impronta funcionaría como punto de partida del aprendizaje biológico, en el cual se genera un vínculo entre madre y cría y luego esta última, mediante la observación y la imitación, aprende los factores básicos para su supervivencia: búsqueda de alimento, sistemas de defensa y ocultación, relación con el grupo, rituales de apareamiento, etc. La impronta va también en sentido inverso, y otras aves, como la focha americana, reconocen a sus polluelos por alguna característica nada más eclosionar el huevo y son capaces de distinguirlos y separarlos de otros polluelos parásitos. Por último, también se ha visto que la impronta no es algo exclusivo de los animales que siguen a sus progenitores. En los mamíferos ese vínculo hace que la cría reconozca a su madre y la madre a la cría. Es un enlace que se codifica mediante el olor y el olfato, y sirve tanto para que la madre reconozca a su retoño, le deje acercarse y empiece a segregar leche, como para que la cría reconozca a su madre, se acerque y mame. En el desarrollo humano el término se usa para el proceso por el cual un bebé aprende a distinguir quiénes son sus padres —algo que se supone que se inicia en el útero—, donde el feto empezaría a reconocer las voces de sus progenitores, aunque las evidencias son un tanto frágiles.

Lorenz explica en su autobiografía que su interés por los gansos nació de su lectura infantil de *El maravilloso viaje de Nils Holgerson,* de Selma Lagerlof, y que soñaba en convertirse en uno de aquellos gansos salvajes. Esta escritora sueca fue la primera mujer que logró el premio Nobel de literatura, en 1909, y el libro narra la historia de Nils, un muchacho de cuatro años que, debido a su carácter egoísta y por haber maltratado a los animales, es hechizado por un hada que lo reduce a un palmo de estatura. Su castigo será también la vía a la esperanza, pues se sube encima de un ganso blanco doméstico que se une a una bandada de gansos grises salvajes en su migración anual al norte. No es extraño que Nils visite Laponia y recorra Suecia de un extremo a otro, pues el libro fue encargado por el Consejo de Educación sueco para enseñar a los niños la geografía del país, una preciosa iniciativa y un ejemplo de cómo algunas obras de encargo pueden tener tanta calidad como las que surgen de la propia voluntad del escritor. Lagerlof y Kipling nos hicieron soñar que seríamos capaces de hablar con los animales, de comprender su comportamiento, de ser lo que en realidad somos, miembros de una gran familia como había anunciado Darwin. Con sus experimentos, Lorenz consiguió en cierta manera su sueño infantil de convertirse en un ganso, al menos para aquellos polluelos. El título de uno de sus libros más famosos, *El anillo del Rey Salomón,* hace referencia a una leyenda según la cual el rey tenía esta joya mágica que le permitía conversar con las aves y las bestias y entenderlas. Ese ha sido siempre el sueño de los etólogos.

LOS HOMBRECITOS DE PENFIELD

Wilder Penfield nació el 26 de enero de 1891 en Spokane, Washington. Su padre y su abuelo eran médicos, pero cuando la consulta privada de su padre fracasó y fue incapaz de mantener a la familia, sus padres se separaron. La madre cogió a sus tres hijos, Wilder contaba entonces ocho años, y los llevó a vivir con los abuelos en Hudson, Wisconsin. En 1904, cuando tenía trece años, su madre se enteró de la creación de las becas Rhodes, unas ayudas destinadas a alumnos que fueran extraordinarios en sus condiciones físicas y mentales, auténticos atletas del cuerpo y del intelecto, y ella, con esa confianza ciega que solo tienen las madres, le dijo «*es justo para ti*». Él recordaba años después que «*el hecho de que mi mente fuera la de un estudiante poco brillante y que mi cuerpo fuera lento y torpe no era, según su parecer, ningún obstáculo*». Wilder aceptó el reto de esta ambición, se preparó concienzudamente durante los siguientes años e inició sus estudios universitarios en la Universidad de Princeton, probablemente porque las becas Rhodes se distribuían en igual número por estado y Princeton está en Nueva Jersey, uno de los más pequeños de los Estados Unidos.

Penfield estaba obligado a destacar como deportista, pero lo máximo que consiguió el primer año, tras competir con jugadores más rápidos y fuertes que él, fue ser suplente en el equipo de fútbol americano de los novatos. Ese invierno se pasó a la lucha grecorromana y, tras horas y horas de trabajo en el gimnasio, desarrolló una musculatura que le permitió ganar el trofeo de lucha de la universidad y conseguir un puesto de defensa en el primer equipo de fútbol americano. En los estudios su idea previa era que jamás se dedicaría a la profesión en la que su padre había fracasado, pero al final de su segundo año el entusiasmo generado por las clases de su profesor de biología, Conklin, y el profundo deseo de ayudar a la gente inculcado por su madre lo llevaron a estudiar medicina. Le parecía la vía más directa para «*hacer del mundo un lugar mejor en donde vivir*».

Penfield planeó entonces empezar medicina en Oxford pero, a pesar de ser defensa en el equipo de fútbol, entrenador del de béisbol, delegado de curso y, según sus compañeros, el más respetado y el mejor y más completo de la clase, no le concedieron la beca Rhodes. En esas circunstancias dedicó el año siguiente a ganar dinero para sus estudios, entrenando al equipo de los novatos de Princeton y dando clases en la escuela donde trabajaba su madre. A mitad del siguiente curso lo avisaron de que le habían concedido la beca para el siguiente año y de que lo admitían en el Merton College de Oxford, que le concedió un permiso especial para retrasar su incorporación hasta final del otoño de 1914, de forma que pudiera cumplir su compromiso como entrenador con Princeton. Esos tiempos donde las universidades no eran templos de la burocracia...

Al año siguiente Penfield se trasladó a Oxford. Dos profesores de allí marcaron su vida para siempre: Osler y Sherrington. Sir William Osler, nacido en Canadá, *Regius Professor* de medicina —«*un héroe para la nueva*

Wilder Graves Penfield (1891-1976) cuando era jugador de fútbol americano en la Universidad de Princeton (1911).

generación de médicos»—, decidió con buen ojo que aquel americano sería un buen médico, así que lo invitó a que le acompañara en sus consultas por hospitales de toda Inglaterra y lo ayudó a seleccionar las asignaturas que debía elegir en Oxford para que fueran reconocidas a su vuelta a los Estados Unidos. Charles Sherrington, por su parte, reconocido como el neurofisiólogo más avanzado del mundo, le hizo darse cuenta de que el sistema nervioso era «*un campo inexplorado, un país ignoto en el que algún día podría explicarse el misterio de la mente humana*». Penfield se recuperó en casa de Osler de las heridas sufridas en 1916, cuando un torpedo alemán hundió el barco en el que cruzaba el canal de la Mancha para incorporarse a servir en un hospital de la Cruz Roja en el frente francés. Penfield fue incluido en la lista de bajas y su necrológica publicada en un periódico americano, pero sanó de sus lesiones y decidió explorar ese territorio desconocido mencionado por Sherrington. Lo recordaba así años después:

> *Soy un explorador pero, al contrario que mis antepasados que usaban brújulas y canoas para descubrir tierras desconocidas, yo uso un bisturí y un pequeño electrodo para explorar y hacer mapas del cerebro humano. A lo largo de mi carrera me ha guiado la cuestión central que ha obsesionado tanto a científicos como a filósofos durante siglos: ¿son la mente y el cuerpo una sola cosa? ¿Puede la mente —el pensamiento, el raciocinio, la imaginación— ser explicada por las funciones del cerebro?*

El año siguiente trabajó como interno de cirugía en el hospital Peter Bent Brigham de Boston bajo la tutoría de otro profesor excepcional, el neurocirujano Harvey Cushing. Pero la memoria del «país ignoto» que había oteado a través de las charlas de Sherrington seguía siendo un poderoso imán para él. Así que en 1921 rechazó un puesto muy bien pagado como cirujano en el hospital Henry Ford de Detroit —porque no había posibilidades para investigar— y aceptó una plaza de profesor asociado de cirugía en la Universidad de Columbia y el Hospital Presbiteriano de Nueva York. Durante sus años en Oxford y Londres Penfield había ido evolucionando desde un perfil de neurofisiólogo experimental a convertirse en neurocirujano porque pensaba que al operar se trabaja directamente sobre el cerebro vivo y, de esa manera, sería capaz de estudiar la actividad fisiológica del cerebro y convertirse en un «neurólogo en acción». Aun así, la labor de neurocirujano no era algo apetecible en la época, y lo contaba con estas palabras:

La neurocirugía es una profesión terrible. Si no hubiera creído que cambiaría y sería muy diferente a lo largo de mi vida, la habría odiado.

En 1924 Penfield fue a Madrid para una estancia de investigación con Pío del Río Hortega. Quería aprender todas las técnicas relevantes para el estudio del cerebro con los mejores, y Río Hortega era uno de ellos. También estudió con Otfrid Förster en Breslavia (Alemania), con quien aprendió las técnicas de estimulación eléctrica del cerebro. Penfield cuenta en su autobiografía su «aventura española». Trabajó con Río Hortega, al que la mujer de Penfield dio clases de inglés, publicó sobre oligodendroglía, conoció a Ramón y Cajal y disfrutó paseando por el Retiro. Las fotografías de Hortega y Cajal colgaron siempre en su despacho, y las técnicas que aprendió en España abrieron la puerta a los estudios neuropatológicos y a entender por qué las cicatrices de una lesión cerebral solían ir acompañadas de epilepsia. Penfield termina este capítulo de sus memorias con estas palabras:

Vista del Instituto Neurológico de Montreal [S.J. Hayward, Québec, 15 de diciembre de 1933].

Rocinante me sirvió bien en mi carrera profesional. Y por encima de eso, todas las cosas españolas, del arte y la música a la literatura y el romance nos fascinaron y se convirtieron para nosotros en una continua fuente de placer. Aprendimos a amar la tierra de Don Quijote. Para empezar, encontramos allí el oro de la ciencia y los tesoros del arte. Sí, Rocinante nos sirvió muy bien.

Al darse cuenta de que no le era posible, por sí solo, tener un enfoque eficaz en su acercamiento al cerebro humano y hacer uso de ese conocimiento en la clínica, empezó a pensar en organizar un lugar donde neurólogos, neurocirujanos y neuropatólogos pudiesen trabajar juntos con el mismo espíritu de equipo que él había aprendido como jugador y como entrenador. Pensó que ese enfoque, revolucionario para la época, tendría más posibilidades en un lugar donde las estructuras académicas estuvieran menos consolidadas y decidió trasladarse a Canadá, donde se incorporó a la plantilla de la facultad de medicina de la Universidad McGill en 1928, convirtiéndose al mismo tiempo en neurocirujano en el hospital Royal Victoria y el Hospital General de Montreal. Unos pocos meses después de su llegada a Montreal Penfield tuvo que tratar a su hermana Ruth de un tumor cerebral. Tras descubrir que era maligno y que estaba muy desarrollado realizó una operación mucho más extensa de lo que la mayoría de los cirujanos se hubiese atrevido a hacer, pero no pudo eliminar la totalidad de las células cancerosas. Aunque la operación permitió a su hermana volver a disfrutar de una vida normal durante un tiempo, el tumor volvió a extenderse y Ruth murió tres años más tarde.

La tristeza y el sufrimiento del caso de su hermana lo espolearon a seguir su sueño de crear un instituto neurológico dedicado a «la investigación del cerebro y la mente como un modo de mejora de la humanidad». Después de una década de buscar fondos, escribir memorias y proyectos y recibir rechazo tras rechazo, su solicitud a la Fundación Rockefeller obtuvo una subvención de 1.232.000 dólares, lo que, junto con ayudas de la ciudad de Montreal, la provincia de Quebec y mecenas privados, permitió la apertura en 1934 del Instituto de Neurología de Montreal, cuya fama en investigación y terapia de las enfermedades neurológicas ha atraído a lo largo de su historia a médicos y pacientes de todo el mundo.

Durante el período como director de Penfield el instituto trató a más de mil pacientes, mejoró notablemente las técnicas de neurocirugía existentes y aportó importantes datos a nuestro conocimiento del cerebro. Entre los neurocientíficos que se incorporaron al instituto estaban Herbert Jasper, quien introdujo el electroencefalograma en la sala de operaciones, y

Donald O. Hebb y Brenda Milner, quienes desarrollaron la idea una valoración neuropsicológica sistemática de los pacientes de neurocirugía previa a la operación. La idea de un hospital neurológico integrado con equipos multidisciplinarios de investigación sirvió como modelo para el establecimiento de centros similares por todo el mundo.

Durante toda su vida Penfield buscó cómo tratar a pacientes con epilepsia incurable. Sabía que justo antes de tener un ataque algunos epilépticos notaban un «aura» que actuaba como aviso de lo que iba a ocurrir. Penfield pensó que, si pudiera provocar este aura en el cerebro, podría localizar el lugar de origen de los ataques epilépticos y entonces podría extirpar o destruir ese trozo de tejido cerebral disfuncional. Para identificar la localización de esa zona origen de la epilepsia anestesiaba el cuero cabelludo, abría la superficie del cráneo con una sierra y exploraba el cerebro utilizando un electrodo. El encéfalo no contiene receptores de dolor, por lo que el procedimiento se hacía con el paciente despierto y Penfield podía hablar con él y preguntarle qué era lo que iba sintiendo en los distintos sitios donde iba aplicando el electrodo. Cuando le contó estas experiencias con pacientes a su maestro Sherrington, que trabajaba con circuitos neuronales en animales de laboratorio, gatos y monos, este le respondió «Tiene que ser divertido preguntar a la "preparación" y que esta te responda». Penfield lo contaba así:

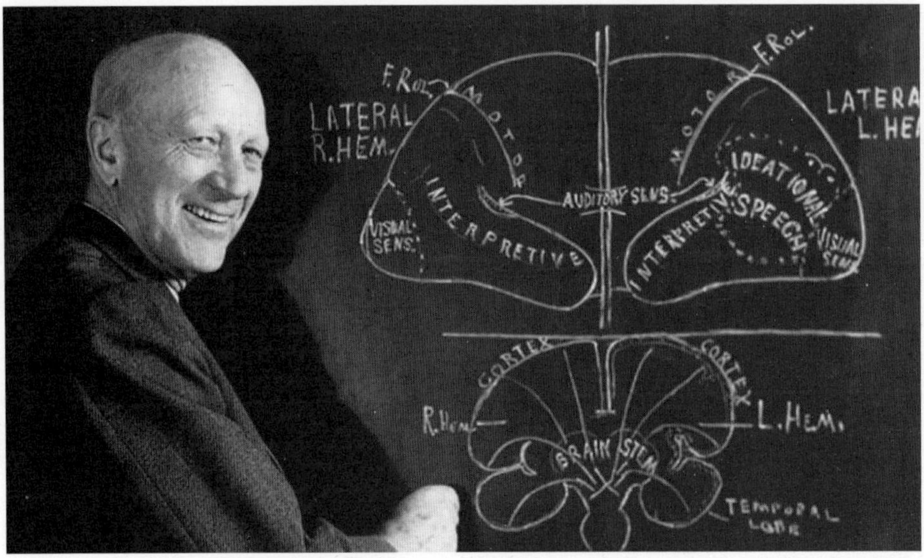

Wilder Penfield muestra un esquema con distintas localizaciones cerebrales en una pizarra [Wilder Penfield Archive, 1963].

Como médico mi primera preocupación eran siempre mis pacientes, aliviarlos del terrible sufrimiento causado por enfermedades como la epilepsia. Encontré que, estimulando el cerebro expuesto de un paciente consciente con una pequeña corriente eléctrica, el sujeto podía decirme lo que sentía y veía y, de esta forma, aislar la parte dañada del cerebro. [...] *Pero el procedimiento también abrió una ventana a la mente, dándonos por primera vez un destello de cómo ocurren los sueños, cómo funciona la memoria y dónde residen el habla y la comprensión del habla.*

Este método de localización de focos epilépticos se conoce como «procedimiento Montreal». Su técnica para localizar la fuente de la onda epiléptica tenía éxito frecuentemente, y se calcula que curó a la mitad de los pacientes graves que llegaron al Instituto Neurológico desde todo el mundo, pero además le permitió descubrir algo insospechado: cuando estimulaba los lóbulos temporales se producían respuestas integradas, con sentido, tales como memorias que incluían sensaciones como sonido, movimiento o color; eran como pequeñas películas que se ponían en funcionamiento al estimular una zona determinada. Estas memorias eran mucho más nítidas que los recuerdos habituales y versaban sobre cosas que, aparentemente, se habían olvidado hacía mucho tiempo. Si Penfield tornaba a estimular la misma zona, volvía a aparecer una y otra vez la misma memoria, una canción, la vista desde una ventana cuando el paciente era niño, una conversación con su padre, cosas que ni siquiera recordaba recordar. Parecía que había encontrado el sustrato físico de la memoria, un circuito, un pequeño programa informático, un «engrama» que guardaba nuestro pasado. Aun en la actualidad no sabemos si conseguía recuperar memorias ocultas y en nuestro cerebro tenemos archivado en detalle todo lo que hemos vivido y solo nos falla el sistema para recuperarlas, para volverlas a traer a la consciencia o bien, la estimulación eléctrica generaba una alucinación, algo parecido a un sueño en el que participan personajes o lugares conocidos y suceden pequeñas historias que nos resultan sorprendentes y nuevas.

Asimismo, su técnica de recorrer la superficie cerebral de pacientes conscientes pinchando con su electrodo le permitió cartografiar grandes áreas del cerebro y relacionar pequeñas áreas de la corteza con funciones determinadas: al estimular un grupo de neuronas se sentía un cosquilleo en los dedos o en la cara o se notaba un olor o un sabor determinado, y también vio que la zona de la corteza cerebral destinada a la información sensorial de distintas zonas del cuerpo variaba: teníamos más área cortical dedicada a los labios que a la espalda. Con todos esos datos desarrolló un mapa del cerebro, a menudo representado como un muñeco llamado homúnculo, «hombrecito». Las zonas más engrosadas del homúnculo sensorial humano eran los labios, la lengua y las yemas de los dedos. En contraste, la representación de la parte superior de la espalda era muy pequeña. En otros animales la corteza somatosensorial se expandía para partes del cuerpo que eran importantes para su supervivencia: las garras en el mapache, los dientes en la rata-topo, el hocico en el topo de nariz estrellada o los bigotes en el ratón. Hizo lo mismo con las proyecciones motoras, en las que también dedicamos más corteza cerebral a las zonas corporales que necesitan movimientos más finos y precisos: los dedos, los labios y la lengua. Los homúnculos, esos hombrecitos distorsionados, están entre las imágenes más populares de la historia de la neurociencia.

Penfield se jubiló de la Facultad de Medicina de McGill en 1954, pero continuó como director del Instituto de Neurología. En ese momento inició lo que él llamó su segunda carrera y se dedicó a escribir, finalizando dos novelas, y dio charlas y conferencias e hizo distintos trabajos para la comunidad. Decía que «*el descanso, sin nada más, te oxida*» («rest, with nothing else, results in rust»). Fue el canadiense más famoso de su época y se preocupó de temas muy diversos: la educación en el hogar, el bilingüismo, la existencia del alma. Terminó su último libro, una autobiografía dedicada a su madre, basada en las cartas que él le había enviado cada semana y que ella había guardado durante décadas, en 1976. En su última conversación, con Alan Blum, un residente del hospital donde estaba ingresado, comentó: «*es difícil creer en la predestinación y he llegado a la conclusión de que hay un plan y hay un Dios, que existe un lazo entre el Creador y el hombre creativo. Si miras a cómo ha evolucionado el universo, debe haberlo. Las cosas suceden cuando menos las esperas*». Murió pocas horas después. Era un científico y un hombre religioso, y en una obra de 1938 había escrito que buscar la localización de los mecanismos neurológicos era formular una pregunta muy antigua, como se podía leer en el Libro de Job:

Con seguridad hay una veta para la plata.
Y un lugar donde encontrar el oro.
...
Pero ¿dónde se encuentra la sabiduría?
¿Cuál es el lugar del entendimiento?

LA SUMA DE PARTES PARA CONSTRUIR UN TODO

Pasada la primera mitad del siglo XX se sabía mucho sobre la estructura del cerebro, sobre la electrofisiología de los núcleos del sistema nervioso e incluso sobre la química y la farmacología de las neuronas. Sin embargo, se seguía sin tener ni idea de cómo esos intercambios de iones, esas conexiones sinápticas y esas uniones neurotransmisor-receptor se transformaban en pensamientos, en sentimientos, cómo el cerebro interpretaba el mundo, procesaba esa información y daba una respuesta.

El punto de partida estaba claro: la información del mundo externo llegaba a través de los órganos de los sentidos y se representaba de una forma ordenada en la corteza sensorial primaria. En esas regiones corticales se veía una ordenación topológica, una correspondencia punto a punto, donde el mapa de la piel o el mapa de la retina se trasladaban a un mapa cortical, pero se desconocía cuál era la siguiente fase en el procesamiento de la información sensorial.

Un avance clave fue el registro electrofisiológico de neuronas individuales. Hasta entonces se colocaba un electrodo bastante grueso (básicamente un alambre afilado y barnizado en toda su extensión menos en la punta) que recogía información de cientos de neuronas simultáneamente. El nuevo invento fue una micropipeta de cristal, construida alargando súbitamente un capilar de vidrio calentado y roto bajo el microscopio hasta tener una punta finísima del diámetro deseado. Dentro se colocaban soluciones de iones con concentraciones conocidas, se empalaba una célula y se acoplaba a un sistema electrónico que recogía, amplificaba y grababa las señales de esa neurona concreta durante horas.

Los homúnculos de Penfield habían dejado claro que el cuerpo estaba representado en la corteza cerebral, pero había muchos interrogantes que pudieron ser abordados con la nueva tecnología. El tacto recogía las sensaciones de la piel y generaba en el cerebro, en la corteza somatosensorial, una localización topográfica de las sensaciones. Sin embargo, no era una modalidad sensorial unidimensional, sino que había distintos subsistemas claramente identificables. En los gatos, por ejemplo, estaba, por un lado, la sensación profunda de hacer presión sobre la piel y, por otro, una sensación superficial al acariciarles suavemente el pelo. Eran sensaciones diferentes recogidas por receptores diferentes, pero las dos vías confluían en la corteza somatosensorial.

Vernon Mountcastle, un neurólogo del Johns Hopkins al que llamaban el Jacques Cousteau de la corteza cerebral, estaba interesado en la relación entre percepción y respuesta neuronal y afrontó el tema usando el registro intracelular. Vio que cada neurona de la corteza somatosensorial respondía exclusivamente a una de las dos modalidades; es decir, hay neuronas para las sensaciones profundas y otras dedicadas a las superficiales. El segundo descubrimiento importante, después de registrar miles de células, fue que las neuronas de una modalidad estaban separadas de las de la otra y que cada grupo formaba un submapa coherente de toda la piel. El tercer descubrimiento importante cambió nuestra forma de mirar al cerebro: las neuronas que respondían a un estímulo estaban situadas una debajo de otra formando microcolumnas verticales en esa delgada capa de menos de dos milímetros de espesor, la corteza cerebral. Todas las partes de la corteza

Mountcastle recibe la Medalla Nacional de la Ciencia de EE.UU. de manos del presidente Reagan [*The Washington Post*, 1986].

operaban siguiendo un principio común y la microcolumna cortical era la unidad de computación, un grupo de neuronas que trabajaban juntas y coordinadas en la misma tarea.

Mountcastle, que había participado en el desembarco de Normandía, tenía la costumbre de trabajar una jornada completa, irse a casa a cenar a las seis y luego volver al laboratorio hasta las doce de la noche. En su autobiografía cuenta que cuando hizo su último experimento, en 1992, y pensó que no habría más «*se me rompía el corazón de dejarlo, pues no he tenido mayor emoción en mi vida que hacer un descubrimiento, por pequeño que fuera*». Pero volvamos atrás, Mountcastle estaba loco por saber cómo el cerebro integraba las diferentes informaciones de las distintas microcolumnas. Enseñó a un grupo de monos a tomar decisiones y a hacer un movimiento a cambio de un pequeño premio. Registraba individualmente distintas neuronas, con la ventaja de que los animales no estaban pasivos sino que se movían y elegían. Vio que las microcolumnas de neuronas que se encargaban de una tarea «hablaban» con otras microcolumnas y coordinaban las tres fases sucesivas: la percepción, la decisión y el movimiento. Era como el equipo de rodaje de un documental, con especialistas en sonido, en iluminación, medidores de distancias, medidores de expresiones, todos trabajando juntos para lograr un producto integrado y de calidad, una imagen coherente del mundo.

Los experimentos de Mountcastle, aunque fueron recibidos inicialmente con mucho escepticismo, abrieron un campo nuevo. El cerebro funcionaba a la vez en serie y en paralelo, recogía toda la información de los sentidos, la separaba en módulos distintos, procesaba la información de cada uno de forma independiente y luego lo volvía a juntar todo en un esquema integrado.

Aunque Mountcastle se centró en el tacto, el sentido clave para entender el procesamiento de la información en el cerebro fue la vista. Se sabía que la retina proyectaba sobre la corteza visual de forma ordenada, punto a punto. Stephen Kuffler, un neurofisiólogo del Instituto oftalmológico Wilmer, empezó también a hacer registros de neuronas individuales. Un sueco llamado Torsten Wiesel fue allí a hacer su postdoctorado, mientras que un canadiense, David Hubel, iba a ir a trabajar con Mountcastle, pero este estaba remodelando el laboratorio y Stephen Kuffler los puso juntos con la idea de que sería una colaboración de nueve meses, hasta que los nuevos laboratorios de Mountcastle estuvieran terminados. En realidad, la colaboración se alargó durante veinticinco años y formaron «pareja científica» como Watson y Crick o Hodgkin y Huxley (no, Ramón y Cajal no entra en ese grupo).

David Hubel nació en Windsor, Canadá. De los seis a los dieciocho estudió en la Strathcona Academy en Outremont, Quebec. Años después diría «*debo mucho a los magníficos maestros que tuve allí, en especial a Julia Bradshaw, una profesora de historia, vivaz y dedicada, con un memorable temperamento irlandés que despertó en mí la posibilidad de aprender cómo se escribe un inglés legible*». De niño le gustaba la química y la electrónica, pero fue perdiendo interés porque ninguno de los aparatos que construyó llegó a funcionar. Estudió matemáticas y física en la Universidad McGill y luego, sin haber estudiado nunca biología, entró en la facultad de medicina. Al terminar se fue a Johns Hopkins a hacer una residencia en neurología, pero fue reclutado por el ejército, que lo envió como investigador al Instituto Walter Reed, donde aprendió a hacer registros en la corteza visual primaria de gatos despiertos y anestesiados. Torsten Wiesel, por su parte, nació en Upsala (Suecia) e inició su formación científica en el Instituto Carolino, el famoso Karolinska que selecciona a los premios Nobel de medicina. Aunque empezó con la psiquiatría, la profesión de su padre, pronto se dedicó a la neurofisiología.

En 1959 Kuffler recibió una oferta de Harvard y se trasladó con todo su equipo y sus familias, incluidos los «brain boys», los chicos del cerebro, Hubel y Wiesel. La Universidad Johns Hopkins les permitió llevarse sus equipos y su celo debió de ser tal que Kuffler los telefoneó desde Boston para decirles que dejaran al menos las ventanas.

Los primeros experimentos de Hubel y Wiesel mostraron algo sorprendente. La corteza visual no respondía a puntos de luz, como la retina, sino a figuras geométricas más complejas como líneas, cuadrados o rectángulos. Al principio no conseguían que ninguna de las neuronas del gato que estaban registrando respondiera. Movían los brazos, saltaban alrededor del gato e incluso probaron a poner delante del felino algunas revistas con chicas con poca ropa. ¡Nada! Ni siquiera la visión de aquellas damas consiguió que la neurona empalada mostrara actividad eléctrica. Cuando finalmente lo consiguieron lo contaron así:

> *Localizar una zona de la retina en la cual nuestros puntos de estímulo provocaran algún indicio de respuesta* [cortical] *nos llevó muchas horas, pero finalmente encontramos un lugar que dio vagos indicios de respuesta. De pronto, mientras insertábamos una de nuestras transparencias en el oftalmoscopio, la célula pareció cobrar vida y empezó a disparar impulsos como una ametralladora. Nos llevó un rato descubrir que los disparos no tenían nada que ver con la pequeña mancha opaca* [usada como estímulo], *sino que la célula estaba respondiendo al*

movimiento de la sombra del borde de la transparencia de cristal mientras la insertábamos en la ranura. Nos llevó aún más tiempo y pruebas descubrir que la célula respondía sólo cuando la débil línea era arrastrada hacia delante en un cierto rango de orientaciones. Cada cambio de orientación del estímulo en unos pocos grados hacía las respuestas más débiles, y una orientación perpendicular al ángulo óptimo no producía ninguna respuesta.

Es decir, fueron viendo que: 1) las neuronas solo se disparaban cuando la línea se situaba en una zona particular de la retina: si estaba fuera, no se disparaba; 2) la actividad de esas neuronas aumentaba o disminuía según la orientación de la línea y 3) algunas veces las neuronas solo se disparaban si la línea se movía en una dirección determinada. Hubel y Wiesel llamaron a las neuronas que respondían a aspectos sencillos, como patrones de luz y oscuridad, «células simples», pero además identificaron otras neuronas que detectaban bordes o movimientos en determinadas direcciones, a las que llamaron «células complejas». También se descubrió otro tipo de células, denominadas «hipercomplejas», que respondían a combinaciones aún más intrincadas: por ejemplo dos bordes que forman un ángulo recto en una zona más amplia del campo visual. Todo ello sugería una jerarquía de detectores de características en la corteza visual, y se vio que había neuronas especializadas en detectar límites, movimientos, profundidad estereoscópica o color. Los distintos potenciales de acción eran los bloques de Lego del paisaje visual.

Estos experimentos demostraron que el sistema visual construía representaciones complejas de la información a través de la identificación de detalles individuales en niveles sucesivos de complejidad, y sus respuestas permitieron entender los mecanismos neuronales subyacentes a la percepción. Las áreas de la corteza visual también se repartían el trabajo: algunas estaban ocupadas por neuronas de procesamiento simple, otras por neuronas complejas, otras por hipercomplejas y, finalmente, otras sumaban y coordinaban toda esa información en una imagen integrada. Las microcolumnas con propiedades similares se encontraban, además, unidas por sistemas horizontales. De este modo, un grupo de columnas específicas de la orientación puede representar todas las direcciones del movimiento en una región específica del campo visual, conectarse entre sí de forma horizontal y formar las llamadas hipercolumnas.

Hubel y Wiesel estudiaron también cómo se integra en una imagen estereoscópica la información de ambos ojos. Cada ojo tiene su nervio óptico, cuyos axones cruzan parcialmente al lado contrario en el quiasma óptico, pero es en la corteza visual donde confluye la información de ambas retinas. Los dos investigadores usaron técnicas de degeneración de vías, en particular el método de Nauta, que tiñe los axones en neurodegeneración. Tras extirpar un ojo pudieron ver que las proyecciones de ese ojo se entremezclaban con las del ojo intacto en un patrón de columnas organizadas en franjas que parecía la piel de una cebra. Cada banda oscura correspondía a las columnas de neuronas cuyas conexiones procedían del ojo destruido; es decir, columnas de dominancia ocular que respondían preferentemente a ese ojo. Las bandas claras eran las columnas del otro ojo, el intacto. Las aferencias procedentes de los dos ojos se combinan gracias a esas columnas de predominio ocular, un paso necesario para la percepción de la profundidad.

La tercera gran aventura de su colaboración fueron los estudios de deprivación sensorial. El procedimiento consistía en tapar un ojo durante unos días a un animal recién nacido, y el sorprendente resultado era que, ante la falta de estímulos, las neuronas corticales que en condiciones normales responderían selectivamente a esa información dejaban de funcionar y acababan degenerando. A su vez, las zonas donde proyectaba el ojo sano se expandían para ocupar las zonas corticales que normalmente habrían recibido información del ojo tapado y ahora estaban «vacantes». Pasados

El reloj marca poco más de las once y seis minutos, y la prensa gráfica se agolpa en la puerta del departamento donde Torsten Nils Wiesel y David Hunter Hubel trabajan habitualmente, han ganado el Nobel.

unos días, aquello se estabilizaba y ya no se modificaba más. La conclusión era que había un período breve en el cual las conexiones existentes al nacer podían perderse o modificarse en función de los estímulos. Eso llevó a decisiones prácticas como la extracción de las cataratas en bebés durante la primera semana tras el nacimiento para que la visión se desarrollase normalmente. También fue importante para los niños con estrabismo. Todos tenemos un ojo dominante, y la desviación de un ojo hacía que el cerebro «desconectase» la imagen del ojo subordinado para no ver doble. Eso podría conllevar una disminución de la agudeza visual y una pérdida de la visión del ojo vago debido a la degeneración neuronal causada por esa falta de uso. Tapar el ojo dominante con un parche permitía asentar las conexiones del ojo vago y que no entrase en un proceso de desuso y degeneración, lo que salvó la vista en ese ojo a miles de niños.

Los experimentos de Hubel y Wiesel tuvieron bastante impacto en la filosofía. Tras sus estudios quedó claro que la representación del mundo exterior era un proceso cerebral; y ni siquiera podíamos saber si el mundo exterior es tal como creemos, pues todo pasa por ese mecanismo, con lo que se asumen las limitaciones de nuestros sentidos y de nuestro sistema nervioso. Por poner un ejemplo, algunas serpientes ven la luz infrarroja, que para nosotros es invisible, o los perros oyen sonidos que para nosotros no existen. El paisaje visual de la víbora o el sonoro del perro, y no digamos ya el olfatorio, son, sin dudas, distintos de los nuestros y no dejan de ser la realidad.

Esta investigación acabó también con muchas explicaciones místicas sobre el cerebro. El procesamiento cerebral se podía descomponer en procesos sencillos; la «mente», ese concepto etéreo y ligeramente espiritual, parecía ser simplemente el resultado de la actividad cerebral. Poco después de que les dieran el Nobel, Hubel dijo:

> *Existía el mito que el cerebro no se podía entender a sí mismo. Se comparaba a un hombre que intentara elevarse tirando de los cordones de los zapatos. Nosotros pensamos que era una tontería. El cerebro puede estudiarse igual que puede estudiarse el riñón.*

El premio Nobel fue concedido a Hubel y Wiesel por sus «*descubrimientos en relación con el procesamiento de información en el sistema visual*», aunque parece evidente que el alcance de su investigación fue mucho mayor. Kandel, otro premio Nobel, dijo que los experimentos de H&W, como algunos los llamaban, eran junto a los de Mountcastle, el avance más importante en la comprensión del cerebro desde los trabajos de Ramón y Cajal.

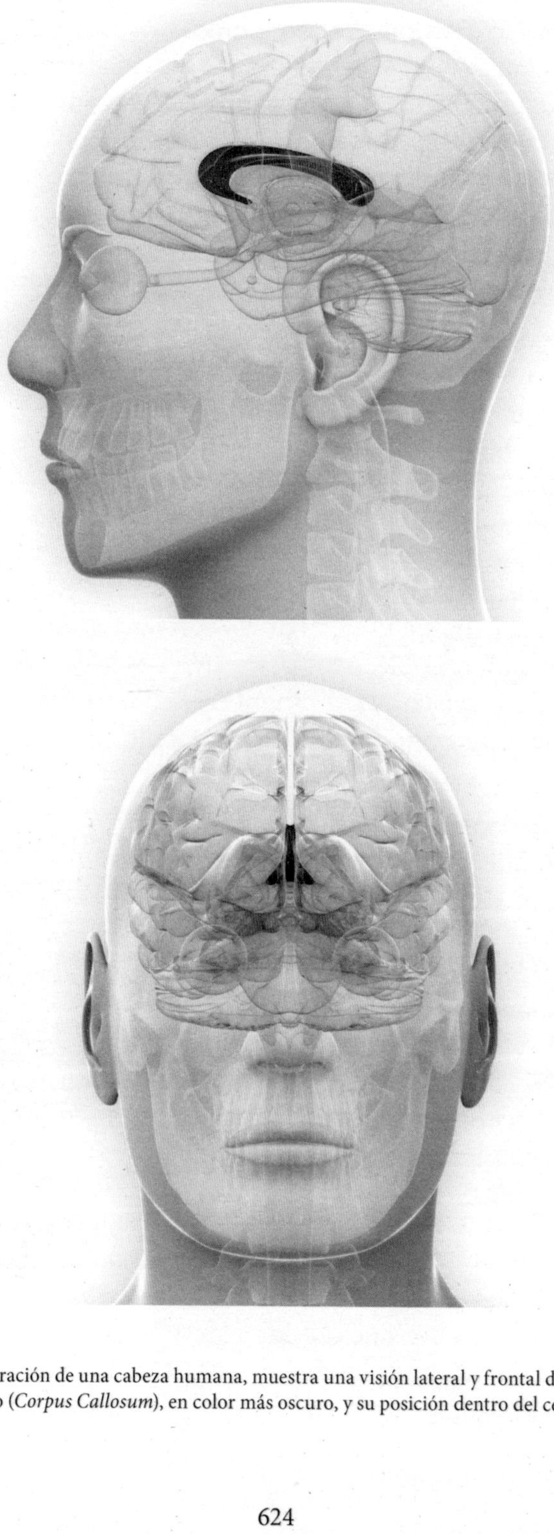

Esta ilustración de una cabeza humana, muestra una visión lateral y frontal del cuerpo calloso (*Corpus Callosum*), en color más oscuro, y su posición dentro del cerebro.

DOS CEREBROS DENTRO DEL CRÁNEO

El cuerpo calloso, esa cinta en mitad del cerebro, fue llamado así por Galeno porque le recordaba a la piel endurecida y engrosada de los pies. Vesalio pensaba que era un soporte para la masa cerebral que tenía encima y se encargaba también de mantener la forma de los ventrículos cerebrales. También fue una de las supuestas localizaciones del espíritu y, así, Giovanni Maria Lancisi escribió en 1712 que es «*el lugar del alma, la que imagina, delibera y juzga*». En realidad, esta estructura blanquecina y arqueada que podemos ver si separamos ligeramente los dos hemisferios cerebrales es una comisura, la principal ruta de comunicación entre el hemisferio cerebral derecho y el izquierdo, y está formada por unos trescientos millones de axones mielinizados que cruzan de lado a lado.

Sorprendentemente para lo que parece una importante vía de conexión, se conocía desde el siglo XIX que la atrofia de nacimiento del cuerpo calloso no iba asociada a doble personalidad, pérdida sensorial o dificultades de movimiento, aunque sí frecuentemente a una discapacidad intelectual. William Ireland escribió en 1886:

> *He visto tres casos en los que el cuerpo calloso había desaparecido del todo, sin observarse ningún problema mental o defecto del intelecto durante sus vidas y sin ninguna manifestación de una doble personalidad. Parece, por tanto, imposible evitar la conclusión de que los dos hemisferios del cerebro pueden llevar a cabo sus funciones habituales sin esta estructura, que sirve para unirlos pero cuyas otras funciones son desconocidas.*

El primero que cortó el cuerpo calloso fue Walter Dandy, un neurocirujano fuera de serie que trabajó en el Johns Hopkins hacia 1935 y que en sus mejores épocas, junto con su equipo conocido como el «*Brain Team*», llegó a realizar más de mil operaciones al año. Irving J. Sherman, que se formó con él, contó lo siguiente:

Los historiadores son uniformemente efusivos en elogiar la investigación y la cirugía de Dandy pero son menos amables en relación con su personalidad, sin duda porque no lo conocieron personalmente... Dandy nunca cobró a los maestros, ni a los religiosos, ni a otros trabajadores médicos ni a los pacientes que no tenían dinero. A veces, les daba dinero para ayudarlos con los gastos de venir a Baltimore... Hay historias de Dandy en las que es dictatorial y exige un servicio perfecto a los pacientes, y son ciertas... Hay otras historias, también ciertas, de Dandy en las que tiene explosiones temperamentales, cuando «las cosas no iban bien en el quirófano», despide a los residentes, abronca al personal y, en ocasiones, lanza un instrumento. Sin embargo, durante mi periodo en la plantilla de cirugía general y neurocirugía (1940-1943) nunca vi estos incidentes. Aunque Dandy era en ocasiones despótico y exigente, sus actos dejaban claro que se preocupaba profundamente por nuestro bienestar, aunque no sobre lo mucho que trabajábamos.

Las primeras transecciones del cuerpo calloso fueron un intento arriesgado de llegar a tumores que estaban situados en el tercer ventrículo. El corte de esta comisura permitía llegar a zonas más profundas del cerebro y la sorpresa, tras la supervivencia de un paciente desahuciado, fue que no se notaba nada, que se comportaba con total normalidad. Dandy contaba que, puesto que cortaba el cuerpo calloso sin que se produjera ninguna alteración en el estado mental, «*esta estructura, por lo tanto, carece de cualquier participación en las importantes funciones que hasta ahora se le adscribían*».

En algunos pacientes epilépticos se vio que los ataques que se generaban en una zona de un hemisferio pasaban al otro a través del cuerpo calloso y, puesto que, al parecer, los pacientes no sufrían problemas postoperatorios, se pensó en cortar esta comisura. En torno a 1939 William P. van Wagenen probó en animales de experimentación y, tras ver que, aparentemente, funcionaba bien, lo hizo con éxito en siete pacientes con gliomas. Después de la cirugía, las personas callosotomizadas tenían ataques menos potentes y no mostraban ningún trastorno evidente. En los años siguientes fue sumando nuevos casos, también con buenos resultados, pero la operación no se extendió apenas entre los demás neurocirujanos —quizá porque los resultados eran impredecibles, quizá porque si el foco epiléptico está localizado fuera de la corteza cerebral, en el tronco del encéfalo o en el tálamo, no hay conexión mediante el cuerpo calloso y la callosotomía no genera ninguna mejoría.

Andrew Akelaitis, un psicólogo, puso en marcha entre 1940 y 1945 una serie de pruebas de comportamiento para los pacientes callosotomizados y, de nuevo, los resultados fueron sorprendentemente escasos. Los pacientes no mostraban anomalías sensoriales ni motoras, y tampoco presentaban dificultades para sujetar cosas, orientarse, escribir o reconocer objetos. No encontró nada significativo en el habla o la comprensión del lenguaje y los resultados en los test de inteligencia fueron perfectamente normales. Lo único peculiar, pero que solo vio en dos pacientes, era cierto conflicto entre la mano izquierda y la derecha. Por ejemplo, en un caso, un paciente comentó que intentaba abrir una puerta con la mano derecha al mismo tiempo que la izquierda la cerraba. Este conflicto duraba unos pocos segundos y parecía algo menor, por lo que se llegó a decir, con ironía, que la única función del cuerpo calloso era canalizar los ataques epilépticos de un hemisferio al otro.

En la siguiente década, la de 1950-59, un nuevo investigador entró al tema de los cerebros con el cuerpo calloso seccionado. Se llamaba Roger Wolcott Sperry y tenía esa formación ecléctica que tan buenos resultados da a los norteamericanos y que aquí, no sé muy bien porqué, nos parece una aberración: Sperry había estudiado filología inglesa, pero hizo un curso introductorio a la psicología impartido por un tal profesor R.H. Stetson. Stetson era discapacitado, así que Sperry, que trabajaba en la cafetería de la universidad, lo llevaba en coche a todas partes, lo acompañaba a comer con sus compañeros y luego se sentaba en un extremo de la mesa mientras los profesores discutían sus investigaciones. Aquello le gustaba, así que hizo un máster en psicología y se fue a trabajar con un zoólogo, Paul Weiss, a hacer una tesis sobre el desarrollo embrionario del sistema nervioso para comprobar si la influencia de la experiencia sobre la estructura y el funcionamiento cerebrales era determinante. Sperry quería explorar el famoso debate «*nature versus nurture*», lo innato frente a lo adquirido, la herencia frente a la experiencia.

Empezó trabajando con ratas y desconectó los nervios de la patas posteriores, empalmando el nervio derecho con los músculos de la pata izquierda y el nervio izquierdo con los de la derecha. A continuación colocó al roedor en una jaula donde podía darle una pequeña descarga eléctrica en la pata que quisiera. Cuando le daba una descarga en la pata izquierda, el animal levantaba la derecha y viceversa. Quería saber cuánto tardaría el animal en darse cuenta de que se estaba equivocando, pero la respuesta fue: «nunca». Sperry llegó a la conclusión de que algunas cosas del sistema nervioso eran fijas y no podían ser reaprendidas. En sus palabras: «*no se produjo un funcionamiento adaptativo del sistema nervioso*».

Sperry demostró que si cortaba el nervio óptico de un tritón, los axones de la retina se regeneraban, volvían a formar conexiones funcionales y el pobre anfibio veía perfectamente. Pero entonces dio un paso más allá y probó algo novedoso: hizo lo mismo en peces y en anfibios pero rotando el ojo 180º. El resultado fue que la regeneración se producía de nuevo y se recuperaba la visión, pero el espécimen veía el mundo boca abajo y con el lado izquierdo y derecho invertidos. ¿Cómo lo sabía Sperry? Porque si en el acuario de la rana operada ponía una mosca el animal demostraba su habilidad para la caza, pero no su puntería: saltaba en dirección opuesta a donde realmente estaba el insecto. A continuación Sperry utilizó técnicas de trazado, métodos de marcaje que permiten seguir los axones a lo largo del cerebro, y vio que las conexiones estaban bien, que habían formado las mismas rutas que se recorrían en el desarrollo normal. Es decir, las conexiones cerebrales «*seguían el programa*» y no se adaptaban a que ahora el mundo estaba al revés.

Roger Wolcott Sperry, 1969.

Tras contraer tuberculosis de uno de los monos que operó, Sperry se trasladó al California Institute of Technology y decidió estudiar en detalle la transección del cuerpo calloso. Se puso a trabajar con gatos y buscó un sistema para presentar información solo a uno de los hemisferios. En principio podemos pensar que basta con enseñar algo a uno de los ojos, pero no es así porque, además de la conexión a través del cuerpo calloso, parte de los axones ópticos se cruzan en el quiasma óptico, por lo que tenía que cortar también esta otra comisura. Una vez resuelta la cirugía enseñaba a un gato con un parche en el ojo a discriminar entre dos estímulos (un círculo y un triángulo, por ejemplo) y, si acertaba y daba a la palanca correcta, recibía un poco de comida. Lo curioso fue que lo que el felino aprendía por el lado izquierdo no lo recordaba cuando se hacía la prueba con el otro ojo. Sperry podía «enseñar» a cada hemisferio por separado, y escribió:

> *Los gatos y los monos con el cuerpo calloso cortado son virtualmente indistinguibles de sus compañeros de jaula normales bajo la mayoría de los tests y condiciones de entrenamiento. Pero si se estudia uno de esos monos con «el cerebro dividido» más cuidadosamente, entonces, bajo unas condiciones especiales de entrenamiento y examen ... uno encuentra que cada uno de los hemisferios divididos tiene su propia esfera mental o sistema cognitivo —es decir, tiene procesos perceptuales, de aprendizaje, de memoria y otros, independientes... como si los animales tuvieran dos cerebros separados.*

Dos cirujanos de un hospital cercano, Philip Vogel y Joseph Bogen, que conocían sus experimentos con los gatos, le ofrecieron examinar a sus pacientes con callosotomía. Había un problema, y es que, evidentemente, estas personas tenían el quiasma óptico intacto y, por tanto, la información visual iría a ambos lados del cerebro. A Sperry se le ocurrió un truco: el paciente tenía que mirar a un punto fijo en una pantalla y entonces se le ponía un estímulo visual muy rápido (una décima de segundo o menos) en el campo visual izquierdo o en el derecho. En este tiempo el sistema visual capta la información, pero no da tiempo a girar los ojos hacia ella. Por la organización del sistema visual, una información presentada de esa manera en el campo visual izquierdo pasa solo al hemisferio derecho y viceversa. Sperry también usó otra estrategia: le pedía al paciente que agarrara unos objetos tapados por una pantalla. Puesto que, al contrario que la visual, la información táctil cruza completamente al hemisferio contralateral, era un segundo método para presentar información solo a uno de los hemisferios y podía hacerles trabajar con informaciones contradictorias: si la mano izquierda tocaba una llave y enviaba esa información al hemisferio derecho y el ojo derecho veía la palabra anillo y la enviaba al hemisferio izquierdo, ¿qué diría? ¡Anillo!, porque el centro del habla, el área de Broca, está normalmente en el hemisferio izquierdo.

Los resultados de Sperry abrieron una ventana a un mundo desconocido. Los pacientes con cerebro dividido («*split-brain*») demostraron que el hemisferio izquierdo y el derecho tienen funciones diferentes, habilidades especializadas e, incluso, personalidades distintas. Un ejemplo puede ser su primer paciente, un paracaidista de la II Guerra Mundial cuyas iniciales eran WJ. WJ había empezado a tener ataques epilépticos después de recibir un culatazo en la cabeza. La epilepsia fue empeorando, por lo que terminaron haciéndole una callosotomía en 1961. Cuando Sperry y su estudiante Michael Gazzaniga le mostraban una palabra escrita, como «llave» o «cuchara», al hemisferio izquierdo, WJ era capaz de leerla, decirla en voz alta y entender su significado. Cuando la misma palabra se presentaba al hemisferio derecho, el paciente decía que solo había visto un flash de luz en la pantalla, o ni siquiera eso. El hemisferio izquierdo era capaz de escribir la respuesta a una pregunta sencilla usando la mano derecha, algo que no sucedía cuando la prueba se invertía y se «preguntaba» al hemisferio derecho.

De los experimentos Sperry y Gazzaniga descubrieron que el hemisferio izquierdo era el dominante para el lenguaje, que era mejor para resolver problemas analíticos y más racional y lógico que el derecho. El hemisferio derecho, a su vez, era mejor en el razonamiento espacial, en resolver rompecabezas, en reconocer caras y figuras y en dibujar. Fue curioso cuando exploró el campo de las personalidades o temperamentos. El hemisferio derecho parecía ser más emocional que el izquierdo. Un ejemplo de estos experimentos era enseñar a cada hemisferio una foto de alguien desnudo. Cuando se enseñaba al hemisferio derecho, la persona se ruborizaba o tenía una risita nerviosa, algo que no sucedía cuando se mostraba al hemisferio izquierdo. Cuando se le preguntaba a la persona por qué se reía, no sabía explicarlo. Sperry fue premio Nobel en 1981.

WATSON Y CRICK Y EL CEREBRO

La biología dio un salto espectacular en la segunda mitad del siglo XX. El descubrimiento de la estructura del ADN hizo que la genética, la bioquímica y la citología encajaran unas con otras como las piezas de un rompecabezas y que de ahí nacieran la biología molecular y la biotecnología. Por primera vez todo tenía sentido, por primera vez se entendía cómo surgía vida de la vida, por primera vez se comprendía el flujo de material hereditario de padres a hijos, por primera vez se pudieron diseñar seres vivos con características deseables, los organismos modificados genéticamente. La biología enganchó, ya para siempre, con la física y la química.

Los ácidos nucleicos (ADN y ARN) ya se conocían desde casi un siglo antes. Friedrich Miescher había visto en 1869, analizando el pus de los desechos quirúrgicos, que un ácido, al que luego se llamaría desoxirribonucleico (ADN) era abundante en el núcleo de las células, y en la década de 1880 Walther Flemming describió la estructura de los cromosomas, la forma compacta que adopta el material nuclear cuando la célula entra en división. Thomas Hunt Morgan usó moscas de la fruta como especie de experimentación y consiguió demostrar que los caracteres de la herencia, identificados por Gregor Mendel en 1866, se localizaban en estos cromosomas, de los que se sabía que estaban compuestos por proteínas y ADN. Para muchos el ADN parecía una molécula larga y aburrida, mientras que las proteínas, que parecían mucho más complejas estructuralmente y funcionalmente, tenían más posibilidades de ser las responsables de la herencia. Eso cambiaría cuando se entendiera cómo era el ADN, cómo funcionaba y cómo se copiaba para pasar de una célula en división a las dos células hijas.

El descubrimiento de la estructura del ADN se debió a dos personajes singulares. James —Jim— Watson era un americano alto y ambicioso que de niño había participado en programas de preguntas de la radio —*Quiz Kids*, una especie de trivial radiofónico—, había terminado dos bachillera-

El biólogo estadounidense, Premio Nobel en Fisiología y Medicina, James Dewey Watson (Chicago, 6 de abril de 1928), famoso por haber descubierto (en colaboración con el biofísico británico Francis Crick) la estructura en doble hélice de la molécula de ADN (Ácido desoxirribonucleico). Rosalind Franklin, James Watson y Francis Crick propugnaron en el año 1953 el modelo de la doble hélice de ADN. En cinco artículos en el mismo número de *Nature* se publicó la evidencia experimental que apoyaba el modelo de Watson y Crick. El artículo de Franklin y Raymond Gosling fue la primera publicación con datos de difracción de rayos X que apoyaba el modelo de Watson y Crick, y en ese mismo número de la revista *Nature* también aparecía un artículo sobre la estructura del ADN de Maurice Wilkins y sus colaboradores. Watson, Crick y Wilkins recibieron conjuntamente, en 1962, después de la muerte de Rosalind Franklin, el Premio Nobel en Fisiología y Medicina; pero el debate continúa sobre quién debería recibir crédito por el descubrimiento.

James Watson, Francis Harry Compton Crick y Maurice Hugh Frederick Wilkins.

tos (ciencias y filosofía) a los quince años y había decidido *«hacerse famoso en algo de ciencia»*. Fue educado como católico, religión de la que posteriormente se consideraba un *«fugado»* y decía que *«la mayor suerte que he tenido en mi vida es que mi padre no creía en Dios»*. Gracias a una política flexible de la Universidad de Chicago le dejaron matricularse a esos quince años y le concedieron también una beca. En su autobiografía relata que allí aprendió a pensar críticamente y a no soportar a los idiotas que se interponían entre él y sus objetivos. Terminada la carrera, Watson inició el doctorado en la Universidad de Indiana donde, por pura casualidad, trabajaban algunos de los mejores investigadores en bacteriófagos, como Salvador Luria y Max Delbrück, otros dos ganadores del premio Nobel cuyos estudios sobre las mutaciones serían también fundamentales para el establecimiento de la genética moderna. En una estancia como *postdoc* en Copenhague Watson conoció a Maurice Wilkins, un inglés que intentaba aplicar técnicas de cristalografía de rayos x, un procedimiento específico de las moléculas inorgánicas, a una molécula orgánica como el ADN. Aquella línea de investigación era el tipo de cosas que le gusta a Jim —inesperada, provocadora, ambiciosa, fuera de los caminos trillados—, decidió ir a Inglaterra siguiendo a Wilkins y consiguió un puesto en la Universidad de Cambridge. Allí conoció a un físico inglés, Francis Crick, doce años mayor que él y que estaba haciendo la tesis a la muy tardía edad de treinta y cinco años. Los dos, el niño prodigio y el maduro arrogante —la primera frase del libro *La doble hélice* escrito por Jim Watson es *«Nunca he visto a Francis Crick comportarse con modestia»*— conectaron: uno terminaba las frases del otro y encontraban fascinantes las mismas cosas. En teoría, ninguno de los dos se dedicaba al ADN —de hecho, a Crick su jefe le había prohibido seguir perdiendo el tiempo con aquello—, pero les gustaba, charlaban constantemente sobre ello y en sus ratos libres probaban distintas ideas de cómo podía ser la estructura de esa enorme molécula.

En esa época Linus Pauling, el pope de la química, había demostrado que muchas proteínas tenían forma de hélice, pero también había propuesto modelos estructurales para el ADN que resultaron ser un fiasco. Watson y Crick vieron unas fotos hechas por una compañera de Wilkins, Rosalind Franklin. Una de ellas tenía forma de x y Watson y Crick pensaron que aquello tenía que ser una hélice doble. Probaron distintas posibilidades de organización del ADN hasta que todo encajó y, además, como bono extra, de la propia estructura era evidente cómo el ADN se podía copiar para su reparto equitativo entre las células hijas. La estructura de la doble hélice, en la que una de las hebras define cómo tiene que ser la otra, explicaba un aspecto fundamental de cómo se reproducían las células, cómo funcionaba la herencia: las dos hebras de cada molécula de ADN se separaban y servían de molde para completar a su pareja; luego, cada una de las dos copias de la molécula de ADN se iba a la correspondiente célula hija. Dicen que Francis Crick entró corriendo y eufórico en el *Eagle*, el pub donde iban a tomar unas cervezas al terminar el trabajo en el laboratorio, y gritó a los presentes «*¡He descubierto el secreto de la vida!*». Su esposa, en cambio, no le hizo caso y dijo que cada poco iba a casa con una historia parecida. Era 1953, el mismo año en que Edmund Hillary y Tenzing Norgay conquistaron el Everest, el año en que murió Stalin y el año en que se amplió el antiguo estadio de San Mamés.

El 19 de marzo de 1953 Francis Crick escribió una carta de siete páginas a su hijo, que estaba interno en un colegio. La misiva empezaba «*Mi querido Michael, Jim Watson y yo hemos hecho probablemente un descubrimiento muy importante... Nuestra estructura es muy hermosa...*». La carta fue subastada por la casa Christie's de Nueva York y adjudicada en más de seis millones de dólares, la mayor cantidad nunca pagada por una carta hasta el momento. El artículo científico, bastante escueto, fue publicado en la revista *Nature* el 25 de abril de 1953, fue calando en el mundo entero y abrió nuevas investigaciones. Ha sido llamado el descubrimiento científico más importante del siglo XX.

Watson, Crick y Wilkins compartieron el premio Nobel en 1962 «*por sus descubrimientos en relación con la estructura molecular de los ácidos nucleicos y su significación para la transferencia de información en los materiales vivos*». Ha habido una intensa controversia sobre si Watson y Crick «robaron» los datos de Franklin y luego no la incluyeron en su famosa publicación. Rosalind les había dado directamente información de cómo los azúcares y fosfatos tenían que estar en el exterior de la molécula, mientras que Linus Pauling había presentado un modelo equivocado con las cadenas en el interior y las bases nitrogenadas apuntando hacia fuera. Por otro lado, tampoco iba en el artículo Wilkins, que era amigo personal de Crick, y luego ambos, Franklin y Wilkins, hicieron sus propias publicaciones. Algunas feministas han llegado a decir que la no concesión del premio Nobel a Rosalind Franklin es una muestra del machismo en la ciencia y de cómo los hombres se aprovechan del trabajo de las mujeres investigadoras. En realidad, Franklin murió de cáncer de ovario en 1958 —por cierto, pasó su última recuperación en casa de Crick— y el Nobel nunca se entrega de forma póstuma, pero es una figura por reivindicar y por dar a conocer.

Según se vio, el ADN contenía la información para construir proteínas, y las proteínas son los ladrillos y las herramientas de todas las células. Todas las células del cuerpo humano, incluidas las del sistema nervioso, tienen el mismo ADN y, en teoría, pueden fabricar cualquier proteína. Posteriormente se ha visto que en cada célula y en cada momento solo se expresan unos genes determinados y no otros. También se vio años más tarde que, además de genes codificadores de proteínas, hay muchas otras secuencias que no realizan esta función y al principio se consideraron ADN basura, restos de la evolución, pero luego se ha demostrado que muchos segmentos de ADN tienen importantes funciones regulatorias.

A menudo relacionamos los genes únicamente con nuestro aspecto físico: el color de nuestros ojos, nuestra piel o nuestro pelo, pero los genes son también el centro de todo aquello que nos hace humanos: nuestra capacidad de hablar, de soñar, de recordar o de tocar un instrumento. Muchos aspectos de nuestro comportamiento están definidos en nuestra genética. Además, algunos genes hacen proteínas que son importantes para la formación temprana del cerebro durante el desarrollo embrionario. Por ejemplo, el gen ASPM codifica una proteína que es necesaria para generar nuevas neuronas en el sistema nervioso del embrión. Si este gen está alterado se puede producir una microcefalia, una alteración en la que el cerebro no produce suficientes células y su tamaño es menor de lo normal. Otros genes se encargan de dirigir la fabricación de neurotransmisores, canales, transportadores, receptores... los elementos básicos de la transmisión nerviosa. Finalmente, otros genes codifican proteínas que actúan como brigada de mantenimiento, y hacen que todo el tejido nervioso esté en perfecto estado de funcionamiento.

El conocimiento de la genética abrió la puerta a la comprensión de algunas enfermedades neurológicas. El ADN se replica cuando las células se dividen, y normalmente hace una copia exacta de sí mismo. Los errores en el proceso de replicación pueden generar alteraciones en la secuencia de nucleótidos del ADN en formación, lo que se llaman mutaciones. Una mutación puede causar que una proteína esté alterada, tan solo por el cambio de una letra en la secuencia, lo que genera en ocasiones problemas graves. Así, el gen SOD1 codifica una proteína que defiende a las neuronas del daño en su ADN. Si el gen está alterado se puede producir una enfermedad denominada esclerosis lateral amiotrófica, que hace que las motoneuronas, las células nerviosas encargadas de mover los músculos, vayan muriendo. El resultado es que la persona va sufriendo una parálisis progresiva hasta que fallece. Otro ejemplo es la corea de Huntington, en la que la proteína estropeada, llamada huntingtina, deja de proteger a las neuronas y se produce una enfermedad con movimientos anómalos, imposibles de controlar. El gen de la huntingtina, en las personas afectadas, tiene más nucleótidos de lo normal.

Para avanzar en la comprensión de los genes se «leyeron» todas las secuencias de ADN de diferentes especies. El genoma es el catálogo completo de los genes de una célula u organismo. Cada célula contiene todo el genoma completo, que muestra diferencias concretas en cada ser humano —por eso no hay dos personas exactamente iguales e incluso los gemelos idénticos presentan algunas diferencias, que se van incrementando con la edad. En 1972 se leyó por primera vez la secuencia de un gen; en 1976 se leyó el primer genoma, el del virus MS2, que tiene 3.569 nucleótidos, en una cadena única de ARN que codifica únicamente cuatro proteínas y en 1977 el del primer virus de ADN, el bacteriófago phi-x174, que tiene un total de 5.386 nucleótidos que codifican once proteínas. Pasaron casi veinte años hasta que en 1995 se consiguió secuenciar el genoma de una bacteria, *Haemophilus influenzae*, responsable de distintas enfermedades como meningitis y neumonía, entre otras. Su genoma tiene 1.830.140 pares de nucleótidos y contiene 1.740 genes. El primer genoma de un eucariota en ser secuenciado fue el de la levadura de la cerveza, *Saccharomyces cerevisiae*, y se completó pocos meses después. En sus dieciséis cromosomas había 12.156.677 pares de nucléotidos, o pares de bases, que incluían 6.275 genes.

Micrografía de microscopía electrónica de barrido de *Saccharomyces cerevisiae* [Mogana Das Murtey & Patchamuthu Ramasamy, 2016].

Pero todos soñaban con conocer el genoma de nuestra especie, el genoma del hombre. El Proyecto Genoma Humano fue un acuerdo internacional que ha sido la mayor colaboración científica de la historia e iba dirigido a secuenciar los tres mil millones de pares de bases que contienen nuestros cuarenta y seis cromosomas. El primer director fue James Watson, el mismo que casi cuarenta años antes había descubierto la estructura del ADN, pero lo dejó dos años después por discrepancias con el nuevo director de los Institutos Nacionales de la Salud de Estados Unidos. De hecho, siempre ha sido alguien polémico y dispuesto a dejar muy claras sus ideas. Ha conseguido enfadar con sus declaraciones a los homosexuales, a los obesos, a los irlandeses, a los negros y a las mujeres. A sus colegas académicos los define en su autobiografía con calificativos como «dinosaurios», «fósiles», «mediocres», «gente que había sido algo», etc. Lo suyo no es lo políticamente correcto: mientras era catedrático en Harvard impulsó una declaración de su departamento que exigía al gobierno «*la inmediata retirada de las tropas americanas de Vietnam*», pero tampoco contentó a los progresistas explicando años después que «*di la espalda a la izquierda porque no les gusta la genética, porque la genética implica que a veces en la vida fallamos porque tenemos malos genes. Ellos quieren que todos los fallos en la vida se deban a la maldad del sistema*».

Para afrontar el Proyecto Genoma Humano se organizó un consorcio inicial de veinte universidades de seis países (Estados Unidos, Reino Unido, Japón, Francia, Alemania y China) al que se fueron uniendo otros grupos de investigación de todos los países desarrollados. Frente a ellos, un hombre, Craig Venter, pensó que estaban usando la técnica equivocada y que se podría hacer a mucha mayor velocidad y ganar dinero patentando genes. Consiguió dinero de inversores privados, fundó una compañía y se puso a secuenciar su propio genoma. En 2000 Venter y Francis Collins, director de los Institutos Nacionales de la Salud de Estados Unidos, anunciaron conjuntamente la cartografía del genoma humano, tres años antes de lo programado. Venter consiguió secuenciar un segundo genoma, el suyo, y lo publicó, lo que hizo que ningún gen pudiera patentarse. En 2002 fue despedido de Celera Genomics, la misma compañía que había creado. La secuenciación de su genoma mostraba que tenía un mayor riesgo de lo normal de comportamiento antisocial, problemas cardiovasculares y enfermedad de Alzheimer. La puerta para una medicina personalizada acababa de abrirse.

Los principales resultados eran que los seres humanos tenían unos veinte mil genes, un número similar al del ratón y mucho menor de lo que se esperaba, que fuera superior a cien mil; que el genoma humano tenía una gran cantidad de secuencias duplicadas, muchas más que otros mamíferos, y que estas duplicaciones podían servir para la creación de nuevos genes específicos de los primates.

El estudio de la expresión génica en el sistema nervioso encontró que aproximadamente un tercio de esos veintitantos mil genes se expresan en el cerebro. Ningún otro órgano del cuerpo expresa una proporción tan alta. Los genes controlan el desarrollo del cerebro, el funcionamiento del cerebro maduro y, al final, cómo nos comportamos. De esos genes, más del noventa por ciento se expresan únicamente en algunas regiones cerebrales o en algún momento del desarrollo, ayudando a crear la complejidad del cerebro. Por otro lado, las variaciones entre sexos, grupos étnicos o individuos, aunque existen más de un millón y medio de variantes, tienen poco impacto sobre la estructura cerebral, que es llamativamente parecida en todos los seres humanos. Con respecto a las enfermedades y trastornos mentales, de los que se han encontrado más de mil diferentes hasta el momento, se ha visto que los mismos genes pueden influir en varias de ellas. Así, el autismo, el trastorno de hiperactividad con déficit de atención, el trastorno bipolar, la depresión y la esquizofrenia tienen afectados los mismos cuatro lugares cromosómicos, incluyendo variantes de riesgo de dos genes que regulan el flujo de calcio al interior de las células.

Ya hemos hablado de Watson, pero ¿qué fue de Crick? Crick siempre había buscado grandes temas para su trabajo. Su primer objetivo fue entender cómo la materia no viva se transformaba en materia viva. Por eso fue pasando de la física a la biofísica y a la biología. Sus conocimientos de la cristalografía de rayos x, de la fuerza de los enlaces covalentes dobles, de las proporciones entre las bases nitrogenadas y las distancias moleculares fueron clave para el modelo del ADN. Jacques Monod, el biólogo francés ganador también del Nobel, dijo «*Nadie descubrió o creó la biología molecular. Pero un hombre dominó intelectualmente todo el campo, porque era el que más sabía, el que* más entendía: *Francis Crick*».

Tras su éxito con el ADN, Crick cambió de tema de investigación y a los 72 años decidió trasladarse al Instituto Salk de La Jolla, California y dedicarse a la neurobiología teórica. Es maravilloso que alguien a esa edad, tras haberlo conseguido todo, decidiera empezar prácticamente de cero una nueva etapa y alcanzara resultados significativos. Su principal tema entonces fue la búsqueda de la base biológica de la consciencia. En el Salk tenía siempre un comentario divertido, una pregunta aguda para los jóvenes que trabajábamos allí. Murió cuando editaba un manuscrito científico en la cama del hospital. La mitad de los beneficios de la venta de la carta de Crick a su hijo fueron entregados por la familia al Instituto Salk para apoyar la investigación en ese precioso instituto de hormigón, un lugar donde —creo— fue feliz.

CANÍBALES, VACAS Y PRIONES

Papúa Nueva Guinea es el país con menor esperanza de vida del mundo, ocupa la mitad oriental de la isla de Nueva Guinea y forma parte de los países megadiversos. En el ámbito de la neurociencia esta gran isla del Pacífico es conocida, sobre todo, por el kuru.

En 1954 una patrulla que estaba recorriendo las Tierras Altas orientales de Nueva Guinea, entonces territorio de Australia, indicó en un informe que algunos miembros de la tribu Fore del sur padecían una enfermedad desconocida que se manifestaba por temblores. Los Fore la llamaban *kuria*, que significa vibrar o temblar, y también *enfermedad de la risa*, porque las personas afectadas exhibían de vez en cuando la llamada «risa sardónica», una contracción forzada de la musculatura facial que deja al descubierto los dientes. Ahora la conocemos como «kuru».

En ese informe número ocho de la patrulla de Kainantu, que va firmado por W.T. Brown, se dice:

> *El primer signo de una muerte inminente es una debilidad general seguida por la incapacidad para mantenerse en pie. El enfermo se retira a su casa. Es capaz de tomar algo de alimento, pero tiene tiritonas muy violentas. La siguiente etapa se caracteriza porque yace en su casa, no puede tomar alimento y, finalmente, muere.*

Es la primera descripción por escrito de la enfermedad. El mismo informe relataba que los fore se comían a sus muertos. El kuru es una enfermedad neurodegenerativa incurable que tiene una vía de transmisión muy particular: el canibalismo; para enfermar te tienes que haber comido el cerebro de una persona infectada. El kuru fue investigado por Daniel Carleton Gajdusek, un médico norteamericano que se trasladó a Nueva Guinea a vivir con los fore. No era una empresa fácil, porque vivían en

Al más puro estilo «darwiniano», el psicólogo Paul Ekman cogió su cámara hace cuarenta años, y viajó a la isla de Nueva Guinea para fotografiar los rostros de la tribu Fore del Sur. Quería demostrar que las expresiones en sus rostros reflejaban emociones universales.

zonas remotas y a todos los efectos se hallaban todavía en la Edad de Piedra. Gajdusek tenía experiencia, pues había trabajado en el Instituto Pasteur de Teherán estudiando distintas enfermedades, como la fiebre amarilla, el dengue, el virus del Nilo occidental, la meningoencefalitis, el escorbuto y la rabia. Después había recorrido el Hindukush, las junglas de Sudamérica y las montañas, pantanos y valles altos de Papúa Nueva Guinea y Malasia a la busca de una enfermedad para hacerla suya. Y esa fue el kuru.

El kuru afectaba a un diez por ciento de los treinta y cinco mil miembros de los fore, morían entre cien y doscientas personas al año. En algunos poblados no quedaban mujeres jóvenes, muertas todas ellas por el kuru. Gajdusek pudo hacer la autopsia de personas que habían muerto de kuru y descubrió que su cerebro se encontraba gravemente alterado, repleto de pequeños huecos, por lo que lo denominó espongiforme. Describió el kuru en 1957 en el *New England Journal of Medicine*, una prestigiosa revista clínica. Al principio se pensó que no era una enfermedad infecciosa, puesto que cursaba sin inflamación ni fiebre, los dos síntomas clásicos de las infecciones. Algunos investigadores opinaron que se trataba un problema hereditario o que estaba causado por una deficiencia en la alimentación. A mediados de los años sesenta del siglo XX Michael Alpers, un médico australiano con el que colaboraba Gajdusek, le envió a Estados Unidos muestras del cerebro de Kigea, una niña de once años que había muerto de kuru, y Gajdusek inyectó un extracto de estas muestras en el cerebro de dos chimpancés. Tuvo la paciencia de esperar, y dos años más tarde uno de los chimpancés, Daisy, mostró todos los signos de la enfermedad. Quedaba así demostrado que el kuru era una enfermedad infecciosa, y que incluso podía desarrollarse saltando de una especie a otra. Por todo ello la nueva enfermedad se denominó encefalitis espongiforme transmisible. La fase clínica, en la que se observan síntomas en las personas infectadas, dura en torno a un año y es siempre mortal.

Durante mucho tiempo Gajdusek no consiguió identificar el agente infeccioso. No se trataba de una bacteria porque ni respondía a los antibióticos conocidos ni se podía cultivar y, además, era tan pequeño que ni siquiera se veía con el microscopio electrónico. Descartadas las bacterias, la opción más lógica era un virus, pero tampoco parecía encajar en ninguno de los dos grandes grupos de virus conocidos: los que poseen ADN y los que poseen ARN. El periodo de infección era anormalmente largo, hasta de años, por lo que durante un tiempo se achacó la enfermedad a un «virus lento». Sin embargo, al contrario que los virus, el agente infeccioso aguantaba la exposición al calor y a la radiación ultravioleta y no inducía la generación de anticuerpos. La sorpresa definitiva vino cuando se vio que, por muy improbable que pareciera en aquel momento, el agente infeccioso no contenía ácidos nucleicos, ni ADN ni ARN. Otro científico, Stanley B. Prusiner, postuló y finalmente demostró que el agente infeccioso era una proteína. A partir de las palabras «*proteinaceous infectious particle*» acuñó el término prion. El prion era una proteína mutada, capaz de resistir los ataques del sistema defensivo del organismo y de transformar a otras proteínas «sanas» y convertirlas en priones. Después se vio que existían otras enfermedades priónicas, como la enfermedad de Creutzfeldt-Jacob —la más importante de todas ellas—, el insomnio familiar fatal, una enfermedad de las ovejas llamada «scrapie» o tembladera, y la enfermedad debilitante crónica de ciervos y renos. En los años ochenta del siglo XX surgió una nueva enfermedad priónica en vacas y se la llamó encefalitis espongiforme bovina o, por su nombre popular, «enfermedad de las vacas locas». La situación se agravó cuando empezaron a aparecer casos de personas con una variante de la enfermedad de Creutzfeldt-Jacob producida, al parecer, por ingestión de carne de vacas infectadas. Hasta enero de 2011 habían muerto ciento setenta y una personas de esta variante del Creutzfeldt-Jacob en Gran Bretaña y otras cuarenta y ocho en el resto del mundo, de ellas cinco en España. A su vez, la infección de las vacas se debía a que se habían alimentado con piensos que contenían proteínas de origen animal, probablemente harinas de matadero que incluían cerebros de otras vacas y de ovejas, algunas de las cuales probablemente estuvieran infectadas de tembladera.

Esta fotografía fue tomada después del anuncio de que Gajdusek había ganado el Premio Nobel. Gajdusek (sin corbata y con las gafas en la mano) compartió en 1976 el Premio Nobel de Fisiología o Medicina con Baruch S. Blumberg «por sus descubrimientos sobre nuevos mecanismos para el origen y la difusión de enfermedades infecciosas». [*Archivo Donald S. Fredrickson*]

El kuru afecta principalmente al cerebelo, responsable de nuestra coordinación motora. Por eso, entre las manifestaciones iniciales figuran una forma de andar inestable, temblores y una manera extraña de hablar, arrastrando las palabras. A diferencia de otras encefalitis espongiformes, no se suele observar demencia.

El ya citado Michael Alpers y la antropóloga Shirley Lindenbaum estudiaron a los fore, y los datos que recogieron sugieren que la epidemia se originó en torno al año 1900 a partir de un único individuo que vivía en los márgenes del territorio de la tribu y que pudo padecer de forma espontánea la enfermedad de Creutzfeldt-Jacob. La enfermedad se transmitió rápidamente porque durante los ritos funerarios los fore tenían la costumbre de que los parientes de la persona fallecida comieran el cadáver para devolver a la aldea o caserío la «fuerza vital» del muerto. Al principio no pudieron explicar por qué la enfermedad era entre ocho y nueve veces más frecuente en mujeres y niños que en hombres adultos. La antropóloga vio que los hombres elegían las mejores «tajadas» del muerto y dejaban para las mujeres y los niños otras partes del cuerpo menos atractivas y sabrosas, como el cerebro, en el que las partículas priónicas están especialmente concentradas. Además, las mujeres y los niños eran los encargados de limpiar y preparar el cadáver, por lo que se podían contagiar si tenían heridas en las manos. Por último, parece que a veces los fore se extendían el cerebro del difunto por la piel.

Con el sometimiento paulatino de los fore a las leyes coloniales australianas, y gracias a los esfuerzos de los misioneros cristianos, el canibalismo fue desapareciendo. Inmediatamente, el número de personas afectadas por kuru empezó a disminuir y, aunque siguieron apareciendo casos en la década iniciada en 1960, en prácticamente una generación la enfermedad quedó erradicada. La última persona afectada murió en 2005.

Parece que hay personas que son, por una mutación genética surgida hace doscientos años, resistentes al prion. En las demás el período de incubación dura entre cinco y cuarenta años, con una media de catorce. Esta mutación se extendió con rapidez, y cuando terminó el canibalismo la expresaban casi la mitad de las mujeres fore. No se ha encontrado en otras poblaciones o grupos étnicos y puede considerarse un ejemplo de evolución en acción.

Una vez que el prion fue identificado, se pudo estudiar en detalle. Se comprobó que constaba de doscientos cincuenta aminoácidos, que era muy resistente a tratamientos químicos y físicos y —lo más llamativo— que se trataba de una versión «mal plegada» de una proteína existente normalmente en nuestro cerebro. Cuando una proteína está mal fabricada, contiene errores o está mal plegada, la propia célula la destruye en los lisosomas, pequeñas bolsas llenas de enzimas digestivas. Sin embargo, la proteína priónica mal plegada es muy resistente a la digestión. Por tanto, se va acumulando en el interior del lisosoma hasta que este termina por romperse. Las enzimas liberadas por la rotura de la membrana del lisosoma destruyen la neurona e, incluso, las células adyacentes, y se forman así los característicos huecos de las enfermedades espongiformes.

Gajdusek era un hombre excéntrico pero respetado y apreciado por muchos colegas, a quienes ayudó en sus tareas investigadoras al ponerles en contacto con poblaciones aisladas, lo que permitió hacer avanzar el conocimiento sobre el hermafroditismo, la enfermedad de Huntington y otras patologías. En 1976 obtuvo junto con el virólogo Baruch Samuel Blumberg el premio Nobel de medicina y fisiología. Sin embargo, su éxito científico quedó embarrado al final de su vida por una acusación de abusos pedófilos. En sus estancias de investigación en Nueva Guinea y Micronesia Gajdusek, que nunca se casó, recogió a más de cincuenta niños, la mayoría varones, los adoptó y los llevó a vivir con él en Maryland, Estados Unidos, donde trabajaba como director de los laboratorios de investigación virológica y neurológica de los Institutos Nacionales de la Salud (NIH) de los Estados Unidos. Muchos de estos chicos completaron estudios universitarios, pero uno de ellos acusó años más tarde a Gajdusek de abusos sexuales cuando era niño. En abril de 1996 fue llevado a juicio y las acusaciones se basaron en las afirmaciones de la víctima, en las anotaciones en su diario personal y en una grabación del FBI en la que reconocía ante su denunciante la relación sexual mantenida con él, así como con otros muchachos. Algunos de sus otros hijos adoptivos lo apoyaron y declararon a su favor en el juicio. En 1997 se declaró culpable y fue condenado a una pena de prisión de entre doce y dieciocho meses. Gajdusek no mostró arrepentimiento, criticó las leyes norteamericanas y declaró que solo lo había hecho con muchachos de culturas en las que la relación sexual entre niños y adultos era habitual. Cuando salió de la cárcel se le autorizó a pasar los cinco años de libertad condicional en Europa. Vivió en Ámsterdam, París y Tromsø y pasaba los inviernos en esta última ciudad, que está por encima del Círculo Polar ártico, porque, según decía, al ser de noche las veinticuatro horas, podía trabajar más. Allí murió el 12 de diciembre de 2008, a los ochenta y cinco años de edad.

«H.M.»

Durante muchos años sólo conocimos sus iniciales: H.M. Era curioso conocer tantas cosas sobre su vida y no saber su nombre. Cuando falleció, el dos de diciembre de 2008, se desveló el misterio. Se llamaba Henry Gustav Molaison y, si Phineas Gage fue el paciente más famoso de la neurociencia en el siglo XIX, Henry Molaison fue, sin duda, el del siglo XX.

Su vida tiene dos partes bien definidas separadas por una fecha concreta: el 1 de septiembre de 1953. Antes de esa fecha su día a día estuvo marcado por la epilepsia; después, por los problemas de memoria. Los ataques epilépticos son como tormentas cerebrales con numerosas descargas eléctricas desorganizadas y causan serios problemas para una existencia normal, pues alteran el funcionamiento mental en la vida diaria y pueden generar convulsiones que ponen en peligro la propia supervivencia. Se ha dicho que la epilepsia de Henry estaba relacionada con un accidente de la infancia —fue atropellado por una bicicleta cuando tenía nueve años, en 1935— pero nunca se pudo demostrar. Además, tenía antecedentes familiares: tres primos carnales de su padre tuvieron epilepsia, lo que puede indicar una propensión genética hereditaria. A partir de los dieciséis años su situación empeoró y empezó a tener fuertes ataques epilépticos del tipo tónico-clónico, el más grave, cada vez con más frecuencia. No podía trabajar, tardó mucho tiempo en terminar la educación secundaria, entre las burlas de sus compañeros, y empezó a tener pérdidas de consciencia cada pocos minutos. Era una situación insostenible. A los veintisiete años sus padres lo llevaron al hospital de Hartford, en Connecticut, donde fue examinado por un neurocirujano con muy buena reputación, William Beecher Scoville.

Scoville localizó los focos epilépticos, los lugares de origen de la «tormenta», en los dos lóbulos temporales mediales, el izquierdo y el derecho, y propuso como tratamiento extirpar quirúrgicamente ambas zonas. Era una medida drástica ante una problemática desesperada, pues Henry tampoco respondía a la medicación disponible en aquella época. En la opera-

Henry Gustav Molaison poco antes de su operación en 1953.

ción se le quitaron, en ambos lados del cerebro, dos tercios de una zona del lóbulo temporal cerebral que incluye el hipocampo, la corteza parahipocampal, la corteza entorrinal, el uncus y la amígdala. También hubo daño en la corteza temporal anteromedial y en el lóbulo frontal izquierdo. La cirugía mejoró sensiblemente la epilepsia, Henry pasó a tener tan solo un ataque al año, —como máximo dos—, pero el precio fue muy alto. Henry Molaison se convirtió en H.M., el paciente que era incapaz de almacenar nuevos recuerdos. H.M. viviría el resto de su vida, cincuenta y cinco años más, anclado en 1953, sin poder salir de allí, sin poder adaptarse al paso de los años, sin registrar nuevas memorias.

Scoville, muy afectado por el daño causado a Henry, a pesar de que probablemente le salvó la vida, se opuso públicamente al tipo de tratamiento quirúrgico que él mismo había realizado. Al año siguiente de la operación, en 1954, publicó la primera descripción clínica del paciente, indicando que H.M. era incapaz de recordar las habitaciones donde residía, los nombres de las personas cercanas o el camino al baño; no tenía idea de en qué año vivía, cuándo había comido por última vez o quién se encargaba de cuidarlo. La operación no se volvió a hacer nunca más y, por eso, Henry fue un caso único, un experimento en sí mismo.

Ante estos resultados Scoville contactó con Wilder Penfield, el Instituto Neurológico de Montreal, que era ya entonces el principal especialista mundial en epilepsia. Penfield le envió a una de sus colaboradoras, Brenda Milner, para que reconociera a H.M. Difícilmente podía imaginar esta neuropsicóloga canadiense, al coger el tren nocturno de Montreal a Hartford, que estaba a punto de comenzar un estudio, que se prolongaría durante décadas, sobre una amnesia creada artificialmente. Milner recordaba así a H.M.:

> *Era un hombre muy gracioso, muy paciente, siempre dispuesto a intentar aquellas tareas que yo le ponía. Y, sin embargo, cada vez que entraba en la habitación era como si jamás nos hubiésemos encontrado antes.*

De hecho, durante años de trabajo continuo, Brenda Milner se tenía que presentar cada día, pues Henry no la reconocía, aunque alguna vez le dijo que su cara le sonaba. H.M. participó en numerosos experimentos durante casi sesenta años y nos enseñó muchas cosas sobre él y sobre nosotros mismos. Más de cien investigadores trabajaron con él, primero en el Hospital de Hartford, luego en el Instituto Neurológico de Montreal y, finalmente, en el Instituto Tecnológico de Massachusetts (MIT) y el Hospital General de Massachusetts.

Las primeras tareas iban dirigidas a determinar si su déficit dependía del tipo de prueba de memoria (recuerdos libres, recuerdos guiados, opciones sí/no, reconocimiento de opciones múltiples…), del tipo de estímulo para la prueba (palabras, números, párrafos, caras, formas, sonidos, sucesos públicos, eventos personales) o de la modalidad sensorial involucrada (visión, audición, sistema somatosensorial, olfato).

El trabajo con H.M. abrió el mundo de la memoria como nunca se había hecho antes. Se sabía que había tres tipos de memoria: sensorial, a corto plazo y a largo plazo. Memoria sensorial es si nos preguntan de qué color es el vestido de la protagonista de un anuncio que acaba de terminar, es como si la imagen estuviera todavía en nuestros ojos. La memoria a corto plazo nos permite recordar lo que hemos hecho unos segundos o pocos minutos antes, como recordar qué hemos tomado de primer plato cuando estamos con el segundo. Memoria a largo plazo es la que se almacena y la podemos recuperar días, meses o años después, como aquel día en que conocimos

Nacida en Manchester, en julio de 1918, Brenda Milner ha sido ampliamente reconocida como pionera en el campo de la neurociencia cognitiva, siendo una de las primeras autoridades del mundo sobre la memoria. Durante más de sesenta años ha contribuido enormemente a nuestra comprensión del funcionamiento interno del cerebro, y sigue enseñando e investigando en el Instituto Neurológico de Montreal a sus 95 años de edad.

a un famoso. H.M. tenía una buena memoria en el corto plazo, aproximadamente veinte segundos, pero era incapaz de consolidarla y convertirla en memoria a largo plazo. También se distingue entre memoria explícita (en la que somos conscientes de que estamos recordando, como, por ejemplo, si nos preguntan los nombres de nuestros abuelos) y la memoria implícita (que usamos sin hacer un esfuerzo consciente de memoria, como, por ejemplo, montar en bicicleta). H.M. tenía afectada la memoria explícita, pero era capaz de usar la memoria implícita para aquellas cosas que había aprendido antes de la operación. Por ejemplo, aunque lo encantaba ver la tele y veía muchas noticias, no recordaba el nombre del presidente de los Estados Unidos, pero sabía usar los cubiertos en la mesa.

Dentro de la memoria a largo plazo se diferencia entre la memoria procedimental (la que nos permite recordar cómo se hacen las cosas, rememorar, por ejemplo, cómo atarnos los zapatos) y la memoria declarativa (recuerdo de hechos, caras, nombres, experiencias que podemos relatar a otra persona). También tenemos la memoria emotiva, tan patente en sentidos como el olfato, y que está modulada principalmente por la amígdala. A su vez, dentro de la memoria declarativa se distingue entre memoria semántica (nombre de un deportista o significado de una palabra) y episódica (sucesos ocurridos en una ocasión determinada, tu último cumpleaños, por ejemplo). Con H.M. se descubrió que no se trataba de distintas versiones de la misma función, sino de funciones diferentes con localizaciones cerebrales distintas.

Durante bastante tiempo, la gente fue reacia a creer en esa preservación selectiva de distintos tipos de memorias. Se pensaba que recordábamos con todo nuestro cerebro o, al menos, con toda la corteza cerebral. En 1962 Milner presentó un estudio en el que demostraba que la memoria procedimental de H.M. estaba intacta, aun sin darse él cuenta, y que esa memoria no solo se mantenía, sino que podía almacenar nuevos protocolos, nuevos procedimientos, algo que no hubiera aprendido antes de la operación. En el experimento de Milner Henry tenía que trazar una línea entre dos estrellas de cinco puntas de distinto tamaño, situada una dentro de la otra, pero tenía que hacerlo mirando en un espejo su mano y el papel. Al principio dibujar de esta manera no es fácil para nadie, incluso si no existe un problema cerebral. A H.M. cada vez que hacía la prueba le parecía algo nuevo, no recordaba haberla hecho anteriormente; sin embargo, lo hacía cada vez mejor. Su cerebro recordaba ese procedimiento y lo iba dotando de facilidad y rapidez. Como recordaba Milner, «*una vez me dijo, después de muchos de esos ensayos, "Huh, esto ha sido más fácil de lo que esperaba"*». Y, sin embargo, no podía explicar en qué consistía el ejercicio, pues no recordaba haberlo hecho anteriormente. Los investigadores descubrieron en H.M. que la memoria procedimental le funcionaba (atarse los zapatos), pero no así la memoria declarativa (explicar a alguien por teléfono cómo se hace). La memoria era en realidad *las memorias*, y distintas regiones cerebrales estaban implicadas en cada una de ellas. La selectiva lesión del encéfalo de Henry permitió establecer esta distinción.

Los test llevados a cabo con H.M. por los investigadores mostraron que algunas funciones memorísticas, los depósitos de palabras y fonemas, no estaban afectadas. Por ejemplo, si había que recordar números que le habían mostrado antes, tenía unos resultados similares a los de un sujeto normal. También mostraba un buen vocabulario, lo que indicaba que la memoria léxica tampoco estaba localizada en el lóbulo temporal. Sin embargo, la comprensión y producción de frases, de pequeñas historias, estaba gravemente afectada.

H.M. en 1986, de *Permanent Present Tense: The Unforgettable Life of the Amnesic Patient, H.M.* (Suzanne Corkin, Basic Books, 2013).

En los casos de pérdida de memoria causada por un suceso se distingue entre amnesia anterógrada, desde un acontecimiento en adelante, y retrógrada, desde ese acontecimiento hacia atrás. Molaison tenía gravemente afectada la memoria anterógrada: era incapaz de fijar recuerdos de las cosas que le sucedieron después del día de la operación. En eso se parecía a Dory, la pececita de *Buscando a Nemo*, que también es incapaz de fijar nuevas memorias. Henry no recordaba nuevos sucesos ni tenía nuevas memorias semánticas, las que uno puede relatar. Básicamente, vivía en el pasado. Tuvo también cierta amnesia retrógrada —«hacia atrás»—, que era, además, gradual: recordaba mucho de la infancia, bastante de unos años antes de la operación y poco de los meses anteriores a su cirugía.

Desgraciadamente, Henry era incapaz de desempeñarse de manera independiente; vivió primero con sus padres, luego con un familiar y, finalmente, desde que cumplió cincuenta y cuatro años, en una residencia. Con su familia ayudaba con las compras, cortaba el césped, barría las hojas y se entretenía delante de la televisión. Podía manejarse con las tareas cotidianas: poner la mesa, hacer su cama, basándose en lo que recordaba de sus primeros veintisiete años. Le encantaba conversar pero, según Corkin, «*en una charla de quince minutos te contaba la misma historia tres veces, en el mismo tono de voz, con el mismo vocabulario, y sin tener idea de que te la había contado antes*».

Henry demostró que se podía perder la memoria pero tener otras cualidades. Su cociente de inteligencia tras la operación era ciento doce, superior a la media de cien. No tenía déficits sensoriales ni de lenguaje. No tenía síntomas psiquiátricos. No tenía ansiedad ni depresión. Tenía muy buen carácter, sentido del humor y era una buena persona. La doctora Suzanne Corkin conoció a Henry mientras estudiaba en el laboratorio de la doctora Milner y siguió trabajando con él hasta que Henry falleció, varias décadas después. Al igual que Milner, Corkin se tenía que volver a presentar una y otra vez, y Henry pensaba que era alguien que había conocido en el instituto, porque su cara le sonaba de algo. Un día, Corkin le preguntó:

— *¿Qué crees que harás mañana?*
— *Cualquier cosa que sea beneficiosa.*
— *Buena respuesta. ¿Eres feliz?*
— *Sí. Según lo veo, lo que encuentren sobre mí permite ayudar a otras personas.*

Todos los que trabajaron con H.M. lo recuerdan con gran cariño, algo que él, desgraciadamente, no podía hacer.

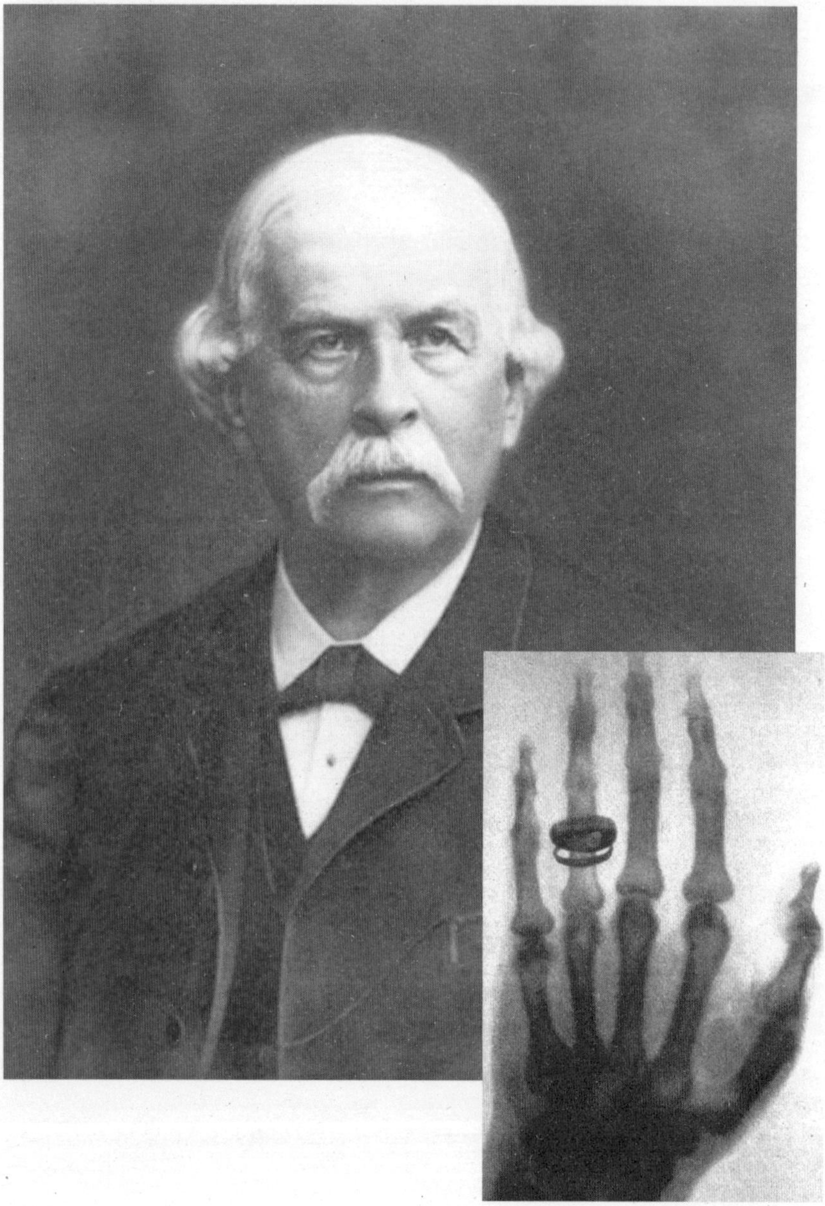

Rudolf Albert von Kölliker (Zúrich, 1817 - † Wurzburgo, 1905) fue un anatomista, embriólogo, fisiólogo, zoólogo y botánico suizo. Fue nombrado miembro extranjero de la Royal Society inglesa en 1860, y en 1897 se le concedió el más alto rango de estima, la medalla Copley. También recibió la medalla linneana en 1902. Alois Alzheimer se basó en los experimentos realizados en el laboratorio de Kölliker para realizar parte de su tesis doctoral. Junto a su retrato, una de las primeras imágenes de «Rayos-X» tomada por Wilhelm Röntgen el 23 de enero 1896.

VIAJE AL ESPACIO INTERIOR

La primera imagen del interior de un cuerpo vivo se realizó en 1895, cuando Wilhelm Röntgen fotografió utilizando rayos x la mano de su esposa. Cuando él le mostró la foto donde aparecen nítidamente los huesos de la mano y el anillo que llevaba puesto, ella comentó asustada «*he visto mi muerte*». Seis años después, en 1901, Röntgen recibió el primer premio Nobel de física por este descubrimiento que revolucionó la medicina y la cirugía. Al pasar por el cuerpo una parte de los rayos x es absorbida, en mayor o menor medida dependiendo de la composición y densidad de cada zona, mientras que la radiación restante es recogida al otro lado del cuerpo por un detector, que puede ser una pantalla, una película fotográfica o, más modernamente, un sistema digital. Es posible, por tanto, ver el interior del cuerpo humano sin causar ningún daño, algo que ahora nos parece normal pero que fue, en su momento, revolucionario.

A las pocas semanas del descubrimiento de Röntgen, las radiografías se empezaron a utilizar para el diagnóstico médico de fracturas y malformaciones óseas. Los rayos x eran ideales para el estudio de las estructuras calcificadas del cuerpo, como dientes y huesos, y también permitían localizar regiones formadas por acúmulos de células que sean más o menos densos que el tejido que los rodea, lo que puede ser signo de crecimiento tumoral. Sin embargo, quedó pronto claro que los rayos x tenían serias limitaciones porque apenas proporcionan información de tejidos blandos, como el propio cerebro. Además, las partes muy densas, como el cráneo, pueden enmascarar el contenido del interior y, por último, la imagen resultante transforma un órgano tridimensional en una imagen bidimensional, con lo cual las distintas partes se superponen unas a otras, y los contornos son muy difusos.

La definición del interior del cráneo se intentó mejorar mediante la utilización de contrastes, sustancias que tienen una opacidad o total transparencia a los rayos x y ayudan a diferenciar las estructuras circundantes.

Walther Dandy, el neurocirujano estadounidense, lo hizo a comienzos de los años veinte del siglo pasado. Inyectó aire en los ventrículos cerebrales, lo que permitía distinguir con claridad sus límites y ver si estaban lesionados, o era un tumor lo que causaba la deformación. El portugués Antonio Egas Moniz, famoso por las lobotomías, fue el primero en desarrollar los angiogramas cerebrales, tras inyectar un contraste opaco por vía intravenosa, lo que permitía observar la vascularización del encéfalo y lograr, por tanto, una aproximación a la estructura cerebral. Aun así, seguía existiendo el problema del «aplastamiento» de la estructura al pasar de las tres dimensiones reales a las dos de la imagen.

La solución para resolver la pérdida de la tridimensionalidad se planteó ya en los años veinte del siglo XX, cuando el radiólogo italiano Alessandro Vallebona consiguió obtener una sección del cuerpo en una película radiográfica, una tomografía. Es decir, realmente solo se recogía la imagen de un corte, una estructura que en sí ya es bidimensional. El sistema se basaba en los principios básicos de la geometría proyectiva, y la imagen se realizaba al mover sincrónicamente y en sentidos opuestos el tubo de rayos X y la película radiográfica. Ello creaba una imagen más enfocada de ese plano, mientras que los otros puntos se aniquilaban como ruido. La tomografía no se pudo poner en práctica hasta finales de los años sesenta del siglo XX, cuando el comienzo del desarrollo de los aparatos electrónicos e informáticos permitió procesar con rapidez grandes cantidades de datos. La nueva técnica se denominó tomografía axial computarizada (TAC), y consistía en una fuente de rayos X que rotaba alrededor del eje del cuerpo y cuya emisión se recogía en un detector que estaba localizado en el lado opuesto. El escáner —una palabra que significa aparato que hace un barrido— recogía los datos de la radiación residual y construía una imagen en tres dimensiones, sobre la cual se podía hacer un corte virtual («tomografía» significa imagen de una sección) que mostraba con mucha mayor nitidez la estructura original de esa zona del cuerpo. También se podían tratar los datos registrados y, por ejemplo, eliminar las zonas superficiales, revelando los tejidos subyacentes, o aumentar artificialmente el contraste de la imagen.

El primer escáner TAC comercial lo fabricó EMI. Parece que esta empresa había ganado tanto dinero con los discos de los Beatles —habían vendido doscientos millones de *singles*— que decidió invertir una parte en instrumental científico y fabricó un tomógrafo de rayos X, el escáner EMI. La empresa había calculado que había mercado para unos veinticinco escáneres, pero al final vendieron decenas de miles —algo parecido a lo que según una leyenda urbana dijo en 1943 el presidente de IBM, Thomas Watson, quien supuestamente calculó que *«el mercado mundial de orde-*

nadores podría ser de unas cinco unidades», aunque hay que recordar que no se vendían sino que se alquilaban y que arrendar uno de aquellos ordenadores gigantescos costaba más de diez mil dólares al mes—. El TAC se generalizó en todos los grandes hospitales, y es especialmente útil en el cerebro para distinguir algunos problemas neurológicos como los infartos cerebrales, las hemorragias, los tumores, los traumatismos, los abscesos, los quistes, las encefalitis, la acumulación de líquidos, las calcificaciones o la presencia de tejido muerto.

El escáner era una máquina enorme, lenta y cara, pero abrió una ventana al interior del cuerpo. El premio Nobel de medicina y fisiología de 1979 se otorgó conjuntamente a Allan M. Cormack y Godfrey N. Hounsfield «*por el desarrollo de la tomografía asistida por ordenador*». Curiosamente, para ser el Nobel «de los médicos», uno era matemático y el otro físico. En el discurso de presentación de los premiados el profesor sueco Torgny Greitz, del Instituto Carolino, dijo «*las radiografías de la cabeza mostraban solo los huesos del cráneo, pero el cerebro permanecía como un área gris, cubierta por la neblina. Súbitamente la neblina se ha disipado*». El uso del TAC se ha generalizado y se hacen millones de escáneres al año en todo el mundo, aunque hay quien es crítico con la ligereza en el uso de un aparato basado en radiaciones.

El siguiente desarrollo para escudriñar el interior del cuerpo fue la imagen por resonancia magnética, o RM. El desarrollo en este caso vino de la química, que llevaba años usando la espectroscopía de resonancia magnética para identificar los compuestos químicos presentes en una solución acuosa. En lugar de identificar qué había en un tubo de ensayo, la imagen por RM buscó averiguar qué había en el interior del cuerpo humano, otra «solución acuosa». La nueva tecnología requería la comparación de dos imágenes del cerebro: una obtenida durante una situación de reposo o tarea basal, y otra mientras se realizaba la función mental que se quería estudiar; el resultado se obtenía sustrayendo una imagen de la otra. Esta máquina proporcionaba una información mejor que el TAC cuando se buscaba la causa de un dolor persistente de cabeza y, además, no exponía al paciente a los riesgos de una radiación ionizante. Al contrario que el TAC, la RM expone al cuerpo a un fuerte campo magnético creado por una gigantesca bobina, rodeada de pequeños electroimanes que proporcionan campos más débiles y variables, al mismo tiempo que el escáner emite pulsos de ondas de radio. La RM se ha centrado en los átomos de hidrógeno, tanto por su sencillez como por su abundancia en el cuerpo, en el agua especialmente, pero también en muchas otras moléculas como las grasas. Cada átomo de hidrógeno tiene un núcleo formado por un único protón, que tiene un espín, una especie de giro que forma un pequeño campo magnético. Como los protones están orientados al azar, los distintos campos se anulan y no se produce un efecto magnético neto. Sin embargo, al aplicar externamente un campo magnético intenso, los espines de los protones se alinean y los pulsos de ondas de radio hacen que los átomos de hidrógeno entren en resonancia. Cuando el pulso de radio cesa, los átomos producen unas señales de apagado que el escáner detecta, lo que le permite hacer un mapa de variaciones pequeñas en la cantidad de agua, dando una buena imagen de los tejidos blandos. Una variante posterior, de la que luego hablaremos, es la imagen de resonancia magnética funcional (RMf).

Otros tipos de tomografías computarizadas son la tomografía de emisión de positrones (PET) y la tomografía computarizada de emisión de fotones simples (SPECT). Como fue anterior a la RMf, el PET fue la primera tecnología que permitía estudiar no ya la estructura cerebral, sino su función. La PET se basa en la alta demanda de sangre oxigenada por parte del cerebro y en su variación relativa cuando una zona determinada se activa. Como desventaja, la resolución no es buena y solo se ve el nivel de activación de cada zona encefálica, no de neuronas concretas ni de pequeños grupos de neuronas. En esta técnica se inyecta en el torrente sanguíneo un isótopo radiactivo de vida media muy corta, el trazador. El radiólogo deja un tiempo para que el trazador se acumule en las zonas que interesan y, cuando el isótopo se desintegra, este emite un positrón que se aniquila con un electrón del cuerpo del paciente, lo que genera radiación gamma, que es lo que detecta la máquina. Luego un ordenador organiza esa información en un código de colores (tonos más cálidos para zonas con más actividad y más fríos para zonas con menos) y muestra una imagen detallada de las zonas cerebrales que han aumentado su actividad durante la realización de una tarea determinada.

Los trazadores químicos usados en el PET son normalmente bioactivos, es decir, participan en la actividad biológica. Uno de los más utilizados ha sido la fluorodesoxiglucosa (FDG), que tiene una estructura muy parecida a la glucosa y por lo tanto es absorbida rápidamente por las células activas, entre las que están las neuronas disparando en el cerebro o las células que se dividen con rapidez en un tumor. La FDG se utiliza en el diagnóstico temprano del Alzheimer porque las neuronas afectadas por este trastorno neurodegenerativo usan menos FDG que las mismas células en condiciones de normalidad. También se han usado compuestos que se unen específicamente a las placas de betaamiloide y a los ovillos neurofibrilares que son las señales típicas en esta enfermedad y permiten localizar a las personas que van a desarrollar la enfermedad antes de que haya signos clínicos y poder probar si alguna medicación es capaz de retrasar el proceso.

El PET se ha usado también con radioligandos que se unen a neurorreceptores para dopamina, serotonina u opioides, entre otros, para comparar los resultados entre personas sanas y afectadas por trastornos psiquiátricos como la esquizofrenia, el consumo de drogas y otros problemas. También se usa como guía para el abordaje quirúrgico de problemas operables, como tumores intracraneales o aneurismas. La PET muestra lo mismo que la RMf, qué zonas se activan en el cerebro y nos da imágenes bastante claras, aunque la resolución es peor que la de la RMf. Por otro lado, requiere la inyección de una sustancia radioactiva de vida media muy corta —por lo que es cara y difícil de producir— y, aunque la dosis sea baja, no está permitido realizarle a nadie más de doce escáneres al año ni se puede utilizar en niños.

La SPECT (*Single Photon Emission Computed Tomography*), o tomografía computarizada basada en la emisión de fotón único, es bastante parecida a la PET, usa también las variaciones en el flujo sanguíneo cerebral y utiliza un marcador radiactivo emisor de rayos gamma que se inyecta en la sangre. La diferencia es que en este caso la sustancia emite directamente la radiación gamma, mientras que en la PET la radiación es debida a la aniquilación de los pares positrón-electrón, lo que hace que se generen dos fotones gamma que se emiten en direcciones opuestas. El radioisótopo puede ser un ion soluble, como el galio (III), pero lo más frecuente es que vaya unido a un ligando específico para crear un radioligando, una molécula que se une específicamente a ciertos tipos de tejidos. De este modo se combinan el ligando y un radiofármaco que se une al lugar que nos interesa, lo que permite observar, con la cámara de rayos gamma, la concentración del ligando en esa zona. Una ventaja de la SPECT es que es bastante más barata que la PET, aunque esta última tiene mejor resolución espacial.

En 2013 la SPECT se usó en un tribunal belga para intentar dilucidar si Kim de Gelder, un joven de veinte años, era responsable de sus actos. De Gelder estaba acusado del asesinato de dos niños y una cuidadora durante el ataque a una guardería de Dendermonde, así como del apuñalamiento de otros diez niños. La defensa argumentaba que De Gelder sufría de psicosis esquizoide, lo que según su abogado se podía demostrar con una prueba SPECT. La petición generó un intenso debate público sobre si la neuroimagen podía utilizarse en los juicios penales. Finalmente, De Gelder fue considerado culpable de cuatro cargos de asesinato —se supo que había asesinado a una anciana en su apartamento en un ataque anterior— y condenado a cadena perpetua.

La RM convencional proporciona una foto fija del cuerpo en un momento determinado. El siguiente avance fue pasar de la fotografía a la cinematografía, es decir, registrar en tiempo real los cambios que sucedían en una región determinada segundo a segundo o, en otras palabras, hacer una serie rápida de resonancias. Si una región cerebral se activaba, llegaba más flujo sanguíneo y la resonancia magnética lo detectaba en lo que se ha llamado resonancia magnética funcional, o RMf. La RMf ha ido sustituyendo con rapidez a la PET porque no es invasiva, no causa dolor y no usa materiales radioactivos. Cuando una región cerebral se activa necesita más oxígeno y más nutrientes, por lo que recibe más riego sanguíneo. La hemoglobina contiene hierro, que es magnético. La RMf usa un enorme imán que permite comparar la cantidad de hemoglobina oxigenada, que irriga las zonas activas, con la de la hemoglobina desoxigenada, que las abandona. La resolución está en torno a un centímetro, y esta técnica permite seguir paso a paso la implicación sucesiva de distintas zonas cerebrales. Los aparatos disponibles ya consiguen cuatro imágenes por segundo, lo que sigue siendo una resolución temporal baja, pero permiten mostrar actividad en respuesta a distintos tipos de experimentos o tareas sin tener que inyectar ninguna sustancia radiactiva. Entre los inconvenientes está el

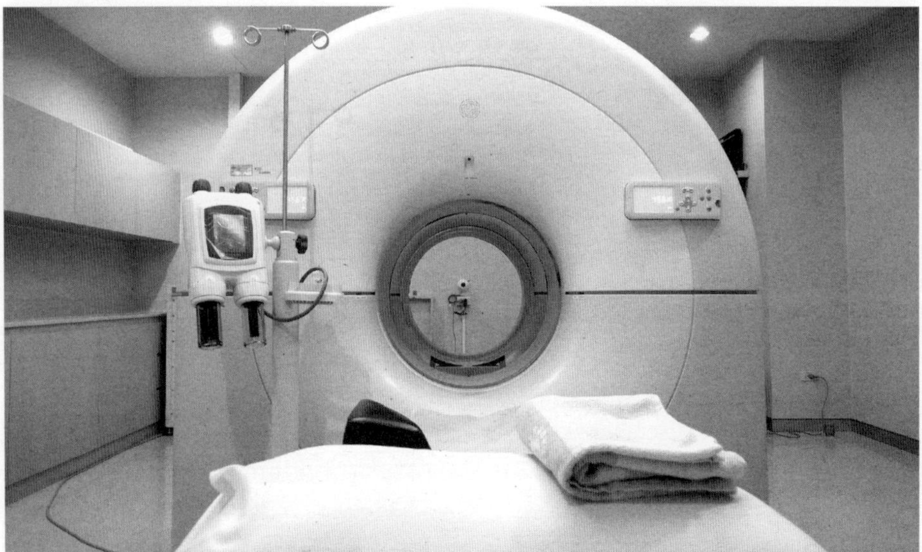

El PET es una tecnología que se emplea, entre otras cosas, para el diagnóstico del cáncer. Las imágenes que facilita proveen datos estructurales y fisiológicos de gran precisión [Sukan Saythong].

que la inmovilidad de la cabeza debe ser absoluta, lo cual dificulta tareas en las que el paciente o sujeto de la investigación tenga que hablar o, por ejemplo, su aplicación en niños pequeños, que tienen que ser anestesiados. Por ello, muchos experimentos usan respuestas mentales o respuestas motoras, moviendo los dedos sobre un teclado de respuesta y, aunque hay algunas incomodidades, como el ruido intenso de la máquina o los problemas con aparatos metálicos como marcapasos o prótesis, es en la actualidad la técnica de neuroimagen funcional más utilizada.

No vale, sin embargo, para todo: la RMf requiere que el paciente responda a algunas preguntas para establecer los niveles basales: por eso, para estudiar si hay actividad cerebral en un paciente en estado vegetativo se puede usar la PET, pero no la RMf. Una técnica parecida es la espectroscopía de resonancia magnética funcional. Usa el mismo equipo que la RMf, pero utiliza un software diferente para registrar los distintos niveles de varias sustancias químicas en el cerebro ante una tarea determinada, por ejemplo, el lenguaje.

Una TAC o una RM pueden identificar un tumor cerebral porque muestran la anatomía del paciente con suficiente detalle. Sin embargo, una PET puede identificar si el tumor es benigno o canceroso midiendo cómo toma el radioligando. En general, se quieren saber ambas cosas, un detalle claro de la anatomía y de la función metabólica, por eso la mayoría de los aparatos de última generación combinan ambas metodologías y toman imágenes secuenciales con ambos aparatos (PET y TAC) durante el mismo procedimiento.

Otra forma de estudiar el interior del cerebro es el uso de ultrasonidos. Tienen la ventaja de ser inocuos para el organismo, y el ejemplo más típico es la ecografía, una metodología que utiliza pulsos de ondas sónicas que se lanzan a la zona a estudiar. En cualquier punto donde haya un límite entre dos tejidos distintos parte de la energía del pulso cambia de dirección y es detectada por un transductor, que genera una imagen en la pantalla. Todos las hemos visto para determinar el desarrollo fetal durante el embarazo, un caso claro en el que no se pueden usar rayos x por su potencial mutágeno. Los escáneres de ultrasonidos tradicionales hacían imágenes estáticas, pero los actuales hacen varios barridos en secuenci, lo que permite observar los movimientos o generar imágenes tridimensionales.

El profesor Torgny Greitz del Instituto Carolino, que hemos mencionado antes, dijo que «*a veces el arte alumbra la realidad, en su poema épico sobre la nave espacial Aniara, el premio nobel en Literatura Harry Martinson habla de cómo, un día, veríamos a través de todo como si fuera cristal*». Eso es lo que se ha logrado en el cerebro con las técnicas de neuroimagen.

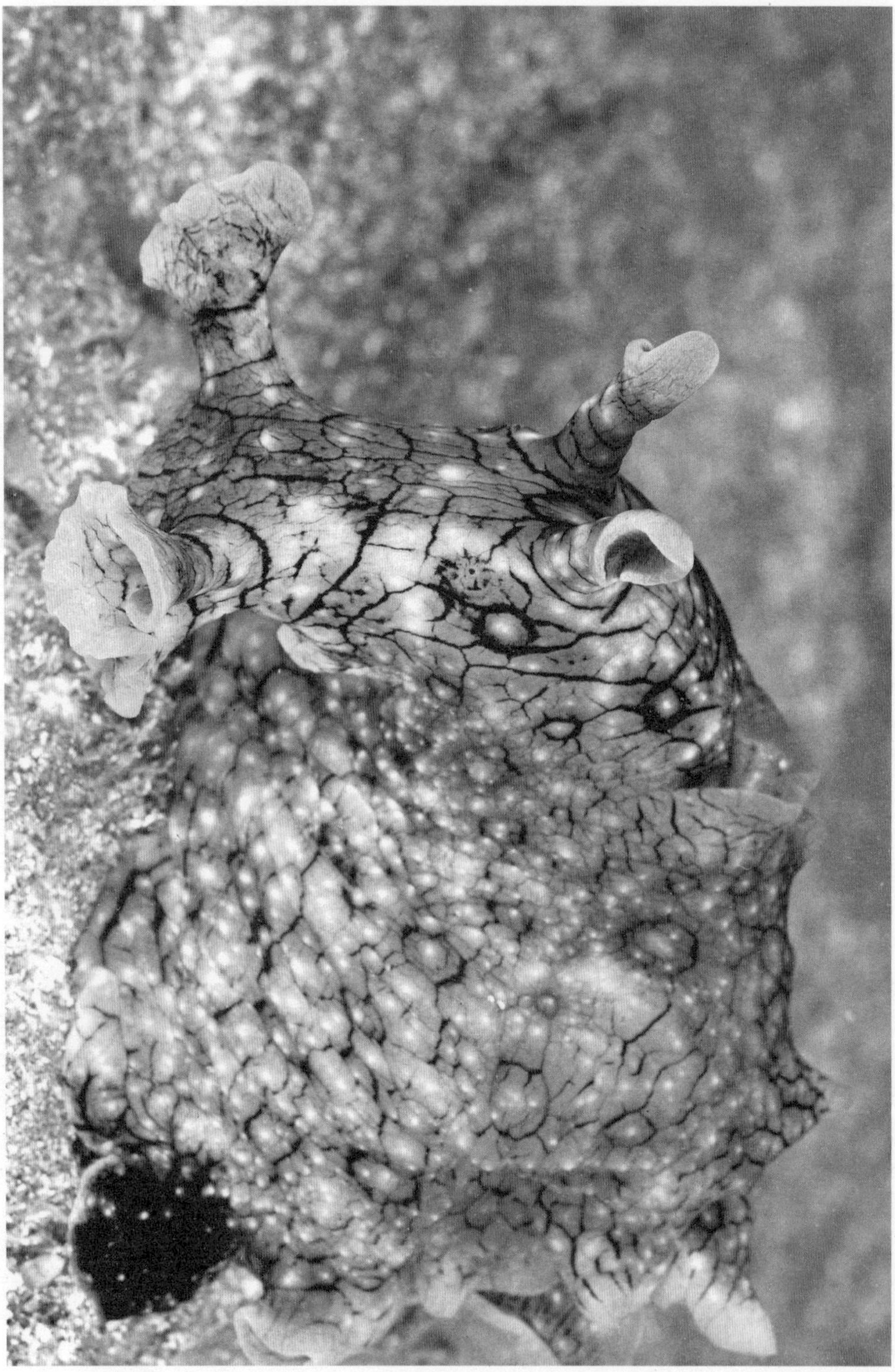

Detalle frontal de *Aplysia dactylomela* [Daniel Poloha].

EL HOMBRE DE LAS BABOSAS

Los moluscos han sido más utilizados en Neurociencia de lo que uno pensaría: el axón del calamar gigante se usó para estudiar la conducción del impulso nervioso, el pulpo fue admirado por su sofisticado sistema visual y la complejidad del comportamiento, y una babosa marina llamada *Aplysia*, un gasterópodo gigante que se encuentra en las costas de numerosos mares y océanos, fue fundamental para entender cómo funciona la memoria. En el siglo I antes de Cristo, Plinio el Viejo escribió sobre *Aplysia* en su *Historia Naturalis* y la denominó liebre de mar, porque cuando está inmóvil y contraída parece un conejo. La más utilizada en neurociencia es *Aplysia californica* una especie que tiene una distribución que va desde el norte de California hasta el norte de México y también se encuentra en las playas de Florida. Pueden llegar a pesar siete kilogramos y medir más de medio metro. Como son tan grandes y tienen productos tóxicos en su cuerpo, casi no tienen predadores. *Aplysia* se alimenta de rodofíceas, algas rojas, y su cuerpo va tomando un color rosado-rojizo por lo que no son fáciles de distinguir en las praderas de algas en las que se alimenta.

El interés para la neurociencia de *Aplysia* es que tiene un encéfalo muy sencillo, con solo unas veinte mil neuronas, algunas de las cuáles son enormes, alcanzando un milímetro de diámetro. La mayor parte de esas neuronas están agrupadas en diez ganglios, cada uno de los cuales controla varias respuestas simples y participa en comportamientos sencillos. Dentro de cada ganglio se pueden identificar, nombrar y encontrar todas las neuronas y es posible conocer el patrón completo de conexiones entre ellas, establecer los circuitos y ver los comportamientos que esos circuitos modulan. Además, cada célula se puede diseccionar para realizar un análisis bioquímico y de cada una puede obtenerse suficiente ARN_m para generar una biblioteca de ADN complementario. Chip Quinn, uno de los investigadores que estudió el comportamiento en *Drosophila* dijo en broma que el animal ideal para estudiar el aprendizaje:

No debe tener más de tres genes, debe ser capaz de tocar el violonchelo o al menos de recitar griego clásico, y debe poder hacerlo con un sistema nervioso que conste solamente de diez neuronas grandes, de colores diferentes y fácilmente reconocibles.

Aplysia debe ser lo más parecido que existe a ese sueño de Quinn.

La persona que supo ver el enorme potencial de *Aplysia* para la investigación fue Eric Kandel. Kandel decía que uno de los aspectos más llamativos del comportamiento de un animal era el ser capaz de modificar ese comportamiento mediante el aprendizaje, una habilidad que alcanza su culmen en los seres humanos. Si lo pensamos, es lo más maravilloso que tenemos: esa capacidad de adquirir nuevas ideas a partir de las experiencias vividas, retenerlas en la memoria y con esa información cambiar nuestra forma de actuar. De hecho, mucho de lo que somos, de lo que pensamos, de lo que sentimos, se basa en lo que hemos aprendido y lo que recordamos al respecto.

Con una pajarita de lunares, el ganador del Premio Nobel, Eric Kandel, asiste al estreno de la película documental *En busca de memoria* (21 de junio de 2009, Colonia, Alemania) [Dietmar Temps].

Kandel se preguntó sobre los cambios que ocurren en el cerebro cuando aprendemos y sobre cómo, una vez que hemos aprendido algo, guardamos esa información en el cerebro en forma de memoria. La ventaja es que, frente a otros procesos mentales como el pensamiento, el lenguaje o la consciencia, en el aprendizaje y la memoria podemos tener modelos muy sencillos, accesibles a nivel molecular y celular y de los que tenemos una comprensión básica desde los trabajos de Pavlov a comienzos del siglo XX.

Kandel buscó en la babosa gigante un comportamiento sencillo que se modificara tras el aprendizaje y se fijó en un reflejo defensivo básico: la retirada de la agalla tras la estimulación del sifón. La agalla es un órgano respiratorio situado en el dorso del molusco y que cuando el animal está relajado, está cubierta por una capa de piel que termina en un tubo carnoso: el sifón. Cuando se le toca levemente, la aplisia encoge el sifón y la agalla para protegerlo como hace un caracol cuando le tocamos un tentáculo. Kandel se basó en los experimentos que Pavlov había hecho con perros y utilizó tres perfiles de estimulación para generar tres procesos análogos al aprendizaje: habituación, sensibilización y condicionamiento clásico.

En la habituación, se le hace a la babosa un estímulo sensorial débil o neutro y *Aplysia* aprende que el estímulo no es importante y lo pasa por alto. Por ejemplo, con una pipeta se le echa un poco de agua cerca del sifón. Al principio el animal nota esa perturbación del agua que le rodea y retrae el sifón y la agalla como estrategia defensiva pero después de unas cuantas veces, ve que nunca pasa nada y al notar ese leve estímulo, deja de retirarlo: se ha habituado. Sorprendentemente, algo parecido sucede con el sexo. Cuando a una rata macho se le pone delante una hembra receptiva, copula con ella seis o siete veces en una o dos horas pero después, parece agotado y permanece inactivo durante treinta minutos o más. Pero se trata de un fenómeno de habituación y no de fatiga porque si se le pone otra hembra distinta, reanuda inmediatamente la actividad sexual. Tenga mucho cuidado con extraer conclusiones de este experimento ¡lo carga el diablo!

El segundo tipo de análogo de aprendizaje es la sensibilización. En este caso se hace un estímulo intenso, el animal lo reconoce como algo peligroso y aprende a incrementar sus reflejos defensivos preparándose para la retirada, de modo que un estímulo inocuo presentado poco después desencadena una respuesta defensiva intensa. Así, si a un animal se le da una descarga eléctrica en una pata, cuando se le toca suavemente después la encoge exageradamente y tiene una reacción de huida. En *Aplysia* es igual. Le daban a la pobre babosa un calambrazo en la cabeza o en la cola y después un estímulo muy suave aplicado al sifón. A pesar de que se trataba de algo inocuo, la babosa retiraba agalla y sifón con prontitud y energía: está sensibilizada.

El tercer tipo de análogo del aprendizaje es el del condicionamiento clásico: en este caso se aplica un estímulo inocuo en paralelo con un estímulo potencialmente peligroso y el animal aprende a reaccionar ante el estímulo inocuo como si fuera una señal de peligro al igual que los perros de Pavlov relacionaban el sonido de la campanita con la llegada de comida.

Kandel y su grupo vieron que al igual que en el sistema nervioso de los vertebrados, el almacenamiento en la memoria de cada tipo de aprendizaje en *Aplysia* tenía dos fases: una memoria transitoria que duraba unos minutos y una memoria duradera que se mantenía durante días. La conversión de la memoria en corto plazo en memoria a largo plazo requería una repetición espaciada, al igual que hacemos nosotros cuando estudiamos los apuntes de la carrera. También vieron que la memoria a largo plazo requería la síntesis de nuevas proteínas, lo que implicaba cambios bioquímicos en las neuronas involucradas.

Kandel logró estudiar el fenómeno tanto *in vivo*, con toda la babosa, como *in vitro*, con un ganglio aislado. Diseccionaba el ganglio abdominal de *Aplysia*, que consta de unas dos mil células nerviosas y lo colocaba en una pequeña cámara que contenía agua de mar y donde hacía pasar aire, como si fuera un acuario diminuto. Insertaba electrodos en el interior de una célula del ganglio, normalmente R2 que es la más grande, y luego registraba su respuesta ante diversas secuencias de estímulos aplicados en las conexiones que convergían hacia ella. Para esto último, aplicaba con un electrodo un estímulo débil a un grupo de axones que terminaban en la neurona R2 y repetía el estímulo durante diez veces. El potencial sináptico que generaba R2 como respuesta a esas aferencias cada vez era menor. Cuando se llegaba al décimo estímulo, la intensidad de la respuesta era de aproximadamente una vigésima parte de la respuesta inicial. Ese pequeño circuito neuronal había aprendido, se había habituado.

La sensibilización es también algo común en los seres humanos. Después de oír un petardo, nos sobresaltamos cuando oímos un ruido o nos tocan el hombro. Para estudiar la sensibilización, Kandel usó el mismo modelo, estimulaba R2 una o dos veces para generar un potencial de acción que le sirviera como medida de referencia y posteriormente aplicaba una serie de cinco estímulos más fuertes para generar una impresión nociva o incómoda, a una vía diferente que también convergía sobre R2. El resultado es que la respuesta sináptica de la célula R2 a la estimulación en la primera vía aumentaba notablemente lo que indicaba que las conexiones sinápticas en ese circuito se habían fortalecido, se habían sensibilizado.

Kandel pudo ver que la memoria del aprendizaje se debía a cambios en las conexiones sinápticas entre las neuronas, una idea anticipada por

Ramón y Cajal en la *Croonian Lecture*. Con sus experimentos Kandel consiguió avanzar enormemente nuestros conocimientos sobre la memoria y el aprendizaje, los dos procesos a los que dedicó su vida. Él decía:

> *La memoria siempre me ha fascinado. Piensa en ello. Puedes recordar tu primer día en el instituto, tu primera cita, tu primer amor. Al hacer eso, no solo recuerdas ese suceso, sino que experimentas la atmósfera en que ocurrió, las vistas del lugar, la situación social, la hora del día, el tono emocional... Recordar el pasado es una forma de viajar en el tiempo.*

Añadía relatando sus propias memorias:

> *El viaje mental en el tiempo me permite abandonar la escritura de esta frase en el despacho de mi casa sobre el río Hudson y proyectarme hacia atrás 67 años y hacia el este cruzando el Océano Atlántico hasta Viena donde mis padres tenían una pequeña juguetería. Es el 7 de noviembre de 1938, mi noveno cumpleaños. Mis padres me acaban de dar el regalo de cumpleaños que ansiaba, un coche con un mando a distancia, es brillante y azul y tiene un cable con el que manejo las ruedas. Durante los dos días siguientes, lo conduzco por todos los rincones de nuestro pequeño apartamento. Mi placer dura poco. Dos días después, al comienzo de la tarde, nos sobresaltan unos fuertes golpes en la puerta. Incluso hoy recuerdo aquel ruido. Mi padre no ha vuelto de la tienda. Mi madre abre la puerta. Son dos hombres que se identifican como policías nazis. Nos dicen que empaquetemos nuestras cosas. Tenemos que trasladarnos a una dirección que nos dan donde viviremos hasta que nos den nuevas instrucciones. Mi madre y yo andamos varias manzanas hasta la casa de una pareja judía, mayor y en mejor situación económica que nosotros, a los que no conocemos de nada. Aunque invadimos su privacidad nuestros designados anfitriones son cuidadosos y decentes. Me paso los días en tensión y asustado. La mayor fuente de ansiedad es mi padre —ha desaparecido repentinamente y no sabemos donde está—. Después de varios días nos dejan volver a nuestra casa. El apartamento que conocíamos ya no es el mismo. Ha sido saqueado y las pocas cosas de valor que teníamos han desaparecido: el abrigo de piel de mi madre, la cubertería de plata, algunos trajes de mi padre y todos mis regalos de cumpleaños incluido aquel maravilloso coche azul. Para nuestro alivio, mi padre vuelve. Nos dice que ha sido detenido junto con otros cientos de hombres judíos jóvenes y encarcelado en barraco-*

nes militares. Ha conseguido ser liberado porque pudo demostrar que había luchado en la I Guerra Mundial en el ejército austrohúngaro, al lado de Alemania.

Por sus estudios sobre la memoria y el aprendizaje, Eric Kandel recibió junto con Arvid Carlsson y Paul Greengard, especialistas también en traducción de señales en el sistema nervioso, el premio Nobel en 2000. Cuando Kandel recibió el Nobel, Austria —su país natal—, dijo que era un premio «austríaco» y alardeó de ello como de algo propio. Kandel no se calló. Espetó que había sido expulsado de la ciudad a los nueve años pero antes de escapar a Brooklyn había visto a su padre ser obligado a limpiar las calles vienesas con su cepillo de dientes. Dijo que aquella declaración era algo «*típicamente vienés: muy oportunista, poco sincera y algo hipócrita*» y declaró que «*con certeza, no es un nobel austriaco, es un nobel judeo-americano*». Entonces, recibió una llamada de Thomas Klestil, presidente de la República Austriaca que le preguntó «*¿Cómo podemos arreglar las cosas?*». Kandel pidió tres compromisos: cambiar el nombre a la Plaza Doctor Karl Lueger, un alcalde antisemita de Viena y que era encima la dirección postal de la Universidad de Viena; crear becas para que la comunidad judía, estudiantes y profesores, volvieran a Viena; y realizar un simposio sobre la época nazi en Austria para que los austriacos se enfrentaran a su historia. El nombre de la plaza fue cambiado a *Universitätsring* en abril de 2012. Después de recoger el premio Nobel en Estocolmo, Kandel volvió a Viena y se acercó a su antigua casa en Severingasse 8. No llegó a entrar y se quedó mirando los reflejos del sol en la puerta descascarillada. A veces es mejor no dejar que los recuerdos nos encuentren, con una sensibilización tan marcada, con tanto sufrimiento ligado a un lugar, incluso el estímulo más inocuo puede traer de vuelta a la memoria algunos fantasmas del pasado.

EL TIPO DE LAS IDEAS

Solomon H. Snyder es el creador de la neurociencia molecular. Gracias a su trabajo sabemos cómo actúan la heroína y la Viagra o de qué manera es capaz una serpiente o un gas neurotóxico de matar en menos de un minuto. El padre de Solomon fue el décimo empleado de una pequeña oficina del gobierno de los Estados Unidos especializada en el manejo de información sensible y comunicaciones secretas. En la II Guerra Mundial dirigía a cientos de analistas que intentaban descifrar los mensajes en clave de los japoneses y cuando la guerra finalizó, le pidieron que probara unas nuevas máquinas que tal vez fuesen útiles para ese tipo de tareas, se trataba de los primeros ordenadores.

En pocos años, esta oficina estatal se convirtió en la *National Security Agency* (NSA), el principal centro informático del mundo y una agencia gubernamental menos conocida que la CIA pero con un enorme poder, que incluye la autorización para realizar operaciones clandestinas, sabotajes y espionaje a propios y a extraños. En 2013 Edward Snowden filtró que la NSA, considerada la más secreta de las agencias secretas, interceptaba las comunicaciones por internet y teléfono móvil de unos mil millones de personas en el mundo, incluyendo todos los ciudadanos de los Estados Unidos y muy probablemente usted y yo. De ella se ha dicho que es «*la única parte del gobierno que escucha lo que dices*».

La madre de Snyder, por su parte, fue una emprendedora en serie. Llegó a Washington durante la Gran Depresión y al percatarse de la gran cantidad de hombres sin familia que acudían a la ciudad en busca de trabajo, organizó un club con actividades para solteros. A continuación organizó un equipo de beisbol de mujeres, algo nunca visto. Después se dio cuenta de que hacían falta viviendas —durante la II Guerra Mundial no se construyeron apenas casas pues los materiales, el capital humano y la inversión estaban concentrados en el esfuerzo bélico— se metió de lleno en el mundo inmobiliario y llegó a tener quince vendedores a su cargo. Cuando aquella racha pasó, se dedicó a los concursos de la radio, a inventar eslóganes, a mandar las etiquetas promocionales que traían las cajas de cereales a todo tipo de promociones. Se convirtió en una de las mejores *contesters* del país —describa en menos de treinta palabras por qué le gusta el jabón *Ivory*— y ganó una fortuna. Solomon decía que esa mezcla de genes entre la sistemática de su padre, organizado y con conceptos claros, y la imaginación y espíritu aventurero de su madre, es la mejor combinación posible para dedicarse a la ciencia.

Aunque lo que le gustaba era la filosofía y la guitarra —tocó para Andrés Segovia y ganó dinero dando clases durante la carrera— Snyder estudió medicina en Georgetown y durante los veranos su padre le conseguía algún trabajo en la NSA. Los responsables de la agencia, que dependía del Ministerio de Defensa, no veían ningún problema en gastar diez mil dólares cada verano en comprobar rigurosamente sus antecedentes para permitirle hacer un trabajo por el que le pagaban quinientos. Después de estudiar medicina en la Universidad de Georgetown, Snyder hizo la residencia en Johns Hopkins, universidad a la que se mantuvo vinculado el resto de su vida profesional.

Fue nombrado catedrático en 1970. Había trabajado con la melatonina en la pineal, la gastrina en el estómago y muchas otras moléculas. En aquel momento estaba buscando el receptor de la acetilcolina, el primero y el mejor conocido de los neurotransmisores, en el órgano eléctrico de los peces eléctricos. Para ello utilizaba alfa-bungarotoxina, el letal veneno de las serpientes rayadas taiwanesas, marcado radioactivamente para poder seguir su recorrido y localizar el receptor.

La idea era muy sencilla: cuando la serpiente muerde a un animal, el veneno bloquea los receptores de acetilcolina responsables de la transmisión neuromuscular, es decir, el paso donde el sistema nervioso le dice a un músculo que se mueva. Con el receptor bloqueado por la toxina, los músculos dejan instantáneamente de recibir órdenes, cesa su movimiento y se genera una parálisis completa, la presa no puede respirar y muere.

La ventaja de trabajar con los peces eléctricos es que emiten sus descargas usando unos órganos formados por células musculares o nerviosas modificadas —los electrocitos— que contienen una cantidad enorme del receptor a la acetilcolina, hasta un veinte por ciento de la proteína total del órgano eléctrico. Esta proporción en el cerebro humano se calcula que es del 0,0001%, cien mil veces menor, por lo que la enorme concentración en el órgano de estos peces facilitaba obtener respuestas claras.

En esos años los medios de comunicación comentaban con horror que miles de soldados americanos se habían vuelto adictos a la heroína en Vietnam. A su vuelta a Estados Unidos no encajaban, pasaban a formar parte de la subcultura de la droga y caían en la delincuencia. Eso produjo una auténtica epidemia de abuso de drogas y delitos, en particular en las grandes ciudades como Los Ángeles, Chicago o Nueva York. El presidente Nixon declaró la «guerra a la heroína» —Elvis Presley le pidió ser nombrado agente federal antinarcóticos, no sabemos si por quedarse con lo que decomisara— y nombró un zar antidrogas, Jerome Jaffe, que disponía de fondos prácticamente ilimitados, puesto que podía meter la cuchara en la caja del Ministerio de Defensa —por algo era una guerra— y podía reclutar a cualquier empleado de una agencia gubernamental. Jaffe, que era amigo de Snyder, recurrió a él y este empezó a estudiar los receptores siguiendo las técnicas que conocía y comenzó a pensar si los efectos de la heroína y la morfina, que eran claramente interacciones cerebrales, podrían deberse a la existencia de un receptor neuronal para opiáceos. Probaron con dihidromorfina, el único opiáceo que se vendía marcado radioactivamente pero no encontraron ningún marcaje. Años después supieron que esta molécula es sensible a la luz y tendrían que haber apagado las luces del laboratorio o protegido la molécula para hacer los experimentos. Entonces, con la colaboración de las empresas dedicadas a la energía nuclear consiguieron fabricar naloxona marcada radioactivamente. La naloxona, un antagonista de los opiáceos, se usaba para tratar las sobredosis de heroína pues hacía que la heroína tuviera un efecto mucho menor por lo que pensaron que debía competir con la droga ocupando ella los receptores. La naloxona se unía con mucha intensidad y el seguimiento de la radioactividad permitió detectar los receptores opioides.

Aquellos estudios dieron mucha información en poco tiempo. Ni la codeína (3-metil morfina) ni la heroína se unían a los receptores directamente y entonces vieron que era porque la codeína tenía que pasar por el hígado, donde se le quitaba el grupo metilo y se transformaba en morfina, un proceso que requería unos pocos minutos. La heroína, por su parte, es diacetilmorfina con lo que los grupos acetilo le permitían ir mucho más rápido al cerebro y por eso sus efectos euforizantes son más pronunciados y casi instantáneos. La distribución de los receptores en el cerebro también aclaró muchas cosas: las zonas del tálamo con muchos receptores se encargaban de mediar el dolor intenso y profundo que alivia la morfina, mientras que otras regiones talámicas que median otras sensaciones dolorosas más leves y superficiales como el pellizco o un picotazo no tenían apenas receptores y, por eso, esa sensibilidad no se perdía. Numerosas áreas del sistema límbico, la región del encéfalo especializada en las emociones, estaban llenas de receptores opiáceos lo que explicaba la euforia que produce la heroína. Los núcleos mesencefálicos que regulan el diámetro de la pupila tienen también alta densidad de receptores lo que revela a su vez porqué los adictos a las drogas opiáceas tienen las pupilas diminutas.

Pero la gran pregunta seguía sin ser contestada: ¿Para qué demonios contienen nuestros cerebros cantidades elevadas de receptores para una molécula que producen las amapolas? Gavril Pasternak, del laboratorio de Snyder, vio que un extracto de cerebro libre de proteínas competía con la naloxona para unirse a los receptores por lo que se pensó que el cerebro tenía que contener alguna pequeña molécula parecida a un opiáceo. A su vez, John Hughes y Hans Kosterlitz demostraron que en el extracto de cerebro había una molécula que tenia unos efectos parecidos a la morfina, efectos que eran bloqueados por la naloxona. Ambos laboratorios se pusieron en una carrera contra reloj a identificar esa sustancia pero Pasternak terminó su tesis y se volvió al mundo clínico y Hughes y Kosterlitz consiguieron aislar y secuenciar dos péptidos a los que llamaron encefalinas. Generaron anticuerpos contra las encefalinas lo que permitió mapear en qué neuronas se encontraban en las distintas zonas cerebrales mientras que con técnicas de autorradiografía —marcar radioactivamente un precursor y luego seguir la radioactividad con una película fotográfica— se pudo cartografiar la localización de los receptores de opiáceos. Los dos mapas coincidían. Prácticamente al mismo tiempo, Rabi Simantov y Solomon H. Snyder encontraron otra sustancia que fue denominada «endorfina» como abreviatura de «endógena-morfina», lo que quería indicar que era una morfina producida de forma natural en el cuerpo. Años después se encontró que distintas células humanas y de otras especies eran capaces de sintetizar la misma morfina, que no es un péptido. Las encefalinas y endorfinas mediaban la sensación de dolor en el cuerpo y también podían ayudar a pasar trances muy difíciles como un esfuerzo extremo o incluso la propia muerte.

Snyder fue identificando nuevos neurotransmisores, las moléculas que llevan información desde una neurona y neurorreceptores, las que reciben esa información en la segunda neurona de la sinapsis. Otro gran avance fue descubrir nuevos tipos de transmisores que alteraban todo lo que se sabía hasta aquel momento. El primero fue el óxido nítrico, un transmisor que era gaseoso, que no se almacenaba en vesículas sinápticas, que no se liberaba por exocitosis, que no actuaba sobre receptores de las membrana y que era capaz de llevar información de la neurona postsináptica a la presináptica. El óxido nítrico juega un papel clave en la agresión y en la atracción sexual y en realidad la Viagra lo que produce es óxido nítrico pero también puede, cuando las concentraciones no son adecuadas, dañar a las neuronas, actuando como un tóxico. El daño que se produce en un derrame cerebral —algo que también descubrió Snyder— está mediado por este gas neuroactivo.

Snyder encontró que al menos otro gas, el monóxido de carbono (CO), uno de los venenos más conocidos, puede ser también un neurotransmisor y también otro tipo de neurotransmisor, tan inesperado como los gases, que era un aminoácido extraño, la D-serina. La «D» significa que es un isómero dextrógiro y es el isómero «equivocado» pues la forma normal es la L-serina. Los niveles de D-serina en el cerebro son un tercio de los de L-serina y es el único D-aminoácido que aparece en cantidades significativas en el cerebro. Para complicar aún más, está localizado en una población específica de células gliales, no en neuronas, y esta glía envuelve los terminales de las neuronas en regiones cerebrales que tienen alta cantidad de un receptor determinado (el receptor NMDA de glutamato). La D-serina actuaría como un modulador de esta transmisión, un descubrimiento también del grupo de Snyder.

Snyder ha realizado numerosos descubrimientos a lo largo de su vida y ha publicado más de ochocientos artículos científicos. Cuando le preguntaban cuál era su secreto, decía que «*leer cosas muy diversas, interesarse por la investigación que se hacía en temas totalmente alejados de la neurociencia y entonces pensar de qué manera esos descubrimientos podrían aplicarse al cerebro*». El organismo aprovecha los avances de la evolución de los que dispone, si una molécula o un mecanismo biológico aparece en cualquier lugar del cuerpo, es muy probable que aparezca en el cerebro también haciendo algo, aunque pueda ser muy distinto. Snyder también decía que era extremadamente torpe, que si se acercaba a un aparato era muy posible que lo rompiera y decía: «*Hay tipos en el laboratorio que aman los experimentos, les encanta tocar cosas con las manos. Yo nunca he sido el tipo de las manos, yo era el tipo de las ideas. Diría "yo tengo una idea, ellos tienen las técnicas"*».

El químico Alexander «Sasha» Shulgin (1925-2014), promotor de la llamada *Shulgin Rating Scale* (la Escala Shulgin), escala que clasificaba el efecto subjetivo de las sustancias psicoactivas en una dosis determinada y en un momento dado. Iba desde el «Menos» (-), cuando no se observaban efectos; hasta el «Más Cuatro» (++++), algo así como «un raro y precioso estado trascendental , que se ha denominado experiencia cumbre, experiencia religiosa, transformación divina... y muchos otros nombres en otras culturas».

EL VIAJE DE LOS PSICONAUTAS

Alexander «Sasha» Shulgin fue lo que popularmente denominaríamos «*todo un personaje*». Hijo de dos maestros ingresó en la Universidad de Harvard a los dieciséis años para estudiar química orgánica. Sin embargo, este californiano de Berkeley, posteriormente la capital de la contracultura, decidió abandonar los estudios e ingresar en la marina en 1943, el punto álgido de la II Guerra Mundial. Durante ese tiempo de servicio tuvo que ser operado por una infección en el pulgar y una enfermera militar le ofreció un vaso de zumo de naranja, una bebida que le cambió la vida. Shulgin bebió el zumo, vio en el fondo unos cristalitos blancos y convencido de que contenía un narcótico cayó dormido inmediatamente. Cuando despertó, le explicaron que el zumo no contenía más que un poco de azúcar, quedó asombrado del efecto placebo y cómo «*menos de un gramo de azúcar le había dejado inconsciente*». Tras esa experiencia decidió dedicarse al estudio de la mente humana.

Al acabar la guerra volvió a casa y obtuvo un doctorado en bioquímica en la Universidad de California Berkeley a lo que siguieron períodos postdoctorales en farmacología y en psiquiatría. Tras ello comenzó a trabajar en la industria quimicofarmacéutica, primero en BioRad y luego en Dow Chemical. Unos compañeros de trabajo le hablaron de las sustancias psicoactivas y le animaron a probarlas. La primera fue la mezcalina, el alcaloide que se encuentra en el peyote (*Lophophora williamsii*), el cactus de San Pedro (*Echinopsis pachanoi*) y la antorcha peruana (*Echinopsis peruviana*). El peyote —según él— le hizo recuperar emociones y memorias de la infancia y le abrió las puertas a un mundo desconocido, que parafraseando a Paul Éluard, está en este:

Entendí que nuestro universo está dentro de nuestra mente y nuestro espíritu. Podemos optar por no acceder a él, incluso podemos negar su existencia, pero sin duda está allí, dentro de nosotros, y si queremos hay productos químicos que canalizan el poder alcanzarlo.

Cuando fabricó el Zectran, el primer pesticida biodegradable, un gran éxito comercial, llegó a un acuerdo con su empresa Dow Chemical por el que él les traspasaba la patente a cambio de un dólar y ellos le dejaban seguir libremente su investigación sobre drogas. Los resultados de sus investigaciones que tenían posibilidades comerciales eran patentados y los que no, le dejaban que los presentara en el mundo académico; de hecho, publicó en algunas de las mejores revistas incluyendo seis artículos en *Nature*. A pesar de ello, Dow Chemical se fue sintiendo más y más incómoda con la investigación de Shulgin, primero le pidió que no utilizara más el nombre de la empresa en sus publicaciones y finalmente terminó cortando la relación y cancelando su contrato. Shulgin montó entonces un laboratorio en su casa y se dedicó a trabajar de consultor, a dar conferencias y a impartir clases en las universidades de la zona.

Shulgin empezó a diseñar y a probar en sí mismo, en su esposa y en unos pocos amigos, que incluían dos psicólogos y un químico y que él llamaba su grupo de investigación, distintos compuestos psicoactivos. Fue el descubridor de casi doscientas moléculas capaces de alterar la mente. Entre ellas «*estimulantes, depresores, afrodisíacos, empatógenos* [moléculas capaces de causar sensación de empatía], *convulsionantes, fármacos que alteraban la audición, que ralentizaban la sensación del paso del tiempo, que la aceleraban, que generaban explosiones de violencia, que amortiguaban las emociones*». Fue uno de los impulsores de la psicofarmacología y la investigación sobre las sustancias capaces de alterar el funcionamiento cerebral, las drogas psicodélicas.

El término «psicodelia» fue inventado por Humphry Osmond, psiquiatra británico y conocido de Shulgin, para esa alteración significativa de la percepción de la realidad. Surgió también un arte psicodélico, en particular en la pintura y en la música, que usaba imágenes con colores brillantes, efectos ópticos distorsionados y surrealistas, reverberaciones sónicas y animaciones, todo ello intentando reproducir las alucinaciones visuales y auditivas que se producían con algunos fármacos. El término «psicodelia» deriva del griego y se traduce como «*manifestar la mente*». Es usado por los que prefieren la visión positiva de estos fármacos frente a los que resaltan sus efectos negativos y los llaman alucinógenos.

Entre las drogas que inventó Shulgin está la 2,5-dimetoxi-4-etoxianfetamina, o MEM, un *«compuesto valioso y dramático»*; que él llamó Aleph-1 y que le produjo *«una de las más deliciosas mezclas de inflación, paranoia y egoísmo que he experimentado nunca»*. Otros fueron el Ariadne, que fue patentado y probado bajo el nombre dimoxamina como un medicamento para *«restaurar la motivación en pacientes seniles de geriátricos»* o el DIPT que no causaba alucinaciones visuales pero distorsionaba el timbre de la voz.

Shulgin contó en una entrevista la rapidez con que estas sustancias aparecían:

> *Al principio del siglo XX solo había dos compuestos psicodélicos conocidos por la ciencia occidental: el cánnabis y la mezcalina. Cincuenta años después, con el LSD, la psilocibina, la TM, varios compuestos basados en la DMT y otros isómeros, el número llegaba a veinte. Para el 2000, había más de doscientos. Como ves el crecimiento es exponencial.*

El periodista le preguntó si eso significaba que para el 2050 tendríamos más de dos mil a lo que él sonrió y contestó, *«al ritmo al que está creciendo ahora, bien podemos superar ese número»*.

Los nuevos fármacos se producían con facilidad al modificar ligeramente la estructura de las moléculas conocidas. Sus efectos eran totalmente diferentes unos de otros y Shulgin empezaba con dosis muy bajas que iba subiendo poco a poco hasta experimentar los resultados. En sus pruebas caseras de nuevas drogas, inventó una forma sistemática de clasificar sus efectos conocida como la escala Shulgin, donde describía las sensaciones percibidas. Tuvo en su vida más de cuatro mil experiencias psicodélicas con distintas sustancias.

Su investigación, casi siempre dentro de la ley y alguna vez en el límite, produjo patentes (sus fármacos se usan para tratar la hipertensión, reducir el ansia de nicotina y aumentar la motivación, entre otras cosas) y pacientes. Uno de sus compuestos, el STP, que producía alucinaciones y una sensación de que el tiempo se había detenido, fue descubierto por la comunidad hippy de San Francisco y envió a decenas de personas si no a cientos a los servicios de urgencias, usuarios que llegaban aterrorizados temiendo que nunca recuperarían la normalidad.

Tuvo una extraña relación con los servicios oficiales. Por un lado mantuvo un estrecho contacto con la DEA, la agencia antidroga de los Estados Unidos, y asesoró a sus agentes, sirvió como experto en juicios contra narcotraficantes y escribió un libro sobre sustancias prohibidas para uso de los defensores de la ley, pero en 1993 la misma DEA allanó su laboratorio, le puso una multa de veinticinco mil dólares por violar los términos de su licencia de tipo 1, la que permitía investigar drogas sin un uso médico y un alto potencial de abuso, autorización que le fue retirada inmediatamente.

La sustancia más famosa en la que estuvo implicado fue el MDMA o éxtasis. Fue patentada en 1914 por el gigante alemán Merck pero la abandonó por no encontrar un posible uso clínico. Shulgin resintetizó la droga, publicó que inducía «*un estado alterado fácilmente controlable de la consciencia con unos matices emocionales y sensuales*» y la volvió a poner en circulación lo que hizo que le llamaran el «padrino del éxtasis». Pensó que podía usarse como agente terapéutico para reducir la ansiedad y otros problemas emocionales, pero rápidamente se extendió su uso recreativo y fue ilegalizado a mediados de la década de 1980, la época de la guerra contra las drogas de Ronald Reagan. Últimamente se ha vuelto a plantear su uso terapéutico para el tratamiento de veteranos de guerra con estrés postraumático.

Shulgin publicó cinco libros sobre su trabajo, incluidos dos autoeditados en los 1990 titulados «*PiHKAL*», un acrónomo de «*Phenethylamines I Have Known and Loved*», (*Feniletalaminas que he conocido y amado, donde hablaba entre muchas otras del éxtasis y la mezcalina*) y «*TiHKAL*» «*Tryptamines I Have Known and Loved*» (*Triptaminas que he conocido y amado*) donde hablaba, entre otras, de la DMT y la psilocibina. El primer libro es un híbrido extraño con dos partes independientes. La primera se titula *La historia de amor* y es una biografía de Shulgin y su esposa mínimamente disfrazada como relato de ficción, hablan de su adolescencia, sus matrimonios previos, cómo se conocen, su noviazgo —al que dedican doscientas páginas— y muchas experiencias con drogas. El segundo, *La historia química,* no es un relato sino la descripción de ciento setenta y nueve feniletalaminas con instrucciones para su síntesis, dosis recomendadas, y descripción y duración de los efectos. Sobre el éxtasis escribía «*Nunca me había sentido tan maravillosamente o creído que esto fuera posible. Estaba abrumado por la profundidad de la experiencia*». La DEA, como no es de extrañar, no estaba muy contenta con ambas obras y los denominó «*libros de recetas para cocinar drogas ilegales*», un antecedente de *Breaking Bad.*

Para algunos, Shulgin era un gurú y para otros un peligro público. Cuando le preguntaron si recordaba el primer caso de una persona que hubiera muerto tras sobredosis de alguna de las drogas por él descubierta, él dijo que no lo recordaba aunque habría sido para él un suceso triste sin duda, pero continuaba «*¿y cuántos han muerto por el consumo de aspirinas? Es un porcentaje bajo pero real*». En Estados Unidos mueren más de cincuenta personas anuales por sobredosis de aspirina, la mayoría suicidios. Las drogas psicoactivas generan todos los años un número importante de muertes además de ser un importante ámbito delictivo, conectado con todos los otros grandes tráficos ilegales mundiales: personas, armas y dinero. Muchas de esas muertes van ligadas a la propia ilegalidad de la producción y la distribución que favorece las adulteraciones, las irregularidades en la composición del producto de consumo, que a su vez llevan a sobredosis y al desarrollo de redes de delincuencia. Esto no quiere decir que la comunidad científica abogue por la legalización sino por el uso de las evidencias científicas como ayuda para el debate político y social, para el establecimiento de las mejores decisiones posibles, dejando también claro que la política y la legislación no son actividades científicas, pero sí se pueden beneficiar de disponer de información fiable y validada.

David Nutt, catedrático de Neuropsicofarmacología del Imperial College de Londres, dijo que menos gente habría muerto del uso recreativo de drogas si la sociedad «*hubiese atendido y aprendido de Shulgin en vez de intentar suprimir su conocimiento y sus ideas*». Nutt era el presidente del comité asesor del gobierno británico sobre drogas de abuso y fue invitado a escribir un editorial en la revista New Scientist, una magnífica publicación de divulgación científica. Nutt lo tituló *Una actitud peligrosa con las drogas* y explicó lo siguiente: «*Imagínese estar sentado a una mesa con dos cuencos, uno contiene cacahuetes y el otro pastillas de MDMA (éxtasis) ¿Cuál sería más seguro para ofrecerle a un extraño? El éxtasis, por supuesto*». Para Nutt la actitud peligrosa era la de los gobiernos y explicaba que la obligación de la ciencia era exponer las realidades del mundo. Entre ellas están —recordaba— que los consumidores habituales («heavy users») de marihuana están arriesgando su salud mental pero también que los consumidores frecuentes de alcohol y tabaco son más numerosos y causan a ellos y a los de su alrededor muchos más problemas y somos más permisivos. Nutt también decía que no solo la ciencia tiene que guiar las decisiones pues los costes, la practicidad de una medida o la moralidad también tienen un peso, pero que las líneas de actuación que ignoran la realidad están destinadas al fracaso y que las evidencias científicas nunca deberían dejarse fuera del debate político. El mensaje para el gobierno era claro: no excluyan los argumentos racionales con el objeto de explotar una respuesta visceral de la sociedad. La respuesta fue también clara: Nutt fue inmediatamente cesado de su puesto por el ministro del Interior británico.

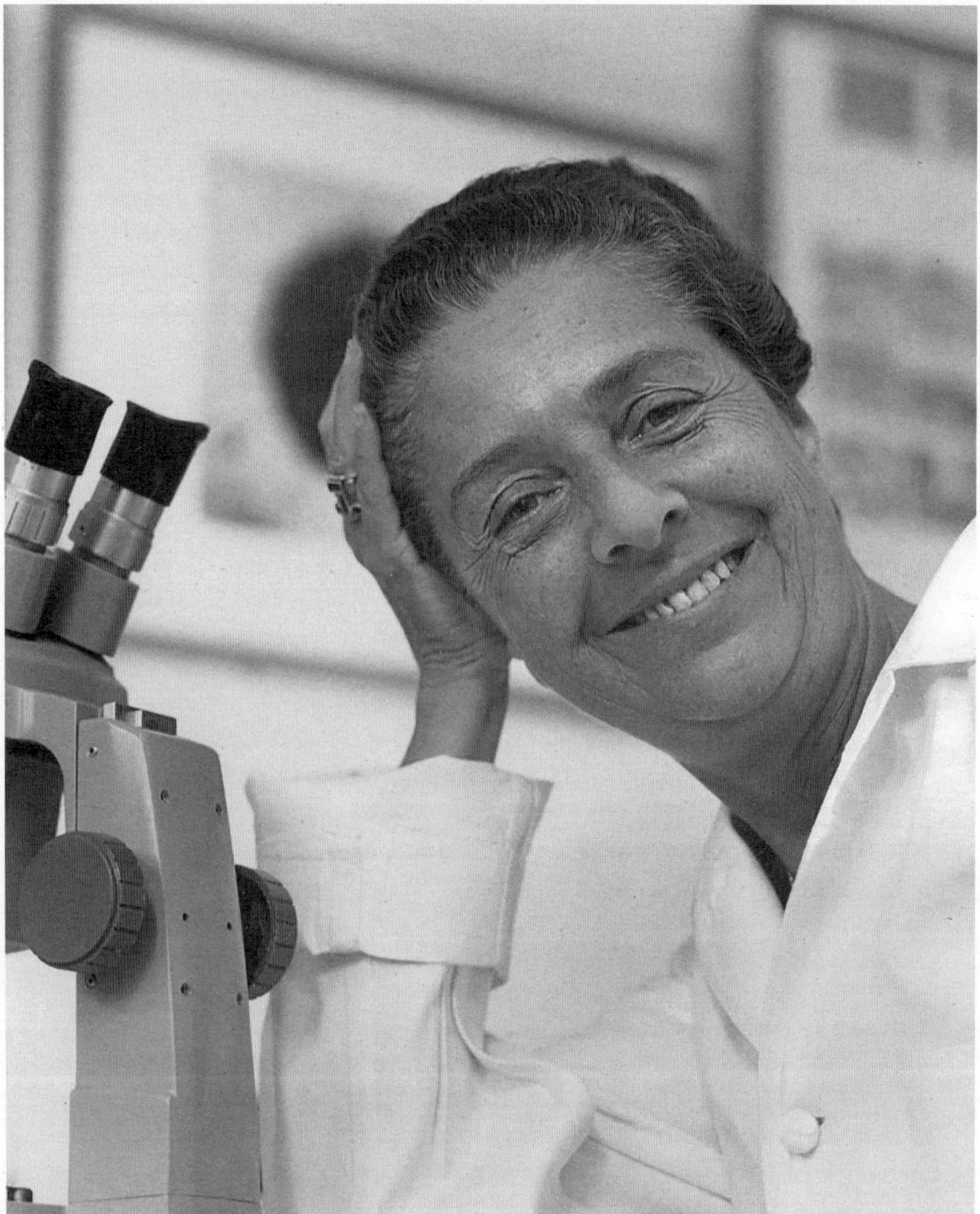

Rita Levi-Montalcini en su laboratorio durante los años sesenta
[Becker Medical Library, Washington University School of Medicine].

LA DAMA DE LAS CÉLULAS

Rita Levi-Montalcini y su hermana gemela Paola nacieron en Turin el 22 de abril de 1909. Adamo Levi, su padre, era ingeniero eléctrico y matemático, y Adele Montalcini, su madre, pintora. Los dos eran judíos de familias que podían trazar sus raíces en Italia desde el Imperio Romano. Según las costumbres de la época, el padre desanimó a sus hijas de estudiar una carrera, al temer que un exceso de formación pudiese interferir en lo que se esperaba de ellas, ser esposas y madres, pero Rita tenía otros planes. Había visto morir de un cáncer de estómago a Giovaninna, la mujer que las cuidaba en casa y le dijo a su padre que quería ser médica. Él le apoyó y ella se graduó *summa cum laude* en la facultad de medicina de Turín en 1936. Empezó su residencia en el Instituto de Anatomía con el histólogo Giuseppe Levi. Curiosamente, haciendo el internado estaban también Renato Dulbecco que ganaría el premio Nobel en 1975 por su trabajo sobre los oncovirus, y Salvador Luria que lo ganó en 1969 por sus trabajos sobre replicación y estructura genética viral. Junto con el premio Nobel de Rita en 1986 debe ser la mejor «hornada» de la historia de un único centro.

Dos años más tarde, el 14 de julio 1938, el gobierno fascista de Benito Mussolini publicó el Manifiesto de la raza, una ley que declaraba que los judíos no pertenecían a la raza italiana, por lo tanto eran despojados de su nacionalidad, perdían sus derechos de ciudadanía, eran expulsados de los puestos que tuvieran en el estado, incluyendo los hospitales o la educación y se les prohibía ejercer una carrera profesional. Tres meses más tarde, Levi-Montalcini era expulsada de la plaza que tenía en el Instituto de Anatomía y su licencia para practicar la medicina fue revocada. Ella declaró años más tarde: «*Debería agradecer a Mussolini haberme declarado raza inferior, ya que esta situación de extrema dificultad y sufrimiento, me empujó a esforzarme todavía más*». Aceptó una oferta para trasladarse con el profesor Laruelle, el director del Instituto de Neurología de Bruselas, pero el miedo fundado a una invasión alemana de Bélgica le hizo retornar a Italia en diciembre. Inspirada por la lectura de unos experimentos de Viktor Hamburger, un investigador de Saint Louis que trabajaba con embriones de pollo, decidió montar un pequeño laboratorio en su dormitorio, donde colocó una incubadora para tener embriones de pollo, una estufa para incluir los embriones en parafina y poderlos cortar, un micrótomo para hacer secciones histológicas, una lupa para operar los embriones, un microscopio y botes de cristal, reactivos e instrumental quirúrgico. Sus primeros experimentos consistían en cortar una extremidad —un ala o una pata— del pollito en desarrollo y ver cómo los nervios intentaban inervar esa zona ligeramente separada del resto. Al mismo tiempo, en un arriesgado desafío a la policía fascista, trabajaba como médico en la clandestinidad y atendía a las familias pobres de Turín.

El objetivo de su investigación era averiguar cómo las neuronas establecían conexiones durante el desarrollo para formar las complicadas redes de circuitos nerviosos y cómo los nervios llegaban hasta los músculos para inervarlos y darlos instrucciones. Para seguir estos axones usó técnicas argénticas basándose en las investigaciones que habían hecho Golgi y Ramón y Cajal sobre la afinidad de las sales de plata por los elementos neurales. La entrada de Italia en la II Guerra Mundial hizo que la familia abandonase Turín para irse a una aldea donde era más difícil que la policía les pudiera seguir la pista y detener, pero en 1943 la invasión de Italia por los alemanes les obligó a trasladarse a Florencia, donde vivieron ocultos hasta el final de la guerra. En todos esos traslados Rita llevaba su pequeño laboratorio y seguía con su trabajo investigador. En su autobiografía dice «*si no hubiese sido discriminada o no hubiera sufrido una persecución, nunca habría recibido el premio Nobel*».

Sus resultados sugerían que tras la excisión de los miembros, las fibras nerviosas de la médula espinal seguían avanzando y buscaban los músculos que tenían que inervar pero morían como resultado de la ausencia de un factor trófico que guiara y nutriera los nervios. Al poco de terminar la guerra, Viktor Hamburger, que tenía una hipótesis distinta sobre el desarrollo de la inervación neuromuscular le invitó a pasar un semestre en su laboratorio de la Universidad de Washington y hacer experimentos juntos. Levi-Montalcini se quedó allí más de quince años logrando un puesto de profesora titular en 1956 y catedrática en 1958 y lo consideró la etapa más feliz y más productiva de su vida.

Rita empezó a colocar trozos de sarcomas de ratón —un tipo de tumor— junto a cultivos celulares de los embriones de pollo. Parecía que las células tumorales secretaban algo que estimulaba el crecimiento de los axones de las neuronas, las llamadas fibras nerviosas. Para mejorar los cultivos se fue al Instituto de Biofísica que dirigía Carlos Chagas en Río de Janeiro y volvió convencida de que los tumores secretaban un «agente difusible». Los cultivos sin esa sustancia formaban esferas, cuando la añadía, los axones crecían mucho más e irradiaban desde el grupo de células en todas direcciones.

A comienzos de la década de 1950 empezó a trabajar con el bioquímico Stanley Cohen y consiguieron aislar y describir esa molécula a la que llamaron factor de crecimiento de los nervios o «nerve growth factor» (NGF). El NGF abrió una nueva puerta en la investigación sobre el crecimiento de las células y el desarrollo de los nervios, también sirvió para entender algunos trastornos del desarrollo cerebral y avanzar en nuestro conocimiento de otras patologías como el cáncer o las enfermedades neurodegenerativas como la de Alzheimer y, además, abría la puerta a todo un nuevo arsenal de herramientas terapéuticas. En los años siguientes se encontraron una gran cantidad de factores de crecimiento, tanto proteínas como hormonas esteroideas, cada uno con funciones especializadas. Por poner un ejemplo, el factor de crecimiento epitelial es clave en el cáncer de mama. Estas moléculas eran necesarias en el crecimiento, proliferación y diferenciación de las células. En 1986, Cohen y Levi-Montalcini compartieron el premio Nobel por sus investigaciones sobre los factores de crecimiento.

En los años siguientes, ayudó a crear el Istituto di Neurobiologia e Medicina Molecolare y el Istituto di Biologia Cellulare en Roma del que fue su primera directora. Tras su jubilación de la Universidad de Washington en 1977, se convirtió en profesora visitante y repartió su tiempo entre Saint Louis y Roma, para vivir con su hermana gemela, pintora como su madre. Era famosa por su elegancia y se diseñaba ella misma su ropa y sus joyas, Italia la nombró senadora vitalicia en 2001. Entre tanto, el NGF tenía vida propia, se vio que reducía la pérdida de células ganglionares de la retina en pacientes con glaucoma y al inhibir su producción se producía una neurodegeneración en ratones, un proceso que llevaba a la muerte neuronal y que se podía revertir añadiendo NGF exógeno.

Rita Levi-Montalcini era una mujer comprometida, segura, apasionada, los estúpidos de las camisas negras que intentaron despojarla de su nacionalidad eran unos ignorantes, era italiana hasta la médula, un ejemplo de la mejor Italia. No se jubiló nunca. Cuando ya había sobrepasado los ochenta años, fue nombrada directora del Instituto de la Enciclopedia italiana. Puso en marcha el European Brain Research Institute, un centro de investigación sobre el cerebro cuando tenía noventa y tres. El año siguiente puso en marcha una fundación dedicada a fomentar la educación en las niñas africanas. En 2007, cuando tenía noventa y ocho, se la veía analizar las estructuras nerviosas en embriones de pollo junto a los jóvenes de su laboratorio y dijo «*el cuerpo se me arruga, es inevitable, ¡pero no el cerebro!*». En 2009 le hicieron un homenaje en su centenario y en la cena de gala declaró: «*A mis cien años tengo una mente que es superior —gracias a la experiencia— que la que tenía a los veinte*». A los ciento dos, escribió un artículo sobre cómo el NGF podía regular la rotación axial. Murió a los ciento tres años. Sobre ese momento había comentado:

> *La única forma es seguir pensando, desinteresarse de uno mismo y ser indiferente a la muerte, porque la muerte no nos golpea a nosotros sino a nuestro cuerpo, y los mensajes que uno deja, persisten. Cuando muera, solo morirá mi pequeñísimo cuerpo.*

Su autobiografía lleva el sugerente título de *Elogio de la imperfección* pues según ella «*La imperfección —y no la perfección— es el resultado final del programa escrito en esa máquina formidablemente compleja que es el cerebro humano*».

EL CEREBRO, HACIA EL INFINITO Y MÁS ALLÁ

El siglo XX se cerró prácticamente con la llamada Década del Cerebro, una conmemoración acordada por el congreso de los Estados Unidos para los años 1990-1999. La proclamación la firmó el presidente George H.W. Bush en julio de 1990 y fue concebida como un esfuerzo para «*aumentar la sensibilidad pública sobre los beneficios que se derivarán de la investigación sobre el cerebro*». Por parte de los científicos fue una llamada a la necesidad de profundizar en el estudio del sistema nervioso para combatir el gran número de enfermedades neurodegenerativas y trastornos neurales existentes, una de las principales lacras de la población de los países desarrollados.

Aunque la Década del Cerebro no establecía una financiación complementaria, aumentó de manera significativa la visibilidad de las investigaciones sobre el cerebro y puso en marcha una serie de iniciativas que beneficiaron a las neurociencias, desde ellas a toda la ciencia y, a través de ese conocimiento, a toda la sociedad. Los resultados más evidentes fueron los beneficios para la clínica derivados de la investigación básica —diagnósticos más ajustados, mejor comprensión de las enfermedades, nuevos tratamientos y terapias—, pero esta declaración política puso en marcha un interés mediático que permitió difundir lo que se estaba haciendo en los laboratorios punteros de todo el mundo, lo que tuvo como consecuencia una mayor concienciación social. Grupos internacionales como la Dana Alliance pusieron en marcha la Semana del Cerebro, una celebración que reúne a los investigadores, a las familias, a los centros educativos y a toda la sociedad en numerosos países. Junto a ello, la mayor visibilidad de numerosos grupos y asociaciones centrados en una enfermedad mental concreta consiguió que la investigación sobre el cerebro sustituyera a lo que cinco décadas antes había sido la lucha contra la polio, y dos décadas después la búsqueda de una cura para el cáncer. La neurociencia era el gran tema.

Uno de los resultados palpables del efecto que la Década del Cerebro tuvo sobre los agentes políticos de los Estados Unidos fue el respaldo de los dos partidos, Republicano y Demócrata, a los presupuestos de los Institutos Nacionales de la Salud (NIH), y en particular a las líneas de investigación y a los centros directamente implicados con las neurociencias (Instituto Nacional para la Salud Mental, Instituto Nacional para el Abuso de Drogas, Instituto Nacional para el Abuso de alcohol y el Alcoholismo, Instituto Nacional para la Sordera y Otros Trastornos de la Comunicación), así como a los que trabajaban sobre aspectos complementarios (Instituto Nacional lara el Envejecimiento, Instituto Nacional del Ojo, Instituto Nacional de Investigación sobre el Genoma Humano e Instituto Nacional de Imagen Biomédica y Bioingeniería).

El impacto que la Década del Cerebro tuvo en la concienciación de la sociedad se reflejó en un consenso general sobre la importancia de la investigación en neurociencias, lo que a su vez fue forjando una alianza entre el cuerpo legislativo, el gobierno, las asociaciones y grupos de enfermos y familiares para distintas enfermedades y trastornos y los propios científicos. Los políticos entendieron que la única forma de atacar el crecimiento exponencial del coste de las enfermedades neurodegenerativas y neuropsiquiátricas, en la actualidad estimado en más de cuatrocientos mil millones de dólares al año, era poner en marcha investigaciones que permitieran entender los procesos subyacentes a las enfermedades y pusieran freno al cada vez mayor número de personas afectadas, tanto con actividades preventivas como paliativas. Al mismo tiempo se abordaron temas que afectaban a la población joven, como los accidentes que causaban lesiones de la médula espinal, o a la población madura, como los ictus. Pasados casi veinte años desde el final de la Década del Cerebro no se ha ganado, como tampoco se ha podido en el cáncer, la batalla total, pero han ido surgiendo técnicas, desarrollos científicos, mejoras de diagnósticos y tratamientos esperanzadores que han dado la razón a los que apostaron por la investigación en neurociencias. Un ejemplo puede ser el avance espectacular en la investigación con células madre.

Otro de los cambios en ese puente entre el siglo xx y el xxi fue un crecimiento explosivo en el número de científicos que se identificaban a sí mismos, por delante de cualquier otra denominación, como neurocientíficos. También, la creación de centros multidisciplinares bajo la denominación de institutos de neurociencias, como el de Castilla y León en Salamanca, los de Barcelona, Granada, Alicante, Guayaquil (Ecuador), Guadalajara (México) o el propio Instituto Cajal, por mencionar solamente algunos en el ámbito hispano. De esta manera, áreas que en principio no estaban muy relacionadas con el estudio del cerebro, como la biología molecular o la informática, se sumaron con fuerza al ámbito común de las neurociencias, lo que, a su vez, llevó al desarrollo y uso intensivo de nuevas técnicas, como la imagen funcional, la genética molecular y la minería de datos. Estos neurocientíficos se esforzaron en presentar a los legisladores y al conjunto de la sociedad unos conocimientos básicos sobre los objetivos de la investigación más puntera sobre el cerebro, el estado actual del conocimiento y la implicaciones de sus resultados. Muchos aspectos que hasta entonces habían sido parte del ámbito exclusivo de los especialistas en la investigación cerebral irradiaron hacia otras disciplinas, siendo especialmente sugerentes las discusiones sobre los aspectos éticos, filosóficos y humanísticos que iban surgiendo en temas diversos, como el libre albedrío, los pacientes en estado vegetativo, los sentimientos de los animales o la consciencia.

El 2 de abril de 2013 el presidente Barack Obama anunció la puesta en marcha de la Iniciativa BRAIN (*Brain Research through Advancing Innovative Neurotechnologies*) (Investigación sobre el cerebro mediante el avance de tecnologías innovadoras), un gran proyecto diseñado para revolucionar nuestra comprensión del cerebro humano. Está pensado como un gran reto al que se han ido sumando decenas de universidades, empresas tecnológicas y científicos, y su modelo han sido otros grandes programas que permitieron cambiar la ciencia y la sociedad, como el proyecto Genoma Humano para secuenciar todo nuestro ADN, el proyecto Apolo para llevar al hombre a la Luna o el proyecto Manhattan para construir la primera bomba atómica. Un grupo de neurocientíficos de primer nivel planteó una estrategia para doce años que se debía desarrollar en los Institutos Nacionales de la Salud pensada para conseguir los objetivos marcados. Francis S. Collins, director de los NIH, declaró:

> *El cerebro humano es la estructura biológica más complicada en el universo conocido. Solamente hemos conseguido arañar la superficie para entender cómo funciona o, desgraciadamente cómo no funciona cuando se producen trastornos y enfermedades. Esto es solo el comienzo de un viaje de doce años y nos sentimos muy animados al comenzar este recorrido.*

La Iniciativa BRAIN planea asignar más de trescientos millones de dólares por año durante diez años, y se cree que tiene el potencial de hacer por la neurociencia lo que el proyecto Genoma Humano hizo por la genómica, al apoyar el desarrollo y la aplicación de tecnologías revolucionarias que puedan crear una comprensión dinámica de la función cerebral.

Obama anunció que buscaría apoyar esta iniciativa con una inversión inicial de cien millones de dólares para el año fiscal 2014, y Eric Cantor, político estadounidense y miembro del Partido Republicano, dijo que también apoyaría esta asignación presupuestaria. Un refuerzo presupuestario adicional también fue comprometido por parte de algunas de las principales fundaciones científicas de la sociedad civil, como el Allen Institute for Brain Science, el Howard Hughes Medical Institute, la Kavli Foundation y el Salk Institute for Biological Studies.

La iniciativa BRAIN pretende ayudar a los investigadores a descubrir los misterios de los trastornos mentales, tales como las enfermedades de Alzheimer y Parkinson, la depresión, el suicidio o el daño cerebral traumático. Estas nuevas tecnologías buscan comprender cómo las neuronas individuales y los circuitos neurales complejos interaccionan entre sí a la velocidad del pensamiento, abrirán nuevas perspectivas para entender cómo el cerebro registra, procesa, usa, almacena y recupera grandes cantidades de información y aclararán las complejas relaciones entre la actividad de las neuronas y el comportamiento.

En los últimos años se han sucedido una serie de avances espectaculares que han permitido entender como nunca antes los misterios del cerebro. Entre ellos están la secuenciación del genoma humano, el desarrollo de nuevas herramientas para cartografiar las conexiones neuronales —el conectoma—, el incremento en la resolución de las técnicas de neuroimagen, la llegada de los primeros resultados de la nanociencia y la aparición de la ingeniería biológica.

El grupo de trabajo de la Iniciativa BRAIN planteó un enfoque filogenético, en el cual los estudios iniciales se harían en el gusano *Caenorhabditis elegans* y la mosca *Drosophila melanogaster*, animales bien conocidos y que tienen unos sistemas nerviosos relativamente sencillos, con pocas neuronas (*C. elegans* tiene exactamente trescientas dos). La fase intermedia se hará en vertebrados como el pez cebra y el ratón, también ampliamente estudiados en neurociencia, para pasar finalmente a los cerebros más desarrollados y complejos, los de primates —incluido el hombre—.

Entre las propuestas tecnológicas está el uso de nanopartículas que puedan usarse como sensores de voltaje y permitan detectar potenciales de acción individuales, así como de nanosondas que puedan servir como matrices de multielectrodos para hacer estudios electrofisiológicos. En particular, se buscan métodos no invasivos e inalámbricos, que permitan medir la actividad simultánea de miles de neuronas en tiempo real. Las ideas han sido muy variadas, desde integración microelectrónica a muy gran escala a biología de síntesis donde el ADN pudiera servir como registro de la actividad neuronal, mediante la inclusión de errores inducidos por el calcio en la codificación de la ADN polimerasa. También se ha propuesto utilizar secuenciación de ADN a gran escala para cartografiar con rapidez la conectividad neuronal. Los datos serán después analizados por superordenadores que trabajarán a gran escala y se integrarán en modelos informáticos de un sistema nervioso.

Algunos de los resultados los estamos ya viviendo, y es llamativa la colaboración sin precedentes entre campos científicos diferentes. Por ejemplo, la optogenética, la unión de técnicas de óptica con técnicas de ingeniería genética, permite usar pulsos de luz para activar y desactivar distintos genes para ver cómo se modifica la actividad de neuronas concretas y determinar cómo afectan esos cambios al comportamiento del animal. Del mismo modo, a través de la integración entre la neurociencia y la física, los investigadores están usando nuevas generaciones de aparatos de neuroimagen que permiten ver la estructura y el funcionamiento del sistema nervioso en personas vivas con una resolución nunca conseguida anteriormente.

Como suele suceder en estos casos, la respuesta de los investigadores fue variada. Algunos pensaban que ese gran esfuerzo, con una dirección centralizada, permitiría ahorrar años en el desarrollo de la neurociencia mientras que otros temían que pudiera restar financiación a las propuestas independientes de los investigadores, un caldo de creatividad de donde suelen surgir los mejores descubrimientos. Otros neurocientíficos, como Donald Stein, criticaron el enfoque «tecnológico» y apuntaron a que se estaba invirtiendo mucho dinero en nuevos métodos y técnicas sin tener todavía bien claro qué es lo que había que buscar. También había preocupación por los problemas logísticos: se calculó que el proyecto generaría trescientos exabytes de datos cada año, trescientos trillones de bytes, (el tráfico total anual de internet en 2007 se estimó entre cinco y nueve exabytes), y era un verdadero problema dónde almacenar y manipular esa cantidad ingente de información.

Antes de la iniciativa BRAIN había surgido un gran proyecto europeo, Blue Brain o, traducido, Cerebro Azul. 2002 es considerado el año de inicio del proyecto, pues coincide con la fundación del Brain & Mind Institute en la Escuela Politécnica de Zúrich, una de las diez mejores universidades del mundo. En 2005 IBM y Henry Markram, director de este instituto, hicieron un acuerdo para la puesta en marcha de este proyecto, que se centra en crear un modelo sintético del cerebro, una simulación creada por ingeniería inversa que parte del sistema nervioso de los mamíferos. El nombre de Blue Brain venía precisamente de la nueva generación de superordenadores que IBM quería probar. El primer hito fue la creación del modelo de la microcolumna cortical, la unidad funcional de la corteza cerebral. Estas columnas tienen unos dos milímetros de altura, un diámetro de medio milímetro y unas decenas de miles de neuronas con unos millones de sinapsis, pero son como piezas de construcción, repetidas decenas de miles de veces para construir el neocórtex.

Otro programa, el proyecto Google Brain, empezó en 2011 como una colaboración entre la empresa Google y la Universidad de Stanford. El objetivo era avanzar en inteligencia artificial y construir un sistema informático capaz de aprender de forma autónoma. En junio de 2012 los medios de comunicación informaron de que una red de dieciséis mil ordenadores conectados entre sí había conseguido imitar algunos aspectos de la actividad cerebral humana y el sistema se había entrenado para reconocer un gato a partir de diez millones de imágenes tomadas de videos de Youtube. Puede parecer un chiste, pero el reconocimiento de imágenes es una de las tareas más arduas para una máquina, y una de las características esenciales de los cerebros de los mamíferos. En 2014 Google compró DeepMind, una compañía especializada en lo que se llama «aprendizaje profundo», por una cantidad que se estima superior a los seiscientos millones de euros. La empresa había diseñado unos algoritmos que permitían a las máquinas aprender por sí mismas a partir de datos o experiencias aisladas y de forma automática, lo que les permitía abordar una cantidad enorme y diversa de tareas. La compañía era experta en redes neurales profundas, aprendizaje con refuerzo y modelos inspirados en la neurociencia de sistemas. Estas arquitecturas de aprendizaje han sido aplicadas a campos como la visión por ordenador, el reconocimiento automático del habla y el reconocimiento de señales de sonido y de música, consiguiendo resultados que por primera vez se acercan en algunos aspectos a los del cerebro humano.

Todos estos grandes proyectos recalcan aun más la asombrosa complejidad del cerebro humano: ochenta y seis mil millones de neuronas, cada una con una media de diez mil contactos, con miles de genes y de proteínas que interactúan entre sí, que responden a cientos de moléculas y, lo más asombroso de todo, con una capacidad plástica increíble: se remodelan constantemente, cambian sus conexiones a cada minuto, aprenden y se adaptan. El hombre no ha conseguido construir nada parecido. Y, sin embargo, los cerebros de siete mil quinientos millones de seres humanos no cesan de trabajar, de hacer preguntas, de investigar, de avanzar. Es la ciencia, la obra más sublime de la humanidad, nuestra mejor y más potente herramienta de futuro y el principal resultado de la actividad eléctrica y química de esa masa gelatinosa, del cerebro humano.

REFERENCIAS

BIBLIOGRAFÍA GENERAL

Clarke E, Jacyna LS (1987) *Nineteenth-century origins of neuroscientific concepts.* University of California Press, Berkeley.

Corsi P (1991) *The enchanted loom. Chapters in the History of Neuroscience.* Oxford University Press, Nueva York.

Finger S (1994) *Origins of Neuroscience. A history of explorations in to brain function.* Oxford University Press, Nueva York.

Finger S (2000) *Minds behind the brain. A history of the pioneers and their discoveries.* Oxford University Press, Oxford.

González Álvarez J (2010) *Breve historia del cerebro.* Colección Drakontos. Ed. Crítica, Barcelona.

Marshall LH, Magoun HW (1998) *Discoveries in the human brain. Neuroscience prehistory, brain structure and function.* Humana Press, Totowa (Nueva Jersey).

Mingote A, Sánchez Ron JM (2013) *Una historia de là Medicina. De Hipócrates al ADN.* Ed. Crítica, Barcelona.

Parent A (2009) *Histoire du cerveau. De l'Antiquité aux neurosciences.* Les Presses de l'Université Laval, Quebeq, Canadá.

Parés R (2004) *Cartas a Nuria. Historia de la Ciencia.* Ed. Almuzara, Córdoba.

Vera F (1999) *Evolución del pensamiento científico.* Editora Regional de Extremadura, Mérida.

Whitaker HA, Smith CUM, Finger S (2007) *Brain, mind and medicine: essays in eighteenth-century neuroscience.* Springer, Nueva York.

Wickens AP (2015) *A history of the brain. From Stone Age surgery to modern Neuroscience.* Psychology Press, Londres.

BIBLIOGRAFÍA ESPECÍFICA

EVOLUCIÓN DEL SISTEMA NERVIOSO

Dart RA (1949) The predatory implemental technique of Australopithecus. Am J Phys Anthropol 7: 1-38.

Robson D (2011) A brief history of the brain. New Scientist 2832: 40-45.

ORGANIZACIÓN BÁSICA DEL SISTEMA NERVIOSO

Bear MF, Paradiso MA, Connors BW (2016) Neurociencia. La exploración del cerebro. 4ª. Ed. Wolters Kluver, L'Hospital de Llobregat (Barcelona).

Kandel ER,Schwartz JH, Thomas M Jessell TM (2001) Principios de Neurociencia. 4ª. Ed. MacGraw-Hill Interamericana, Madrid.

LA INVENCIÓN DEL CEREBRO

Sanes DH, Reh TA, Harris WA (2000) Development of the nervous system. Academic Press, San Diego.

Sarnat HB, Martin G Netsky MG (1981) Evolution of the nervous system. Oxford University Press, Nueva York.

RÍOS DE BABILONIA

Coleman M, Scurlock J (1997) Viral haemorrhagic fevers in ancient Mesopotamia. Tropical Med Intern Health 2(6): 603-606.

Fales FM (2010) Chapter 2: Mesopotamia. Handb Clin Neurol 95: 15-27.

Retief FP, Cilliers L (2007) Mesopotamian medicine. S Afr Med J 97(1): 27-30.

Scurlock J (2005) Ancient Mesopotamian Medicine. En: A Companion to the Ancient Near East. (DC Snell, ed). Blackwell, Malden (MA) pp. 302-315.

MOMIAS Y PAPIROS

Costa, P. (1987) La enfermedad en el antiguo Egipto. En: Historia de la enfermedad. Albarracín Teulón, A. (ed.). Saned, Madrid.

Vargas A, López M, Lillo C, Vargas MJ. (2012) El papiro de Edwin Smith y su trascendencia médica y odontológica. Rev Med Chil 140(10): 1357-1362.

NEUROCIENCIA EN LA ANTIGUA CHINA

Cao H, Liu JP, Lewith GT (2010) Traditional Chinese Medicine for Treatment of Fibromyalgia: A Systematic Review of Randomized Controlled Trials. J Altern Complement Med 16(4): 397–409.

Unschuld PU (1985) Medicine in China: A History of Ideas. University of California Press, Berkeley.

Veith I (1973) Acupuncture in traditional Chinese medicine. An historical review. Calif Med 118(2): 70–79.

Xue CCL, Zhang AL, Greenwood KM, Lin V, Story DF (2010) Traditional Chinese Medicine: An Update on Clinical Evidence. J Altern Complementary Med 16(3): 301-312.

Traditional Chinese Medicine: An Introduction. http://nccam.nih.gov/health/whatiscam/chinesemed.htm

http://www.yinyanghouse.com/theory/chinese/what_is_qi#jing

EL CEREBRO EN LA ANTIGUA INDIA

Dwivedi G, Dwivedi S (2007) Sushruta – the Clinician –

Teacher par Excellence. Indian J Chest Dis Allied Sci 49: 243-244. http://medind.nic.in/iae/t07/i4/iaet07i4p243.pdf
Lock S (2001) The Oxford illustrated companion to medicine. Oxford University Press, Nueva York.
Saper RB, Phillips RS, Sehgal A, Khouri N, Davis RB, Paquin J, Thuppil V, Kales SN (2008) Lead, mercury, and arsenic in US- and Indian-manufactured Ayurvedic medicines sold via the Internet. JAMA 300(8): 915-923.
Sharma PV (2001) *Sushruta samhita: with english translation of text and Dalhana's commentary along with critical notes* (3 volúmenes). Visvabharati, Benarés.
Wink M (1998) A short history of alkaloids. En: Alkaloids: Biochemistry, Ecology, and Medicinal Applications (Robers, Wink, eds). Plenum Press, Nueva York. http://www.uni-heidelberg.de/institute/fak14/ipmb/phazb/pubwink/1998/20. %201998.pdf

DE LA POESÍA A LA FILOSOFÍA
Outes DL, Orlando JC (1982) Alcmeon de Crotona (El cerebro y las funciones psíquicas). Neuropsiquiatría y Salud Mental 13(1-2): 53-64. http://www.alcmeon.com.ar/15/57/06_outes.pdf
Traver AG (2002) From polis to empire —the ancient world, c. 800 B.C.-A.D. 500: a biographical dictionary. Greenwood Press, Westport (CT)
Wellmann M (1929) Alkmaion von Kroton. Archeion XI: 156-159.

HIPÓCRATES Y LOS HIPOCRÁTICOS
Grammaticos PC, Diamantis A (2008) Useful known and unknown views of the father of modern medicine, Hippocrates and his teacher Democritus. Hell J Nucl Med. 11(1): 2-4.
Zozaya A (2008) Aforismos y pronósticos de Hipócrates. Ed. Maxtor, Valladolid pp. 77-78.
http://www.iep.utm.edu/hippocra/
http://www.mlahanas.de/Greeks/Hippocrates.htm

¿EN LA CABEZA O EN EL CORAZÓN?
Cardwell JC (1905) The Development of Animal Physiology: The Physiology of Aristotle. Medical Library and Historical Journal 3(1): 50–77.
Sallam HN (2010) Aristotle, godfather of evidence-based medicine. Facts Views Vis Obgyn. 2010; 2(1): 11–19.

EL REY DE LOS VENENOS
Adams ME, Olivera BM. (1994) Neurotoxins: Overview of an Emerging Research Technology. Trends Neurosci 17 (4): 151–155.
Ballesteros Pastor L. (1996) Mitrídates Eupátor, rey del Ponto. Universidad de Granada, Granada.
Behzadi E, Behzadi P (2017) Mithridates VI Eupator of Pontus: An ancient Iranian Immunologist King. Cent European J Urol 70(3): 323.
Mayor A. (2010) The Poison King: The Life and Legend of Mithridates. Princeton University Press, Princeton (NJ).
Pain S. (2008) Histories: Mithridates's marvellous medicine. New Scientist 2640: 52-53.
Valle G, Carmignani M, Stanislao M, Facciorusso A, Volpe AR (2017) Mithridates VI Eupator king of Pontus and the venomous snakes. Cent European J Urol 70(2): 218.
http://www.esepuntoazulpalido.com/2010/07/el-rey-toxicologo.html

EL PRIMER GALENO
Rocca J (1997) Galen and the ventricular system. J Hist Neurosci 6(3): 227-239.
Rocca J (2003) Galen on the brain: anatomical knowledge and physiological speculation in the second century AD. Stud Anc Med 26: 1-313.
http://www.finanzas.com/xl-semanal/magazine/20130505/pedro-grande-mejor-medico-5294.html

LA LLEGADA DEL CRISTIANISMO
Draycott J (2012) Book Review: Body, Disease and Treatment in a Changing World: Latin Texts and Contexts in Ancient and Medieval Medicine. Med Hist. 2012 Jul; 56(3): 392–393.
Horden P (2011) What's Wrong with Early Medieval Medicine? Soc Hist Med 24(1): 5–25.
Un renacimiento medieval
Fletcher GRJ (1919) St. Isidore of Seville and his Book on Medicine. Proc R Soc Med 12(Suppl): 70–95.
Talbot CH (1965) Isidore of Seville: The Medical Writings. Med Hist 9(2): 195.
The Medical School of Salerno (1904) Br Med J 2(2284): 946–947.

NEUROCIENCIA EN EL CALIFATO
Caro Ledesma A. (1996) Indización de los manuscritos árabes de El Escorial. Ediciones Escurialenses, Monasterio de El Escorial (Madrid). http://rbme.patrimonionacional.es/getdoc/92c9ab4a-3581-49aa-bcdb-1d293d6cbaa5/A--Cano--Indizacion-ms--arabes_-t--I.aspx
Deslile J, Woodsworth J. (2005) Los traductores en la Historia. Ed. Universidad de Antioquía, Antioquia (Colombia).
Habbi J. (1994) Le role de Hunayn medecin et traducteur. Med Secoli 6(2): 293-308.
Shafqat Azmi KA. (1996) Hunain bin Ishaq on opthalmic surgery. Bull Indian Inst Hist Med Hyderabad. 26(1-2):69-74.

EL NACIMIENTO DE LAS UNIVERSIDADES
De Ridder-Symoens H (2003) A history of the university in Europe / 1, Universities in the middle ages. Cambridge University Press, Cambridge.
Gil Sotres P (2005) La anatomía latina medieval. Investigación y Ciencia. Temas 41. Ciencia medieval. pp. 4-8.
Giorgi P. Anothomia de Mondino de Liuzzi. http://137.204.24.205/cis13b/bsco3/intro_opera.asp?id_opera=29
Van Setten H. (2014) 1247: Bedlam. http://historyofmentalhealth.com/2014/10/23/1247-bedlam/
http://www.cerebromente.org.br/n06/historia/ventricles_i.htm

EL OBISPO BOTAS
Smith CUM, Frixione E, Finger S, Clower W (2012) The animals spirit doctrine and the origin of Neurophysiology. Oxford University Press, Oxford.
Steib B, Popp R (2005) Alberto Magno, el gran curioso. Investigación y Ciencia. Temas 41. pp. 17-23.
http://www.u.arizona.edu/~aversa/scholastic/Dictionary%20of%20Scientific%20Biography/Albertus%20Magnus%20(Wallace).pdf

EL CEREBRO EN LA AMÉRICA PREHISPÁNICA
López-Serna R, Gómez-Amador JL, Barges-Coll J, Arriada-Mendicoa N, Romero-Vargas S, Ramos-Peek M, Celis-Lopez MA, Revuelta-Gutierrez R, Portocarrero-Ortiz L

(2012) Knowledge of Skull Base Anatomy and Surgical Implications of Human Sacrifice Among Pre-Columbian Mesoamerican Cultures. Neurosurg Focus. 2012;33(2):e1
Peña JC (1999) Pre-Columbian Medicine and the Kidney. Am J Nephrol 19:148–154.
Rodríguez-Landa JF, Pulido-Ciollo F, Saavedra M (2007) La depresión en la medicina mesoamericana precolombina. Rev Neurol 44: 375-380.

UN NEUROCIENTÍFICO LLAMADO LEONARDO
Kickhöfel EH (2009) Sine ars scientia nihil est: Leonardo da Vinci and beyond. Epilepsy Behav 14 Suppl 1: 5-11.
Pevsner J. (2002) Leonardo da Vinci's contributions to neuroscience. Trends Neurosci 25(4): 217-220.
Widmer DA. (2006) Neuroanatomy in art: Leonardo da Vinci's Senso Comune. J Hist Neurosci 15(1): 17-20.

SE EQUIVOCA EL CADÁVER
Barcia Goyanes JJ (1994) El mito de Vesalio. Servicio de Publicaciones de la Universidad de Valencia y Real Academia de Medicina de la Comunidad Valenciana, Valencia.
Fulton JF (1950) Logan Clendening Lectures on the History and Philosophy of Medicine. University of Kansas Press, Lawrence. http://kuscholarworks.ku.edu/dspace/bitstream/1808/6347/1/upk.vesalius_four_centuries_later.pdf
http://www.csmonitor.com/USA/DC-Decoder/2013/0426/Chemical-weapons-101-Six-facts-about-sarin-and-Syria-s-stockpile/What-is-sarin
http://en.wikipedia.org/wiki/Sarin

ANATOMÍA RENACENTISTA
Arcangeli A, Nutton V (2008) Girolamo Mercuriale : medicina e cultura nell'Europa del Cinquecento : atti del convegno "Girolamo Mercuriale e lo spazio scientifico e culturale del Cinquecento : Forlì, 8-11 noviembre 2006. L.S. Olschki, Florencia.
Engelhardt E (2016) Hippocampus discovery First steps. Dement Neuropsychol 10(1): 58–62.
Representing the Body: The Visual Culture of Renaissance Anatomy. Med Hist Suppl. 1999; (19): 5–45.

PARÉ Y LA NUEVA CIRUGÍA
Alonso JR (2012) La última justa caballeresca. http://jralonso.es/2012/09/20/la-ultima-justa-caballeresca/
Drucker CB (2008) Ambroise Paré and the Birth of the Gentle Art of Surgery. Yale J Biol Med 81(4): 199–202.
Faria MA Jr (1992) The death of Henry II of France. J Neurosurg 77(6) : 964-969.
Martin G (2001) The death of Henry II of France: a sporting death and post-mortem. ANZ J Surg. 71(5): 318-320.
http://www.historynotes.info/on-this-day-the-king-henry-ii-of-france-died-after-fatal-injury-73/
Paget S (1897). Ambroise Paré and His Times, 1510–1590. G.P. Putnam's Sons. pp. 186–187.
Ambroise Paré: (1510-1592), De ingenioso barbero a Doctor en Medicina. Galenus http://www.galenusrevista.com/Ambroise-Pare-1510-1592-De.html

DESCARTES Y EL DUALISMO CUERPO-MENTE
Alonso F (2009) René Descartes: el filósofo que perdió la cabeza. http://www.que-leer.com/1916/rene-descartes-el-filosofo-que-perdio-la-cabeza.html
Vrooman JR (1970) Rene Descartes: A Biography. G.P. Putnam's Sons, Nueva York.
Wozniak, R. H. (1998). Mind & body: Rene Descartes to William James (chapter 5) http://serendip.brynmawr.edu.
http://www.encyclopedia.com/topic/Julien_Offray_de_La_Mettrie.aspx

WILLIS Y SU PALO
Molnár Z (2004) Thomas Willis (1621–1675), the founder of clinical neuroscience. Nature Rev Neurosci 5: 329-335.
O'Connor JP (2003) Thomas Willis and the background to Cerebri Anatome. J R Soc Med. 96(3): 139-143.
Wilson MD (2012) The life and times of Thomas Willis and his impact on contemporary medicine. J Hist Neurosci 21(2): 127-131.
Zimmer C () Soul made flesh: The discovery of the brain and how it changed the world. Free Press, Nueva York.

SWAMMERDAM, EL CIENTÍFICO MÍSTICO
Cobb M (2000) Reading and writhing The Book of Nature: Jan Swammerdam (1637-1680). Endeavour 24: 122-128.
Cobb M (2001) Wondrous order. Nature 413: 77.
Cobb M (2002) Exorcizing the animal spirits: Jan Swammerdam on nerve function. Nature Rev Neurosci 3: 395-400.
Schierbeek A (1967) Jan Swammerdam (12 February 1637-17 February 1680). His Life and Works. Swets & Zeitlinger, Amsterdam.

HOOKE, EL LEONARDO INGLÉS
Andrade EN (1953) Robert Hooke, 1635–1703. Nature, 171 (4348): 365-367
Bennet J, Cooper M, Hunter M, Jardine L (2003) London's Leonardo: the life and work of Robert Hooke. Oxford University Press, Oxford.
Hintzman DL (2003) Robert Hooke's model of memory. Psychon Bull Rev 10(1): 3-14.
Jardine L (2004) The Curious Life of Robert Hooke: The Man Who Measured London. HarperCollins, Nueva York.
Maravall J (2013) El genio olvidado de Robert Hooke. http://naukas.com/2013/06/11/el-genio-olvidado-de-robert-hooke/

LOS ANATOMISTAS HOLANDESES Y PEDRO EL GRANDE
Purcell RW, Gould SJ (1992) Finders, keepers. Eight collectors. WW Norton, Nueva York.
Stuijt A (2009) World's first microscope auctioned off for 312,000 pounds. Digital Journal http://digitaljournal.com/article/270683
http://www.brianjford.com/wavbiblio.htm
http://www.samueljohnson.com/boerhaave.html
http://www.schnoepf.de/m/kukammer/geschichte.html

LINNEO, EL CLASIFICADOR
Ackerman D (1992) Una historia natural de los sentidos. Ed. Anagrama, Barcelona.
Breeze RM (2014) Carlo Linneo, la persona más influyente de Wikipedia, por encima de Jesucristo. laInformación.com. http://noticias.lainformacion.com/arte-cultura-y-espectaculos/internet/carlo-linneo-la-persona-mas-influyente-de-wikipedia-por-encima-de-jesucristo_BuEBd37qBege5h9sJ5n5A1/
Bohannon C. (2013) The Curious Case of the London Troglodyte. Lapham's Quarterly http://

www.laphamsquarterly.org/roundtable/curious-case-london-troglodyte
González Bueno A (2001) Linneo. El príncipe de los botánicos. Ed. Nivola libros y ediciones, Madrid.
http://nickrentlab.siu.edu/PLB304/Lecture03HistTax/HistoryTaxon.html

SU ANATÓMICA MAJESTAD

Androutsos G (2006) Giovanni-Battista Morgagni (1682–1773): creator of pathological anatomy. J BUON 11: 95–101.
Ritter G (1979) Giovanni Battista Morgagni (Venedig 1761). Der Nervenarzt 50: 144–146.
Tubbs RS, Steck DT, Mortazavi MM, Shoja MM, Loukas M, Cohen-Gadol AA (2012) Giovanni Battista Morgagni (1682-1771): his anatomic majesty's contributions to the neurosciences. Childs Nerv Syst 28(7): 1099-1102.
Wickens AP (2015) A history of the brain. From Stone Age surgery to modern Neuroscience. Psychology Press, Londres.

LA CHISPA DE LA VIDA

Lane N (2015) Los diez grandes inventos de la evolución. Ed. Ariel, Barcelona.
Noticia en el Newsgate Calendar http://www.exclassics.com/newgate/ng464.htm
Pain S (2003) Lady Emma's shocking past. New Scientist 2394: 50-51.
Pollard J (2010) Boffinology. The real stories behind our greatest scientific discoveries. John Murray. Londres. pp. 221-223.

MESMER Y LAS PULSERAS MAGNÉTICAS

Benjamin LT, Baker DB (2004) The beginnings of psychological practice: Psychology's other occult doubles. From Séance to Science: A History of the Profession of Psychology in America (pp.21-24). California: Wadsworth/Thomson Learning.
Goodwin, CJ (1999) Psychoanalysis and clinical psychology: Mesmerism and hypnosis. A History of Modern Psychology (pp. 363-365). John Wiley & Sons, Nueva York.
Gould SJ (1991) The Chain of Reason Versus the Chain of Thumbs. En: Bully for Brontosaurus: Reflections in Natural History. W.W. Norton, Nueva York. Capítulo 12.
Tartakovsky M (2011) Psychology's History of Being Mesmerized. http://psychcentral.com/blog/archives/2011/05/09/psychologys-history-of-being-mesmerized/
http://www.pbs.org/benfranklin/l3_inquiring_mesmer.html

LOS FRENÓLOGOS Y LOS MAPAS CEREBRALES

Ackerknecht EH, Vallois HV (1956) Franz Joseph Gall, inventory of phrenology and his collection. University of Wisconsin Medical School, Madison.
Chudler EH (1998) Milestones in neuroscience research, http://weber.u.washington.edu/~chudler/hist.html.
Department of Neurology, University of Illinois (1998). Dr. Franz Gall http://www.uic.edu/depts/mcne/founders/page0038.html.
Stern MB (1971). Heads & headlines: the phrenological Fowlers. University of Oklahoma Press, Norman.
Vargas Llosa M (2010) La guerra del fin del mundo. Aguilar Chilena de Ediciones, Santiago de Chile. p. 340.

CUVIER Y LA FISIOGNOMÍA

Agawa H (1979) The reluctant admiral : Yamamoto and the Imperial Navy. Kodansha International, Tokio.
Highfield R (2009) In your face. New Scientist 2695: 29-32.
Rahman Q, Clarke K, Morera T (2009) Hair whorl direction and sexual orientation in human males. Behav Neurosci 123 (2): 252–256.
Schmitt S (2006) Aux origines de la biologie moderne. L'anatomie comparée d'Aristote à la théorie de l'évolution. Ed. Belin, París.
http://www.examiner.com/article/ancient-face-reading-secrets-reappear-scientific-study

LA LEY DE BELL-MAGENDIE

Dawson PM A biography of François Magendie http://www.ncbi.nlm.nih.gov/pmc/articles/PMC1692468/pdf/medlibhistj00006-0055.pdf
Stahnisch FW (2009) François Magendie (1783-1855). J Neurol 256(11): 1950-1952.
van de Graaf RC, Nicolai JP (2005) Bell's palsy before Bell: Cornelis Stalpart van der Wiel's observation of Bell's palsy in 1683. Otol Neurotol 26(6): 1235-1238.

PARKINSON Y MAO

Draaisma D (2006) Disturbances of the mind. Cambridge University Press, Cambridge.
Grealish S, Diguet E, Kirkeby A, Mattsson B, Heuer A, Bramoulle Y, Van Camp N, Perrier AL, Hantraye P, Björklund A, Parmar M (2014) Human ESC-Derived Dopamine Neurons Show Similar Preclinical Efficacy and Potency to Fetal Neurons when Grafted in a Rat Model of Parkinson's Disease. Cell Stem Cell, 15(5): 653
Jankovic J (2008) Parkinson's disease: clinical features and diagnosis. J Neurol Neurosurg Psychiatry 79: 368–376.
http://www.ottawaneurology.ca/docs/Topics_M-Z/Parkinson's %20dis %20Rx.pdf
Rothstein TL, Olanov CW (2010) La cara oculta de la enfermedad de Parkinson. Mente y Cerebro, 40: 73-81.

LOS SABIOS DE LA SALPÊTRIÈRE

Micale MS (1985) The Salpêtrière in the age of Charcot: an institutional perspective on medical history in the late nineteenth century. J Contemp Hist 20(4):703-731.
Porter R (2002) Madness: a brief history. Oxford University Press, Nueva York.
Tan SY, Shigaki D (2007) Jean-Martin Charcot (1825–1893): pathologist who shaped modern neurology. Singapore Med J 48 (5): 383–384.
Tan SY, Yeow ME (2004) Philippe Pinel (1745-1826): liberator of the insane. Singapore Med J 45(9): 410-412.
Weiner D (1992) Philippe Pinel's "Memoir on Madness" of December 11, 1794: a fundamental text of modern psychiatry. Am J Psychiatry 149 (6): 725–732.

BROCA, EL HOMBRE COMPROMETIDO

Harrington A (1991) Beyond Phrenology: Localization Theory in the Modern Era. En "The Enchanted Loom. Chapters in the History of Neuroscience" (editado por P Corsi). pp. 207-215. Oxford University Press, Nueva York.
Opie RF (2003) Guillotine: The timbers of justice. The History Press, Stroud (Gloucestershire).
Stern MB (1971). Heads & headlines: the phrenological Fowlers. University of Oklahoma Press, Norman.

JACKSON, JEKYLL Y HYDE
Hughlings-Jackson J (1868) Observations on the Physiology and Pathology of Hemi-Chorea. Edinb Med J 14(4): 294–303.
Scarlett EP (1943) The Infernal Door (Medical and Literary Notes on "Dr. Jekyll and Mr. Hyde"). Can Med Assoc J 48(3): 243–249.
CLAUDE BERNARD, EL EXPERIMENTADOR
Gross CG (2009) Three before their time: neuroscientists whose ideas were ignored by their contemporaries. Exp Brain Res 192(3): 321-334.
Holmes FL (1974) Claude Bernard and Animal Chemistry: The Emergence of a Scientist. Harvard University Press, Harvard, Massachusetts.
http://www.bsolot.info/wp-content/uploads/2011/02/Dostoievski-Los_hermanos_Karamazov.pdf

LUYS Y LA MEDICACIÓN A DISTANCIA
Parent M, Parent A (2011) Jules Bernard Luys in Charcot's penumbra. Front Neurol Neurosci 29: 125-136.
(1897) La vie et l'oeuvre du Docteur Luys La Chronique Médicale 4: 589-591 http://www.biusante.parisdescartes.fr/histoire/medica/resultats/index.php?p=594&do=page&cote=130381x1897x04

LA QUÍMICA DEL SISTEMA NERVIOSO
Maehle A-H (2004) "Receptive Substances": John Newport Langley (1852–1925) and his path to a receptor theory of drug action. Med Hist 48(2): 153–174.
[Anónimo] (1963) JOHN NEWPORT LANGLEY--PHYSIOLOGIST AND CRITICAL EDITOR. JAMA 186: 424-425.

EL INSÓLITO CASO DE PHINEAS GAGE
Glass J (2006) The Passion of Phineas Gage & Selected Poems. West House, Ahadada.
Harlow JM (1868). Recovery from the Passage of an Iron Bar through the Head. Publications of the Massachusetts Medical Society 2: 327-347 (Republished in Macmillan 2000).
Macmillan M. Phineas Gage –Unravelling the myth. http://www.thepsychologist.org.uk/archive/archive_home.cfm/volumeID_21-editionID_164-ArticleID_1399-getfile_getPDF/thepsychologist %5C0908look.pdf

LAS EMOCIONES DE DARWIN
Darwin, C. (1984) Autobiografía y cartas escogidas. Alianza Editorial, Madrid.
Darwin, C. (1984) El viaje del Beagle. 2ª. ed. Ed. Labor, Barcelona.
Finger, S. (1994) Theories of emotion from Democritus to William James. En: Origin of Neurosciences. Oxford University Press, Nueva York. pp. 265-279.

EL GEN DE LA TONTERÍA
Jones S (2011) Francis Galton: The man who drew up the 'ugly map' of Britain. BBC News Magazine. 11 de junio. http://www.bbc.co.uk/news/magazine-13775520
Renwick C (2011) From political economy to sociology: Francis Galton and the social-scientific origins of eugenics. Br J Hist Sci. 44(162 Pt 3): 343-369.

EL BULLDOG DE DARWIN Y EL GORILA
Gould SJ (2011) A seahorse for all races. En: Leonardo's Mountain of Clams and the Diet of Worms: Essays on Natural History. Harvard University Press, Cambridge (MA) pp. 119-140.
Quammen D (2013) Planet of the Ape 'Between Man and Beast,' by Monte Reel. The New York Times. Sunday Book Review. 7 de abril. http://www.nytimes.com/2013/04/07/books/review/between-man-and-beast-by-monte-reel.html?pagewanted=1&nl=books&emc=edit_bk_20130405
Reel M (2013) Between man and beast. An Unlikely Explorer, the Evolution Debates, and the African Adventure That Took the Victorian World by Storm. DoubleDay
http://www.livius.org/ha-hd/hanno/hanno02.html

IGNORAMUS ET IGNORABIMUS
Cahan D (1993) Hermann von Helmholtz and the Foundations of Nineteenth-Century Science. University of California Press, Berkeley.
Dierig S (2000) Urbanization, place of experiment and how the electric fish was caught by Emil du Bois-Reymond". J Hist Neurosci 9 (1): 5–13.
Finkelstein G (2014) Emil du Bois-Reymond on "The Seat of the Soul". J Hist Neurosci 23(1):45-55.
Kettenmann H, Rudolph W (1998) Berliner Gehirne. Gehirne für Berlin. Catálogo de la exposición. Max Delbrück Centrum, Berlín.
Sommer A (2013) Emil du Bois-Reymond: Science, Progress and Superstition. An Interview with Gabriel Finkelstein. Forbidden Histories. https://forbiddenhistories.wordpress.com/2013/12/02/emil-du-bois-reymond-science-progress-and-superstition-an-interview-with-gabriel-finkelstein/

EL DUELO DE LA SALCHICHA Y LA TEORÍA CELULAR
Dutrochet H (1824) Recherches anatomiques et physiologiques sur la structure intime des animaux et des vegetaux, et sur leur motilite.
Karling JS (1939) Schleiden's Contribution to the Cell Theory. The American Naturalist 73(749): 517–537.
Schultz M (2008) Rudolf Virchow. Emerg Infect Dis 14(9): 1480–1481.
Virchow RC (2006) Report on the Typhus Epidemic in Upper Silesia. Am J Pub Health 96(12): 2102–2105.
http://vlp.mpiwg-berlin.mpg.de/library/data/lit28715/index_html?pn=1&ws=1.5

LA LOCALIZACIÓN DE LAS FUNCIONES CEREBRALES
Clarke E, Jacyna LS (1987) Nineteenth-century origins of neuroscientific concepts. University of California Press, Berkeley.
Horwitz NH (1994) Historical perspective. David Ferrier (1843-1928). Neurosurgery 35(4): 793-795.
Sandrone S, Zanin E (2014) David Ferrier (1843-1928). J Neurol 261(6): 1247-1248.

KRAEPELIN: UN HOMBRE Y UN LIBRO
Hippius H, Müller N (2008) The work of Emil Kraepelin and his research group in München. Eur Arch Psychiatry Clin Neurosci 258 Suppl 2: 3-11.
Shepherd M (1995) Two faces of Emil Kraepelin. Br J Psychiatry 167(2): 174-183.
van Bergen L (2015) Emil Kraepelin: grandfather of the DSM. Med Confl Surviv 31(3-4): 158-161.
www.psicomundo.org/otros/kraepelin.htm

EL MÁS GRANDE
Alonso JR, De Carlos JA (2018) Cajal. Un grito por la ciencia. Next Door, Pamplona.

Calvo Roy A (2007) Cajal: triunfar a toda costa. Ed. Alianza, Madrid.

MUCHOS ALEMANES Y UN ESPAÑOL
López Piñero JM (2000) Cajal. Ed. Debate, Barcelona.
http://www.pathologie.uni-wuerzburg.de/es/geschichte/virchow_in_wuerzburg/arbeitsalltag/kollegen/albert_koelliker/
GOLGI, EL DEL APARATO
Alonso JR (1994) Los métodos de Golgi. Ed. Universidad de Salamanca, Salamanca.
De Carlos JA, Borrell JA (2007) Historical reflection of the contributions of Cajal and Golgi to the foundation of neuroscience. Brain Res Rev 55: 8-16.
Mazzarello P (1999) The hidden structure. A scientific biography of Camillo Golgi. Oxford University Press, Oxford.

EL CAMARADA PAVLOV Y EL TRAMPERO
Horowitz IL (1993) The politics of Physiological Psychology. Ivan Pavlov's supressed defense of scientific freedom and its consequences. Integrative Physiological and Behavioral Science 28(2): 137-142.
Pavlov I (1991) On communist dogmatism. A review of science, learning and policy. Minerva 24(4): 466-475.
http://www.nobelprize.org/nobel_prizes/medicine/laureates/1904/pavlov-bio.html

SHERRINGTON
Aguirre de Viani C, Jiménez Carmena JJ (1991) Pío del Río Hortega. Junta de Castilla y León, León.
Fulton JF (1947) The 90th Birthday of Sir Charles Sherrington: Sherrington's Impact on Neurophysiology. Br Med J 2(4533): 807–810.
http://www.nobelprize.org/nobel_prizes/medicine/laureates/1932/sherrington-bio.html

EL PRIMER NEUROCIRUJANO
Alamri A, Apok V, Crocker M, Powell M (2011) Sir Victor Horsley (1857-1916): lessons for the modern clinician. Br J Neurosurg. 2011 Aug;25(4): 470-474.
Khan AA, Powell M (2013) The lasting legacy of Sir Victor Horsley. Acta Neurochir (Wien) 155(9): 1801.
MacNalty A (1957) Sir Victor Horsley: His Life and Work. Brit Med J 1 (5024): 910–916.
http://www.surgical-tutor.org.uk/default-home.htm?surgeons/horsley.htm

O TODO O NADA
Bhattacharyya KB (2018) Edgar Adrian and Patrick Merton: Names Blurred with the Passage of Time. Ann Indian Acad Neurol 21(1): 19–23.

Rabia, virus y vacunas
Pollard, J. (2010) Boffinology. The real stories behind our greatest scientific discoveries. John Murrary, Londres.
http://www.historylearningsite.co.uk/louis_pasteur.htm
Cirujanos de guerra
Aguirre CP (1999) Harvey Williams Cushing (1869-1939) http://www.historiadelamedicina.org/cushing.html
Black PM (1999) Harvey Cushing at the Peter Bent Brigham Hospital. Neurosurgery 45(5): 990-1001.
Bliss M (2005) Harvey Cushing: A Life in Surgery. University of Toronto Press, Toronto.
Brown K (2008) Fighting Fit: Health, Medicine and War in the Twentieth Century. The History Press, Stroud (Gloucestershire).
Hansson N, Schlich T (2015) "Highly qualified loser"? Harvey Cushing and the Nobel Prize. J Neurosurg 122(4): 976-979.

FREUD
Dvorsky G (2013) Why Freud Still Matters, When He Was Wrong About Almost Everything. IO9 http://io9.com/why-freud-still-matters-when-he-was-wrong-about-almost-1055800815
Esterson A Freud Returns? http://www.skeptically.org/minther/id5.html
Heller S (2005) Freud A to Z. John Wiley & Sons, Nueva Jersey.
Northoff G (2012) Psychoanalysis and the Brain – Why Did Freud Abandon Neuroscience? Front Psychol 3: 71.
Sulloway FJ (1992) Freud, biologist of the mind: beyond the psychoanalytic legend. Harvard University Press, Boston.

ESE ALEMÁN QUE ME ESCONDE LAS COSAS
Alzheimer A (1906) Über einen eigenartigen schweren Erkrankungsprozeß der Hirnrinde. Neurologisches Centralblatt 23: 1129–1136.
Corrada MM, Brookmeyer R, Paganini-Hill A, Berlau D, Kawas CH (2010) Dementia incidence continues to increase with age in the oldest old: the 90+ study. Ann Neurol. 67(1): 114-121.
Graeber, MB, Kösel S, Egensperger R, Banati RB, Müller U, Bise K, Hoff P, Möller HJ, Fujisawa K, Mehraein P (1997) Rediscovery of the case described by Alois Alzheimer in 1911: historical, histological and molecular genetic analysis. Neurogenetics 1: 73-80.
O'Brien C (1996) Auguste D. and Alzheimer's disease. Science 273: 28.
http://www.ibro.info/Pub/Pub_Main_Display.asp?LC_Docs_ID=3445

RABIA, VIRUS Y VACUNAS
Pollard J. (2010) Boffinology. The real stories behind our greatest scientific discoveries. John Murrary, Londres.
http://www.historylearningsite.co.uk/louis_pasteur.htm
http://en.wikipedia.org/wiki/Rabies

EL PRIMER ELECTROENCEFALOGRAMA
Karbowski K (2002) Hans Berger (1873-1941). J Neurol Neurosurg Psychiat 249(8): 1130–1131.
Millett D (2001) Hans Berger: From Psychic Energy to the EEG. Persp Biol Med 44(4): 522–542.

LA HISTORIA DE LA GLÍA
Fink J (2016) Beyond the neuron: Emerging roles of glial cells in neuroscience. PLOS Neuro http://blogs.plos.org/neuro/2016/01/25/beyond-the-neuron-emerging-roles-of-glial-cells-in-neuroscience/#.VqZ4_OHate8.twitter
Louveau A, Smirnov I, Keyes TJ, Eccles JD, Rouhani SJ, Peske JD, Derecki NC, Castle D, Mandell JW, Lee KS, Harris TH, Kipnis J (2015) Structural and functional features of central nervous system lymphatic vessels. Nature 523(7560): 337-341.
Nedergaard M, Ransom B, Goldman SA (2003) New roles for astrocytes: redefining the functional architecture of the brain. Trends Neurosci 26(10): 523-530.
Somjen GG (1988) Nervenkitt: notes on the history of the concept of neuroglia. Glia 1: 2-9.

WATSON Y EL PEQUEÑO ALBERT
Powell RA, Digdon N, Harris B, Smithson C (2014) Correcting the record on Watson, Rayner, and Little Albert: Albert Barger as "psychology's lost boy". Am Psychol 69(6): 600-611.
Smirle C (2013) Rosalie Rayner. http://www.feministvoices.com/rosalie-rayner/
http://pages.jh.edu/~jhumag/0400web/35.html

INFECTAR CON MALARIA PARA CURAR
Anglen R (2003) Scientists linked to Heimlich investigated. Experiment infects AIDS patients in China with malaria. http://www.enquirer.com/editions/2003/02/16/loc_heimlich16.html
Frankenburg FR, Baldessarini RJ (2008) Neurosyphilis, Malaria, and the Discovery of Antipsychotic Agents. Harv Rev Psychiatry 16: 299-307.
Freitas DR, Santos JB, Castro CN (2014) Healing with malaria: a brief historical review of malariotherapy for neurosyphilis, mental disorders and other infectious diseases. Rev Soc Bras Med Trop 47(2): 260-261.
Heimlich HJ, Chen XP, Xiao BQ, Liu SG, Lu YH, Spletzer EG, et al. (1997) Malariotherapy for HIV patients. Mech Ageing Dev 93: 79-85.
Kragh JV (2010) Malaria fever therapy for general paralysis of the insane in Denmark. Hist Psychiatry 21: 471-486.
Sabbatini RME The History of Shock Therapy in Psychiatry. http://www.cerebromente.org.br/n04/historia/shock_i.htm

LAS TERAPIAS DE CHOQUE
Fink, M (1984) Meduna and the Origins of Convulsive Therapy. Amer J Psychiatr 141(9): 1034-1041.
Sabbatini RME The History of Shock Therapy in Psychiatry. http://www.cerebromente.org.br/n04/historia/shock_i.htmShorter E, Healy D (2007) Shock Therapy: A History of Electroconvulsive Treatment in Mental Illness. Rutgers University Press, New Brunswick, NJ.

LINA STERN, LA LUCHADORA
Sarikcioglu L (2017) Lina Stern (1878–1968): an outstanding scientist of her time. Childs Nerv Syst
Vein AA (2008) Science and fate: Lina Stern (1878-1968), a neurophysiologist and biochemist. J Hist Neurosci 17(2): 195-206.
http://web.nli.org.il/sites/NLI/English/digitallibrary/gallery/jewish/Pages/Jewish-Victims-USSR-1952.aspx

TRANSMISORES Y RECEPTORES
Bowery NG, Smart TG (2006) GABA and glycine as neurotransmitters: a brief history. Br J Pharmacol 147 Suppl 1: S109-119.
Klavdieva MM (1995) The history of neuropeptides I. Front Neuroendocrinol 16: 293-321.
Takagaki G (1996) The dawn of excitatory amino acid research in Japan. The pioneering work by Professor Takashi Hayashi. Neurochem Int 29(3): 225-229.
Watkins JC, Jane DE (2006) The glutamate story. Br J Pharmacol 147 Suppl 1: S100-108.
http://www.thetrendler.com/wp-content/uploads/2015/12/Chemical-structures-of-neurotransmitters.png

LOS VERTEBRADOS FÓSILES ME SALVARÁN
Buchholtz EA, Seyfarth E-A (1999) The gospel of the fossil brain: Tilly Edinger and the science of paleoneurology. Brain Res Bull 48(4): 351–361.
Buchholtz EA, Seyfarth E-A (2001) The study of "fossil brains": Tilly Edinger (1897-1967) and the beginnings of paleoneurology. Bioscience 51(8): 674-682.
Martínez Pulido C (2016) La paleoneurología, el triunfo de Tilly Edinger sobre su difícil vida. Mujeres con Ciencia. http://mujeresconciencia.com/2016/08/29/la-paleoneurologia-el-triunfo-de-tilly-edinger-sobre-su-dificil-vida-1/?platform=hootsuite

LOS VOGT Y EL CEREBRO DE LENIN
Bentivoglio M (1998) Cortical structure and mental skills: Oskar Vogt and the legacy of Lenin's brain. Brain Res. Bull. 47(4): 291-296.
Gregory PR (2008) Lenin's Brain and Other Tales from the Secret Soviet Archives. Hoover Institution Press. Stanford University. Stanford.
Hagner M (2007) Geniale Gehirne: Zur Geschichte der Elitegehirnforschung. Deutscher Taschenbuch, Munich.
Klatzo I (2002) Cécile and Oskar Vogt: the visionaries of modern Neuroscience. Springer, Viena.
Kreutzberg GW, Klatzo I, Kleihues P (1992) Oskar and Cécile Vogt, Lenin's brain and the bumble-bees of the Black Forest. Brain Pathol. 2(4): 363-371.

LOS MAPAS CORTICALES DE BRODMANN
Amunts K, Zilles K (2015) Architectonic Mapping of the Human Brain beyond Brodmann. Neuron 88(6): 1086-1107.
Garey L (2012) Brodmann, Korbinian. http://ibro.info/wp-content/uploads/2012/12/Brodmann-Korbinian.pdf
Glasser MF, Coalson TS, Robinson EC, Hacker CD, Harwell J, Yacoub E, Ugurbil K, Andersson J, Beckmann CF, Jenkinson M, Smith SM, Van Essen DC (2016) A multi-modal parcellation of human cerebral cortex. Nature doi: 10.1038/nature18933
Loukas M, Pennell C, Groat C, Tubbs RS, Cohen-Gadol AA (2011) Korbinian Brodmann (1868-1918) and his contributions to mapping the cerebral cortex. Neurosurgery 68(1): 6-11.
Strotzer M (2009) One century of brain mapping using Brodmann areas. Klin Neuroradiol 19(3): 179-186.
Zilles K, Amunts K (2010) Centenary of Brodmann's map--conception and fate. Nat Rev Neurosci 11(2): 139-145.
Zimmer C (2016) Updated Brain Map Identifies Nearly 100 New Regions. The New York Times. 20 de julio. http://www.nytimes.com/2016/07/21/science/human-connectome-brain-map.html

AMISTAD
Gray J (1993) Obituary: Wilhelm Feldberg. The Independent http://www.independent.co.uk/news/people/obituary-wilhelm-feldberg-1506545.html
Valenstein ES (2002) The discovery of chemical neurotransmitters. Brain Cogn 49: 73-95.

UNA CHISPA O UNA SOPA
Valenstein ES (2002) The discovery of chemical neurotransmitters. Brain Cogn. 49(1): 73-95.
Zigmond MJ (1999) Otto Loewi and the demonstration of chemical neurotransmission. Brain Res Bull 50(5-6): 347-348.

EL AXÓN GIGANTE DEL CALAMAR
Gellene D (2012) Andrew Huxley, Nobel-Winning

Physiologist, Dies at 94. The New York Times 4 de junio. http://www.nytimes.com/2012/06/05/us/andrew-huxley-nobel-winning-physiologist-dies-at-94.html?_r=0

Huxley AF (1996) Andrew F. Huxley. En Squire, Larry R. The History of Neuroscience in Autobiography. Washington DC: Society for Neuroscience. pp. 283–318.

Huxley AF (2002) From overshoot to voltage clamp. Trends Neurosci 25 (11): 553–558.

Kandel ER, Schwartz JH, Jessell TM (2001) Principios de Neurociencia. 4ª ed. McGraw-Hill Interamericana, Madrid. pp. 150-153.

LOS LOBOTOMISTAS

Artico M, Spoletini M, Fumagalli L, Biagioni F, Ryskalin L, Fornai F, Salvati M, Frati A, Pastore FS, Taurone S (2017) Egas Moniz: 90 Years (1927–2017) from Cerebral Angiography. Front Neuroanat 11: 81.

Caruso JP, Sheehan JP (2017) Psychosurgery, ethics, and media: a history of Walter Freeman and the lobotomy. Neurosurg Focus 43(3): E6.

Lerner BH. (2011) When Lobotomy Was Seen as Advanced. The New York Times, 19 de diciembre. http://www.nytimes.com/2011/12/20/health/report-on-eva-peron-recalls-time-when-lobotomy-was-embraced.html

Tan SY, Angela Yip A (2014) António Egas Moniz (1874–1955): Lobotomy pioneer and Nobel laureate. Singapore Med J 55(4): 175–176.

LA ULTRAESTRUCTURA DE LAS NEURONAS

Campos Muñoz A (2013) Eduardo de Robertis. En el centenario de su nacimiento (1913-2013). Actual Med 98(790): 167-170.

Shepherd GM (2010) Creating Modern Neuroscience. The Revolutionary 1950s. Oxford University Press, Oxford.

http://news.harvard.edu/gazette/2006/04.06/22-mm.html

LA DÉCADA PRODIGIOSA DE LOS PSICOFÁRMACOS

Shepherd GM (2010) Creating modern Neuroscience. The revolutionary 1950s. Oxford University Press, Oxford.

GANSOS CON IMPRONTA

Deichmann U (1992) Biologists under Hitler: Expulsion, Careers, Research. Harvard University Press, Francfort. pp. 261–264.

Lorenz K (2002) El anillo del rey Salomón: Violencia y comunicación en animales y hombres. Ediciones Irreverentes, Madrid.

http://www.nobelprize.org/nobel_prizes/medicine/laureates/1973/lorenz-bio.html

http://moonraking.wordpress.com/2010/01/28/konrad-lorenz-selma-lagerlof-nazi-chickens/

LOS HOMBRECITOS DE PENFIELD

Blum A (2011) A bedside conversation with Wilder Penfield. CMAJ 183(7): 745–746.

Lewis J (1981) Something hidden: a biography of Wilder Penfield.

Penfield W (1977) No man alone: a neurosurgeon's life. Little, Brown, Boston.

Penfield W (1977) El misterio de la mente : estudio crítico de la conciencia y del cerebro humano. Ed. Pirámide, Madrid.

Penfield W, Rasmussen T (1950) The Cerebral Cortex of Man. MacMillan, Nueva York.

http://ghiasi.org/2011/04/wilder-penfield-and-the-rise-of-modern-neurosurgery/

LA SUMA DE PARTES PARA CONSTRUIR UN TODO

Fehlhaber K (2014) Hubel and Wiesel & the Neural Basis of Visual Perception. Knowing Neurons. http://knowingneurons.com/2014/10/29/hubel-and-wiesel-the-neural-basis-of-visual-perception/

Hubel D (1981) Evolution of ideas on the primary visual cortex, 1955-1978: a biased historical account. Discurso del premio Nobel. http://www.nobelprize.org/nobel_prizes/medicine/laureates/1981/hubel-lecture.pdf

Wurtz RH (2009) Recounting the impact of Hubel and Wiesel. J Physiol 587(Pt 12): 2817–2823.

DOS CEREBROS DENTRO DEL CRÁNEO

Bogen JE (1999) Roger Wolcott Sperry (20 August 1913-17 April 1994). Proc Am Philos Soc 143(3): 491-500.

Sperry RW (1945) The problem of central nervous reorganization after nerve regeneration and muscle transposition. Quart Rev Biol 20: 311–369.

Sperry RW (1980) Mind-brain interaction: Mentalism, yes; dualism, no. Neuroscience 5(2): 195–206.

Trevarthen C (1994). Roger W. Sperry (1913–1994). Trends Neurosci 17(10): 402–404.

Voneida TJ (1997) Roger Wolcott Sperry. 1913-1994. National Academy of Sciences, Washington DC.

WATSON Y CRICK Y EL CEREBRO

Dahm R (2008) Discovering DNA: Friedrich Miescher and the early years of nucleic acid research. Human Genetics 122 (6): 565–581.

http://www.genome.gov/11006943

http://www.dailymail.co.uk/news/article-2307459/Worlds-expensive-letter-Francis-Cricks-note-announcing-DNA-model-discovery-son-sells-5-3M.html

http://www.economist.com/news/science-and-technology/21630958-new-chart-bodys-composition-balls-and-brains

http://www.nimh.nih.gov/news/science-news/2011/our-brains-are-made-of-the-same-stuff-despite-dna-differences.shtml

CANÍBALES, VACAS Y PRIONES

McKintosh E, Tabrizi SJ, Collinge J (2003) Prion diseases. J Neurovirol. 9(2):183-193.

Prusiner SB (1982) Novel proteinaceous infectious particles cause scrapie. Science 216(4542): 136-144.

Zeidler M. (2007) Prion diseases. En: Goldman L, Ausiello D, eds. Cecil Medicine. 23ª ed. Saunders Elsevier, Filadelfia.

The National Creutzfeldt-Jakob Disease Surveillance Unit (NCJDSU) http://www.cjd.ed.ac.uk/index.htm

"H.M."

Augustinack JC, van der Kouwe AJ, Salat DH, Benner T, Stevens AA, Annese J, Fischl B, Frosch MP, Corkin S (2014) H.M.'s contributions to neuroscience: a review and autopsy studies. Hippocampus 24(11): 1267-1286.

Squire LR (2009) The legacy of patient H.M. for neuroscience. Neuron 61(1): 6-9.

Squire LR, Wixted JT (2011) The cognitive neuroscience of human memory since H.M. Annu Rev Neurosci 34: 259-288.

http://www.nytimes.com/2008/12/05/us/05hm.html

http://homepage.mac.com/sanagnos/corkin2002.pdf

http://www.pbs.org/wgbh/nova/body/corkin-hm-memory.html

VIAJE AL ESPACIO INTERIOR
Maizlin ZV, Vos PM (2012). Do we really need to thank the Beatles for the financing of the development of the computed tomography scanner? J Comp Assist Tomography 36(2): 161–164.
Nahab,FB, Hattori N (2013) Neuroimaging of Movement Disorders. Springer, Nueva York.
Sousa DA (2006) How the brain learns. 3ª ed. Corwin Press, Thousand Oaks (California, EEUU).

EL HOMBRE DE LAS BABOSAS
Kandel ER (2001) The molecular biology of memory storage: A dialogue between genes and synapses. Biosci. Reports 21(5): 565-611. http://www.bioscirep.org/bsr/021/0565/0210565.pdf
Kandel ER (2006) Turning point: Days to remember. New Scientist 2562: 49.
Kandel ER (2007) En busca de la memoria: el nacimiento de una nueva ciencia de la mente. Katz Editores, Buenos Aires.
http://www.nobelprize.org/nobel_prizes/medicine/laureates/2000/kandel-bio.html

EL TIPO DE LAS IDEAS
Kolata G (1993) Scientist at work: Solomon Snyder; Brain Researcher Makes It Look Easy. New York Times 25 de mayo. http://www.nytimes.com/1993/05/25/science/scientist-at-work-solomon-snyder-brain-researcher-makes-it-look-easy.html?src=pm&pagewanted=1
Poeaknapo C, Schmidt J, Brandsch M, Dräger B, Zenk MH (2004) Endogenous formation of morphine in human cells". Proc Natl Acad Sci USA 101 (39): 14091–14096.
Simantov R, Snyder S (1976) Morphine-like peptides in a mammalian brain: isolation, structure elucidation, and interactions with an opiate receptor". Proc Natl Acad Sci USA 73 (7): 2515–2519.
http://www.sfn.org/~/media/SfN/Documents/TheHistoryofNeuroscience/Volume %206/c12.ashx
http://www2.gwu.edu/~nsarchiv/nsa/elvis/elnix.html

EL VIAJE DE LOS PSICONAUTAS
Bennett D (2005) Dr. Ecstasy. New York Times Magazine (New York Times). http://www.nytimes.com/2005/01/30/magazine/30ECSTASY.html
Morris H (2014) Adiós, Alexander Shulgin. http://www.vice.com/es/read/adios-alexander-shulgin
Nutts D (2009) A dangerous attitude to drugs. New Scientist 2733: 5.
Robers M (2014) Alexander Shulgin, 'Godfather of ecstasy', dies aged 88. BBC News Health. http://www.bbc.com/news/health-27676669

LA DAMA DE LAS CÉLULAS
Carey B (2012) Dr. Rita Levi-Montalcini, Nobel Winner, Dies at 103. New York Times 30 de diciembre. http://www.nytimes.com/2012/12/31/science/dr-rita-levi-montalcini-a-revolutionary-in-the-study-of-the-brain-dies-at-103.html
Hartil K (2013) How Passion and Dedication, Fascism and Gender Stereotypes Helped Rita Levi-Montalcini Win a Nobel Prize. The EJBM Blog. http://theejbm.wordpress.com/2013/02/25/how-passion-and-dedication-fascism-and-gender-stereotypes-helped-rita-levi-montalcini-win-a-nobel-prize/
Manca A, Capsoni S, Di Luzio A, Vignone D, Malerba F, Paoletti F, Brandi R, Arisi I, Cattaneo A, Levi-Montalcini R (2012) Nerve growth factor regulates axial rotation during early stages of chick embryo development. Proc Natl Acad Sci U S A. 109(6): 2009-2014.
http://www.economist.com/news/obituary/21569019-rita-levi-montalcini-biologist-died-december-30th-aged-103-rita-levi-montalcini
http://pharmakon.me/2013/02/08/rita-levi-montalcini-a-tribute/

EL CEREBRO, HASTA EL INFINITO Y MÁS ALLÁ
Alivisatos AP, Chun M, Church GM, Greenspan RJ, Roukes ML, Yuste R (2012). The Brain Activity Map Project and the Challenge of Functional Connectomics. Neuron 74 (6): 970-974.
Horton JC, Adams DL (2005) The cortical column: a structure without a function. Philos. Trans. R. Soc. Lond. B Biol. Sci. 360: 837–862.
Jones EG, Mendell LM (1999). Assessing the Decade of the Brain. Science 284 (5415): 739.

La primera edición de este libro se terminó de imprimir el 3 de noviembre de 2018. Tal día de 1957, la perrita Laika se convirtió en el primer ser vivo en orbitar la Tierra. Lo hizo en la aeronave soviética Sputnik 2. Antes de ser cosmonauta, Laika había sido una perra callejera, originalmente llamada *Kudryavka* (pequeña de pelo rizado).

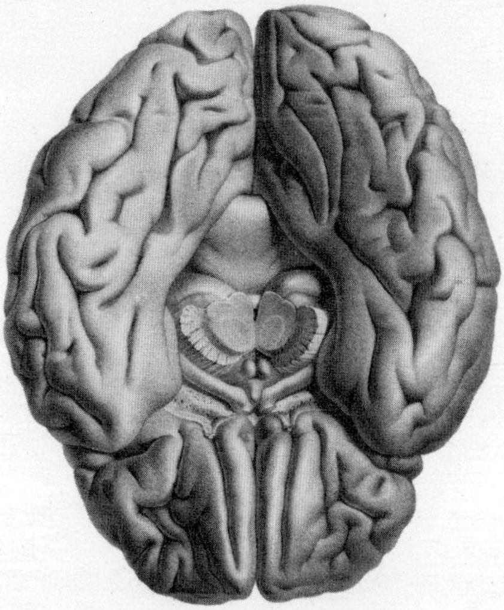